ATLAS DER SZINTIGRAPHIE

EINFÜHRUNG, TECHNIK UND PRAXIS

von

Dr. med. HEINZ OESER

Professor für Radiologie
Strahlenklinik und -institut
Klinikum Steglitz der Freien Universität Berlin

Dr. med. WERNER SCHUMACHER

Privatdozent
Chefarzt der Abteilung
Strahlentherapie und Nuklearmedizin
des Städtischen Rudolf-Virchow-Krankenhauses Berlin

Dr. med. HELMUT ERNST

Professor für Radiologie
Strahlenklinik und -institut
Klinikum Steglitz der Freien Universität Berlin

Dr.-Ing. DIETRICH FROST

apl. Professor an der Technischen Universität Berlin
Direktor der Abteilung Strahlungsphysik
des Städtischen Rudolf-Virchow-Krankenhauses Berlin

Mit 394 z. T. mehrfarbigen Abbildungen

WALTER DE GRUYTER & CO · BERLIN 30

vormals G. J. Göschen'sche Verlagshandlung · J. Guttentag, Verlagsbuchhandlung
Georg Reimer · Karl J. Trübner · Veit & Comp.

BERLIN 1970

Archiv-Nr. 5617701
Printed in Germany
Satz und Druck: Walter de Gruyter & Co., Berlin 30
Einband: U. Hanisch, Berlin-Zehlendorf

Vorwort

Vor über einem Jahrzehnt wurde mit der Aufzeichnung der Verteilung einer inkorporierten Radioaktivitätsmenge im Körper des Menschen als diagnostisches Verfahren begonnen. Apparate zur Szintigraphie wurden in den letzten Jahren entwickelt, als Scanner und als Szinti-Kamera stehen sie heute marktgängig zur Verfügung. Dieses berechtigt wohl, eine zusammenfassende Darstellung der Grundlagen der Szintigraphie, ihrer Handhabung und der mit ihr erzielten Ergebnisse vorzulegen. Die Form als Atlas wurde gewählt, um das Szintigramm in den Vordergrund zu stellen — für den Unkundigen zum Lesen-Lernen dieser Bilder, für den Erfahrenen zum Gebrauch als Nachschlagewerk. Die Ringbuchform soll zugleich die Ergänzung zu gegebener Zeit erlauben.

Vielerorts ist die Entwicklung der Szintigraphie betrieben worden. Selten dürfte jedoch der Umstand sein, daß in einer Stadt an drei Stellen unabhängig und getrennt voneinander an und mit der Szintigraphie klinisch gearbeitet worden ist. Am Strahleninstitut/-klinik der Freien Universität Berlin beschäftigte sich H. G. Mehl 1958/1960 mit den anfallenden Problemen bei einer Verteilungsmessung; im Rudolf-Virchow-Krankenhaus schufen 1956/57 W. Schumacher und D. Frost, gleichzeitig an der Deutschen Akademie der Wissenschaften in Berlin-Buch H. Ernst und G. Kaufmann nach eigenen Konstruktionen die ersten Photoscanner. Eine Bilanz aller Bestrebungen und Erfahrungen soll jetzt in gemeinsamen Bemühen gezogen und dem Leser vorgelegt werden.

Die Szintigraphie ist still in die ärztliche Diagnostik eingezogen und aufgenommen worden. Das völlig neuartige Prinzip einer Strahlendiagnostik hätte eigentlich Aufsehen verdient. Vielleicht war der Wert der mittels der Szintigraphie gewonnenen Information so überzeugend, daß jegliche Diskussion oder Erörterung unterblieben. Von Anfang an begegnete der Szintigraphie Anerkennung.

Die physikalischen Verfahren, voran die Anwendung von Strahlen, sind in den letzten Jahren in Konkurrenz zu den chemischen Labormethoden getreten. Der stürmische Fortschritt in Physik und Technik läßt auch weitere Verbesserungen in der Informationsgewinnung erwarten. Die Szintigraphie gehört hierzu: Heute sind die Schwierigkeiten des Beginnens überwunden; morgen wird der Wert für Diagnostik und Therapie überzeugend sein!

Berlin, August 1968 Heinz Oeser

Bemerkungen zur 1. Ergänzung

Die 1. Ergänzung unterrichtet über die praxisreife Anwendung der Szintigraphie zur Plazenta-Lokalisation und zur Diagnostik von Erkrankungen der Speicheldrüsen, zugleich über die weitere Entwicklung von Scannern und Szintilationskameras.

Autoren und Verlag wollen damit den Erwartungen auf Aktualität der Berichterstattung gerecht werden, die der „Atlas der Szintigraphie“ in seiner Form zu beanspruchen wünscht.

Berlin, Dezember 1969 Heinz Oeser

Inhaltsübersicht

Vor jedem Kapitel befindet sich ein ausführliches *Kapitel-Inhaltsverzeichnis*

Kapitel II

Die Technik der Szinti-Scanner

1 Physik

Kapitel I

Physik der Szintigraphie

1. Physik der Szintigraphie

1.1. Prinzip der Szintigraphie

Unter dem Begriff Szintigraphie werden alle diejenigen in vivo-Meßverfahren verstanden, die der flächenhaften Darstellung der räumlichen Verteilung eines inkorporierten Radioisotops dienen. Die für diese Untersuchungen zur Verfügung stehenden Geräte werden Szintiscanner genannt. Diese Bezeichnung leitet sich ab aus dem Szintillationszähler als Detektor, der mäanderförmig die vorgegebene Meßebene abtastet, was im englischen Sprachgebrauch mit to scan bezeichnet wird. Szintiscanner sind also Geräte, bei denen Strahlungsdetektor und Registrierorgan synchron gekoppelt bewegt werden und analog einem ganz langsamen Fernsehabtastvorgang die zu untersuchende Fläche abtasten und die in dieser Fläche auftretenden Strahlungssignale registrieren. Die Registrierung erfolgt zeilenweise, wodurch sich langsam das Bild, „das Szintigramm", zusammensetzt. Das geschilderte Prinzip ist allen Szintiscannern gemeinsam. Die Unterschiede zwischen den Geräten sind vorzugsweise auf verschiedene Registriermethoden beschränkt.

Die Szintigraphie beruht auf dem Prinzip, in den menschlichen Organismus kleine Mengen kurzlebiger unschädlicher radioaktiver Verbindungen zu inkorporieren und deren Verteilung sowie Intensität außerhalb des Organismus mit Hilfe der von den Radioisotopen emittierten Gammastrahlung zu verfolgen und zu messen.

Für jede radioaktiv markierte organspezifische chemische Verbindung gibt es Normwerte der Organspeicherung und Verweildauer des radioaktiven Medikaments. Von der Norm abweichende Veränderungen des Organs können auch Veränderungen einer Verteilung im Organ sowie der Speicherungsdauer hervorrufen. Dieses kann sich in der Darstellung des Szintigramms zeigen. So werden sich Speicherdefekte in einem Organ als Aussparung im Szintigramm widerspiegeln, umgekehrt können Stellen übernormaler Anreicherung als Registriermaxima lokalisiert werden.

Für den Arzt hat die Methode den Vorzug, daß heute eine große Zahl radioaktiv markierter

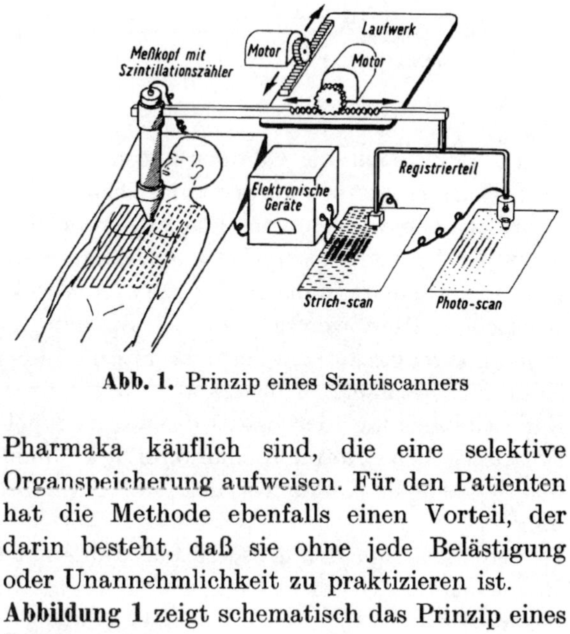

Abb. 1. Prinzip eines Szintiscanners

Pharmaka käuflich sind, die eine selektive Organspeicherung aufweisen. Für den Patienten hat die Methode ebenfalls einen Vorteil, der darin besteht, daß sie ohne jede Belästigung oder Unannehmlichkeit zu praktizieren ist.

Abbildung 1 zeigt schematisch das Prinzip eines Szintiscanners.

1.2. Der Szintillationszähler

Als abtastender Detektor für Szintiscanner wird heute ausschließlich der Szintillationszähler verwendet. Die Vorrangstellung des Szintillationszählers als Gammadetektor beruht auf folgenden Eigenschaften: Durch die hohe Absorption im Detektor ist die Nachweisempfindlichkeit wesentlich besser als bei Zählrohren. Seine Zählgeschwindigkeit ist größer als bei allen übrigen Detektoren, wodurch Auflösungsvermögen von einigen 10^{-10} Sekunden möglich werden. Der Energieübertragung in dem Szintillator entsprechend, läßt der Szintillationszähler Informationen über die Energie der detektierten Photonen zu. Ferner ist durch die kompakte Bauweise des Szintillators die Möglichkeit gegeben, die Aufnahmecharakteristik des Detektors den Meßaufgaben anzupassen. Erst diese letztgenannte Eigenschaft macht den Szintillationszähler zur Aufnahme von Szintigrammen befähigt.

Grundsätzlich besteht ein Szintillationszähler aus vier Bauteilen. Diese sind in **Abbildung 2** dargestellt. Als Empfänger wirkt der sogenannte Szintillator, der als Strahlungstransformator wirkt. Er wandelt die Gammaphotonen in detektierbare Lichtszintillationen um. Diese Lichtszintillationen werden von dem angekoppelten Sekundärelektronenverstärker in Ladungsmengen umgewandelt. In der nachgeschalteten elektronischen Stufe werden dadurch Spannungsimpulse erzeugt, die den Impulsverstärkern des Szintillationszählers zugeleitet werden.

Zur Einblendung der näherungsweise kugelsymmetrischen Empfangscharakteristik dient der abblendende Kollimator, der den Szintillator umgibt.

In den nachfolgenden Abschnitten werden die Bauelemente des Szintillationszählers einzeln besprochen.

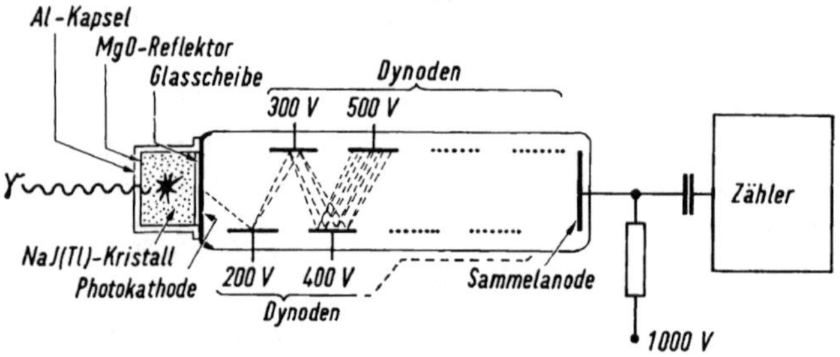

Abb. 2. Grundsätzlicher Aufbau eines Szintillationszählers schematisch dargestellt

1.2.1. Der Szintillator

Ähnlich wie ein Röntgendurchleuchtungsschirm wandelt der Szintillator Strahlung in Licht um. Hierzu soll er folgende Forderungen erfüllen:

1. Das Szintillatormaterial soll eine möglichst große Dichte aufweisen, um eine möglichst hohe Strahlungsabsorption im Szintillator zu erzielen.
2. Der Umwandlungswirkungsgrad von Gammaphotonen in Lichtphotonen soll möglichst verlustfrei ablaufen.
3. Das Szintillationsmaterial soll für sein eigenes Lumineszenzlicht transparent sein.
4. Die erzeugte Lichtphotonenmenge soll der Energie der einfallenden Strahlungsphotonen möglichst proportional sein.
5. Nach Emission von Lichtphotonen infolge einer Wechselwirkung im Szintillatormaterial soll die Lumineszenz in einer möglichst kurzen Zeit abklingen. Diese Forderung ist im Interesse eines guten Zeitauflösungsvermögens zu stellen.
6. Die Grenzflächen des Szintillators sollen die aus dem Szintillatorinneren kommenden Photonen verlustfrei reflektieren, anderenfalls würden die reflektierten Photonen fälschlich eine anderen Energie der einfallenden Strahlung zugeordnet werden.
7. Die erzeugten Lichtphotonen sollen im kurzwelligen Bereich des sichtbaren Lichtes liegen, um ausreichende Energiemengen für die Photoelektronen-Auslösung zu liefern.

Alle die genannten Forderungen erfüllt das Material Natriumjodid, mit Thallium aktiviert, in hervorragender Weise. Synthetisch gezüchtete Einkristalle aus Natriumjodid mit Thallium aktiviert haben sich daher als Szintillator für die Szintigraphie ausschließlich durchgesetzt. NaJ-(Tl)-Einkristalle werden synthetisch aus der Schmelze gezüchtet. Sie sind außerordentlich hygroskopisch und können daher nur hermetisch gekapselt betrieben werden. Die Kapselung wirkt gleichzeitig als Träger einer Reflexionsschicht, die homogen die Oberfläche des Kristalls bedeckt, mit Ausnahme des Lichtaustrittsfensters. Diese Reflexionsschicht besteht entweder aus Al_2O_3, Mg_2O_3 oder TiO_2, die Kapsel selbst meist aus Aluminium.

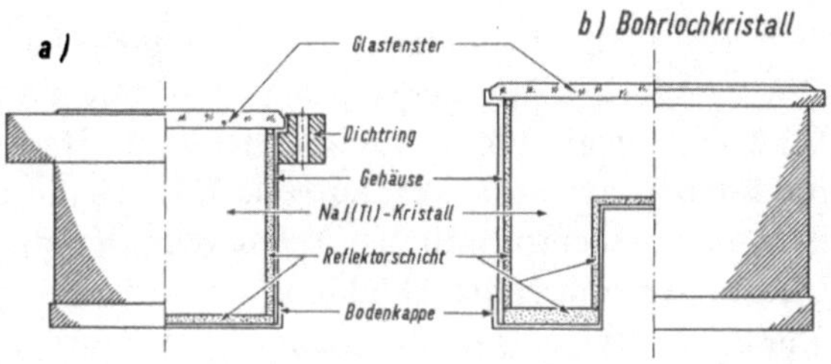

Abb. 3. Querschnitt durch ein NaJ (Tl)-Einkristall in gebrauchsfertiger Fassung

Abbildung 3 zeigt den Querschnitt durch einen NaJ (Tl)-Einkristall fertig montiert.

Die physikalischen Daten von NaJ (Tl)-Einkristallen sind:

Maximum der spektralen Energieverteilung des Lumineszenzlichtes = 4.100 Å
Abklingzeit auf 1/e der Impulshöhe 0,25 μsec.
Dichte des einkristallinen Materials 3,67 g/cm^3
Physikalische Energieausbeute ungefähr 10%
Optischer Brechungsindex 1,77
Schmelzpunkt 651° C.

Die starke Energieabhängigkeit der Ansprechempfindlichkeit von NaJ (Tl)-Kristallen geht aus **Abbildung 4** hervor. Daraus wird ersichtlich,

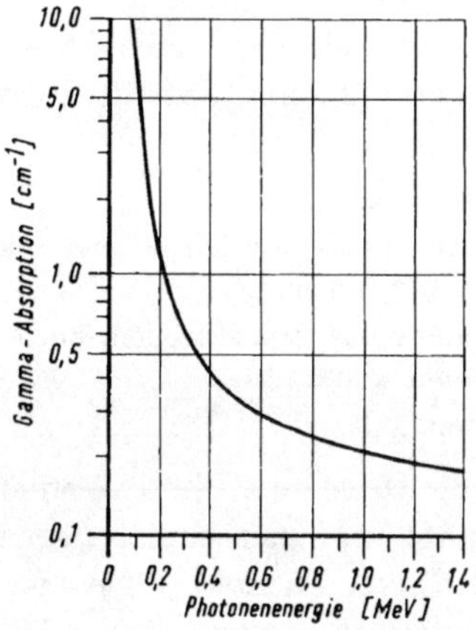

Abb. 4. Linearer Absorptionskoeffizient von NaJ (Tl)-Einkristallen in Abhängigkeit von der Gammaphotonenenergie in MeV (1)

daß eine ausreichende Empfindlichkeit für hohe Gammaenergien nur durch dicke Kristalle erzielt werden kann. Die Verteilung des gesamten Absorptionsverhaltens von Natriumjodid geht aus **Abbildung 5** hervor.

Sie zeigt die Verteilung auf Photoelektrische Absorption, Comptonabsorption und Paarproduktions-Absorption.

Abbildung 6 zeigt die theoretische Empfindlichkeit von Natriumjodid (Tl)-Einkristallen eines Durchmessers von 1,5″ bei unterschiedlicher

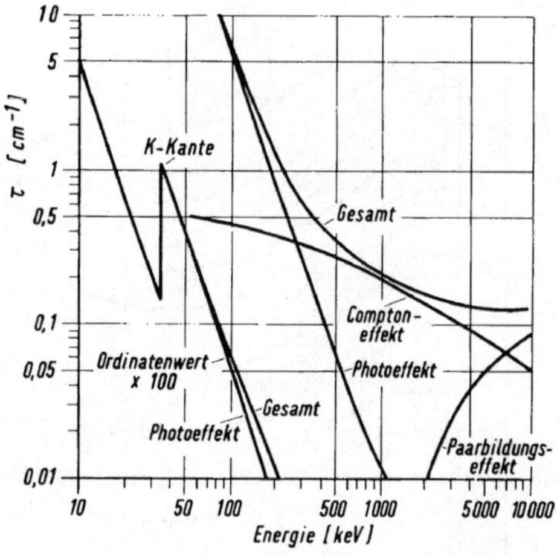

Abb. 5. Totalabsorption und ihre Wechselwirkungskomponenten in Abhängigkeit von der Energie für NaJ (Tl)-Einkristalle (2)

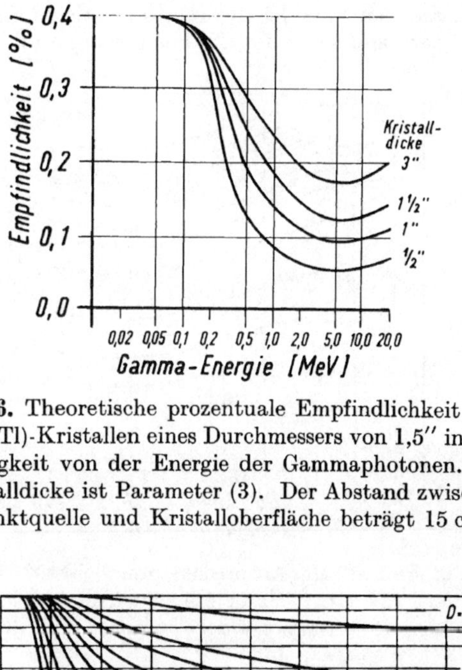

Abb. 6. Theoretische prozentuale Empfindlichkeit von NaJ (Tl)-Kristallen eines Durchmessers von 1,5″ in Abhängigkeit von der Energie der Gammaphotonen. Die Kristalldicke ist Parameter (3). Der Abstand zwischen Punktquelle und Kristalloberfläche beträgt 15 cm

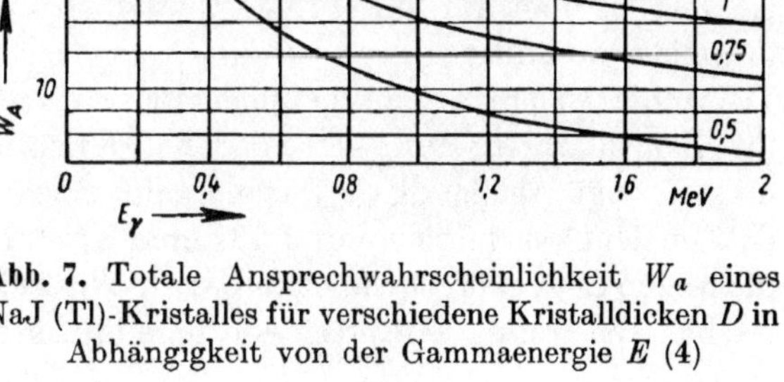

Abb. 7. Totale Ansprechwahrscheinlichkeit W_a eines NaJ (Tl)-Kristalles für verschiedene Kristalldicken D in Abhängigkeit von der Gammaenergie E (4)

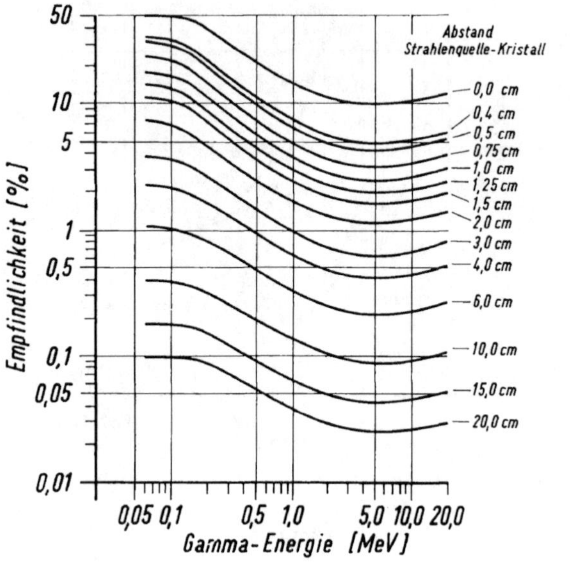

Abb. 8. Prozentuale Empfindlichkeit von 1″ x 1″ NaJ (Tl)-Kristallen in Abhängigkeit vom Kristall-Quellenabstand sowie der Strahlungsenergie (3)

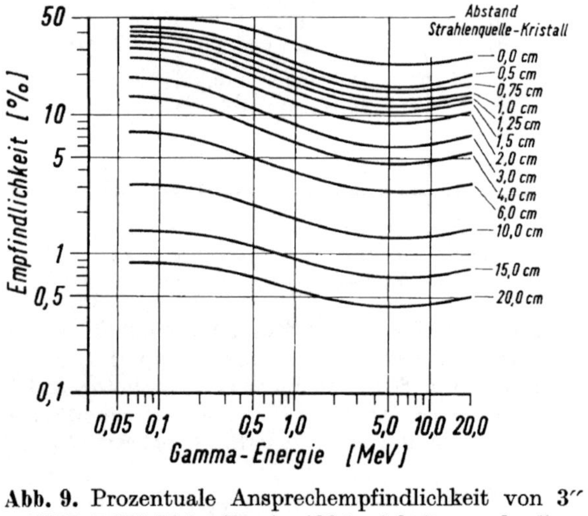

Abb. 9. Prozentuale Ansprechempfindlichkeit von 3″ x 3″ NaJ (Tl)-Kristallen in Abhängigkeit vom Quellen-Kristallabstand und der Gammaenergie (3)

Dicke in Abhängigkeit von der Gammaenergie. Der Quellenkristallabstand beträgt 15 cm und entspricht daher in etwa den Arbeitsabständen im Falle der Szintigraphie. Da diese Messungen auf Punktquellenuntersuchungen beruhen, sind sie nur bedingt für die Probleme der Szintigraphie anwendbar.

Die totale Ansprechwahrscheinlichkeit von NaJ-(Tl)-Szintillatoren für verschiedene Kristalldicken zeigt **Abbildung 7.** Daraus geht hervor, daß für Untersuchungen mit J-131 eine Kristalldicke von 2″ entsprechend etwa 5 cm völlig ausreicht. Die totale Ansprechwahrscheinlichkeit liegt für 0,36 MeV hier schon bei etwa 90%. Größere Kristalldicken werden also nur dann benötigt, wenn mit energiereicheren Radionukliden gearbeitet werden soll. Die Abnahme der Ansprechempfindlichkeit mit dem Kristall-Quellenabstand zeigt **Abbildung** 8 und **9.**

Diese Entfernungsabhängigkeit ist für die Szintigraphie von besonderer Bedeutung, da sie für die Strahlungsregistrierung aus größeren Gewebstiefen verantwortlich ist.

1.2.2. Der Photovervielfacher

Die aus dem Szintillator-Kristall austretenden Lichtphotonen reichen nicht aus, um eine Photozelle zum Ansprechen zu bringen. Um sie zu messen, sind Photozellen mit nachgeschaltetem Sekundärelektronenverstärker notwendig. Diese Photozellen mit Sekundärelektronenverstärker werden auch Photovervielfacher oder im englischen Sprachgebrauch Photomultiplier genannt.

Photovervielfacher sind Elektronenröhren mit einer Photokathode und einem Dynodensystem, in dem die Photoelektronen unter Ausnutzung der Sekundäremission vervielfacht werden.

Ein Photovervielfacher enthält folgende Bauelemente:

a) die Photokathode,

b) ein elektronenoptisches Eingangssystem, die sogenannte Eingangsoptik,

c) die Sekundäremissionselektroden, auch Prallanoden oder Dynoden genannt,

d) die Sammelanode.

In **Abbildung 10** ist ein Photovervielfacher moderner Bauart im Querschnitt dargestellt. Die lichtdurchlässige Photokathode ist auf der flachen Frontfläche aufgebracht. Diese ermöglicht einen guten optischen Kontakt zum Natriumjodidszintillator. Als optisches Ankoppelungsmedium wird meist Siliconöl verwendet.

Das Material der photoempfindlichen Schicht ist entscheidend für die spektrale Empfindlichkeitsverteilung des Photovervielfachers. **Abbildung 11** zeigt die spektrale Emissionsverteilung von Natriumjodid (Tl)-Kristallen, sowie die spektrale Empfindlichkeitsverteilung einer S-11-Photokathode. Es ist daraus ersichtlich, daß alle Komponenten des Lumineszenzlichtes, auch die kurzwelligen und langwelligen Ausläufer, zum Meßeffekt beitragen. Die Bezeichnung S-11-Photokathode stammt aus amerikanischen

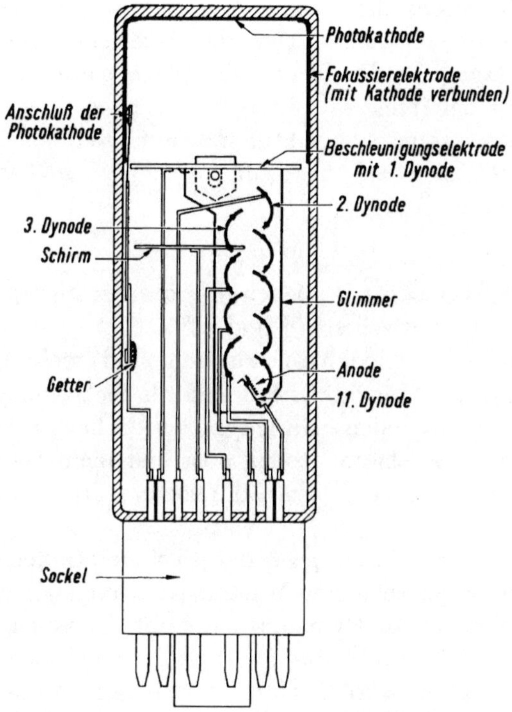

Abb. 10. Ein Photovervielfacher im Schnitt (Bauart, Valvo 50 AVP)

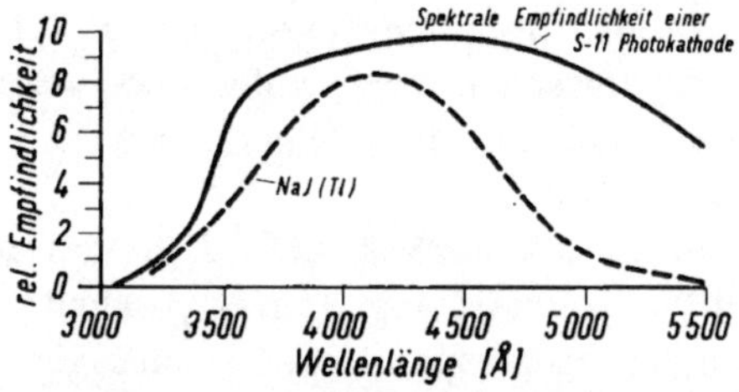

Abb. 11. Relative spektrale Empfindlichkeitsverteilung einer S-11-Photokathode im Vergleich zur spektralen Verteilung des Emissionslichtes von NaJ (Tl)-Einkristallen

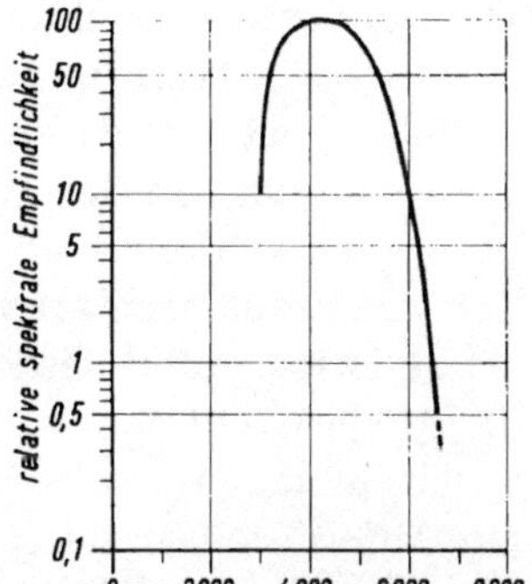

Abb. 12. Relative spektrale Empfindlichkeit einer Caesium-Antimon-Photokathode bei Auftragung im inneren eines Glaskolbens

Normschriften für Photokathodenempfindlichkeiten. Die S-11-Photokathodenempfindlichkeit entspricht der Cs_3Sb-Kathodenempfindlichkeit. In **Abbildung 12** ist die relative spektrale Empfindlichkeit einer derartigen Caesium-Antimon-Photokathode wiedergegeben, und zwar bei Auftragung innerhalb eines Glaskolbens. Daher stammt der Abbruch auf der kurzwelligen Seite, der durch mangelnde UV-Durchlässigkeit des Glases zu erklären ist.

Zur Kennzeichnung der Empfindlichkeit der Photokathode kann man den Photostrom auf die gesamte auftreffende Strahlungsleistung beziehen und in A/W angeben. In Abhängigkeit von der Wellenlänge des auftreffenden Lichtes erhält man dagegen die spektrale Empfindlichkeit. Die photometrische Empfindlichkeit, die bei Lichtmessungen interessiert, wird in $\mu A/Lm$ angegeben.

Die Empfindlichkeit der Photokathode ist zwar eine wichtige Eigenschaft, aber nicht allein ausschlaggebend. Die gleichmäßige Verteilung der Empfindlichkeitswerte über die gesamte Kathodenfläche, deren Leitfähigkeit, der Rauschpegel oder der dadurch entstehende Dunkelstrom und die Stabilität der Photoschicht gegen Ermüdungserscheinungen sind weitere Merkmale der Kathode, die ihre Qualität kennzeichnen.

Da die thermische Emission der Photokathode den Hauptanteil des Dunkelstromes verursacht, wählt man zweckmäßig eine Kathode, deren Empfindlichkeit sich nicht in das Gebiet längerer Wellen erstreckt, als es für das zu messende Spektrum unbedingt erforderlich ist. Eine unnötig hoch gewählte Rotempfindlichkeit ist stets mit einer geringeren Austrittsarbeit der Elektronen und deshalb mit einer unnötig hohen thermischen Emission der Kathode verbunden.

Als elektronenoptisches Eingangssystem wird derjenige Teil des Photovervielfachers bezeichnet, in dem die emittierten Photoelektronen auf die erste Dynode fokussiert werden. Es bestimmt weitgehend die Laufzeit-Streuungen der Elektronen und damit die Qualität des Photovervielfachers bezüglich seiner spektrometrischen Eigenschaften. **Abbildung 13** zeigt diese Verhältnisse.

In **Abbildung 14** ist die Elektronenlaufzeit im Eingangssystem schematisch dargestellt, und zwar für den Fall, daß alle Elektronen die Kathode mit der Geschwindigkeit 0 verlassen. Während ihre Geschwindigkeiten nach einer

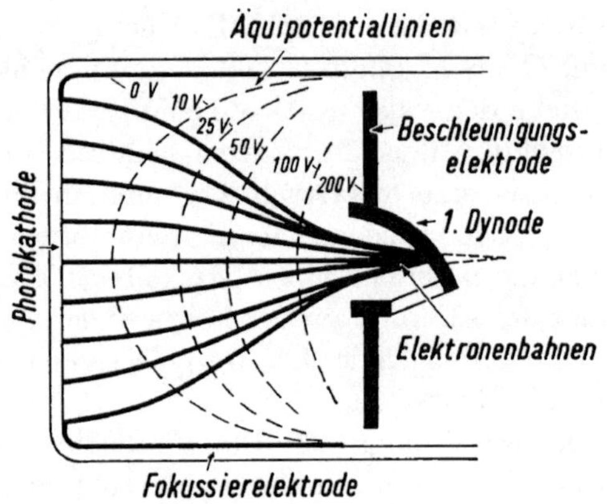

Abb. 13. Eingangssystem eines Photovervielfachers vom Typ 50 AVP. Es sind Äquipotentiallinien des elektrischen Feldes sowie einige Elektronenbahnen eingezeichnet, wie sie sich bei einer Anfangsgeschwindigkeit 0 der Elektronen ergeben (5)

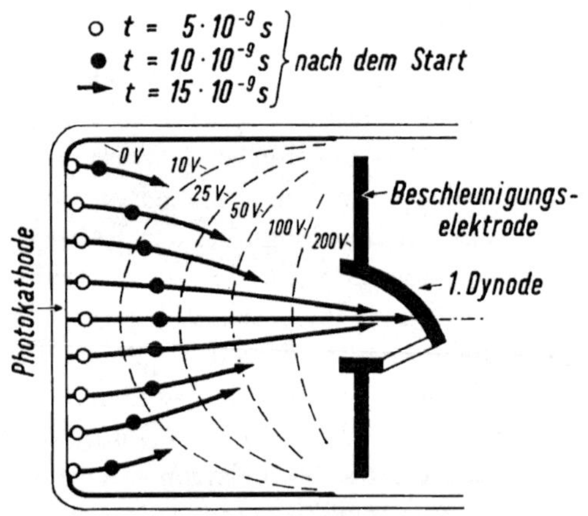

Abb. 14. Schematische Darstellung der Elektronenlaufzeit im Eingangssystem für den Fall, daß alle Elektronen die Kathode mit der Geschwindigkeit 0 verlassen

Laufzeit von 5×10^{-9} Sekunden noch nicht sehr unterschiedlich sind, bleiben die Randelektronen dann immer mehr hinter den Zentralelektronen zurück. Diese Laufzeitstreuungen begrenzen u. a. auch das Energieauflösungsvermögen von Spektrometerszintillationszählern. Fokussierungseigenschaften und Laufzeitstreuungen lassen sich beeinflussen durch Wahl der Potentialdifferenz zwischen der Kathode und der ersten Dynode. Die üblichen Potential-Differenzen liegen je nach Art des Vervielfachers zwischen 50 und 300 Volt.

Der Sekundärelektronenvervielfacher enthält eine Reihe von Emissionselektroden (Dynoden) und eine Anode als Abschluß. Alle Elektronen, die auf eine Dynode treffen, sollen unabhängig vom Auftreffwinkel und von ihrer Geschwindigkeit jeweils die gleiche Anzahl von Sekundärelektronen aus der Dynodenoberfläche herausschlagen. In der Praxis genügt es meist, wenn man den über sämtliche Dynoden ermittelten Sekundäremissionsfaktor d kennt. Der Wert d ergibt sich aus der Verstärkung V und der Dynodenzahl n zu:

$$V = d^n \qquad (1)$$

Die Werte für V liegen für die Szintigraphie meistens zwischen 10^5 und 10^7.

Für die Dynodenkonstruktion sind viele Lösungen gebräuchlich. Sie sind als Siebdynoden, Jalousiedynoden, Käfigdynoden, Schachtdynoden usw. bekannt, sollen aber hier nicht weiter erwähnt werden, da ihre Funktion stets dieselbe ist.

Unter Berücksichtigung der jeweiligen Dynodenform ergibt sich eine Mindestspannung zwischen den einzelnen Dynoden, bei deren Unterschreitung sich das Auffangverhältnis der Dynoden verringern würde. Unterhalb dieser Mindestspannung ist wegen der möglichen Raumladung der Anodenstrom dem einfallenden Lichtstrom nicht mehr proportional. Damit würde der Szintillationszähler seine spektrometrischen Eigenschaften völlig verlieren. Diese Mindestspannung zwischen zwei aufeinanderfolgenden Dynoden beträgt im allgemeinen zwischen 50 und 100 Volt.

Die Zahl der Verstärkerstufen d ist von der gewünschten Verstärkung vom Dynodenmaterial und von der Speisespannung U_b abhängig. Wenn jede Dynode gleich aufgebaut und aktiviert ist und damit gleiche Sekundäremissionscharakteristik hat, so ist

$$d = k \cdot U_b \qquad (2)$$

Dabei ist k der Anstieg der Sekundäremissionscharakteristik, die durch den Nullpunkt geht. k ist der charakteristische Wert für die Sekundäremission. Je größer k ist, um so kleiner ist die benötigte Speisespannung. In der Praxis wählt man meist für eine Verstärkung von 10^6 10 oder 11 Stufen. Nur wenn eine Verstärkung von 10^8 bis 10^9 notwendig wird, wählt man einen Vervielfacher mit 14 oder 15 Stufen.

Für die Szintillationszähler von Szintiscannern sind besondere Anforderungen zu stellen. Diese resultieren daraus, daß diese Szintillationszähler meist in Verbindung mit Impulsspektrometern betrieben werden. Hier können zwei Effekte störend wirken.

1. Die Verstärkung der Vervielfacher zeigt eine starke Temperaturabhängigkeit, die sich unangenehm bemerkbar machen kann. Diese Temperaturabhängigkeit ändert sich stark für verschiedene Exemplare innerhalb eines Typs. Sie beruht auf der Temperaturabhängigkeit der Sekundäremissionseigenschaften der Dynoden. Es ist also zweckmäßig, den Szintiscanner bei einer möglichst konstanten Temperatur zu betreiben.
2. Wie **Abbildung 15** zeigt, ist die Empfindlichkeit und Verstärkung eines Photovervielfachers außerordentlich abhängig von der Speisespannung. Jede Schwankung der Speisespannung, selbst um kleine Beträge, kann zu einem großen Registrierfehler Anlaß geben. Es muß daher die Forderung erhoben werden, mit elektronisch außerordentlich gut stabilisierten Speisespannungsgeräten zu arbeiten. Bei Betrieb der Szintillationszähler am Spektrometer sollten Betriebsspannungsschwankungen von mehr als 10^{-6} der Gesamtspeisespannung nicht auftreten.

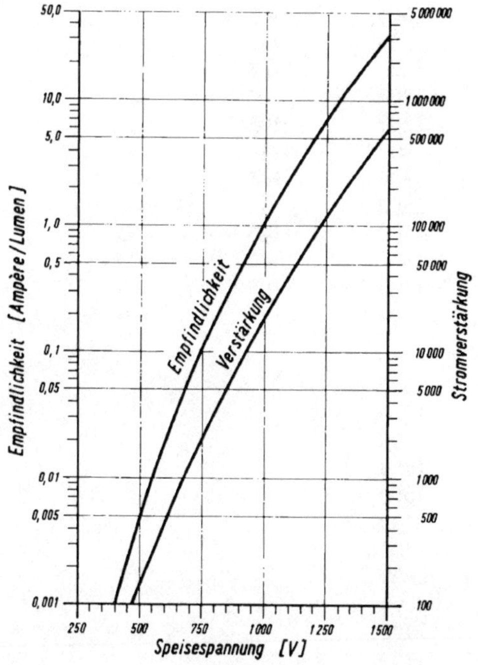

Abb. 15. Empfindlichkeit und Verstärkung in Abhängigkeit von der Betriebsspannung für einen ESV vom Typ RCA 6342

Photovervielfacher sind mit den unterschiedlichsten Photokathodendurchmessern erhältlich. Es sollte zum Prinzip erhoben werden, den Durchmesser der Photokathode stets auf den Durchmesser des verwendeten Szintillatorkristalls anzupassen. Wird der Photokathodendurchmesser kleiner gewählt als derjenige des Szintillators, so erfolgt eine ungenügende Ausnutzung des Szintillators. Wählt man dagegen den Durchmesser der Photokathode größer als denjenigen des Szintillators, was häufig in der Praxis leider getan wird, so resultiert daraus ein unzureichendes Energieauflösungsvermögen. Mit zunehmendem Durchmesser der Photokathode steigt nämlich auch die Inhomogenität der Photokathodenfläche und damit werden lokale Schwankungen des Auffangverhältnisses pro Flächeneinheit der Photokathode bemerkbar.

Eine grobe Abschätzung der Energiebilanz läßt sich wie folgt vornehmen:

N_{ph} sei die vom Szintillator emittierte Anzahl von Lichtquanten,

E_r der Energieverlust der sekundären Teilchen im Szintillator,

E_p die Energie eines Lichtquantes. Dann ist

$$N_{ph} = s \cdot \frac{E_r}{E_p} \tag{3}$$

Darin ist der Szintillatorwirkungsgrad

$$s = \frac{\text{Gesamtenergie des Szintillationslichtes}}{\text{Energieverlust aller im Szintillator gebremsten Teilchen}}$$

Von den N_{ph} Lichtphotonen gelangt der Bruchteil B zur Photokathode. Dort löst er N_k Elektronen aus. Es ist also

$$N_k = p \cdot B \cdot N_{ph} \tag{4}$$

Darin ist p der Photokathodenwirkungsgrad.

$$p = \frac{\text{Zahl der ausgelösten Photoelektronen}}{\text{Zahl der auf die Kathode auftreffenden Lichtphotonen}}$$

F sei der Fokussierungsfaktor für die Sammlung der ausgelösten Elektronen auf die erste Dynode und d der Sekundäremissionsfaktor. Wenn der SEV n Stufen aufweist, so werden an der Anode N_A Impulse gezählt, also:

$$N_A = F \cdot d^n \cdot N_k \tag{5}$$

Wenn ein Photon im Szintillator registriert wird, so erhält die Anode des SEV die Ladung

$$Q = e \cdot N_A \tag{6}$$

Ist C die Ausgangskapazität des eingebauten SEV, so erhält die Kathodenfolger- oder Emitterverstärker-Stufe die Eingangsspannung:

Tab. 1. Übliche SEV-Typen in Szintiscannern

Fabrikat	Type	Länge Zoll	Kathodendurchmesser Zoll bzw. mm	Kathode	Stufenzahl	Max. Betriebsspannung Volt	Dynodenspannung Volt/Stufe	U Kathode-Dynode 1 (Volt) min max	Verstärkung V
Du Mont	K 1193	$4^{7}/_{8}$	$^{1}/_{2}$	S 11	10	1300	105	250	$1{,}5 \cdot 10^5$
	K 1209	$8^{1}/_{2}$	$4^{3}/_{16}$	S 11	12	1800	105	400	$2 \cdot 10^5$
	K 1213	$7^{1}/_{8}$	$2^{11}/_{16}$	S 11	12	1800	105	400	$2 \cdot 10^5$
	K 1295	$6^{3}/_{4}$	$1^{1}/_{2}$	S 11	12	1800	105	400	$2 \cdot 10^5$
	K 1303	$2^{11}/_{16}$	$^{1}/_{2}$	S 11	6	1300	145	300	$3 \cdot 10^3$
	K 1322	$4^{1}/_{4}$	1	S 11	10	1800	145	400	$2 \cdot 10^6$
	K 1361	$4^{1}/_{4}$	1	S 11	10	1300	105	300	$7{,}5 \cdot 10^5$
	K 1391	$7^{1}/_{2}$	$4^{3}/_{16}$	S 11	10	1300	105	300	$7{,}5 \cdot 10^5$
	K 1382	$4^{7}/_{8}$	$^{1}/_{2}$	S 11	10	1300	105	250	$3 \cdot 10^5$
	K 1384	$12^{1}/_{2}$	$11^{1}/_{4}$	S 11	12	1500	105	400	$2 \cdot 10^5$
	K 1390	$7^{1}/_{8}$	$2^{1}/_{2}$	S 11	10	1300	105	300	$7{,}5 \cdot 10^5$
	K 1500	$5^{5}/_{8}$	$1^{1}/_{2}$	S 11	10	1800	145	400	$2 \cdot 10^6$
	K 1566	$5^{1}/_{16}$	$^{1}/_{2}$	S 13	10	1300	105	250	$1{,}5 \cdot 10^5$
	K 1572	$5^{3}/_{8}$	$^{1}/_{2}$	S 11	10	1300	105	250	$1{,}5 \cdot 10^5$
	K 1608	$5^{1}/_{16}$	$^{1}/_{2}$	S 11	10	1300	105	250	$3 \cdot 10^5$
	6291	$4^{3}/_{4}$	$1^{1}/_{4}$	S 11	10	1800	145	400	$2 \cdot 10^6$
	6292	$5^{5}/_{8}$	$1^{1}/_{2}$	S 11	10	1800	145	400	$2 \cdot 10^6$
	6363	$6^{1}/_{8}$	$2^{1}/_{2}$	S 11	10	1800	145	400	2.10^6
	6364	$7^{1}/_{2}$	$4^{3}/_{16}$	S 11	10	1800	145	400	$2 \cdot 10^6$
	6467	$4^{1}/_{2}$	1	S 11	10	1800	145	400	2.10^6
	7064	$5^{5}/_{8}$	$1^{1}/_{2}$	S 11	10	1300	105	300	$7{,}5 \cdot 10^5$
	7065	$4^{3}/_{4}$	$1^{1}/_{4}$	S 11	10	1300	105	300	$7{,}5 \cdot 10^5$
RCA	2020		2″	4400 S 11	10	{1250 1500			{$1{,}2 \cdot 10^5$ $5{,}6 \cdot 10^5$
	5819		2″	S 11	10	1000			$5 \cdot 10^5$
	6199		$1^{1}/_{2}$	S 11	10	1000			$6 \cdot 10^5$
	6342		2	S 11	10	1250			$1{,}7 \cdot 10^5$
	6655 A		2	S 11	10	1000			$9 \cdot 10^5$
	6810 A		2	S 11	14	2000			$12{,}5 \cdot 10^6$
	6903		2	S 13	10	1250			$3{,}5 \cdot 10^4$
	7046		5	S 11	14	2800			$3 \cdot 10^6$
	7264		2	S 11	14	2000			$12{,}5 \cdot 10^6$
	7265		2	S 20	14	2400			$9{,}35 \cdot 10^6$
	7326		2	S 20	10	1800			$1{,}5 \cdot 10^5$
	7746		2	S 11	10	1200			$1{,}6 \cdot 10^7$
	7764		$^{3}/_{4}$	S 11	6	1500			$5 \cdot 10^3$
	7767		$^{3}/_{4}$	S 11	10	1500			$1{,}25 \cdot 10^5$

$$U = \frac{Q}{C} = \frac{e}{C} F \cdot d^n B \cdot p \cdot s\, E_r/E_p \qquad (7)$$

Gleichgültig, ob es sich um einen Röhren- oder Transistor-Verstärker handelt, hat dieser die Aufgabe, die Spannungsimpulse niederohmig auf das Zuleitungskabel auszukoppeln.

In **Tabelle 1** sind die üblichsten SEV-Typen für Szintiscanner aufgeführt.

1.2.3. Die Kollimatoren

Ein gammastrahlende Stoffe enthaltendes Organ hat nach außen ein Gammafeld, das in etwa als kugelsymmetrisch angesehen werden kann. Das Szintigraphieproblem besteht darin, eine möglichst optimale Projektion des räumlichen Organs auf die Schreibebene zu erzielen. Dazu ist es notwendig, die ursprünglich nahezu kugelsymmetrische Empfindlichkeitsverteilung des Detektorkristalls durch Schwermetallabschirmungen so einzublenden, daß ein Aufnahmekegel möglichst kleinen Durchmessers und möglichst geringen Winkels bestehenbleibt. In der Apertur dieser Bleiblende, die Kollimator genannt wird, soll sich ein möglichst kleines Flächenelement des anvisierten Organs befinden.

Tab. 1 Fortsetzung

Fabrikat	Type	Länge Zoll	Kathodendurchmesser Zoll bzw. mm	Kathode	Stufenzahl	Max. Betriebsspannung Volt	Dynodenspannung Volt Stufe	U Kathode-Dynode 1 (Volt) min	max	Verstärkung V
	8053		2	S 11	10	2000				$2{,}5 \cdot 10^5$
	8054		3	S 11	10	2000				$2{,}5 \cdot 10^5$
	8055		5	S 11	10	2000				$2{,}5 . 10^5$
Philips	52 AVP	135	20	Sb Cs	10	1800		120	500	
	53 UVP, 53 AVP	129	44	Sb Cs	11	1800		200	500	
	54 AVP	210	11	Sb Cs	11	2000		120	500	
	56 UVP, 56 AVP	170	42	Sb Cs	14	2500		250	800	
	57 AVP	305	200	Sb Cs	11	2500		200	1000	
	58 AVP	265	110	Sb Cs	14	3500		250	800	
	150 UVP, 150 AVP	110	32	Sb Cs	10	1800		120	500	
	152 AVP	88	14	Sb Cs	10	2000		120	300	
	153 AVP	129	44	Sb Cs	11	1800		200	500	
	XP 1030	136	63,5	Sb Cs	10	2000		120	500	
EMI	6094 B		10	S 11	11	1525		150		
	6097 B		44	S 11	11	2000		150		
	6097 F		44	Cs Sb	11	2000				
	6097 S		44	Cs Sb	11					
	6099 B		111	Cs Sb	11					
	6255 B		44	Cs Sb	13					
	6256 B		10	Cs Sb	13					
	6260 B		44	Cs Sb (S)	11					
	6262 B		44	Cs Sb (S)	14					
	9502 B		10	Cs-Sb	13					
	9502 S		10	Cs-Sb (S)	13					
	9514 B		44	Cs-Sb	13					
	9514 S		44	Cs-Sb (S)	13					
	9524 B		23	Cs-Sb	11					
	9524 S		23	Cs-Sb (S)	11					
	9526 B		23	Cs-Sb	11					
	9530 B		111	S 11	11	2000		450		
	9530 F		111	Cs-Sb	11					
	9531 B		75	S 11	11	1850		300		
	9531 F		75	Cs-Sb	11					
	9536 B		44	Cs-Sb	10	1700				

Das Endziel dieser Untersuchung muß es sein, ein ebenes „Isodosenfeld“ des Organs darzustellen. Diese Isodosenverteilung ließe sich theoretisch durch manuelle Verschiebung eines Szintillationszählers auf Kurven gleicher Impulsrate erzielen. Der Szintiscanner setzt dagegen ein isodosenfeldähnliches Bild zeilenweise zusammen. Bildgüte und optisches Auflösungsvermögen derartiger Szintigramme werden hauptsächlich durch die Kollimation des Detektorkristalls bestimmt. Da sich die Güte der Kollimation und die gewünschte Empfindlichkeit des Szintiscanners gegenseitig beeinflussen, ist dem Kapitel der Kollimation ein nicht zu unterschätzender Umfang zuzuordnen.

Nachstehend sind die theoretischen Überlegungen von VAN DER DOES DE BYE (6) und BROWNELL (7) in gekürzter Form wiedergegeben:

Ist ε (x', y', z') die von den drei Koordinaten abhängige Empfindlichkeitsverteilung und ϱ (x, y, z) die Aktivitätsverteilung in der darzustellenden Objektregion, dann ist ganz allgemein die aus dem Scannerbild zu gewinnende Information:

$$R = \int \varepsilon(x', y', z')\, \varrho(x, y, z)\, dv \qquad (8)$$

Zur Vereinfachung des Problems sei die dritte Koordinate z bzw. z' vernachlässigt. Die dann darzustellende Fläche sei A und habe die Länge l.

Die Empfindlichkeit des Detektors gegenüber einer Punktquelle im Maximum der Kollimatorkurve sei ε_0. Der Abstand bis zur Abnahme der Kurve auf $\varepsilon_0/2$ sei d, so daß $2\,d$ der Halbwertbreite in **Abbildung 16** entspricht.

Zur weiteren Vereinfachung sei angenommen, daß die Empfindlichkeitsverteilung idealisiert

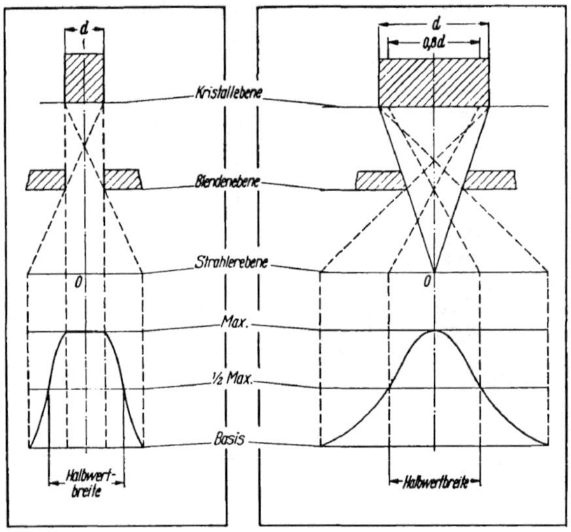

Abb. 16. Kollimatorcharakteristiken für zylindrische Kollimatoren (links) und konische Kollimatoren (rechts)

rechteckig sei. Die Maximalempfindlichkeit soll also über eine Länge l konstant ε_0 betragen, außerhalb ist sie dann $\varepsilon_0 = 0$.

Ferner ist die Abtastcharakteristik rund zu denken. Es entsteht also ein abtastender Empfindlichkeitszylinder vom Durchmesser d senkrecht zur Scanningebene. Zu jedem Zeitpunkt registriert der Detektor also die Aktivität in dem zylindrischen Bezirk von Durchmesser d.

In der Praxis liegt jedoch eine Glockenkurve als Aufnahmecharakteristik vor, d. h. auch Außenbezirke tragen zur Registrierung bei. Eine optimale Registrierung ergibt sich, wenn dieser geometrisch bedingte Registrierfehler etwa dem statistischen Registrierfehler entspricht. Dieser soll bei einer gut auswertbaren Aufnahme etwa 20% betragen. Die Impulsregistrierung folgt etwa einer Poisson-Verteilung. Es ist dann

$$\frac{\sqrt{n}}{n} = 0{,}2$$

oder

$n = 25$ Impulse pro Meßfeld vom Durchmesser d

Die Meßfeldfläche ist $\pi\, d^2/4$. Die gesamte abzutastende Fläche A besteht also aus

$4\,A/\pi d^2$ zu registrierenden Einzel-Meßfeldern.

Da 25 Impulse pro Meßfeld benötigt werden, setzt sich ein komplettes Szintigramm oder Photogammagramm aus

$$N = \frac{100\,A}{\pi d^2} \qquad (9)$$

registrierten Impulsen zusammen.

Es sei angenommen, daß die Nuklidkonzentration in der Meßfläche konstant bleibt. ϱ kann hier ausgedrückt werden als Zahl der Photonen/sec pro cm³ Gewebe.

Dann ist aber auch

$$N = \frac{\varrho\, \varepsilon_0}{4}\, \pi d^2 l \cdot T \qquad (10)$$

Aus (3) und (4) ergibt sich die Nuklidkonzentration zu

$$\varrho = \frac{400\,A}{\pi^2 d^4\, l\, \varepsilon_0\, T}\ \text{Photonen/sec} \cdot \text{cm}^3 \qquad (11)$$

wo T die gesamte Abtastzeit für ein Szintigramm ist.

Gl. 11 gibt diejenige spezifische Aktivität, die zur Darstellung eines Szintigramms ausreicht, und zwar für die gewählte Ausblendungsöffnung d. Es ist ersichtlich, daß ϱ in der vierten Potenz von d abhängig ist!

Im praktischen Fall ist $\varrho = \varrho\,(x, y)$, so daß dann Gl. 11 nur für einen Mittelwert gelten kann.

Die Ansprechempfindlichkeit des Detektors ist von vier Faktoren abhängig:

$$\varepsilon = f \cdot g \eta s \qquad (12)$$

Darin ist:

f = Anzahl der Photonen im Raumwinkel der Apertur
g = Geometrische Empfindlichkeit
η = Strahlenschwächung im Meßobjekt
s = Absolute Ausbeute des Detektors.

Die Bestimmung von g ist im folgenden Abschnitt für die 4 Kollimatorsysteme aus **Abbildung 17** durchgeführt.

Fall I: Zylinderkollimator. Es sei in **Abbildung 18** der Radius des Kollimators bezeichnet mit b. a ist die Kollimatorlänge, x der Quellenabstand und r der Abstand der Quelle von der Achse maximaler Empfindlichkeit. Dann ist A' diejenige Fläche des wirksamen Blendenquer-

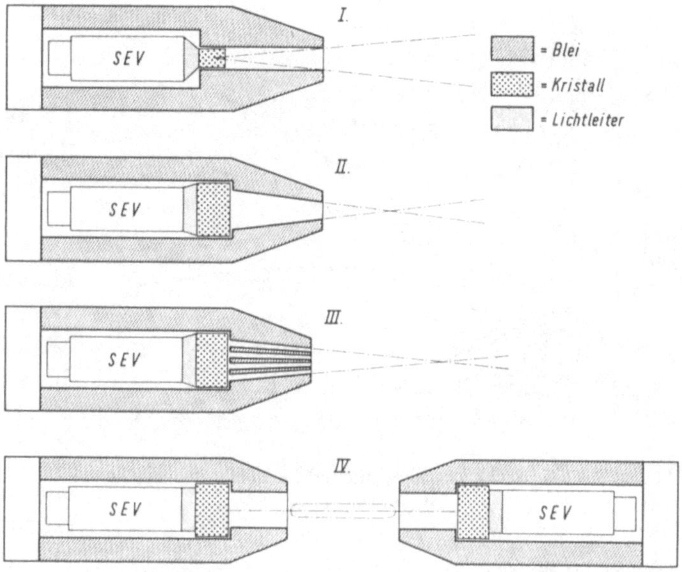

Abb. 17.
Drei Kollimatorsysteme für die Szintigraphie

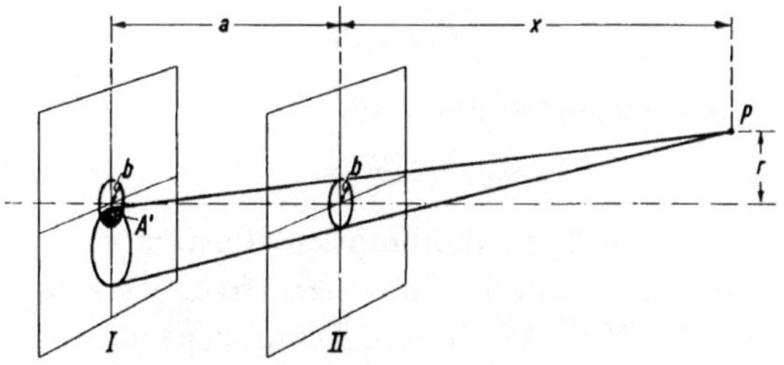

Abb. 18. Geometrie des Zylinderkollimators

schnittes, die zum Meßeffekt beiträgt. Daraus ergibt sich die geometrische Empfindlichkeit zu

$$g = \frac{A'}{4\pi(a+x)^2} \qquad (13)$$

Die Werte für g als Parameter lassen sich aus **Abbildung 19** entnehmen.

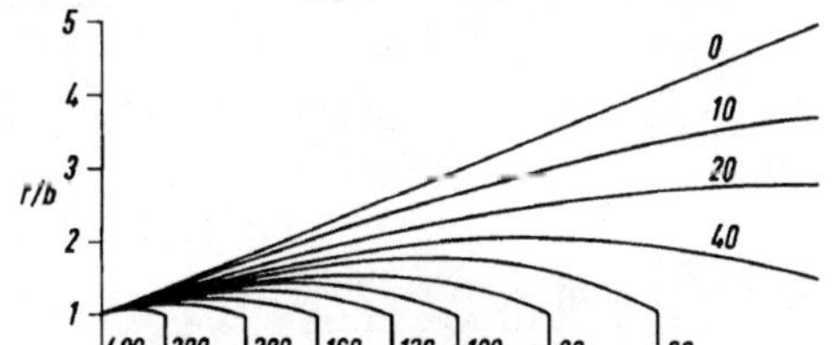

Abb. 19. Geometrische Empfindlichkeit für zylindrische Kollimatoren

Die absolute Empfindlichkeit am Punkte beträgt:

$\frac{x}{a} = 1$ Quellen — Kollimatorabstand gleich Kollimatorlänge

$\frac{r}{b} = 0$ auf der Strahlachse

beträgt:

$$G_o = b^2/16\,a^2 \qquad (14)$$

Das geometrische Auflösungsvermögen ist dabei:

$$d = 4{,}0\,b \qquad (15)$$

Fall II: Konischer Kollimator. Es gilt auch hier Gl. (13) und Gl. (14). g läßt sich als Parameter aus **Abbildung 20** entnehmen. Dabei wird vorausgesetzt, daß die Blendenöffnung einen Radius von $R_2 = \frac{b}{2}$ aufweist, wenn der Detektor einen wirksamen Radius von $R_A = b$ besitzt.

Dann beträgt das geometrische Auflösungsvermögen

$$d = 1{,}75\,b \qquad (16)$$

Fall III: Fokussierte Kollimatoren. Der Detektorkristall hat den Radius b_0. In diesem liegen die Blendenöffnungen der einzelnen konischen Kanäle mit dem kristallnahen Radius b und dem kristallfernen Radius $b/2$. Die gesamte kristallferne Austrittsfläche aller Kanäle habe den Radius $b_0/2$. Ferner sei $b/b_0 = 0{,}2$.

Für den einzelnen konischen Kanal gilt natürlich wieder **Abbildung 20.** Im Verband mit den anderen Kanälen sei dann r modifiziert zu r'. Der Wert g muß sich dann durch Integration bis zum Detektor-Radius b_0 ergeben, also

$$g(x/a;\, r/b) = 2 \int_0^{2b-r} U(x/a;\, r'/b) \left(\frac{2a}{a-x}\right)^2 \Phi r' dr' \qquad (17)$$

Darin ist:

$$U(x/a;\, r'/b) = g/\pi b^2$$

die Empfindlichkeitsverteilung pro Flächeneinheit der Detektorfläche.

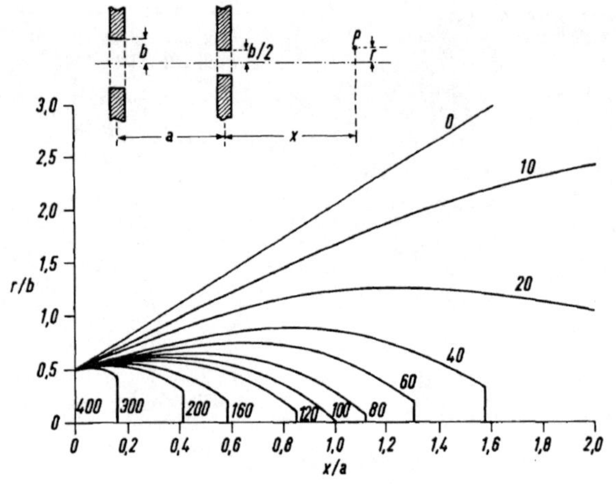

Abb. 20. Geometrische Empfindlichkeit für konische Kollimatoren

Ferner ist Φ für

$$0 \leqq r \leqq b_0\left(\frac{a-x}{2a}\right) - r' \; : \; \dot{\Phi} = \pi$$

und

$$b_0\left(\frac{a-x}{2a}\right) - r' \leqq r \leqq \sqrt{b_0^2\left(\frac{a-x}{2a}\right)^2 - r'^2} \; :$$

$$: \; \dot{\Phi} = \frac{\pi}{2} + \sin^{-1}\left[\frac{b_0^2\left(\frac{a-x}{2a}\right)^2 - (r'^2 - x^2)}{2rr'}\right]$$

und

$$\sqrt{b_0^2\left(\frac{a-x}{2a}\right)^2 - r'^2} \leqq r \leqq b_0\left(\frac{a-x}{2a}\right) + r' \; :$$

$$: \; \dot{\Phi} = \cos^{-1}\left[\frac{(r'^2 + r^2) - b_0^2\left(\frac{a-x}{2a}\right)}{2rr'}\right]$$

und

$$b_0\left(\frac{a-x}{2a}\right) + r' \leqq r \; : \; \dot{\Phi} = 0$$

In **Abbildung 21** ist die geometrische Empfindlichkeit als Parameter dargestellt für die Bedingungen:

$$b_0/b = 5 \text{ und fokussiert auf } x/a = 1$$

Man erhält also Isoempfindlichkeitskurven. Wenn die Empfindlichkeit für $x/a = 1$ und $r/b = 0$ auf 100 normiert wird, so zeigt **Abbildung 21,** daß das Empfindlichkeitsmaximum bei:

$$x/a = 0{,}85 \text{ und } r/b = 0$$

erscheint. Diese Tatsache ist für die Praxis von erheblicher Bedeutung.

Die geometrische Auflösung ergibt sich wieder zu

$$d = 1{,}75\, b$$

Die Absolutempfindlichkeit ist

$$g_0 = 25\, b^2/32\, a^2 \tag{18}$$

Fall IV: Positronenkollimation. Positronenstrahler ergeben durch die Vernichtungsstrahlung zwei 0,51 MeV-Photonen. Diese werden in 180°-Richtung emittiert. Daher bietet sich die Koinzidenz-Methode zur Detektion an. Der Strahler befindet sich im Raum zwischen zwei sich mit den Kollimatoren gegenüberstehenden Szintillationszählern. Ihre Ausgänge sind in einer Koinzidenzstufe zusammengeschaltet, so daß nur die koinzidierenden Vernichtungsstrahlungsimpulse den Registriervorgang auslösen können.

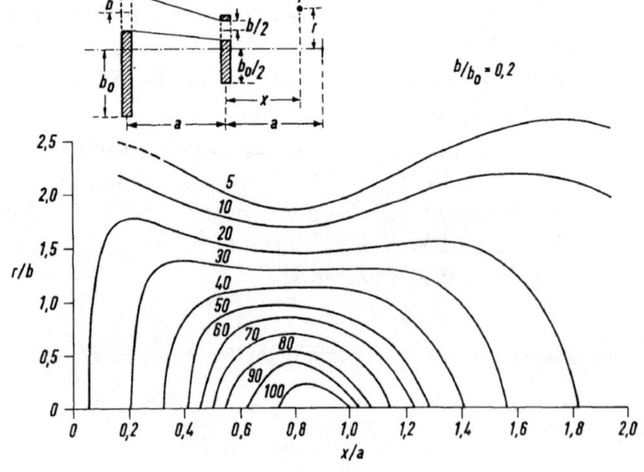

Abb. 21. Geometrische Empfindlichkeit für fokussierte Kollimatoren

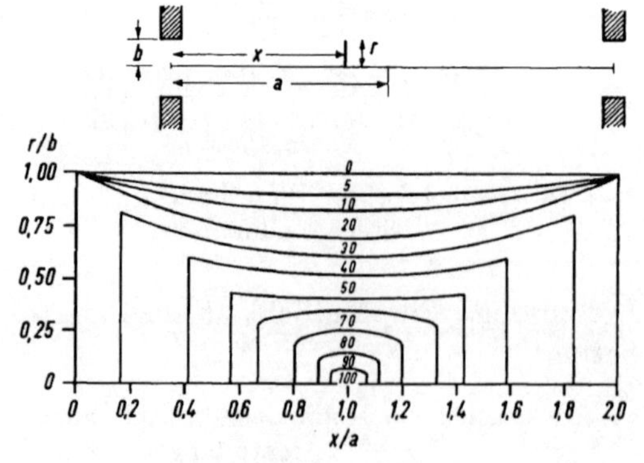

Abb. 22. Geometrische Empfindlichkeit f. zwei koinzidierende Szintillationszähler in 180°-Stellung

Tab. 2. Kollimator-Kriterien

Kollimator-Typ	Absolutempfindlichkeit g_0	Geom. Auflösung d	Relativempfindlichkeit
Zylinder-Kollimator	$b^2/16\,a^2$	4,00 b	1,00
Konischer Kollimator	$b^2/16\,a^2$	1,75 b	5,23
Fokussierender Kollimator	$25\,b^2/32\,a^2$	1,75 b	65,4
Positronenkollimator	$b^2/4\,a^2$	0,82 b	95,5

Zur Berechnung der geometrischen Empfindlichkeit läßt sich **Abbildung 18** analog benutzen. A' ist in diesem Falle für beide Detektoren zu verstehen. Dann ist

$$g = \frac{A'}{4\pi x^2} \text{ für } 0 \leqq x \leqq a \tag{19}$$

Die Empfindlichkeit ist symmetrisch für $x/a = 1$.

In **Abbildung 22** ist die geometrische Empfindlichkeit für diesen Fall graphisch aufgetragen. Dabei werden die Werte für $x/a = 1$ und $r/b = 0$ auf 100 normiert. In der Mittelebene ist $d = 0{,}82\ b$. Die geometrische Absolutempfindlichkeit ist dann:

$$g_0 = b^2/4a^2 \tag{20}$$

In **Tabelle 2** sind die Kenndaten für die 4 Kollimatoren zusammengestellt.

Aus Tabelle 2 ist ersichtlich, daß Zylinder-Kollimatoren für die Szintigraphie eigentlich ungeeignet sind. Ferner zeigt die Tabelle, daß konische Kollimatoren kleiner Blendenöffnung zwar eine gute Auflösung ergeben können, dann ist die Empfindlichkeit aber unzureichend. Bei guter Empfindlichkeit ist dafür die Auflösung unbefriedigend. Optimal sind Positronen-Koinzidenz-Detektoren. Sie bleiben aber auf wenige Anwendungen beschränkt. In der Praxis wird daher weitgehend mit fokussierenden Mehrkanalkollimatoren gearbeitet. Nur dort, wo die Empfindlichkeit nicht ausreicht, greift man auf konische Kollimatoren großer Blendenöffnung zurück und nimmt dort bewußt eine schlechte geometrische Auflösung in Kauf.

Die geschilderten geometrischen Bedingungen setzen eine vollständige Strahlenabsorption im absorbierenden Teil des Kollimators voraus. Diese ist aber niemals gegeben. Durch Leckstrahlung wird vielmehr der Lochdurchmesser b scheinbar verbreitet um $\Delta\, b$. Gleichzeitig verringert sich dadurch das geometrische Auflösungsvermögen d um $\Delta\, d$. Damit gilt die Beziehung:

$$\frac{\Delta b}{b} = \frac{\Delta d}{d} = \frac{1}{\mu a} \tag{21}$$

Darin ist a die Kollimatorlänge in cm und μ der Absorptionskoeffizient für das Kollimatormaterial. Da $\mu = \mu(\mathrm{E})$ ist, besteht also eine erhebliche Energieabhängigkeit der Kollimatorbedingungen, sofern überhaupt eine Leckstrahlung durchdringt. Für energiearme Strahler sind also optimale Ausblendungsbedingungen leichter zu erfüllen.

Da μ und a ein Produkt darstellen, kann man eine ungenügende Absorption durch einen längeren Kollimator ausgleichen. Dieser Fall ist bei der Messung energiereicher Nuklide, wie z. B. Co-60, interessant. Hier würde eine vollständige Absorption zu einer unzulässigen Last für das Laufwerk führen.

Für den Fall der zu vernachlässigenden Leckstrahlung, also ausreichender Schwermetallabsorption, resultieren Ausblendungscharakteristiken, wie sie in **Abbildung 23** und **24** für konische Kollimatoren dargestellt sind.

Man gewinnt derartige Kurven durch schrittweise Ausmessung mit einem Punktpräparat des betreffenden Radio-Isotopes. Als Meßgerät muß ein Ratemeter verwendet werden. Diese Kurven gelten in Luft. In stärker absorbierenden Medien überlagert sich noch die Absorption, die zu einer Verringerung der Reichweite führt.

Wie die Abbildungen zeigen, liegt im Falle konischer Kollimatoren das Maximum der Empfindlichkeit stets auf der Hautoberfläche. Das gleiche gilt für zylindrische Kollimatoren. Wenn ein Organ z. B. eine Tiefe von 6 cm besitzt, so wird die Aktivität in den tieferen Gewebeschichten nur noch zu etwa 50% wiedergegeben. Diese theoretischen 50% verringern sich auf 40 bis 20% je nach Energie des verwendeten Radio-Nuklids.

Für die fokussierten Mehrkanal-Kollimatoren wird von Myhill (8) eine Theorie der geometrischen Bedingungen beschrieben. Diese läßt für die Praxis folgende Aussagen zu:

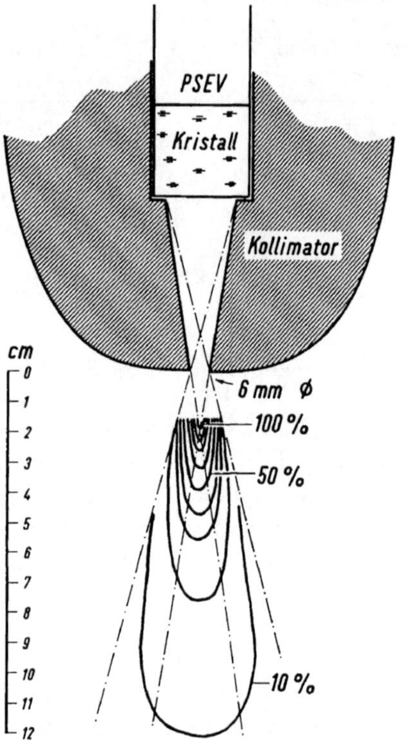

Abb. 23. Ausblendungscharakteristik für einen konischen Kollimator mit 6 mm-Öffnungs-Durchmesser

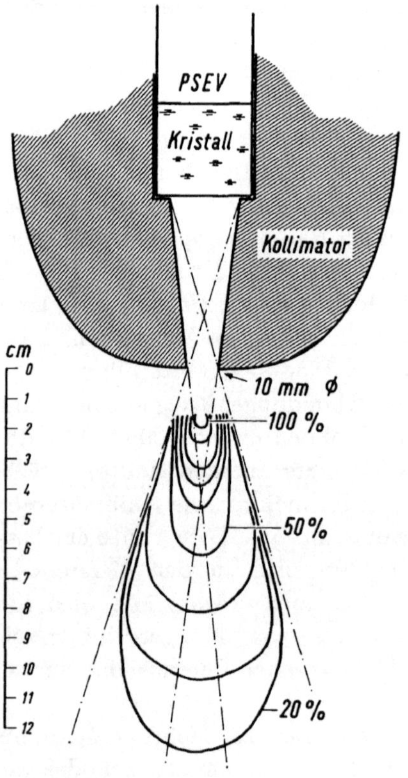

Abb. 24. Ausblendungscharakteristik für einen konischen Kollimator mit 10 mm-Öffnungs-Durchmesser

Die einzelnen Kanäle sollen in einem Punkte im Abstand x (**Abb. 25**) konvergieren. Dabei ist es nicht notwendig, daß die Spitzen der Kanal-Konusse ebenfalls in diesem Abstand liegen. Im Interesse der Empfindlichkeit ist es vielmehr besser, wenn die Spitzen der Kanal-Konusse in einem Abstand $x + z$ liegen. Damit haben die einzelnen Konus-Kanäle in der Abtastebene des Abstandes x noch einen endlichen Querschnitt.

Die Schwermetalltrennwände oder Septen zwischen den einzelnen Kanälen sind in ihrer Dimensionierung von folgenden Parametern abhängig:

a) Gamma-Energie des Strahlers. Mit der Energie muß die Septen-Dicke steigen.

b) Blenden-Durchmesser des einzelnen Kanals.

c) Maximaler Winkel der seitlichen Einstrahlung.

b) und c) beeinflussen sich gegenseitig. Mit zunehmendem Blendendurchmesser steigt auch der maximale Winkel der seitlichen Einstrahlung. Damit wird eine zunehmende Septen-Dicke benötigt. Daraus folgt, daß optimale Kollimatoren stets nur für ein enges Energieintervall gelten können.

In **Abbildung 26** ist der Einfluß der Anzahl an Einzelkanälen auf die Fokussierungseigenschaften von Mehrkanal-Kollimatoren dargestellt. Danach erscheint es zunächst optimal mit möglichst vielen Bohrungen zu arbeiten. Dies gilt jedoch nur für sehr kleine Abtastbezirke. Wenn ein Organ eine größere Tiefenausdehnung aufweist, so ist im Gegenteil eine geringe Bohrungszahl günstig, um die tieferen Schichten mit zu erfassen.

Die in Luft gemessenen Empfindlichkeitskurven aus **Abbildung 27** werden nun im Gewebe reduziert. Diese Reduktion entsteht durch die Strahlungsabsorption im Gewebe und ist daher entsprechend energieabhängig. Für das gebräuchlichste Energieintervall von 0,3 bis 0,4 MeV kann mit einem Faktor von 0,7 gerechnet werden. Ist R_L die Isoempfindlichkeitsreichweite in Luft und R_W diejenige in Wasser, so gilt:

$$R_W = 0{,}7 \cdot R_L \qquad (22)$$

Mit steigender Energie nähert sich natürlich der Faktor dem Wert 1. Danach ist es klar, daß die flächenhafte Wiedergabe eines dicken Organs nicht mittels eines energiearmen Strahlers erfolgen kann. So berichtet WOLF (9), daß bei der Leberszintigraphie mit J-125-Bengalrosa wegen

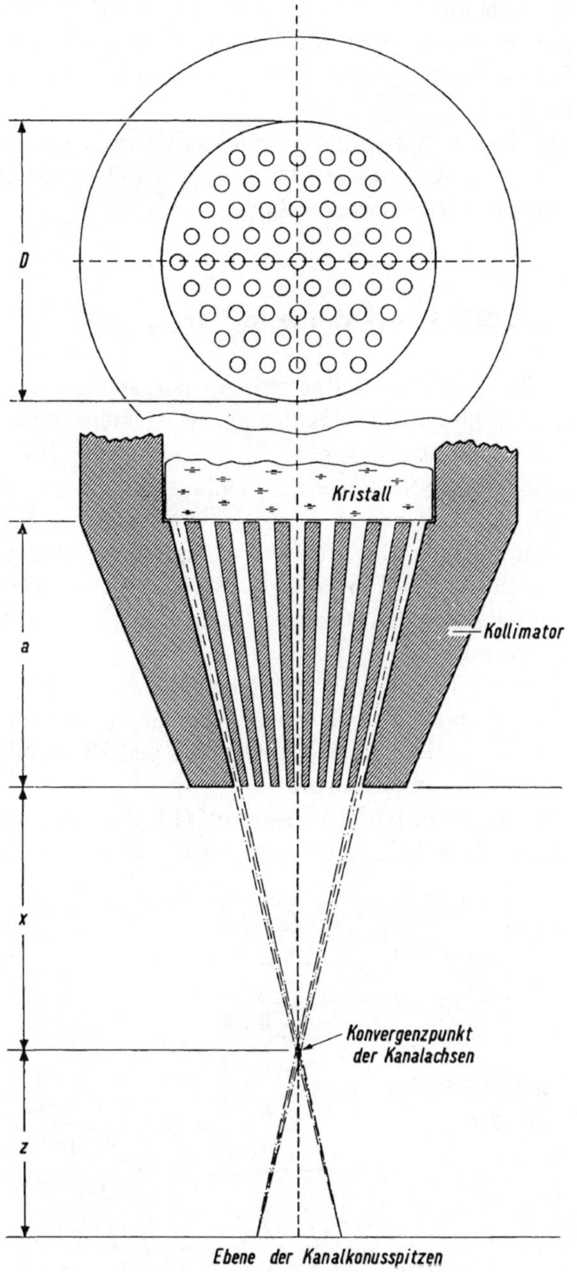

Abb. 25. Geometrische Parameter von fokussierten Kollimatoren

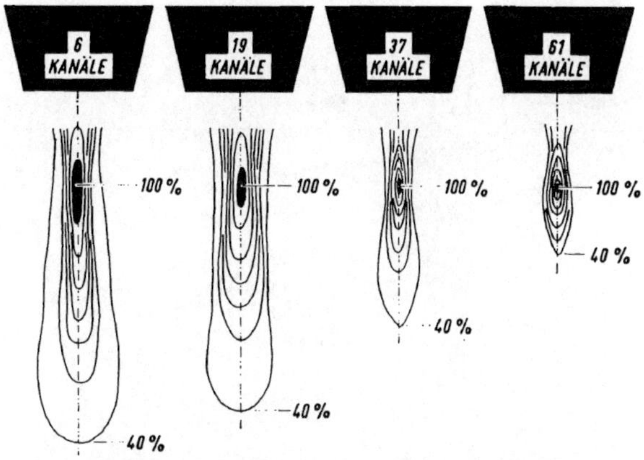

Abb. 26. Einfluß der Bohrungsanzahl auf die Fokussierungseigenschaften von Mehrkanal-Kollimatoren

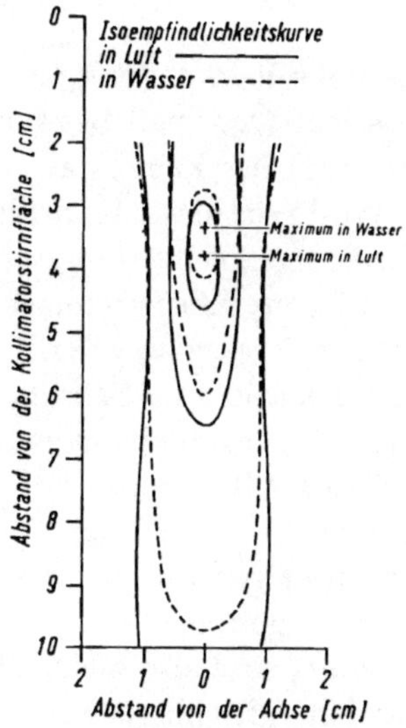

Abb. 27. Empfindlichkeitsverteilung eines fokussierten Kollimators in Luft (+) und Wasser (+) bei 0,321 MeV.

der Energie von nur 35 keV vorzugsweise die obersten Leberschichten dargestellt werden. Defekte in tieferen Schichten können nicht erkannt werden.

Die Wahl eines sehr energiereichen γ-Strahlers führt dagegen ebenfalls zur Verflachung der Kontraste. Da in Gl. (21) der Wert von μ mit E abnimmt, sinkt das geometrische Auflösungsvermögen. Gleichzeitig nehmen mit E die Absorptionsunterschiede der Gewebe ab, was ebenfalls bildverschlechternd wirkt.

1.3. Die verschiedenen Abtastsysteme

1.3.1. Die Profil-Szintigraphie

Die Profil-Szintigraphie besteht in der linearen Abtastung des Organismus längs einer Körperachse. Die Methode wurde von Pochin (10) 1934 eingeführt. Sie wurde von Concannon (11) und Pircher (12, 13) verbessert. Wie das Schema in **Abbildung** 28 zeigt, findet als Detektor ein

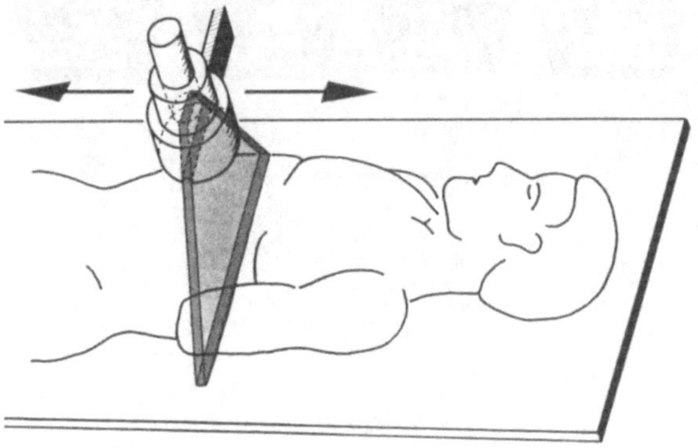

Abb. 28. Profil-Szintigraphie im Schema

Szintillationszähler Verwendung, der einen Spalt-Kollimator besitzt. Der Spalt begrenzt die Empfangscharakteristik des Zählers auf den Körperquerschnitt. Wird nun dieser Szintillationszähler über dem Körper längs seiner Längsachse bewegt, so kann die in jedem Körperquerschnitt enthaltene Aktivität registriert werden. Den gleichen Effekt erzielt ein stationärer Szintillationszähler, unter dem der Patient mit einem entsprechenden beweglichen Tisch mit konstanter Geschwindigkeit bewegt wird.

Da der Szintillationskristall von der Mittelachse des Körpers einen geringeren Abstand aufweist, als von den Seiten, sind also nicht alle Organe in der Lokalisation gleichberechtigt. Um diese Gleichberechtigung zu erzielen, wurden von PIRCHER et al. (13) 12 Szintillationszähler in Reihe verwendet.

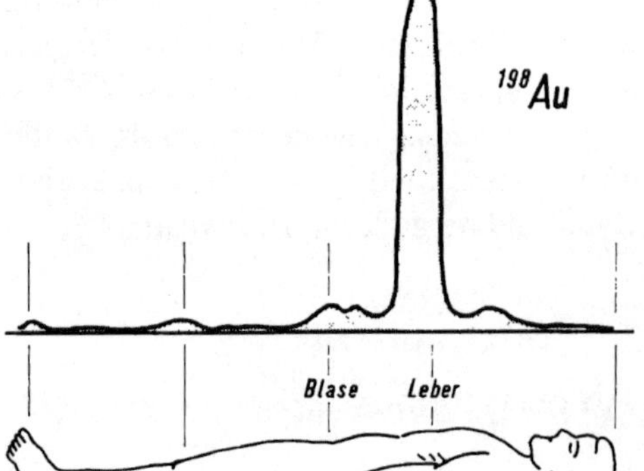

Abb. 29. Profil-Szintigramm 8 Std. nach Gabe von Au-198

In **Abbildung 29** ist ein typisches Profil-Szintigramm nach Gabe von Au-198 dargestellt. Die Speicherung in der Leber ist deutlich zu erkennen.

Das Profil-Szintigramm ist überall dort geeignet, wo es auf die schnelle Abtastung zur Lokalisation eines Aktivitätsortes ankommt.

1.3.2. Die konventionelle Szintigraphie

Abbildung 1 zeigt das Prinzip der mäanderförmigen Abtastung, das der überwiegenden Mehrzahl aller Szintigraphie-Geräte zugrunde liegt. Dabei sind verschiedene technische Lösungen möglich. Bei den meisten Geräten liegt der Patient fest, das Gerät steht fest, und der Szintillationszähler wird in x- und y-Richtung motorisch bewegt. Diese Abtastung ist in **Abbildung 30a** dargestellt.

Für diejenigen Fälle, in denen der Patient zur Aufnahme der zweiten Ebene nicht gedreht werden kann, ist die Abtastung gemäß **Abbildung 30b** sehr wertvoll.

Es sind auch Geräte bekannt (14, 15), die bei stationärer Montage einer Antriebsspindel mit

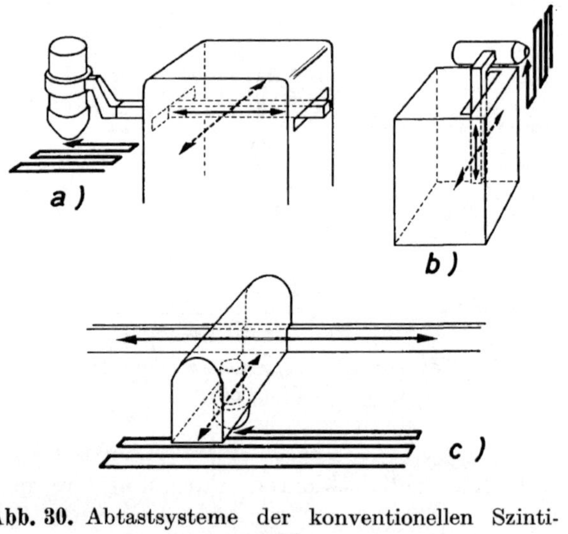

Abb. 30. Abtastsysteme der konventionellen Szintigraphie

einem relativ einfachen Antriebsmechanismus auskommen. **Abbildung 30c** zeigt das Prinzip. Da hier ein Halterahmen für die lange Spindel entfällt, eignen sich diese Geräte gut für Ganzkörperaufnahmen.

1.3.3 Die szintigraphischen Sondermethoden

Da der Querschnitt des menschlichen Körpers nahezu ellipsenförmig ist, kann eine ebene Abtastfläche stets nur einen Kompromiß darstellen. Wenn der Kollimator in Körpermitte optimal eingestellt wurde, so wird die Einstellung an den Rändern stets schlechter sein, da hier die Kollimatorabstände zunehmen. KUHL (16) beschreibt daher einen Scanner, der ein Zylindersegment als Abtastfläche schreibt. Wie **Abbildung 31** zeigt, verwendet er ferner 2 Szintillationszähler, so daß 2 Flächen in verschiedenen Gewebstiefen abgetastet werden können. Ähnliche Überlegungen machen CAHA und KALLUSCH (17). Sie beschrieben einen radial an einen festen Arm montierten Szintillationszähler, der den Patienten durch Schwenkbewegungen des Armes auf einem Kreisbogenteil abtastet. Der Arm folgt dabei in seiner Höheneinstellung der Kontur des Körpers.

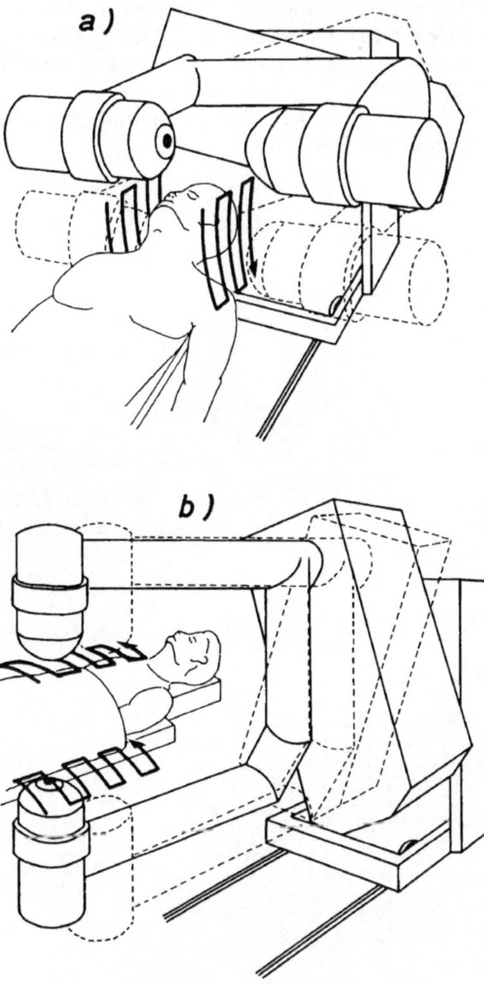

Abb. 31. Szintiscanner von D. E. KUHL

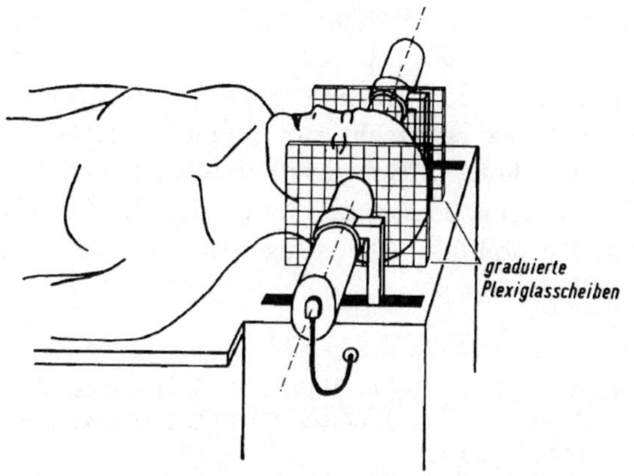

Abb. 32. Positronen-Scanner von BROWNELL und SWEET

Nach einem völlig anderen Prinzip arbeitet der Positronen-Scanner von BROWNELL und SWEET (18, 19, 20). Das in **Abbildung 32** schematisch dargestellte Gerät ist speziell für Hirntumor-Untersuchungen entwickelt worden. Die in 180°-Position stehenden Szintillationszähler werden parallel mäanderförmig verschoben und tasten so die Hirnebene ab.

Ebenfalls ein spezielles Gehirn-Untersuchungsgerät beschreiben REID und JOHNS (21). **Abbildung 33** zeigt das Prinzip dieses Scanners. Zwei kollimierte Szintillationszähler sind an entspre-

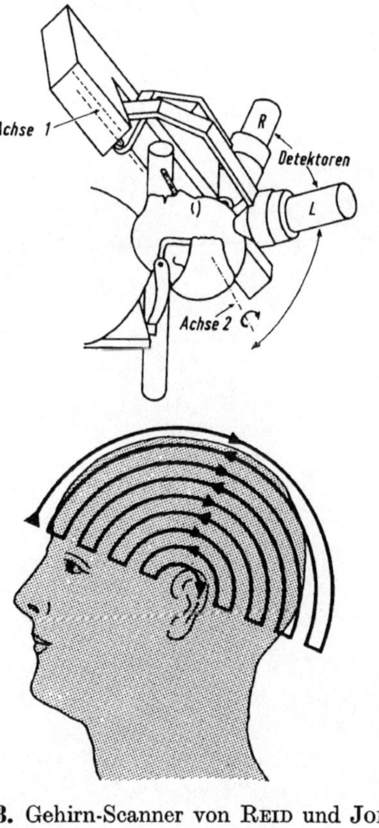

Abb. 33. Gehirn-Scanner von REID und JOHNS

chenden Armen drehbar aufgehängt. Sie bewegen sich motorisch um parallele Achsen. Gleichzeitig dreht sich der gesamte Montagearm um eine feste Achse senkrecht zur Papierebene. Die aus diesen Bewegungen resultierende Abtastfläche ist ein Kugelflächenabschnitt, der die Schädelkalotte einhüllt. **Abbildung 33b** zeigt die ebene Projektion dieses Abtastvorganges. Bei Wahl eines geeigneten fokussierten Kollimators sind alle Hirnsegmente bezüglich der Ansprechwahrscheinlichkeit und des Auflösungsvermögens nahezu gleichberechtigt. Diese optimalen Bedingungen sind mit dem konventionellen Abtastsystem niemals zu erreichen.

Literatur

1. BELL, P. R., R. C. DAVIS, D. S. HUGHES, W. H. JORDAN, C. A. RANDALL ORNL Progress Report 1415; 9/20/52
2. HARSHAW-Katalog 12 (1964)
3. WOLICKI, E. A., R. JASTROW and F. BROOKS: NRL-Report 4833
4. MAEDER, D. u. a.: Helv. Phys. Acta **27**, 3 (1954)
5. VALVO-Berichte VI, 35 (1960)
6. VAN DER DOES DE BYE, J. A. W. Nucleonics **14**, 128 (1956)
7. BROWNELL, G. L.: Jour. Appl. Rad. a. Isotopes **3**, 181 (1958)
8. MYHILL, J.: Jour. Appl. Rad. a. Isotopes **12**, 10 (1961)
9. WOLF, R.: In Krebsforschung und Krebsbekämpfung Urban u. Schwarzenberg, Berlin 207 (1964)
10. CORBETT, B. D., R. M. CUNNINGHAM, K. E. HALNAN, E. E. POCHIN: Physics in Medicine and Biology **1**, 37 (1956)
11. CONCANNON, I. P., F. BOLHUIS: Am. J. Roentgenol. **78**, 855 (1957)
12. MORRIS, A. C. J.: USAEC Report ORINS-33
13. PIRCHER, F. J., G. A. ANDREWS, M. BRUCER, D. D. ROSS: USAEC Report ORINS-36
14. LKB-Scanner der LKB-Produktes, Stockholm
15. ERNST, H. und G. KAUFMANN: Das deutsche Gesundheitswesen **13**, 1055 (1958)
16. KUHL, D. E.: Medical Radioisotope Scanning, Wien **1**, 273 (1964)
17. CAHA, A. und K. KALLUSCH: Deutsche Auslegeschrift 1093024 Kl. 21g 18/02 vom 17. 11. 60
18. BROWNELL, G. L. and W. H. SWEET: Nucleonics **11**, 40 (1953)
19. SWEET, W. H. and G. L. BROWNELL: Journ. of the Amer. Med. Association **157**, 1183 (1955)
20. BROWNELL, G. L. and W. H. SWEET: Acta Radiol. **46**, (1956)
21. REID, W. B. and H. E. JOHNS: Jour. Appl. Rad. a. Isotopes **3**, 1 (1958)

II Technik

Kapitel II

Die Technik der Szinti-Scanner

2. Die Technik der Szinti-Scanner

2.1. Elektronische Grund-Geräte zur Impulsverarbeitung

Die aus dem Organismus austretenden Strahlungs-Quanten werden vom Szintillationszähler in elektronische Impulse umgesetzt. Unter einem Impuls versteht man in der Elektronik einen einmaligen Strom- oder Spannungsstoß, der nach kurzer Zeit auf seinen Anfangswert abgeklungen ist. Periodisch wiederkehrende Impulse kennzeichnet man durch die Impuls-Folgefrequenz. Das Verhältnis von Impulsdauer zu Pause zwischen zwei äquidistanten Impulsen heißt Tastverhältnis.

In unserem Falle gibt es, wegen der Gesetze des radioaktiven Zerfalls, nur statistisch verteilte Impulse, also nicht periodische Impulsfolgen variabler Frequenz. Erst bei einer Mittelwertbildung über längere Zeiten läßt sich eine Art mittlerer Folgefrequenz bestimmen, die wir Impulsrate nennen wollen.

Ein positiver Spannungsimpuls steigt nach positiven Spannungswerten an, ein negativer nach Minus. In der Szintigraphie treten vorzugsweise Nadelimpulse **(Abbildung 1a)** und Rechteckimpulse **(Abbildung 1b)** auf. Es ist klar, daß die Impulsdauer bzw. die Basisbreite einen direkten Einfluß auf das Zeitauflösungsvermögen der Apparatur ausüben. Wenn die Impulsrate so hoch ist, daß die Impulse sich teilweise überdecken, so können sie elektronisch nicht mehr getrennt werden und werden daher als Einzelimpuls registriert. Je schmaler die Basisbreite, um so höher darf die Impulsrate sein, ohne daß Zählverluste auftreten. Wegen der statistischen Natur der Impulsrate treten die Zählverluste mit steigender Rate zunächst langsam in Erscheinung und steigen dann immer stärker an, entsprechend der zunehmenden Anzahl der sich überlappenden Impulsflächen.

In den folgenden Abschnitten wird der Versuch unternommen, den Weg der Ausgangsimpulse des Szintillationszählers bis zum Registrierteil zu verfolgen ohne elektronische Kenntnisse vorauszusetzen.

Der Kathodenfolger oder Emitterfolger. Die Bezeichnung Kathodenfolger gilt für die Röhrentechnik, Ermitterfolger für Transistortechnik.

Allgemein ist die Zeitkonstante eines elektrischen Kreises:

$$t = R \cdot C$$

Darin ist R der Widerstand, an dem der Spannungsimpuls auftritt und C die Kapazität, die

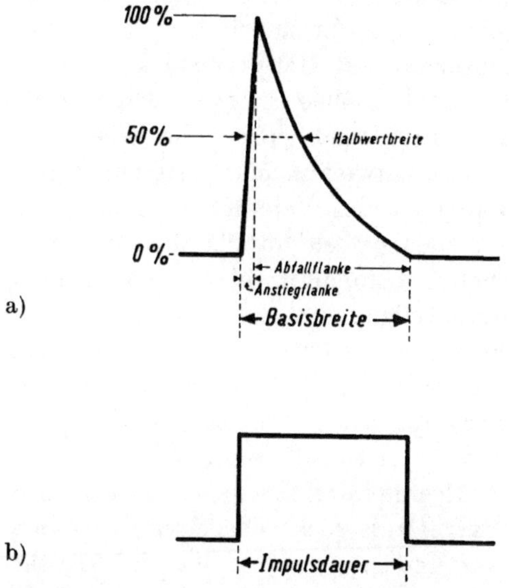

Abb. 1. Impulsformen

ein angeschlossener Kondensator besitzt. Der Kondensator kann dabei auch aus einem Kabel, aus der Verdrahtungskapazität u. a. bestehen.

Am Ausgangswiderstand des SEV im Szintillationszähler treten nun Impulse auf, die über das Zuleitungskabel mit relativ großem C dem Verstärker zugeführt werden müssen. Hierbei würde eine Zeitkonstante t entstehen, die groß genug ist, das Zeitauflösungsvermögen zu verderben.

Daher wird zwischen den SEV und das Kabel eine Kathodenfolger- oder Emitterfolger-Stufe eingebaut, die einen viel kleineren Ausgangswiderstand besitzt, als der SEV. Dann kann auch t klein gehalten werden. Eine nennenswerte Spannungsverstärkung tritt dagegen in dieser Stufe nicht auf, die nur zur Verringerung des Ausgangswiderstandes gedacht ist.

Der Linearverstärker. Hier muß eine bisher nicht genannte Eigenschaft des Szintillationszählers genannt werden. Die Höhe oder Amplitude der Impulse des SEV ist ein Maß für die Energie der Gammastrahlung. Auf diese Eigenschaft wird in einem weiteren Abschnitt besonders eingegangen. Die Amplitudenverhältnisse der einzelnen Impulse tragen also als Nachrichteninhalt alle Angaben über Gammaenergien. Daraus folgt: Alle dem SEV nachgeschalteten elektronischen Verstärker müssen linear verstärken, um die Amplitudendifferenzen der Impulse untereinander nicht zu verändern.

Im Falle des Kathoden- oder Emitterfolgers mit seiner unbedeutenden Verstärkung ist diese Forderung relativ leicht zu erfüllen. Schwieriger ist die Linearität des Hauptverstärkers zu erzielen. Dieser muß neben einem großen Verstärkungsfaktor auch noch eine hohe Übersteuerungsfestigkeit aufweisen. Man versteht darunter die Fähigkeit des Verstärkers unmittelbar nach einem sehr großen Impuls, der eine große Ladungsmenge beinhaltet, einen sehr kleinen Impuls amplitudengetreu zu verstärken. Eine weitere Verschärfung tritt durch die Forderung ein, daß die genannten Eigenschaften unabhängig von der Impulsrate sein sollen, und zwar in dem Intervall von $1-10^6$ Imp/min.

Wenn die Energieinformationen aus dem Impulshöhenverhältnis nicht ausgewertet werden, so kann auf eine exakte Linearität der Verstärkung verzichtet werden, nicht jedoch auf die Übersteuerungsfestigkeit und Breitbandigkeit.

Der Impulsformer. Die unmittelbare Verarbeitung eines verstärkten Impulsspektrums ist aus mehreren Gründen unzweckmäßig: Die größten, aber auch die kleinsten Impulse sollen gleichartig einen Registriervorgang auslösen. Sofern Koinzidenz- oder Antikoinzidenzstufen eingeschaltet werden, sind die steilflankigen Impulse unterschiedlicher Höhe a priori unbrauchbar. Ferner basieren die Registrierverfahren häufig darauf, daß jeder eintreffende Impuls eine stets gleiche Ladungsmenge beinhaltet.

Frühestens am Ausgang eines Impulsverstärkers (hier kann es ein vereinfachter Linearverstärker sein) müssen also die eintreffenden Impulse unterschiedlicher Höhe in Einheitsimpulse umgeformt werden. Dies geschieht in sog. Impulsformerstufen, die beim Eintreffen eines Primärimpulses einen sekundären Einheitsimpuls erzeugen, der denn weiter verarbeitet wird.

Der Untersetzer vor dem Registrierwerk. Es wäre ein Zufall, wenn die vom Impulsformer gelieferte Impulsrate für den Registriervorgang optimal ist. In der Mehrzahl der Fälle ist die Impulsrate viel zu groß. Sie muß also proportional zur Zahl der Eingangsimpulse verringert werden. Dies geschieht im sog. Untersetzer. Dabei gibt es zwei Systeme: Der Dual-Untersetzer gibt wahlweise jeden 2ten, 4ten, 8ten, 16ten, 32sten, 64sten ... Impuls an das Registrierwerk weiter. Der Dezimal-Untersetzer gibt dagegen jeden, jeden 10ten, 100sten, 1000sten, 10000sten ... Impuls weiter.

Diese Dezimalsprünge sind jedoch für die Szintigraphie oft zu grob, so daß kontinuierliche Untersetzerverfahren gewählt werden, die in einem späteren Kapitel beschrieben werden.

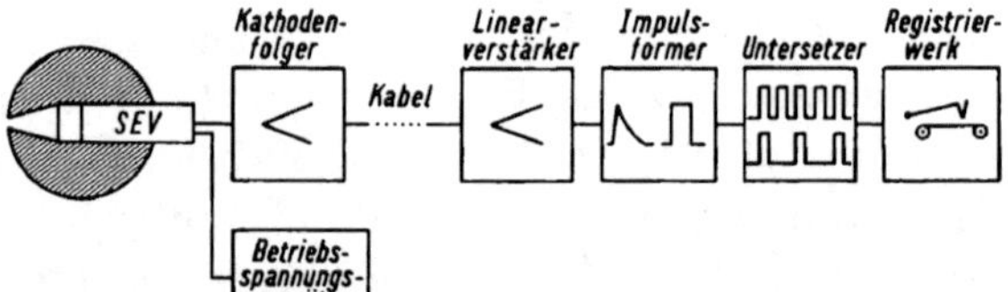

Abb. 2. Elementarelektronik eines Szinti-Scanners

In **Abbildung 2** ist die beschriebene Elementar-Elektronik eines Szinti-Scanners in der Zusammenschaltung symbolisch dargestellt. Dieser Aufwand ist nicht zu unterschreiten.

2.2. Impulshöhenspektrometer als Nulleffekt-Unterdrücker

Bei einem üblichen Gamma-Meßplatz spielt der Nulleffekt meist eine untergeordnete Rolle, denn er kann ja einfach vom Meßergebnis subtrahiert werden. Dies ist in der Szintigraphie nicht möglich, da der Nulleffekt auf dem Registrierträger, sei es Film oder Papier, Registriermarken gibt, die keiner entsprechenden Aktivität im Patienten zugeordnet werden könnten, also Fehlangaben darstellen.

Das gebräuchlichste Mittel zur Reduzierung des Nulleffekts ist die Schwermetallabschirmung des Szintillators. Diese kann jedoch nicht beliebig erweitert werden. Sowohl das eingeführte Rohr des Szintillationszählers, als auch der Kollimator stellen Öffnungen dar, die einen Strahleneintritt ermöglichen.

Man bedient sich daher einer bereits angeführten Eigenschaft des Szintillationszählers, nämlich seines Energieauflösungsvermögens. Da sich der Nulleffekt spektral vom Meßeffekt unterscheidet, soll die Meßapparatur nur für das spektrale Intervall des benötigten Radionuklids empfindlich sein, unempfindlich dagegen für alle anderen Energiebereiche der Gammastrahlung.

Diese gewünschte Eigenschaft erhält der Szintillationszähler schon durch den Szintillator selbst. In diesem laufen folgende Prozesse bei der Absorption von Gamma-Quanten ab:

Photoeffekt. Das absorbierte Gammaquant $h\nu_0$ befreit aus der K-Schale (80%) des Atoms ein Hüllenelektron. Dieses erhält die Energie:

$$E_{el}^{\text{Photo}} = h\nu_0 - E_{\text{ion}} \tag{23}$$

Darin ist E_{ion} die Bindungsenergie des Elektrons in der Hülle. Auf seinem Bremsweg im Szintillator erzeugt das Photoelektron Anregungen und damit Lichtquanten (Szintillationen). Nach etwa 10^{-15} sec kehrt das ionisierte Auftreffatom in seinen Ausganszustand zurück und emittiert dabei charakteristische Röntgenstrahlung. Diese wird wieder absorbiert, löst damit Szintillationen aus, so daß schließlich die gesamte Energie in Szintillationslicht umgewandelt wird. Das Spektrum der Ausgansimpulse müßte also eine einzige scharfe Linie, wie in **Abbildung 3a** zeigen. Durch statistische Schwankungen wird diese Linie jedoch verbreitert und entspricht etwa **Abbildung 3b.**

Werden z. B. am Rande des Szintillators nicht alle Röntgenquanten absorbiert, so ist die übertragene Gesamtenergie auf den Szintillator kleiner als $h\nu_0$. Dies geschieht häufig bei energiearmer Gammastrahlung, die bereits in den Randschichten des Szintillators absorbiert wird und somit ein Teil der Röntgenstrahlung ungenutzt entweichen kann. Die dann auftretende 2te Gammalinie mit der Energie $h\nu_0 - E_{\text{ion}}$ heißt

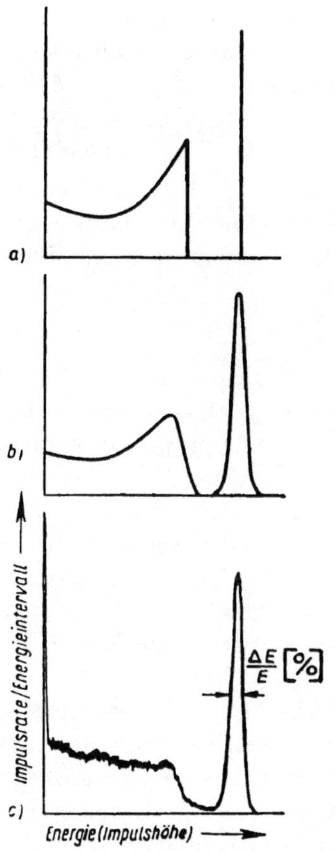

Abb. 3. Impulsverteilung beim Nachweis einer monoenergetischen Gamma-Strahlung ($E_\gamma = 661$ KeV)

a) Im Idealfall zu erwartende Impulsverteilung (Compton-Continuum und Photoanteil)

b) Impulsverteilung unter Berücksichtigung des statistischen Charakters des Szintillationsprozesses und der Prozesse im Photoelektronenvervielfacher; die Fläche unter dem Compton-Kontinuum und die Fläche unter dem Photoanteil stehen im Verhältnis der Wirkungsquerschnitte σ_{comp} und σ_{ph}

c) Gemessene Impulsverteilung. Registrierkurve nach Borkowski, C. I. und R. L. Clark, Rev. Sci. Instr. 24, 1046 (1953) (aus Kerntechnik Bd. 1/1958, S. 86, Verlag B. G. Teubner, Stuttgart)

„escape-peak". Bei größeren Gamma-Energien ist der escape-peak zu vernachlässigen.

Compton-Effekt. Das einfallende Gamma-Quant überträgt seine Energie $h\nu_0$ nur teilweise auf ein Elektron. Der Überschuß wird auf ein Streuquant übertragen, das unter dem Winkel ϑ das Atom verläßt. Die Elektronenenergie ist wegen unterschiedlicher Winkel ϑ kontinuierlich über einen Energiebereich verteilt:

$$E_{el}^{\text{Compton}} = h\nu_0 \left[1 - \frac{1}{1 + \frac{h\nu_0}{m_0 c^2}(1 - \cos\vartheta)} \right] \tag{24}$$

Wenn man annimmt, daß das Compton-Streuquant den Szintillator verläßt, so ergibt sich das Compton-Continuum in **Abbildung 3a.** Wegen der teilweisen Absorption der Streuquanten resultiert in der Praxis **Abbildung 3b.**

Paarbildung. Für größere Quantenenergien $h\nu_0 > 2m_0c^2$ kann im Szintillator ein Elektron-Positron-Paar erzeugt werden. Seine Energie beträgt:

$$E_{el}^{\mathrm{Paar}} = E^- + E^+ = h\nu_0 - 2m_0c^2 \qquad (25)$$

Da die Szintillationsausbeuten für Elektronen und Positronen gleich sind, wird stets die gleiche Energie auf den Szintillator übertragen. Das Spektrum zeigt eine Linie. Da das Positron unter Emission von zwei 0,51 MeV-Vernichtungsquanten wieder zerfällt, ist auch dieser Prozeß durch eine Linie erkennbar. Diese kann mehr oder minder verbreitet sein, je nach Größe und Absorption des Szintillators für die 0,51 MeV-Quanten.

Das energetische Auflösungsvermögen eines Spektrometer-Szintillationszählers läßt sich nach SEITZ und MUELLER (8) bzw. SAUTER (9) angeben. Da der Photopeak keine scharfe Linie, sondern eine Glockenkurve ist, die durch statistische Fehler verbreitert wird, ist die Halbwertsbreite dieser Kurve ein Maß für das Auflösungsvermögen des Spektrometers. Man gibt es allgemein in Prozent an und versteht darunter die sog. Halbwertsbreite $\Delta E/E$. Meist nimmt man die Halbwertbreite dividiert durch die Abszisse des Maximums der Glockenkurve für eine Energie von 0,661 MeV, nämlich die Gammaenergie des Cs^{137}. Der theoretische Wert beträgt etwa $\Delta E/E = 5{,}4\%$. Dieser theoretische Wert wird in der Praxis kaum zu erreichen sein, da er nur aufgrund statistischer Rechnungen ermittelt wurde und alle apparativen Fehler außer acht läßt.

Der Szintillationszähler eines Gammaspektrometers oder Impulshöhenanalysators erzeugt ein bestimmtes Impulsspektrum, d. h. eine zeitliche statistisch variierende Folge von unterschiedlichen Impulshöhen. Die Impulsrate ist für die einzelnen Impulshöhen verschieden. Ihre Verteilung in Abhängigkeit von der Strahlungsenergie ergibt einen für das jeweilige Isotop charakteristischen Verlauf. Prinzipiell gibt es nun zwei Möglichkeiten, um eine Impulssortierung und damit Impulsanalyse vorzunehmen. Die erste Möglichkeit besteht darin, daß man das gesamte Impulshöhenintervall in eine Folge paralleler Abschnitte aufteilt, die jeweils einer elektronischen Meßanordnung zugeordnet sind. Diese sog. Mehrkanalanalysatoren sind große stationäre Geräte und haben im Rahmen der Szintigraphie eine untergeordnete Bedeutung. Die zweite Möglichkeit beruht darauf, daß man einen einzigen Kanal gemäß **Abbildung 4** kontinuierlich über das ganze Amplitudenintervall hinwegschiebt und die jeweils im Kanal auftretende Impulsrate in Abhängigkeit von der Zeit registriert. **Abbildung 4** zeigt die prinzipielle

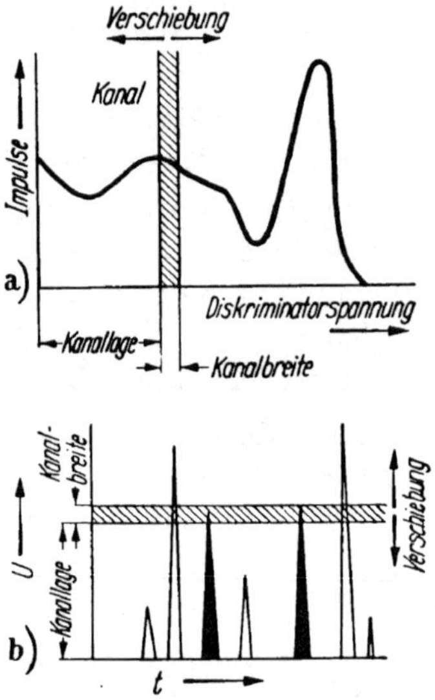

Abb. 4. Zur Wirkungsweise eines Impulshöhenanalysators

Wirkungsweise. Aus dem dargestellten Gemisch von Impulsen fallen nur die schwarzen Impulse in den Kanal, während alle darüber und darunter liegenden Impulse nicht registriert werden. Zur Messung des Energiespektrums werden also die der Quantenenergie proportionalen Impulse bezüglich ihrer Amplitude so analysiert, daß Impulse einer bestimmten vorgewählten Höhe zur Zählung gelangen. Die Breite des Kanals läßt sich stetig oder schrittweise verschieben, so daß im Falle der Spektrometrie ein möglichst enger Kanal das Impulsspektrum abtastet. Im Falle der reinen Nulleffektunterdrückung wird der Kanal dagegen meist so weit geöffnet, daß der gesamte Photopeak erfaßt werden kann. Nur dadurch ist eine verlustfreie Messung möglich. Die Verschiebung des Kanals über das Spektrum erfolgt mit Hilfe des sog. Energiereglers. Dieser muß auf das jeweils verwendete Isotop eingestellt werden. Die Funktion eines 1-Kanal-Impulshöhenanalysators (auch Differential-Diskriminator genannt) geht aus **Abbildung 5** hervor.

Die vom Szintillationszähler kommenden Impulse werden im Linearverstärker proportional verstärkt und gelangen auf die Diskriminatoren I und II. Diskriminator I läßt alle Impulse mit Amplituden $> A$ durch. Diskriminator II läßt alle Impulse mit Amplituden $> A + \Delta A$ durch. Liegt nun ein Impuls im Bereich ΔA, so besteht nur im Diskriminator I ein Impuls, der die Antikoinzidenzstufe durchläuft und registriert wird. Liegen die Eingangsimpulse über $A + \Delta A$, so liefert auch Diskriminator II einen Impuls. Dieser kompensiert in der Antikoinzidenzstufe den Impuls *I* und bringt diesen zum Verschwinden, d. h. also, alle Impulse unterhalb A und oberhalb $A + \Delta A$ werden nicht registriert. Eine systematische Verschiebung von A führt also zur Auswahl des Energiebereiches, während ΔA, der Abstand der Diskriminatorschwellen, die Kanalbreite bestimmt.

Besonderer Wert muß auf ein gutes Energieauflösungsvermögen gelegt werden. Es ist eine sehr verbreitete und irrige Annahme, daß die Verwendung des Impulshöhenanalysators als Nulleffektunterdrücker ein geringes Energieauflösungsvermögen zuläßt. Das Gegenteil ist richtig. Im Interesse einer geringen Strahlenbelastung des Patienten muß ja ein möglichst großer Anteil der emittierten Strahlung registriert werden, denn die minimal mögliche registrierte Impulsrate bestimmt die Mindestaktivität bei der Untersuchung. Der gesamte Photopeak muß also bei der Registrierung im Kanal liegen. Mit abnehmendem Energieauflösungsvermögen muß aber die Kanalbreite stark vergrößert werden. Damit steigt auch äquivalent der registrierte Anteil des Nulleffektes an. Ein Energieauflösungsvermögen (für den 137-Cs-Peak) von

$$\frac{\Delta E}{E} \leqq 12\%$$

ist für den vorliegenden Zweck unbedingt zu fordern. Wie weiter unten gezeigt werden wird, sind dann Kanalbreiten bis zu 30 Volt notwendig. Daraus resultiert als weitere Forderung an einen „Nulleffektunterdrücker", daß sein Meßkanal überhaupt bis auf 30 Volt von 100 Volt geöffnet werden kann. Bei einer großen Zahl von käuflichen Impulshöhenanalysatoren beträgt die maximale Kanalbreite 10 Volt. Ein solches Gerät nutzt dann natürlich nur einen Bruchteil der zu registrierenden Impulsrate aus.

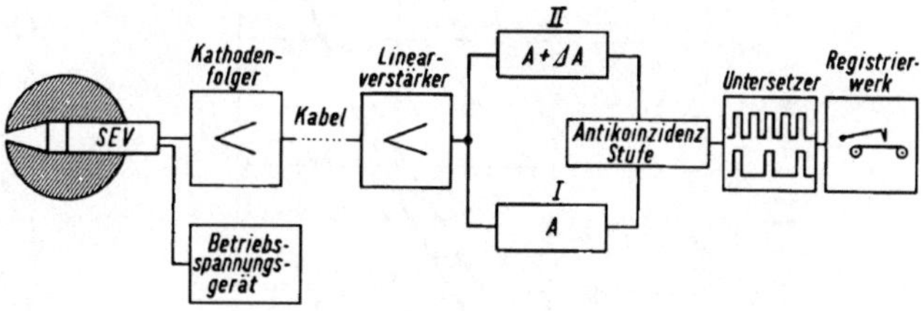

Abb. 5.
Scanner-Elektronik mit Impulshöhenanalysator

Das bekannte Problem der Konstanthaltung der Diskriminatorschwellen unterhalb 2 Volt Kanalbreite ist im vorliegenden Fall völlig belanglos, da Kanalbreiten unterhalb 20 Volt kaum verwendet werden. Auf den automatischen Vorschub des Energiereglers kann hier natürlich auch verzichtet werden.

Die technisch am schwierigsten realisierbare Forderung an den Nulleffektunterdrücker betrifft die extreme Langzeitkonstanz des Gerätes. Hier ergeben sich bei den meisten Gerätetypen unbefriedigende Resultate. Es muß gefordert werden, daß die Impulsrate bei Einstellung auf das Maximum des Photopeaks ihren Wert im Verlauf einer Arbeitswoche um nicht mehr als $\pm 1\%$ ändert.

Zur Begründung der Realisierung dieser Forderungen kann folgendes mitgeteilt werden:

Wird das Impulsspektrum des 137-Cs z. B. mit einer Kanalbreite von 1 Volt aufgenommen, so wird das Energieauflösungsvermögen $\Delta E/E$ z.B. 9% betragen. Die Basisbreite des Photopeaks beträgt dann etwa 12 Volt. Es wäre naheliegend, die volle Erfassung des Photopeaks bei einer Kanalbreite von 12 Volt zu erwarten. Wie **Abbildung 6** zeigt, ist jedoch bei Öffnung der Kanalbreite auf 12 Volt das Energieauflösungsvermögen auf 22,5% abgesunken. Damit hat sich auch die Basisbreite des Photopeaks entsprechend erhöht. Zur vollen Erfassung des Photopeaks ist also eine noch größere Kanalbreite notwendig. Wie **Abbildung 6** ferner erkennen läßt, ist das Energieauflösungsvermögen für den 360 keV-131-J-Peak geringer als für den 662 keV-137-Cs-Peak. Die Ermittlung der zur Erfassung des Photopeaks notwendigen Kanalbreite ist auf dem genannten Wege schwierig. Besser ist die Messung der Impulsrate des kon-

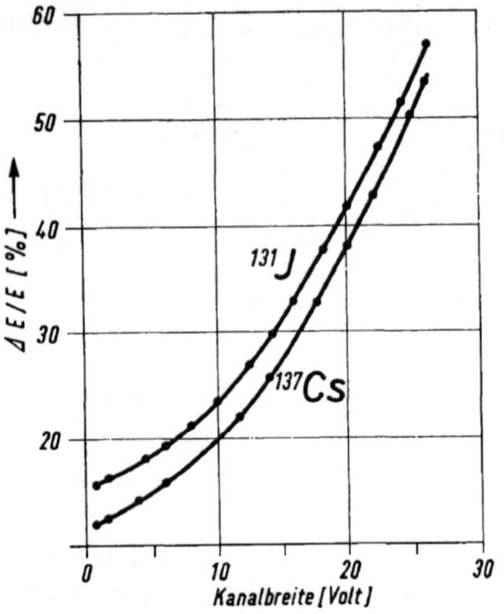

Abb. 6. Energieauflösungsvermögen eines Einkanalanalysators in Abhängigkeit von der Kanalbreite

stant eingestellten Photopeaks in Abhängigkeit von der Kanalbreite.

Abbildung 7 zeigt die Meßkurve für einen Kristall von 1 3/4 × 2 Zoll bei Einstellung auf den 131-J-Photopeak. Erst bei einer Kanalbreite

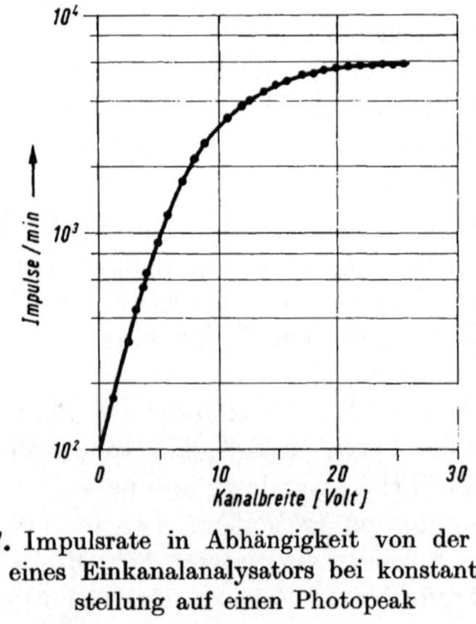

Abb. 7. Impulsrate in Abhängigkeit von der Kanalbreite eines Einkanalanalysators bei konstanter Einstellung auf einen Photopeak

von 26 Volt ist der gesamte Photopeak erfaßt und kann zur Messung beitragen.

Zu dieser Messung ist folgendes ergänzend zu bemerken: Die Mehrzahl der käuflichen Impulshöhenanalysatoren regelt die Kanalbreite durch Veränderung der Spannung des einen Diskriminators, während die Spannung des zweiten Diskriminators konstant bleibt. Dadurch erfolgt die Öffnung der Kanalbreite unsymmetrisch zur Mitte, d. h. jede Veränderung der Kanalbreiteneinstellung bedingt eine Korrektur des Kanallagenreglers, um stets das Maximum des Photopeaks im Kanal zu halten. Diese Korrektur wurde natürlich in **Abbildung 7** berücksichtigt. Wird die Kanalbreite in **Abbildung 7** über 30 Volt hinaus gesteigert, so ergibt sich ein erneuter Anstieg der Kurve durch allmähliche Einbeziehung des Comptonkontinuums.

Bei der Besprechung der Langzeitkonstanz des Gerätes muß angenommen werden, daß von seiten der Elektronik alle Forderungen an Driftfestigkeit dem Stande der Technik entsprechend erfüllt wurden. Eine Beschreibung der elektronischen Maßnahmen überschreitet diesen Rahmen. Dann hängt die Langzeitkonstanz nur noch von dem Szintillationszähler ab.

Die Abhängigkeit der Impulshöhe des Photomultipliers von der Raumtemperatur wurde von Kinard (1) ausführlich beschrieben. Seine gefundene Temperaturabhängigkeit von etwa 150 mV/Grad ist dabei noch ausgesprochen gering, was vermutlich auf die Güte seines Untersuchungsmaterials zurückzuführen ist. Die Verfasser konnten in eigenen Untersuchungen Abhängigkeiten von mehr als 1 Volt/Grad feststellen. Daraus resultiert neben der Forderung an eine möglichst konstante Raumtemperatur die Notwendigkeit, den Szintillationszähler vor innerer Erwärmung zu schützen. Anlaß zu innerer Erwärmung kann die Röhre der Kathodenfolgerstufe sowie die Spannungsteilerkette sein. In jedem Falle sollte man daher einen Szinti-Scanner so aufstellen, daß er von größeren Temperaturschwankungen geschützt wird. Ausführlich berichten darüber Schumacher und Frost (2).

2.3. Kontrastanhebung und Pegelunterdrückung

2.3.1. Informationstheoretische Vorbemerkungen

Grundsätzlich gehorcht ein Szintigramm informationstheoretischen Gesetzen. Es ist jedoch fraglich, ob ihre Anwendung hier Nutzen bringt. Die maximal mögliche Information liefert ohne Zweifel die Registrierung jedes Impulses. Das Szintigramm wird dann jedoch in der Mehrzahl der Fälle visuell nicht mehr auswertbar, weil die Dichte der Registriermarken viel zu groß ist. Jede Untersetzung der Impulsrate führt zwar theoretisch zu einem Informationsverlust, visuell dagegen zu einem Informationsgewinn. Noch schwieriger wird die Beschreibung, wenn mit der willkürlichen Unterdrückung eines Registrierpegels gearbeitet wird. Wenn zusätzlich durch eine Kontrastanhebungsschaltung eine Nichtlinearität eingeschaltet wird, die nur ein kleines Teilstück des Informationsintervalls ausnutzt, so wird die theoretische Durchdringung dieses Problems nahezu unmöglich. Sie erscheint auch nicht sinnvoll, denn sie muß das Wichtigste außer acht lassen: Das Gehirn des auswertenden Arztes, das durch Assoziationen erst eine Auswertung der im Szintigramm beinhalteten Information erlaubt. Dabei kann eine Information hoher Bit-Zahl zu einem diagnostisch zweifelhaften Ergebnis führen, die Information einer kleinen Bit-Zahl in einem anderen Szintigramm dagegen zu einem hochdifferenzierten diagnostischen Befund führen.

2.3.2. Die Prinzipien der nichtlinearen Szintigraphie

Die szintigraphische Darstellung von Organen, deren Gewebe eine gammastrahlende Substanz enthält, ist immer dann leicht möglich, wenn das umgebende Gewebe nahezu aktivitätsfrei ist. So beträgt zum Beispiel bei der Darstellung von Schilddrüsen mit J^{131} und von Lebern mit J^{131}-Bengalrosa der Speicherungsquotient von Organgewebe zur Umgebung etwa 100 : 1.

Es ist daher im Fall der üblichen Aufnahmetechnik völlig ausreichend, wenn bei Eintritt des Szintillationszählers in das Gammastrahlenfeld das darstellende Informationsintervall der Impulsrate proportional ist. Das Informationsintervall A, zum Beispiel die Dichte der Szintigrammstriche oder die Schwärzung einer Lichtspur auf dem Röntgenfilm, kann also als lineare Beziehung von der Impulsrate I abhängen, d.h. es ist in diesem Falle

$$A \sim I\,.$$

So gibt zum Beispiel die doppelte Impulsrate auch die doppelte Signaldichte (Schwärzung, Punkthäufigkeit usw.). Der einzige Störfaktor bei diesem Aufzeichnungsverfahren ist die Untergrundstrahlung oder der Nulleffekt. Dieser kann durch die Verwendung eines Impulshöhenanalysators weitgehend unterdrückt werden, da das Untergrundspektrum von der Energie des verwendeten Strahlers unterschiedlich ist.

Das geschilderte übliche lineare Aufzeichnungsverfahren versagt jedoch sofort bei der szintigraphischen Darstellung von schwach aktivitätsspeichernden Geweben in Gegenwart eines erhöhten Strahlungsgrundpegels. Dieser Fall liegt zum Beispiel beim Hirntumorscanning mit J^{131}-HSA vor. Das Tumorgewebe unterscheidet sich vom gesunden Gewebe zwar in günstigen Fällen um den Faktor 30 : 1, häufig aber nur um eine Speicherdifferenz von einigen Prozent. Diese geringe Differenz wird durch die Impulsstatistik noch verringert und reicht bei dem üblichen Aufzeichnungsverfahren nicht mehr zur Darstellung aus. Da das umgebende Gewebe infolge der Durchblutung mit der gleichen Energie strahlt, bringt auch die Verwendung eines Impulshöhenanalysators in diesem Falle keinen Vorteil.

2.3.2.1. Die cut-off-Technik

Es sind nun sog. cut-off-Schaltungen bekannt, die es gestatten, eine vorwählbare Impulsrate abzuschneiden und ihre Registrierung zu unterdrücken. Damit kommen nur noch Impulsraten oberhalb dieser Frequenzschwelle zur Darstellung. Es gelingt mit diesem Hilfsmittel zwar, geringe Speicherdifferenzen darzustellen; das Informationsintervall A schrumpft durch diese cut-off-Schaltung jedoch zu dem viel kleineren Informationsintervall ΔA zusammen. Dies ist verständlich, da alle Signale bis zu einer bestimmten Rate unterdrückt werden. Es ist also hier das gesamte Impulsratenintervall I einem verringerten Informationsintervall ΔA linear zugeordnet, d. h., es ist

$$I \sim \Delta A\,.$$

Das kleine Informationsintervall ΔA bedeutet, daß die Darstellung der Aktivitätsbezirke keine Schwärzungsübergänge kennt und damit keine Differenzierung innerhalb der dargestellten Gewebsbezirke ermöglicht.

Derartige cut-off-Schaltungen wurden von MAC INTYRE (3) und CURTIS und CASSEN (4) entwickelt. Sie eignen sich vorzüglich zu Unterdrückung des Nulleffektes oder einer schwachen Gewebeaktivität, sind aber aus den oben genannten Gründen für höhere cut-off-Pegel unzweckmäßig.

Eine Erklärung ist ohne elektronische Grundkenntnisse unvollkommen. Die vom Impulsformer normierten Impulse werden gemäß **Abbildung 8** einem Ratemeter zugeführt. Dieses Gerät bildet einen, der mittleren Impulsrate

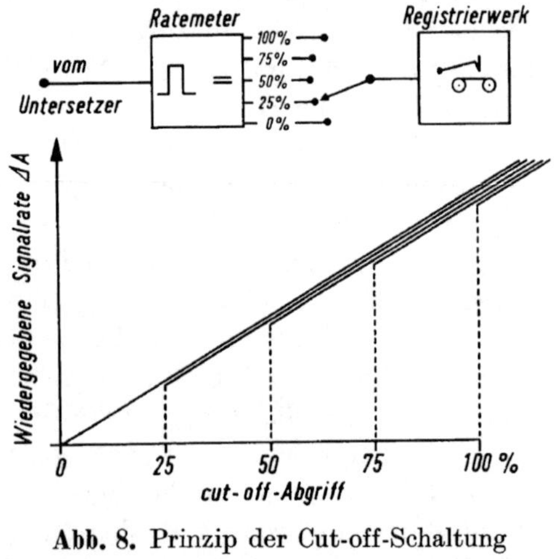

Abb. 8. Prinzip der Cut-off-Schaltung

proportionalen Gleichstrom. Der über den unterteilten Ausgangswiderstand fließende Gleichstrom ist also der mittleren Impulsfrequenz, und damit der Impulsrate direkt proportional. Am unterteilten Ausgangswiderstand können also Teilspannungen abgegriffen werden, deren jede einer bestimmten Impulsrate entspricht. Da das Registrierwerk nur von einer definierten Spannungsschwelle ab arbeitet, kann man durch Wahl der Teilspannung diejenige Impulsrate vorwählen, von der ab die Registrierung einsetzt. Alle Impulse unter dieser Schwelle werden unterdrückt.

Wie MAC INTYRE (5, 6) gezeigt hat, ist diese scharfe cut-off-Grenze gut geeignet, um die

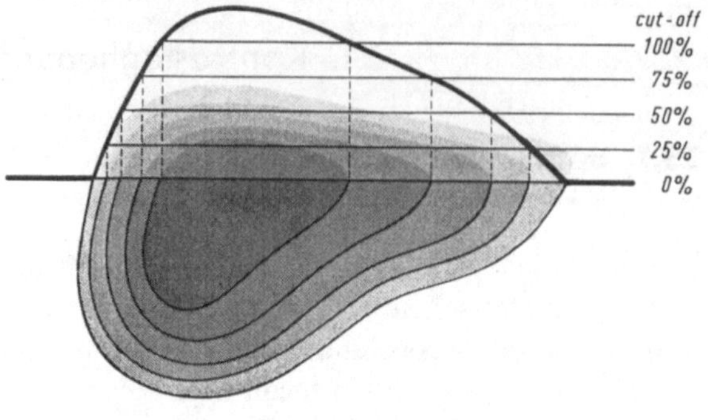

Abb. 9. Die cut-off-Schaltung als Gradationsregler

Gradation in Szintigrammen dicker Organe zu unterteilen.

So ist bei einem Szintigramm der Leber stets der Rand völlig durch Impulsstatistik zerrissen, wenn eine Auswertung der mittleren Partien möglich sein soll. Wenn dagegen die Berandung des Organs untersucht werden soll, so ist die Mittelpartie völlig übersteuert. Wenn man nun, wie **Abbildung 9** zeigt, 5 Szintigramme anfertigt mit den Unterdrückungsraten von 0—100%, so kann man mit dem 0% Szintigramm die Organränder gut erkennen. Bei zunehmender Impulsratenunterdrückung wird dann die Abbildung im Szintigramm immer kleiner, dafür werden jetzt Defekte erkennbar, die sonst durch Übersteuerung übersehen wurden.

2.3.2.2. Die Methode der Intervalldehnung

Um das gesamte freie Informationsintervall unabhängig vom zu unterdrückenden Impulsratenpegel ausnutzen zu können, wurde von FROST und WERKES (7) die Methode der Intervalldehnung entwickelt. Dadurch läßt sich das oberhalb des Gewebspegels liegende Impulsratenintervall ΔI dem vollen Informationsintervall A zuordnen, d. h. es ist:

$$\Delta I \sim A\,.$$

Abbildung 10 zeigt das Blockschaltbild der elektronischen Apparatur, **Abbildung 11** erläutert das Prinzip.

Die dem jeweiligen Meßpunkt zugeordnete Impulsrate wird zunächst in G gleichgerichtet. Am

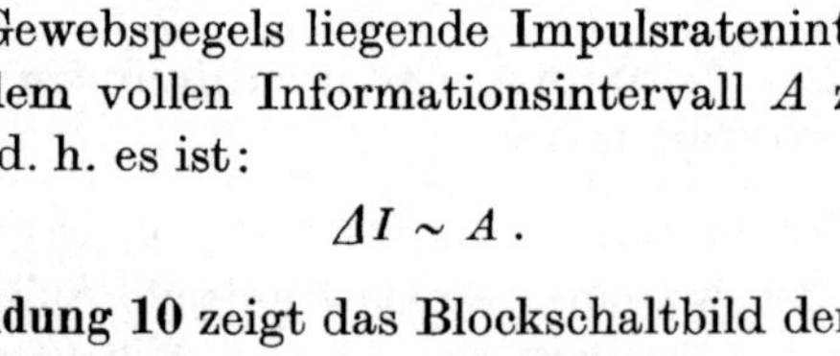

Abb. 10. Prinzip der nichtlinearen Aufzeichnung nach FROST und WERKES (7)

Ausgang von G entspricht eine Gleichspannung von $0 \ldots +5\,V$ einem Impulsratenintervall I von 0—100%. Die nachfolgende Expanderschaltung E bewirkt nun, daß nur ein bestimmter Bruchteil ΔI der Impulsrate I eine Anzeige von 100% ergibt. Zu diesem Zweck wird in der Expanderstufe E das Informationsintervall I gedehnt. Je nach Stellung des Reglers R sind einmal in der oberen Extremstellung $0 \ldots +5\,V$ einer Ausgangsinformation von 0 bis 100% zugeordnet, zum anderen sind in der unteren Extremstellung $-45 \ldots +5\,V = 50\,V$ dem Ausgangsinformationsintervall von 0 bis 100% entsprechend. Da von dem Gleichrichter S nur positive Spannungen als Ausgangssignal zugelassen werden, entsteht somit die gewünschte Impulsratenauslese. Dies veranschaulicht das Diagramm in **Abbildung 11.**

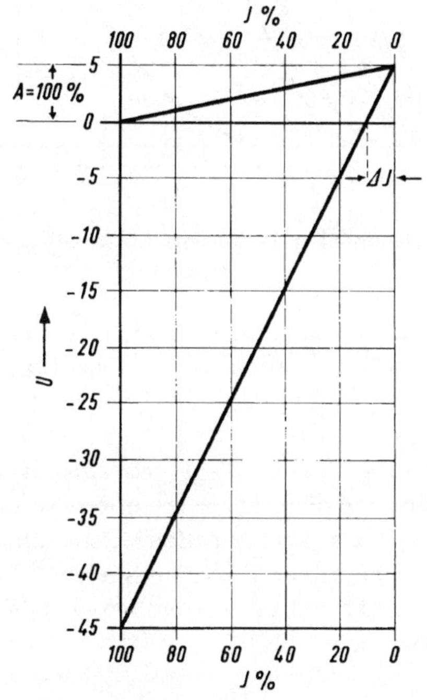

Abb. 11. Zur Funktion der Intervalldehnung

Das Ausgangsinformationsmaximum von $+5$ Volt $= 100\%$-Wert bleibt in jedem Falle erhalten. Mit steigernder Expansion des Intervalls I tritt jedoch eine Zunahme der Steilheit der Aufnahmecharakteristik ein. Damit verschiebt sich der Abszissenabschnitt und damit ΔI. Durch ΔI allein ist aber der Anteil des Impulsratenintervalls I festgelegt, der zur Darstellung gelangen soll.

Im Falle größter Intervallexpansion entspricht ein $\Delta I = 10\%$ bereits dem vollen Bereich $A =$ 0 bis 100%.

Die Wirkungsweise des Aufzeichnungsverfahrens geht schon aus der Beziehung zwischen der Leuchtdichte des Lichtsteuerteils und der Impulsrate hervor. Wie **Abbildung 12** zeigt, nimmt

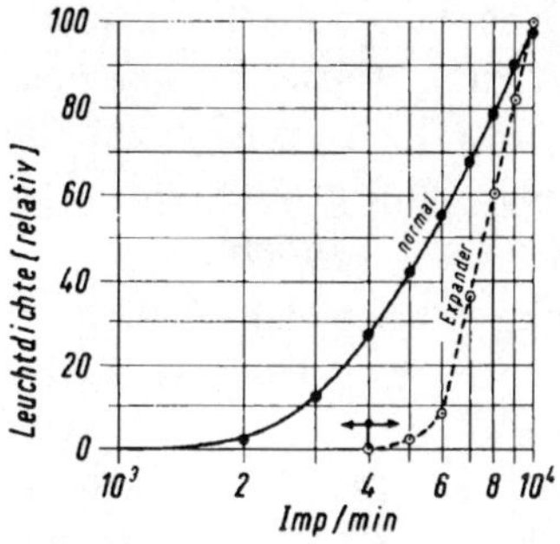

Abb. 12. Leuchtdichte des Photoschreibers in Abhängigkeit von der Impulsrate

die Leuchtdichte und damit auch die Filmschwärzung bei Anwendung der Expanderschaltung wesentlich steiler mit der Impulsrate zu. Man beachte die halblogarithmische Darstellung. In der gezeichneten Einstellung werden alle Impulsraten unterhalb 4×10^3 Imp./min unterdrückt.

Das geschilderte Aufzeichnungsverfahren hat sich allgemein bei der Darstellung gering speichernder Gewebe, speziell beim Hirntumor-scanning, bewährt.

2.3.2.3. Die Impuls-Zeitdiskrimination zur Kontrastverstärkung

Die von Hawliczek und Zita (8), sowie von Präg (9) beschriebene Methode läßt sich mit Erfolg zur Nachrüstung vorhandener Scanner mit linearer Registrierung einsetzen. In der Wirkungsweise entspricht sie etwa dem im vorigen Abschnitt beschriebenen Kontrastanhebungsverfahren.

Das Prinzip läßt sich wie folgt beschreiben:

Nur solche von der Strahlung ausgelösten Impulse werden zur Registrierung weitergegeben, deren zeitlicher Abstand von dem vorangegangenen Impuls kleiner als eine einstellbare Zeitspanne ist.

Die Methode basiert also darauf, daß ein vom Zähler kommender Impuls zunächst dazu dient, ein elektronisches Impulstor für ein wählbares Zeitintervall t zu öffnen, so daß nur ein zweiter innerhalb dieses Zeitintervalls t einfallender Impuls das Registrierwerk auslöst. Gleichzeitig öffnet er seinerseits das Impulstor wieder für die Zeit t. Daraus folgt, daß Impulsabstände $> t$ den Registriervorgang sperren. Niedrige Impulsraten, wie z. B. der Nulleffekt, werden dadurch unterdrückt. Nur wenn ein Impuls infolge der statistischen Verteilung zeitlich einem anderen dicht benachbart einfüllt, gelangt er zur Registrierung. Dieser Vorgang ist aber weniger häufig, als der normale Nulleffekt. Damit wird also das Szintigramm im aktivitätsfreien Gebiet wesentlich „sauberer".

In **Abbildung 13** ist das Prinzip schematisch dargestellt. Der erste Impuls in **Abbildung 13a**

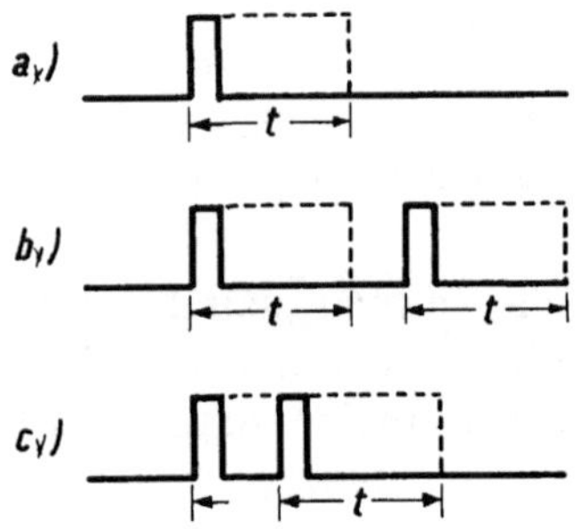

Abb. 13. Schema der Impulsunterdrückung mit Impulstor

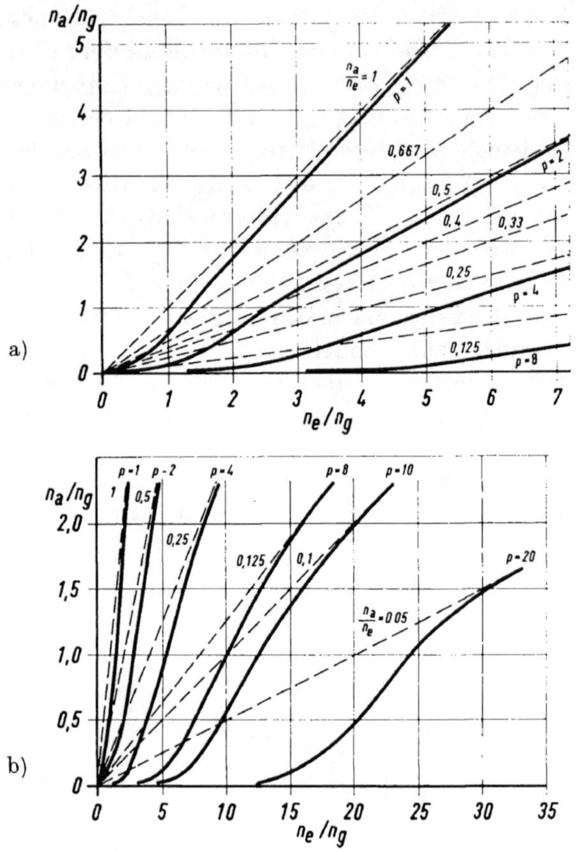

Abb. 14. Kennlinien des Impuls-Zeit-Analysators nach Präg (9)

öffnet das Impulstor für die Zeit t. Der zweite Impuls in **Abbildung 13b** liegt also außerhalb der Öffnungszeit und wird damit nicht registriert. Der zweite Impuls in **Abbildung 13c** hingegen liegt innerhalb von t und gelangt damit zur Registrierung.

Nennt man nach Präg (9) n_e = Eingangsimpulsrate, n_a = Ausgangs- oder Registrierrate und n_g = die maximal in t liegende Impulsrate, so erhält man mit dem Impuls-Zeit-Analysator die Kennlinien in **Abbildung 14.** p ist der Untersetzungsfaktor. Durch seine Variation erhält man die gezeigten Möglichkeiten der Kontrastanhebung.

Auf dem analogen Wege ist eine Kontrastdepression möglich. Diese erlaubt z. B. die Darstellung großer Speicherdifferenzen ohne Übersteuerung einzelner Registrierflächen. Snajder und Eryavec haben eine entsprechende Schaltung beschrieben (10).

2.4. Die Registriersysteme

Die Kombination von Phänomenen aus Sehphysiologie und physikalischer Gesetzmäßigkeit hat dazu geführt, daß jede denkbare Registriertechnik in der Szintigraphie versucht worden ist. Verständlicherweise haben sich nur einige Registrierverfahren durchgesetzt, die hier beschrieben werden sollen.

2.4.1. Die Strich-Szintigraphie

In der Gamma-Szintigraphie wird die nahezu kugelsymmetrische Empfindlichkeitsverteilung des abtastenden Szintillationszählers durch Schwermetall-Kollimatoren eingeengt. Mit Hilfe fokussierter Kollimatoren gelingt es, den Durchmesser des abtastenden Empfindlichkeitsverteilungskegels auf etwa 10 mm zu reduzieren. Auf der Hautoberfläche des Patienten ist also ein kreisrunder Fleck von 10 mm Durchmesser vorstellbar, unter dem das gerade im Abtastkegel befindliche Gewebe gelegen ist.

Parallel zum Szintillationszähler läuft das meist elektromagnetisch angetriebene Registriersystem ab. Es wäre nun optimal, wenn die Registriermarken ebenfalls Kreise von 10 mm Durchmesser darstellen. Dieser Durchmesser von 10 mm ist als Halbwertbreite der Empfindlichkeitscharakteristik zu verstehen. Für die 100%-Isoempfindlichkeitskurve ergibt sich dann ein Durchmesser von bestenfalls 5 mm. Jedenfalls ist es völlig sinnlos, die Zeilenbreite kleiner zu machen, als es dem Durchmesser des kleinsten Abtastkegels entspricht. Hier würde nur wertvolle Abtastzeit vergeudet werden. Rechnet man mit einem maximalen Zeilenabstand von 2 mm, so wird ein Registrierdrucker von 3 mm Breite etwa dem genannten Optimum entsprechen.

Üblicherweise wird nun das Registriersignal zu einem senkrechten Strich im Szintigramm ausgedruckt. Die Wiedergabe eines Striches für einen flächenhaften Abtastkegel stellt aber den bewußten Verzicht auf die zweite Dimension dar. Das Szintigramm wird hierdurch in seiner Auswertbarkeit behindert, was jedem Szintigramm-Auswerter bekannt ist. Entsprechend der medizinischen Aufgabenstellung liegt der Nachrichteninhalt des Szintigramms häufig in der Organberandung. Wenn nun für die Wiedergabe eine so geringe Impulsrate vorgewählt wurde, daß im Mittelteil des Organs noch eine optische Auflösung möglich ist, so erscheint die Organberandung bereits derart zerrissen, daß eine Auswertung oft nicht möglich ist. Das Szintigramm muß dann wiederholt werden mit einer höheren Impulsrate, wobei dann der Mittelteil übersteuert wird. Dabei war das erste Szintigramm gut in Richtung quer zur Zeilenrichtung auswertbar, da hier die Registriermarken gut anschlossen. Der zerrissene Bildeindruck entstand durch die zu geringe Markendichte in Zeilenrichtung, die noch von der Impulsstatistik überlagert wurde.

Dieser Bildeindruck läßt sich objektivieren:

Das optisch geometrische Auflösungsvermögen des menschlichen Auges ist:

$$\sin \delta = \frac{\lambda}{B}$$

Darin ist δ der kleinste erkennbare Winkelabstand. λ ist die mittlere Wellenlänge des Tageslichtes, die in Räumen mit einem Maximum bei etwa 0,6 μm angesetzt werden kann. Der Pupillendurchmesser B beträgt bei Tageslicht etwa 3 mm. Damit wird der kleinste noch auflösbare Abstand zweier Bildpunkte:

$$\sin \delta = \frac{0{,}6 \cdot 10^{-6}\text{m}}{3 \cdot 10^{-3}\text{m}} = 2 \cdot 10^{-4} = \frac{a}{c}$$

Darin ist c die deutliche Sehweite von 300 mm und a der noch trennbare Abstand zweier Bildpunkte im Abstand von 30 cm. Er ergibt sich zu

$$a = 0{,}06 \text{ mm}$$

Im Falle des Szintigramms wird erfahrungsgemäß ein Abstand von 10 a noch nicht als Behinderung des Bildeindruckes empfunden. Die Abstände zwischen den Szintigrammzeilen sollen daher bei differenzierten Abbildungen, wie z. B. im Falle der Schilddrüsenszintigraphie 10 a = 0,6 mm nicht überschreiten.

Nur bei der Darstellung großer Organe kann ein größerer Zeilenabstand in Kauf genommen werden. Dies gilt aber nur für den Fall, daß keine kleineren Defekte zu erwarten sind.

Man muß ferner mit folgenden üblichen Parametern rechnen:

Zeilenbreite = Schreibstichellänge = 2,5 mm

Schreibstichelbreite = Strichstärke = 0,4 mm

Dann ist:

Die Breite von Zeile + Zeilenabstand = 3,1 mm.

Die Breite eines Szintigrammstriches und Abstand zum nächsten = 1 mm.

Daraus folgt die in **Abbildung 15** gezeigte Strichverteilung über ein rundes Meßfeld von 1 cm Durchmesser.

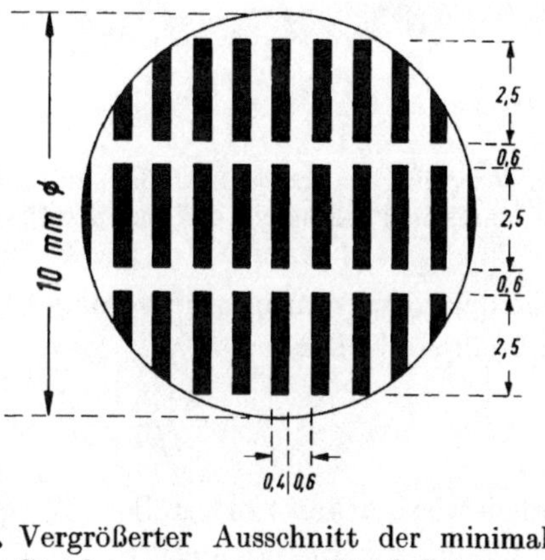

Abb. 15. Vergrößerter Ausschnitt der minimal möglichen Strichverteilung eines Strich-Szintigramms

Um einen geschlossenen Bildeindruck zu erhalten, werden also 25 Striche pro Meßfeld benötigt. Dieser Zahlenwert stimmt mit den Angaben von Brownell (11, 12) überein.

Wenn nun nach Frost (13) anstelle der Strichmarken kreuzförmige Marken verwendet werden, so ergeben sich folgende Bedingungen: Kantenlänge der Kreuzmarke: 2,5 mm.

Damit bleibt die Breite von Zeile und Zeilenabstand mit 3,1 mm erhalten. Die Breite der Schreibmarke und Abstand zur nächsten beträgt jetzt aber auch 3,1 mm.

Damit sind aber pro Meßfeld von $d = 1$ cm Durchmesser nur noch 8 Druckmarken notwendig, um einen ähnlichen geschlossenen Bildeindruck zu erzielen.

Nun ist nach Brownell (12) die Fläche eines Meßfeldes

$$f = \frac{\pi d^2}{4}$$

und damit die Zahl Z der Meßfelder pro abgetastete Fläche F:

$$Z = \frac{F}{f} = \frac{4F}{\pi d^2}$$

Wenn im Falle des Strich-Szintigramms 25 Impulse pro Meßfeld benötigt werden, so besteht das gesamte Szintigramm aus

$$N_s = 25 \cdot Z = \frac{100\,F}{\pi d^2} \qquad (26)$$

Einzelregistriermarken (**Abb. 16**).

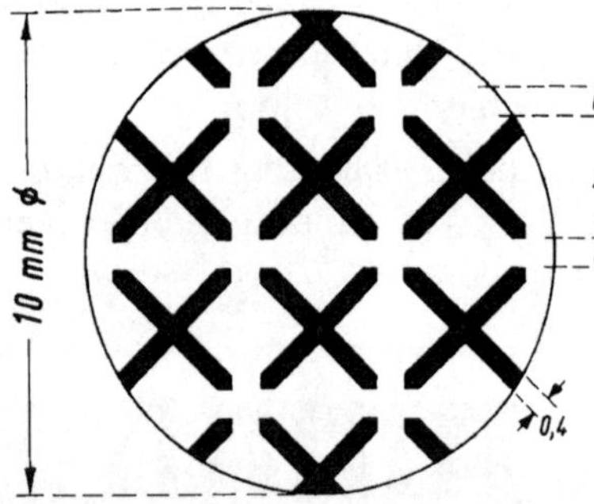

Abb. 16. Vergrößerter Ausschnitt der minimal möglichen Markenverteilung eines Kreuz-Szintigramms

Im Falle des Kreuzszintigramms mit 8 Impulsen pro Meßfeld sind aber nur

$$N_k = 8 \cdot Z = \frac{32\,F}{\pi d^2} \qquad (27)$$

Einzelregistriermarken notwendig, um den gleichen Bildeindruck zu erzielen.

Ist ϱ die Aktivitätsdichte im Gewebe in Photonen/sec pro cm³ Gewebe, ε die Ansprechempfindlichkeit der Apparatur und l die Länge des Szintigramms, so ergibt sich auch

$$N = \frac{\varrho\varepsilon}{4}\,\pi\, d^2 l \cdot T \qquad (28)$$

Aus Gl. 26 bzw. 27 und 28 ergibt sich für die Abtastzeit T die minimal notwendige Aktivitätskonzentration zu:

Bei Strichscanning:

$$\varrho_s = \frac{400\,F}{\pi^2 d^4 l\varepsilon T} \qquad (29)$$

Bei Kreuzscanning:

$$\varrho_n = \frac{128F}{\pi^2 d^4 l\varepsilon T} \qquad (30)$$

Ein Vergleich der Gleichungen (29) und (30) läßt erkennen, daß auch die minimal zur Bildgebung benötigten Aktivitäten sich um den Faktor 3,1 unterscheiden.

Wenn man jedoch, den praktischen Bedingungen entsprechend, von der gleichen Aktivitätsmenge für beide Registrierarten ausgeht, so ergibt sich für die Kreuzregistrierung ein Kontrastgewinn.

Es sei

H_1 = Reflektierte Helligkeit des Szintigrammpapiers
H_2 = Reflektierte Helligkeit bei Aufdruck von n Registriermarken.

Damit ist der Kontrast nach dem Weber-Fechnerschen Gesetz:

$$K = \log \frac{H_1}{H_2} = S_2 - S_1$$

Da aber im bedruckten Meßfeld die Kreuzmarken eine höhere Schwärzung S_2 bzw. geringere Helligkeit H_2 ergeben, ist somit auch der Kontrast entsprechend größer.

Diese Erfahrung haben auch Hill und Traibel (14) mitgeteilt, die daher zwei Szintigramme unter 90⁰ Drehung in der Aufnahmeebene übereinander schreiben.

Die vorstehenden Ausführungen lassen erkennen, daß die Verwendung von punktförmigen Registriermarken absolut unzweckmäßig ist. Um einen geschlossenen Bildeindruck zu erhalten, müßte hier die Punktdichte extrem hoch gewählt werden, was zu unnötig hohen Testaktivitäten oder zu sehr großen Abtastzeiten führt.

Sehr wesentlich für die Güte der Registrierung ist ferner das Zeitauflösungsvermögen des Schreibrelais. Es ist primär von dem Massenverhältnis von Anker zu Relaiskörper abhängig. Je leichter der Anker und je schwerer das Relais, um so höher ist die mögliche Schlagfrequenz. Optimal ist daher die Montage des Schreibrelais an einem massiven Bauteil des Scanners. Die Befestigung des Relais an einem langen Hebelarm setzt konstruktive Maßnahmen voraus, um das Zeitauflösungsvermögen nicht zu reduzieren. Unter günstigen Bedingungen lassen sich Schlagfrequenzen von etwa 100 Anschlägen pro sec, also 100 Hz erreichen.

Die Forderung nach hohem Zeitauflösungsvermögen resultiert aus der Verwendung statistisch verteilter Impulsfolgen. Bei unzureichendem Auflösungsvermögen können lokale Speichermaxima übersehen werden. Die Unterdrückung jedes n-ten Impulses im Zeitabstand $<t$ vom Vorimpuls ist dabei der übliche Fehler. Wegen der statistischen Variation von t hebt sich ein solches Unterdrückungsgebiet nicht mehr aus der ebenfalls statistisch variierenden Markierungsdichte der Umgebung heraus.

Weitaus besser ist es daher, wenn das Schlagrelais oberhalb seines einwandfreien Arbeitsbereiches in einen Prellbereich übergeht, der sich durch stark verminderte Anschlagkräfte auszeichnet. Diese Übersteuerungen oberhalb eines Schlagfrequenz-Schwellenwertes sind im Szintigramm deutlich erkennbar und zeigen dem Arzt sofort die fehlerhafte Einstellung des Gerätes an. Es ist kaum möglich, daß Speichermaxima übersehen werden.

Wenn das Informationsintervall eines Strichszintigramms auch relativ begrenzt ist, so hat die Methode doch praktische Vorteile: Durch Verwendung der üblichen Durchschlagtechnik können sofort Kopien geschrieben werden. Das Bild ist nach Beendigung der Aufnahme direkt auswertbar. Da man das Szintigramm im Verlauf der Aufnahme entstehen sieht, können Einstellfehler frühzeitig korrigiert werden.

2.4.2. Die Farb-Szintigraphie

Die Farbszintigraphie wurde von MALLARD, PEACHEY und Mitarb. (15, 16, 17) eingeführt. Die Autoren gehen davon aus, daß kleine Speicherdifferenzen im linearen Szintigramm leicht übersehen werden. Da das menschliche Auge zwischen kleinen Differenzen in der Grau-Abstufung nur schwer unterscheiden kann, führten sie eine Farb-Abstufung ein.

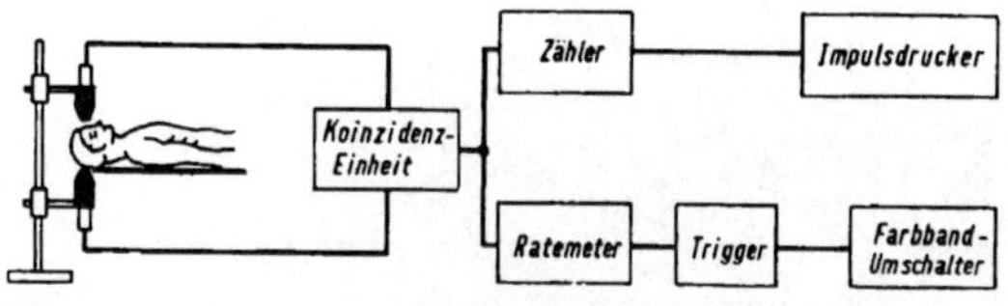

Abb. 17. Block-Diagramm des Farbscanners nach HALLARD

Abbildung 17 zeigt die technische Realisierung dieser Farb-Registrierung. Parallel zum Zähler wird ein Ratemeter betrieben, das eine mechanische Farbband-Umschaltung antreibt. Das Informationsintervall wird in sechs Farben unterteilt. Noch weiter ist die Unterteilung bei HINE (18). Hier werden acht Farben verwendet. Die acht Farbbänder sind auf einem Schlitten montiert, der von einem Stellmotor bewegt wird. Der Stellmotor wird vom Ratemeter gespeist. Je nach Höhe der Impulsrate wird also von dem Stellmotor die zugehörige Farbe vor den Stichel des Druckrelais geschoben. Die eingestellte maximale Impulsrate sei 100%, dann ergibt sich folgende Farbabstufung:

0	
|	weiß
12,5%	
|	gelb
25 %	
|	grün
37,5%	
|	blau
50 %	
|	violett
62,5%	
|	hellrot
75 %	
|	dunkelrot
87,5%	
|	schwarz
100 %	

Die ersten 12,5% werden im Farbszintigramm also nicht dargestellt. Dadurch entsteht eine Pegelunterdrückung. Erst im Durchschlag ist dieser Untergrund sichtbar.

Eine noch weitergehende Unterteilung ist unzweckmäßig, und zwar aus folgendem Grunde: Die Farbbandumschaltung wird von einem Ratemeter gesteuert, das wegen der Impulsstatistik gedämpft durch eine Zeitkonstante betrieben werden muß. Ohne Dämpfung würde die Impulsstatistik eine dauernde Bewegung des Farb-

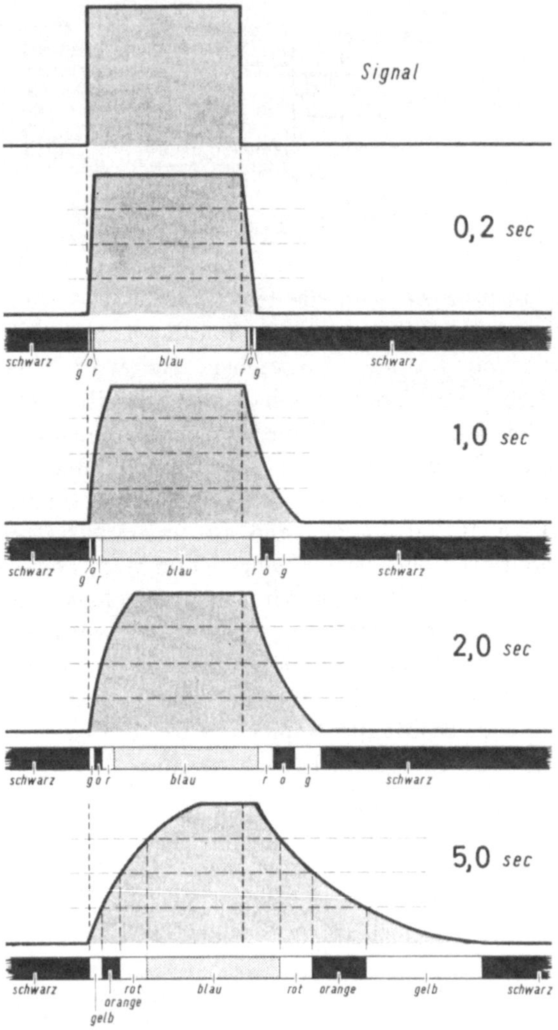

Abb. 18. Verschleifung der Farbübergänge durch die Zeitkonstante des Ratemeters

bandträgers und damit eine sinnlose Farbstreuung verursachen. Mit Dämpfung erfolgt die Farbumschaltung aber mit einer Verzögerung.

Abbildung 18 zeigt diesen Effekt der Verschleifung der Farbübergänge. Da kleine Impulsraten eine hohe Zeitkonstante benötigen, ist hier die Verschleifung am größten. Die Abtastgeschwindigkeit darf also hier nicht zu hoch gewählt werden, um einen Verschleppungseffekt in Ablaufrichtung zu verhindern.

Selbst bei konstanter Abtastgeschwindigkeit ist die Farbabgrenzung abhängig von der Impulsrate. Ein Vergleich von **Abbildung 19 und 20** zeigt, daß bei kleinen Impulsraten die Farbumschaltung stark streut.

Damit läßt sich nun der Vorteil der Farbszintigraphie abgrenzen:

a) Im Falle hoher Impulsraten wird jede geringe Steigerung der Rate durch einen Farbwechsel gekennzeichnet. Beispiel: Lokalisationskontrolle nach Therapieinfusion von Au-198-Kolloid.

b) Im Falle geringer Impulsraten ist zwar der Informationsgewinn durch die Farbumschaltung geringer, kann aber trotz der überlagerten Impulsstatistik die Diagnose von Speicherdifferenzen erleichtern. Beispiel: Szintigraphie von Hirntumoren.

Drei Farbscanner werden industriell gefertigt: Der Scanner von IDL (Isotope-Development-LTD), der Picker-Magna-Scanner und der Philips-Scanner XL 1501. Über die klinische Anwendung des zweiten Gerätes berichten Oeser, Ernst und Rach (19). Ein modifiziertes Verfahren mit vier getrennten Registriersystemen verwenden Ozeki et. al. (20). Die vier verschiedenen Farbszintigramme werden abschließend zu einem vierfarbigen Kombinationsbild überlagert.

Zusammenfassend dient die Farbszintigraphie also der Kontrastanhebung auf sehphysiologischer Grundlage. Sie ist damit auch in den Abschnitt 2.3.2. einzuordnen. Im Grunde ge-

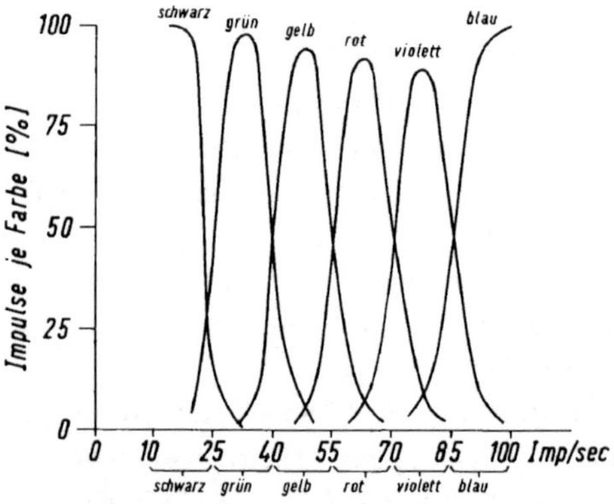

Abb. 19. Farbübergänge bei 100 Imp/sec

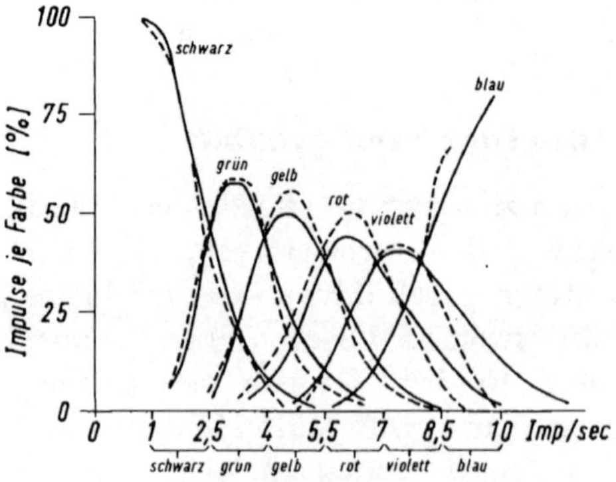

Abb. 20. Farbübergänge bei 10 Imp/sec

nommen ist es völlig gleichgültig, ob ein Szintigramm durch elektronische Maßnahmen im Kontrast gesteigert wird, oder ob sehphysiologische Verbesserungen zur Kontraststeigerung ausgenutzt werden.

2.4.3. Die Registrierung auf elektroleitfähigem Papier

Die Registrierung auf sogenanntem Teledeltos-Papier entstand durch den Wunsch nach einer völlig geräuschlosen Aufzeichnung. Während die druckenden Scanner ein Schreibmaschinenähnliches Geräusch verursachen, arbeitet die Teledeltos-Registrierung absolut still.
Das Prinzip ist einfach: Als Registrierträger wird ein Papier verwandt, das eine gute elektrische Leitfähigkeit aufweist. Das farbige, meist schwarze Papier ist mit einer hellen Oberfläche versehen, die durch Wärmeeinwirkung zerstört wird.
Abbildung 21 zeigt das Prinzip der Aufzeichnung: Das Papier 1 mit seiner hellen Oberflä-

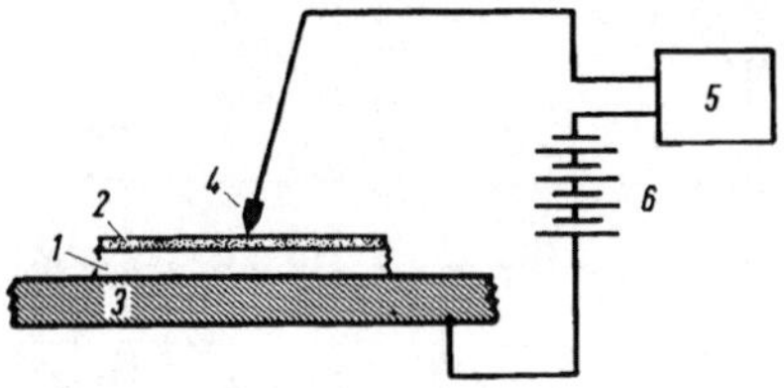

Abb. 21. Teledeltos-Registrierung im Prinzip

chenschicht 2 ruht auf der Masseelektrode 3. Die aufgesetzte Schreibelektrode 4 erhält Spannung aus der Quelle 6. Das elektronische Steuergerät 5 ist als trägheitsloser Schalter vorstellbar. Bei Durchschaltung von 5 fließt ein Strom von 4 nach 3 und erwärmt infolge des Papierwiderstandes die Oberflächenschicht bis zu ihrer Zerstörung. An dieser Stelle erscheint also eine dunkle Schrift auf hellem Grund.
Dieses Registrierverfahren wird selten verwendet. Seine Nachteile sind: Teures Registrierpapier, das obendrein mechanisch empfindlich ist. Es werden nur Unikate geschrieben. Durchschläge sind unmöglich. Die Strichgüte ist gering, das Bild erscheint unsauber, daher wird meist Punktaufzeichnung verwendet, die sehphysiologisch unzweckmäßig ist.

2.4.4. Die Photo-Registrierung

Die Photo-Szintigraphie wurde etwa gleichzeitig von Frost (21), Schumacher und Frost (22) und Bender (23) eingeführt. Sie ist als die ideale Registrierungsart anzusehen, denn sie gestattet die Überlagerung mit dem Röntgenbild. Hierdurch wird diese Technik auch dem Nicht-Radiologen verständlich. Die topographische Zuordnung ist gerade bei operativen Folgerungen aus dem Szintigramm nicht zu unterschätzen.
Im einfachsten Fall wird der Strichdrucker durch eine Glimm- oder Glühlampe ersetzt, die anstelle der Druckmarken Lichtblitze abgibt, die einen Röntgenfilm zeilenförmig schwärzen.
Bei den Strichszintigrammen stellt die Dichte der Registrierstriche ein relatives Maß für die Aktivitätskonzentration des zugehörigen Meßfeldes dar. Durch Auszählung der Szintigrammstriche eines diagnostisch interessierenden Bereiches ließe sich dadurch die zugeordnete Strahlungsintensität ermitteln. Eine derartige Auswertung eines Szintigramms wird jedoch in der Praxis kaum vorkommen, da es dem Arzt in erster Linie auf die Aktivitätskonzentration einer Meßstelle relativ zu ihrer Umgebung ankommt.
Hier treten nun die Grenzen der geschilderten Scanningverfahren hervor. Werden z. B. 100 Impulse als Schreibrate vorgewählt, so werden im Falle einer diagnostischen Schilddrüsenaufnahme die stark speichernden inneren Organbezirke einen guten Bildeindruck auf dem Szintigramm vermitteln, da hier die Strichfolge relativ dicht liegt. An den Organberandungen dagegen ist die Schreibrate von 100 Impulsen zu groß, um eine hinreichende Strichdichte für die Erkennbarkeit zu liefern. Die gleichen Schwierigkeiten bestehen bei Verwendung einer gesteuerten Punktlichtquelle. Da der Durchmesser der Lichtmarke die Breite der Registrierstriche in den meisten Fällen übertrifft, werden die Schwierigkeiten nur noch größer. Bei Wahl einer kleineren Schreibrate von z. B. 10 Impulsen pro Strich oder Licht-Blitz werden die Organränder gut aufgezeichnet, dagegen liegt in der Organmitte die Strichfolge so dicht, daß eine Differenzierung hier unmöglich ist. Bei Lichtblitzen ergeben sich zusätzlich Überlappungen der Lichtmarkenbilder, die den Bildeindruck stark verschlechtern.
Ein weiterer Nachteil der beschriebenen Scanning-Verfahren besteht in der mangelnden Zuordnungsmöglichkeit von Objekt- und Bildgeometrie. Es müssen stets nachträglich Hilfslinien

in das Szintigramm eingezeichnet werden. Im Falle der klinischen Anwendung stößt dies auf Schwierigkeiten, da die anatomischen Fixpunkte nur näherungsweise nach Tastbefund ermittelt und mit einem Fehler von bestenfalls 5 bis 8 mm in das Szintigramm eingetragen werden können. Einen Fortschritt in dieser Richtung stellt der Lichtblitzschreiber dar. Durch ihn wurde es möglich, das Registrierpapier durch Röntgenfilm zu ersetzen und in eine unentwickelte Röntgenaufnahme hinein die Isotopenverteilung des abgebildeten Organs zu schreiben. Diese Methode gestattet also eine einwandfreie Zuordnung von Objekt und Bild. Der oben geschilderte Nachteil der unzureichend großen oder kleinen Impulsrate bleibt hier jedoch unverändert erhalten, d. h. die Kennzeichnung der Organberandungen bei gleichzeitiger Auflösung der höheren Aktivitätskonzentrationen ist ebenso unmöglich, wie die Differenzierung der Organspeicherung bei gleichzeitiger Erkennung der Organränder.

Damit zeichnen sich die Forderungen an einen Scanner deutlich ab:

1. Der Kontrastumfang des Szintigramms muß derart einstellbar sein, daß Organberandungen sicher erkannt werden können und gleichzeitig eine Differenzierung höherer Aktivitäten in Organmitte möglich ist.
2. Das Szintigramm muß als Kombinationsbild mit einer Röntgenaufnahme erstellt werden, um eine sichere anatomische Übereinstimmung zu gewährleisten.
3. Das Szintigramm soll kontinuierlich geschrieben werden, um die kontinuierlich verlaufende Aktivitätsverteilung durch ein kontinuierliches Schwärzungsrelief wiederzugeben.
4. Die Zeitkonstante des Lichtgebers muß so klein gehalten werden, daß auch bei hohen Fahrgeschwindigkeiten des Registrierwerkes keine Verschleppung der Aufzeichnung erfolgen kann.
5. Durch optische Einstellhilfen ist dafür zu sorgen, daß die geometrischen Bedingungen während der Röntgenaufnahme und während des Aufzeichnungsvorganges gleich gehalten werden können.
6. Der Lichtgeber muß in irgendeiner Form von außen beobachtbar sein, um eine optische Kontrolle für den Einstellvorgang zu ermöglichen.

Um die genannten Forderungen zu realisieren, ist es notwendig, einen Lichtgeber zu wählen, der elektronisch leicht regulierbar ist, z. B. eine Braunsche Röhre. Frost (21) beschreibt ein derartiges Gerät.

Es enthält zwei Röhren EMM 801, von denen die eine in Verbindung mit einer Optik den Aufzeichnungsvorgang übernimmt, während die andere zur visuellen Kontrolle auf der Frontplatte des Scanners angebracht ist. Leuchtdichte, Bildausschnitt und Empfindlichkeit lassen sich bequem mit Hilfe von Potentiometern einstellen. Auf diese Weise kann eine Anpassung an die Empfindlichkeit und Gradation des Photomaterials vorgenommen werden. Für Eichzwecke wurde an Stelle des Films ein Multiplier als Lichtindikator verwendet. Sein Photostrom

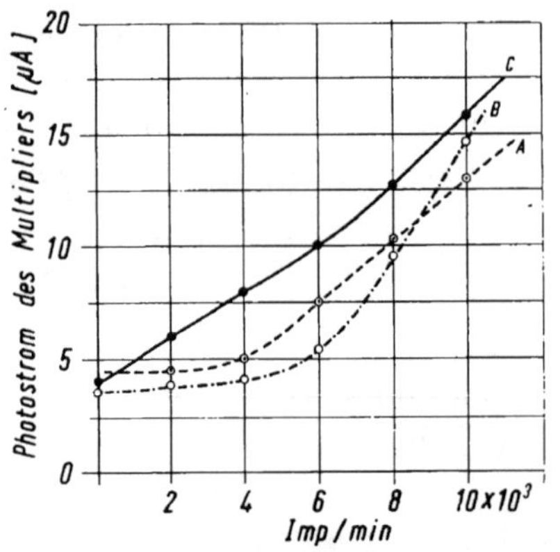

Abb. 22. Leuchtdichte als Funktion der Impulsfrequenz für drei Einstellungen des Lichtsteuerteils

als Funktion der Impulsfrequenz ist in **Abbildung 22** für drei verschiedene Einstellungen des Lichtsteuersystems dargestellt. Der Leuchtdichteanstieg ist also in jedem Falle steiler als linear. Die Kurvenform C wurde gewählt, da sie eine recht gute Kompensation der Gradationskurve des Röntgenfilmes im Lichtbereich ergibt.

In **Abbildung 23** ist die Filmschwärzung in Abhängigkeit von der Impulsfrequenz für Gevaert-Röntgenfilm und zwei Aufnahmegeschwindigkeiten. Der Ausgleich der Filmgradation ist gut gelungen. Aus Abbildung 23 geht ferner hervor, daß die Filmschwärzung stark von der Vorschubgeschwindigkeit des Laufwerkes abhängig ist. Dadurch ist es möglich, höhere Aktivitätskonzentrationen mit größeren Vorschubgeschwindigkeiten aufzunehmen. Dies ist im Falle der Therapiekontrolle von Wichtigkeit.

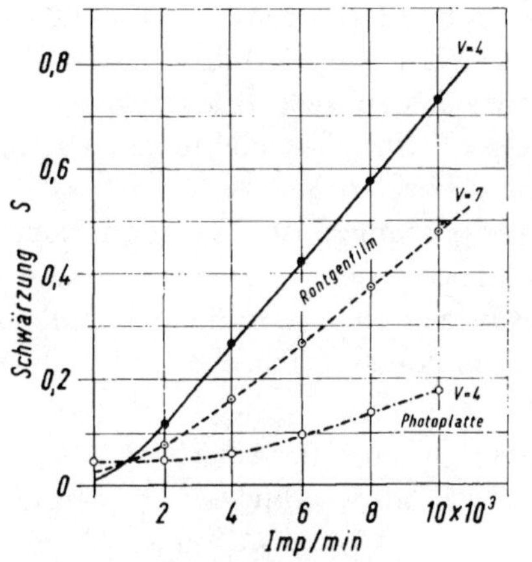

Abb. 23. Filmschwärzung in Abhängigkeit von der Impulsfrequenz

Durch elektronische Maßnahmen ist es also möglich, zwischen der Impulsfrequenz und der Filmschwärzung eine lineare Beziehung herzustellen. Damit entfallen die Auflösungsgrenzen, die den anderen Registriermethoden anhaften.
Photoscanner werden z. B. von Philips, Picker und Nuclear Chicago gefertigt.

2.4.5. Die Farb-Photo-Registrierung

Die photographische Registrierung farbiger Szintigramme ist noch neu und stellt nur eine Nebenvariante dar. Zunächst wurde von Kakehi u. Mitarb. (24, 25) die Registrierung auf 35 mm Farbfilm versucht. Die Bilder waren aber zu klein. Hinzu kam der Nachteil der langen Bearbeitungsdauer bei Farbfilm. Kakehi, Arimizu und Uchiyama (26) berichten über ein Verfahren, das Farb-Vergrößerungspapier als Aufnahmeträger verwendet.
In **Abbildung** 24 ist das Prinzip dargestellt. Es arbeitet mit zwei Zählern. Der erste steuert eine

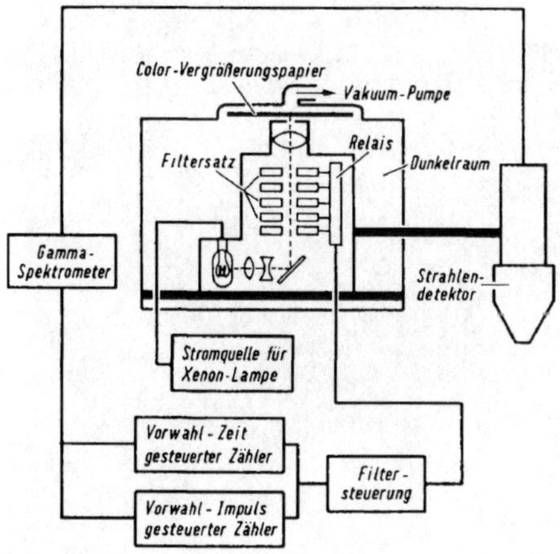

Abb. 24. Schema der Szintigraphie auf Farb-Papier

Lichtquelle breiter spektraler Verteilung, hier einer Xenon-Lampe, impulsförmig. Der zweite steuert mit der Höhe der Impulsrate den Wechsel von Farbfiltern vor der Lampe. Das Verfahren überzeugt nicht. Die Vorteile der Photoregistrierung kommen auf Papier nicht zur Geltung, da eine Kombination mit dem Röntgenbild entfällt. Der Impulsbetrieb der Belichtung gibt ferner den gleichen Effekt, wie ein normaler Relais-Drucker. Damit bleibt als einziger Vorteil der geräuschlose Betrieb, der durch den Nachteil der komplizierten Farbentwicklung ausgeglichen wird. Die Bilder sind auch den Farbszintigrammen sehr ähnlich.
Adams und Jaffe (27) berichten über den Umbau eines Industriescanners auf Polaroid-Color-Film-Registrierung.

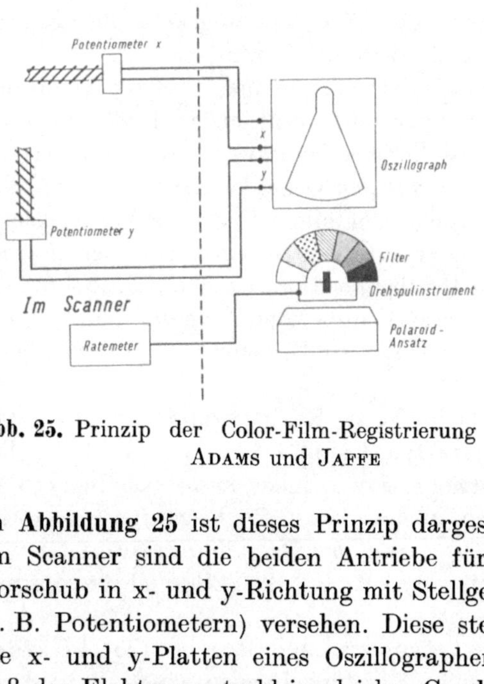

Abb. 25. Prinzip der Color-Film-Registrierung nach Adams und Jaffe

In **Abbildung 25** ist dieses Prinzip dargestellt. Im Scanner sind die beiden Antriebe für den Vorschub in x- und y-Richtung mit Stellgebern (z. B. Potentiometern) versehen. Diese steuern die x- und y-Platten eines Oszillographen, so daß der Elektronenstrahl in gleicher Geschwindigkeit ein verkleinertes Linienraster auf dem Bildschirm schreibt.
Zwischen dem Bildschirm und dem Polaroid-Film ist ein Ratemeter-Instrument angeordnet, das anstelle des Zeigers einen Filtersatz aus verschiedenfarbigen Gelatinefiltern trägt. Je nach Auslenkung des Filtersatzes wird also ein anderes Lichtfilter in den Strahlengang geschoben, so daß eine mit der Impulsrate synchrone Farbumschaltung des Registrierlichtes erfolgt.
Die Eigenschaften dieses Prinzips sind klar: Da der benutzte Scannertyp keine Kontrastanhebung aufweist, zeigen die Farbphotogamma-

gramme einen verbesserten Kontrast. Dem stehen Nachteile gegenüber. Die Ratemetersteuerung muß gedämpft werden, um eine dauernde Bewegung des Filtersatzes zu vermeiden. Diese Zeitkonstante bedingt eine Verschleppung der Registrierspur in der jeweiligen Abtastrichtung des Scanners. Es entsteht eine treppenförmige Kontur der Organberandungen. Hierdurch wird die mögliche Abtastgeschwindigkeit stark herabgesetzt. Ferner sind die Bilder stets stark verkleinert, um mit dem Polaroid-Format von 8,5 x 10,5 cm auszukommen.

2.4.6. Die Speicherung auf Magnetträger

Die visuelle Auswertung von Szintigrammen ist von verschiedenen Parametern abhängig, wie Nulleffekt-Untergrund, Kontrast usw. Wenn ein Scanner keine Aussteuerungskontrolle besitzt, so wird die Wahl der Parameter noch erschwert. Es kann sogar vorkommen, daß Szintigramme wiederholt werden müssen, weil die gewählte Ersteinstellung kein auswertbares Bild lieferte. Es lag daher der Gedanke nahe, die Szintillationsimpulse auf Magnetband zu konservieren. Zusammen mit zwei weiteren Speicherinformationen für die Position des Szintillationszählers über dem Patienten kann dann das Szintigramm zu einem späteren Zeitpunkt geschrieben werden.

Die flächenhafte Registrierung der auf Band gespeicherten Impulse hat zwei Vorteile. Die Registriergeschwindigkeit kann erheblich erhöht werden und es kann die Registrierung so oft unter Variation der Darstellungsparameter wiederholt werden, bis die Bildqualität optimal erscheint.

Bonte, Krohmer und Romans (28) berichten über einen Scanning-Bandspeicher. Es wird ein Ampex Bandgerät Typ FR-1100 verwendet. Die Wiedergabe erfolgt auf einem Oszillographen, Typ Memoscope. Als Wiedergabeträger wird Polaroid-Film mit 3000 ASA benutzt.

Die Stellung des Szintillationszählers wird durch zwei Stellgrößen gekennzeichnet. Als Stellgeber dient je ein Heli-Potentiometer auf der x- und y-Spindel des Szintillationszähler-Antriebes. Die Potentiometer bestimmen die Frequenz zweier Oszillatoren, die auf je einer Bandspur synchron mit dem Impulssignal aufgezeichnet werden.

Die Abspiel- und damit Registriergeschwindigkeit läßt sich gegenüber der Aufnahmegeschwindigkeit um den Faktor von maximal 64 steigern. Durch schrittweise Reduktion der Registrierimpulsrate lassen sich Bildserien erstellen, die überstrahlte Speicherdefekte in Organen zur Darstellung bringen.

Im Prinzip ähnlich ist das unter dem Namen „Memonucleograph" käufliche Speichergerät. Es wurde von den „Jubileumskliniken, Sahlgrenska Sjukhuset, Isotope Laboratory" entwickelt.

Abbildung 26 zeigt die Ansicht des Gerätes. Das 4-Spur-Band läuft wahlweise mit den Geschwindigkeiten 4,7; 13,1; 37,5; und 75 cm/sec. Die Aufnahme-Abspielgeschwindigkeit kann also maximal 1 : 16 gesteigert werden. Das Szintigramm wird auf einem 12,5 cm ∅ Oszillographenschirm geschrieben, wo es von der Polaroid-Kamera aufgenommen wird. Durch stufenweise Impulsratendiskriminierung von Bild zu Bild entstehen Serien, die Speicherzentren deutlich erkennen lassen.

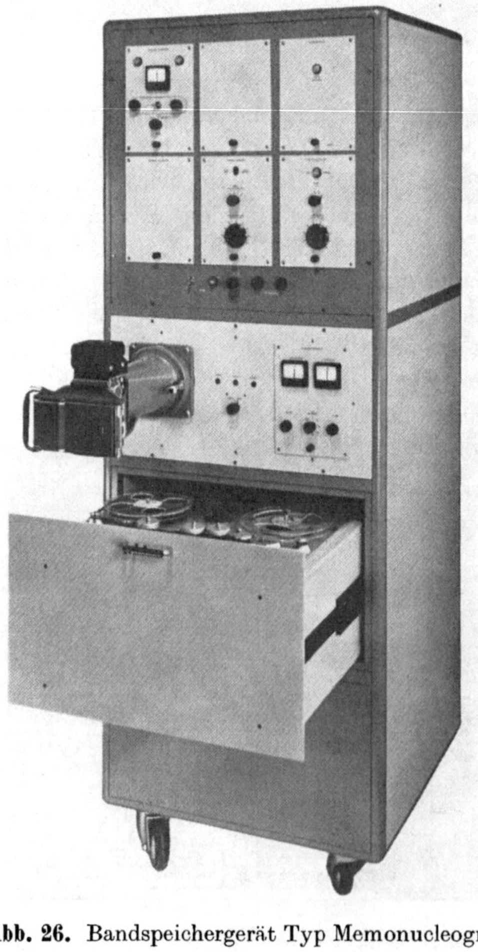

Abb. 26. Bandspeichergerät Typ Memonucleograph

Die Vorteile dieser „Sekundärregistrierung" liegen auf der Hand. Ihnen stehen einige Nachteile gegenüber. Ein durchschnittliches Schilddrüsen-Szintigramm setzt sich aus nur 7 Zeilen zusammen. Jede Zeile entspricht damit etwa 1 cm Gewebebreite. Ein Leberszintigramm besteht aus durchschnittlich 15 Zeilen auf dem Schirm, von denen wieder jede 1 cm Lebergewebe entspricht. Dies ist ein sehr grobes Raster. Durch Steigerung der Zeilenzahl um den Faktor 2 ließe sich diese Methode präzisieren.

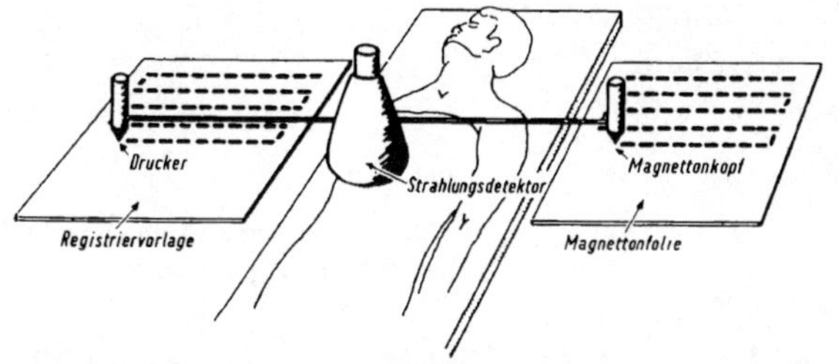

Abb. 27. Registrierung auf Magnettonfolie im Prinzip

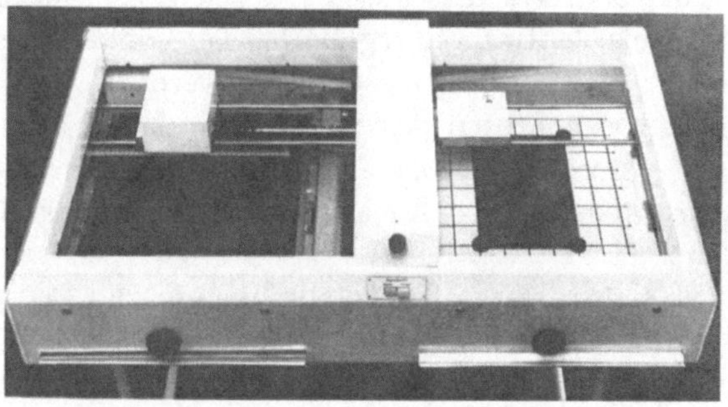

Abb. 28. Registriergerät mit Magnettonfolie
Bauart: Frieseke und Hoepfner

Eine Verbesserung des geometrischen Auflösungsvermögens stellt der Magnetspeicher von FRIESEKE und HÖPFNER (29) dar. **Abbildung 27** zeigt das Prinzip, **Abbildung 28** die Ansicht des Registrierteiles. Als Signalträger eine Magnettonfolie vom Format der Abtastfläche. Auf ihr wird mäanderförmig die Signalrate gespeichert. Durch die starre Kupplung zwischen Szintillationszähler, Speicher und Papierdrucker entfallen die bei Band notwendigen Koordinatengeber. Da ferner die Registrierung im Maßstab 1 : 1 erfolgt, leidet auch nicht das geometrische Auflösungsvermögen. Diesen Vorteilen steht ein geringer Nachteil gegenüber. Die gemeinsam bewegten Teile: Szintillationszähler, Drucker und Aufsprechkopf stellen eine erhebliche mechanische Masse dar, die extrem hohe Ablaufgeschwindigkeiten verbietet.

Eine völlig andersartige Speicherungsart sei hier der Vollständigkeit wegen angeführt. SCHEPERS und WINKLER (30) messen die Impulsrate über dem Meßfeld Punkt für Punkt und speichern

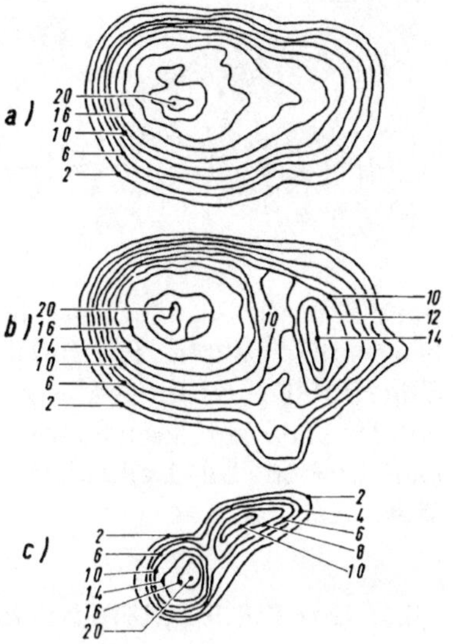

Abb. 29.
Isointensitätsverteilung für
a die Leber
b die Leber und Pankreas
c das Pankreas allein

sie. Ein Digital-Komputer drückt bei Bedarf die Werte aus. Gleiche Zahlenwerte durch manuell gezeichnete Linien verbunden stellen dann Isointensitätslinien dar. Dies kann für die Anwendung in **Abbildung 29** von Vorteil sein. Mit einem leberselektiven Strahler wird die Isointensitätsverteilung der Leber gemessen und eingespeichert. Ein anschließend gegebenes pankreasselektives Präparat, das stets die Leber mit darstellt, wird lokalisiert und ebenfalls eingespeichert. Dann kann vom Komputer die Differenz der Verteilungen abgefragt und ausgedrückt werden. Nur so kann das Pankreas isoliert dargestellt werden. **Abbildung 29** zeigt diesen Effekt. Die Methode ist geistreich, aber für die Praxis zu umständlich.

2.5. Szinti-Scanner

Szinti-Scanner sind heute Routinegeräte, die zum festen Programm der Röntgenapparatefirmen gehören. Wie bei jedem technischen Produkt gibt es neue Geräte und solche, die in kurzer Zeit durch Nachfolgetypen ersetzt werden. Es würde den Rahmen dieses Buches überschreiten,

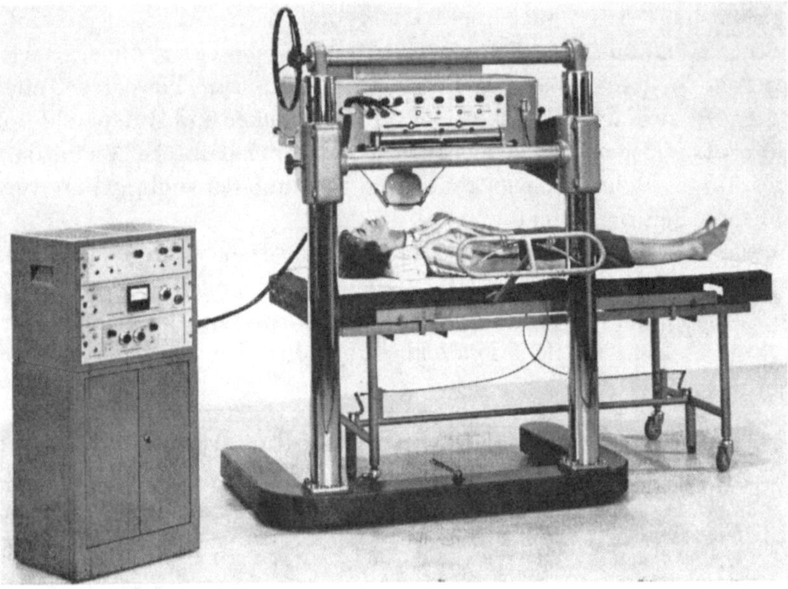

Abb. 30.
Ansicht des Scanners XL 1500
Bauart: Philips-Müller

wenn hier alle Scannertypen (etwa 25) beschrieben werden sollten. Die Beschreibung soll sich daher auf die drei Industriescanner beschränken, mit denen die gezeigten Szintigramme aufgenommen wurden. Die Reihenfolge stellt dabei kein Werturteil dar.

2.5.1. Der Philips-Müller-Scanner XL 1500

Abbildung 30 zeigt die Ansicht des universellen Gerätes bei liegendem Patienten, **Abbildung 31** bei sitzendem Patienten. Das Gerät ist eine Weiterentwicklung des von Frost (21) beschriebenen Prinzips. Die zweite Aufnahmeebene wird mit Vorteil bei der Lokalisation von Au-198-Kolloid nach Infusion verwendet. Die sonst notwendige Seitenlage des Patienten verfälscht die Darstellung durch Verschiebung des Flüssigkeitsspiegels. Das Doppelsäulenstativ erlaubt ferner die Szintigraphie längs und quer zur Körperachse. Dies ist z. B. bei der Nierendarstellung wichtig, da hier stets beide Nieren mit einer Zeile erfaßt werden müssen, die Zeilenrichtung also quer zur Körperlängsachse gewählt werden muß. Das Gerät liefert Szintigramm und Photogammagramm gleichzeitig oder alternativ. **Abbildung 32** zeigt die Umlegung des die Röntgenaufnahme tragenden Filmes in die Scannerkassette.

Durch einen herausziehbaren Kassettenschieber **(Abb. 33)** wird der Röntgenfilm zur Aufbelichtung freigegeben. Das gleichzeitig, oder alternativ registrierbare Szintigramm wird, wie **Abbildung 34** zeigt, mit zwei Durchschlägen geschrieben. Da der Anschlagdruck des Schreibstichels elektronisch regulierbar ist, können auch mehr Durchschläge geschrieben werden.

Die Kollimatoren des Szintillationszählers sind auf verschiedene Abstände fokussiert. Dementsprechend ist das Lichtvisier in **Abbildung 35** einstellbar.

Die elektronische Kontrastanhebung und Pegelunterdrückung des Gerätes ist in 2.3.2.2. beschrieben. Daher kann das Gerät auf die Farbszintigraphie verzichten. Kontrastanhebung und Pegelunterdrückung gelten für beide Registrierarten. Der elektronische Ausgleich der Gradationskurve des Filmmaterials ist in 2.4.4. beschrieben.

Die Schwärzung des Films ist damit nahezu linear von der Impulsfrequenz des Szintillationszählers abhängig. Die Linearität wird nur bei Einschaltung der Kontrastanhebung durch einen steileren Verlauf ersetzt.

Um das optimale Registrierintervall vorab ohne Probeszintigramm zu ermitteln, ist eine Abstimmanzeigeröhre auf der Frontplatte des Lichtsteuergerätes vorhanden. Es genügt dann, mit dem Meßkopf das Aktivitätsmaximum aufzusuchen und dort die Sektoren der Anzeigeröhre auf Schließung einzustellen. Damit wird sowohl für das Photogammagramm als auch für das Szintigramm das richtige Impulsfrequenzintervall festgelegt. Automatische Mittelpunktmarkierung des Meßfeldes und Impulshöhenanalysator sind serienmäßig vorhanden.

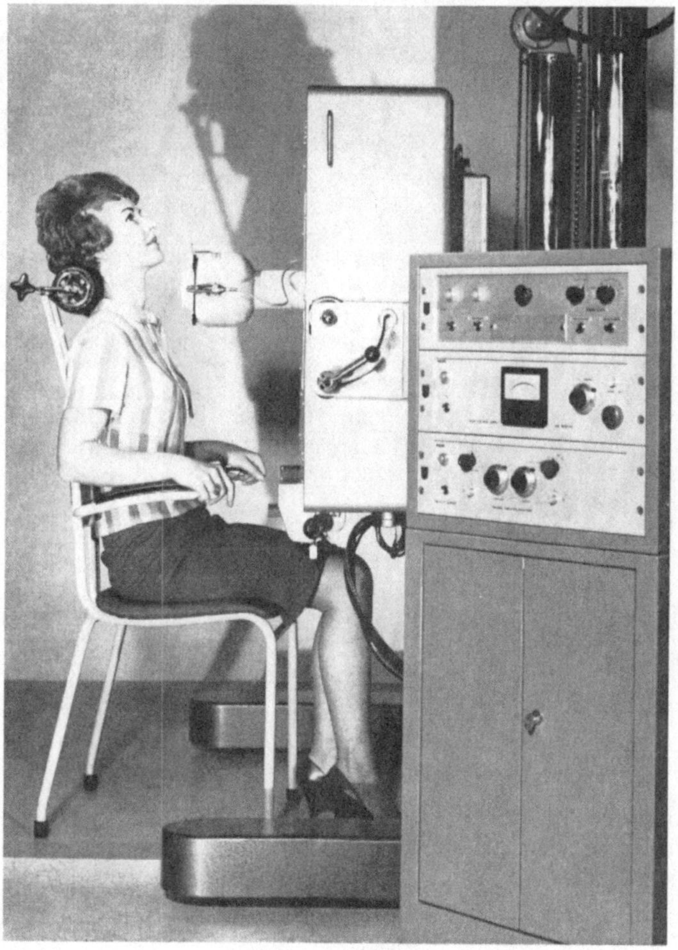

Abb. 31.
Ansicht des XL 1500 bei sitzendem Patienten

Abb. 32.
Umlegung des mit der Röntgenaufnahme des Patienten vorbelichteten, jedoch unentwickelten Filmes in die Scannerkassette

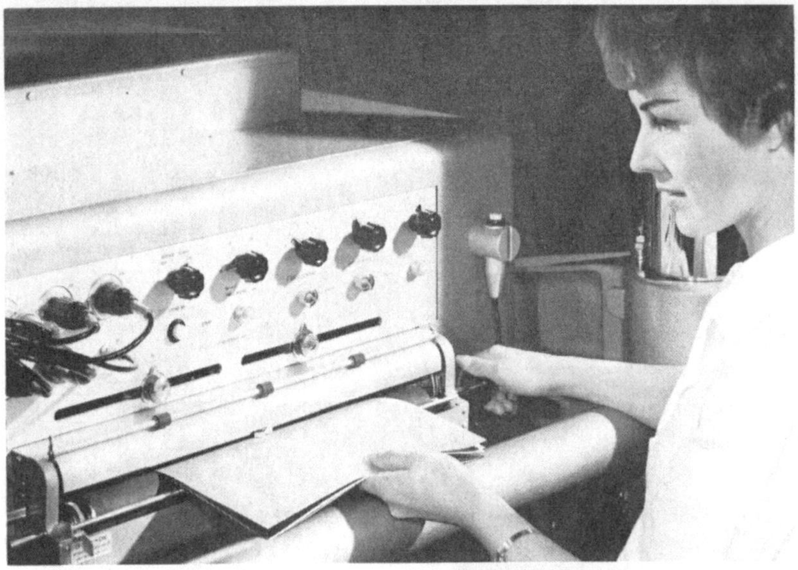

Abb. 33.
Kassettenschieber in Betriebsstellung

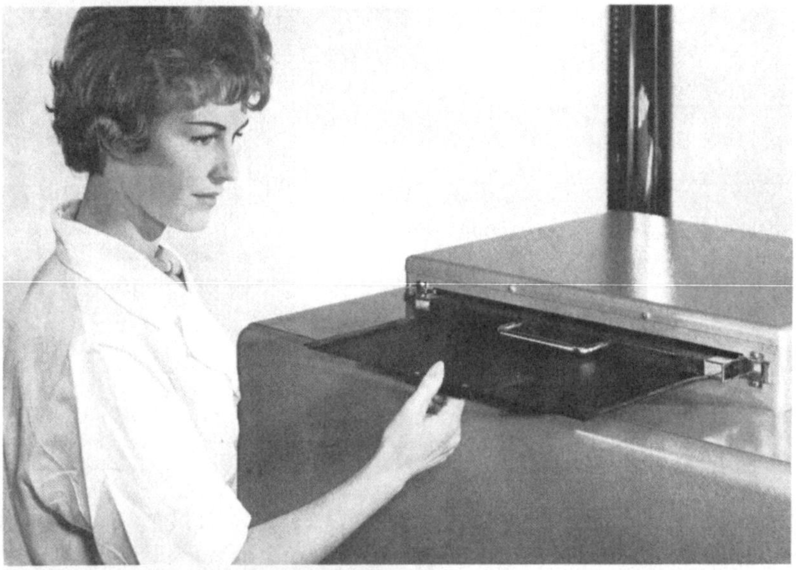

Abb. 34.
Einführung des Szintigramm-Papiers in den XL 1500

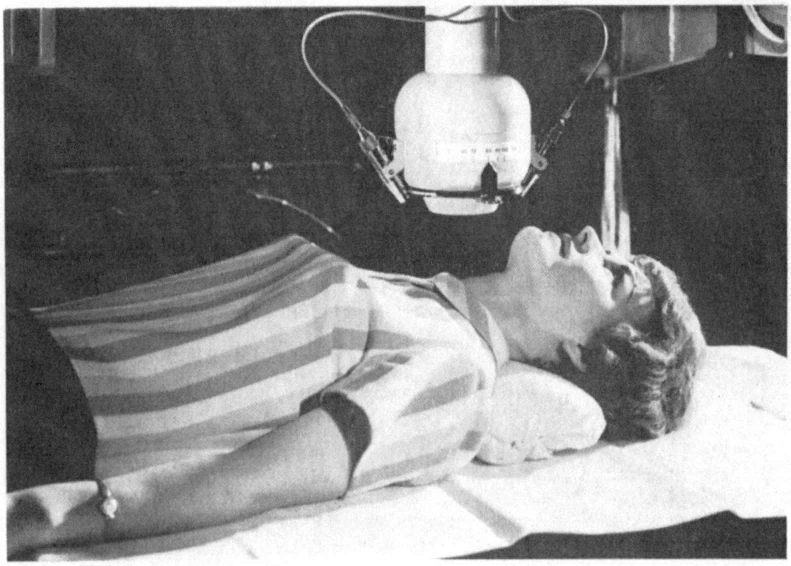

Abb. 35.
Meßkopf des XL 1500

Die gleichen Prinzipien liegen dem Scanner XL 1501 mit Farbregistrierung in **Abbildung 36** zugrunde. Die Bewegungen werden hier von Elektromotoren übernommen. Die Wahl der Feldgrößen erfolgt durch Drucktasten. Das Szintigramm-Registrierwerk ist als Blattschreiber ausgeführt. Der Meßkopf ist entarretierbar und kann dann frei bewegt werden. Er startet jedoch stets von rechts, um den Anschluß fenauflösung des 5 Zoll-Kristalles wird in der Praxis jedoch nur in seltenen Fällen wirklich ausgenutzt (Leber-Schicht-Szintigraphie) und kann sogar stören. Da sich eine vergrößerte Struma oft bis zu einer Seitenlappentiefe von etwa 5 cm erstreckt, muß bei der Schilddrüsenszintigraphie eine 100%-Isoempfindlichkeitslinie von 5 cm Länge gefordert werden, um alle Teile des Organs in ebener Darstellung gleichberech-

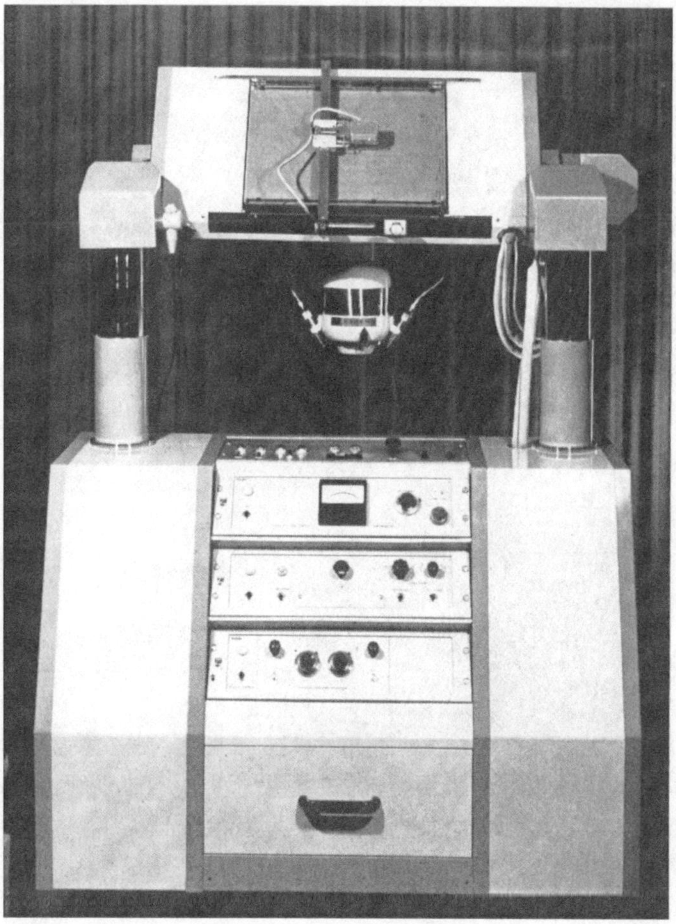

Abb. 36.
Philips-Scanner XL 1501

eines Magnetspeichers zu ermöglichen. Der Szintigrammstichel kann auf Kreuzmarken umgestellt werden, wie sie in 2.4.1. beschrieben sind. Das Gerät enthält einen 8-Farben-Drucker besonders geringer mechanischer Trägheit. Dadurch werden die in 2.4.2. geschilderten Verschleppungseffekte klein gehalten. Für den Szintillationszähler stehen wahlweise Kristalle mit 3 Zoll- und 5 Zoll ∅ zur Verfügung. Während der Typ mit 3 Zoll-Kristall mit dem Registrierteil um 90° geschwenkt werden kann, ist dies bei dem 5 Zoll-Typ wegen des Kollimatorgewichtes nicht mehr möglich. Die größere Tie-

tigt wiederzugeben. Dies ist aber mit einem 3-Zoll-Kristall viel leichter möglich.

Besonders hervorzuheben sind für den XL 1501 folgende Daten: Abtastgeschwindigkeit 1-55 mm/sec. Dadurch kann z. B. die Szintigraphie mit Tc-99m in sehr kurzen Zeiten erfolgen. Drucktastenwahlschaltung für 6 Feldgrößen, Hebung und Schwenkung elektromotorisch, Markierung im Szintigramm mit Handtaste an langem Kabel und einfache Bedienung machen das Gerät ,,sehr schnell" in der Routine. Kontrastanhebung und Pegelunterdrückung können prozentual definiert eingeschaltet werden.

2.5.2. Der Picker-Magna-Scanner

Dieser Scanner ist in seinen Prinzipien dem in 2.5.1. beschriebenen Gerät sehr ähnlich. Der Magnascanner III besitzt einen Kristall von 3 Zoll ∅, der Magnascanner V einen solchen von 5 Zoll ∅. Beide Kristalle sind 2 Zoll dick, haben also die gleiche Ansprechempfindlichkeit. Der größere Kristall bietet aber den Vorteil, stärker fokussierende Mehrkanalkollimatoren verwenden zu können. Dadurch wird eine höhere Tiefenauflösung erzielt, die besonders bei Leberaufnahmen von Vorteil ist (**Abb. 37**). Die Kontrastanhebung und Pegelunterdrückung entspricht in der Wirkung dem vorigen Gerät, sie ist jedoch in mehrere Kontraststufen unterteilt. Das Prinzip ist etwas abweichend: Die Filmschwärzung wird nicht nur durch die Helligkeit des Lichtimpulses eines Kathodenstrahlrohres bestimmt, sondern auch durch die Impulsdauer. Die Variation der Impulsdauer geschieht durch den Kontrastregler. Über zwei Schalter kann diejenige Impulsrate vorgewählt werden, bei der die Exposition ein Maximum bzw. Minimum aufweisen soll. Der Querschnitt des den Film exponierenden Lichtbündels läßt sich durch Blenden verändern. Damit läßt sich die Zeilenbreite der Registrierspur an die Kollimatorauflösung anpassen. Im Gegensatz zum vorigen Gerät beschränkt sich die Kontrastanhebung jedoch hier auf die photographische Registrierung. Von den alternativ angebotenen Szintigramm-Registrierwerken sollte man daher stets die Farbszintigraphie bevorzugen. Sie ist in 2.4.2. unter Bezug auf (18) beschrieben. Durch die Wahl von „weiß“ als erste Farbstufe ist dann auch eine gewisse Pegelunterdrückung gegeben. Die gleichzeitig auf NCR-Papier mitgedruckten zwei Durchschläge zeigen dann alle Anschläge in einer Farbe (blau).

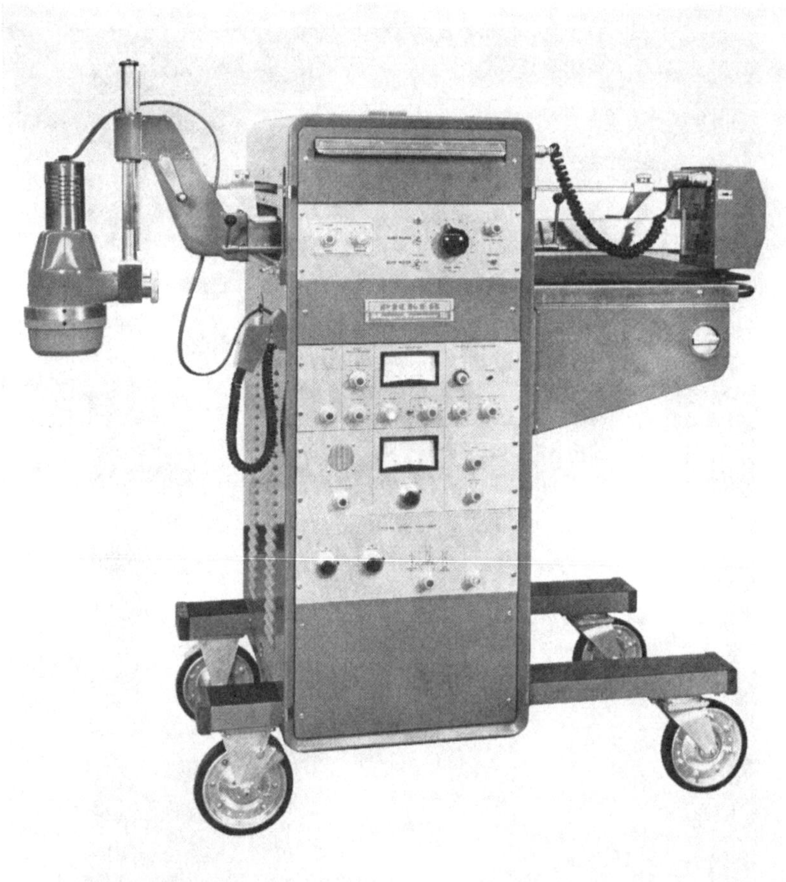

Abb. 37.
Der Picker-Magna-Scanner III

Wahlweise anstelle des Colorscan-Druckers wird auch ein Teledeltos-Schreiber auf elektroleitfähigem Papier geliefert. Die Methode ist unter 2.4.3. beschrieben. Hier ist zwar keine Kontrastanhebung oder -abgrenzung möglich, wohl aber eine Pegelunterdrückung. Die Untergrund-Unterdrückung arbeitet unabhängig von der Photoregistrierung. Es erscheinen keine Punkte auf dem Papier, wenn die Zählrate unter einem vorgewählten Prozentsatz des eingestellten Ratemeter-Bereiches liegt.

Impulshöhenanalysator und Ratemeter-Lautsprecher sind serienmäßig vorhanden.

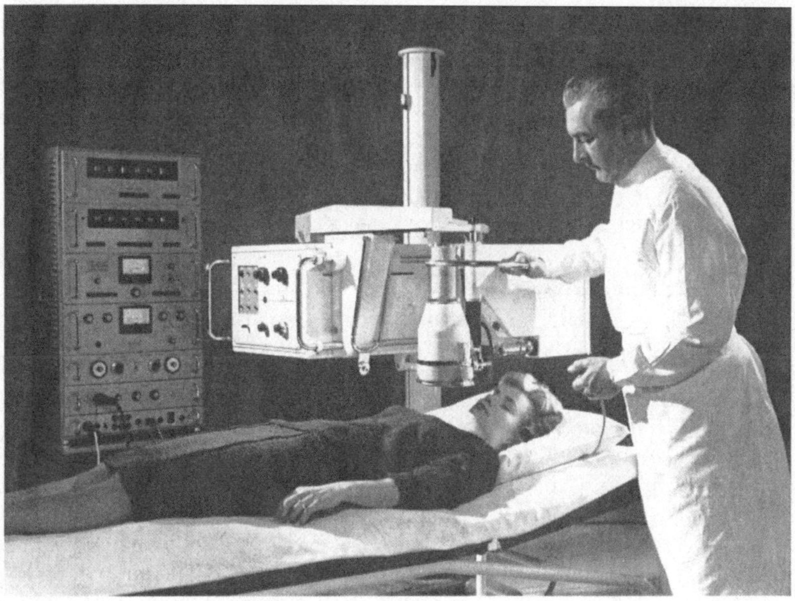

Abb. 38.
Der Siemens-Nucleograph

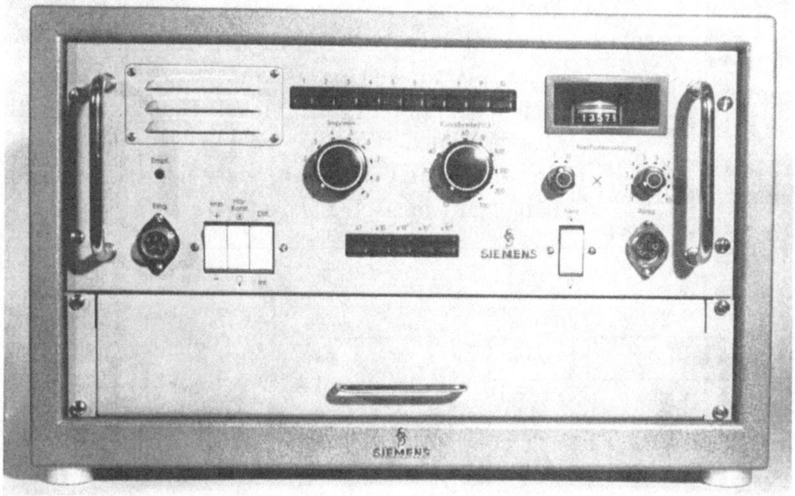

Abb. 39.
Impuls-Zeitanalysator Bauart: Siemens

2.5.3. Der Siemens-Nucleograph

Der Nucleograph ist mit den beiden vorigen Geräten nicht direkt vergleichbar. Er stellt ursprünglich ein Zusatzgerät zum vorhandenen Zähler dar. Erst nach Ergänzung durch einen größeren Meßkopf und den Impuls-Zeit-Analysator ist der Nucleograph leistungsmäßig zu vergleichen.

Die im Atlasteil gezeigten Szintigramme mit diesem Gerät sind daher mit der genannten Ergänzung aufgenommen worden. In dieser Form wird das Gerät hier beschrieben.

Abbildung 38 zeigt die Ansicht des Nucleographen. Der Kristall von 1,75 Zoll ∅ und 2 Zoll Höhe kann mit zwei Mehrkanal-Kollimatoren betrieben werden. Das Gerät liefert nur Szintigramme. Drucker und Szintillationszähler sind über ein Hebelwerk kuppelbar, so daß verkleinerte Abbildungsmaßstäbe möglich sind. D. h., die Registrierfläche bleibt konstant und entspricht dem Papierformat DIN A 4, während sich die Abtastfläche ändert:

bei Maßstab 1 : 1 beträgt die Abtastfläche 17,5 × 27,5 cm,
bei Maßstab 1 : 2 beträgt die Abtastfläche 35,0 × 55,0 cm,
bei Maßstab 1 : 3 beträgt die Abtastfläche 52,5 × 82,5 cm.

Diese Verkleinerungen werden aber selten benötigt. Als wesentlicher Vorteil ist dagegen die Möglichkeit der Abtastung in einer vertikalen Ebene anzusehen. Die Umschaltung für den Vertikalbetrieb ist zwar umständlich, erweitert die Anwendung des Gerätes jedoch auf die Therapiekontrolle. Vertikal ist nur der Abbildungsmaßstab 1 : 1 möglich, was jedoch keine Einschränkung darstellt. Zu dem Nucleographen wird der in 2.3.2.3. beschriebene Impuls-Zeit-Analysator zum Zwecke der Kontrastverstärkung und Pegelunterdrückung geliefert. Das in **Abbildung 39** gezeigte Gerät ist im Aufbau noch nicht enthalten. Für die recht komplizierte Einstellung von Nucleograph, Strahlungsmeßgerät und Impuls-Zeit-Analysator liefert Siemens einen speziellen Einstell-Rechenschieber, der das Zusammenspiel dieser drei Geräte berücksichtigt. Ein Probeszintigramm ist jedoch häufig nicht zu umgehen.

In diesem Kapitel konnten während der Drucklegung die Fort- und Neuentwicklung von Scannern durch verschiedene Firmen nicht berücksichtigt werden. Diese Geräte, u. a. Scintima 2 von Siemens, Szintigraph FHT 807 von Friesecke und Höpfner und Dynapix von Picker, sollen in der „1. Ergänzungs-Lieferung“ besprochen werden.

2.6. Die Szintillationskameras

Die Szintigraphie mit den beschriebenen, aber auch allen übrigen Scannern, ist auf die Darstellung einer über die Meßzeit (Abtastzeit) konstanten Strahlerverteilung beschränkt. Sofern sich nun die Aktivitätsverteilung infolge des raschen Stoffwechsels eines Organs in der Abtastzeit stark ändert, muß jedes zeitproportionale Abtastverfahren versagen. Im menschlichen Organismus sind aber erhebliche Stoffwechselgeschwindigkeiten bekannt. Das Maximum dürfte bei der Strömungsgeschwindigkeit des Blutes von 10—50 cm/sec im großen arteriellen Kreislauf liegen.
Eine szintigraphische Darstellung als „Momentaufnahme“ ist aber nur dann möglich, wenn alle Punkte eines Bildes gleichzeitig abgetastet werden. Dies ist daher das gemeinsame Kriterium für alle Szintillationskameras.

2.6.1. Die Gamma-Retina

Die Gamma-Retina von FUCKS (31) besteht aus einem Raster von Bohrungen in einer Schwermetallplatte als parallelem Kollimator. Jede Bohrung stellt dann einen Rasterpunkt des Gesamtbildes dar. In jeder Bohrung befindet sich ein Gamma-Detektor, dem ein elektronischer Zähler mit optischer Anzeige zugeordnet ist.

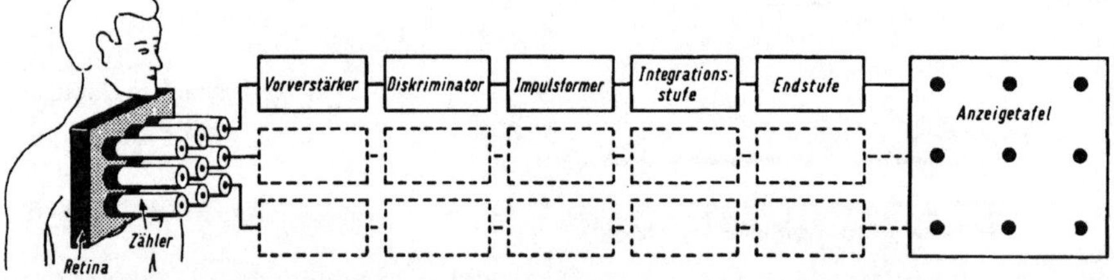

Abb. 40. Die Gamma-Retina nach FUCKS und KNIPPING

Die Anzeige erfolgt z. B. auf einem Lampentableau (**Abb. 40**), das die gleiche Rastereinteilung besitzt, wie die Bohrungen im Bleikollimator. Dadurch werden alle Bildpunkte gleichzeitig abgetastet.
Da auch bei einem schnellen Funktionsablauf mindestens ein Quant pro Bohrungskanal registriert werden muß, kommen aus Empfindlichkeitsgründen nur Szintillationszähler in Betracht

(32, 33). Das geometrische Auflösungsvermögen hängt von der Dichte und vom Durchmesser der Bohrungen ab. Dieser ist wieder vom Durchmesser der Photomultiplier abhängig. Daher ist ein Rasterfeld von 17 x 17 cm² mit 100 Bildpunkten als Optimum anzusehen. Hierdurch ist

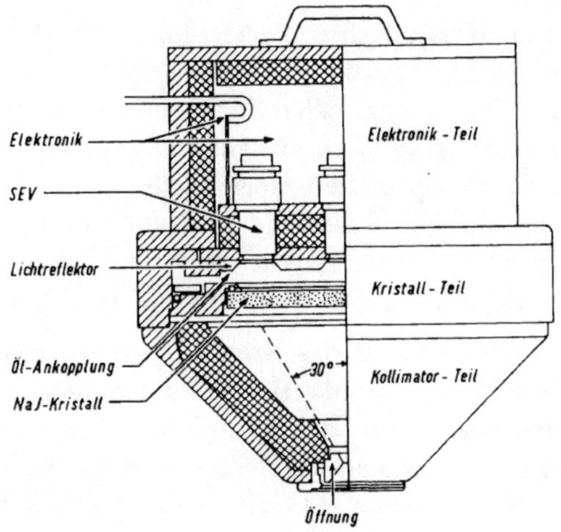

Abb. 41. Anger-Kamera, Querschnitt durch den Aufnahmekopf

Das sehr geringe geometrische Auflösungsvermögen beschränkt die Anwendung auf einige wenige Funktionsstudien.

2.6.2. Die Anger-Szintillations-Kamera

Die von ANGER (34, 35, 36) entwickelte Szintillations-Kamera wird durch die Firma Nuclear-Chicago gefertigt.

Das Empfangsorgan der Anger-Kamera ist eine Einkristallscheibe aus NaJ (Tl) mit den Abmessungen von 11,5 Zoll Durchmesser und $^1/_2$ Zoll Dicke. Auf dieser Szintillationsscheibe muß eine Abbildung des darzustellenden Strahlungsfeldes erfolgen. Dies kann nach dem Prinzip der Lochkamera erfolgen, was **Abbildung 41** zeigt. Für ausgedehnte Strahlungsfelder, wie z. B. Photogammagrammen der Leber, ist das Prinzip des honigwaben-ähnlichen parallelen Vielkanalkollimators besser **(Abb. 42).** Der Anger-Kollimator hat etwa 1000 Bohrungen. Damit ist ein relativ gutes geometrisches Auflösungsvermögen zu erzielen. Dieses ist aber außerdem noch von den

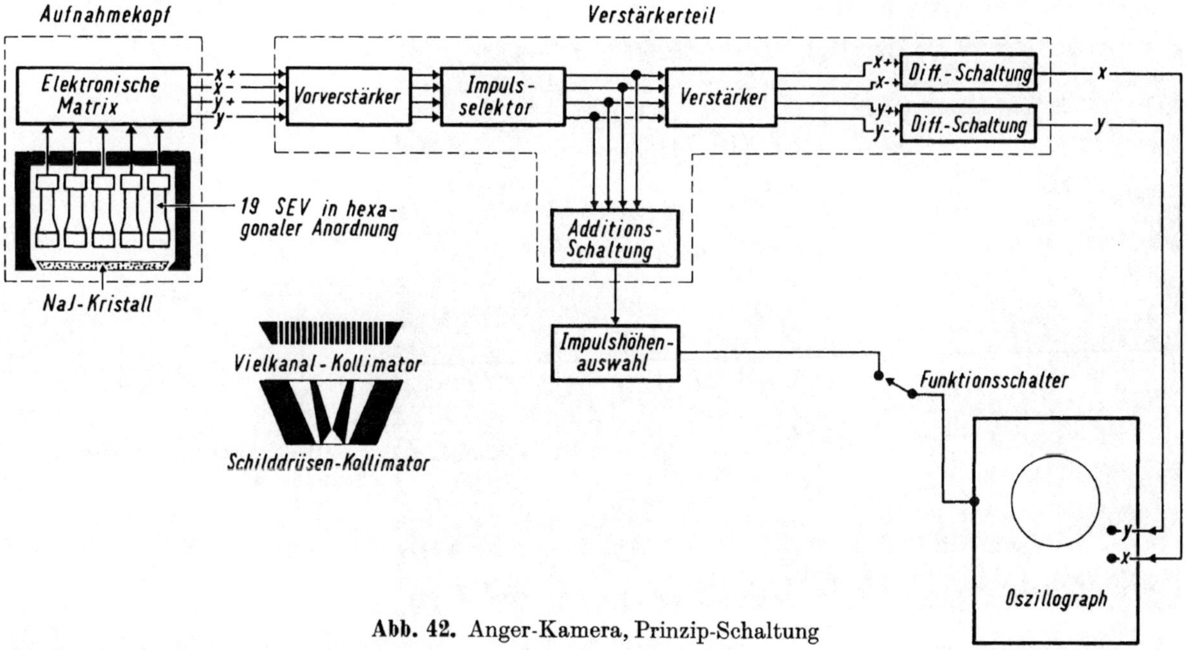

Abb. 42. Anger-Kamera, Prinzip-Schaltung

das geometrische Auflösungsvermögen gegeben. Ob die Anzeige nun durch ein Lampentableau oder durch einen Elektronenstrahloszillographen erfolgt ist, ist dabei gleichgültig. Der Oszillograph ist wegen seiner besseren Regelbarkeit günstiger, erfordert aber einen hohen elektronischen Aufwand. Das Bild kann schließlich photographiert oder kinematographiert werden.

optischen Daten der Kristallscheibe abhängig. Optisch wäre eine möglichst dünne Scheibe wegen der Streuprozesse besser. $^1/_2$ Zoll Dicke ist aber wegen der in **Abbildung 43** gezeigten Energieabhängigkeit notwendig.

Das Szintillationsbild auf der Kristallscheibe bedarf nun einer elektronisch-optischen Auswertung. Dazu sind 19 Stück Photovervielfacher mit 3 Zoll-Photokathoden an die Kristalloberfläche angekoppelt (**Abb. 41 u. Abb. 42**). Das aufgenommene Licht stammt nicht nur von

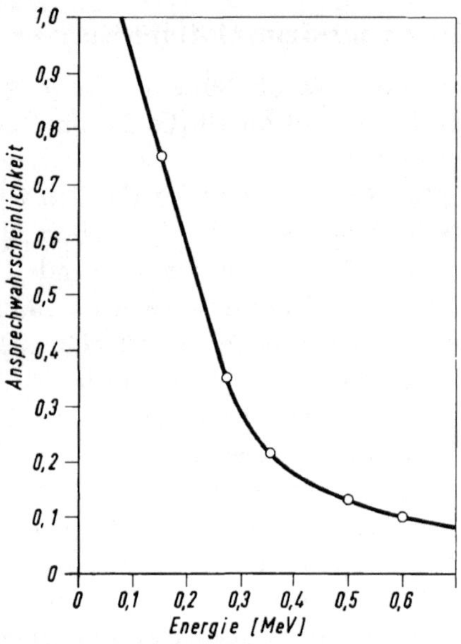

Abb. 43. Energieabhängigkeit des Ansprechvermögens der Anger-Kamera

dem gewünschten Photo-Effekt, sondern auch aus Compton- und Streuprozessen. Die Ausgangssignale der PSEV gehen daher auf eine Matrix mit angeschlossener Elektronik, die zwei Aufgaben hat:

Aus Impulshöhenvergleichen des jeweiligen PSEV-Signals mit dem Summensignal läßt sich eine Lokalisation der Szintillation im Kristall erzielen. Ein X-Signal und ein Y-Signal legen die Koordinaten auf dem wiedergebenden Oszillographenschirm fest. Ein variables Z-Signal wird einem modifizierten Impulshöhenanalysator zugeführt, der aus den Strahlungswechselwirkungen diejenige Impulshöhe auswählt, die zur Bildentstehung auf den Oszillographen gegeben wird.

Jedes im Kristall absorbierte Photon führt also zu einem Lichtpunkt auf dem Oszillographenschirm. Dieses aus vielen Lichtpunkten zusammengesetzte Bild kann mit einer Oszillographen-Kamera im optimalen Speicherzeitpunkt festgehalten werden. Aus Bequemlichkeit und wegen der sofort sichtbaren Bilder hat sich dabei das Polaroid-Land-Verfahren besonders bewährt.

In **Abbildung 44** ist das Szinti-Photo einer normalen Schilddrüse als Beispiel wiedergegeben. Als Richtwert für die Empfindlichkeit kann folgende Angabe gelten: Bei einer in der Schilddrüse gespeicherten Aktivität von 5 μCi J-131 beträgt die optimale Aufnahmedauer 2 min.

Um die Vorteile positronenstrahlender Nuklide ausnutzen zu können, kann ein Koinzidenzdetektor zugeschaltet werden. **Abbildung 45** zeigt die Anordnung.

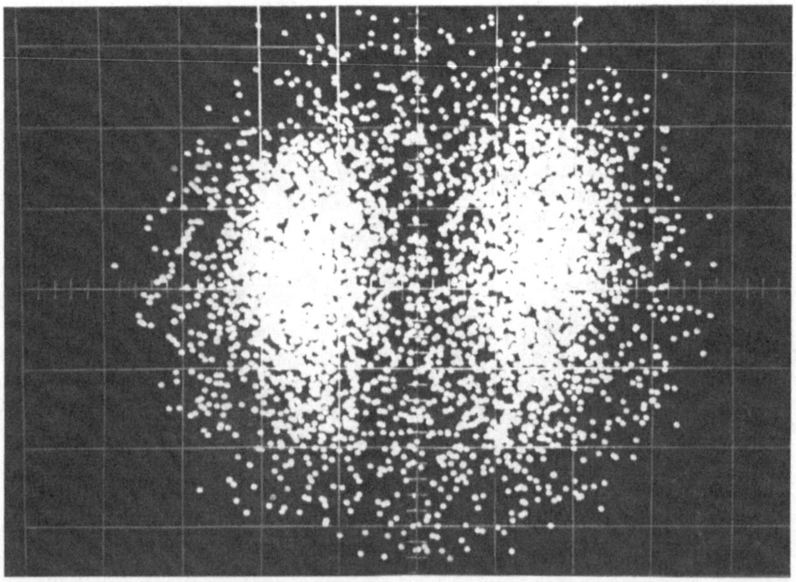

Abb. 44. Szinti-Photo einer normalen Schilddrüse

Die Grenzen der Anger-Kamera sind aufgrund ihres Prinzips gut verständlich. Die Größe der Aufnahmefelder ergibt sich aus der Kristallgröße. Der maximale Durchmesser beträgt etwa 25 cm. Für Nuklidenergien oberhalb 1 MeV ist die Kristallscheibe zu dünn, um bei kleinen Aktivitäten eine gute Ansprechempfindlichkeit

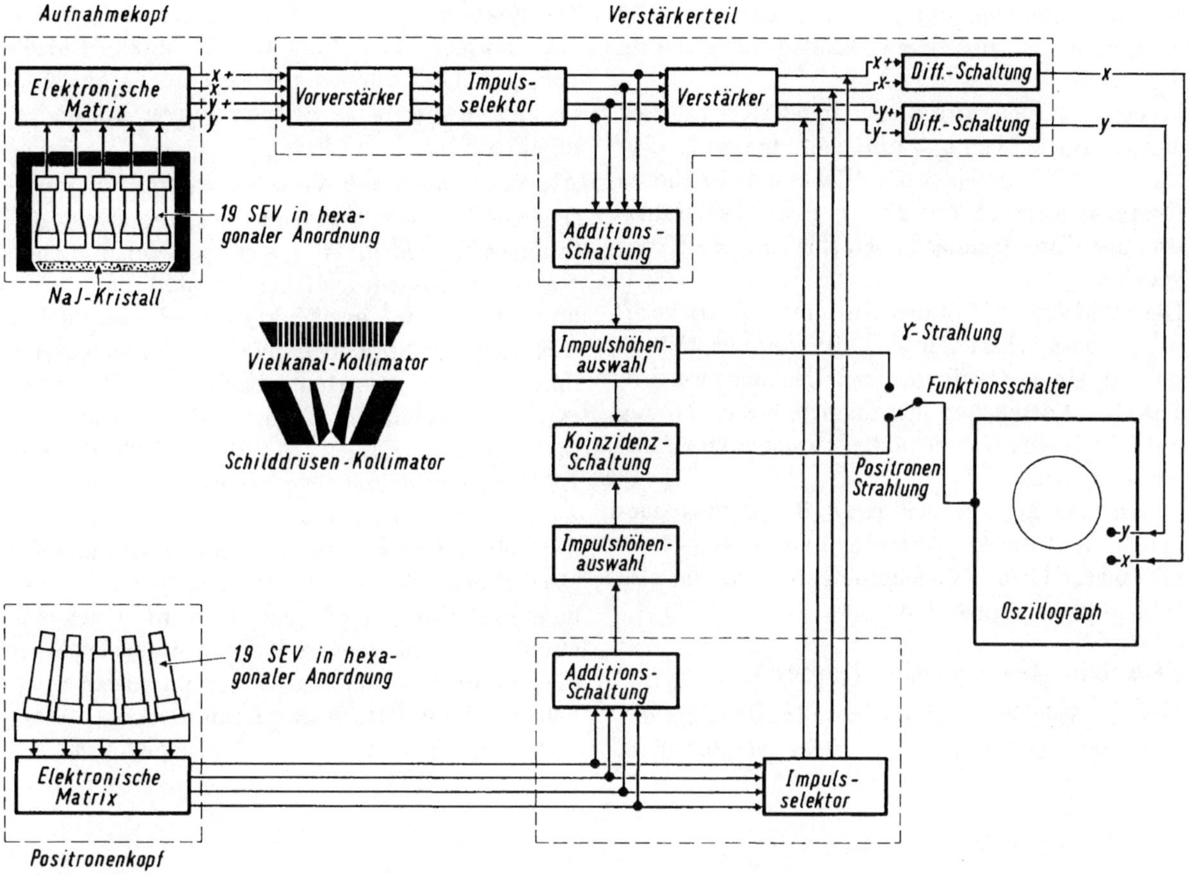

Abb. 45. Anger-Kamera mit Positronen-Meßkopf

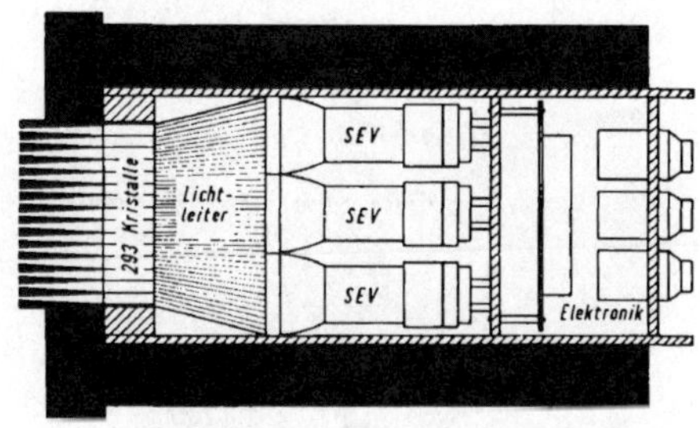

Abb. 46. Schema des Autofluoroskops

zu zeigen. Im Energiebereich unter 0,1 MeV dagegen ist die Szintillationsausbeute und damit die Impulshöhe zu gering, um die Nutzsignale sicher vom Untergrund diskriminieren zu können.

2.6.3. Die Bender-Blau-Kamera

Das Autofluoroskop von Bender und Blau (37, 38, 39) wird nicht industriell gefertigt und soll daher nur kurz erwähnt werden. Als Aufnahmedetektor wird ein Mosaik von 293 einzelnen NaJ(Tl)Kristallen verwendet. Die zwei Zoll langen Kristalle von etwa 1 cm Durchmesser erhalten ihre Richtungsabhängigkeit durch einen fokussierenden Bleikollimator mit 293 Bohrungen (Abb. 46).

Wie in **Abbildung 47** schematisch gezeigt, führen von jedem der 293 Kristalle je ein Lichtleiter zu einem SEV der x-Achsenelektronik und einem der y-Achsenelektronik. Für die horizontale x-Richtung sind 20 SEV-Röhren vorhanden, für die vertikale y-Richtung 15 SEV.

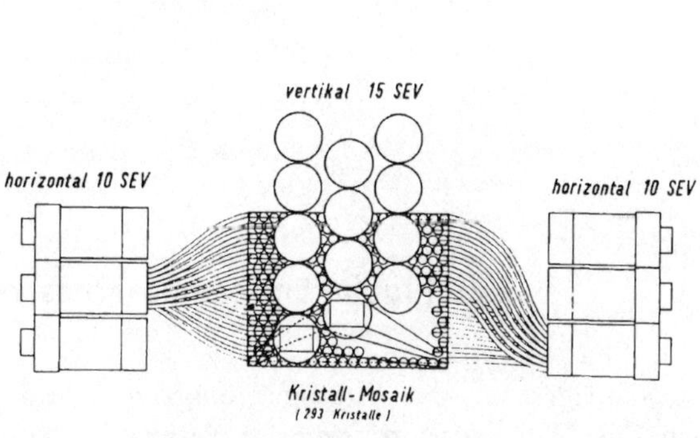

Abb. 47. Lichtleiteranordnung mit eingezeichnetem Datenauswerteanschluß für je einen x- und y-SEV

Aus den Signalen der 35 SEV wird ein Bild gewonnen und auf einem Oszillographenschirm dargestellt.

Wegen der bleistiftdünnen langen Kristalle ist das Energieauflösungsvermögen nur gering. Dafür ist die Ansprechempfindlichkeit bei höheren Energien ausreichend. Durch eine Diskrimination des Untergrundes lassen sich saubere Bilder erzielen.

Die Bildsignale können in einer Ferritkernmatrix gespeichert werden. Von hier aus können sie auf einen Oszillographen gegeben werden, was den Vorteil der mehrfachen Wiederholung unter Variation der bildbestimmenden Parameter bietet.

Durch das Mosaik der Kristalle ist das geometrische Auflösungsvermögen auf etwa ± 1 cm begrenzt. Kleine Speicherdefekte können also leicht übersehen werden.

2.6.4. Die Ter-Pogossian-Kamera

Das in **Abbildung** 48 dargestellte Prinzip der Ter-Pogossian-Kamera ist leicht verständlich. Die Fokussierung der Strahlung geschieht durch eine Kupfer-Platte mit bis zu 36000 Einzelbohrungen. Dadurch ist ein geometrisches Auflösungsvermögen im Bereich einiger Millimeter möglich.

Als Empfänger und Verstärker dient ein modifizierter Röntgen-Bildverstärker. Der Eingangslumineszenzschirm ist gegenüber der üblichen Röntgenausführung dicker, so daß die Strahlungsabsorption im Nuklidbereich brauchbar wird. Sie reicht jedoch nur im Energiebereich unter 150 keV aus. Damit bleibt dieser Kameratyp auf die energiearmen Strahler beschränkt (z. B. J-125, Hg-197, Au-199, Tc-99m). Das Bild des Sekundärschirmes wird von einer Fernsehkamera abgenommen und kann nun mit den bekannten Kontrastverstärkungsmitteln des Fernsehens manipuliert werden, bevor es auf dem Bildschirm wiedergegeben wird. Über eine Oszillographenkamera mit Polaroid-Material ist die Dokumentation der Bilder unschwer möglich. Die komplette Kamera mit Boden-Deckenstativ wird von der Firma Picker geliefert.

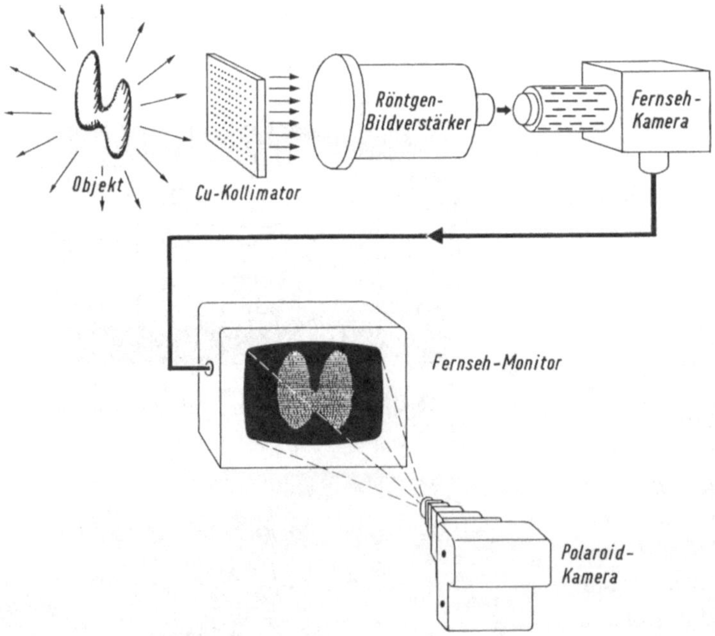

Abb. 48.
Prinzip der Ter-Pogossian-Kamera

2.7. Nachträgliche Kontrastverstärkung mit Fernseh-Mitteln

Das Szintigramm, das Photogammagramm und auch das Photoszintigramm der Szintillationskamera enthält eine große Anzahl von Informationen, die bei Direktbetrachtung häufig nicht sicher ausgewertet werden können. Dies ist auf den beschränkten Kontrastumfang der

Signalraten, überlagert von der statistisch bedingten Schwankung zurückzuführen. Sowohl die in 2.3. beschriebenen elektronischen Kontrastanhebungen, als auch die in 2.4.2. gezeigte Farbszintigraphie erleichtern die Auswertung der Informationen erheblich. Wenn diese beiden technischen Verbesserungen nicht zur Verfügung stehen, ist auch eine nachträgliche Kontrastverstärkung der fertigen Bilder mit Fernseh-Mitteln möglich. Dazu ist jedes in der Röntgen-Diagnostik gebräuchliche Kontrastverstärkungsgerät brauchbar.

Fleming, Mc Ilraith und King (40) vereinfachen dadurch, daß sie vor den Lichtkasten mit Photo-Szintigramm eine übliche Fernsehkamera aufstellen und das auf dem Empfängerbildschirm mit maximalem Kontrast dargestellte Bild abphotographieren.

Der nächste Schritt ergibt sich durch Anwendung des Farbfernsehens. Fisher und Gershon-Cohen (41), sowie Charkes und Gershon-Cohen (42) benutzen eine Kolor-Kamera und einen Kolor-Monitor, um die Schwärzungsdifferenzen im Szintigramm in Farbdifferenzen umzusetzen. Das Fernsehbild muß dann mit einer Farbfilm-Kamera abphotographiert werden. Die Filmauswertung dauert entweder sehr lange durch Bearbeitung in einem Kolor-Filmlabor oder man begnügt sich mit dem kleinen Format des Polaroid-Color-Films. Schließlich läßt sich auch die elektronische Kontrastanhebung des Primärbildes mit einer nachträglichen Kontrastanhebung des Fernsehbildes kombinieren. Die von Ephraim (43) gezeigten Bilder überzeugen jedoch nicht von der Notwendigkeit dieses Aufwandes. Die gleichen harten Kontraste lassen sich durch eine übersteigerte Kontrastanhebung mit einer Glühlampe als Expositionsgeber auf Film erzielen. Diese von Bender und Blau (44) dargestellte Methode entspricht in ihrer Wirkung wieder der in 2.3.2.1. beschriebenen cutoff-Technik.

Literatur

1. Kinard, F. E.: Nucleonics **15**, 4 (1957)
2. Schumacher, W. und D. Frost: Atompraxis **7**, 249 (1961)
3. Mac Intyre, W. J. and T. S. Houser: Amer. J. Roentgenol. **77**, 471 (1957)
4. Curtis, L. and B. Cassen: Nucleonics **10**, 58 (1952)
5. Mac Intyre, W. J., Rauf Yagan, J. H. Christie: Amer. J. Roentgenol. **88**, 289 (1962)
6. Christie, J. H. and W. J. Mac Intyre: Radiology **79**, 472 (1962)
7. Frost, D. und H. Werkes: Strahlentherapie **113**, 461 (1960)
8. Hawliczek, F. und G. Zita: Nuclear Medizin **3**, 312 (1963)
9. Präg, R.: Strahlentherapie **119**, 569 (1962)
10. Snajder, J. und M. Erjavec: Rad. biol. ther. **1**, 109 (1965)
11. Brownell, G. L.: In Medical Radioisotope Scanning, **1**, 3 IAEA ST I/PUB/82, Wien (1964)
12. Brownell, G. L.: Jour. Appl. Rad. a. Isotopes **3**, 81 (1958)
13. Frost, D.: Strahlentherapie **127**, 566 (1965)
14. Hill, W. S. and J. Traibel: Nucleonics **23**, 6 (1965)
15. Mallard, J. R. and C. J. Peachey: Brit. Jour. Radiol. **32**, 652 (1959)
16. Mallard, J. R. and C. J. Peachey: Proc. 3rd Int. Cont. Med. Elect. 511 (1960)
17. Mallard, J. R., J. F. Fowler and M. Sutton: Brit. Jour. Radiol. **34**, 562 (1961)
18. Hine, G. J.: Nucl. Med. **4**, 439 (1963)
19. Oeser, H., H. Ernst und K. Rach: Röfo **101**, 640 (1964)
20. Ozeki, M., Y. Furukawa, T. Moriyama, H. Matsushita, M. Tsukamoto and T. Kohi: Kurume Med. J. **11**, 149 (1964)
21. Frost, D.: Atompraxis **4**, 254 (1958)
22. Schumacher, W. und D. Frost: Strahlentherapie **104**, 110 (1957)
23. Bender, M. A.: Science **125**, 443 (1957)
24. Kakehi, H., U. Arimizu and G. Uchiyama: USAEC Rpt TID-7673 111—31 (1963)
25. Kakehi, H.: Acta radiol. Jop. **22**, 415 (1962)
26. Kakehi, H., U. Arimizu and G. Uchiyama: In Medical Radioisotope Scanning Proc. Symp. Athen, **1**, 451 (1964)
27. Adams, R. and H. L. Jaffe: Medical News **188**, 25 (1965)
28. Bonte, F. J., J. S. Krohmer and W. E. Romans: Int. J. Appl. Rad. and Isotopes **14**, 273 (1963)
29. Patent-Auslegeschrift 1171543, Int. Kl. G 01 n Deutsche hl. 21g—18/01. Az F 33681 VIII c/21g Auslegetag 4. Juni 1964
30. Schepers, H. und C. Winkler: Medical Radioisotope Scanning **1**, 321 (Wien 1964)
31. Fucks, W. und H. W. Knipping: Naturw. **42**, 493 (1955)

32. Fucks, W., G. Schumacher und A. Scheidweiler: Z. f. Naturforsch. **12b**, 250 (1957)

33. Scheidweiler, A. und E. Theunissen: Z. f. Naturforsch. **15b**, 759 (1960)

34. Anger, H. O.: Nature **170**, 200 (1952)

35. Anger, H. O.: Rev. Sci. Instr. **29**, 27 (1958)

36. Anger, H. O.: Nucleonics **21**, 56 (1963)

37. Bender, M. A. and M. Blau: J. Nuclear Med. **1**, 105 (1960)

38. Bender, M. A. and M. Blau: J. Nuclear Med. **4**, 186 (1963)

39. Bender, M. A. and M. Blau: Nucleonics **21**, 52 (1963)

40. Fleming, W. H., J. D. Mc Ilraith and E. R. King: Amer. J. Roentgenol. **87**, 128 (1962)

41. Fisher, J. F. and J. Gershon-Cohen: Amer. J. Roentgenol. **79**, 342 (1958)

42. Charkes, N. D. and J. Gershon-Cohen: Amer. J. Roentgenol. **90**, 406 (1963)

43. Ephraim, K. H.: Amer. J. Roentgenol. **87**, 141 (1962)

44. Bender, M. A. and M. Blau: Intern. J. off Appl. Rad. and Isotopes **4**, 154 (1959)

2.8. Szinti-Scanner, Teil 2

Die technische Entwicklung der Szinti-Scanner geht den gleichen Weg wie vor Jahren die Röntgendiagnostik. Der Arzt behält sich die Befundung und einige wenige Spezialeinstellungen vor, während die Routine auf der Ebene der medizinisch-technischen Assistentinnen abläuft. Automation und Geschwindigkeit stehen damit an der Spitze der Forderungen. Die folgenden Geräte tragen diesen Gesichtspunkten bereits Rechnung.

2.8.1. Der Philips-Müller-Scanner XL 1501/10

Abbildung 49 zeigt die Ansicht des Gerätes. Seiner Entwicklung lagen folgende Gesichtspunkte zugrunde: Für die Mehrzahl aller Einstellungen

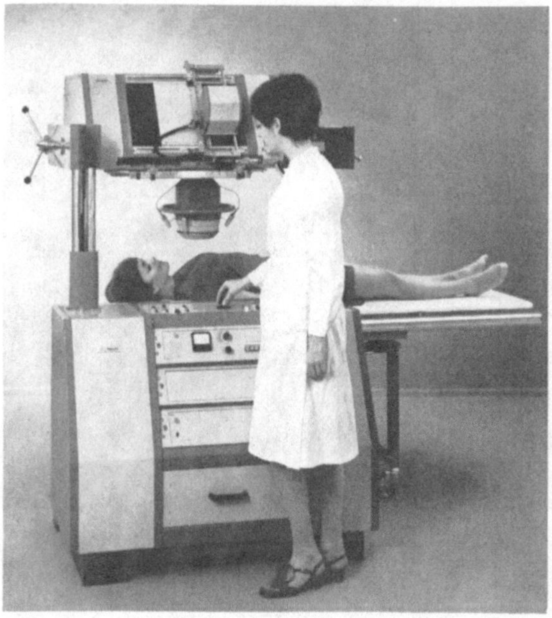

Abb. 49. Philips-Müller-Scanner XL 1501/10, Ansicht

sollte die bedienende Person von einem Standort aus alle Bedienungsorgane erreichen können. Wie **Abbildung 49** zeigt, trifft dies auf die Position vor dem Gerätetablo zu. Durch Drehung der Riegelstange in **Abbildung 50** wird der Szintillationszähler mechanisch entkoppelt und ist zur Maximumsuche frei beweglich. Das Registrierpapier wird mit den beiden Hebeln rechts unten in **Abbildung 50** mit einem Griff gehalten und gespannt. Irgendwelche Verklebungen oder Zentrierungen nach Augenmaß entfallen, denn auf der unteren Klemmschiene ist eine symmetrische

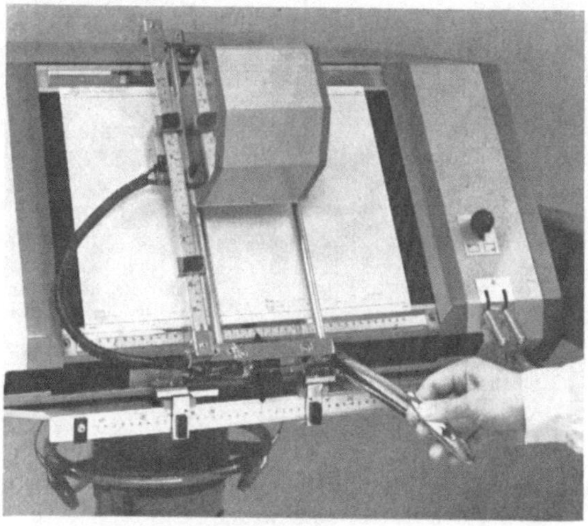

Abb. 50.
Registrierfläche für Colorscan mit Bedienungselementen

Zentimetereinteilung angebracht. Die Wahl des Abtastfeldes erfolgt durch je 2 Reiter auf den x- und y-Skalen in **Abbildung 50**. Der rechts sichtbare Knopf gestattet die Wahl des Startpunktes „links oben" oder „rechts unten", um bei Computerbetrieb die Zuordnung zur Patientenlage zu ermöglichen.
Wichtig ist die ebenfalls aus **Abbildung 50** erkennbare Halterung des Color-Schreibers ohne Hebelarm der Aufhängung. Dadurch kann die Aufhängung nicht durch Rückstoß des durchlaufenden Farbbandträgers ausweichen. Die Einhaltung der Zeilenabstände ist hier also äußerst zuverlässig. Dies ist auch eine Folge der Konstruktion des Color-Schreibers, der in **Abbildung 51** ohne Abdeckung gezeigt ist.

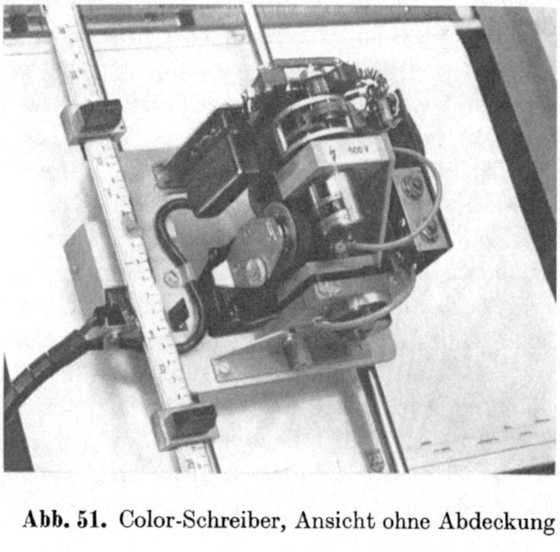

Abb. 51. Color-Schreiber, Ansicht ohne Abdeckung

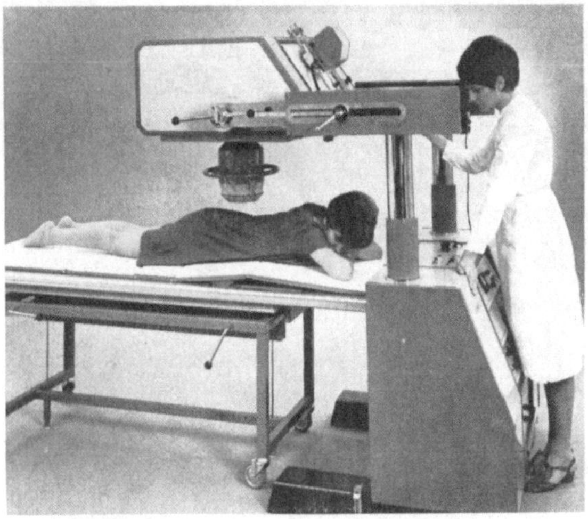

Abb. 52. Auszug des Registrierteils zum Wechsel der Abtastrichtung

Abb. 53. Handstation zur Fernbedienung des XL 1501/10

Abbildung 51 läßt erkennen, daß der bewegliche Farbbandträger im Schwerpunkt aufgehängt ist. Seine äußerst trägheitsarme Bewegung gibt dadurch nur geringe Rückstoßmomente auf die Halterung. Eine trägheitsarme Bewegung ist aber auch notwendig, um keine Farbverschleppung längs der Kontur eines Organs zu erzeugen. Der Farbbandträger mußte daher so leicht wie möglich gehalten werden. So werden für die volle Durchsteuerung aller 8 Farben nur etwa 60 msec benötigt.

Während die Abtastrichtung bei der in **Abbildung 49** gezeigten Stellung der Liege parallel zur Körperachse des Patienten erfolgt, ist diese Richtung z. B. für die Nierendarstellung wenig geeignet. Es wird bei dieser Richtung eine Niere nach der anderen dargestellt, was zwar in Sonderfällen einseitig verzögerter Ausscheidung nützlich sein kann, allgemein aber unerwünscht ist.

Hier bietet das Gerät nun die Möglichkeit des Auszuges des Registrierteils, so daß die Liege die in **Abbildung 52** gezeigte Stellung einnimmt. Die Abtastung erfolgt nun quer zur Körperachse. Zur Maximumsuche ist eine Handstation vorhanden, die ein Tochterinstrument des Anzeigegerätes trägt, dazu die Knöpfe ,,Heben", ,,Senken" und ,,Markierung". Die manuelle Führung des Szintillationszählers geschieht an dem in **Abbildung 52** sichtbaren Griffring.

Abbildung 53 zeigt die Handstation.

Die Kassette für das Photoszintigramm ist gemäß **Abbildung 54** wie bisher im Gehäuse des

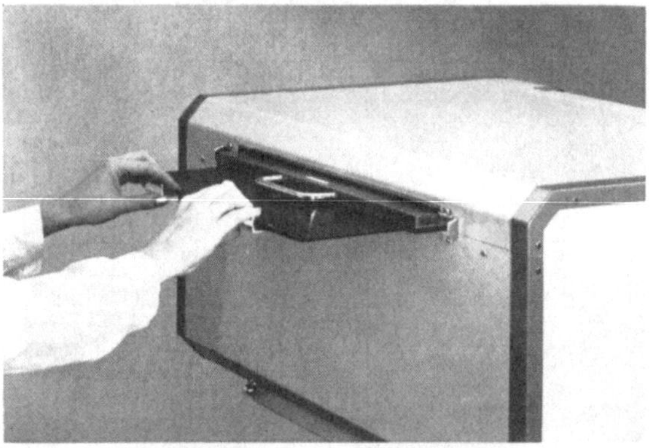

Abb. 54. Wechsel der Kassette für das Photoszintigramm

Registrierteils untergebracht. Eine quadratische Lichtmarke von 3 mm Kantenlänge erzeugt die Registrierspur auf Röntgenfilm. Auf diesen ist der Leuchtdichtegradient als Funktion der Impulsfrequenz abgeglichen. Damit ist sichergestellt, daß die Filmschwärzung in erster Näherung eine lineare Funktion der Impulsfrequenz darstellt.

Ziel dieser Belichtungseinrichtung ist es, die Radionuklidverteilung in einem Organ als Schwärzungsverteilung in einem aufbelichteten Röntgenfilm einzutragen. Bei Entwicklung des Bildes ist dann der Weichteilkontrast gut von der Nuklidverteilung abzugrenzen. Diese Information z. B. kann für den Chirurgen wichtig sein.

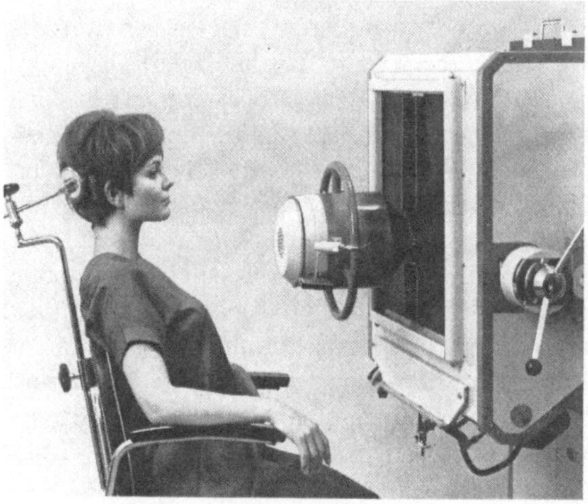

Abb. 55. XL 1501/10 mit geschwenktem Registrierteil für seitliche Abtastung

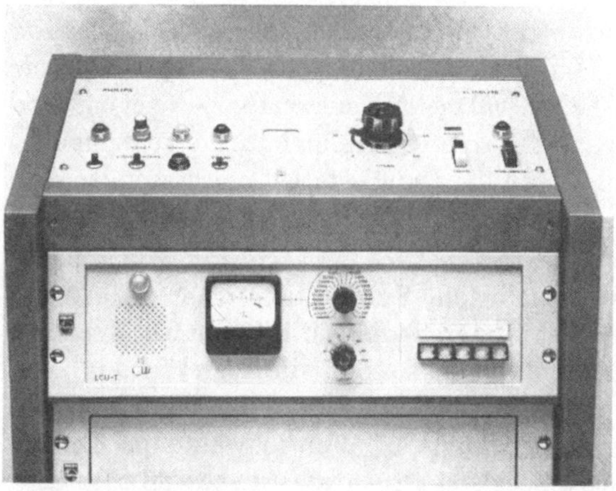

Abb. 56. Elektrische Bedienungselemente des XL 1501/10

Auf Wunsch kann der XL 1501/10 mit einem optischen Zusatz zur zeilenfreien Darstellung im Photoszintigramm ausgerüstet werden. Die Nützlichkeit dieses Zusatzes ist jedoch sehr fraglich. Während sich die Zeilenstruktur aus dem Röntgenbild gut hervorhebt, ergibt das zeilenlose Halbtonbild nur selten einen brauchbaren Kontrast. Das zeilenlose Photoszintigramm ohne Röntgenbild ist aber unsinnig, denn das Color-Szintigramm auf Papier vermittelt die gleiche Information, aber billiger.

Außer der üblichen ap-Abtastung, kann diese durch Schwenkung des Registrierteils um 90° auch seitlich erfolgen.

Diese Stellung ist zweckmäßig für up-take-Messungen, wie in **Abbildung 55,** aber auch für die Schilddrüsenszintigraphie an sitzenden Patienten. Absolut notwendig ist die seitliche Abtastung bei der Voruntersuchung zur Infusionstherapie mit Au-198-Kolloid. Diese bei Pleura- und Peritonealcarcinose erfolgreiche Therapie setzt ja die Lokalisation einer Testdosis ap und seitlich voraus. Bei seitlicher Lagerung des Patienten würde ja der Flüssigkeitsspiegel wieder horizontal stehen, womit die Lokalisation verfälscht würde.

Der wesentlichste Vorteil dieses Scanners betrifft jedoch die Automatisierung der Elektronik. Dadurch werden Fehlaufnahmen nahezu ausgeschlossen. Als erster Schritt zur Bedienungserleichterung war die feste Vorwahl von 5 Gammaenergien zu sehen. Diese sind durch Drucktasten z. B. folgenden Radionukliden zugeordnet: J-131, Au-198, Sr-85, Co-58, Tc-99 m. Diese Zuordnung kann aber beliebig geändert werden. Daneben besteht stets noch die freie Wahl über den Kanallagenregler des Impulshöhenanalysators.

Abbildung 56 zeigt im rechten Feld den Drucktastensatz für die Nuklidvorwahl. Für die Routineaufnahmen kann daher die bekannte Einstellung des Photopeaks mit Hilfe von Testpräparat und Kanallagen- und -Breitenregler entfallen. Dies ist eine erhebliche Arbeitserleichterung.

Die bedeutendste Verbesserung der Bedienung ergibt sich jedoch aus der Automatik der LCU-T.

Dazu einige Vorbemerkungen. Bisher wurde das Speichermaximum aufgesucht und der Maximalwert mit Hilfe eines Verstärkerreglers auf 100% Skalenausschlag am Kontrollinstrument eingestellt. Nun begann die intuitive Wahl der Aufnahmebedingungen. So mußte z. B. bei manchen Scannern die Leuchtdichte des Photoschreibers der Abtastgeschwindigkeit angeglichen werden. Weiter muß die Druckrate des Szintigrammschreibers auf die Abtastgeschwindigkeit eingestellt werden. Andernfalls sind die Druckanschläge bei kleinen Abtastgeschwindigkeiten zu dicht, bei großen zu dünn, wodurch die Erkennung von Organkonturen erschwert wird.

Wenn die Druckrate des Colorschreibers zu hoch gewählt wird, so ergibt sich im Colorbild ein gut geschlossener, scharf konturierter Bildeindruck. Die Strichdichte im Innenbereich des Organbildes ist jedoch konstant. Eine Differenzierung der Bereiche unterschiedlicher Aktivität erfolgt dann nur durch die Farbinformation. Da diese im Durchschlag fehlt, ist hier nur noch die

Kontur des Organs erkennbar. Wird dagegen die Druckrate zu niedrig gewählt, so sind zwar die Durchschläge gut auswertbar, die Konturen der szintigraphischen Abbildung erscheinen jedoch durch die Impulsstatistik zerrissen, so daß Defekte im Randbereich übersehen werden können.

Ferner geht die Subtraktion einer wählbaren Impulsrate durch die cut-off-Schaltung in die Einstellung ein, so daß die Verstärkung entsprechend erhöht werden muß. Die Kopplung von Verstärkung mit Filmschwärzung, Abtastgeschwindigkeit, Druckrate und cut-off-Subtraktion gestaltet sich damit so schwierig, daß nur Personen mit „Erfahrung“ auf dem jeweiligen Scanner Fehlaufnahmen vermeiden können.

Einer automatischen Optimierung der Einstellbedingungen liegen folgende Gesichtspunkte zugrunde:

Das Instrument auf der Frontplatte des Steuergerätes ist nur noch eine Art Belichtungsmesser. Zur Vereinfachung der Maximumsuche geht die Skala bis 130%, wobei sich der optimale Sollbereich von 90—110% erstreckt. Immer wenn der Zeiger in diesem Sollbereich im Speichermaximum einspielt, ist die Gewähr für eine gute szintigraphische Aufnahme gegeben. Der Zeiger kann mit zwei Reglern einzeln oder gemeinsam verstellt werden: Regler „counts/min“ und Regler „speed“. Der erste Regler schaltet die Grobstufen, der zweite Regler liefert die Feinregelung zwischen den Grobstufen. Läßt sich der Zeiger nicht in den grünen Bereich bringen, so ist keine Aufnahme möglich, so z. B., wenn die gespeicherte Aktivitätsmenge zu gering ist. Diese Automatik wurde wie folgt realisiert:

Die vom Impulshöhenanalysator kommenden Impulse gelangen über eine monostabile Multivibratorstufe regelbarer Impulsbreite zu einer Ratemeterstufe. Der Regler „counts/min“ schaltet die Empfindlichkeit des Verstärkers. Dabei sind die Impulsraten nach der internationalen E 6-Reihe gestuft, also in einer Stufung nach der $\sqrt[6]{10}$ als Annäherung an eine geometrische Reihe. In der zweiten Ebene des gleichen Schalters werden die optimalen Zeitkonstanten für den Farbbandträger des Color-Schreibers geschaltet.

Dadurch wird ein optimaler Kompromiß zwischen Farbverschleppung in Abtastrichtung und Farbabgrenzung der Isoimpulsbereiche erzielt. Wenn diese Zeitkonstanten nicht optimiert werden, so druckt z. B. bei zu kleiner Zeitkonstante des Farbbandträgers und geringer Impulsrate der Schreiber „bunt“, d. h. bei der ständigen Bewegung des Farbbandträgers durch die Impulsstatistik werden die Farben durcheinander gedruckt. Wird andererseits durch Wahl

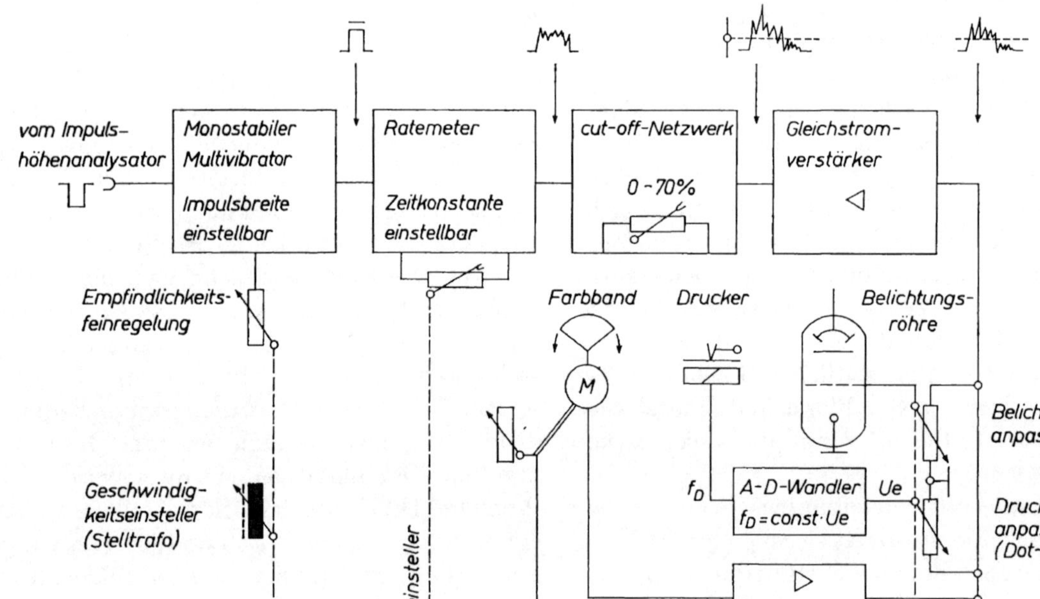

Abb. 57. Blockschaltbild des Steuergerätes

einer zu großen Zeitkonstanten der Farbbandträger zu stark bekämpft, so wird die Farbwiedergabe in Abtastrichtung verschleppt. Damit erscheint die Organkontur im Szintigramm treppenförmig. Wie in **Abbildung 57** erkennbar, regelt der Geschwindigkeitseinsteller natürlich längs seiner Bahn die Abtastgeschwindigkeit von 2—53 mm/sec. Über eine weitere Regelkurve wird aber auch die Leuchtdichte des Filmschreibers der vorgewählten Abtastgeschwindigkeit angeglichen. Dieser Angleich geschieht derart, daß unabhängig von der variierenden Abtastgeschwindigkeit bei ein und derselben Impulsfrequenz auch die Schwärzung pro Flächeneinheit des Filmes konstant bleibt. Damit ist sie von der Abtastgeschwindigkeit unabhängig und bedarf keiner Überlegung mehr. In einer dritten Regelkurve des „speed"-Reglers wird die maximale Druckerfrequenz des Color-Schreibers geregelt. Dies geschieht derart, daß für ein und dieselbe Impulsfrequenz die auf dem Registrierpapier auswertbare Strichdichte unabhängig von der Abtastgeschwindigkeit konstant bleibt.

Abbildung 58 zeigt das Prinzip schematisch. Es ist die Druckrate des Color-Schreibers in Ab-

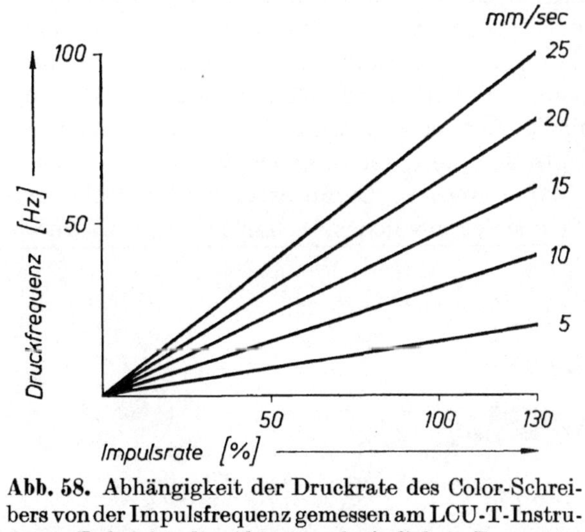

Abb. 58. Abhängigkeit der Druckrate des Color-Schreibers von der Impulsfrequenz gemessen am LCU-T-Instrument. Dabei ist die Abtastgeschwindigkeit Parameter

hängigkeit von der Impulsfrequenz gemessen am Instrument des Steuergerätes aufgetragen. Die Abtastgeschwindigkeit ist dabei Parameter. Aus dieser Abbildung ist ersichtlich, daß bis zu einer Geschwindigkeit von 25 mm/sec die maximale Strichdichte der Szintigrammstriche konstant bleibt. Oberhalb 25 mm/sec. wird die Anschlagrate automatisch durch die Trägheit des Schreibsystems weiter begrenzt. Dieses läßt eine maximale Druckrate von 100 Hz zu. Diese sind bei 25 mm/sec schon bei 130% erreicht.

In einer vierten Regelkurve des „speed"-Reglers wird die Verstärkerempfindlichkeit geregelt. Bei Durchlauf der Geschwindigkeitskurve von 2—53 mm/sec ändert sich die Verstärkung um 1:10. Andererseits ergeben aber 6 Schaltstufen des Reglers „counts/min" auch einen Verstärkerregelbereich von 1:10. Da beide Regler auf die Instrumentenanzeige einwirken, gibt es also zu jeder Impulsfrequenz 6 Grob-Fein-Wertepaare, die den Instrumentenzeiger auf 100% einzustellen gestatten. Damit hat die bedienende Person also bei ein und derselben Impulsfrequenz 6 wählbare Geschwindigkeiten, die zu einem guten Szintigramm führen. Natürlich ergibt sich für die geringste Abtastgeschwindigkeit stets die beste szintigraphische Darstellung.

Durch eine weitere Automatik wird bei Betätigung des cut-off-Rastenschalters gleichzeitig die Verstärkung so weit angehoben, daß die Subtraktion nicht berücksichtigt werden muß. Die Instrumentenanzeige bleibt daher von der cut-off-Rate unbeeinflußt. Einige Daten sollen den Bericht über diesen Scanner abrunden: Markierung topographischer Fixpunkte durch eine geschwungene Druckmarke. Pegelunterdrückung 0—70% in Stufen. Zeilenabstand 1—8 mm stufenlos. Druckstichel auswechselbar: 2,0; 3,0 und 4,5 mm. Filmkassette 36 × 43 cm mit Masken für die Formate 13 × 18, 18 × 24, 24 × 30, 30 × 40.

2.8.2. Der Siemens-Scintimat 2

Der „Scintimat 2" der Siemens AG ist so konzipiert worden, daß aus dem Grundgerät durch Ein- oder Anbau von getrennt beziehbaren Zusatzeinheiten jeweils ein szintigraphischer Meßplatz entstehen kann, der den speziellen Anforderungen des Benutzers entspricht.

Die notwendige Bedienung wurde durch eine Automatik auf ein Mindestmaß reduziert.

Der Scintimat 2 (**Abb. 59**) besteht aus einem Grundgerät, das alle zur Steuerung der Meßkopfbewegung notwendigen Bauelemente sowie die Meßelektronik enthält. Dieses Grundgerät kann mit folgenden Zusatzeinheiten ausgerüstet werden:

Wahlweise Anbau eines Meßkopfes, mit einem 3" × 2" NaJ (Tl)-Kristall oder mit einem

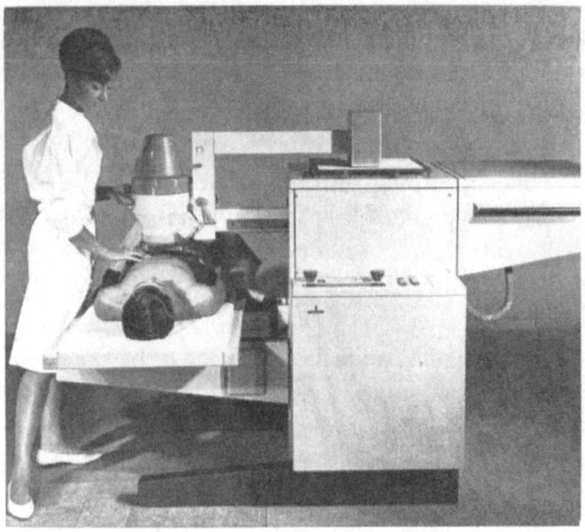

Abb. 59. Siemens-Scintimat 2

5″ × 2″ NaJ (Tl)-Kristall. Für jeden Meßkopftyp stehen insgesamt 7 Kollimatoren, davon jeweils zwei für niederenergetische Strahler (z. B. Tc 99m) zur Verfügung. Wahlweise kann das Gerät mit einem Einfarben-Strichdrucker oder mit einem Mehrfarben-Strichdrucker versehen werden. Zusätzlich ist der Einbau eines Fotoregistriersystems möglich. Ein weiterer Zusatz ist eine Patientenlagerung, die eine schwimmend angeordnete Tischplatte besitzt. Die Tischplatte kann in zwei Geschwindigkeiten motorisch gehoben oder gesenkt werden, so daß in einfacher Weise der Fokusabstand eingestellt werden kann. Dadurch wird die Bedienung erheblich erleichtert, obwohl der Scanner dann ortsfest montiert werden muß.

Mit dieser Tischplatte ist durch Anbau eines Vorschubmotors die Durchführung eines Profilscans über eine Länge von 120 cm möglich. Die Vorschubgeschwindigkeit beträgt dabei 20 cm/min; ein Linienschreiber (Papiervorschub 12000 mm/h) kann an den Scintimat 2 angeschlossen werden.

Ein weiterer Vorteil der Patientenlagerung liegt in der Möglichkeit, eine Röntgenaufnahme des zu scannenden Organs deckungsgleich zum Fotoszintigramm anzufertigen. Hierzu dient der Röntgenfilmeinschub, der unterhalb der Tischplatte eingesetzt werden kann und der die Fotokassette (mit Folie) sowie ein Streustrahlenraster aufnimmt. Dazu ist natürlich die entsprechende Anbringung eines transportablen Röntgengerätes nötig, dessen Röhre in Aufnahmeposition eingeschwenkt werden kann. Alle Möglichkeiten des Ausbaus des Grundgerätes sind in **Abbildung 60** gezeigt.

Das Lichtvisier, das aus zwei am Meßkopf angebrachten Lichtprojektoren besteht, erzeugt auf der Hautoberfläche am Patienten ein Lichtkreuz; der Schnittpunkt beider Lichtlinien entspricht dem Zentralstrahl des Kollimators.

Zwei kleine Quermarken auf den Lichtlinien dienen zur Kennzeichnung des Fokusabstandes von 100 mm bzw. 130 mm. Diese Marken wandern auf den Linien zum Schnittpunkt hin, wenn der Patient mittels der Patientenlagerung nach oben bewegt wird. Die jeweils zurückgelegte Strecke kann an einer Skala am Gerät abgelesen werden. Damit ist eine Kontrolle der Fokustiefe möglich. Die Markierung wird durch

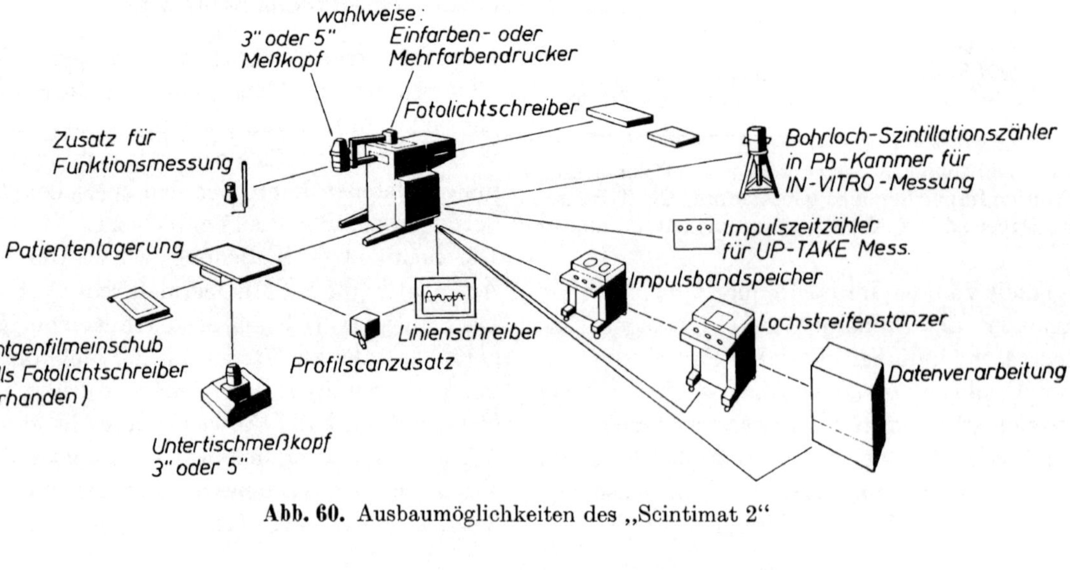

Abb. 60. Ausbaumöglichkeiten des „Scintimat 2“

um 45 gegenüber den normalen Scanstrichen geneigte Striche auf dem Registrierpapier durchgeführt. Im Fotoszintigramm dienen Punkte mit max. Schwärzung zur Markierung.

Das Fotoszintigramm ist zeilenfrei bei den Zeilenabständen von 2,5 und 5 mm durch automatische Umschaltung der Lichtkollimatoren. Ein dritter Lichtkollimator dient zur Erzeugung des Markierungspunktes im Fotoszintigramm.

Durch die Verwendung eines digitalen Antriebes für die Meßkopfbewegung des ,,Scintimat 2" ist es möglich, an das Grundgerät digital arbeitende Speicher, wie Magnetbandspeicher, Kernspeicher und Lochstreifenstanzer sowie Datenverarbeitungsanlagen anzuschließen. Ebenso gestattet diese Form des Antriebes auch ein externes Ansteuern des Scanners von einem dieser Geräte zur beispielsweise farbigen Wiedergabe von gespeicherten oder in DVA verarbeiteten Szintigrammen.

Für die Anwahl des verwendeten Isotops sind 5 Drucktasten vorhanden; eine weitere Taste erlaubt die Umschaltung auf Integral- oder Differential-Betrieb des Diskriminators. In der Betriebsart ,,Differential" sind die festen Schwellen des Kanals so eingestellt, daß die Fotopeaks der Radionuklide stets mit einer Fensterbreite von etwa 25% — angepaßt an das Auflösungsvermögen der Meßsonde — ausgeblendet werden. In der Stellung ,,Intergral-Betrieb" wird dagegen das gesamte Impulsangebot aus Compton-Anteilen und Fotopeak erfaßt.

Für Isotope, die am Drucktastensatz nicht einprogrammiert sind, steht ein freier Diskriminator zur Verfügung. Die Kontrolle der zeitlichen Standfestigkeit der Fotopeaks geschieht mit Hilfe einer besonderen Eichtaste sowie mit einem

Abb. 61. Eichvorgang

Eichpräparat (Ba-133, 1 μCi), das zum Gerät gehört. Durch die Eichtaste ist die Durchführung dieser Kontrolle im Bedienprogramm zwingend vorgeschrieben, wenn das Gerät ausgeschaltet war. Den Eichvorgang zeigt **Abbildung 61.**

Zur Einstellung der Meßelektronik auf die Szintigrammbedingungen sind (neben den Isotopentasten) praktisch nur drei Regler notwendig:

Regler für die Anpassung an die maximale Impulsrate n_{max} (4×10^5 Imp/min).

Regler für die Wahl des Subtraktionswertes n_s (5 . . . 80% in 7 Stufen).

Regler für die Abtastgeschwindigkeit v (12 . . . 180 cm/min in 15 Stufen).

Zur Einstellung muß die max. Speicherungsrate im abzutastenden Organ des Patienten gesucht

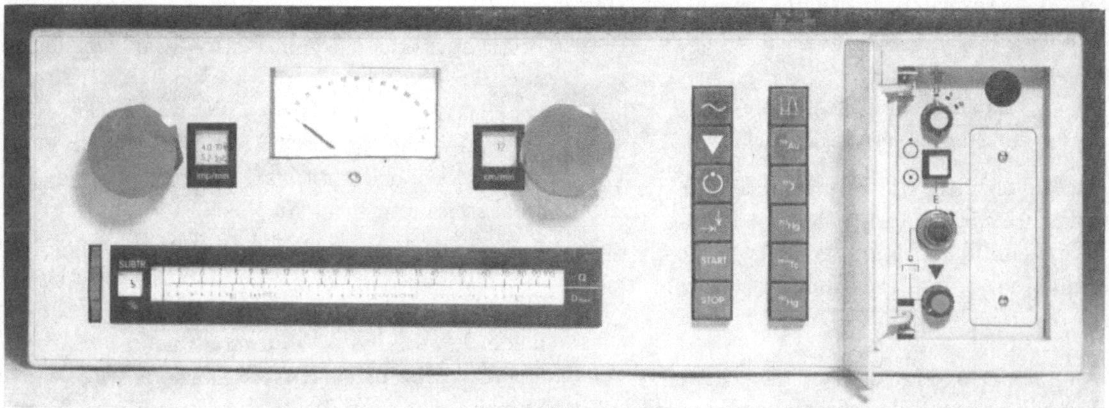

Abb. 62. Bedienungsfeld

und ermittelt werden. Hierbei kann die jeweils gemessene Impulsrate anhand eines am Meßkopf angebrachten Instrumentes (log. Skala) beobachtet werden. Zusätzlich kann eine in ihrer Lautstärke regelbare akustische Kontrolle eingeschaltet werden. Dann wird der Zeiger des Instrumentes am Bedienpult mit dem linken Drehknopf (Impulsratenregler) am Bedienpult auf die rote Marke (100%) gebracht.

Der Background wird aufgund der vorher durchgeführten Normierung nun direkt in % der max. Impulsrate angezeigt, dieser %-Wert kann am Stellrand für die Subtraktion am Bedienpult in die Elektronik eingegeben werden.

Die Güte eines Szintigrammes läßt sich über die statistische Genauigkeit beschreiben; dafür wurde beim Scintimat 2 der Begriff Bildqualität Q geprägt. Die Bildqualität ist so definiert, daß der auf der Skala angezeigte Wert die Anzahl der mit 20 statistisch gesichert unterscheidbaren Stufen im gesamten Szintigramm (bezogen auf 1 qcm) angibt. Größere Skalenwerte der Bildqualität führen demnach zu besseren Szintigrammen.

Die statistischen Meßbedingungen hängen von den am Patienten ermittelten und am Gerät eingestellten Werten ab.

1. max. Impulsrate n_{max}
2. zu subtrahierende Impulsrate n_s
3. Abtastgeschwindigkeit v

Eine Skala am Bedienpult zeigt dabei abhängig von diesen drei Einstellungen stets die vorliegende Bildqualität Q an. Geführt wird diese Größe durch ein mechanisches Rechengetriebe, das von der Stellung des Impulsraten- und des Geschwindigkeitsreglers gesteuert wird. Der Wert D_{max} liefert eine Aussage über die im Maximum vorliegende Impulsdichte. Auch diese Größe, die Informationsdichte wird auf der Skala angezeigt. Sie ist identisch mit dem Ausdruck

$$\frac{\text{Impulsrate } (n) \text{ im Maximum}}{\text{Scangeschwindigkeit } (v)}$$

und ist gleichzeitig die Steuergröße für die Belichtungsautomatik der Fotoregistrierung.

Das Kurvenbild **(Abbildung 63)** vermittelt den Zusammenhang von Bildqualität Q und dem Wert

$$\frac{n_{max}}{v} = D_{max}$$

Die Schreibfrequenz des Strichdrucksystems beträgt max. 100 Striche/sec; die Einstellung der

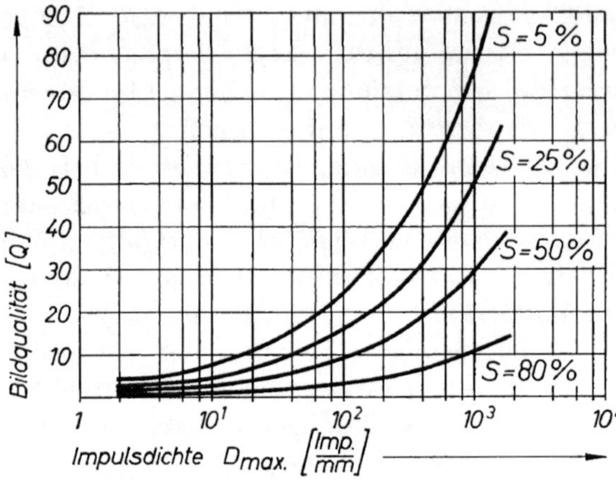

Abb. 63. Bildqualität und Impulsdichte

jeweils zur Erzeugung eines normalen Strichbildes notwendigen Schreibfrequenz wird abhängig von der gewählten Abtastgeschwindigkeit v automatisch so gesteuert, daß stets im Maximum etwa 3 Striche/mm ausgedruckt werden.

Die für den Farbversatz wichtige Einstellzeit der Farbspuren im Mehrfarben-Strichdrucker beträgt ohne Dämpfung zum Ausgleich der Statistik etwa 90 ms über den gesamten Bereich (6 Farben) bei sprunghafter Änderung der Eingangsimpulse von 0 auf 100%.

Zur Messung der Impulsrate dient ein log. Mittelwertmesser mit einem Meßbereich von 4×10^2 ... 2×10^5 Imp/min. Durch die durchgeführte Kompensation der max. Impulsrate auf die Instrumentenmarke 100% mittels des Impulsratenreglers wird in der Elektronik eine Normspannung erzeugt, die den Bereich von 5 ... 100% erfaßt und die stets unabhängig vom absoluten Impulsratenwert den gleichen Betrag besitzt. Nach Delogarithmierung gelangt diese Spannung zum Subtraktionsverstärker.

Bei Subtraktion — z. B. 25% — werden nur noch 75% dieser Normspannung zur Weiterverarbeitung weitergeleitet, dieser Restbetrag jedoch gleichzeitig wieder auf den ursprünglichen Gesamtbetrag verstärkt, wodurch eine Kontrastanhebung erreicht wird.

Eine Übersicht über die durch die Betätigung der einzelnen Regler von der Elektronik selbständig durchgeführten Einstellung vermittelt das Schema, das **Abbildung 64** zeigt.

Durch Anbau des Untertischmeßkopfes an den Scintimat 2 wird dieses Gerät zu einem Doppel-Meßkopfscanner erweitert. Mittels einer Druck-

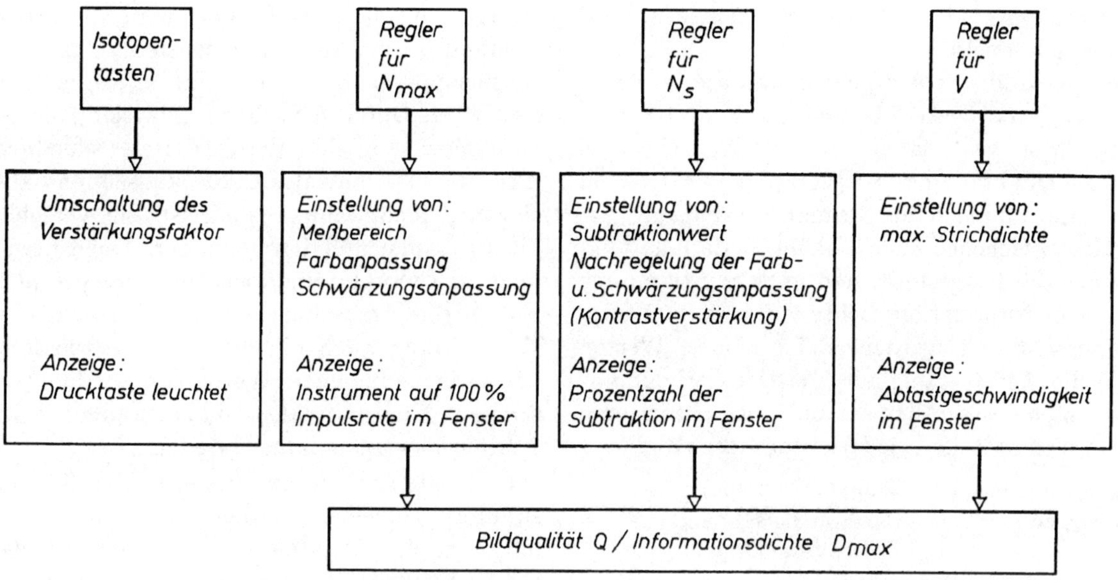

Abb. 64. Einwirkung der Einstellgrößen auf die Meß- und Registriersysteme

taste kann entweder das Szintigramm des Ober- oder das des Untertischmeßkopfes von den Registriersystemen ausgeschrieben werden.
Beide Szintigramme können in dem anschließbaren Magnetbandspeicher *N* abgespeichert und zu einem späteren Zeitpunkt auf den Szintimat 2 zurückgespielt werden. Dabei ist eine Darstellung von

Szintigramm a + Szintigramm b
Szintigramm a — Szintigramm b
Szintigramm b — Szintigramm a

möglich.
Der Untertischmeßkopf bietet z. B. folgende Möglichkeiten der Anwendung:

Aufnahme von Szintigrammen mit dem Untertischmeßkopf in der für den Patienten bequemeren Rückenlage (z. B. Nierenszintigraphie), Summierung der Information aus beiden Meßköpfen zur Verbesserung der Tiefencharakteristik der Kollimatoren und zur Erhöhung der Impulsraten oder Aufnahme von 2 Szintigrammen gleichzeitig, z. B. der Lunge a. p. und p. a. bzw. des Schädels von beiden Seiten.

Der zweite Meßkanal kann auch zur Herstellung von Szintigrammen mit Doppelmarkierung verwendet werden.

2.8.3. Der Picker-Magnascanner 500

Dieses Gerät in **Abbildung 65** stellt eine Weiterentwicklung des bewährten unter 2.5.2 beschriebenen Magnascanners III dar. Es ist ebenso wie die beiden zuvor beschriebenen Scanner wahlweise mit Kristallen von 3 Zoll- und 5 Zoll-Durchmesser lieferbar.
Die Bedienung des Gerätes ist zwar vereinfacht worden, jedoch nicht so weitgehend, wie bei den in 2.8.1 und 2.8.2 genannten Scannern. Immerhin ist die bei den Magnascannern früher schwierige Einstellung der Photoregistrierung nun wesentlich einfacher. Durch eine Art „Belichtungsmesser“ kann die gewünschte Filmschwärzung am unteren Instrument voreingestellt werden. Bei der Einstellautomatik sind die einzelnen Parameter (Scan-Geschwindigkeit,

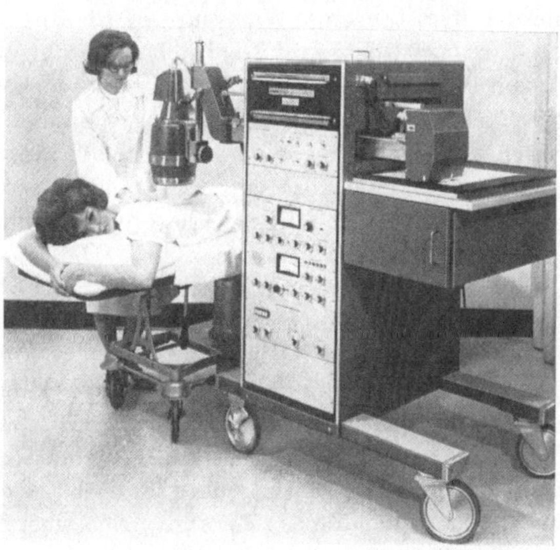

Abb. 65. Ansicht des Picker-Magnascanner 500

Schwärzungsgrad, Dot-Faktor usw.) miteinander gekoppelt.

Kernstücke dieser Automatik sind die vorwählbare Informationsdichte und die Schwärzungsskala. Man geht dabei von der Tatsache aus, daß die Qualität einer Szintigraphie von der vom Meßkopf kommenden Primärinformation (Ereignisse/Flächeneinheit) abhängt. Man hat experimentell festgestellt, daß gute Szintigramme mit einer Informationsdichte von etwa 800 Imp/cm² geschrieben werden. Bei größeren Werten wird die Aussagefähigkeit (die Detailerkennbarkeit) nicht wesentlich erhöht, bei niedrigeren Werten nimmt diese jedoch stark ab. Es gilt

$$\text{Informationsdichte in (Imp/cm}^2\text{)} = \frac{\text{Zählrate (Imp/min)}}{\text{Geschwindigkeit (cm/min)} \times \text{Zeilenabstand (cm)}}$$

Bei der Bedienung wird die gewünschte Informationsdichte (einstellbar von 100 bis 3200) vorgewählt (in der Routine etwa 800); danach wird die Geschwindigkeit eingestellt, bis die Grauskala eine optimale Schwärzung anzeigt. Die Filmschwärzung hängt im allgemeinen vom Logarithmus der Impulsrate ab, wenn alle anderen Parameter konstant sind. Damit der gesamte Filmschwärzungsbereich auch bei geringer Impulsraten-Differenz durchfahren wird, besitzt auch der Magnascanner 500 eine Kontrastanhebung. Hier wird die Intensität der einzelnen Lichtblitze von der Impulsrate gesteuert und der Bereich von 10 bis 100% des Ratemeters unterteilt.

Neu am Magnascanner 500 ist die extrem hohe Abtastgeschwindigkeit von 0—500 cm/min (0 bis 83 mm/sec). Daraus ergeben sich Probleme für die Registrierung. Während die Photoregistrierung auf Röntgenfilm bei hohen Geschwindigkeiten einwandfrei arbeitet, gibt natürlich der Farbdrucker durch die begrenzte Zahl der Anschläge pro Flächeneinheit ein nicht immer geschlossenes Bild des Organs. Daher wurde hier erstmals serienmäßig die Photoregistrierung auf Ektachrome-Papier eingeführt. Die neuartige Farbfoto-Registrierung beruht auf dem Prinzip der Farbenmischung der Primärfarben. Diese gelangen über Lichtleiter zu einem optischen Registrierkopf und sind — wie bei der Schwarz/Weiß-Foto-Registrierung trägheitslos. Insgesamt werden 6 Farben erzeugt; die der jeweiligen Impulsrate entsprechende Farbe wird durch eine Farblampe angezeigt. Die Einstellung der Belichtung und der Bereichsspreizung erfolgt automatisch. Ebenso wird der Strich-Abstand automatisch so eingestellt, daß immer ein lückenloses, homogenes Farbszintigramm erzielt wird. Durch 6 Farben ergibt sich eine gute Differenzierung der Bereiche unterschiedlicher Aktivitätskonzentration. So konsequent diese elegante technische Lösung ist, sie verschiebt die Probleme auf den Benutzer. Die Entwicklung des Colormaterials setzt eine entsprechende Entwicklungsmaschine voraus. Z. B. kann die Entwicklung nach einem Schnellentwicklungsverfahren mit einer Walzen-Entwicklungsmaschine in einer normalen Dunkelkammer in etwa 7 Minuten vorgenommen werden.

Alle Registriersysteme können einzeln sowie simultan betrieben werden, wobei die Einstellung der Impulsraten-Subtraktion bzw. Kontrastanhebung separat vorgenommen werden kann, aber auch muß. Hierdurch liegen mit einem einzigen Abtastvorgang Szintigramme mit unterschiedlicher Kontrastanhebung sowie Nulleffektunterdrückung vor, ohne daß ein Informationsspeicher notwendig ist.

Die hohe Abtastgeschwindigkeit hat aber noch eine weitere Folgerung: Alle Registriergeber bedürfen infolge der statistisch variierenden Impulsraten einer Dämpfung, um nicht die Farbwiedergabe in ein sinnloses „bunt“ durch die ständige Farbträgerbewegung ausarten zu lassen. Durch diese Dämpfung wird aber die jeweilige Farbe über die Organkontur hinaus in Abtastrichtung verschleppt. Dieser geschwindigkeitsproportionale Effekt ist um so ausgeprägter, als ja die nächste Zeile dann in Gegenrichtung verschleppt wird. Die Organkontur wird bei hohen Geschwindigkeiten also zur Farbtreppenkurve.

Dieser die Abtastgeschwindigkeit begrenzende Effekt wurde beim Magnascanner 500 wie folgt umgangen: Die konventionelle Registrierung in beiden Abtastrichtungen kann derart umgeschaltet werden, daß die Registrierung nur noch in einer Richtung erfolgt. Der Rücklauf des Meß- und Registrierkopfes erfolgt dann in gleicher Zeile mit Maximalgeschwindigkeit ohne Registrierung. Die Aufzeichnung erfolgt also „kammförmig“, so daß die Farbverschleppung, da sie nur einseitig erfolgt, ohne Einfluß auf die Güte der Wiedergabe bleibt.

Der Impulshöhenanalysator gestattet die Drucktastenumschaltung von 5 verschiedenen Energien, sowie die übliche freie Einstellung.

Als Zubehör sind lieferbar:
Eine Patientenliege mit schwimmender Tischplatte und Motorantrieb für Profil-Szintigraphie, ein Subtraktions-Zusatz für zwei verschiedene Gamma-Energien zur Pankreasszintigraphie und ein Thermographiezusatz. Dieser erlaubt eine simultane Aufzeichnung der Wärmeverteilung der Patientenoberfläche. Dazu wird ein Infrarot-Detektor am Szintillationszähler montiert und die Aufzeichnung erfolgt mit dem Farbdrucker, während die Aufzeichnung des Gammascan mit den beiden Photoregistriersystemen erfolgt.
Nicht ganz überzeugen kann die Bedienung des Laufwerkes zur Maximumsuche. So leicht und leise das Laufwerk auch bei hohen Abtastgeschwindigkeiten läuft, so schwer ist es manuell zu verschieben. Eine gewisse Hilfe bei der Feineinstellung ist ein Koordinatenschalter.

2.8.4. Der Picker Dynapix

Während die drei oben genannten Scanner in ihrem technischen Aufwand und ihrer Leistung direkt vergleichbar sind, stellt der Dynapix eine andere Geräteklasse dar. Der Dynapix läßt sich zwischen die konventionellen Scanner und die Szintikameras einordnen. Sein Schöpfer, Dr. Hindel, ging bei der Entwicklung offenbar von folgenden Gesichtspunkten aus:
Der Vorteil der Szintillationskameras liegt in ihrer geringen Aufnahmezeit. Dagegen stehen als Nachteile: Die infolge der geringen Kristalldicke mit steigenden Gammaenergien rasch abnehmende Ansprechempfindlichkeit und die mangelnde Fokussierungsmöglichkeit der Kollimatoren. Dadurch liegt das Maximum des Auflösungsvermögens stets in der Frontfläche der Kollimatoren und nicht im Innern des darzustellenden Organs.
Der Dynapix vermeidet diese Nachteile und liefert trotzdem geringe Aufnahmezeiten. Diese Lösung wurde wie folgt realisiert:
Die in **Abbildung 66** links sichtbare Abtasteinheit enthält neben dem Laufwerk 10 parallel angeordnete Szintillationszähler mit einem 10-fach-Kollimator.

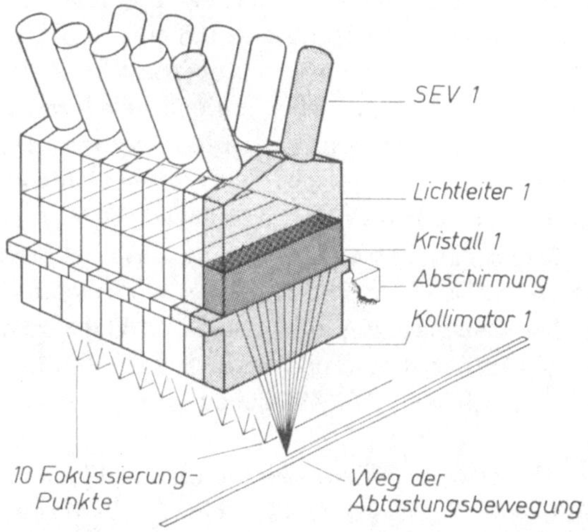

Abb. 67. Prinzip des 10-fach-Detektors im Dynapix

Abbildung 67 zeigt das Prinzip dieses 10-fach-Detektors. Die einzelnen Kristalle sind 15 cm lang, 2,2 cm breit und 5 cm dick, was eine gute Energieabsorption erlaubt. Jedem Kristall ist eine eigene SEV-Röhre und ein eigener fokussierter Kollimator zugeordnet. Die 10 Kollimatoren sind mechanisch zu einer auswechselbaren Einheit zusammengefaßt. Es stehen dabei 4 derartige Kollimatoreinheiten mit Fokussierungsabständen zwischen 8 und 15 cm unterschiedlicher Septendicken zur Wahl.
Bei einer Abtastbewegung werden also 10 Zeilen gleichzeitig registriert. Das Laufwerk gestattet Abtastgeschwindigkeiten von 2 mm/sec bis 40 mm/sec. Wegen der gleichzeitigen Registrierung von 10 Zeilen ist damit der Abtastvorgang so schnell, wie ein konventioneller Scanner mit einer Abtastgeschwindigkeit von 12 cm/min bis 2400 cm/min (72000 mm/sec bis 1440000 mm/sec). Das Abtastfeld ist einstellbar bis zu 25 cm × 50 cm, so daß auch die Darstellung von großflächigen Organen, wie z. B. Lunge, Leber usw., möglich ist, so wie Ganzkörperszintigraphien durch angrenzende Felder.

Abb. 66. Ansicht des Dynapix von Picker

Die Elektronik ist ebenfalls 10fach vorhanden, d. h. jeder Detektor besitzt seinen eigenen Verstärker, Impulshöhen-Analysator und Pufferspeicher. Durch diese getrennte Impulsverarbeitung werden Totzeitverluste auch bei hohen Impulsraten auf ein Minimum reduziert, so daß der Vorteil der heute erhältlichen, kurzlebigen Isotope ausgenutzt werden kann.

Im Gegensatz zu den bisherigen Geräten ist der Dynapix im wesentlichen ein Digital-Scanner. Bei dem gleichförmigen Abtastvorgang werden die Impulse eines jeden Detektors für eine vorwählbare Strecke (0,2, 0,4 und 0,8 cm) in einem Pufferspeicher akkumuliert, abgefragt und gelöscht. Dieser Zyklus wird laufend wiederholt. Am Ende eines Abtastvorganges werden alle 10 Detektoren gleichzeitig in Zeilenrichtung versetzt, so daß diese Bewegung des Detektors nur 2,5 cm zu betragen braucht, nämlich die Distanz zwischen 2 benachbarten Fokuspunkten. Die Zeilenabstände sind mit 0,15, 0,3 und 0,6 cm wählbar, d. h. eine vollständige Aufnahme wird mit 4,8 oder 16 Abtastbewegungen erhalten.

Die Abtastfläche wird also in kleine Flächenelemente zerlegt, wobei die feinste Rasterung 2 × 1,5 mm beträgt (33 Bildpunkte/cm²) und somit auch für den Feinfokus-Kollimator (6-mm-Auflösung) ausreicht. Der Inhalt eines jeden Pufferspeichers (Bildpunktes) beträgt max. 64 Impulse, und somit ergibt sich eine maximale Primärinformationsdichte von über 2100 Impulsen/cm².

Die Aufzeichnung des Primärbildes geschieht simultan auf einem Speicheroscillographen (Abb. 66 rechts), welcher als Monitor dient, und einem Oscillographen für die Polaroid-Kamera (Abb. 66 links). Die Abbildung erfolgt also wie bei der Gamma-Kamera verkleinert (1:5 oder 1:2,5) und bedarf für die Auswertung der Gewöhnung, besonders für Nichtradiologen.

Alle 10 Impulshöhen-Analysatoren sind elektronisch miteinander verbunden und werden mit 2 an der Bedienungskonsole befindlichen Potentiometern eingestellt. Die Rasterdichte wird vorgewählt und die Abtastgeschwindigkeit so eingestellt bis die gewünschte Impulszahl/Bildpunkt vorhanden ist. Dieses wird mit dem eingebauten Zähler angezeigt; die Meßzeit stellt sich dabei automatisch ein, da diese mit der Geschwindigkeit und der Rastergröße gekoppelt st. Die einzelnen Bildpunkte sind intensitätsmoduliert und erscheinen je nach Speicherinhalt mehr oder weniger hell. Der Modulationsgrad (wird an einem Isntrument angezeigt) ist einstellbar zwischen 2 bis 60 Impulsen, und die Nulleffektunterdrückung zwischen 0 bis 59 Impulsen.

Die gesamte Primärformation kann digital auf ein Magnetbandgerät gespeichert und mit 4-facher Geschwindigkeit wiedergegeben werden. Die Wiedergabe erfolgt nachträglich unter Berücksichtigung medizinischer Gesichtspunkte mit veränderlicher Bildmodulation und Nulleffektunterdrückung. Wegen der digitalen Informationsverarbeitung ist die weitere Datenverarbeitung mittels Computer möglich. Ein eingebautes Testprogramm erlaubt eine einfache und rasche Überprüfung des Systems.

Als Zubehör gibt es ein neuartiges optisch-elektronisches Farbsystem, welches es gestattet, ein 6-Farben-Szintigramm mittels Polaroid-Kamera herzustellen.

2.8.5 Der Frieseke und Hoepfner Szintigraph FHT 807 A

Der Aufbau des FHT 807 A geht aus **Abbildung 68** hervor. Die Maximumsuche wird durch die zu tiefe Anordnung des Instrumentes erschwert. Der Farbdrucker ist in seiner Konstruktion vorbildlich trägheitsarm und verdeckt durch seine geringe Grundfläche nur einen unbedeutenden Teil des Szintigramms.

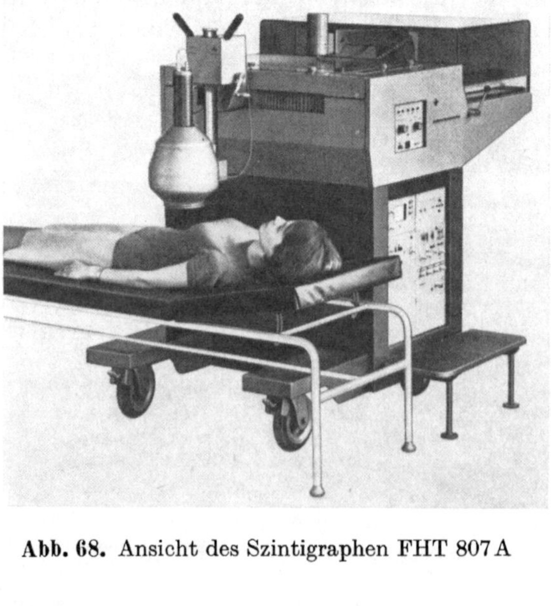

Abb. 68. Ansicht des Szintigraphen FHT 807 A

Entkoppelbarer Meßkopf, Lichtvisier, Anschluß für Ferritkernspeicher sind bei diesem, wie den anderen besprochenen Geräten selbstverständlich.

Der FHT 807 A arbeitet mit einer digitalen Subtraktion von Impulsraten. Dies hat wegen der statistischen Variation dieser Impulsraten den Nachteil einer weniger scharfen Schwelle gegenüber den analogen Subtraktionsverfahren. Ferner fehlt diesem Gerät die Möglichkeit der Photoregistrierung auf Röntgenfilm. Die Druckregistrierung auf Transparentfolie und nachträglicher Überlagerung mit dem Röntgenfilm ist kein Ersatz und fordert einen zusätzlichen Arbeitsgang.

Dafür sind am FHT 807 A zwei Vorzüge hervorzuheben:

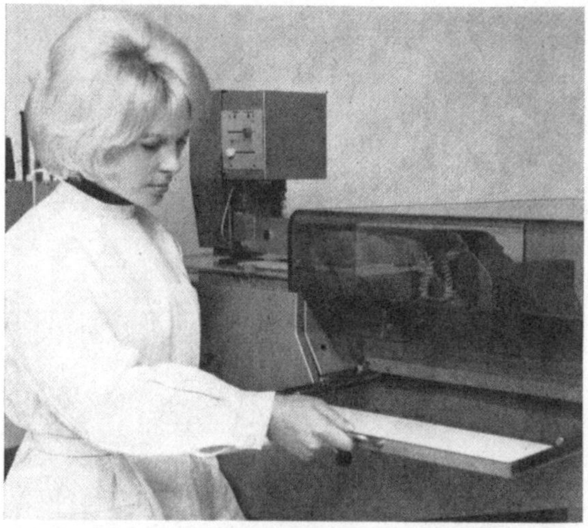

Abb. 69. Magnetfolienspeicher und Farbdrucker des FHT 807 A

Der serienmäßige Magnetfolienspeicher ist wohl die einfachste und sicherste Methode gegen Fehlaufnahmen. Da die Koordinaten durch die starr gekoppelte Magnetaufzeichung stets gegeben sind, bestehen bei diesem Verfahren keinerlei Kodierungsprobleme. Wenn der Patient bei der Befundung der Szintigramme bereits die Abteilung verlassen hat, das Szintigramm aber unzureichend ist, so kann es jederzeit von der Magnetfolie abgespielt und optimiert werden **(Abbildung 69).**

Das dabei erhaltene Szintigramm ist von dem Original nicht zu unterscheiden. Dieses Speicherverfahren hat aber noch einen weiteren Vorteil: Zwar erlauben heute alle Farbdrucker die Anfertigung schwarz-weißer Durchschläge, sie sind jedoch durch die fehlende Farbinformation und die große Strichdichte in der Qualität meist unzureichend. Hier ergibt sich für den FHT 807 A die Möglichkeit, farbige Duplikate von Magnetfolienspeicher zu schreiben.

Eine weitere originelle Lösung ist der Vario-Kollimator des Szintillationszählers. Dabei handelt es sich um einen fokussierten Vielkanalkollimator, der wahlweise mit 3 Vorsatzscheiben verlängert werden kann. Dadurch lassen sich folgende Daten erzielen (Linienquelle J-131 in Luft):

Ohne Scheiben	Halbwertbreite im Fokus 12,2 mm
Mit Scheibe 1	Halbwertbreite im Fokus 9 mm
Mit Scheibe 1 + 2	Halbwertbreite im Fokus 7,4 mm
Mit Scheibe 1 + 2 + 3	Halbwertbreite im Fokus 6,3 mm

Der Austausch der Scheiben ist wesentlich leichter als der Wechsel des gesamten Kollimators.

III Hinweise

Kapitel III

Hinweise zur Szintigraphie

3. Hinweise zur Szintigraphie

3.1. Die Strahlenbelastung des Patienten bei szintigraphischen Untersuchungen

Die Strahlenbelastung des Ganzkörpers ist stets so gering, daß somatische Strahlenschäden ausgeschlossen werden können, aber auch die Belastung der Erfolgsorgane ist nur selten kritisch. **Tabelle 1** gibt eine Übersicht über die meist verwendeten Radio-Nuklide, sowie ihre Dosiswerte bei Applikation. Das genetische Risiko liegt im gleichen Rahmen, wie das der Röntgendiagnostik. Der Unterschied liegt darin, daß die Röntgenbelastung auf die Expositionsdauer beschränkt bleibt, während das inkorporierte Nuklid gemäß seiner Halbwertzeit, sei es physikalischer oder biologischer Art, im Organismus weiter strahlt. Maßgebend ist dabei die „effektive Halbwertzeit":

$$T_e = \frac{\text{Biologische HWZ} \times \text{Physikalische HWZ}}{\text{Biologische HWZ} + \text{Physikalische HWZ}}$$

Daraus ist ersichtlich, daß z. B. bei schneller Ausscheidung die physikalische HWZ nicht zur Auswirkung kommt. Die Tabelle 3 zeigt, daß die Strahlenbelastung im Falle der Szintigraphie in etwa derjenigen der röntgendiagnostischen Verfahren entspricht.

Durch Wahl großer Szintillatoren, geeigneter Kollimatoren und geringer Abtastgeschwindigkeit lassen sich die Test-Aktivitäten erheblich reduzieren. Hiervon sollte im Falle jugendlicher Patienten Gebrauch gemacht werden.

Die in Tabelle 3 mitgeteilten Dosiswerte sind rechnerisch gewonnen und differieren erheblich. Es sollten daher bei einem Vergleich keine zu strengen Maßstäbe angelegt werden.

Die gebräuchlichen Gleichungen zur Bestimmung der Dosen seien im folgenden Abschnitt angeführt.

Nach Hine und Brownell (1) beträgt die in einem Organ durch K- bzw. L-Einfang (Röntgenstrahlung), bzw. durch Gamma-Strahlung erzeugte Dosis:

$$D_\gamma = 0{,}0346\ I_\gamma C_0 \bar{g}\, T_e \quad [\text{rad}] \qquad (31)$$

Darin ist:

I_γ = Dosiskonstante in R/mCi in 1 cm
C_0 = Spez. Anfangsaktivität in μCi/gramm
$\bar{g}$ = Geometriefaktor für Organform
T_e = effektive Halbwertzeit in Tagen (d).

Für die Beta-Komponente ergibt sich die Dosis zu

$$D_\beta = 73{,}8 \times \bar{E} \times C_0 \times T_e \quad [\text{rad}]$$

Darin ist:

$\bar{E}$ = Mittlere Betaenergie.

Nach Franko, Quina, Botelho u. a. (2), sowie Doering (3) ist die Dosis durch die Beta-Komponente in einer Schilddrüse nach J-131-Gabe:

$$D_\beta = 1.60 \times 10^4 \frac{U \times T_e}{M} \quad [\text{rad}]$$

Darin ist:

U = gespeicherte Aktivität in mCi
M = Schilddrüsengewicht in Gramm.

Die Ganzkörperdosis ist dann

$$D_k = \frac{1}{L} (25 - 14p)\ A\ T_e \quad [\text{rad}]$$

Darin ist:

L = Körpergewicht
A = Test-Aktivität in μCi
p = Speicherwert in der Schilddrüse (von 0—1,0)

Auch für andere Organe sind spezielle Formeln oder Bedingungen in großer Zahl publiziert worden, z. B. von Kloss (4) für die Nierenbelastung, von Fischer, Mundschenk und Wolf (5) für die Milzbelastung usw. Die ermittelten Dosiswerte sind in Tabelle 3 enthalten.

Tab. 1. In der Szintigraphie gebräuchliche Substanzen und ihre Strahlenbelastungen

Organ	Isotop	HWZ	Verbindung	Menge μCi	Kritisches Organ	Dosis im kritischen Organ (rad)	Ganzkörperdosis (mrad)	Literaturstelle
Schilddrüse	J–131	8d	NaJ	25–100	Schilddrüse	50–100		(6)
Schilddrüse	J–131	8d	NaJ	46	Schilddrüse	57	83	(8)
Schilddrüse	J–131	8d	NaJ	28	Schilddrüse	35	50	(8)
Schilddrüse	J–131	8d	NaJ	25	Schilddrüse	35	11	(9)
Schilddürse	J–131	8d	NaJ	25	Schilddrüse	38	25	(9)
Schilddrüse	J–131	8d	NaJ	25	Schilddrüse	48	88	(9)
Schilddrüse	J–131	8d	NaJ	30	Schilddrüse	103	10	(10)
Schilddrüse	J–125	60d	NaJ	50–100	Schilddrüse	30–60		(6)
Schilddrüse	J–125	60d	NaJ	50	Schilddrüse	58		(7)
Schilddrüse	J–125	60d	NaJ	25	Schilddrüse	12		(9)
Schilddrüse	J–125	60d	NaJ	25	Schilddrüse	24		(9)
Schilddrüse	J–125	60d	NaJ	30	Schilddrüse	58	14	(10)
Schilddrüse	J–132	2,3 h		10	Schilddrüse	0,130	2	(9)
Schilddrüse	Tc–99m	6h		250	Schilddrüse	0,025	1,2	(9)
Schilddrüse	Tc–99m	6h	Pertechnetate	10000	Schilddrüse	1	800	(7)
Leber	Au–198	2,7d	Au coll.	150–400	Leber	8–20		(6)
Leber	Au–198	2,7d	Au coll.	100	Leber	100		(7)
Leber	J–131	8d	Bengalrosa	100–300	Leber	0,3–1		(6)
Leber	J–131	8d	Bengalrosa	200	Leber	0,21		(7)
Leber	J–125	60d	Bengalrosa	100–300	Leber	0,04–0,1		(6)
Leber	J–125	60d	Bengalrosa	200	Leber	0,035		(7)
Nieren	Hg–197	2,7d	Neohydrin	200–300	Nieren	3–6		(6)
Nieren	Hg–197	2,7d	Neohydrin	150	Nieren	0,8		(11)
Nieren	Hg–197	2,7d	Neohydrin	150	Nieren	2,6		(12)
Nieren	Hg–197	2,7d	$HgCl_2$	200–300	Nieren	5–7,5		(6)
Nieren	Hg–203	47d	Neohydrin	100–200	Nieren	30–60		(6)
Nieren	Hg–203	47d	Neohydrin	150	Nieren	35–42		(11,12)
Nieren	Hg–203	47d	Salyrgan	150–200	Nieren	2–4		(6)
Pankreas	Se–75	120d	Selenomethionin	300	Pankreas	1–1,5		(6)
Hirntumoren	Hg–197	2,7d	Neohydrin	700–1000	Nieren	10–15		(6)
Hirntumoren	Hg–197	2,7d	Neohydrin	150	Nieren	0,8–2,6		(11,12)
Hirntumoren	Hg–197	2,7d	Neohydrin	100–200	Nieren	0,8	26	(13)
Hirntumoren	Hg–197	2,7d	$HgCl_2$	1000	Nieren	25		(6)
Hirntumoren	Hg–203	47d	Neohydrin	700	Nieren	200		(6)
Hirntumoren	Hg–203	47d	Neohydrin	500–700	Nieren	12–13 (nach Vorbehandlung)	290	(13)
Hirntumoren	Hg–203	47d	Neohydrin	500–700	Nieren	35–40 (ohne Vorbehandlung)	290	(13)
Hirntumoren	Cu–64	12,8h	EDTA-Kompl.	700	Leber	0,8	400	(6)
Hirntumoren	Cu–64	12,8h		2000	Leber	4	400	(13)
Hirntumoren	As–74	18d	Arsenat	1000	Leber	5 Nieren	4000	(6)
Hirntumoren	As–74	18d		1500	Nieren	7,6	1800–2000	(13)
Hirntumoren	As–72	26h		1300	Nieren	8,6–10	700–1000	(13)
Hirntumoren	J–131	8d	J–131–HSA	700			700	(6)
Hirntumoren	J–131	8d	J–131–HSA	350	Schilddrüse nach Vorbehandlung	8,2	700	(13)
Hirntumoren	Bi–206	6,3d		300	Nieren	20–25	2000	(13)
Hirntumoren	Tc–99m	6h		10000			100	(13)
Hirntumoren	F–18	1,87h		1000			50	(13)
Hirntumoren	Ga–68	68m		250	Nieren	0,05	7	(13)

Fortsetzung **Tab. 1.**

Organ	Isotop	HWZ	Verbindung	Menge μCi	Kritisches Organ	Dosis im kritischen Organ (rad)	Ganzkörperdosis (mrad)	Literaturstelle
Milz	Cr–51	28d	markierte Erythrocyten	300–1000	Milz	4–9		(6)
Milz	Hg–197	2,7d	1-Bromomercuri-2-hydroxypropan markierte Erythrocyten	200–500	Nieren	5–13		(14)
Skelettsystem	Sr–85	65d	Sr $(NO_3)_2$	50–100	Knochen	2–3		(6)
Lymphknoten	Au–198	2,7d	Au coll.	200	Leber	10		(6)
Lungen	J–131	8d	J–131–HSA denaturiert	300	Lungen	0,3		(6)
Lungen	Cr–51	28d	Denat. Albumin	1000	Lungen	3		(6)
Herzräume	J–131	8d	J–131–HSA	300–400			400	(6)

3.2. Die Bestimmung des Organvolumens aus dem Szintigramm

Das Szintigramm ist ein Hilfsmittel zur Bestimmung des Volumens, und damit des Gewichtes eines Organs. Diese Information hat sich bei Bestrahlungsplanungen als wertvoll erwiesen. Doering (3) hat diese Methode rechnerisch erfaßt und experimentell (15) für den Fall der Schilddrüse geprüft. Die ebene Projektion der Schilddrüse kann als Fläche F dem Szintigramm entnommen werden. Die gemittelte Dicke des unregelmäßig geformten Organs sei d. Als Dichte ϱ kann mit 1 g/cm³ gerechnet werden. Die tatsächliche Dichteabweichung liegt in der Fehlergrenze dieses nicht sehr genauen Verfahrens. Das Gewicht des Organs ist dann:

$$G = F \cdot d \cdot \varrho \qquad (32)$$

Nun wird vorausgesetzt, daß die Dicke des Organs mit der Fläche zunimmt. Dies wurde experimentell geprüft und dabei folgende Abhängigkeit gefunden:

$$d = K \cdot \sqrt{F} \qquad (33)$$

Für $\varrho = 1$ g/cm³ und Gleichung (33) in (32) wird das Organgewicht:

$$G = K \cdot \sqrt{F^3} \qquad (34)$$

Durch experimentelle Ausmessung von G und F an einer größeren Anzahl von Sektionspräparaten wurde K bestimmt.

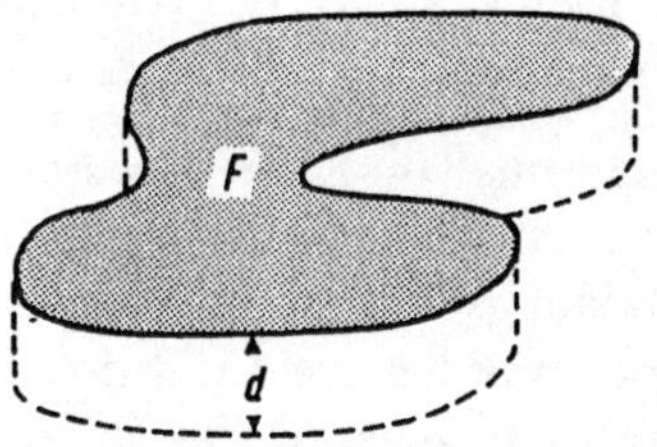

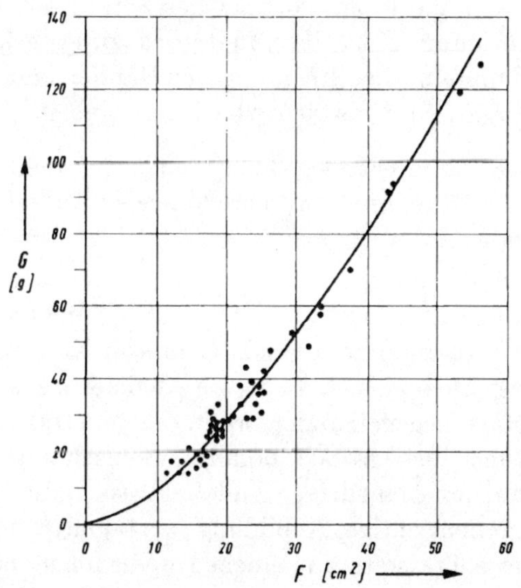

Abb. 1. Schilddrüsengewicht G in Abhängigkeit von der im Szintigramm projizierten Fläche F. Experimentelle Wertepaare sind als Punkte eingetragen (15)

Mit

$$K = 0{,}326 \pm 0{,}04$$

wird aus (34):

$$G = 0{,}326 \sqrt{F^3}\ [\mathrm{g}] \qquad (34\mathrm{a})$$

In **Abbildung 1** ist Gleichung (34a) graphisch dargestellt. Die eingetragenen Punkte stellen experimentell an extirpierten Schilddrüsen ermittelte Wertepaare dar. Sie stimmen mit guter Genauigkeit mit dem Kurvenverlauf überein.

Grundsätzlich läßt sich aus jedem Szintigramm eine Information über die Organgröße entnehmen. Nach WOLF und FISCHER (16) sind dabei jedoch eine Anzahl physikalischer Parameter zu berücksichtigen.

1. Wegen der endlichen geometrischen Auflösung der Kollimatoren geben größere Kollimator-Haut-Abstände eine zusätzliche Unschärfe, die als Organvergrößerung im Szintigramm erscheint.

2. Je größer die Bohrungszahl eines Vielkanalkollimators ist, um so besser als seine Tiefenauflösung, um so stärker wird auch die Unschärfe bei Abweichungen vom Konvergenzpunkt. Damit steigt der Größenfehler bei dicken Organen.

3. Das Verhältnis von Nutzimpulsrate über dem Organ zur Nulleffektrate beeinflußt ebenfalls die Abbildungsgüte. Mit abnehmender Nutzimpulsrate werden die Konturen des Organs unsicher wiedergegeben. Die Organgröße wird dann meist zu hoch eingeschätzt. Mit Betätigung einer Pegelunterdrückung erfolgt dann eine Beschneidung der Ränder und das Organ wird verkleinert wiedergegeben.

4. Bei ausreichender Nutzimpulsrate steigt die Abbildungsgüte mit abnehmender Nulleffektrate.

   Dieser überlagert sich der ebenfalls unerwünschte Compton-Anteil des Spektrums. Photo-Maximum und Compton-Kontinium verschieben sich aber, wie **Abbildung 2** zeigt, stark gegeneinander, wenn die Einstrahlrichtung bei Abtastvorgang wechselt. Wenn auf eine niedrige Nulleffektrate und eine größenrichtige Abbildung wert gelegt wird, so sollte stets mit einem Impulshöhenanalysator gearbeitet werden, dessen Kanalbreite auf das Photo-Maximum des jeweiligen Strahlers eingestellt ist.

5. Wenn die Elektronik eine zu große Zeitkonstante aufweist, so tritt bei der Abbildung eine Zeilenverschleppung in Fahrtrichtung des Szintillationszählers auf. Die Organkonturen werden treppenförmig verzeichnet und täuschen eine zu große Fläche vor.

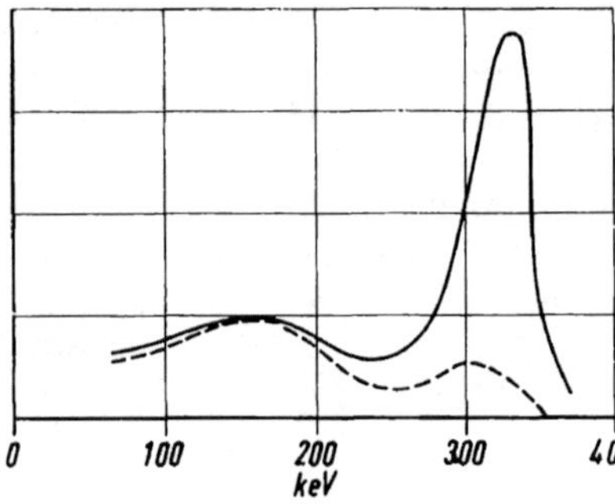

Abb. 2. Impulshöhenspektrum von Cr-51 über dem Organ (———) und neben dem Organ (- - - -)

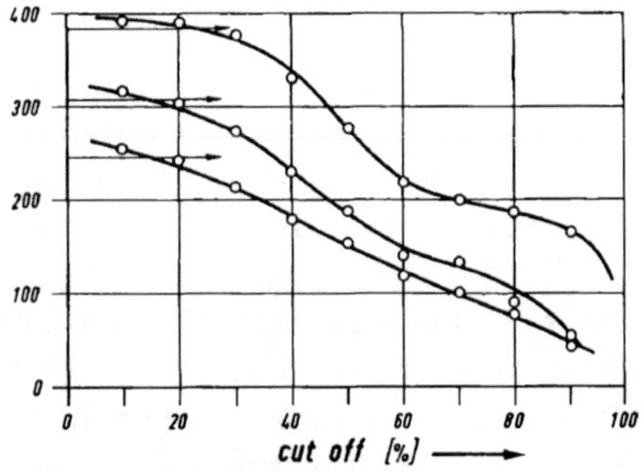

Abb. 3. Abhängigkeit der Projektionsfläche von Leberphantomen der Volumina von 1265, 1980 und 2530 cm³ von der cut-off-Einstellung des Scanners. Die wahren Flächen aus dem Röntgenbild sind als horizontale Linien eingetragen

6. Den dominierenden Einfluß auf den Abbildungsmaßstab hat eine Pegelunterdrückung. In (17) ist der Effekt gemäß **Abbildung 3** dargestellt.

   Sofern also das Szintigramm zur Flächenberechnung herangezogen werden soll, muß der Regler für die Pegelunterdrückung derart kalibriert werden, daß der Einstellwert für die größenrichtige Wiedergabe reproduzierbar wiedergefunden werden kann.

3.3. Selbstabsorption, Tiefenauflösung und Überstrahlung

Bei einer flächenhaften Aktivitätsverteilung ist die Erkennbarkeit eines aktivitätsfreien Bezirkes (Defektes) nur von dem geometrischen Auflösungsvermögen des verwendeten Kollimators abhängig. Defekte von etwa 5 mm Durchmesser werden unter optimalen Bedingungen im Szintigramm als helle Kreise von etwa 10 mm Durchmesser wiedergegeben. Als optimale Bedingungen können dabei gelten:

Ein Mehrkanalkollimator, in dessen Konvergenzebene sich die aktivitätsbelegte Fläche befindet. Die spezifische Aktivität sei dabei so hoch gewählt, daß gegen die Nulleffektrate ein Verhältnis von mehr als 10 : 1 vorhanden ist. Die Abtastgeschwindigkeit sei möglichst gering gewählt.

Da aber in der Praxis menschliche Organe als Aktivitätsträger dienen, die eine erhebliche Dicke aufweisen, kann die Darstellungswahrscheinlichkeit kleiner Defekte also gegenüber dem genannten Idealfall nur abnehmen.

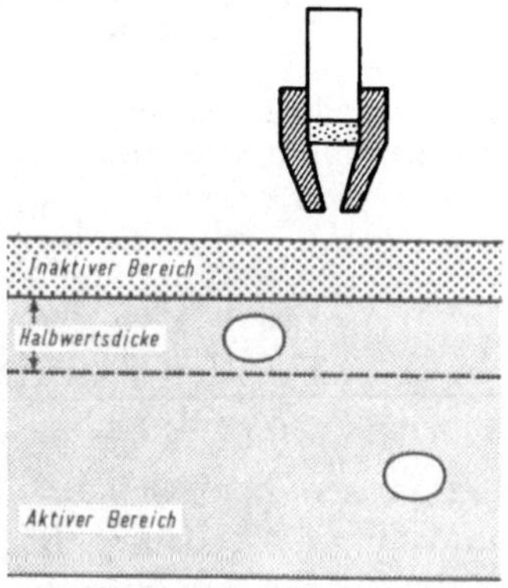

Abb. 4. Defekterkennbarkeit und Selbstabsorption nach PRÄG (18)

In **Abbildung** 4 ist der praktische Fall symbolisiert. Nach dem inaktiven Bereich von Haut und Muskelschichten kommt der aktive Bereich des Organgewebes mit den möglichen Defekten. Abhängig von der Energie des verwendeten Gammastrahlers ist die Halbwertschicht des Organgewebes. Alle noch so dicken Gewebeschichten unter dieser Gewebshalbwertschicht können dann nur noch zu 50% zum Meßeffekt beitragen.

Ein oberflächennaher Defekt wird also gut zu erkennen sein, weil er stark zum Meßeffekt beitragendes Gewebe ersetzt und damit einen starken Aktivitätssprung verursacht. Mit zunehmender Tiefe sinkt dann die Darstellungswahrscheinlichkeit, da der Defekt nur ein Gewebsvolumen ersetzt, das ohnehin keinen nennenswerten Beitrag zum Meßeffekt mehr liefert. Dies wird noch dadurch verschlechtert, daß die erste Halbwertschicht mit ihrem hohen Intensitäts-

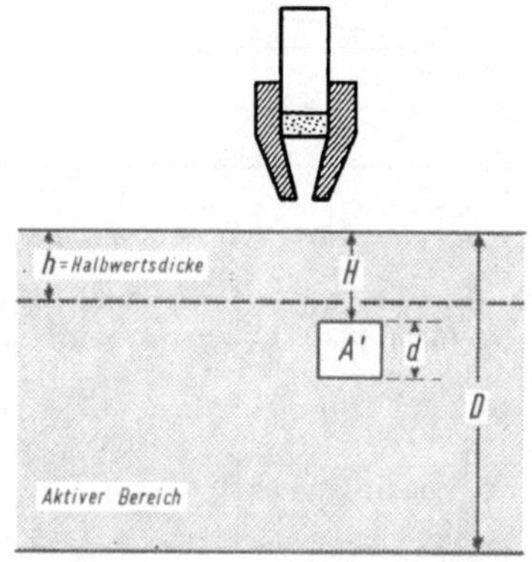

Abb. 5. Zur Definition des Tiefenauflösungsvermögen nach PRÄG (18)

anteil darüber liegt und den Defekt überstrahlt. Bei konstantem Volumen des Defektes nimmt also der darstellende Kontrast rasch mit der Gewebetiefe ab. PRÄG, FÖLBER und FRIED (18) haben diese Abhängigkeit quantitativ erfaßt. Die Impulsrate über dem Organ sei

$$n_{\mathrm{Org}} = P A\, h \left(1 - 2^{-\frac{D}{h}}\right) \tag{35}$$

Darin ist:

P = Faktor, der Detektorempfindlichkeit, Dosiskonstante und Geometrie berücksichtigt

A = Spezifische Aktivität des Organgewebes

Über dem Defekt mit der spezifischen Aktivität A' ist die Impulsrate dann:

$$n_{\mathrm{Def}} = n_{\mathrm{Org}} - P\,(A - A')\, h \cdot 2^{-H/h} \left(1 - 2^{-d/h}\right) \tag{36}$$

Maßgebend für die Erkennbarkeit des Defektes ist dann der Quotient:

$$\frac{n_{\mathrm{Def}}}{n_{\mathrm{Org}}} = 1 - \frac{A - A'}{A} \cdot 2^{-H/h} \, \frac{1 - 2^{-d/h}}{1 - 2^{-D/h}} \tag{37}$$

Gleichung (37) zeigt, daß die Defekterkennbarkeit nicht nur von der Tiefenlage abhängig ist, sondern auch von der Differenz der spezifischen Aktivitäten.

In **Abbildung 6** ist die zur Darstellung eines Defektes erforderliche Mindestdicke eines De-

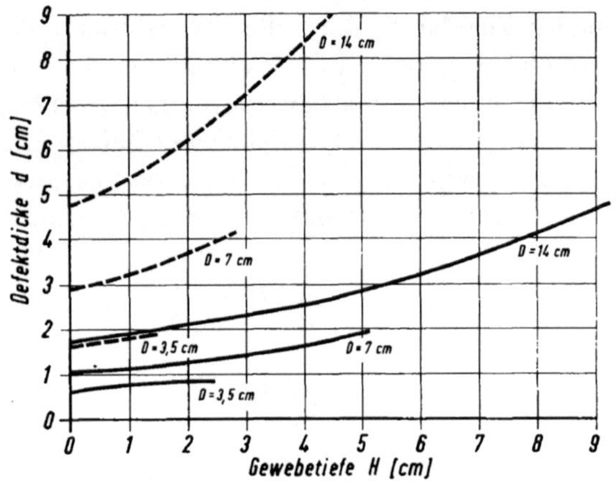

Abb. 6. Zur Darstellung erforderliche Mindestdicke eines Defektes für J-131, Halbwertschicht = 7 cm = h

---- $\frac{n_{\text{Def}}}{n_{\text{Org}}} = 0{,}5$ ——— $\frac{n_{\text{Def}}}{n_{\text{Org}}} = 0{,}8$

nach Präg et. al (18)

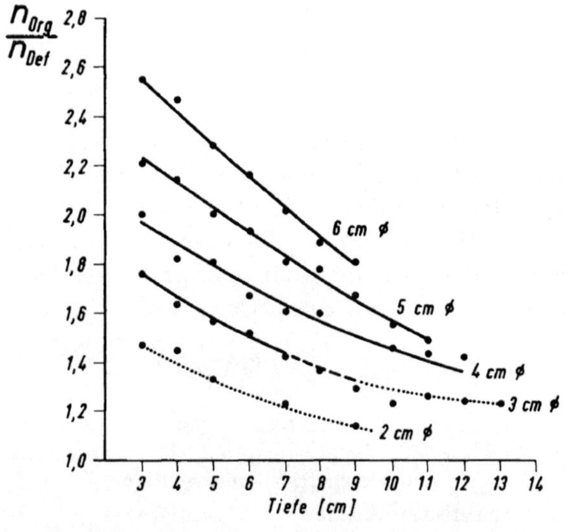

Abb. 7. Tiefenabhängigkeit des Quotienten V. Defektdurchmesser ist Parameter $K_t/K_a = 5$

fektes aufgetragen. Der Fall J-131 entspricht in der Praxis sowohl der Schilddrüsen-, als auch der Leberszintigraphie. Es wird hier deutlich, wie stark die Defekterkennbarkeit von der Organdicke abhängt.

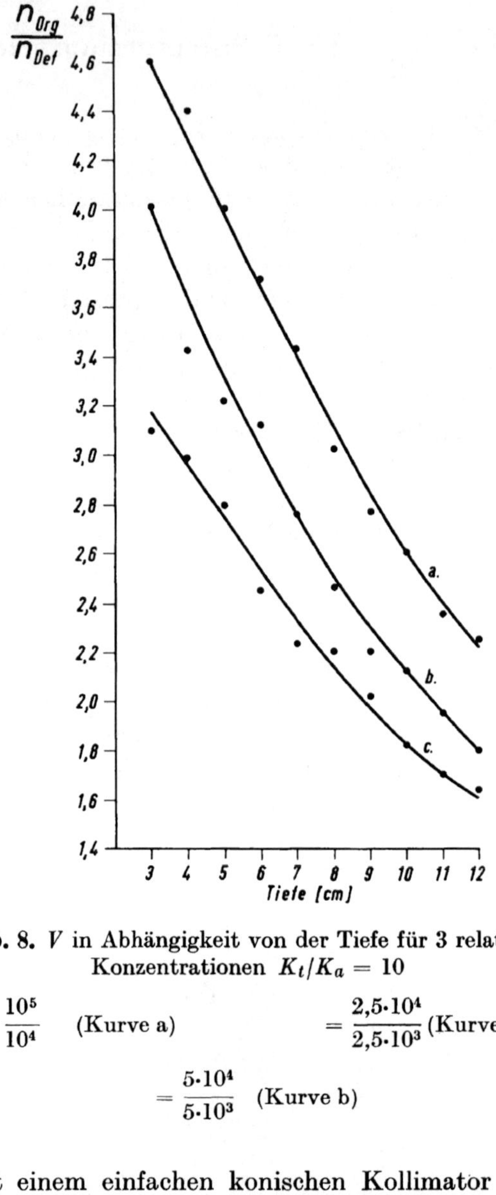

Abb. 8. V in Abhängigkeit von der Tiefe für 3 relative Konzentrationen $K_t/K_a = 10$

$= \frac{10^5}{10^4}$ (Kurve a) $= \frac{2{,}5 \cdot 10^4}{2{,}5 \cdot 10^3}$ (Kurve c)

$= \frac{5 \cdot 10^4}{5 \cdot 10^3}$ (Kurve b)

Mit einem einfachen konischen Kollimator ist es also sinnlos in, einer Leber Defekte unter etwa 6 cm Durchmesser erkennen zu wollen.

Entzian (19) hat für den Fall der Szintigraphie von J-131 mit einem Zylinderkollimator die Defekterkennbarkeit im Phantom untersucht.

Es sei dabei K_t die relative spezifische Aktivität im Defekt und K_a diejenige im umgebenden Material. Als Ordinate wird der Quotient $n_{\text{Org}}/n_{\text{Def}} = V$ aufgetragen. Durchgezogene Kurven stellen eine sichere Abbildung, gestrichelte eine fragliche Abbildung und punktierte die fehlende Abbildung dar.

Abbildung 7 zeigt, daß über großen Inhomogenitäten V steiler mit der Tiefe abnimmt. Der Defekt ist hier mit einer höheren spezifischen

Aktivität angereichert, um den Praxisfall der Hirntumordarstellung nachzubilden.

In **Abbildung 8** ist die Tiefenabhängigkeit von V für 6 verschiedene spezifische Aktivitäten bei jeweils konstantem Quotienten K_t/K_a dargestellt. Wichtig ist, daß sich danach ein Tumor trotz hoher Anreicherungsquote nur schwach oder überhaupt nicht darstellen läßt, wenn die absoluten Konzentrationen der Aktivität zu klein sind.

Dies geht auch aus **Abbildung 9** hervor. Trotz konstanter Werte $K_t/K_a = 5$ sinkt V mit der absoluten Impulsrate ab, so daß unterhalb der

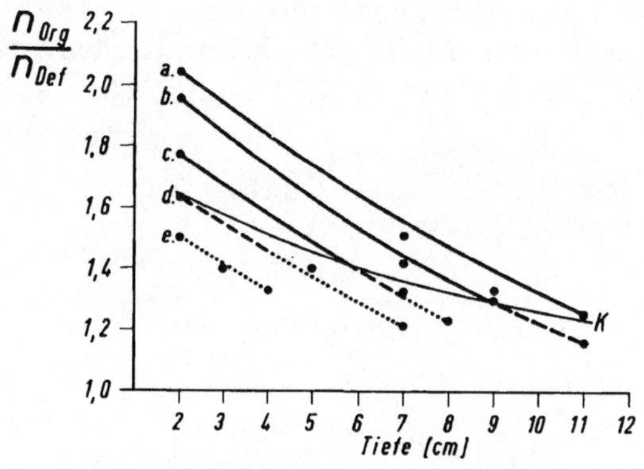

Abb. 9. V in Abhängigkeit von der Tiefe für 5 Konzentrationsquotienten $K_t/K_a = 5 =$

= 6250/1250 (a) = 800/ 160 (d)
= 3150/ 625 (b) = 400/ 80 (e)
= 1560/ 315 (c)

Linie K keine Darstellung mehr möglich ist. Man sieht daraus, daß bei kleinen Impulsraten V größer gewählt werden muß, als bei hohen Impulsraten.

Die bisher mitgeteilten Auflösungsgrenzen können nun weitaus verbessert werden, wenn mit fokussierenden Mehrkanalkollimatoren gearbeitet wird. Oeser, Ernst und Motzkus (20) zeigen die in Abbildung 9—12 dargestellten Phantomuntersuchungen mit Mehrkanalkollimatoren. I_T ist die gemessene Impulsrate über dem nachgebildeten Tumor, I_n diejenige der umgebenden Substanz. I_T/I_n ist also ein Maß für die Darstellungswahrscheinlichkeit.

In **Abbildung 10** ist I_T/I_n in Abhängigkeit von der Phantomdicke dargestellt. Der Konzentrationsquotient K_t/K_a ist Parameter.

Abbildung 11 zeigt I_T/I_n in Abhängigkeit von der Phantomdicke bei konstanter Tiefenlage des Defektes. Der Kugelmittelpunkt wurde bei 2 cm

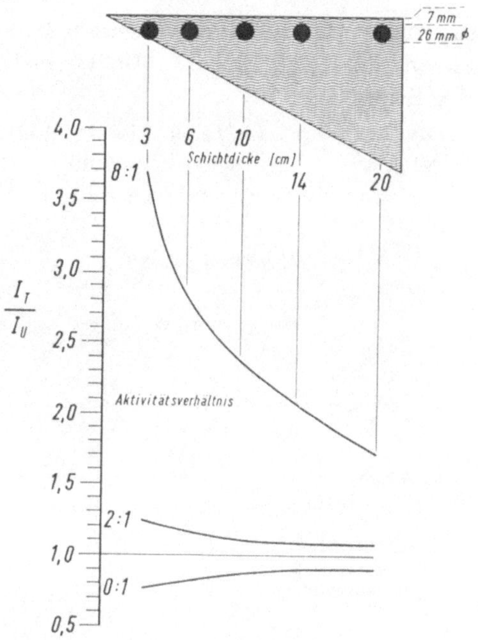

Abb. 10. Verhältnis von Impulsrate über dem Tumor zu Impulsrate über Umgebung in Abhängigkeit von der Phantomdicke. Konzentrationsquotient K_t/K_a ist Parameter. Tumordurchmesser konstant

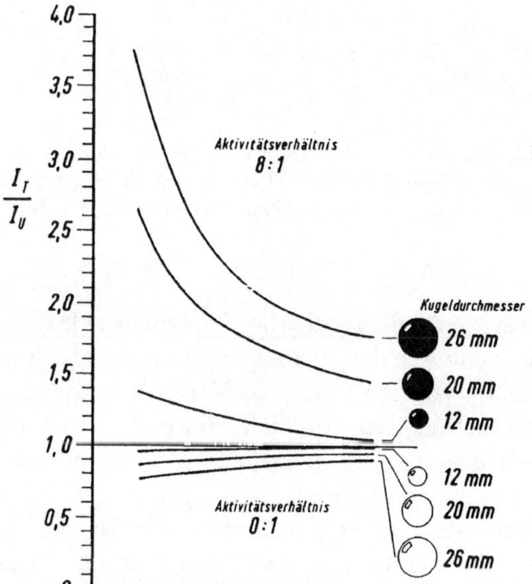

Abb. 11. I_T und I_n in Abhängigkeit von der Phantomdicke für K_t/K_a = 8:1 und 0:1 und D_T = 2,6—2,0 und 1.2 mm ∅

unter der Phantomoberfläche konstant gehalten. Der Konzentrationsquotient K_t/K_a von 8 : 1 und 0 : 1 ist Parameter, sowie der Durchmesser der als Defekte verwendeten, mit Aktivität gefüllten Kugeln. Daraus ist ersichtlich, daß Aktivitätsanreicherungen in einem Organ besser zu erkennen sind, als lokale Aktivitätsdefizite (Kalte Knoten).

In **Abbildung 12** ist I_T/I_n in Abhängigkeit von der Defekttiefe in einem Phantom variabler Aktivitätskonzentrationen dargestellt. Der Aktivitätsquotient K_t/K_a ist Parameter. Dabei ist die Tiefe der den Tumor darstellenden Inhomogenität von 2,6 cm ∅ als Variable aufgetragen. Der schraffierte Bereich stellt die Nachweisgrenze dar, die überschritten wird, wenn die Differenz der Impulsraten 20% überschreitet. Diese notwendige Impulsdifferenz ist nur z. T. physikalisch bedingt und kann durch technische Maßnahmen noch reduziert werden. Hierzu dienen die Prinzipien der nichtlinearen Szintigraphie. Alle Schaltungen zur Kontrastanhebung und Pegelunterdrückung haben nur den Zweck die Impulsratendifferenz aus Abbildung 12 zu vergrößern. Die in 2.3.2.2. und 2.3.2.3. beschriebenen Anordnungen gestatten die Reduzierung der notwendigen Impulsratendifferenz auf 5 bis 10%. 5% sind nur bei großen absoluten Impulsraten möglich, bei denen die Impulsstatistik eine zu vernachlässigende Rolle spielt. Bei kleinen Impulsraten sind 10% nicht zu unterschreiten.

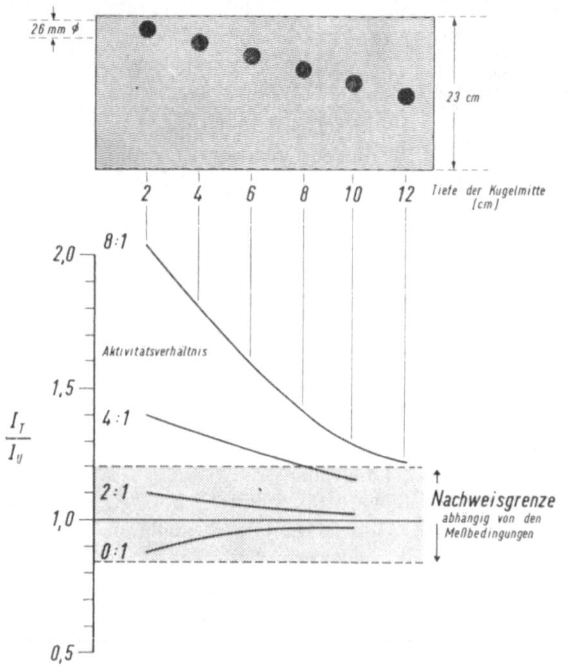

Abb. 12. I_T/I_n in Abhängigkeit von der Defekttiefe im Phantom von konstant 23 cm Dicke. K_t/K_a ist Parameter. Die schraffierte Nachweisgrenze gilt für $K_t/K_a = 1{,}2$

Die Darstellungswahrscheinlichkeit ist nicht zuletzt abhängig von Abtastgeschwindigkeit des Meßfeldes und Zeitkonstante der Elektronik. Beide sind wiederum voneinander abhängig: Bei einer großen Abtastgeschwindigkeit muß eine kleine Zeitkonstante in Kauf genommen werden, um keine Zeilenverschleppung zu erzeugen. Bei kleinen Abtastgeschwindigkeiten dagegen kann die Zeitkonstante größer gewählt werden. Durch beide Maßnahmen sinkt die statistisch bedingte Schwankungsbreite der Impulsrate und eine Darstellung wird auch bei ungünstigen Voraussetzungen möglich.

In **Abbildung 13** ist ein „kalter Knoten" von 2 cm Durchmesser in ein Phantom einer spezifischen Aktivität von 0,2 μCi/ml und einer Dicke von 9 cm eingebaut. Die Impulsrate über dem Phantom ist unter vier verschiedenen Bedingungen dargestellt.

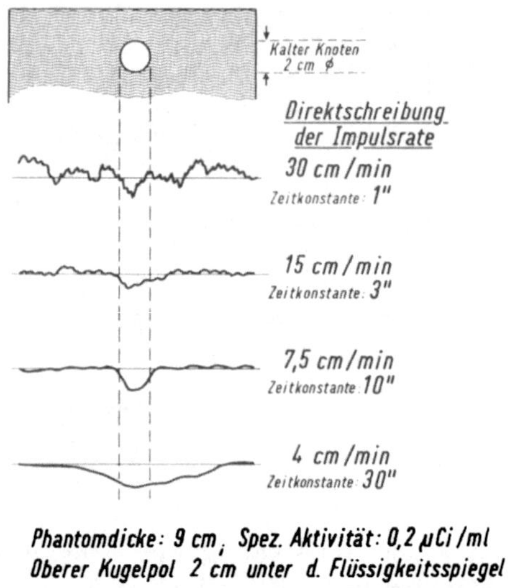

Abb. 13. Einfluß von Abtastgeschwindigkeit und Zeitkonstante auf die Darstellungswahrscheinlichkeit

WOLF und FISCHER (22) beschreiben die szintigraphischen Bedingungen für den Spezialfall der Milz-Szintigraphie mit Cr-51.

Während die elektronischen impulsverarbeitenden Geräte der Szintiscanner einen optimalen Stand der Technik kennzeichnen, ist dies für die Kollimatoren noch nicht der Fall. Verbesserungen im geometrischen Auflösungsvermögen und damit in der Darstellungswahrscheinlichkeit sind nur noch aufnahmeseitig durch eine Verbesserung der Kollimatoren zu erhoffen. Einen

Versuch in dieser Richtung stellt ein Vorschlag von HORST (21) dar. Danach erfolgt die Abtastung mit zwei einander gegenüberliegenden, jedoch auf einen Punkt fokussierten Mehrkanalkollimatoren. Dadurch ist es möglich, einen im Gewebe liegenden Punkt in seinem Meßeffekt gegenüber darunter und darüber liegenden Schichten zu bevorzugen. Bei szintigraphischer Abtastung ergibt sich also eine bevorzugte Abtastebene.

Eine andere Möglichkeit zur Verbesserung der Detailerkennbarkeit ist die Überlagerung von Szintigrammen. KUHL und EDWARDS (23) verwenden drei Szintillationszähler. Mit diesen werden Szintigramme unter verschiedenen Winkeln aufgenommen. Die photographische Überlagerung der Bilder gibt dann eine Information über Tiefenlagen von Defekten, die bei ebener Szintigraphie überstrahlt würden.

Die Ergebnisse aller dieser Bemühungen sind unbefriedigend gegenüber der Verwendung extrem großer Szintillationskristalle.

Während die notwendige Dicke des Kristalls bei etwa 2 Zoll liegt, um dem Energiebereich der meisten in der Szintigraphie verwendeten Radio-Nuklide zu entsprechen, kann der Kristalldurchmesser nicht groß genug sein. Mit zunehmendem Kristalldurchmesser steigt nicht nur die Zahl der Kanäle im Mehrkanalkollimator an, sondern auch ihr Konvergenzwinkel zur Mittelachse. Dadurch findet eine starke Zunahme der Empfindlichkeit im Konvergenzpunkt statt. Es ist dann eine Schichtszintigraphie möglich. Hierzu sind Kristalle von 4—5 Zoll Durchmesser notwendig. Die schichtweise Abtastung macht aber bei dicken Organen mehrere Szintigramme notwendig. Ferner muß der Scanner über einen präzisen Höhentransport mit Scala verfügen, um die Schichten reproduzierbar einzustellen (z. B. beim Philips-Scanner XL 1501 serienmäßig eingebaut). Dann ist aber die ebene Darstellung von Aktivitätszentren in verschiedenen Gewebetiefen schwierig.

Über Phantomuntersuchungen zur Verbesserung der größenrichtigen Darstellung tiefliegender Aktivitätszentren berichtet SKOLNICK (24). Es werden Tc-99m-Quellen von 8 μCi in 1 cm^3 in einem Wasserphantom verwendet. Bedingungen: Magnascanner mit 3″ x 2″-Kristall und 721-Loch-Kollimator mit einer Fokussierungstiefe von 7 cm, Impulshöhenanalysator und elektronische Pegelunterdrückung.

Ergebnisse: Bei 3 Quellen in verschiedenen Wassertiefen und Einstellung auf die tiefste Quelle wird die oberste Quelle stark vergrößert abgebildet, die mittlere schwach vergrößert und die tiefste größenrichtig. Bei Einstellung auf die oberste Quelle wird die unterste nicht mehr dargestellt. Zwei Quellen nebeneinander, jedoch in verschiedenen Tiefen des Wasserphantoms, werden bei 1 cm Abstand nicht mehr getrennt. Es werden noch weitere Beispiele für Auflösungsvermögensteste angegeben. Bei Einschaltung der Pegelunterdrückung wird die durch Streuung bedingte Vergrößerung auf nahezu Originalgröße reduziert, ohne jedoch die Tiefenauflösung wesentlich zu verbessern. Diese wird aber wesentlich gesteigert durch ein Pb-Filter vor der Kollimatorfrontfläche. Im vorliegenden Fall für Tc-99m war eine Scheibe von 3 mm Dicke und 4,4 cm Durchmesser optimal. Durch die Verwendung von Pb-Filter plus Kontrastanhebung konnte die Tiefenauflösung wesentlich verbessert werden. Die Quellen in verschiedenen Phantomtiefen wurden größenrichtig dargestellt.

Dabei ist nach MOTZKUS (25) die Verwendung eines Wasserphantoms unbedingt erforderlich.

Die genannten Schwierigkeiten der Detailerkennung lassen sich sofort umgehen, wenn man einen wesentlich erhöhten technischen Aufwand in Kauf nimmt. So beschreiben HISADA, OHBA und MATSUDAIRA (26) eine „isosensitive Szintigraphie-Methode".

Die Autoren berichten über die Entwicklung eines Scanners, der mit zwei sich im Abstand von 30 cm gegenüberstehenden Szintillationszählern arbeitet. Die beiden mit je 37 Löchern auf 15 cm fokussierten Kollimatoren blenden die Empfindlichkeitsverteilung der beiden 3″ x 2″-Kristalle derart ein, daß z. B. für J-131 eine 20 cm lange homogene 100%-Isoempfindlichkeitskurve entsteht. Diese sorgfältig im Wasserphantom durchgeführten Messungen zeigen, daß dann über einen Gewebetiefenbereich von 20 cm eine konstante Darstellungswahrscheinlichkeit von Defekten erzielt wird.

An der Szintigraphie eines Bronchial-Ca mit 100 μCi J-131-Albumin-Makroaggregaten wird die Methode demonstriert. Der Vergleich von Röntgenbild und Szintigraphie ist überzeugend. In einer weiteren Arbeit von HISADA, HIRAKI, OHBA und MATSUDAIRA (27) wird sogar zu einem Abtastsystem mit 4 Szintillationszählern übergegangen.

Bei der isosentiven Szintigraphie können auch tiefliegende Speicherdefekte in räumlich ausgedehnten Organen erkannt werden. Da es sich hierbei um eine ebene Darstellung eines Volumens handelt, fehlt die Tiefenzuordnung zu einem dargestellten Defekt. Um diese zu erzielen, wurden von den Autoren zwei weitere Szintillationszähler derart angeordnet, daß ihre Isoempfindlichkeit schräg konvergierend den Zylinder konstanter Empfindlichkeitsverteilung in je 5 cm Gewebetiefe schneiden. Die elektronische Impulsverarbeitung gestattet nun die wechselweise Zusammenschaltung dieser 4 Szintillationszähler. Dadurch können für ein- und dasselbe Abtastvolumen 4 verschiedene Szintigramme aufgezeichnet werden.

A. Das konventionelle Szintigramm mit einem Szintillationszähler.

B. Das isosensitive Szintigramm mit 2 gegenüberliegenden Szintillationszählern.

C. Das konvergierende obere Szintigramm in 5 cm Gewebetiefe von oben.

D. Das konvergierende Szintigramm mit 2 Szintillationszählern in 5 cm Gewebetiefe von unten.

Diese 4 Szintigramme wurden im Phantomversuch gezeigt und am Beispiel eines Bronchial-Ca demonstriert. Während das konventionelle Szintigramm nur einen sehr geringen diagnostischen Anhalt bietet, gibt das untere Schichtszintigramm mit den unteren konvergierend eingestellten beiden Szintillationszählern eine ausgezeichnete Information.

Eine technische Lösung zur Erhöhung der Darstellungswahrscheinlichkeit schwach speichernder Gewebe wird von BURN, CONTRALL und FIELD (28) beschrieben.

Die szintigraphische Darstellung der in einem Organ gespeicherten Aktivität liefert eine unzureichende Abgrenzung, wenn das umgebende Gewebe ebenfalls einen Teil dieser Aktivität gespeichert hat. In diesen Fällen verabreichen die Autoren ein zweites Radionuklid in einer solchen chemischen Verbindung, die mit Sicherheit nur im Gewebe außerhalb des darzustellenden Organs gespeichert wird. Durch die Modifikation einer elektronischen Antikoinzidenzschaltung gelingt es dann, über dem beide Nuklide enthaltenden Gewebe eine Signalkompensation zu erzielen, so daß hier keine szintigraphische Darstellung erfolgt. Über dem Organ dagegen wird nur ein Photopeak registriert und damit das Organ sauber dargestellt. Spezialfall: Se-75-L-Selenomethionin wird in Pankreas und Leber gespeichert. Dies stört die alleinige Pankreasdarstellung. Wird Au-198-Kolloid, das leberselektiv gespeichert wird, dazugegeben, so werden über der Leber zwei Photopeaks gemessen, die sich in der genannten Schaltung gegenseitig auslöschen. Damit erfolgt die szintigraphische Pankreasdarstellung allein.

Die elektronische Schaltung wird vollständig wiedergegeben und beschrieben. Sie kann an jedem üblichen Scanner verwendet werden. Die Wirkungsweise wird durch Phantomaufnahmen demonstriert.

Das Problem der Überlagerung von Röntgenbild und Photoszintigramm wurde von KUHL, HALE und EATON (29) in origineller Weise bearbeitet. Sie entwickelten eine Durchstrahlungs-Szintigraphie, als Zusatz zur konventionellen Emissions-Szintigraphie, mit exakter Zuordnung von Nuklidspeicherung und Röntgenanatomie.

Sinn der Methode ist die exakte Übereinstimmung von Szintigramm und Röntgenbild. Jede Bewegung des Patienten erscheint parallel in beiden Bildern. Prinzip: Szintillationszähler und Strahlenquelle sind starr gekoppelt. Dazwischen liegt der Patient. Durch Wahl eines Strahlers geringer Energie (Am-241, J-125) sind die Dichte- und Ordnungszahlunterschiede im Organismus gut erkennbar. Strahler und Zähler sind so scharf ausgeblendet, daß der abtastende Strahldurchmesser 0,63 cm beträgt. Damit wird das Röntgenbild zeilenweise zusammengestellt. In der technischen Ausführung tasten 2 Szintillationszähler zu beiden Seiten des Patienten ein Feld von maximal 35 x 115 cm ab. Während der Abtastung werden die Informationen für Durchstrahlbild und Szintigramm im Binärcode auf Lochstreifen registriert. Nach dieser Aufnahme erfolgt die Wiedergabe im Playback-Verfahren mit hoher Geschwindigkeit über einen Oszillographenschirm auf Polaroid-Film.

Die Radiographiequelle für die Durchstrahlszintigraphie enthält 100 mCi Am-241, HWD 3,7 cm Wasser. Bei einer Abtastgeschwindigkeit von 1 cm/sec enthält jedes Hautfeld des Patienten 0,27 mrad. Eine zweite Radiographiequelle arbeitet mit 1 mCi J-125.

Die gezeigten Abbildungen sind eindrucksvoll, rechtfertigen aber nur bedingt den sehr hohen technischen Aufwand. Bilder gleicher Güte lassen sich bei sorgfältigen Maßnahmen zur geometrischen Übereinstimmung mit Hilfe der bekannten Überlagerung von Röntgenbild und Photoszintigramm erzielen.

Eine ausgezeichnete Zusammenfassung des Gesamtgebietes der Szintigraphie gibt MEHL (30, 31, 32, 33, 34, 35, 36).

Literatur

1. HINE, G. J. and G. L. BROWNELL: Rad. Dosimetry, New York (1956)
2. FRANKO, V. H., H. G. QUINA, L. BOTELHO, J. PALACIOS, A. H. BAPTISTA, M. A. PEREZ FERNANDES and M. L. MARTINS in: Medical Sciences, 1, London (1956)
3. DOERING, P.: Naturwissensch. **35**, 386 (1957)
4. KLOSS, G.: Röntgenblätter **11**, 82 (1958)
5. FISCHER, J., H. MUNDSCHENK und R. WOLF: Fortschr. Röntgenstr. **103**, 349 (1965)
6. WOLF, R.: Der Radiologe **5**, 345 (1965)
7. Medical Scanning, Prosp. C. E. A., C. E. N. und SORIN (1965)
8. FROST, D.: Strahlentherapie **108**, 239 (1959)
9. BÖRNER, W., E. MOLL und H. BAYER: Med. Welt 1151 (1965)
10. ENDLICH, H., P. HARPER, R. BECK, W. SIEMENS and K. LATHROP: Amer. J. Roentgenol **87**, 148 (1962)
11. SODEE, D. B.: Sonderband Strahlentherapie **60**, 167 (1965)
12. MC AFEE, J. G. et al: J. Nucl. Med. **5**, 811 (1964)
13. WILCKE, D.: Der Radiologe **5**, 393 (1965)
14. CROLL, M. N.: Radiology **84**, 492 (1965)
15. DOERING, P. und K. KRAMER: Strahlentherapie **105**, 245 (1958)
16. WOLF, R. und J. FISCHER: Med. Radioisotope Scanning **1**, 141 (Wien 1964)
17. WOLF, R. und J. FISCHER: Fortsch. Röntgenstr. **102**, 319 (1965)
18. PRÄG, R., K. H. FÖLBER und H. J. FRIEL: Bericht 44. Tagung der DRG 1963 in Baden-Baden, Stuttgart (1964)
19. ENTZIAN, W.: Atompraxis, **7** (1961)
20. OESER, H., H. ERNST und F. MOTZKUS: Bericht 45. Tagung der DRG 1964, Stuttgart (1965)
21. HORST, W.: Deutsche Patent-Auslegeschrift 1143276 v. 7. 2. 63. Kl. 21g 18/02 (Anmelder: Siemens)
22. WOLF, R. und J. FISCHER: Strahlentherapie **119**, 226 (1962)
23. KUHL, D. E. and R. Q. EDWARDS: Radiology **80**, 653 (1963)
24. SKOLNICK, M. L.: Radiology **87**, 1108 (1966)
25. MOTZKUS, F.: Fortschr. Röntgenstr. **105**, 564 (1966)
26. HISADA, K. I., S. OHBA and M. MATSUDAIRA: Radiology **88**, 124 (1967)
27. HISADA, K. I., T. HIRAKI, S. OHBA and M. MATSUDAIRA: Radiology **88**, 129 (1967)
28. BURN, G. P., M. F. CONTRALL and E. O. FIELD: Br. J. Radiol. **40**, 62 (1967)
29. KUHL, D. E., J. HALE and W. L. EATON: Radiology **87**, 278 (1966)
30. MEHL, H. G. in Medizinische Grundlagenforschung III 97—200, Verlag Thieme, Stuttgart (1960)
31. MEHL, H. G.: Strahlentherapie **94**, 623 (1954)
32. MEHL, H. G.: Strahlentherapie **96**, 124 (1955)
33. MEHL, H. G.: Z. Isotop. Forsch. **1**, 54 (1956)
34. MEHL, H. G.: Naturwissenschaften **43**, 310 (1956)
35. MEHL, H. G.: Strahlentherapie **102**, 569 (1957)
36. MEHL, H. G.: Strahlentherapie **105**, 91 (1958)

IV Schilddrüse

Kapitel IV

Schilddrüse

4. Schilddrüse

4.1. Geschichtlicher Rückblick

1896 Baumann (1) führt die Elementaranalyse des aus der Schilddrüse gewonnenen Jodothyrins durch und ermittelt einen Jodgehalt von 9,3%.

1899 Oswald (2) isoliert das Thyreoglobulin.

1915 Kendall (3) gelingt die Reindarstellung und Kristallisation des Schilddrüsenhormons Thyroxin.

1926 Harington (4, 5) analysiert die Konstitution des Thyroxins. Die zahlreichen Untersuchungen über die Schilddrüsenhormone des von Harington analysierten Thyroxins und des fast 30 Jahre später von Gross und Pitt-Rivers (6) sowie Roche und Mitarbeiter (7, 8, 9, 10) gewonnenen, wesentlich wirksameren Trijodthyronins beweisen die Feststellung, daß Jod zum entscheidenden Bestandteil der Schilddrüsenhormone gehört.

1934 Fermi (11, 12) Herstellung von radioaktivem 128-Jod.

1938/1939 Hertz, Evans und Roberts (13) sowie Hamilton und Soley (14) führen die ersten Versuche mit radioaktivem Jod durch.

1940 Hamilton und Soley (15) beginnen mit der direkten Messung der Jodspeicherung in der Schilddrüse.

1942 Hamilton und Lawrence (16) benutzen Radiojod zur Therapie der Schilddrüsenerkrankungen.

1951 Billion, Oeff und Klauer (17) sowie Oeser (18) und Horst (19): Erste Veröffentlichungen in Deutschland über die Radiojod-Diagnostik und Radiojod-Therapie.

Die Schilddrüsendiagnostik gilt noch heute als das Schulbeispiel der Anwendung künstlich radioaktiver Isotope, da die Aufnahme, Speicherung und Ausscheidung von markiertem Jod ein Direktbild der physiologischen und patho-physiologischen Vorgänge dieses endokrinen Organs geben. Die morphologischen Veränderungen sind im allgemeinen mit dem Jodumsatz gekoppelt, so daß Unterschiede der Speicherung den entsprechenden pathologisch-anatomischen Umwandlungen zugeordnet werden können. Während die quantitative Messung der Jodaufnahme und -ausscheidung des gesamten Organs einen Einblick in die Dynamik der Stoffwechselvorgänge und den Hormonhaushalt vermittelt, dient die Szintigraphie der Herstellung funktionstypischer Abbildungen der Schilddrüse. Das Verfahren brachte eine entscheidende Erweiterung der pathologischen Erkenntnisse mit sich (Allen, Libby, Cassen 1951) (20).

Anhand des szintigraphischen Bildes ist es möglich, Form, Größe und Lage der Schilddrüse zu bestimmen sowie Dystopien von jodspeichernden Geweben nachzuweisen. Da das Szintigramm eine intensitäts-proportionale Abbildung darstellt, können umschriebene Bezirke, die eine unterschiedliche, d. h. gegenüber dem normalen Parenchym erhöhte oder erniedrigte Radioaktivitätskonzentration aufweisen, lokalisiert werden.

Häufig ist eine Diagnosestellung nur dann möglich, wenn neben dem szintigraphischen Bild die Resultate des Radiojod-Stoffwechselstudiums berücksichtigt werden. Die Kenntnis von Morphologie und Funktion erlaubt dann die exakte Diagnose. Es ist daher zweckmäßig, das Szintigramm der Schilddrüse mit der Messung der prozentualen Aufnahme zu verbinden. Die Einzelheiten werden in den entsprechenden Abschnitten wiedergegeben.

4.2. Auswahl der Nuklide

Die Aufzählung der verwendbaren Nuklide soll nicht rein schematisch, sondern entsprechend ihrer praktischen Bedeutung vorgenommen werden. Um dem Untersucher die Möglichkeit zu geben, das für seine Fragestellung optimale Radionuklid auszuwählen, werden jeweils die wichtigen physikalischen Daten, die Vor- und Nachteile des betreffenden Nuklids sowie die Größenordnung der Strahlenbelastung des Patienten angegeben.

4.2.1. 131-Jod

HWZ 8,04 Tage

Gamma-Energie i. MeV	0,08—2 %, 0,28—5%, 0,36—80%, 0,64—9%, 0,72—3 %.
Beta-Energie i. MeV	0,25—3 %, 0,33—9%, 0,61—87%, 0,81—1%.

4.2.1.1. Verwendungsform

1. Als Natriumjodid in wäßriger Lösung, trägerfrei oder in verdünnter Thiosulfatlösung pH 8—10 trägerfrei, zur oralen Verwendung.
2. Natriumjodid in isotonischer, gepufferter Lösung pH 7; steril, trägerfrei, stabilisiert mit Thiosulfat zur i. v.-Injektion.

4.2.1.2. Dosierung

Die erforderliche Aktivitätsmenge ist von der apparativen Ausrüstung, insbesondere von der Nachweisempfindlichkeit des Meßkopfes, von der Schilddrüsengröße und von der prozentualen 131-J-Gesamtspeicherung der Schilddrüse abhängig. Während für die Messung der Jodspeicherung im allgemeinen 0,5—0,10 μCi 131-J ausreichen, sind für die Szintigraphie bei normaler Schilddrüsengröße etwa 10—100 μCi 131-J erforderlich.

Bei erheblichen Schilddrüsenvergrößerungen und ausgedehnten Knotenstrumen muß die Dosis entsprechend erhöht werden. Aus diesem Grunde ist zu fordern, daß der Arzt vor der Verabfolgung der Testmenge den Patienten untersucht und die Höhe der zu verwendenden Radioaktivitätsmenge festlegt.

4.2.1.3. Zeitpunkt der Szintigraphie

Nur in seltenen Fällen wird ein Szintigramm ohne parallel laufende Messungen der Jodspeicherung der Schilddrüse im Zeitablauf von 2—48 Stunden nach Gabe des Testpräparates aufgezeichnet. Für die Ermittlung der prozentualen Jodaufnahme der Schilddrüse sind Messungen nach 2, 24 und 48 Stunden zu empfehlen. Bei einer normalen Schilddrüse liegt die prozentuale Speicherung nach 2 Stunden zwischen 10 und 35%, nach 4 Stunden zwischen 28 und 45%, nach 24 Stunden zwischen 30 und 58% und nach 48 Stunden zwischen 30 und 60% (s. Normalbereich im Radiojodtest S. 24). Die Radiojodaktivität der Schilddrüse ist nach den Untersuchungen von KROKOWSKI, KUNZE, FLEHMIG und RACH (21) in geringem Maße altersabhängig.

Bei der Hyperthyreose verlagert sich das Speicherungsmaximum, das normalerweise in einem Bereich zwischen 24 und 48 Stunden liegt, in den Zeitraum von 2—24 Stunden. Je nach Schwere der Hyperthyreose kommt es dann durch eine beschleunigte Jodutilisation und Ausscheidung von Hormonjod in die Peripherie zu einem relativ steilen Abfall der Radioaktivität der Schilddrüse. Da der Zeitpunkt der maximalen Jodspeicherung nicht immer vorausgesagt werden kann und die routinemäßige Durchführung des Radiojodtestes in jedem Falle eine Messung nach 24 Stunden vorsieht, ist es aus organisatorischen Gründen zweckmäßig, das Szintigramm der Schilddrüse zu diesem Zeitpunkt anzufertigen.

4.2.1.4. Strahlenbelastung

Schilddrüse: etwa 1 rad/μCi.
Gesamtkörper: etwa 1,5 mrad/μCi.

4.2.1.5. Vorteil

Längere Verlaufsuntersuchungen.

4.2.1.6. Nachteil

Bei der Härte der Gammastrahlung sind kleine Bezirke mit geringer Differenz in der Radioaktivitätskonzentration nicht so deutlich darstellbar wie mit 125-Jod.

4.2.2. 132-Jod

HWZ 2,26 Stdn.

Gamma-Energie i. MeV	2,20 = (2%), 1,96 = (5%), 1,40 = (12%), 1,16 = (9%), 0,96 = (21%), 0,78 = (85%), 0,67 = (100%), 0,62 = (7%), 0,53 = (27%).
Beta-Energie i. MeV	2,12 = (18%), 1,53 = (24%), 1,16 = (23%), 0,90 = (20%), 0,73 = (15%).

4.2.2.1. Herstellung des Nuklids

132-Jod ist ein Tochterprodukt von 132-Tellur. Dieses Nuklid wird als Natrium-Tellur an einer Austauschersäule in Form von Aluminium-Tellurid geliefert. Dieses Präparat ist handelsüblich. 132-Jod wird im Gleichgewicht mit seiner Muttersubstanz 132-Te HWZ = 3,2 Tage verschickt und aus dieser unmittelbar vor Gebrauch abgetrennt. Am nächsten Tag hat sich 132-Jod erneut nachgebildet. Aus einem Vorrat von 132-Te kann etwa 2 Wochen lang 132-Jod entnommen werden. Das aus frischem 132-Te abgetrennte 132-Jod enthält maximal 0,3% 131-Jod. Mit zunehmendem Alter des 132-Te sinkt der Gehalt an 132-Jod, da dessen Muttersubstanz 131-Te HWZ = 1,2 Tage schneller zerfällt als 132-Te. Zur Abtrennung von 132-Te aus Uran wird die salpetersaure Lösung über eine Aluminiumsäule gegeben. Nach dem Waschen mit verdünnter Salpetersäure, Wasser und verdünntem und konzentriertem Ammoniak wird das trägerfrei absorbierte Tellur mit 2—4 ml Natronlauge desorbiert.
Als „132-Jod-Generator" wird eine Aluminium-Oxyd-Säule 2,5 cm ∅, 15 cm lang, 20 Gramm Inhalt, verwendet, die mit der trägerfreien Tellurlösung bei pH-Wert 8 beladen wird. Sie wird mit Wasser und verdünntem Ammoniak gewaschen und trocken verschickt. Zur Entnahme von 132-Jod werden 25 ml 0,01 m Ammoniak aufgegeben. Das Eluat enthält 65% des 132-Jod mit 10^{-3} % des Tellur. Die Abtrennung des 132-Jod kann auch durch Destillation erfolgen.

4.2.2.2. Verwendungsform

Oral in wäßriger Lösung als Natriumjodid. Es ist zweckmäßig, daß der Patient bis etwa 30 Minuten nach Applikation des Präparates nüchtern bleibt.

4.2.2.3. Dosierung

Aktivitätsmenge 100—1000 μ Ci 132-Jod. Die relativ hohe Dosis gegenüber der Verwendung von 131-Jod ist ohne Bedeutung, da wegen der kurzen Halbwertzeit die Strahlenbelastung gegenüber 131-Jod-Anwendung nur etwa den 1000ten Teil ausmacht.

4.2.2.4. Zeitpunkt der Szintigraphie

Der rasche Zerfall von 132-J macht dieses Radionuklid nur in Ausnahmefällen zur Szintigraphie der Schilddrüse geeignet, sie muß dann spätestens 2 Stunden nach der Applikation vorgenommen werden.
Die Jodavidität der Schilddrüse kann im sog. Kurz-Test mit 132-J beurteilt werden.

4.2.2.5. Strahlenbelastung

Schilddrüse: $\approx$ 0,015 rad/μCi.
Gesamtkörper: unter $\approx$ 0,002 mrad/μCi.

4.2.2.6. Vorteil

Minimale Strahlenbelastung

4.2.2.7. Nachteil

Die Szintigraphie ist spätestens 2 Stunden nach der Applikation durchzuführen. Es sind keine szintigraphischen Verlaufsbeobachtungen möglich. Durch die Härte der Strahlung werden kleine Speicherungsunterschiede überstrahlt.

4.2.3. 99 m-Technetium

HWZ 6,0 Stdn.

Gamma-Energie i. MeV	0,002 (98,6%), 0,140 (96,6%), 0,142 (1,43%),
Elektronen-Energie	0,01 MeV.

99 m-Technetium wird als Ammonium pertechnetat in NH^4-OH-Lösung handelsüblich geliefert. Die Lösung wird i. v. appliziert.

4.2.3.1. Herstellung des Nuklids

Für die Gewinnung von 99m-Tc werden handelsüblich Molybdän-99 Generatorsäulen geliefert. Die HWZ von Molybdän-99 beträgt 67 Stunden. Die Generatorsäulen werden mit 10 ml physiologischer Kochsalzlösung gefüllt und je nach der Aktivität des Mo-99 wird 99m-Technetium mit einer minimalen Verunreinigung von 0,0015 % Mo-99 gewonnen. Das Mo-99 ist in der Generatorsäule als Molybdat an Aluminium gebunden. Mo-99 zerfällt zu 99m-Tc in Form des Pertechnetat-Ions in Anwesenheit von Kochsalzlösung.

4.2.3.2. Verwendungsform

Das 99 m-Pertechnetat kann sofort nach der Herstellung verwendet werden. Vor der Applikation ist es notwendig, mit einer entsprechend geeichten Apparatur die Aktivität zu bestimmen.

4.2.3.3. Dosierung

Aufgrund der niedrigen physikalischen HWZ (6 Stunden) ist bei der geringen Strahlenbelastung die Höhe der Aktivität kaum begrenzt, sie liegt im allgemeinen zwischen 1—4 mCi 99 m-Tc.

4.2.3.4. Zeitpunkt der Szintigraphie

Nach i. v. Injektion $^1/_2$—1 Stunde, per os nach 1 bis 2 Stunden.

4.2.3.5. Strahlenbelastung

Schilddrüse unter 0,2 mrad/μCi,
Gesamtkörper unter 0,02 mrad/μCi.

4.2.3.6. Vorteil

Darstellung der Schilddrüse auch bei völliger Blockierung durch Jod.

4.2.3.7. Nachteil

Schilddrüsenfunktionsuntersuchungen, wie nach 131-Jod, sind nicht möglich.

4.2.4. 125-Jod

HWZ 60 Tage

Gamma-Energie	0,035—7%,	
	0,027—Te Röntgenstrahlen	
Beta-Energie	E C 100%	

4.2.4.1. Verwendungsform

Als Natriumjodid in wäßriger Lösung, trägerfrei, 1—50 mC/mM.

4.2.4.2. Dosierung

1—10 μCi 125-Jod zur Funktionsmessung, 10 bis 50 μCi 125-Jod zur Szintigraphie.

4.2.4.3. Zeitpunkt der Szintigraphie

Gleiche Bedingungen wie mit 131-Jod.

4.2.4.4. Strahlenbelastung

Schilddrüse: 1 rad/μCi,
Gesamtkörper: 2,5 mrad/μCi.

4.2.4.5. Vorteil

Längere Verlaufsbeobachtungen, bessere szintigraphische Darstellung der kalten Knoten.

4.2.4.6. Nachteil

Höhere Strahlenbelastung.

4.3. Technik der Darstellung

Die heute gebräuchlichen Scanner liefern infolge technischer Eigenheiten unterschiedliche Bildqualitäten. Mit Hilfe eines Schilddrüsen-Phantoms **(Abb. 1)** gelingt es leicht, sich über die Leistung der eigenen Apparatur zu informieren. Es lassen sich dadurch technische Mängel, die die Bildgüte beeinflussen, ausschalten.

Die Gegenüberstellung der verschiedenartig angefertigten Szintigramme gibt einen guten Überblick von Auflösungsvermögen und Darstellbarkeit mehr oder weniger großer und unterschiedlich speichernder Bezirke in der Schilddrüse mittels der jeweiligen Scanner-Technik **(Abb. 2**

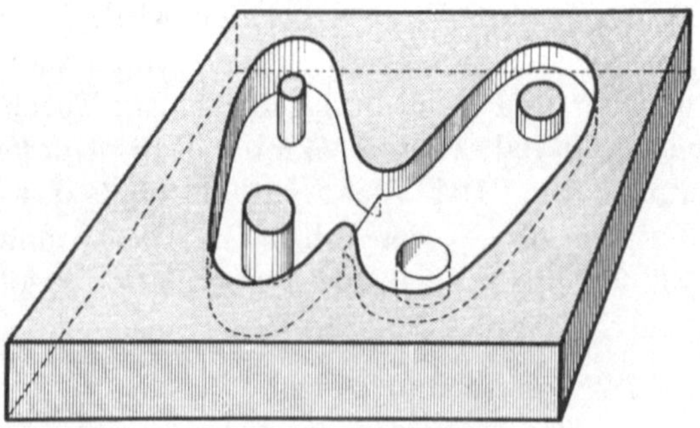

Abb. 1. Das schilddrüsenähnliche Plexiglasphantom ist so konstruiert, daß Bezirke als Aussparungen und im li. unteren Anteil ein Bezirk mit höherer Aktivität als vermehrt speichernder Bezirk imitiert werden können

bis 13). Je nach Fragestellung und je nach Organ hat das Problem der besten szintigraphischen Darstellung eine **optimale** Lösung. Die Farb- und die Photo-Szintigraphie bieten aus mehreren Gründen entscheidende Vorteile.

Abbildung 2: Strichszintigramm des Schilddrüsen-Phantoms.

Abbildung 3: Gleiches Phantom mit Dot-Szintigraphie-Technik.

Abbildung 4 u. 5: Colorszintigramme mit unterschiedlichen Drucktypen.

Abbildung 6: Photoszintigramm bei gleicher Technik.

Abbildung 7: Gamma-Kamera-Szintigramm, Aufnahmezeit 40 Sekunden.

Die Gegenüberstellung der verschiedenen szintigraphischen Verfahren ermöglicht die Auswahl der für die Fragestellung geeigneten Technik. In der Detailerkennbarkeit bestehen zwischen den Verfahren der Photoszintigraphie und Farbszintigraphie keine wesentlichen Unterschiede. An dem Beispiel der normalen Schilddrüse sollen die unterschiedlichen szintigraphischen Registrierverfahren gezeigt werden.

4.3.1. Isointensitäts-Diagramme

Die Aufstellung von sog. *Isointensitäts-Diagrammen* durch eine punktförmige Ausmessung der Untersuchungsregion: Diese Methode hat den Vorteil, daß geringe Aktivitätsmengen ausreichen, um einen Überblick über die Verteilung der radioaktiven Substanzen zu erhalten. Der statistische Fehler der einzelnen Meßergebnisse ist zu berechnen und kann in allen Abschnitten des Diagramms gleich groß gehalten werden. Der Nachteil liegt jedoch darin, daß kleine Bezirke mit abweichender Radioaktivitätskonzentration nur dann nachweisbar sind, wenn der Abstand der Meßpunkte sehr klein gehalten wird. Derartige Messungen bedingen einen großen Zeitaufwand. Außerdem sind die Isointensitäts-Bilder für den Betrachter wenig anschaulich. Die **Abbildung** 8 zeigt eine Isointensitäts-Diagramm der Schilddrüse einer 25jähr. Patientin 48 Stunden nach oraler Gabe von 35 μCi 131-Jod. Die Punkte gleicher Radioaktivität sind durch Linien verbunden. Hierbei zeigt sich das übliche schmetterlingsförmige Bild einer normalen Schilddrüse.

4.3.2. Strich-Szintigramme

Mechanisch gedrucktes *Strich-Szintigramm* der gleichen Pat. wie in Abbildung 7. Die Dichte der Registriermarken ist der jeweils gemessenen Radioaktivität proportional. Es ergibt sich ein anschauliches, gut deutbares Bild der Radioaktivitätsverteilung (**Abb.** 9).

4.3.3. Photo-Szintigramme

Photo-Szintigramm der Schilddrüse (**Abb. 10**). Gleiche Pat. wie in Abbildung 8 und 9.
Da das Auge Unterschiede in der Schwärzung eines Films besser als Unterschiede in der Strichdichte (z. B. eines gedruckten Szintigramms) differenzieren kann, lassen sich lokale Radioaktivitätsdifferenzen im Photoszintigramm wesentlich besser gegeneinander abgrenzen. Ein weiterer Vorteil des photographischen Registrierverfahrens liegt in der Möglichkeit der topographischen Zuordnung zu den im Röntgenbild sichtbaren Knochen- und Weichteilschatten.

4.3.4. Zeilenfreie Photoszintigramme

Zeilenfreies Photoszintigramm einer normalen Schilddrüse (**Abb. 11**). Durch Aufsetzen eines Streukörpers auf den Lichttubus des Photoscanners wird der die Lesbarkeit der Szintigramme störende Zeilencharakter vermieden.

4.3.5. Farb-Szintigramme

Die **Abbildung** 12 zeigt vergleichsweise die Darstellung der Aktivitätsverteilung im Farbregistrierverfahren. Hier wird die hohe Empfindlichkeit des Auges gegenüber Farbunterschieden zur Kontrastanhebung ausgenutzt. Unterschiedliche Impulsdichten werden nicht nur durch den Abstand der Registriermarken, sondern darüber hinaus durch verschiedene, der jeweiligen Impulsrate zugeordnete Farben, wiedergegeben. Bei homogener Verteilung des Nuklids, wie im Beispiel 4, ist die Farbgebung entsprechend symmetrisch und gleichmäßig.

4.3.6. Gamma-Kamera-Szintigramme

Die **Abbildung** 13 zeigt das Gamma-Kamera-Szintigramm einer normalen Schilddrüse. Gegenüber dem üblichen Szintigramm ist die räumliche Zuordnung erschwert, da die Abbildung nicht die reelle Größe der Schilddrüse wiedergibt.

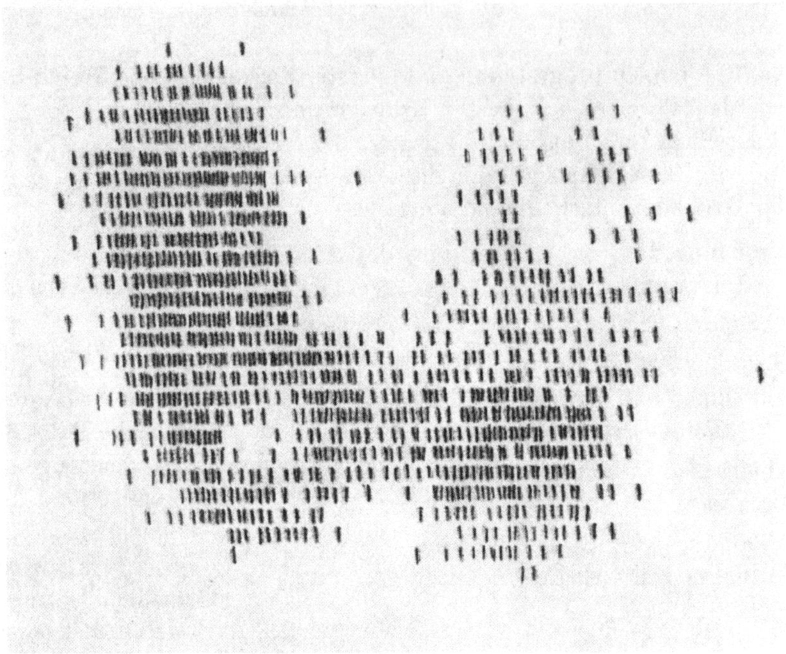

Abb. 2. Strichszintigramm des Schilddrüsenphantoms Abbildung 1 nach Füllung mit 25 μCi 131-Jod
Im rechten Schilddrüsenlappen ist die Strichdichte gegenüber links entsprechend der Konstruktion des Phantoms um den Faktor 2 erhöht. Die aktivitätsfreien Bezirke am unteren Pol des rechten Lappens und am oberen Pol des linken Lappens sind gut dargestellt. Der kleinere aktivitätsfreie Bezirk am oberen Pol des rechten Lappens kommt nur andeutungsweise zur Darstellung. Der „warme" Bezirk am unteren Pol des linken Lappens ist durch eine erhöhte Strichdichte angedeutet
Kristallgröße 2 Zoll, 165 Lochkollimator, Abtastgeschwindigkeit 30 cm/min

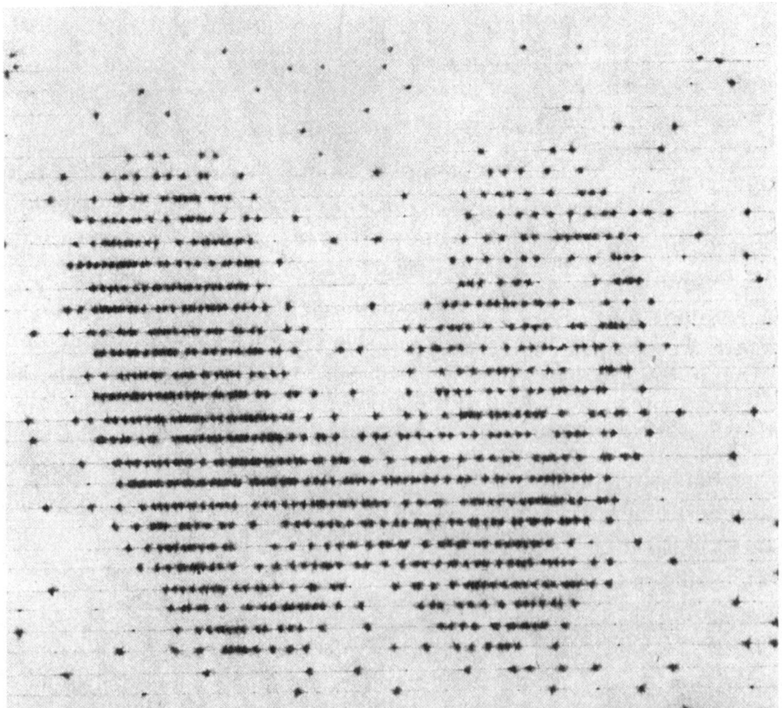

Abb. 3. Schilddrüsenphantomaufnahme mit Hilfe der Dot-Szintigrammtechnik auf Teledeltospapier, gleiche technische Bedingungen wie in Abbildung 2

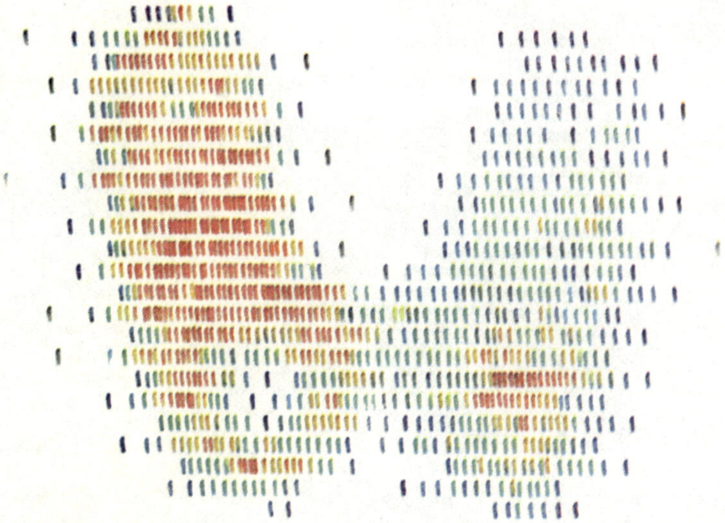

Abb. 4. Colorszintigramm des Schilddrüsenphantoms. Abbildung 1 unter den gleichen technischen Bedingungen wie in Abbildung 2 aufgenommen. Die unterschiedliche Radioaktivität zwischen rechtem und linkem Lappen kommt besonders gut zur Darstellung. Auch der „warme" Bezirk am unteren Pol links ist besser als auf den schwarz-weiß Szintigrammen erkennbar

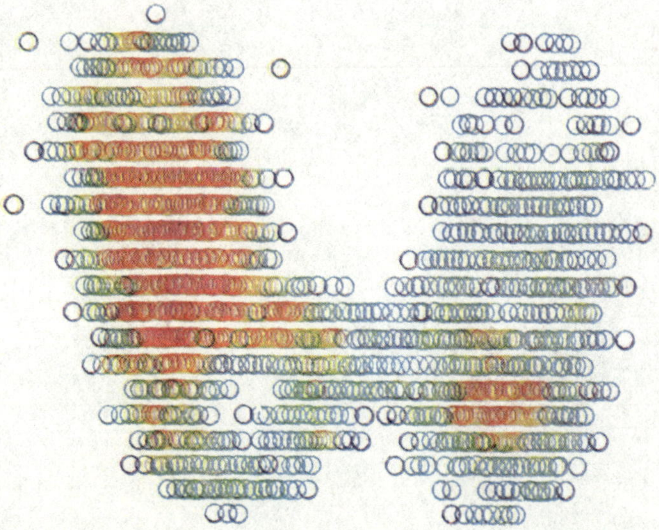

Abb. 5. Color-Szintigramm mit kreisrunden Drucktypen. Gleiche technische Bedingungen wie in Abbildung 2—4. Die Farbwiedergabe erscheint noch etwas besser als in Abbildung 4

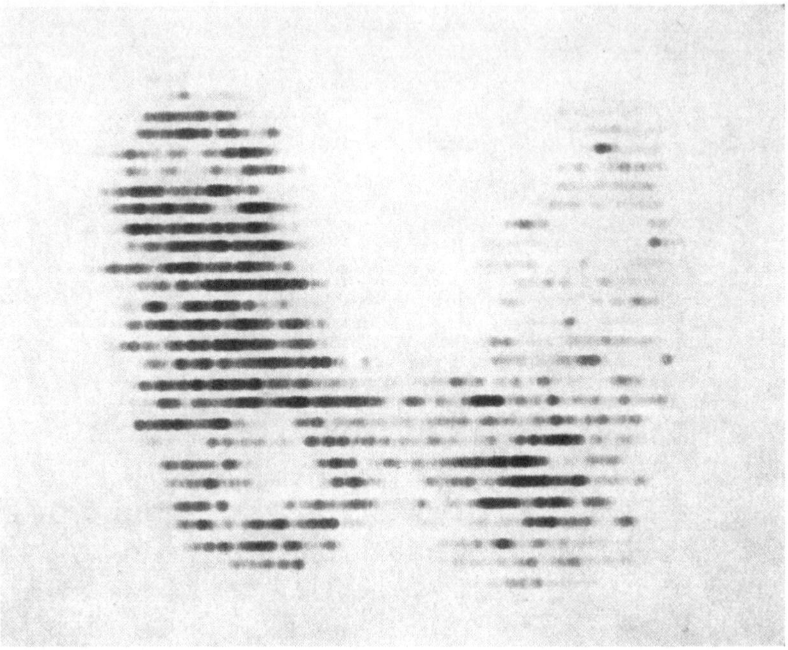

Abb. 6. Photoszintigramm des Schilddrüsenphantoms Abbildung 1. Gleiche technische Bedingungen wie in Abbildung 2—5. Auch bei diesem Registrier-Prinzip zeigt sich eine gute Darstellung sowohl der Aktivitätsdifferenzen zwischen rechtem und linkem Schilddrüsenlappen als auch eine gute Abgrenzung der aktivitätsfreien Bereiche und des Bezirkes im linken Schilddrüsenlappen mit vermehrter Konzentration

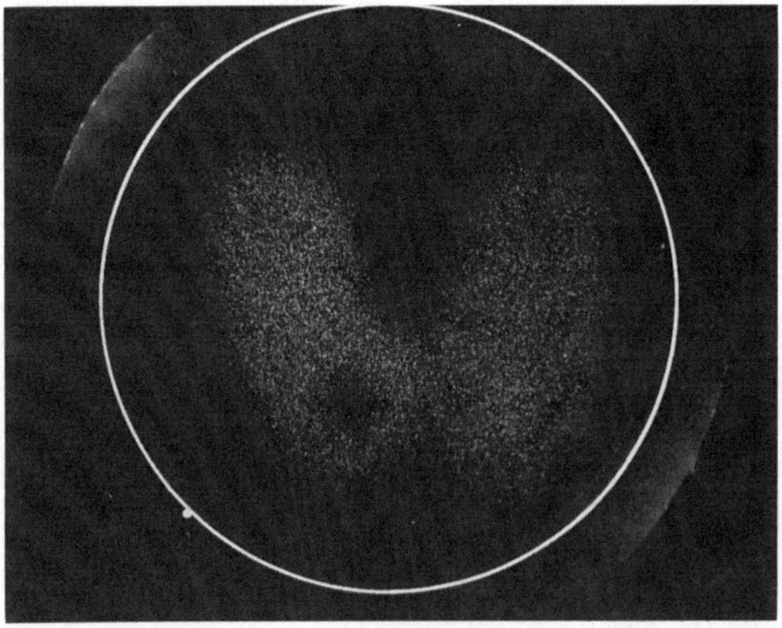

Abb. 7. Gamma-Kamera-Szintigramm des Schilddrüsen-Phantoms von Abbildung 1. 25 μCi 131-Jod, Zeit: 40 sec.

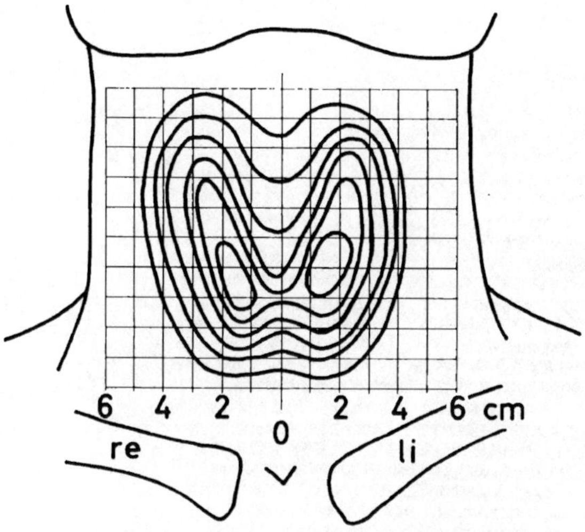

Abb. 8. Isointensitäts-Diagramm der Schilddrüse einer 25jähr. Pat., Radiojodtest normal, 48 Stunden nach oraler Gabe von 35 μCi 131-Jod. Meßpunkte gleicher Radioaktivität sind durch Isoimpulslinien verbunden. Gute Darstellung der schmetterlingsförmigen Gestalt der Schilddrüse

Kristallgröße 3 × 2″, fokussierender Vielkanal-Kollimator mit 19 Bohrungen

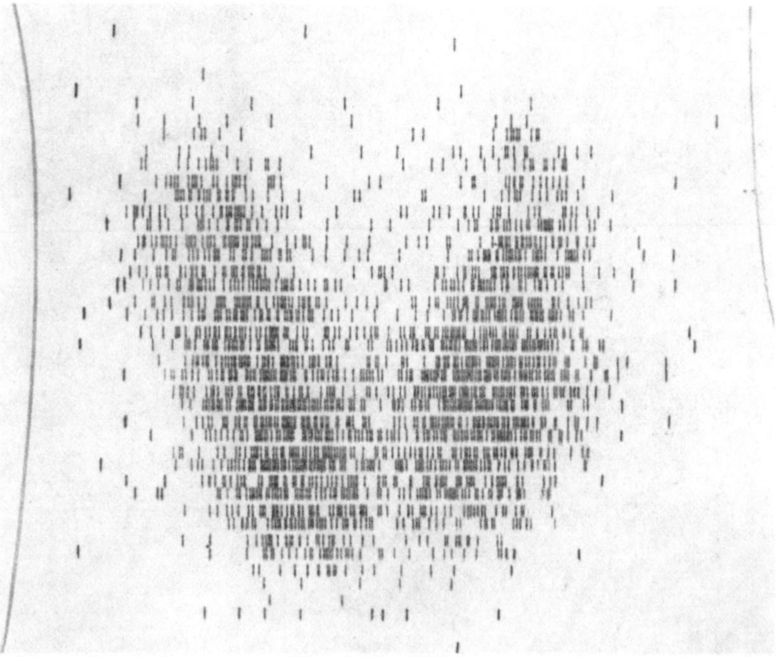

Abb. 9. Strichszintigramm der Schilddrüse — gleiche Pat. wie Abbildung 8. 24 Stunden nach oraler Gabe von 35 μCi 131-Jod. Es findet sich eine annähernd symmetrische homogene Verteilung über beiden Schilddrüsenlappen

2 × $1^3/_4$″-Kristall fokussierender Vielkanal-Kollimator mit 19 Bohrungen, Abtastgeschwindigkeit 30 cm/min

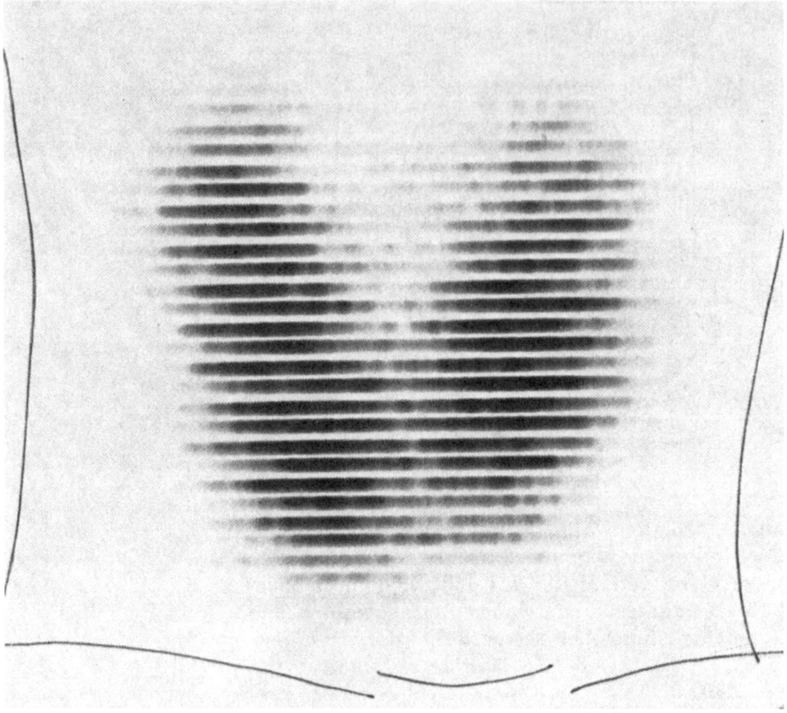

Abb. 10. Photoszintigramm der Schilddrüse — gleiche technische Daten wie Abbildung 8

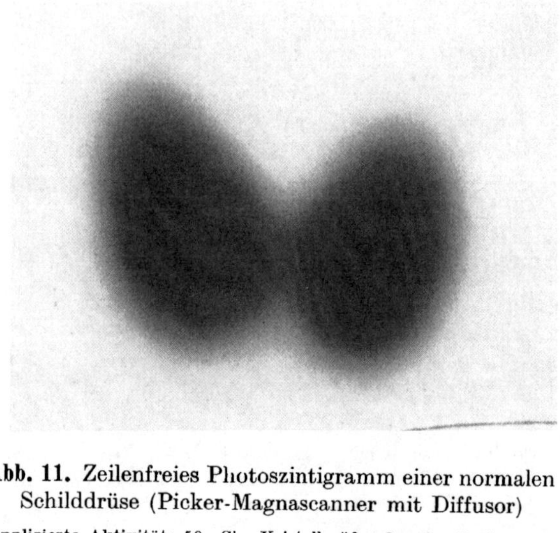

Abb. 11. Zeilenfreies Photoszintigramm einer normalen Schilddrüse (Picker-Magnascanner mit Diffusor)

Applizierte Aktivität: 50 μCi, Kristallgröße: 3 × 2, Kollimator: Feinfocus-Mehrkanal, Abtastgeschwindigkeit (Expansionszeit) 50 cm/min

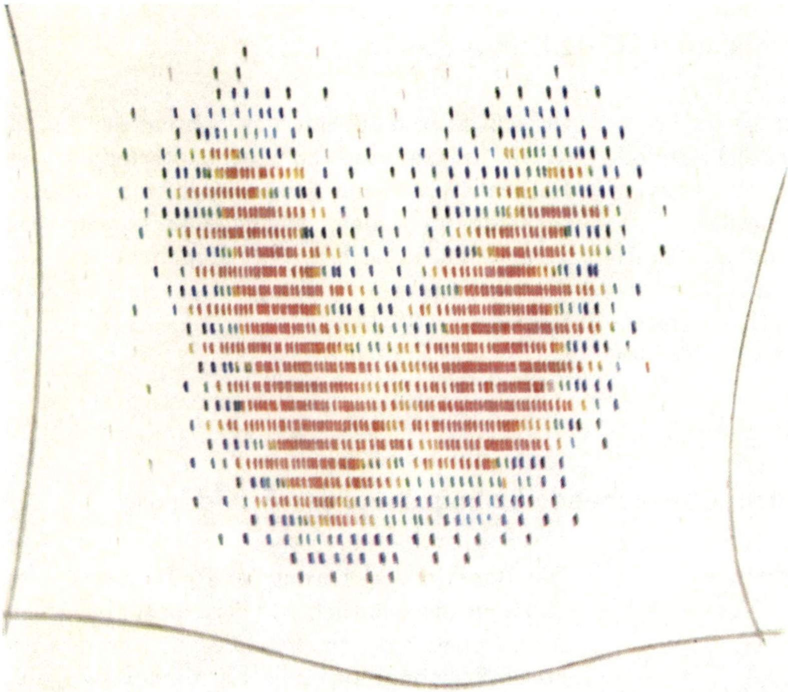

Abb. 12. Farbszintigramm der normalen Schilddrüse — gleiche Pat. wie in Abbildung 8—11, gleiche technische Daten wie in Abbildung 9. Besonders gute Darstellung der Homogenität der Radiojodverteilung

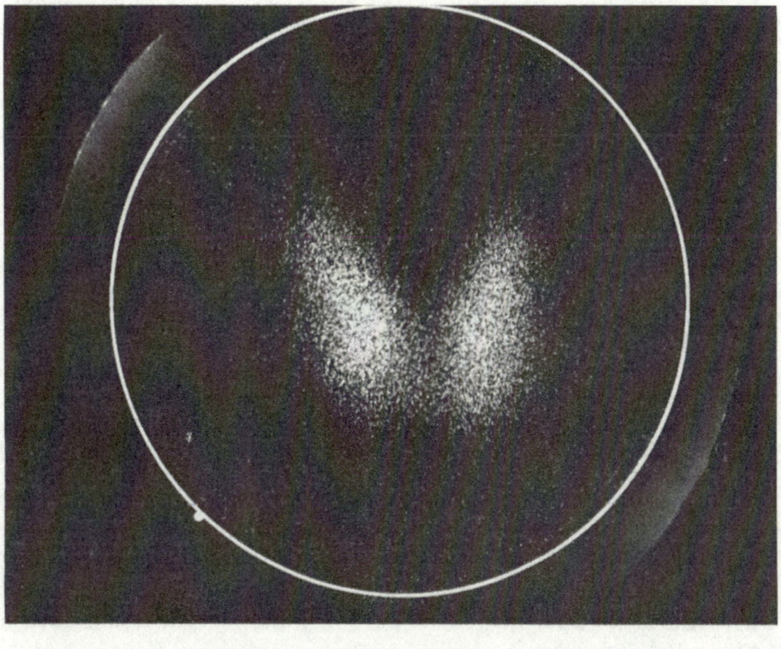

Abb. 13. Gamma-Kamera-Szintigramm einer normalen Schilddrüse nach i. v. Injektion von 50 μCi 131-Jod, Aufnahmezeit 50 sec. Deutliche Abgrenzung des Isthmus

4.4. Das normale Schilddrüsen-Szintigramm

Diagnostische Merkmale. Schilddrüse in normgerechter Position, Form und Größe: Radiojodspeicherung im Bereich der Norm, 131-J-Serum und **Serum-Protein normal, HWZ normal.**
Die normale Schilddrüse erscheint im Szintigramm in symmetrisch gestalteter Schmetterlingsform; die Lage im Halsbereich entspricht der bekannten Topographie der Schilddrüse. Gemäß der räumlichen Ausdehnung der Schilddrüse bewirkt die homogene Verteilung der Radioaktivität einen gewissen zentralen „Kern"-schatten in jedem Schilddrüsenlappen. Die gerundeten Randflächen bedingen auch durch die statistische Verteilung unscharfe Randkonturen (Abb. 8—13).

4.5. Das von der Norm abweichende Szintigramm der Schilddrüse

Die Veränderungen können betreffen:

a) die Form der Schilddrüse,
b) die Lage,
c) die Verteilung der Radioaktivität in der Schilddrüse.

Bei der Bildanalyse ist prinzipiell zu unterscheiden zwischen einer **generellen**, die gesamte Schilddrüse betreffenden und einer **lokalisierten** Störung in der Verteilung der Radioaktivität im Schilddrüsenparenchym.
Die lokalisierten Verteilungsstörungen können **solitär** oder **multipel** bis feinfleckig auftreten.

Die folgenden Abschnitte und Beispiele nehmen Bezug auf diese Einteilung:

4.5.1. Form-Varianten der Schilddrüse

Diagnostische Merkmale:
Szintigramme mit atypischer Schilddrüsenform: Radiojodtest normal, 131-J-Serum und Serum-Protein normal, HWZ normal.
Häufigkeit der Formvarianten bei euthyreoten Schilddrüsen: **weniger als 0,1 $^0/_0$ der Fälle.**
Eine augenfällige asymmetrische Verteilung der Jodspeicherung ist als Formvariante der normalen Schilddrüse zu deuten, wenn die Werte der summarischen Messung der Jodaufnahme im Bereich der Norm liegen und wenn palpatorisch Vergrößerungen und Knoten in dem Bereich der Schilddrüse ausgeschlossen werden können.
Differentialdiagnose. Bei der szintigraphischen Darstellung nur eines Schilddrüsenlappens muß an das Vorliegen eines Adenoms gedacht werden. Die Radiojodspeicherung im Radiojodtest muß dabei nicht wesentlich von der Norm abweichen. Es ist auch möglich, daß die gesteigerte autonome Hormonproduktion des Adenoms zu einer Dämpfung der Thyreotropinsekretion der Adenohypophyse und damit zur Stillegung der normalen Schilddrüsenanteile führt. Die summarische Messung der Radiojodspeicherung kann dann noch im Bereich der Norm liegen. Das klinische Bild des Patienten bei einem Schilddrüsenadenom kann unauffällig sein oder nur geringe Anzeichen einer Hyperthyreose erkennen lassen.
Findet sich eine asymmetrische Form der Schilddrüse, so muß mit besonderer Sorgfalt der weniger speichernde Anteil der Schilddrüse palpatorisch untersucht werden. Es besteht differentialdiagnostisch die Möglichkeit, daß in diesem Teil der Schilddrüse Zysten oder Tumorgewebe den Ausfall der Jodspeicherung bedingen. Nachstehend drei Beispiele für Formvarianten der Schilddrüse.

Beispiel 1

In der **Abbildung 14** ist das Photoszintigramm einer 28jähr. Pat. mit einer Formvariante der Schilddrüse wiedergegeben. Die prozentuale 131-Jod-Aufnahme der Schilddrüse war normgerecht, der Tastbefund ergab keine Vergrößerung der Schilddrüse und auch keinen Anhalt für Schilddrüsenknoten. Es zeigt sich eine relativ kleine, leicht asymmetrisch geformte Schilddrüse mit annähernd homogener Verteilung des Radionuklids. Das Szintigramm wurde 48 Stun-

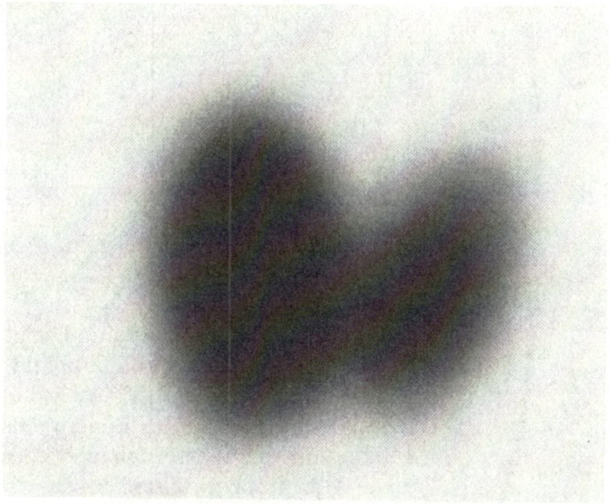

Abb. 14. Photoszintigramm einer Schilddrüse mit normalen Funktionswerten im Radiojodtest bei unauffälligem Tastbefund. Zeitpunkt der Untersuchung 48 Stunden nach oraler Gabe von 25 μCi 131-Jod Darstellung einer **kleinen, leicht asymmetrisch geformten** Schilddrüse mit homogener Verteilung des Radionuklids

3 × 2 Zoll-Kristall, fokussierender 18 Kanalkollimator, Abtastgeschwindigkeit 30 cm/min

den nach oraler Gabe von 25 μCi 131-Jod aufgezeichnet.

Beispiel 2

In der **Abbildung 15** ist das Farbszintigramm der Schilddrüse einer 58jähr. Pat. nach oraler Gabe von 50 μCi 131-Jod wiedergegeben. Hierbei zeigt sich eine leichte Hyperplasie der Schilddrüse bei jedoch unauffälligem Tastbefund. Die prozentuale Jodaufnahme der Schilddrüse war ebenfalls normal. Es ist hier ein etwas stärker ausgeprägter rechter Schilddrüsenlappen vorhanden. Der Mittellappen liegt z. T. substernal.

Die annähernd homogene Aktivitätsverteilung in der Schilddrüse bei unauffälligem Tastbefund und normalen 131-Jod-Speicherwerten läßt differential-diagnostisch eine Knotenstruma oder ein Adenom ausschließen.

Beispiel 3

Die **Abbildung 16** zeigt das Farbszintigramm der Schilddrüse einer 60jähr. Pat. 24 Stunden nach oraler Gabe von 100 μCi 131-Jod. Oberhalb der schmetterlingsförmigen Schilddrüse, deren rechter Schilddrüsenlappen etwas stärker ausgeprägt ist, findet sich eine mandelgroße Aktivitätsanreicherung, die dem Lobus pyramidales der Schilddrüse entspricht. Jodspeichernde Gewebe außerhalb der Schilddrüse sprechen in erster Linie für versprengte Schilddrüsenkeime.

Differentialdiagnostisch kommen 131-J speichernde Schilddrüsenmalignome und deren Metastasen in Betracht. Im allgemeinen speichern Schilddrüsenkarzinommetastasen erst nach Exstirpation des normalen Schilddrüsengewebes.

Abb. 15.

Farbszintigramm einer Schilddrüse nach oraler Gabe von 50 μCi 131-Jod.

Bei unauffälligem Tastbefund zeigt sich eine Asymmetrie der Schilddrüse mit stärkerer Entwicklung des rechten Lappens und kleinem retrosternalen Anteil. Die Aktivitätsverteilung innerhalb der Schilddrüse erscheint nahezu homogen

2-Zoll-Kristall fokussierender 18-Kanal-Kollimator, Abtastgeschwindigkeit 30 cm/min

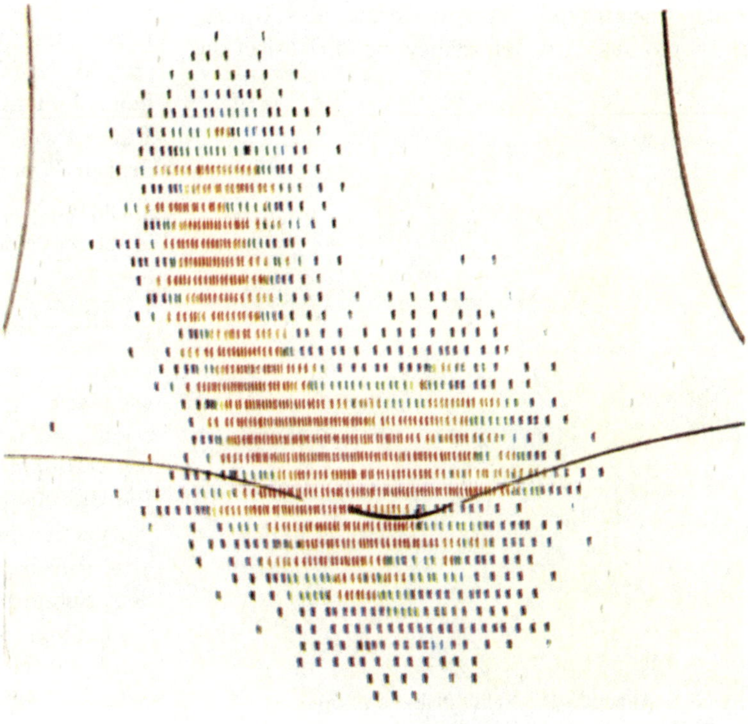

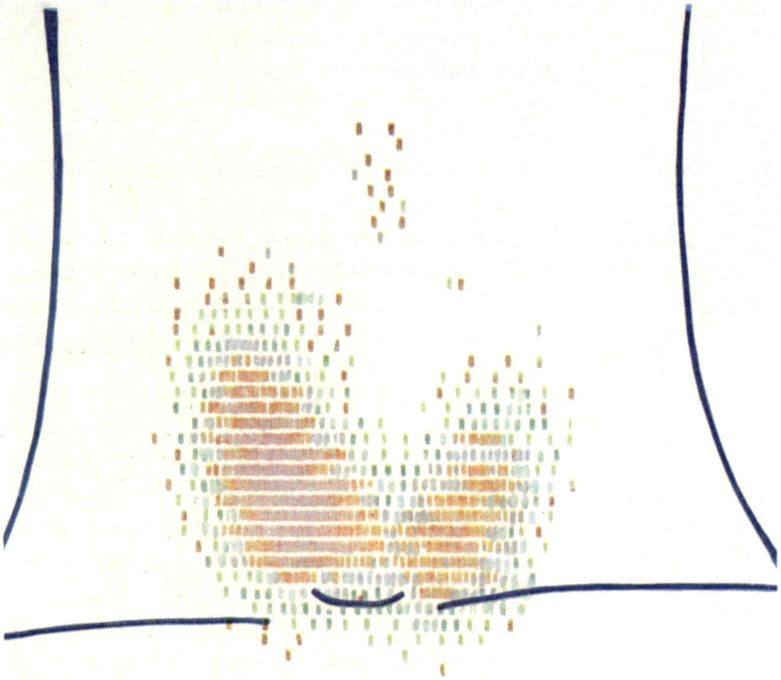

Abb. 16.
Farbszintigramm einer Schilddrüse 24 Stunden nach oraler Gabe von 100 µCi 131-Jod.
Bei unauffälligem Tastbefund zeigt sich eine Asymmetrie der Schilddrüse mit stärkerer Entwicklung des rechten Schilddrüsenlappens und kleinem retrosternalem Anteil. Die Aktivitätsverteilung innerhalb der Schilddrüse ist relativ homogen. In der Mitte über der schmetterlingsförmigen Schilddrüse findet sich eine Radiojodspeicherung im Lobus pyramidalis

Kristallgröße 5 Zoll, fokussierender 265-Kanalkollimator, Abtastgeschwindigkeit 65 cm/min

4.5.2. Abweichungen in der Topographie der Schilddrüse

Der Nachweis dystopen Schilddrüsengewebes besitzt besonders bei der Differentialdiagnose gegenüber Tumoren und gegenüber der Aplasie der Schilddrüse praktische Bedeutung. Häufig und bekannt sind folgende Dystopien: **Abb. 17.** Die Schilddrüse entwickelt sich aus einer ventralen Ausstülpung des Entoderms, des Ductus thyreoglossus. Aus den embryonalen Resten des

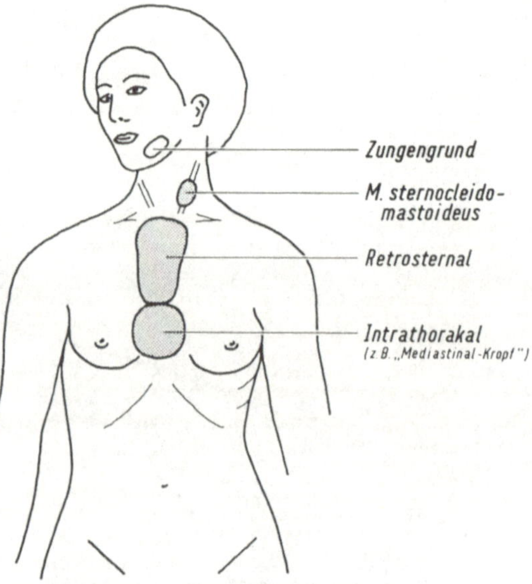

Abb. 17. Die Schilddrüsendystopien

Ductus thyreoglossus können sich aberrierende Strumen entwickeln. Bei der embryonalen Entwicklung ist die nicht allzu seltene Verzögerung der Senkung der Schilddrüsenanlage längs des Ductus thyreoglossus bekannt.
Das Vorkommen von Schilddrüsengewebe im Ovar, meistens als Struma ovarii bezeichnet, beruht auf keiner Verlagerung, sondern hierbei ist das Schilddrüsengewebe als Teil eines Teratoms aufzufassen. Diese Tumorform ist selten, sie besitzt für die Schilddrüsen-Szintigraphie keine Bedeutung.
Für Abweichungen von der normalen Schilddrüsen-Topographie sind in Betracht zu ziehen:

a) die Zungengrund-Struma,
b) die retrosternale und die intrathorakale Struma

4.5.2.1. Zungenstruma

Diagnostische Merkmale: Szintigraphisch nachweisbare 131-Jod-Speicherung im Zungenbereich. Meist verminderte 131-Jod-Speicherung im Radiojodtest.
Bei der Zungenstruma handelt es sich um eine Entwicklungsstörung, die schon im Wachstumsalter durch mangelnde Ausdehnungsmöglichkeit des Schilddrüsenparenchyms zu keiner ausreichenden Schilddrüsenentwicklung führt. Jugendliche Patienten mit der Symptomatik einer Schilddrüsenunterfunktion und einer Schwellung

im Bereich der Zunge geben dem Kliniker den Hinweis, an das Vorliegen einer Zungenschilddrüse zu denken. Nicht in jedem Falle muß jedoch eine Schwellung im Bereich des Zungengrundes vorhanden sein.

Der Wert der szintigraphischen Technik zeigt sich besonders dann, wenn wegen der Schwellung am Zungengrund bei Tumorverdacht eine Radikaloperation vorgesehen ist. Die praeoperative Szintigraphie der Schilddrüse kann eine Zungengrundstruma beweisen oder ausschließen.

Beispiel 1

Zungenschilddrüse: keine Schwellung im Bereich des Zungengrundes, jedoch ausgeprägte Schilddrüsenunterfunktion. 18jähr. Pat., seit Jahren in ärztlicher Behandlung wegen stark reduzierter körperlicher und geistiger Entwicklung.

Befund: Der Körper des Mädchens ist im Verhältnis zum Alter relativ klein, etwas zu dick und plump, die Extremitäten sind auffallend kurz, die Bewegungen träge und unbeholfen. Radiojodtest nach 2 Stunden 15%, 24 Stunden 10%, 48 Stunden 8%. Serumjodwert = 0,3% 131-J der Dosis/Ltr., proteingebundenes 131-J unter 0,02% der Dosis/Ltr.

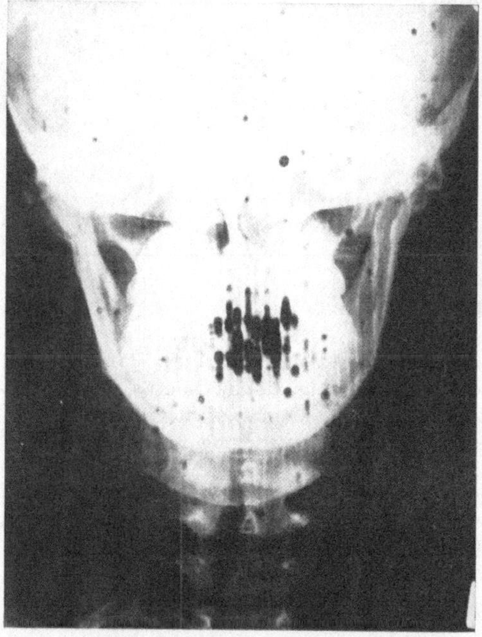

Abb. 18. Photoszintigramm einer 18jähr. Pat. 24 Stunden nach i. v.-Injektion von 50 μCi 131-Jod Im Halsbereich findet sich keine Aktivitätsanreicherung. Eine etwa walnußgroße Schwärzung findet sich im Zungenbereich.
Szintigraphische Diagnose: Zungenstruma

Kristallgröße 1 × 1″, 6 mm-Kollimator, Abtastgeschwindigkeit 78 cm/min

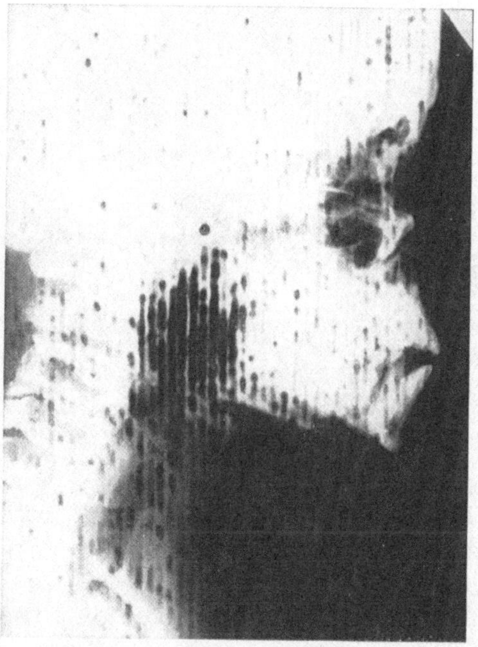

Abb. 19. Lokalisation der Zungenstruma, die in Abbildung 18 festgestellt wurde. Aufnahme in seitlicher Ebene. Gleiche technische Daten. Es zeigt sich im Zungengrundbereich eine etwa walnußgroße Schwärzung

Das Photoszintigramm (Abb. 18) läßt am Hals im Schilddrüsengebiet keinerlei Jodaufnahme erkennen. Dagegen findet sich im Zungenbereich eine etwa walnußgroße rundliche Schwärzung, die einer Zungenschilddrüse entsprechen dürfte. Zur Lokalisierung der dystopen Schilddrüse war ein Photoszintigramm in seitlicher Ebene erforderlich, zumal sich im Bereich der Zunge keine Schwellung als Anhalt für eine Zungengrundstruma zeigte. Das Szintigramm in seitlicher Ebene **(Abb. 19)** läßt im Bereich des Zungengrundes eine Radiojodkonzentration in annähernd gleicher Form und Größe wie im ap-Bild erkennen.

Diagnose: Zungenschilddrüse, deren Funktion zur Normalisierung des Stoffwechsels nicht ausreicht.

Beispiel 2

Seit einigen Jahren fiel auf, daß die 17jähr. Pat. im Wachstum gegenüber gleichaltrigen Mädchen zurückgeblieben war. Dazu Klagen über Kältegefühl, Obstipation und trockene Haut. Wegen Hypothyreoseverdacht Überweisung zur Untersuchung mit Radiojod.

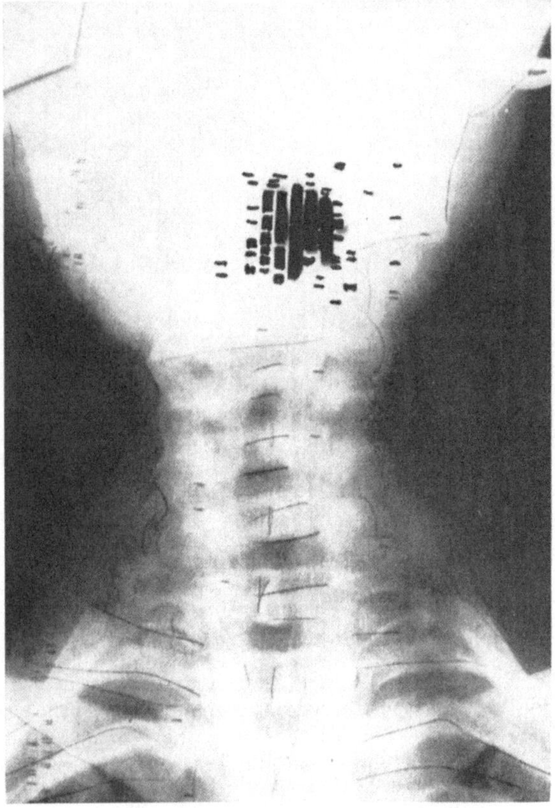

Abb. 20. Strichszintigramm einer 17jähr. Pat. — 24 Stunden nach oraler Applikation von 50 μCi 131-Jod. Keinerlei Aktivitätskonzentration im Halsbereich. Dagegen findet sich im Bereich der Zunge eine etwa walnußgroße Aktivitätskonzentration. Szintigraphische Diagnose: Schilddrüsendystopie im Bereich der Zunge

Kristallgröße 1″, konischer Kollimator 6 mm, Abtastgeschwindigkeit 78 cm/min

Lokalbefund: Im Halsbereich keinerlei tastbare Veränderungen; auch Zungengrund unauffällig. **Der Radiotest** zeigte eine stark verminderte Jodaufnahme der Schilddrüse. 2 Stunden 2,6% der Dosis, 24 Stunden 13,0% der Dosis, 48 Stunden 9,5% der Dosis. Gesamtserum-131-J = 0,61 % der Dosis, proteingebundenes 131-J = 0,35% der Dosis.

Das Strichszintigramm (Abb. 20) zeigt keinerlei Radiojodaufnahme im Halsbereich. In Gegend des Zungengrundes findet sich eine etwa pflaumengroße Schwärzung, die eine Zungengrundstruma beweist. Das allein im Zungengrund befindliche Schilddrüsenparenchym reichte zur Aufrechterhaltung einer euthyreoten Funktionslage nicht aus.

Beispiel 3

25jähr. Pat., seit Monaten Schwellung im Halsbereich.

Lokalbefund: In der Mittellinie gelegener, pflaumengroßer Tumor praelaryngeal. Wegen Verdacht auf Metastasen zur Suche nach dem Primärtumor in die Klinik eingewiesen. Bei der Suche nach dem Primärtumor wurde auch eine Schilddrüsenlokalisation vorgenommen.

Das Szintigramm (Abb. 21) läßt zwei kleinfingerendgliedgroße, rundliche Schwärzungsbezirke erkennen, von denen der eine praelaryngeal liegt und dem fraglichen Tumor entspricht. Durch den Nachweis der Jodspeicherung läßt sich diese Schwellung, die als Malignom oder Metastase gedeutet wurde, als Schilddrüsengewebe identifizieren. Hierbei handelt es sich um einen versprengten Schilddrüsenkeim.

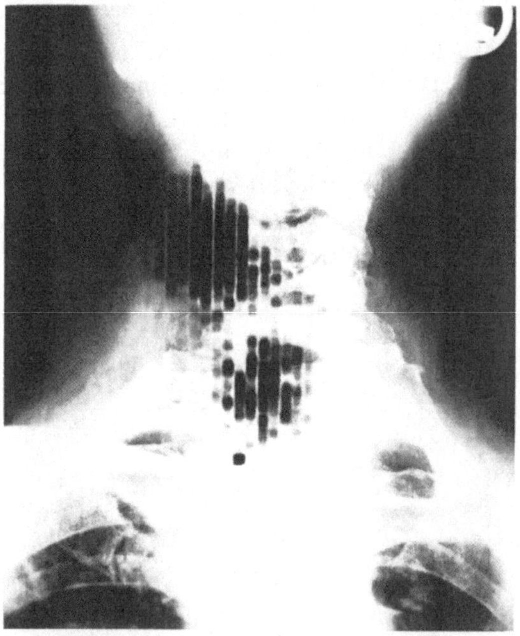

Abb. 21. Photoszintigramm eines 25jähr. Pat. — 24 Stunden nach oraler Applikation von 60 μCi 131-Jod. Es finden sich zwei kleinfingerendgliedgroße rundliche Schwärzungsbezirke, von denen der eine praelaryngeal liegt. Durch die Jodspeicherung in diesem Bereich konnte die Schwellung, die als Malignom oder Metastase gedeutet wurde, als Schilddrüsengewebe identifiziert werden. Es handelte sich um einen versprengten Schilddrüsenkeim

Kristallgröße 1 × 1″, konischer Kollimator, 6 mm, Abtastgeschwindigkeit 78 cm/min

4.5.2.2. Die retrosternale und intrathorakale Struma

Diagnostische Merkmale: Szintigraphisch meist nachweisbare 131-Jod-Speicherung retrosternal. Radiojodtest: Entsprechend einer euthyreoten

Struma meist erhöht, HWZ normal, 131-J-Serum- und Proteinjodwerte im Bereich der Norm.

Die Anamnese ergibt häufig eine familiäre Disposition oder einen längeren Aufenthalt in einem Kropfgebiet.

Als Lokalbefund kann auch eine Struma im Halsgebiet vorliegen, die sich beim Schlucken mitbewegt. Ist das Halsgebiet jedoch unauffällig, so finden sich häufig Beklemmungserscheinungen, Atembeschwerden oder auch in fortgeschrittenen Fällen Einflußstauung. Sehr oft wird bei der Verbreiterung des Mediastinums im Röntgenübersichtsbild des Thorax an ein Thymom, eine Dermoidzyste oder auch an ein Aortenaneurysma gedacht.

Der Radiojodtest zeigt eine prozentuale Jodaufnahme vom unteren Normbereich bis zu Werten von 80% nach 24 Stunden.

Der Kurvenverlauf der Radiojodaufnahme der Schilddrüse verläuft wie bei der Struma euthyreotica, d. h. im Bereich zwischen 24 und 48 Stunden ist kein deutliches Absinken zu beobachten.

Durch die geringe Jodausscheidung der Struma liegt die effektive HWZ über 6,5 Tagen (normal 7—8 Tage). Die Serumjod- und Proteinjodwerte liegen im Bereich der Norm.

Das Szintigramm ermöglicht meist eine eindeutige Diagnosestellung. In Einzelfällen ist die Diagnostik bei Strumakolloidzysten im Mediastinalbereich durch die fehlende Jodspeicherung erschwert.

Beispiel 1

58jähr. Pat., zunehmende Herzbeschwerden. Klinischer Befund: Die Rö-Aufnahme vom Thorax (**Abb. 22**) läßt eine Verbreiterung des Mittelschattens retrosternal erkennen. Es fand sich auch eine Verdrängung des Oesophagus mit Einengung der Trachea.

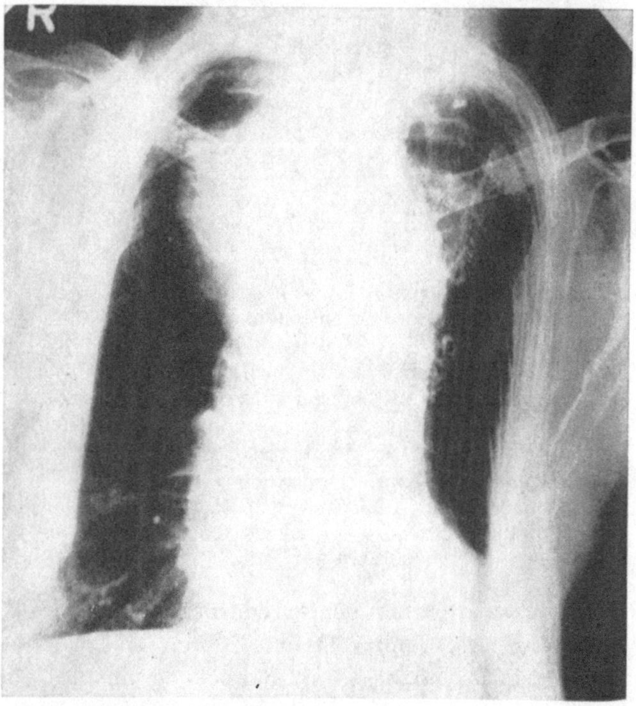

Abb. 22.
Thoraxübersicht bei einer 58jähr. Pat. — Verbreiterung des Mittelschattens retrosternal. Verdacht auf sackförmige Erweiterung der Aorta ascendens. Die kalkdichten Zonen am dorsalen und unteren Rand weisen auf ein Aortenaneurysma hin

Die retrosternale Verbreiterung des Mittelschattens wurde röntgenologisch als sackförmige Erweiterung der Aorta ascendens gedeutet. Wegen der kalkdichten Zonen am dorsalen und unteren Rand wurde die Diagnose Aortenaneurysma gestellt.

Der Radiojodtest zeigte ein deutliches Ansteigen der prozentualen Jodspeicherung weit über die Norm (2 Stunden 65%, 24 Stunden 75%, 48 Stunden 74%).

Der Kurvenverlauf spricht eindeutig für eine Struma diffusa euthyreotica oder für eine Jodmangelstruma mit erhöhter Jodavidität. Effektive HWZ 7 Tage (normal). Gesamtserumjod 0,12% der Dosis/Ltr. (im Normalbereich).

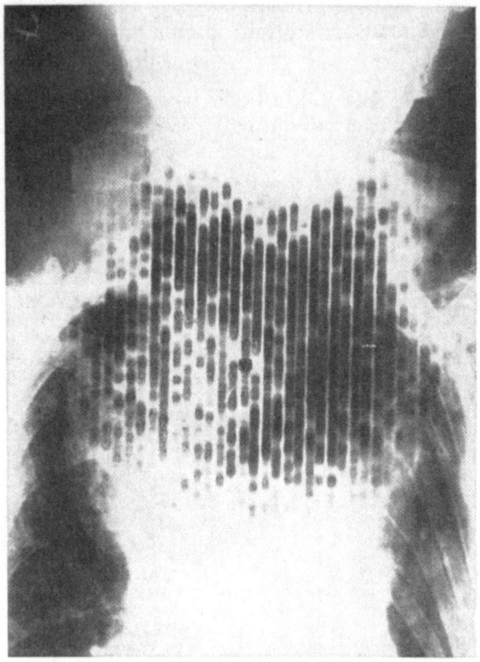

Abb. 23. Photoszintigramm der Pat. wie Abb. 22 — 24 Stunden nach oraler Applikation von 150 μCi 131-Jod.

Es findet sich in dem Gesamtbereich der Mediastinalerweiterung, die als Aortenaneurysma gedeutet wurde, eine Radiojodspeicherung, die rechts kaudal inhomogen und fleckförmig ist.

Szintigraphische Diagnose: Ausgedehnte retrosternale Struma nodosa mit funktionsuntüchtigen Bezirken

Kristallgröße 1 × 1″, konischer Kollimator, 6 mm, Abtastgeschwindigkeit 72 cm/sec

Das Photoszintigramm der Schilddrüse (**Abb.** 23) zeigt eine ausgedehnte Struma, deren Hauptanteil retrosternal liegt. Im Bereich der intrathorakalen Struma weist die fleckförmige Schwärzung rechts kaudal auf einen etwa hühnereigroßen Bezirk mit geringerer 131-Jod-Konzentration hin. Da im Halsbereich keine Schilddrüsenvergrößerung tastbar ist, muß vermutet werden, daß die Radiojodspeicherung intrathorakal im Bereich der oberen Thoraxapertur liegt. Zur Lokalisation für die Operation wurde ein Photoszintigramm in seitlicher Ebene angefertigt (**Abb.** 24). Die sagittale Aufnahme zeigt eine ausgedehnte, doppelt faustgroße Schwärzung im Retrosternalbereich des Thorax. Die dorsalen Anteile lassen eine geringe Jodspeicherung erkennen.

Differentialdiagnose: Der szintigraphische Befund erlaubt es, die röntgenologische Diagnose zu revidieren. Durch den Nachweis einer Jodspeicherung kann ein Aortenaneurysma ausgeschlossen werden.

Diagnose: Ausgedehnte Struma nodosa euthyreotica retrosternalis. Ein Malignom oder eine maligne Umwandlung in den Gebieten mit verminderter Jodspeicherung rechts kaudal lassen sich nicht mit Sicherheit ausschließen.

Eine Operation war wegen des Alters der Patientin und des schlechten Herz- und Kreislaufbefundes nicht indiziert. Die Verlaufskontrolle hat kein weiteres Wachstum und keine Zunahme der Beschwerden im Ablauf von 2 Jahren ergeben. Aufgrund der Verlaufskontrolle kommt eine Struma nodosa cystica euthyreotica retrosternalis in Betracht.

Bei ausgedehnten Strumen im Halsbereich kann es vorkommen, daß retrosternal liegende Anteile der Struma nicht erfaßt werden. Der Chirurg reseziert die Teile der Schilddrüse im Halsbereich. Es verbleiben die retrosternal (oder intrathorakal) liegenden Bezirke, die später durch Raumbeanspruchung erhebliche Beschwerden (= Druck auf Gefäße und Nerven) verursachen können.

Das folgende Beispiel zeigt, daß **vor** der chirurgischen Behandlung einer ausgedehnten Struma die szintigraphische Darstellung der Schilddrüse

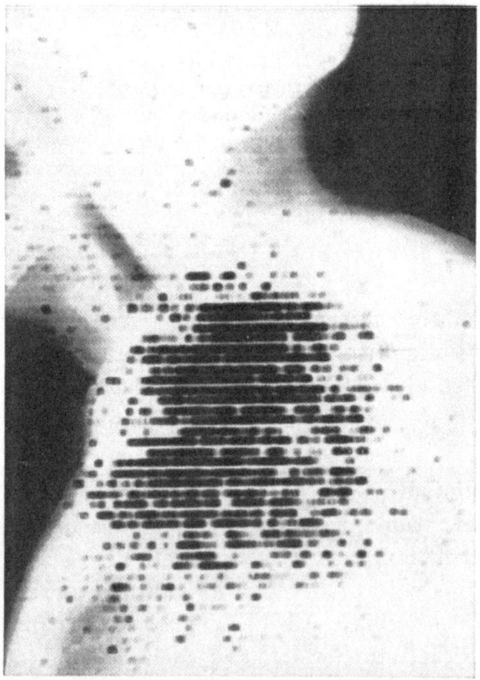

Abb. 24. Photoszintigramm der Patientin wie Abbildung 23. Gleiche technische Daten in seitlicher Ebene. Das Photoszintigramm läßt in seitlicher Ebene die Lage, Größe und Ausdehnung der knotenförmigen Struma erkennen. Knotenförmige Funktionsausfälle befinden sich vorwiegend dorsal und kaudal

ratsam ist, um eine Fehlbeurteilung auszuschließen und u. U. für das operative Vorgehen eine Sternumspaltung zur Exstirpation der intrathorakalen Anteile der Struma einzuplanen.

Beispiel 2

51jähr. Pat., vor 4 Jahren Strumektomie. In den letzten Monaten Gefühl der zunehmenden Einengung im Brustbereich mit Beklemmungs- und Stauungserscheinungen.

Lokalbefund: Im Halsbereich reizlose Narbe nach Schilddrüsenoperation in der typischen Kragenschnittform. Keinerlei Knoten oder Schwellungen im Halsbereich tastbar.

Die Rö-Aufnahme läßt eine deutliche Verbreiterung des oberen Mediastinum erkennen. Aufgrund dieser Rö-Aufnahme wurde der Verdacht auf einen Mediastinaltumor ausgesprochen. In erster Linie wurde an ein Aortenaneurysma gedacht. Da das Kymogramm keine eindeutige

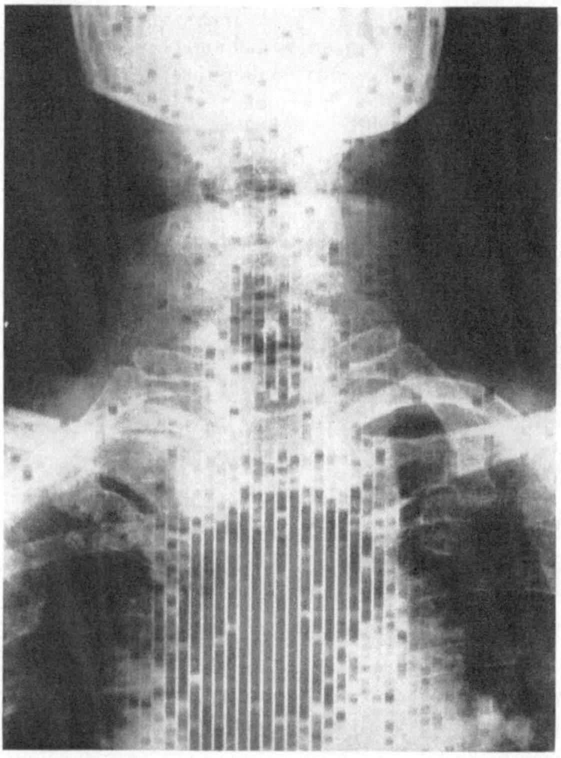

Abb. 25. Photoszintigramm 24 Stunden nach i. v. Injektion von 120 μCi 131-Jod.
In dem Bereich der Schilddrüse praelaryngeal findet sich eine etwa mandelgroße Aktivitätsanreicherung. Ein großer Schwärzungsbezirk liegt intrathorakal von etwa Handflächengröße mit relativ gleichmäßiger Aktivitätsverteilung

Kristallgröße 2″, konischer Kollimator, 6 mm, Abtastgeschwindigkeit 78 cm/min

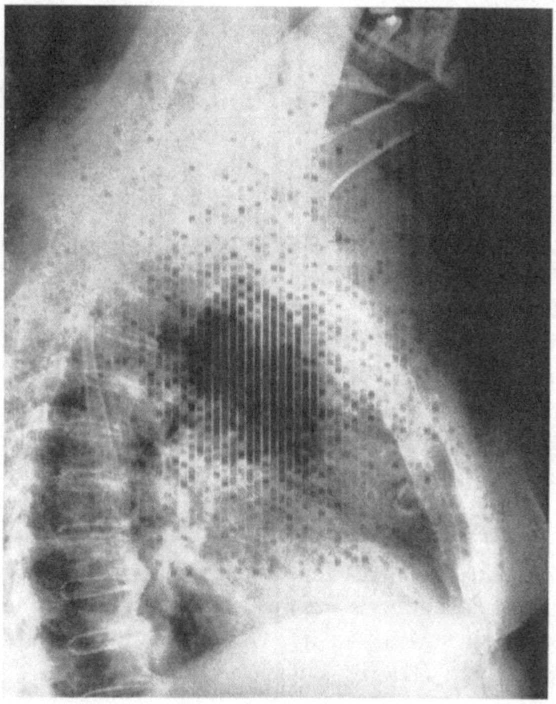

Abb. 26. Gleiche Patientin wie Abbildung 25. Gleiche technische Daten. Photoszintigramm in seitlicher Ebene läßt intrathorakal eine etwa kleinfaustgroße, relativ gleichmäßige Aktivitätsverteilung erkennen. Szintigraphische Diagnose: intrathorakale Struma

Klärung brachte, wurde eine Angiographie geplant. Da die Möglichkeit besteht, die Bluträume mit 131-Jod-Humanserumalbumin darzustellen, sollte die Diagnose Aortenaneurysma durch die Darstellung des verbreiterten Blutraumes in diesem Bereich, gesichert werden. Vor dieser Untersuchung wurden jedoch ein Radiojodtest und ein Szintigramm der Schilddrüse angefertigt.

Der Radiojodtest zeigte eine Jodspeicherung an der unteren Grenze der Norm. 2 Stunden 20%, 24 Stunden 40%, 48 Stunden 42%.

Der Kurvenverlauf zeigte keine Abweichung von der Norm. Serumjod nach 48 Stunden 0,1% der Dosis/Ltr.

Das Photoszintigramm der Schilddrüse **(Abb. 25)** läßt im Halsbereich lediglich in der Mittellinie einen kleinen, etwa walnußgroßen Schwärzungsbezirk erkennen. Eine massive, etwa faustgroße rundliche Schwärzung findet sich intrathorakal im Bereich der mediastinalen Verbreiterung.

Zur Lokalisation der intrathorakalen Struma wurde ein Photoszintigramm auch in seitlicher Ebene vorgenommen **(Abb. 26)**. Man erkennt an der Thoraxapertur ventral einen etwa kleinfaustgroßen Schwärzungsbezirk mit relativ gleichmäßiger Radiojodverteilung.

Differentialdiagnose: Ein Aortenaneurysma läßt sich durch den Nachweis jodspeichernder Gewebe ausschließen.

Diagnose: Im Zusammenhang mit der Anamnese und dem Radiojodtest lautet die Diagnose: kleinfaustgroße intrathorakale Struma an der oberen Thoraxapertur mit euthyreoter Funktion. Zustand nach Strumektomie im Halsbereich mit walnußgroßem, funktionsfähigem Schilddrüsenrest im Bereich des Schildknorpels.

Dieses Beispiel weist darauf hin, daß es zweckmäßig ist, bei ausgedehnten Strumen vor der Operation eine Radiojodlokalisation durchzuführen, damit eine Fehlbeurteilung der Größe und Ausdehnung der Struma ausgeschlossen wird. Bei Nachweis einer intrathorakalen Struma läßt sich bereits vor der Operation die Art des operativen Eingriffes planen.

Beispiel 3

57jähr. Pat., Atemnot und Beklemmungserscheinungen. Bei der Rö-Untersuchung der Thoraxorgane (**Abb. 27**) fand sich eine besonders nach rechts ausgedehnte polyzyklisch begrenzte, mehr als kindskopfgroße Verschattung im Bereich des vorderen Mediastinums. Der Röntgenbefund sprach in erster Linie aufgrund der polyzyklischen Begrenzung für einen malignen

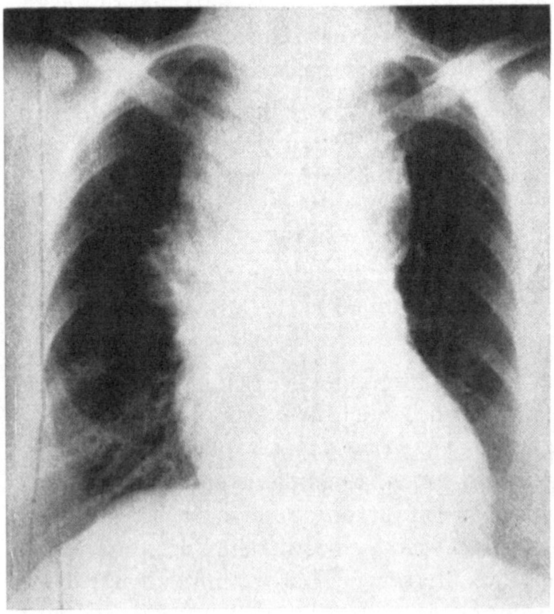

Abb. 27. Ausgedehnte polyzyklisch begrenzte Verschattung, die für einen Mediastinaltumor spricht

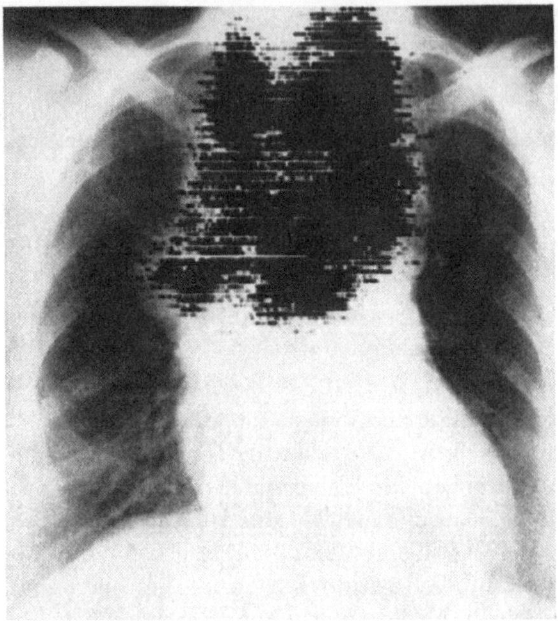

Abb. 28. Superposition von Szintigramm und Röntgenaufnahme. Photoszintigramm 24 Stunden nach oraler Gabe von 200 μCi 131-Jod. Das Photoszintigramm zeigt eine ausgedehnte, stellenweise inhomogene Radiojodspeicherung in der ganzen Ausdehnung der im Röntgenbild erkennbaren Verschattung

Kristallgröße 3 × 2″, konischer 19-Kanalkollimator, Abtastgeschwindigkeit 60 cm/min

Mediastinaltumor. Im Rahmen der klinischen Untersuchung wurde eine Radiojodstoffwechseluntersuchung mit Szintigraphie durchgeführt.

Der Radiojodtest ergab eine Radiojodaufnahme im oberen Normbereich. 2 Stunden = 34%, 24 Stunden = 59%, 48 Stunden = 65%. Gesamtserum-131-J 0,12% der Dosis/Ltr., proteingebundenes 131-J 0,10% Dosis/Ltr. (normal).

Das Photoszintigramm (Abb. 28) zeigt eine ausgedehnte, stellenweise inhomogene Radiojodspeicherung in der ganzen Ausdehnung der im Röntgenbild erkennbaren Verschattung.

Differentialdiagnose: Die nach dem klinischen und röntgenologischen Befund vermutete Diagnose eines malignen Mediastinaltumors läßt sich durch die Radiojodspeicherung ausschließen.

Diagnose: Ausgedehnte, zum größten Teil intrathorakal gelegene Struma mit stellenweise inhomogener Speicherung, die auf regressive Veränderungen in der Struma hinweisen.

Beispiel 4

59jähr. Pat., bei Schirmbilduntersuchung eine „Verschattung in der Lunge“ gefunden. Der

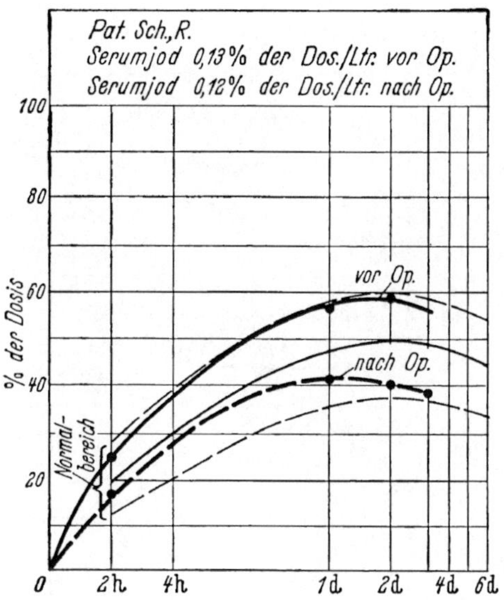

Patient hatte vorher bemerkt, daß die Venen an der Brustwand etwas hervortraten.

Lokalbefund: Über der oberen mittleren Thoraxapertur fand sich eine starke Venenzeichnung, z. T. traten die Venen geschlängelt hervor nach der Art eines beginnenden Caput Medusae. Die großen Halsvenen waren ebenfalls gestaut, jedoch bestand kein positiver Venenpuls. Das Gesicht des Patienten war ständig leicht gerötet. Im Halsbereich war eine Schwellung vorhanden mit z. T. teigiger, z. T. prall-elastischer Konsistenz, die sich beim Schlucken mitbewegte.

Die Rö-Aufnahme als Thoraxübersicht zeigte eine doppelt faustgroße Verschattung im Mediastinum. Es wurde an eine substernal entwickelte Struma, jedoch auch differentialdiagnostisch an ein Lymphosarkom oder Thymom gedacht. Trachea deutlich nach rechts verdrängt.

Der Radiojodtest (Abb. 29) ergab eine Jodspeicherungsverlaufkurve im Bereich der Norm. 2 Stunden = 20%, 24 Stunden = 52%, 48 Stunden = 53%. Serumjodwert (48 Stunden) 0,13% der Dosis/Ltr.

Das Photoszintigramm (Abb. 30) läßt eine deutlich vergrößerte, schmetterlingsförmige Schwärzung im Bereich der oberen Thoraxapertur erkennen, die sich nur in geringem Maße nach kaudal fortsetzt.

Differentialdiagnose: Die geringere Jodspeicherung im Bereich der retrosternalen Anteile der Verschattung gab den Hinweis, daß es sich hier um einen weniger funktionstüchtigen Schilddrüsenbezirk im Mediastinum handeln könne. Da jedoch stärker jodspeichernde Anteile im mediastinalen Verschattungsbezirk fehlen, ist mit Hilfe des Szintigramms ein Lymphosarkom oder Thymom differentialdiagnostisch nicht sicher auszuschließen.

Diagnose: Hyperplasie der Schilddrüse, die z. T. in den Retrosternalraum reicht. Verdacht auf große Strumazyste im Bereich des Mediastinums. Ein benigner oder auch maligner Mediastinaltumor läßt sich nicht ausschließen.

Die Indikation für die Operation war durch die Stauungs- und Verdrängungserscheinungen gegeben.

Nach Sternumspaltung bis zur 5. Rippe konnte ein kleinfaustgroßer abgekapselter Knoten subkapsulär ausgeschält werden und nach Unterbindung der kranial zuführenden Gefäße hervorluxiert und abgetragen werden. Ein ungefähr

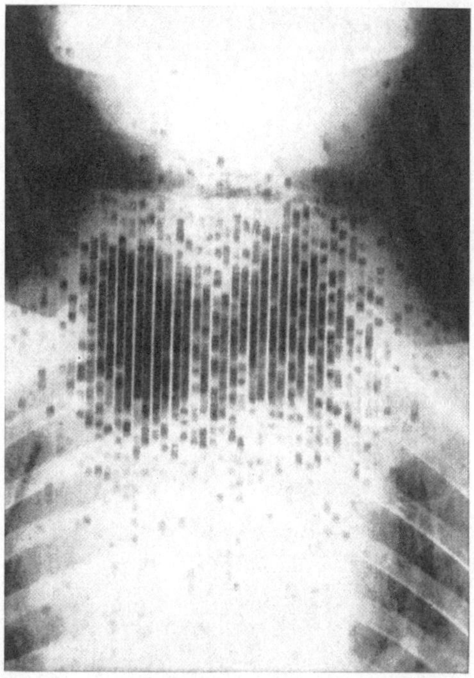

Abb. 30. Photoszintigramm 24 Stunden nach i. v. Injektion von 160 μCi 131 Jod.
Es findet sich eine große, schmetterlingsförmige Schilddrüse, die zum Teil retrosternal liegt. In dem Bereich des mediastinalen Tumors findet sich nur eine leicht angedeutete Fortsetzung der Radiojodspeicherung kaudal

1″ Kristall, konischer Kollimator, 6 mm, Abtastgeschwindigkeit 78 cm/min

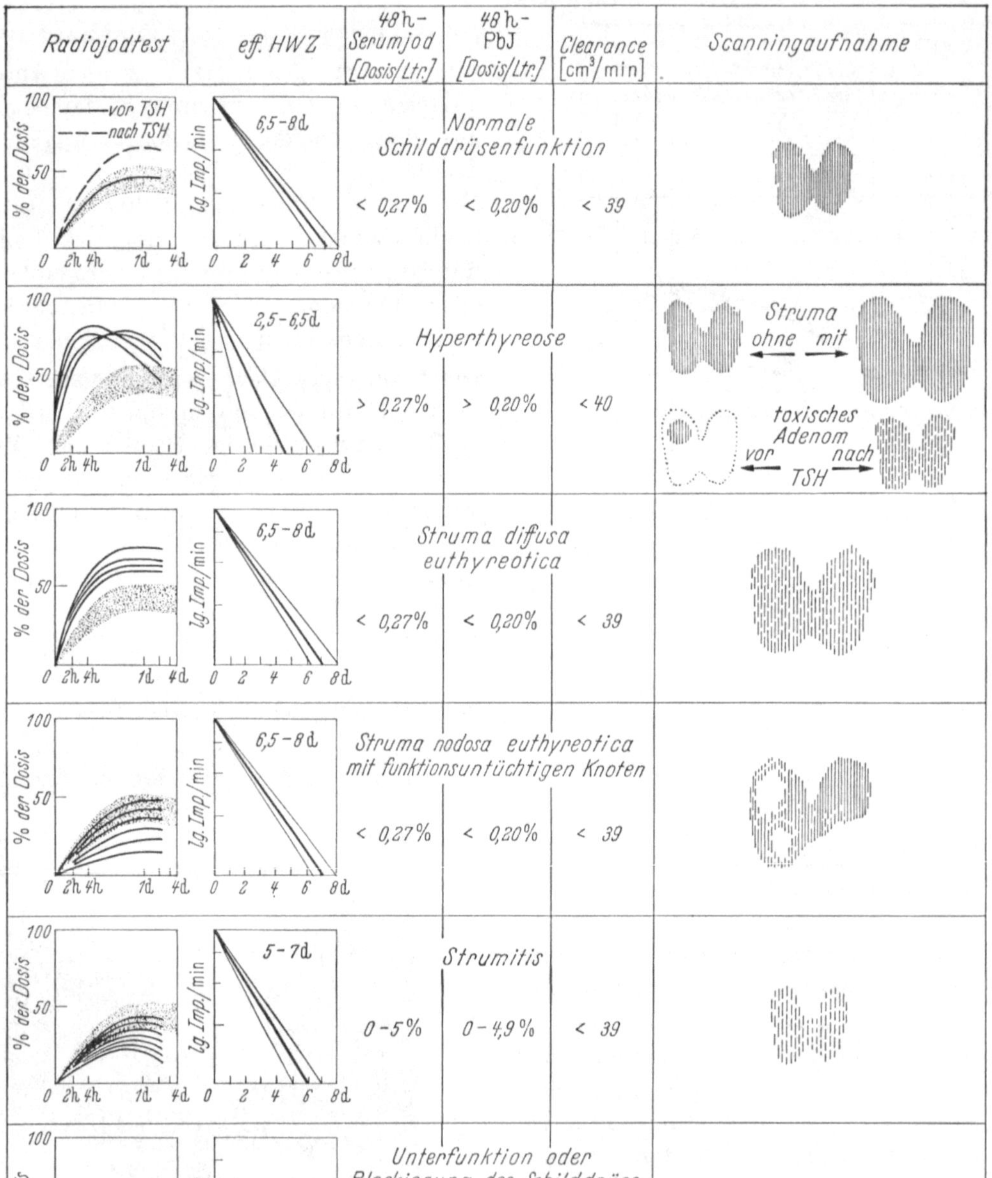

Abb. 31. Hier wird die Gegenüberstellung aller Befunde — Radiojodtest, effektive Halbwertzeit 48 Stunden, 131-Jod-Serumjod 48 Stunden, PBJ und Szintigramm gezeigt. Aus diesem Schema sind die für die Diagnosestellung wichtigen Befunde bei den verschiedenen Erkrankungen zusammengestellt.

Aus der Abbildung lassen sich die für die Struma diffusa euthyreotica wichtigen Daten der einzelnen Untersuchungsergebnisse ablesen

pflaumengroßer Anteil der Restschilddrüse wurde zur Erhaltung der Schilddrüsenfunktion belassen (Heim (54)).
Histologisch fand sich in dem exstirpierten Anteil eine Struma kolloides nodosa.
Die Nachuntersuchung mittels Radiojodtest zeigte, daß die normale Schilddrüsenfunktion durch den suprasternal gelegenen Anteil der normalen Schilddrüse erhalten geblieben war.

4.5.2.3. Das Szintigramm der krankhaft veränderten Schilddrüse

Die Klassifikation der Norm-abweichenden Befunde nach Form, Größe und Lage der Schilddrüse und in bezug auf die Speicherung und Verteilung der Radioaktivität im Schilddrüsenparenchym (S. 24) fördert die Bildanalyse und begünstigt eine objektive Beurteilung des Szintigrammes. Sehr häufig sind jedoch diese normabweichenden Befunde **zusammen** vorhanden. Eine Differenzierung, speziell die Zuordnung zu einem patho-morphologischen oder patho-physiologischen Geschehen gelingt nicht sicher oder zwingend. Es werden deshalb unter dem als Überschrift genannten Sammelbegriff die verschiedenen Krankheitszustände der Schilddrüse abgehandelt, und zwar werden sie charakterisiert und mit Szintigramm-Befunden gezeigt **(Abb. 31)**.

4.5.2.3.1. Struma diffusa euthyreotica

Diagnostische Merkmale: Szintigraphisch vergrößerte Schilddrüse mit gleichmäßiger 131-Jod-Verteilung, Radiojodaufnahme erhöht, jedoch ohne beschleunigte Ausscheidung, HWZ normal, Serumjod- und Proteinjodwerte normal.

Bei der euthyreoten Struma, gewöhnlich Kropf genannt, findet sich stets eine Vergrößerung der Schilddrüse mit relativ gleichmäßiger 131-Jod-Aufnahme im Szintigramm. Die Ursache ist häufig ein Jodmangelzustand, der besonders im Entwicklungsalter zu Folgen führt. Die Entwicklung der juvenilen Struma beginnt mit der Zeit der Menarche bzw. Pubertät. Die Vergrößerung bleibt bei sporadischem Vorkommen meistens diffuser Art, während sie in Endemiegebieten in ein knotiges Stadium überzugehen pflegt.
Bei der Struma diffusa euthyreotica ist häufig eine allgemeine vegetative Übererregbarkeit vorhanden, jedoch zeigt das Schilddrüsenparenchym immer eine normale, von der Hypophyse steuerbare Funktion.

Der Radiojodtest. Ein typisches Merkmal der euthyreoten Struma gegenüber der Struma hyperthyreotica zeigt sich bei der summarischen Messung der Jodaufnahme. Im Meßbereich zwischen 24 Stunden und 48 Stunden steigt die 131-J-Speicherung je nach der Hyperplasie bis weit über die Norm an, jedoch findet sich in keinem Falle eine beschleunigte Jodausscheidung wie bei einer Hyperthyreose **(Abb. 31)**.

Die effektive Halbwertzeit. Die geringe Jodabgabe der Schilddrüse bei der euthyreoten Struma nach 24 Stunden läßt sich differentialdiagnostisch durch die Messung der effektiven Halbwertzeit über einen Zeitabchnitt von 1—4 Tagen (mindestens 3 Messungen) relativ sicher erfassen. Die effektive Halbwertzeit beträgt 6—8 Tage. Dagegen ist bei der mittelschweren Hyperthyreose im allgemeinen eine effektive HWZ von 2—5 Tagen vorhanden. Die diagnostische Sicherheit ist so groß, daß diese Messung an die Stelle der 131-J-Serum- und Proteinjodbestimmung treten kann.

Die 131-Jod-Serum- und Serum-Proteinjodwerte. Neben der effektiven Halbwertszeit ist der prozentuale Anteil des proteingebundenen Radiojods im Serum mit einer diagnostischen Sicherheit von 95% verwertbar. Liegt der Anteil des proteingebundenen Radiojods nach 48 Stunden unter 0,2% Dosis/Ltr., so handelt es sich um eine euthyreote Struma. Eine Hyperthyreose ist im allgemeinen durch weit höhere Serumjodwerte gekennzeichnet.

Anmerkung: Euthyreote Strumen lassen sich im Tierexperiment durch jodarme Ernährung erzeugen und sind durch Jodzufuhr zu beheben. Der Jodmangel bedingt eine ungenügende Thyroxinsynthese und damit einen Thyroxinmangel. Dieser führt über die gesteigerte TSH-Ausscheidung zur Schilddrüsenhyperplasie. Von Ausnahmen abgesehen, tritt der Kropf vorwiegend in Gebieten auf, deren durchschnittliche Jodzufuhr unter 50 Gamma/Tag liegt.

Das Szintigramm der Struma diffusa euthyreotica zeigt eine gute Übereinstimmung mit dem Tastbefund der vergrößerten Schilddrüse. In dem gesamten Schilddrüsenbereich findet sich eine relativ gleichmäßige 131-Jod-Verteilung.

Differentialdiagnose: Die Struma diffusa euthyreotica ist gegen eine Knotenstruma mit funktionsuntüchtigen Bezirken abzugrenzen. Es ist daher erforderlich, sich durch Palpation davon zu überzeugen, daß alle tastbaren Schilddrüsenanteile auch im Szintigramm eine Radiojodspeicherung zeigen.

Beispiel 1

16jähr. Pat., seit 3 Jahren zunehmende Vergrößerung des Halsumfanges, in letzter Zeit verbunden mit Schluckbeschwerden und Atemnot. **Lokalbefund: (Abb. 32).** Es fand sich eine doppeltfaustgroße Verdickung im Halsbereich. Die

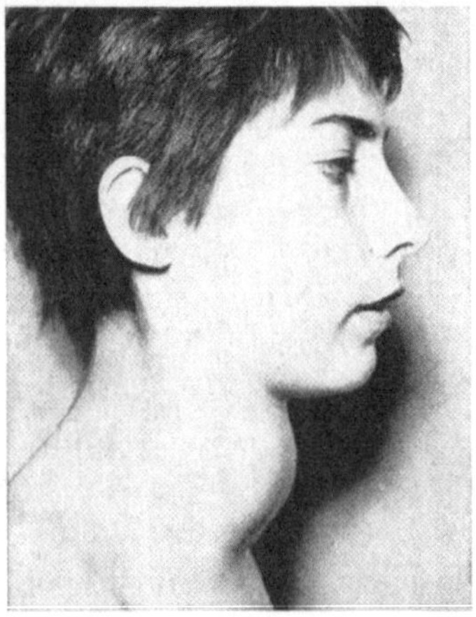

Abb. 32. 16jähr. Pat. mit einer doppeltfaustgroßen Struma

Struma war von teigiger Konsistenz und bewegte sich beim Schlucken mit.

Die Röntgenbefunde sprachen für eine suprasternale Struma ohne wesentliche Einengung oder Verdrängungserscheinungen von Oesophagus und Trachea. Grundumsatz + 10%.

Der Radiojodtest (Abb. 33) zeigte eine wesentlich gesteigerte Jodaufnahme mit Ausbildung eines Kurvenplateaus als Zeichen der normalen Funktion des vermehrten Schilddrüsenparenchyms.

Das Szintigramm (Abb. 34) läßt in dem gesamten Bereich der tastbaren vergrößerten Struma eine relativ gleichmäßige Jodverteilung erkennen.

Der 131-Jod-Serumjodwert nach 48 Stunden lag ebenfalls im Bereich der Norm. Er betrug 0,06% der Dosis/Ltr.

Differentialdiagnose: Eine Struma nodosa scheidet aus, da eine relativ gleichmäßige Jodverteilung ohne Speicherdefekte vorhanden ist. Die Struma hyperthyreotica ist durch Radiojodtest und den 131-Jod-Serumwert ausgeschlossen.

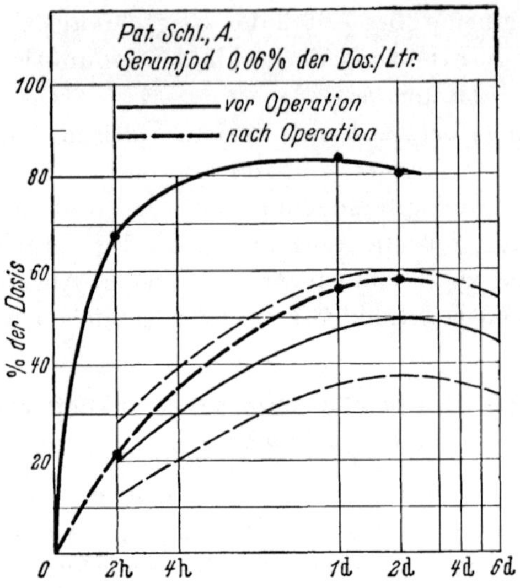

Abb. 33. Radiojodtest der Pat. von Abbildung 32 vor und nach Operation. Das Plateau nach 1 und 2 Tagen zeigt neben dem normalen Serumwert die euthyreote Funktion an. Nach Operation (gestrichelte Linie) Schilddrüsenfunktion im Bereich der Norm

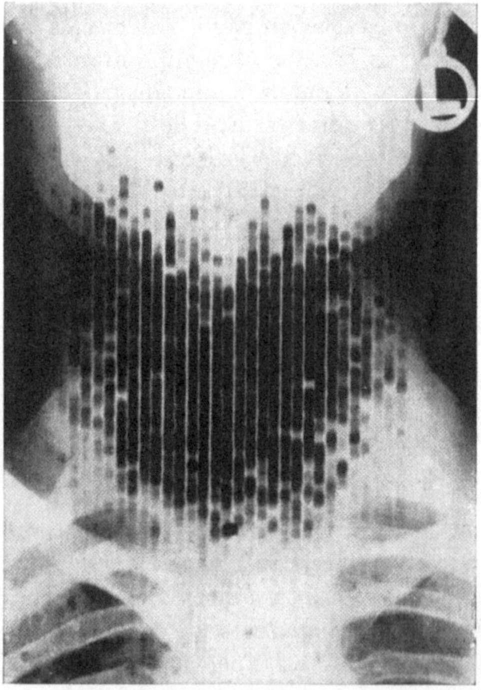

Abb. 34. Photoszintigramm der Pat. wie Abbildung 32 — 24 Stunden nach 95 μCi 131-Jod. Es findet sich eine relativ gleichmäßige Schwärzung in dem gesamten tastbaren Strumabereich. Speicherdefekte sind nicht nachweisbar.

Szintigraphische Diagnose: Struma diffusa im Zusammenhang mit dem Radiojodtest als euthyreot anzusehen. Die Diagnose wurde operativ bestätigt (Abb. 35)

Zylinderkollimator 6 mm ⌀, Abtastgeschwindigkeit 78 cm/min

Diagnose: Es handelt sich unter Berücksichtigung der Jodstoffwechseluntersuchung um eine Struma diffusa euthyreotica.

Wegen der zunehmenden mechanischen Beklemmungserscheinungen und Beschwerden war die Indikation zur Operation gegeben.

Befund: Bei der Operation fand sich eine Struma, deren Größe dem Photoszintigramm entsprach (**Abb. 35**). Aufgrund der szintigraphischen Diagnose einer Struma diffusa mit normaler Funktion des Schilddrüsenparenchyms wurde eine $^4/_5$-Resektion in der Weise durchgeführt, daß von beiden Schilddrüsenlappen ein Rest im Bereich der hinteren Schilddrüsenbezirke belassen wurde, der in der Größe einer **normalen Schilddrüse** entsprach (**Abb. 36**). Drei Wochen nach der Operation wurde eine Kontrolluntersuchung durchgeführt. Die prozentuale Radiojodspeicherung (Abb. 31 — gestrichelte Linie) liegt im Bereich der Norm. **Das Photoszintigramm (Abb. 37)** gibt einen Eindruck von dem Schilddrüsenrest, der einer normalen Schilddrüse entspricht. Auch 5 Jahre nach der Operation zeigte sich ein optimales Ergebnis. Durch Verordnung kleiner Mengen von anorganischem Jod konnte ein Rezidiv verhindert werden.

Anmerkung: Nicht in jedem Falle ist bei den juvenilen Strumen die Indikation zur Operation gegeben. Wenn keine Kompressionserscheinungen vorhanden sind, sollten die Patienten regelmäßig täglich 0,05 bis 0,2 Gramm Thyreoidea sicca je nach Kropfgröße und Körpergewicht erhalten. In vielen Fällen können sich auch etwas größere Strumen unter dieser Medikation zurückbilden. Da die Operation die Ursache der Struma nicht beseitigt, kann es zu Rezidiven kommen, wenn eine Jodsubstitution in Form von anorganischem oder organischem Jod nicht erfolgt. In reinen Endemiegebieten reicht meist

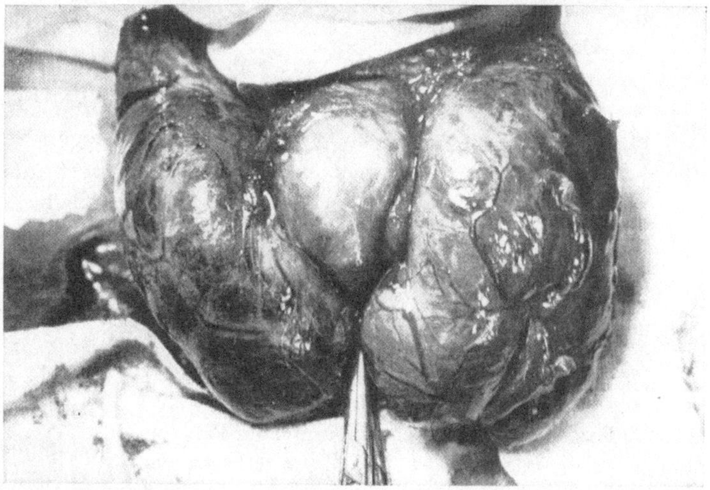

Abb. 35.
Operationsphoto der Pat. von Abbildung 32 bis 34. Deutliche Übereinstimmung in Form und Größe der Struma mit der Darstellung im Photoszintigramm (Heim (54))

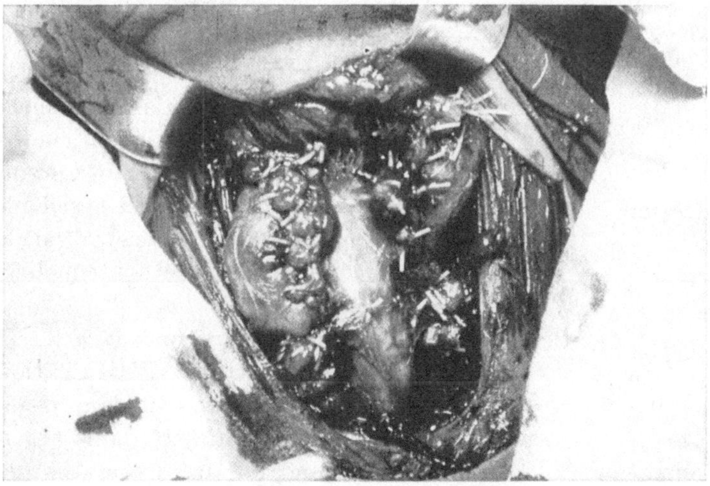

Abb. 36.
Operationsphoto nach $^4/_5$-Resektion der Struma. Der Schilddrüsenrest von etwa 30 g entspricht einer normalen Schilddrüse

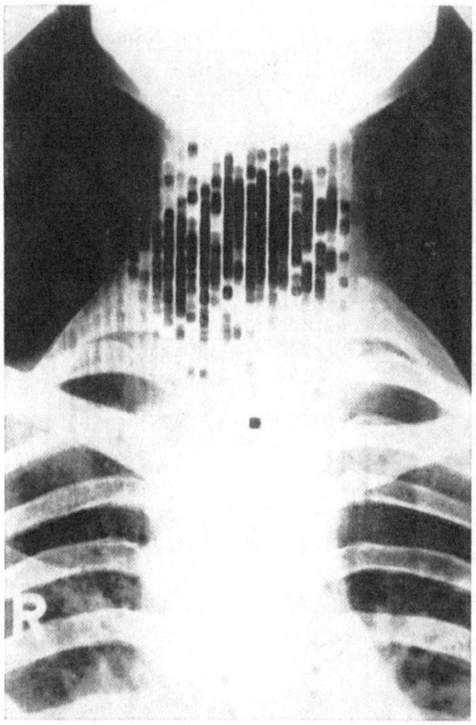

Abb. 37. Postoperatives Photoszintigramm der Pat. von Abbildung 30—34. 24 Stunden nach oraler Gabe von 50 μCi 131-Jod. Form und Größe des Schilddrüsenrestes entsprechen einer normalen Schilddrüse. Die Schilddrüsenfunktion nach der Operation (Abb. 33 — gestrichelte Linie) zeigt die Jodspeicherwerte im Bereich der Norm

1''-Kristall, konischer Kollimator mit 6 mm ⌀, Abtastgeschwindigkeit 78 cm/min

die Zufuhr von anorganischem Jod zur Rezidivprophylaxe aus.

4.5.2.3.2. Struma nodosa euthyreotica

Diagnostische Merkmale: Szintigraphisch vergrößerte Schilddrüse mit Speicherdefekten. Radiojodspeicherung je nach Größe des funktionstüchtigen Bezirkes normal oder erhöht (s. Schema Abb. 31).

Die inhomogene Speicherung von Radiojod im Szintigramm kann durch unterschiedlich große und durch eine verschiedene Anzahl von Speicherdefekten hervorgerufen sein. Im histologischen Bild sind meistens mit Kolloid gefüllte Zysten vorhanden.

Klinischer Befund: Im Schilddrüsenbereich tastbare einzelne oder mehrere Knoten, die sich beim Schlucken mitbewegen. Sie können derb sein, sind jedoch häufig von weicher bzw. prallelastischer Konsistenz.

Die Radiojodstoffwechseluntersuchung zeigt prozentuale Speicherwerte, die im allgemeinen im Bereich der Norm liegen. Je nach Größe des Kropfes und dem Anteil der funktionsfähigen Parenchymanteile kann die Jodspeicherung jedoch auch über der Norm liegen. Ist es nicht zu einer Hyperplasie der funktionsfähigen Schilddrüsenparenchymanteile gekommen, kann bei einer Struma nodosa mit funktionsuntüchtigen Knoten der summarische Meßwert der Jodspeicherung auch unterhalb der Norm liegen.

Die effektive Halbwertzeit liegt immer über 6 Tage, meist beträgt sie 7—8 Tage, da die Funktion euthyreot ist.

Die 131-Jod-Serum- und Serumproteinwerte liegen im Bereich der Norm. 48-Stunden-Serumwert unter 0,27% Dosis/Ltr. 48-Stunden-Protein-131-Jod-Wert unter 0,2% Dosis/Ltr.

Das Szintigramm kann in einigen knotigen Bereichen Speicherdefekte aufweisen. Relativ häufig finden sich jedoch neben völlig funktionslosen Knoten auch Aktivitätsanreicherungen, die als sog. warme Knoten bezeichnet werden.

Differentialdiagnose: In erster Linie sind solitäre jodspeichernde Knoten der Struma verdächtig auf Schilddrüsenadenome. Diese Adenomknoten lassen sich differentialdiagnostisch mit Hilfe des Szintigramms durch 2 Methoden nachweisen oder ausschließen.

1. Anfertigung eines zweiten Szintigramms nach 4 Tagen. Zeigen sich in den stark jodspeichernden Knoten gegenüber dem 1. Szintigramm Speicherdefekte, ist damit durch die beschleunigte Jodausscheidung der Beweis erbracht, daß es sich um Adenome mit erhöhtem Jodumsatz handelt. **(Abb. 64).**
2. Wiederholung des Szintigramms nach TSH-Injektion. Findet sich nach der TSH-Injektion eine vermehrte Anreicherung in den bisher nicht jodspeichernden Bezirken, dann liegen Adenome mit autonomer Hormonproduktion vor, die die normalen Schilddrüsenanteile über die Hypophyse in der Funktion ruhiggestellt haben.

Die Struma nodosa euthyreotica kann uni- oder multilokulär auftreten. Besonders bei der unilokulären Form muß differential-diagnostisch ein maligner Prozeß in Erwägung gezogen werden. Die Häufigkeit der Schilddrüsen-Karzinome bei unilokulären funktionsuntüchtigen Knoten (auch kalte Knoten genannt — HORST (22, 23)) zeigt nach den Statistiken der betreffenden Untersucher beachtliche Unterschiede. Die wechselnde

Zusammensetzung des Krankengutes der einzelnen Kliniken kann dafür ein Grund sein. Eine andere Ursache ist die szintigraphische Technik, die eine Abgrenzung kleinerer funktionsuntüchtiger Knoten nicht immer gestattet. Bei Patienten im Alter unter 35 Jahren fand sich in kalten Knoten ein vermehrtes Auftreten maligner Veränderungen in etwa 38% gegenüber 19% bei Patienten über 35 Jahren (HORST, THIEMANN, PETERSEN und ZUKSCHWERT (24)). BEAHRS und JUDD (25) geben 0,9% an.

Zur Vermeidung von Irrtümern muß hervorgehoben werden, daß nicht die Zahl der Schilddrüsenmalignome zugenommen hat, sondern daß die Gruppe der Struma nodosa mit funktionsuntüchtigen Knoten, die mit Hilfe der Szintigraphie festgestellt werden können, in diesem hohen Prozentsatz maligne Umwandlungen zeigen.

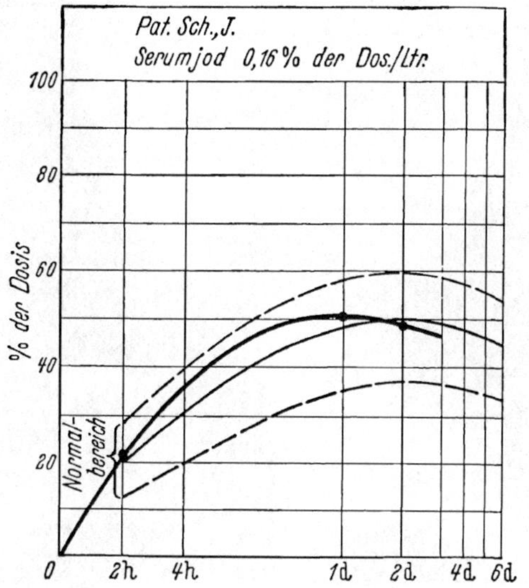

Abb. 39. Prozentuale Speicherung der Schilddrüse der Patientin von Abb. 38. Die Radiojodspeicherung und auch der Serumjodwert liegen im Bereich der Norm

Beispiel 1

18jähr. Pat. Hals in den letzten 2—3 Jahren etwas stärker geworden und besonders in den letzten Monaten Schwellung an der rechten Halsseite vergrößert.

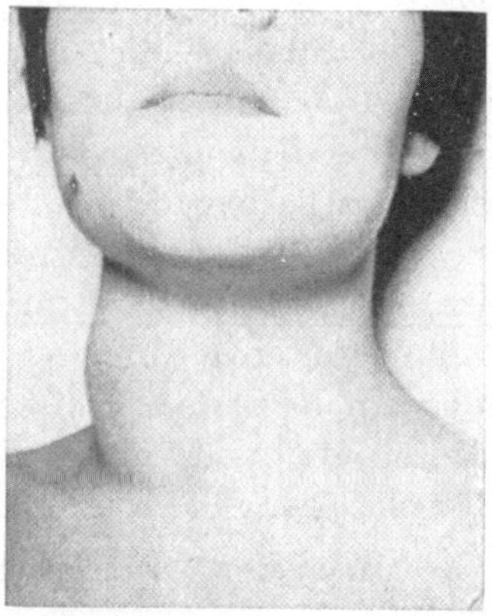

Abb. 38. 18jährige Patientin mit einem apfelsinengroßen Knoten an der rechten Halsseite als juvenile Struma gedeutet

Lokalbefund: Etwa apfelsinengroße, deutlich tastbare Schwellung an der rechten Halsseite (**Abb. 38**).

Die Pat. wurde mit der Verdachtsdiagnose juvenile Struma zur Radiojodstoffwechseluntersuchung überwiesen. Grundumsatz + 12%.

Radiojodtest (Abb. 39): 131-Jod-Speicherung nach 2 Stunden = 21,9%, 24 Stunden = 50%, 48 Stunden = 47,4%. Gesamtserumjod 0,16% der Dosis/Ltr. (normal).

Das Szintigramm (Abb. 40) ergibt eine fehlende Radiojodspeicherung in dem tastbaren Schilddrüsenknoten rechts, während links die Jodaufnahme in Form und Größe einem normalen Schilddrüsenlappen entspricht.

Differentialdiagnose: Die normalen Jodaufnahmewerte sprechen bei der Größe der Schilddrüse gegen eine Struma diffusa, da bei gleichmäßiger Speicherung der tastbaren Schilddrüsenanteile regelmäßig auch eine Erhöhung der prozentualen summarischen Jodspeicherung in Erscheinung tritt. Aufgrund des Photoszintigramms kann die Aussage gemacht werden, daß der sicht- und tastbare Knoten nicht aus normalem funktionstüchtigem Parenchym besteht. Auch ein Schilddrüsenadenom läßt sich ausschließen, da in diesem Falle eine vermehrte Jodanreicherung in dem Schilddrüsenknoten vorhanden wäre.

Als Ergebnis dieser szintigraphischen Untersuchung kommen entsprechend der Häufigkeit in Betracht:

1. Schilddrüsenzyste,
2. Malignom,
3. Thyreoiditis,
4. Abszeß.

Eine Thyreoiditis läßt sich mit großer Wahrscheinlichkeit ausschließen, da diese Erkrankung nicht so lokalisiert auftritt. Gegen einen Abszeß im Bereich der Schilddrüse spricht das Fehlen der klinischen Befunde wie Entzündung und

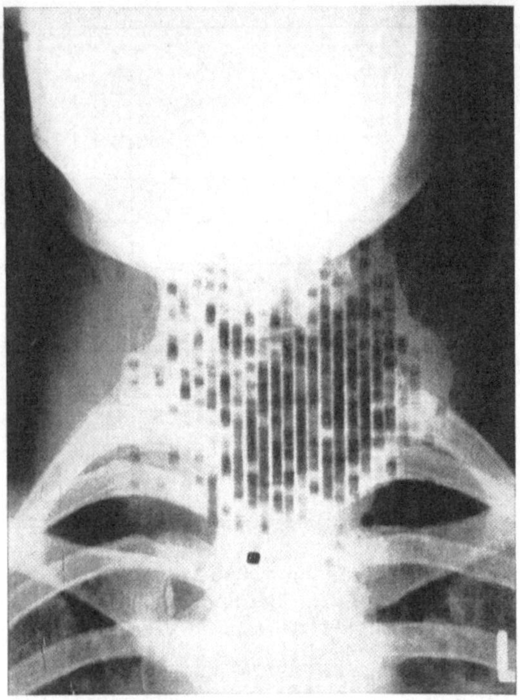

Abb. 40. Photoszintigramm der Pat. Abbildung 38 — 24 Stunden nach oraler Applikation von 75 μCi 131-Jod. Fehlende Schwärzung im rechten vergrößerten Schilddrüsenknoten, linker Schilddrüsenlappen normal groß. Szintigraphische Diagnose: 131-Jod-Speicherdefekt in dem tastbaren Knoten an der rechten Halsseite
Operativ gesicherte Diagnose: Apfelsinengroße Kolloidzyste im rechten Schilddrüsenlappen (HEIM (54))
Zylinderkollimator 6 mm ⌀, Kristallgröße1 × 1″, Abtastgeschwindigkeit 78 cm/min

Schmerzhaftigkeit. Es bleibt also zu klären, ob es sich um eine Schilddrüsenzyste oder um ein Malignom handelt. Bei den solitären Kropfknoten im Jugendalter finden sich seltener maligne Entartungen als im Erwachsenenalter. Diese Tumorform entspricht dann am ehesten einem papillären Adeno-Karzinom. Bei einem Schilddrüsen-Karzinom von dieser Größe mit Beeinträchtigung des funktionsfähigen Schilddrüsenparenchyms kommt es häufig zu einer Erhöhung der Serumjodwerte, da die Hypophyse durch den Mangel an Hormonjod das restliche Schilddrüsenparenchym auf äußerste Funktion stellt. Der in diesem Fall gefundene normale Serumjodwert von 0,16% der Dosis/Ltr. würde also gegen das Vorliegen eines Schilddrüsen-Karzinoms sprechen. Es muß jedoch betont werden, daß die Erhöhung der Serumjodwerte bei einem Schilddrüsen-Karzinom nicht in jedem Falle vorhanden sein muß, so daß dieser Verdacht durch weitere Untersuchungen ausgeschlossen werden muß.

Diagnose: Funktionsuntüchtiger Knoten an der rechten Halsseite, der in Zusammenhang mit dem Radiojodtest als Schilddrüsenzyste anzusehen ist. Ein Malignom läßt sich nicht ausschließen. Die histologische Sicherung der Diagnose sollte daher angestrebt werden.

Anmerkung: Bei den schnell wachsenden, nicht jodspeichernden Knoten im Bereich der Schilddrüse sollte eine histologische Sicherung erfolgen. In diesem Falle war die Indikation zur Operation auch durch die Größenzunahme gegeben. Abgesehen von der Indikation zur Operation gibt das Szintigramm wertvolle Hinweise für die Durchführung der Operation. Da das funktionsfähige Schilddrüsenparenchym im Bereich des linken Schilddrüsenlappens zur Erhaltung der normalen Funktion gerade ausreicht, kommt es in diesem Falle darauf an, ausschließlich den funktionsuntüchtigen Knoten an der rechten Halsseite zu exstirpieren. Die genaue Abgrenzung des funktionstüchtigen Schilddrüsengewebes mit Hilfe der Szintigraphie ermöglicht hier die so wichtige Erhaltung der Schilddrüsenfunktion, die gerade bei den jugendlichen Patienten im Wachstum von besonderer Bedeutung ist.

Ohne szintigraphische Untersuchungen hätte man die Patientin wahrscheinlich aufgrund der Verdachtsdiagnose juvenile Struma längere Zeit vergeblich mit Schilddrüsenhormon behandelt.

Ergebnis: Die Exstirpation des Knotens wurde durchgeführt. Die histologische Untersuchung ergab eine Struma cystica und bestätigte damit die in der Radiojoduntersuchung und im Szintigramm erhobenen Befunde. Der Operationserfolg war durch die vollständige Erhaltung des funktionstüchtigen Schilddrüsenlappens, wie durch die Nachuntersuchung festgestellt werden konnte, optimal.

Beispiel 2

30jähr. Pat., bemerkte seit einigen Monaten eine zunehmende Verdickung an der linken Halsseite. Wegen Druckgefühls und leichter Schluckbeschwerden suchte sie den Arzt auf.

Lokalbefund: Im Bereich der Schilddrüse tastet man einen etwa kleinapfelsinengroßen, prallelastischen Tumor, der sich beim Schlucken mitbewegt.

Bei der Röntgenuntersuchung waren Trachea und Ösophagus frei von Verdrängungs- und Ein-

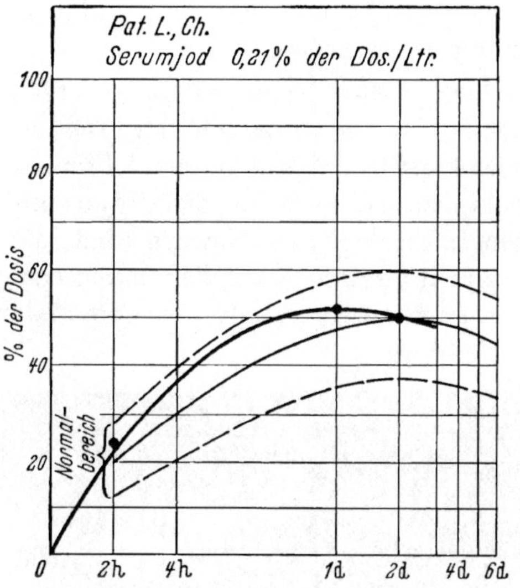

Abb. 41. Radiojodtest einer 30jähr. Pat. — Schilddrüsenfunktion im Bereich der Norm

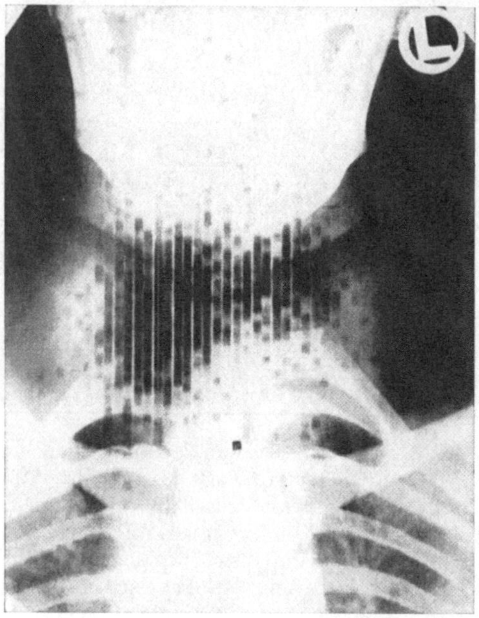

Abb. 42. Photoszintigramm der Pat. Abbildung 41 — der tomatengroße solitäre Strumaknoten an der linken Halsseite zeigt keine Jodspeicherung. — 24 Stunden nach i. v.-Injektion von 50 μCi 131-Jod.

Im Bereich des rechten Schilddrüsenlappens findet sich eine homogene Schwärzung. Links dagegen findet sich nur im kranialen Bereich ein fünfmarkstückgroßer Schwärzungsbezirk, während der darunter liegende tastbare Knoten keine 131-Jod-Aufnahme zeigt.

Szintigraphische Diagnose: Funktionsuntüchtiger Knoten im Bereich des linken Schilddrüsenlappens. Operativ gesicherter zystisch kolloidal umgewandelter Schilddrüsenknoten (Abb. 43)

6 mm-Zylinderkollimator, Kristallgröße 1 × 1″, Abtastgeschwindigkeit 78 cm/min

engungserscheinungen; der Grundumsatz betrug +30%.

Der Radiojodtest (Abb. 41) zeigt gegenüber dem Grundumsatz eine Radiojodspeicherung im Bereich der Norm. Serumjod 0,21% der Dosis/Ltr. (Normalbereich).

Das Photoszintigramm (Abb. 42) läßt im Bereich des tastbaren Schilddrüsenknotens an der linken Halsseite einen deutlichen Speicherungsdefekt erkennen. Etwas oberhalb des nicht speichernden Knotens findet sich eine geringe Aktivitätsanreicherung, die der Radiojodspeicherung im reduzierten Schilddrüsenlappen entspricht.

Differentialdiagnose: Es handelt sich auch hier, wie in dem 1. Beispiel, um einen funktionsuntüchtigen Schilddrüsenknoten. Durch den Speicherdefekt läßt sich eine Struma diffusa und ein Adenom im Bereich der Schilddrüse ausschließen. Eine Thyreoiditis läßt sich auch durch den Radiojodtest ausschließen.

Aufgrund des klinischen Befundes ist auch eine Abszeßbildung auszuschließen. Hinweise für ein Malignom sind ebenfalls nicht vorhanden, da erhöhte Serumjod- und Proteinjodwerte fehlen.

Diagnose: Speicherdefekt im Bereich des knotenförmig vergrößerten linken Schilddrüsenlappens. Nach den vorliegenden Befunden muß eine Struma nodosa cystica angenommen werden. Ein Malignom läßt sich nicht ausschließen.

Anmerkung: Bei der Feststellung eines funktionsuntüchtigen Knotens im Bereich der Schilddrüse ist wie im 1. Beispiel die Indikation zur Operation gegeben. Weder eine interne Therapie noch eine Radiojodbehandlung können diese Knoten beseitigen. Liegt der Radiojodtest, d. h. die prozentuale Radiojodaufnahme der Schilddrüse im Bereich der Norm, so ergibt sich auch hier der Hinweis, ausschließlich den funktionsuntüchtigen Knoten zu exstirpieren, lediglich bei einer Jodspeicherung oberhalb der Norm empfiehlt es sich, neben dem funktionsuntüchtigen Knoten noch einen Teil des funktionsfähigen Schilddrüsenparenchyms zu entfernen. Bei Nachweis eines malignen Tumors durch histologische Schnellschnittdiagnose während der Operation, muß dagegen eine radikale Strumektomie erfolgen (s. Schilddrüsen-Karzinom). Es handelte sich hier um eine Struma euthyreotica nodosa et cystica (**Abb. 43**).

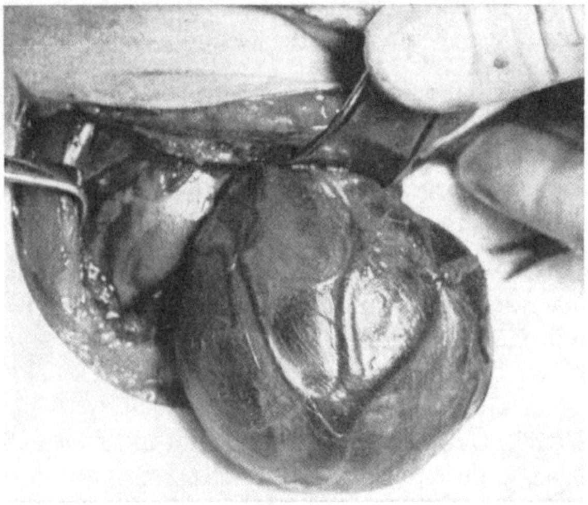

Abb. 43. Operationsphoto zum Szintigramm Abbildung 42 — der rechte Schilddrüsenlappen erwies sich als normal, links war nur am kranialen Pol ein kleiner Rest normalen Schilddrüsenparenchyms. Der zystische Knoten ist hervorluxiert (HEIM (23))

Beispiel 3

35jähr. Pat. bemerkte seit einigen Jahren eine allmähliche Vergrößerung eines Knotens an der rechten Halsseite, der mit Hilfe der Szintigraphie schon vor 5 Jahren als funktionsuntüchtiger Knoten lokalisiert wurde.

Lokalbefund: Im Bereich des rechten Schilddrüsenlappens tastet man einen apfelsinengroßen prall-elastischen Tumor, der sich beim Schlucken mitbewegt. Die Rö-Untersuchung zeigte eine leichte Verdrängung von Ösophagus und Trachea nach links.

Radiojodtest: prozentuale Radiojodspeicherung im Bereich der Norm. 2 Stunden 25%, 24 Stunden 40%, 48 Stunden 47%, Serumjod 0,2% Dosis/Ltr.

Das Gamma-Kamera-Szintigramm (Abb. 44) 24 Stunden nach oraler Verabreichung von 50 μCi 31-Jod zeigt im Bereich des rechten Schilddrüsenlappens, in dem der Knoten deutlich sichtbar und tastbar ist, keine 131-Jod-Aufnahme.

Differentialdiagnose: Entsprechend der Wahrscheinlichkeit kommt hier in erster Linie eine Zyste in Betracht, bei dem relativ langsamen Wachstum über 5 Jahre ist ein Malignom nicht wahrscheinlich, obwohl es sich nicht ausschließen läßt.

Diagnose: Apfelsinengroßer funktionsuntüchtiger Knoten im Bereich des rechten Schilddrüsenlappens. Strumazyste. Ein Malignom läßt sich nicht ausschließen.

Anmerkung: Die Diagnosestellung ergab die Indikation für die Operation. Es fand sich ein gut abgekapseltes Adenom im rechten Schilddrüsenlappen. Der Operationsbefund und die Histologie ergeben den Hinweis, daß man bei lokalisierten Funktionsausfällen in abgrenzbaren Knoten auch an sog. „kalte Adenome" denken muß.

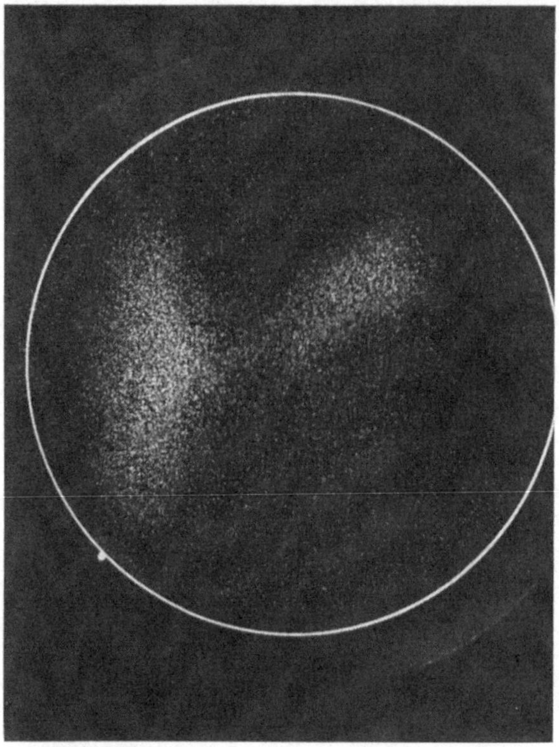

Abb. 44. Kamera-Szintigramm 24 Stunden nach oraler Gabe von 50 μCi 131-Jod.
Der rechte untere Schilddrüsenlappen ist nicht dargestellt. Hier findet sich ein apfelsinengroßer prallelastischer Tumor, der offensichtlich nicht Jod speichert. Bei 40proz. Speicherung Aufnahmezeit 40 Sekunden

Beispiel 4

45jähr. Pat. bemerkte seit einem halben Jahr eine zunehmende Schwellung im Bereich der linken Halsseite.

Lokalbefund: Etwa kleinapfelgroße, prall-elastische Geschwulst im Bereich des linken Schilddrüsenlappens, die sich beim Schlucken mitbewegt.

Radiojodtest: normal.

Das Farbszintigramm der Schilddrüse **(Abb. 45)** läßt einen Speicherdefekt in dem tastbaren

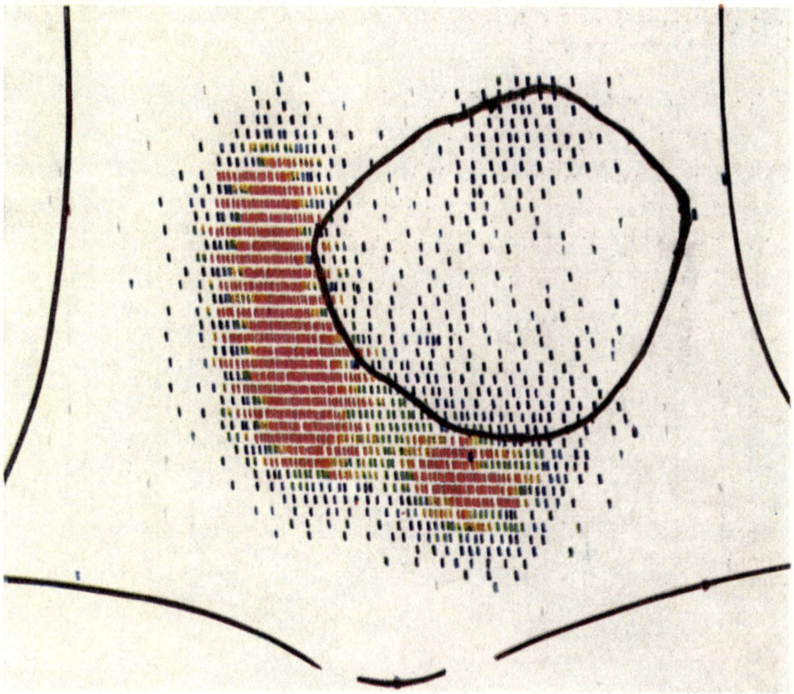

Abb. 45.
Farbszintigramm 24 Stunden nach oraler Gabe von 50 μCi 131-Jod. Jodaufnahme 53,2%
2″-Kristall, fokussierender 18-Kanal-Kollimator, Abtastgeschwindigkeit 30 cm/min

Knoten erkennen. Lediglich im kranialen Bereich mit Hilfe des Farbszintigramms geringe 131-Jod-Anreicherung erkennbar.

Differentialdiagnose: Es handelt sich hier um einen nichtspeichernden Knoten im Schilddrüsenbereich. Entsprechend der Wahrscheinlichkeit kommt in erster Linie ein zystisch umgewandelter Strumaknoten in Betracht. Die 131-Jod-Anreicherung im oberen Teil des Knotens spricht für einen zystisch kolloidal umgewandelten Schilddrüsenknoten, der in einigen Teilen noch funktionsfähiges Schilddrüsenparenchym enthält.

Diagnose: Fehlende 131-Jod-Speicherung in dem tastbaren Schilddrüsenknoten, wahrscheinlich Strumazyste. Ein Malignom läßt sich nicht ausschließen.

Anmerkung: Aufgrund der szintigraphischen Diagnose war die Indikation zur Operation gegeben. Es fand sich ein zystisch kolloidal umgewandelter Strumaknoten, kein Anhalt für Malignität.

4.5.2.3.3. Multilokuläre Struma nodosa euthyreotica

Diagnostische Merkmale: Szintigraphisch mehrere Speicherdefekte im knotigen Bereich einer Struma.

In den Jodmangelgebieten ist der zystisch-kolloidal umgewandete Knotenkropf relativ häufig. Diese Kropfform zeigt fast nie ein einheitliches Bild. Neben mehr oder weniger großen Knoten mit Speicherdefekten finden sich größere Schilddrüsenbezirke, die eine homogene Radiojodaufnahme erkennen lassen.

Beispiel 1

60jähr. Pat. war wegen zweier Knotenbildungen rechts und links paratracheal überwiesen worden.

Lokalbefund: Deutlich vergrößerte, doppeltfaustgroße Struma mit etwa pflaumengroßem Knoten links und kirschgroßem Knoten rechts, die sich beim Schlucken mitbewegen.

Der Radiojodtest zeigt eine 131-Jod-Aufnahme im Normbereich.

Das Farbszintigramm (Abb. 46) der Schilddrüse zeigt in dem Knoten links kaudal vom unteren Schilddrüsen-Pol eine deutlich herabgesetzte Radioaktivitätskonzentration, während kaudal am rechten Schilddrüsenlappen durch die gelbe Anfärbung eine mittlere Aktivitätskonzentration vorhanden ist.

Differentialdiagnose: In erster Linie kommt eine zystische Knotenstruma in Betracht. Maligne Umwandlungen lassen sich nicht ausschließen.

Diagnose: Knotenstruma, funktionsuntüchtiges Gewebe im linksseitigen Knoten kaudal am linken Schilddrüsenlappen. Annähernd normale Jodaufnahme in dem Schilddrüsenknoten rechts kaudal.

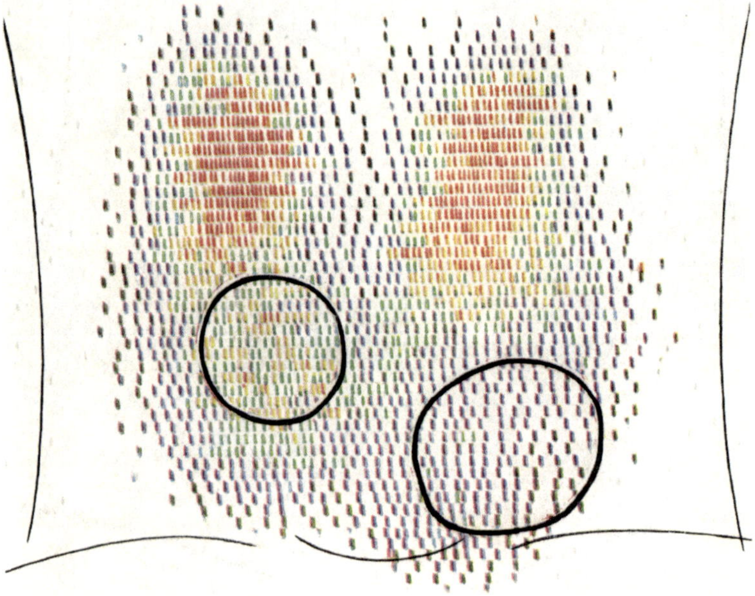

Abb. 46.
Schilddrüsenfarbszintigramm bei einer 60jähr. Pat. — 24 Stunden nach Gabe von 50 μCi 131-Jod. Knotenstruma. Funktionsuntüchtiges Gewebe im linksseitigen Knoten, nahezu normale Jodaufnahme im rechtsseitigen Knoten. Durch Nadelbiopsie konnte ein maligner Tumor ausgeschlossen werden

3 × 2″-Kristall, Vielkanalkollimator, Abtastgeschwindigkeit 24 cm/min

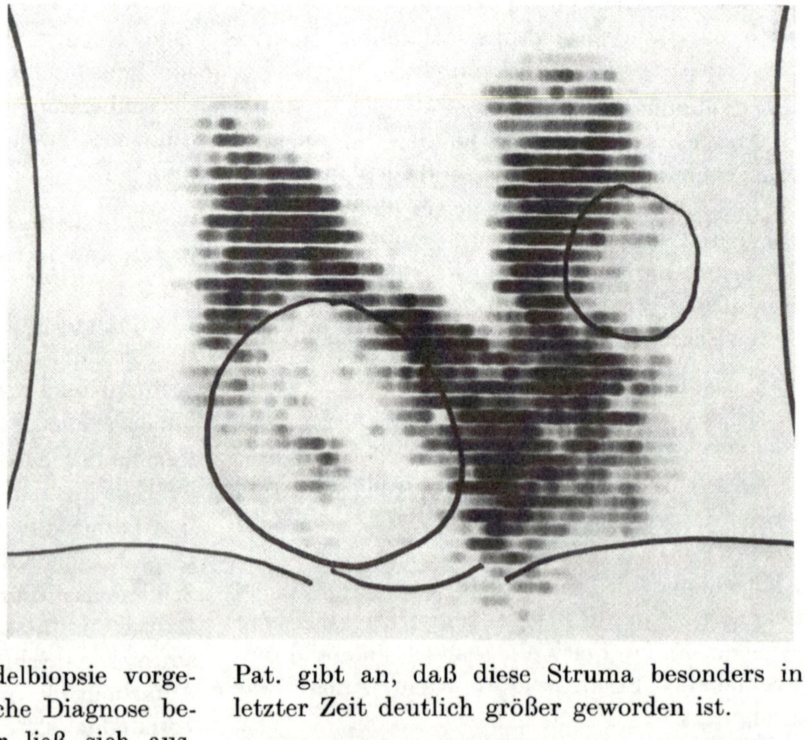

Abb. 47.
Photoszintigramm 24 Stunden nach oraler Gabe von 100 μCi 131-Jod.
Die 61jähr. Pat. war wegen einer prall-elastischen Knotenbildung rechts oberhalb der Fossa jugularis zur Diagnostik überwiesen worden. Ein weiterer, etwa kirschgroßer, relativ weicher Knoten war links paratracheal zu tasten. Im Szintigramm fehlende Schwärzung im Bereich der tastbaren Knoten. Szintigraphische Diagnose: funktionsuntüchtiges Gewebe am unteren Pol des rechten sowie in den lateralen Anteilen des linken Schilddrüsenlappens. Operationsdiagnose: degenerative Zysten im rechten und linken Schilddrüsenlappen

3 × 2″-Kristall, 19-Kanal-Kollimator, Abtastgeschwindigkeit 30 cm/min

Ergebnis: Es wurde eine Nadelbiopsie vorgenommen, die die szintigraphische Diagnose bestätigte. Ein maligner Tumor ließ sich ausschließen.

Beispiel 2

61jähr. Pat. mit einer fast doppeltfaustgroßen Struma. Seit 10 Jahren allmählich gewachsene Struma, in letzter Zeit Druckgefühl, Beklemmungserscheinungen und Schluckbeschwerden. Pat. gibt an, daß diese Struma besonders in letzter Zeit deutlich größer geworden ist.

Lokalbefund: Im rechten unteren Schilddrüsenpol tastet man einen kleinfaustgroßen Knoten und im Bereich des linken oberen Schilddrüsenlappens einen kleinapfelsinengroßen Knoten. Das ganze Schilddrüsengebiet ist derb. Die Struma ist fixiert und bewegt sich beim Schlucken nicht mit.

Der Radiojodtest zeigt eine weit über dem Normbereich liegende prozentuale 131-Jod-Aufnahme, nach 24 Stunden 88,5%. Der Kurvenverlauf zwischen 24 und 48 Stunden läßt ein Plateau erkennen. Effektive Halbwertzeit 7,5 Tage. Serumjod und Serum-Protein liegen im Bereich der Norm.

Das Photoszintigramm (Abb. 47) nach 100 μCi 131-Jod läßt im Bereich der tastbaren Knoten mehrere Speicherdefekte erkennen, während im Schilddrüsenparenchym eine Hyperplasie mit relativ gleichmäßiger Jodverteilung sichtbar ist.

Differentialdiagnose: Da die tastbaren Knoten funktionsuntüchtig sind, kann eine Schilddrüsenhyperplasie mit Adenomen ausgeschlossen werden. Die normalen 131-Jod-Serum- und Serum-Proteinwerte sprechen mit gewisser Wahrscheinlichkeit gegen ein Malignom der Schilddrüse.

Diagnose: Struma nodosa euthyreotica mit funktionsuntüchtigen Knoten. Es handelt sich mit großer Wahrscheinlichkeit um eine zystisch kolloidal umgewandelte Schilddrüse. Maligne Veränderungen lassen sich jedoch nicht sicher ausschließen.

Ergebnis: Die Diagnose Strumazysten wurde operativ bestätigt. Es handelte sich um mehrere degenerative Zysten bei einer Struma euthyreotica.

Beispiel 3

68jähr. Pat. Seit 20 Jahren allmähliche Zunahme der Kropfknoten am Halse. In den letzten Wochen Beschwerden beim Schlucken. Der Patient wurde wegen Verdachtes auf ein Malignom in die Klinik eingewiesen.

Lokalbefund: Es fand sich eine doppeltfaustgroße Schwellung im Halsbereich mit zahlreichen Knoten von Haselnuß- bis Tischtennisballgröße. Die Knoten waren z. T. derb und z. T. prallelastisch. **Radiojodtest:** 2 Stunden 30%, 24 Stunden 62%, 48 Stunden 65%. Der Kurvenverlauf lag an der oberen Grenze der Norm ohne Anzeichen einer vermehrten Jodausscheidung nach 24—48 Stunden. 131-Jod-Serum nach 48 Stunden. 0,24% der Dosis/Ltr.

Das Photoszintigramm (Abb. 48) läßt einen rundlichen, etwa pflaumengroßen, homogen speichernden Bezirk im Bereich des rechten Schilddrüsenlappens und einen etwa walnußgroßen, gleichmäßig speichernden Bezirk am kranialen Pol des linken Schilddrüsenlappens erkennen. Das gesamte übrige Gebiet der Struma zeigt eine fleckförmige, z. T. fehlende, z. T. geringe Jodaufnahme, die bis hinter das Sternum reicht.

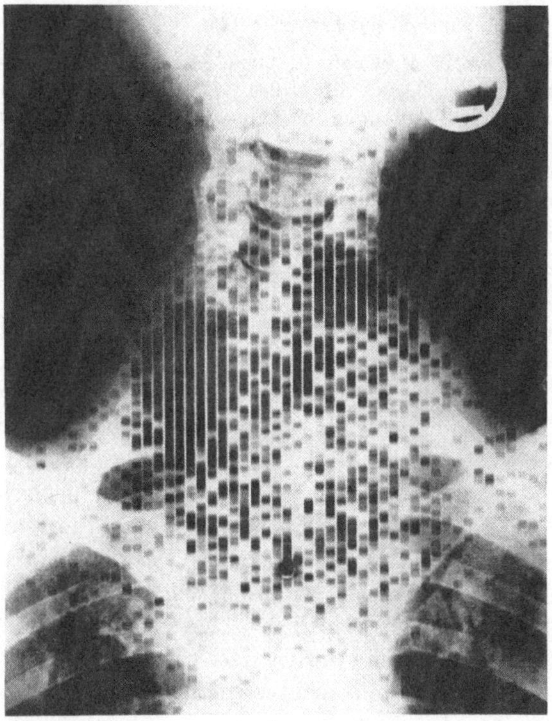

Abb. 48. Photoszintigramm eines 68jähr. Pat. — 24 Stunden nach i. v. Injektion von 200 μCi 131-Jod. Es ist ein pflaumengroßer, homogen speichernder Bezirk im rechten Schilddrüsenlappen und ein etwa walnußgroßer gleichmäßig speichernder Bezirk am kranialen Feld des linken Schilddrüsenlappens erkennbar. Das übrige Gebiet zeigt eine fleckförmige, z. T. fehlende 131-Jod-Speicherung, die bis hinter das Sternum reicht Diagnose: Struma nodosa cystica — operativ bestätigt

Kristallgröße 1", konischer Kollimator, 6 mm, Abtastgeschwindigkeit 78 cm/min

Diagnose: Ausgedehnte Struma nodosa euthyreotica mit funktionsuntüchtigen Knoten, die z. T. retrosternal liegen. Bei Größenzunahme muß ein maligner Prozeß durch Punktion oder Operation ausgeschlossen werden.

Anmerkung: Durch die Vergrößerung der Struma und das Auftreten von Beklemmungserscheinungen war die Indikation zur Operation gegeben. Die Szintigraphie gibt wichtige Hinweise für die Schilddrüsenoperation. Es ist möglich, bei der Operation die intakten Schilddrüsenanteile zu erhalten, um postoperativ eine euthyreote Funktionslage zu gewährleisten.

Ergebnis: Die Operation bestätigte den szintigraphischen Befund. Es handelte sich um eine Struma nodosa cystica.

4.5.2.3.4. Struma hyperthyreotica

Diagnostische Merkmale (s. auch Abb. 31). Szintigraphisch vergrößerte Schilddrüse mit relativ gleichmäßiger 131-Jod-Verteilung in dem gesamten Gebiet. Im Radiojodtest erhöhte 131-J-Aufnahme und beschleunigte Ausscheidung nach 24 Stunden, effektive HWZ deutlich verkürzt — unter 6 Tage. 131-Jod-Serum und Serumprotein erhöht.

Die Hyperthyreose ist gekennzeichnet durch die gesteigerte autonome Hormonproduktion der gesamten Schilddrüse. Zum Bild der Krankheit, wie sie den klassischen Beschreibungen von GRAVES und von BASEDOW entspricht, gehören neben den Zeichen der gesteigerten Schilddrüsenfunktion die Struma und der Exophthalmus. Die Bezeichnung Morbus Basedow soll dem Bild der „Merseburger Trias" (Struma, Tachykardie, Exophthalmus) vorbehalten bleiben. Unter dem Begriff der Thyreotoxikose werden die schweren Formen der Schilddrüsenüberfunktion von den leichteren als Hyperthyreose bezeichneten Formen getrennt.

Da Übergänge von der normalen Schilddrüsenfunktion zur Hyperthyreose vorkommen müssen, ist es auch mit Hilfe der Radiojodstoffwechseluntersuchung kaum möglich, zwischen Krankheit und Normalzustand eine scharfe Grenze zu ziehen. Wenn eine Schilddrüsenüberfunktion jedoch zu Beschwerden führt, dann hat sie meist schon einen erheblichen Grad erreicht, der sich mit der Schilddrüsenfunktionsdiagnostik erfassen läßt.

Pathologisch-anatomisch werden bei der Hyperthyreose drei Formen von Schilddrüsenveränderungen unterschieden:

1. Struma Basedow,
2. Struma basedowificata,
3. toxisches Adenom.

Bei der Basedow-Struma findet sich in typischen Fällen ein diffus parenchymatöser Kropf mit einer Vergrößerung auf das 2- bis 5fache der Norm. Die beginnenden und leichten Hyperthyreosen können als Schilddrüsenveränderungen allerdings auch auf einzelne Bezirke begrenzt sein. Diese meist adenomatösen Hyperthyreosen zeigen eine mehr oder weniger rundliche Form.

Bei der Struma basedowificata handelt es sich um eine Hyperthyreose, die sich auf eine vorbestehende Struma aufpfropft und deshalb in Kropfgegenden besonders häufig ist. Das histologische Bild kann uncharakteristisch sein. Es wird vor allem durch die bereits bestehenden Schilddrüsenveränderungen, sei es als diffuse oder knotige Kropfform, bestimmt. Auch hier können einzelne Bezirke, isolierte Knoten oder alle Anteile das Aussehen einer typischen Basedow-Struma annehmen.

Dem toxischen Adenom der Schilddrüse sieht man pathologisch-anatomisch in der Regel die gesteigerte Funktion nicht an. Bisher war die Diagnose des toxischen Adenoms vor der Exstirpation nicht zu stellen. Beweisend war nur die Rückbildung der Hyperthyreosesymptome nach der Adenomentfernung. In dem Abschnitt, das Adenom, werden die charakteristischen Merkmale, die mit Hilfe der Szintigraphie gegeben sind, noch näher beschrieben.

Mit Hilfe der Radiojoddiagnostik bereitet die Feststellung der Hyperthyreose kaum Schwierigkeiten. Bei der summarischen Messung der 131-Jodaufnahme der Schilddrüse findet sich immer eine Steigerung der initialen Radiojodaufnahme.

Die Radiojodstoffwechseluntersuchung. Das typische Kennzeichen der Hyperthyreose gegenüber der euthyreoten Struma, die ebenfalls eine Erhöhung der prozentualen Jodaufnahme zeigt, ist jedoch die beschleunigte Ausscheidung des Hormonjods. Bereits nach 2—24 Stunden zeigt sich ein mehr oder weniger steiler Abfall der prozentualen Meßwerte über der Schilddrüse. Für die differentialdiagnostische Abgrenzung der Hyperthyreose ist es unzweckmäßig, **nur** den 24-Stundenwert zu messen, da gerade bei der schweren Form der Hyperthyreose zu diesem Zeitpunkt die beschleunigte Ausscheidung des Hormons aus der Schilddrüse normale Speicherwerte erreichen kann und damit eine euthyreote Funktionslage vortäuscht.

Das schnelle Absinken der 131-Jod-Aktivität über der Schilddrüse bei der Hyperthyreose nach 2—24 Stunden ist ein entscheidendes diagnostisches Merkmal.

Die effektive Halbwertzeit. Bei der schweren Hyperthyreose beträgt die effektive Halbwertzeit des 131-Jod 2—4 Tage, bei der leichten bis mittelschweren Hyperthyreose liegt sie zwischen 4—$6^1/_2$ Tagen.

Die 131-Jod-Serum- und Serumproteinwerte. Neben dem typischen zeitlichen Verlauf der Radiojodspeicherung der Schilddrüse und der Verkürzung der effektiven Halbwertzeit des

Radiojods ist ein entscheidendes Kriterium die Erhöhung der 131-J-Serumwerte. Während bei der Normalfunktion der Schilddrüse nach 48 Stunden die Radioaktivität des Gesamtserum 131-J weniger als 0,27% der Dosis/Ltr. und die des proteingebundenen Jods weniger als 0,2% der Dosis/Ltr. beträgt, steigen bei der Hyperthyreose beide Meßwerte deutlich an. Bei der leichten bis mittelschweren Hyperthyreose liegt das Gesamtserum-131-J zwischen 0,3 und 1,0% der Dosis/Ltr. und das proteingebundene 131-J bei 0,3%–0,9% der Dosis/Ltr. Bei der schweren bis toxischen Hyperthyreose kann das Gesamtserum-131-J auf 1% bis über 6% der Dosis/Ltr. ansteigen.

Das Szintigramm zeigt eine relativ gleichmäßige 131-Jod-Verteilung. Lediglich beim toxischen Adenom findet sich die Jodspeicherung vorwiegend in dem Knoten der Schilddrüse.

Differentialdiagnose: Die schweren Formen der Hyperthyreose verursachen meistens klassische Symptome und bereiten differentialdiagnostisch kaum Schwierigkeiten. In jedem Falle ist es zweckmäßig, eine Radiojodstoffwechseluntersuchung durchzuführen und vor allem ein Szintigramm anzufertigen, da auch die toxischen Adenome zum Erscheinungsbild einer schweren Hyperthyreose führen können. Die Indikation zur Operation oder zur Radiojodtherapie ist vom Nachweis eines Adenoms abhängig. Das Szintigramm gibt die Voraussetzung zur Dosisberechnung bei der 131-Jod-Therapie.

Beispiel 1

Bei der 31jähr. Pat. hat der Halsumfang seit 2 Jahren zugenommen. Sie ist wegen starker Unruhe in ärztlicher Behandlung. Sie berichtet weiter, daß sie einen „Nervenzusammenbruch" erlitten habe und klagt über Appetitmangel, Übelkeit und in den letzten beiden Monaten über einen Gewichtsverlust von 15 kg. Die Pat. wurde mit der Diagnose „Morbus Basedow" in die Klinik eingewiesen.

Lokalbefund (Abb. 49): Doppeltfaustgroße weiche Struma.

Der Radiojodtest (Abb. 50) zeigt eine für die schwere Hyperthyreose typische stark beschleunigte und erhöhte Radiojodaufnahme mit einem schon nach 4 Stunden erkennbarem schnellen Abfall der 131-J-Speicherung.

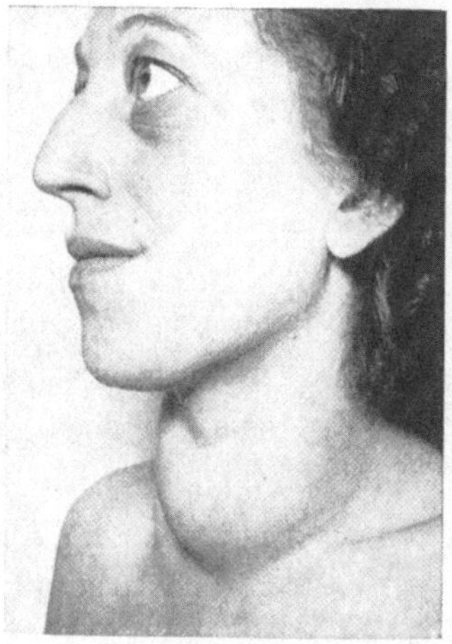

Abb. 49. 31jähr. Pat. mit allen Zeichen eines Basedow

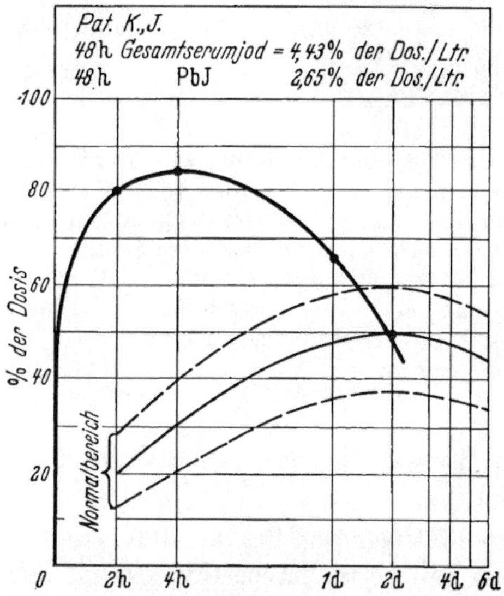

Abb. 50. Radiojodtest der Pat. von Abbildung 49. Deutlich beschleunigte Jodaufnahme und Jodabgabe sowie stark erhöhte Serum- und Proteinjodwerte als Ausdruck einer schweren Hyperthyreose

Der Gesamtserumjodwert war nach 48 Stunden ebenfalls deutlich erhöht, er betrug 4,43% der Dosis/Ltr. Das proteingebundene 131-J betrug 2,65% der Dosis/Ltr.

Das Photoszintigramm (Abb. 51) zeigt eine relativ gleichmäßige Radiojodverteilung im gesamten Strumagebiet.

Bei dem Verfahren der Photoszintigraphie, d. h. der photographischen Registrierung des Szintigramms auf dem vorbelichteten Röntgenfilm lassen sich die Lagebeziehungen von Schilddrüse und Ösophagus sichtbar machen. Auf der Aufnahme ist die Speiseröhre mit Kontrastmittel gefüllt. Es besteht eine Verdrängung, jedoch

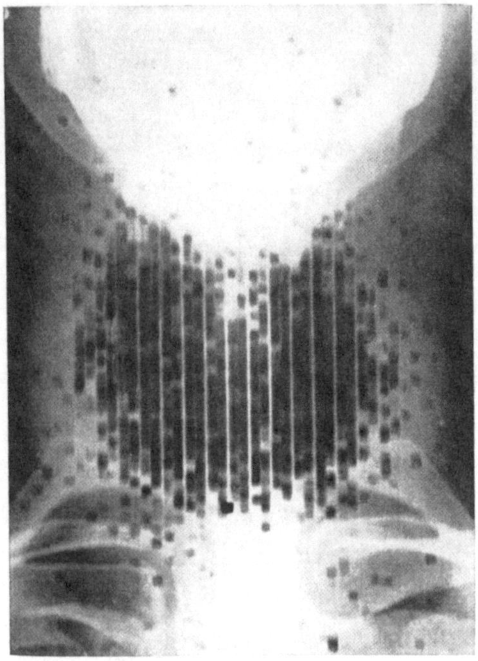

Abb. 51. Photoszintigramm der Pat. Abbildung 49 — 24 Stunden nach i. v. Injektion von 100 μCi 131-Jod. Relativ gleichmäßige Jodverteilung in dem gesamten Gebiet der sichtbaren und tastbaren Struma. Der Ösophagus ist mit Kontrastbrei gefüllt und läßt auf der Röntgenaufnahme keine wesentlichen Verdrängungserscheinungen erkennen

Kristallgröße 1", konischer Kollimator, 6 mm, Abtastgeschwindigkeit 78 cm/min

keine Einengung durch die hyperplastische Schilddrüse.

Differentialdiagnose: Bei der durch den Radiojodtest gesicherten Hyperthyreose ist differentialdiagnostisch lediglich ein Adenom auszuschließen.

Diagnose: Die relativ gleichmäßige Radiojodverteilung erlaubt hier die sichere Diagnose: Struma diffusa hyperthyreotica.

Bei der schweren Form der Hyperthyreose mit der ausgedehnten Struma ist die Indikation für eine Operation oder für eine Radiojodtherapie gegeben. Die Pat. wurde operiert und die Diagnose histologisch bestätigt.

Anmerkung: Die Hyperthyreose muß keineswegs immer mit einer Schilddrüsenvergrößerung oder einer deutlich sichtbaren Struma einhergehen. Die Hyperplasie kann sich auf einen Schilddrüsenlappen beschränken.

Beispiel 2

Die 30jähr. Pat. bemerkte in den letzten Wochen zunehmende Unruhe, Schlaflosigkeit und Gewichtsabnahme. Sie wurde wegen Verdacht auf Hyperthyreose in die Klinik eingewiesen.

Lokalbefund: Im Halsbereich ist auch beim Schlucken die Schilddrüse nicht sicher tastbar. Das Schilddrüsengebiet ist weich, ohne Anhalt für Knoten.

Radiojodtest (Abb. 52): 2 Stunden = 82%, 4 Stunden = 88%, 24 Stunden = 62%, 48 Stunden = 45% 131-Jod-Speicherung.

Aus dem Kurvenverlauf ist bereits ein erheblich beschleunigter Jodumsatz in der Schilddrüse festzustellen. Effektive Halbwertzeit 2,8 Tage. 48-Stunden-Gesamtserum-131-J = 1,70% der Dosis/Ltr. 48-Stunden-proteingebundenes 131-J = 1,06% der Dosis/Ltr.

Das Strichszintigramm (Abb. 53) nach oraler Gabe von 30 μCi 131-J läßt eine annähernd normalgroße, schmetterlingsförmige Schilddrüse erkennen, die einen etwas stärker ausgeprägten rechten Schilddrüsenlappen mit gering vermehrter Radiojodaufnahme zeigt.

Differentialdiagnose: Struma diffusa euthyreotica, Struma diffusa hyperthyreotica, toxisches Adenom.

Der Radiojodtest mit Messung der effektiven Halbwertzeit und Bestimmung der Serumjod- und Proteinjod-Aktivität ergibt eine eindeutige Hyperthyreose. Damit ist eine Struma diffusa euthyreotica ausgeschlossen. Differentialdiagnostisch kommt nur ein Adenom oder eine diffuse Hyperthyreose in Betracht. Aufgrund des szintigraphischen Befundes, der Schmetterlingsform der Schilddrüse, läßt sich ein Adenom ausschließen.

Diagnose: Mittelschwere Hyperthyreose mit einer nur geringen Hyperplasie des rechten Schilddrüsenlappens.

4.5.2.3.5. Schilddrüsen-Adenom

Diagnostische Merkmale: Szintigraphisch meist rundlicher 131-Jod-Speicherbezirk, der zeitabhängig ist: siehe Abb. 64. Radiojodtest: 131-Jod-Speicherung an der oberen Grenze oder darüber, effektive Halbwertzeit unter 6,5 Tagen, 131-J-Serum-und Serumproteinwerte erhöht (s. auch Abb. 31)

Der Verdacht auf ein Schilddrüsen-Adenom ist berechtigt, wenn die Symptomatik einer meist leichten bis mittelschweren Hyperthyreose **und** als Lokalbefund eine mehr oder weniger gut tastbare Knotenbildung vorhanden sind. Zur Sicherung der Diagnose ist die Radiojod-Untersuchung unerläßlich. Eine Probepunktion zur

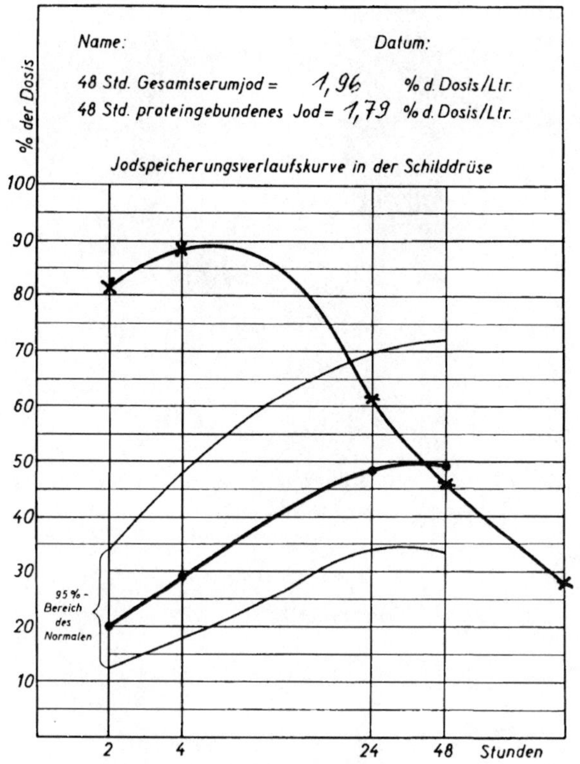

Abb. 52. Radiojodtest einer 30jähr. Pat. — Messungen nach 2, 4, 24, 48 und 96 Stunden. Die beschleunigte Jodaufnahme und der rasche Abfall der prozentualen Jodspeicherung nach 24 Stunden bestätigt im Zusammenhang mit den erhöhten 131-Jod-Serumwerten das Vorliegen einer Hyperthyreose

histologischen Untersuchung ist kaum erfolgreich, da der im Adenom gesteigerte Jodumsatz nur selten von mikromorphologischen Veränderungen begleitet ist.

Das 24 Stunden nach Radiojodapplikation aufgezeichnete Szintigramm läßt zunächst gleichfalls nur eine **Verdachtsdiagnose** zu. Sie wird geäußert, wenn im normgerechten Schilddrüsenbild ein meist rundlicher Bezirk mit erhöhter Radiojodkonzentration nachweisbar ist, der topographisch mit dem getasteten Knoten übereinstimmt. Auch eine Radiojodanreicherung ausschließlich im getasteten Knoten ist ein Hinweis, daß hier ein Schilddrüsenadenom in Betracht kommt.

Die sichere Diagnose eines Schilddrüsen-Adenoms kann nur durch die Pharmako-Szintigraphie oder die Funktions-Szintigraphie gestellt werden.

a) Funktions-Szintigraphie: Aufzeichnung von Szintigrammen zu mehreren Zeitpunkten nach Radiojodapplikation (2, 4, 24, 48 und 96 Stunden.). Vgl. Abb. 63 u. 64.
b) Pharmako-Szintigraphie: Aufzeichnung von Szintigrammen vor und nach Applikation von Pharmaka. (Trijodthyronin, thyreotrop. Hypophysenvorderlappenhormon). Vgl. Abb. 59—61

Patho-physiologische Vorbemerkungen: Das Schilddrüsen-Adenom unterscheidet sich gegenüber dem normalen Schilddrüsenparenchym

Abb. 53.
Strichszintigramm 24 Stunden nach oraler Gabe von 30 μCi 131-Jod
Es zeigt sich eine etwas stärkere Aktivitätskonzentration im rechten Schilddrüsenlappen bei erhaltener Form der Schilddrüse und nur geringer Vergrößerung
1 × 2″-Kristall, fokussierender 18-Kanal-Kollimator, Abtastgeschwindigkeit 25 cm/min

durch die autonome Hormonproduktion; sie ist durch das thyreotrope Hormon der Hypophyse nicht beeinflußbar. Je nach Anzahl, Größe und Funktion der Adenome können Auswirkungen auf den Stoffwechsel des Gesamtorganismus vorhanden sein. Im allgemeinen sind schwere Hyperthyreoseformen oder gar toxische Krisen beim Schilddrüsenadenom selten, da das vorhandene normale Schilddrüsenparenchym durch den erhöhten Hormonspiegel im Blut über die Hypophyse partiell oder völlig ruhiggestellt wird. Dies bewirkt u. a. auch, daß die Verlaufskurve der Jodspeicherung in der Schilddrüse relativ selten die hohen Aufnahmewerte zeigt wie z. B. bei einer ausgedehnten Struma diffusa hyperthyreotica.

Die prozentuale Jodaufnahme der Schilddrüse kann sowohl an der Grenze der Norm liegen, als auch Werte erreichen, die einer mittelschweren Hyperthyreose entsprechen.

Die Serum- und Serumproteinjodwerte liegen meist im Bereich von 0,3–1% der Dosis/Ltr.

Die effektive Halbwertzeit ist verkürzt. Neben den meist solitär auftretenden toxischen Adenomen, die sich durch eine maximale, nicht mehr steuerbare Hormonproduktion auszeichnen, gibt es auch Übergänge zu Adenomknoten, deren Hormonproduktion noch nicht diesen Grad erreicht. Diese Adenome führen nicht zu einem vollständigen Ausfall der Jodspeicherung im normalen Schilddrüsenparenchym, so daß im Szintigramm lediglich stark jodspeichernde Bezirke sich von den Gebieten mit herabgesetzter Jodspeicherung abgrenzen lassen. Geringe Differenzen in der 131-J-Konzentration werden in diesem Zusammenhang auch als „warme Knoten" bezeichnet.

Differentialdiagnose: Die Abgrenzung gegenüber nicht-speichernden Knoten ist nur dann sicher, wenn Szintigramme nach 24 und 48 Stunden angefertigt werden.

Sicherung der Diagnose durch Pharmako-Szintigraphie mit TSH.

Beispiel 1

43jähr. Pat. In den letzten Monaten nervös und unruhig, Gewichtsverlust von rund 5 kg.

Lokalbefund: An der rechten Halsseite **(Abb. 54)** tastet man einen relativ weichen, hühnereigroßen Knoten, der beim Schlucken verschieblich ist. Übriges Halsgebiet unauffällig.

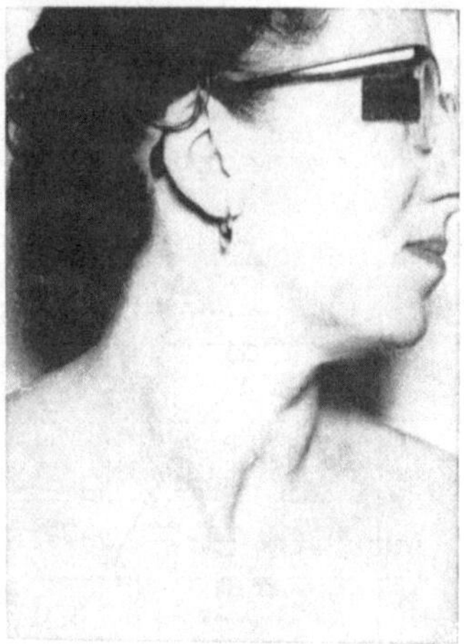

Abb. 54. Pat. mit apfelsinengroßem Knoten an der rechten Halsseite

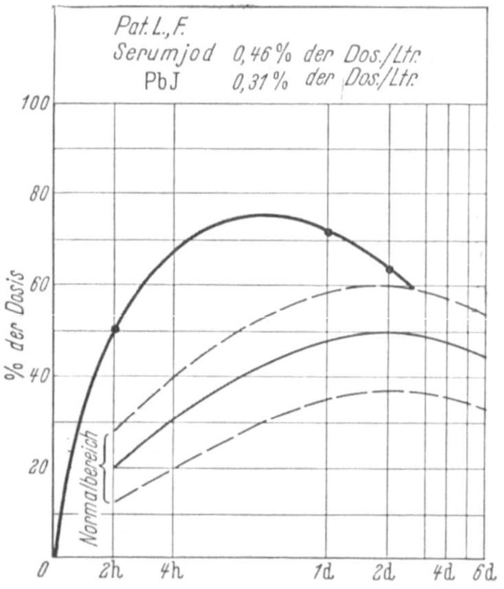

Abb. 55. Radiojodtest der Pat. Abbildung 54. Erhöhte und beschleunigte Jodaufnahme und -ausscheidung als Zeichen einer Hyperthyreose

Der Radiojodtest (Abb. 55) zeigt eine Radiojodspeicherung deutlich oberhalb der Norm. Der Kurvenverlauf mit der beschleunigten Aufnahme und Ausscheidung spricht für eine Hyperthyreose.

Gesamtserum-131-Jod nach 48 Stunden 0,46% der Dosis/Ltr. Proteingebundenes 131-Jod nach 48 Stunden 0,31% der Dosis/Ltr.

Diagnose: Leichte bis mittelschwere Hyperthyreose.

Das Szintigramm läßt eine Radiojodkonzentration lediglich im Bereich des sichtbaren und tastbaren Knotens erkennen **(Abb. 56)**. Damit ist der Verdacht „toxisches Adenom" gegeben.

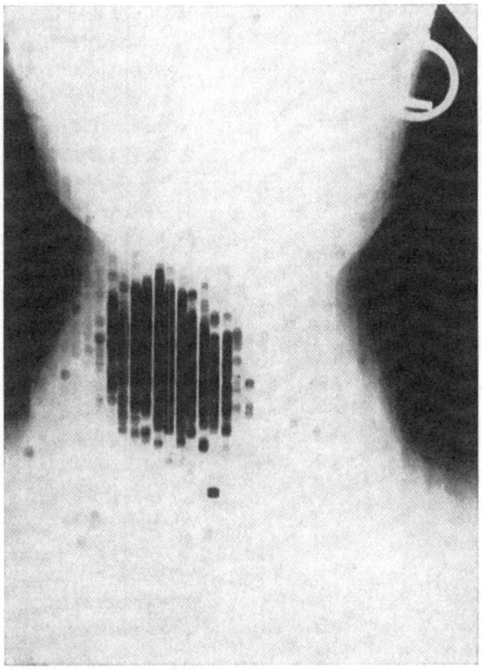

Abb. 56. Photoszintigramm der Pat. Abbildung 54 nach i. v.-Injektion von 80 μCi 131-Jod.
An der rechten Halsseite zeigt sich in dem sichtbaren Knoten durch die Schwärzung eine selektive Radiojodanreicherung. Im Zusammenhang mit dem Radiojodtest muß der Verdacht auf ein toxisches Adenom ausgesprochen werden
Kristallgröße 1″, konischer Kollimator, 6 mm, Abtastgeschwindigkeit 78 cm/min

Differentialdiagnose: Wenn in einem zweiten Szintigramm nach der Thyreotropin-Injektion zusätzlich die Radiojodspeicherung normaler Schilddrüsenanteile sichtbar wird, ist die Diagnose ,,toxisches Adenom" gesichert.

Das nach der dreimaligen Injektion von je 100 I. E. thyreotropem Hormon in 2täg. Abständen nach einer Woche aufgenommene **Photoszintigramm (Abb. 57)** läßt jetzt links neben dem ,,heißen Knoten" jodspeicherndes Gewebe erkennen, das sich vorher nicht dargestellt hatte.

Diagnose: Toxisches Adenom. Für die Operation ist der wichtige Hinweis gegeben, daß hier das Adenom in toto entfernt werden kann, da noch normales Schilddrüsengewebe vorhanden ist, das nach der Operation die Schilddrüsenfunktion wieder voll übernehmen kann.

Die szintigraphische Diagnose wurde durch die Operation bestätigt.

Beispiel 2

21jähr. Pat. bemerkt seit 3 Monaten eine Schwellung an der rechten Halsseite, während dieser Zeit Gewichtsverlust, Haarausfall und eine allgemeine Unruhe. Wegen Verdacht auf ein Schilddrüsenadenom eingewiesen.

Lokalbefund: An der rechten Halsseite fand sich ein tischtennisballgroßer Knoten von relativ weicher, prall-elastischer Konsistenz, der sich beim Schlucken mitbewegte. Sonst war das Halsgebiet unauffällig.

Der Radiojodtest zeigte eine deutlich erhöhte prozentuale Jodaufnahme und eine beschleunigte Jodausscheidung.

2 Stunden 60%, 24 Stunden 70%, 48 Stunden 44%. Serum-131-Jod 0,75% der Dosis/Ltr., proteingebundenes 131-Jod 0,69% der Dosis/Ltr.

Das Farbszintigramm (Abb. 58) 24 Stunden nach oraler Applikation von 25 μCi 131-Jod läßt eine lokalisierte Radiojodspeicherung in dem Knoten an der rechten Halsseite erkennen. Zur Sicherung der Diagnose wurde ein zweites Szintigramm nach dreimaliger Injektion von 100 I. E. Thyreostimulin durchgeführt. Nach erneuter Gabe von 25 μCi 131-Jod unter den gleichen technischen Bedingungen wird bei un-

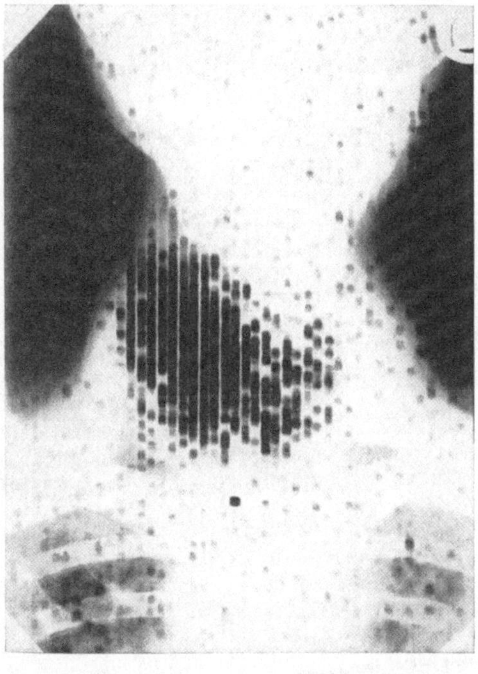

Abb. 57. Photoszintigramm der gleichen Pat. wie Abbildung 56 — gleiche technische Daten. Wiederholung des Szintigramms nach 3-maliger Injektion von thyreotropem Hormon. Neben dem in Abbildung 54 nachgewiesenen Adenom findet sich links im Bereich des normalen Schilddrüsenlappens eine Schwärzung, die der Radiojodaufnahme in dem bisher nicht dargestellten normalen Schilddrüsenlappen entspricht

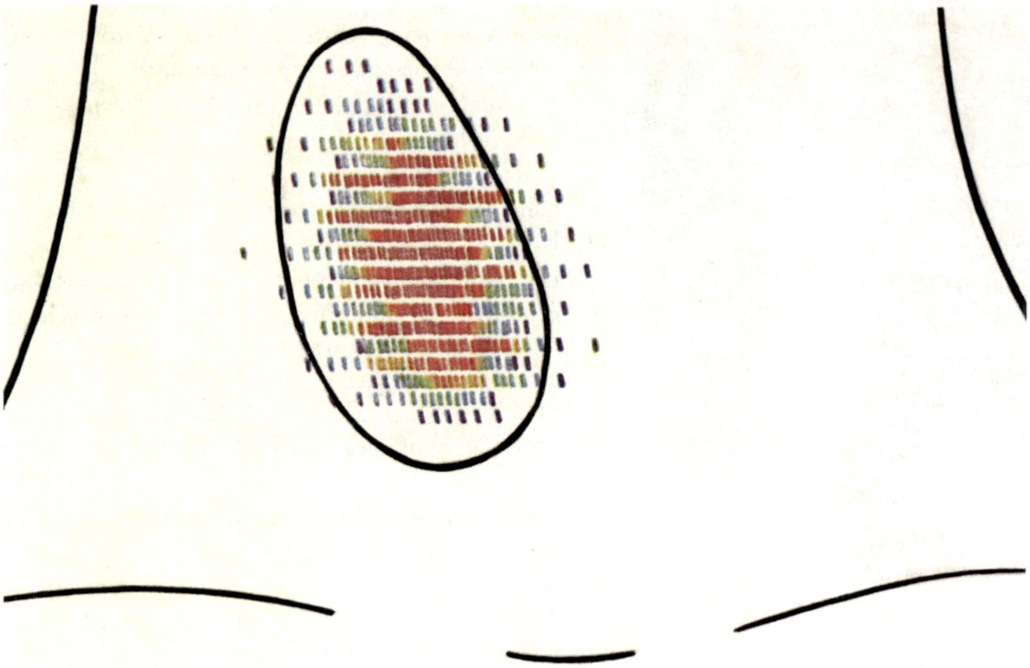

Abb. 58. Farbszintigramm 24 Stunden nach oraler Gabe von 25 μCi 131-Jod. Es zeigt sich bei der 21jähr. Pat. in dem Bereich des tastbaren Knotens eine selektive Radiojodanreicherung

Kristallgröße 3 × 2″, konischer 18-Kanal-Kollimator, Abtastgeschwindigkeit 30 cm/min

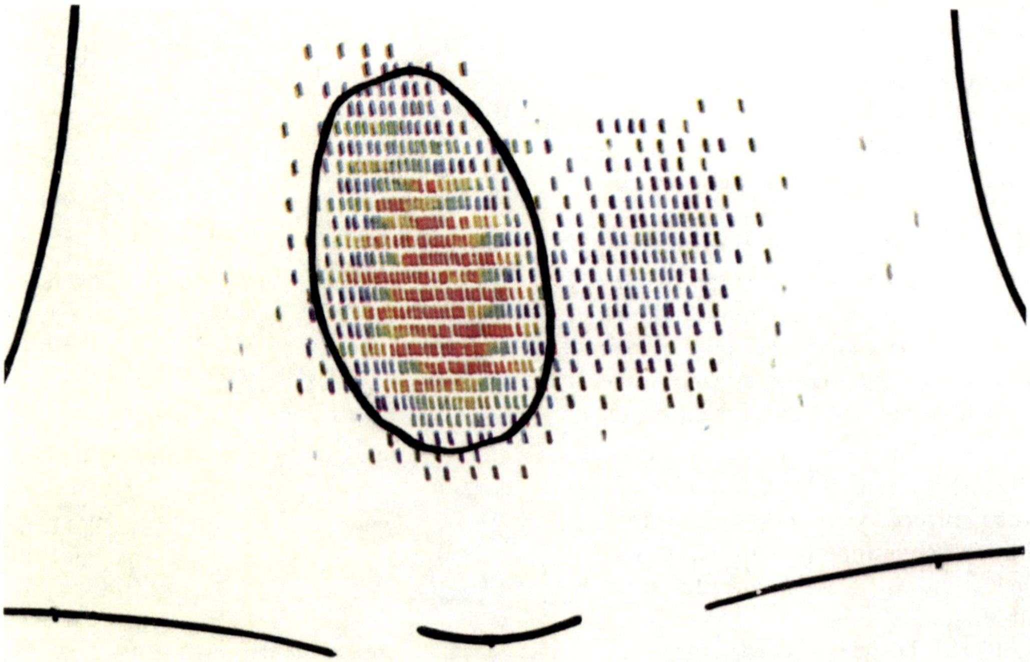

Abb. 59. Wiederholung des Farbszintigramms der Pat. Abbildung 58 — gleiche technische Daten. Nach Injektion von 3 × 100 I. E. Thyreostimulin stellt sich bei unveränderter Radioaktivitätskonzentration im Bereich des tastbaren Knotens bei gleicher Farbwiedergabe im Colorszintigramm auch der linke Schilddrüsenlappen dar.

Szintigraphische Diagnose: toxisches Adenom der Schilddrüse

Abb. 60. Farbszintigramm 24 Stunden nach oraler Gabe von 50 μCi 131-Jod. Hühnereigroßer szintigraphisch warmer Knoten im rechten Schilddrüsenlappen (eingezeichneter Tastbefund) bei annähernd schmetterlingsförmiger Schilddrüse

Kristallgröße 5″, 18 Loch-Feinfokuskollimator, Abtastgeschwindigkeit 45 cm/min

veränderter Radioaktivitätskonzentration im Bereich des tastbaren Knotens zusätzlich der linke Schilddrüsenlappen sichtbar (**Abb. 59**).

Diagnose: Toxisches Adenom. Neben den toxischen Adenomen kommen in der Schilddrüse auch Adenome vor, deren Hormonjodproduktion nicht ausreicht, über die Hypophyse die Radiojodaufnahme in der normalen Schilddrüse so weit zu reduzieren, daß sie im Szintigramm restlos verschwinden. Der Nachweis dieser Adenome läßt sich dann durch die Pharmako-Szintigraphie mit Trijodthyronin führen.

Beispiel 3

49jähr. Pat. Seit einem halben Jahr eine Schwellung an der rechten Halsseite beobachtet. Mit Verdacht auf eine Strumazyste zur Untersuchung in die Klinik eingewiesen.

Lokalbefund: Es fand sich an der rechten Halsseite eine etwa taubeneigroße Knotenbildung von prall-elastischer Konsistenz, die sich beim Schlucken mitbewegte.

Der Radiojodtest zeigte eine prozentuale Jodaufnahme am oberen Rande der Norm. 2 Stunden = 30%, 24 Stunden = 70%, 48 Stunden = 58%. Gesamtserum-131-Jod = 0,7% der Dosis/Ltr., proteingebundenes 131-Jod = 0,59% der Dosis/Ltr.

Das Farbszintigramm (Abb. 60) läßt eine etwa schmetterlingsförmige Schilddrüse erkennen mit deutlich vermehrter Radiojodspeicherung in dem Bereich des tastbaren Knotens.

Differentialdiagnose: Da neben dem vermehrt jodspeichernden Knoten noch normales Schilddrüsengewebe nachweisbar war, ergab sich der Verdacht auf das Vorliegen eines Adenom-Knotens. Zur Sicherung der Diagnose erhielt die Pat. Schilddrüsenhormon (Trijodthyronin), um die Thyreotropin-Ausscheidung der Hypophyse zu dämpfen und damit das normale Schilddrüsengewebe ruhigzustellen. Die Kontrolluntersuchung eine Woche nach Gabe von 2 × 1 Tabl. Thybon zeigte jetzt eine 131-Jod-Anreicherung lediglich in dem tastbaren Knoten (**Abb. 61**).

Diagnose: Adenom. Noch keine vollständige Suppression des normalen Parenchyms.

Sicherung der Diagnose durch Funktionsszintigraphie.

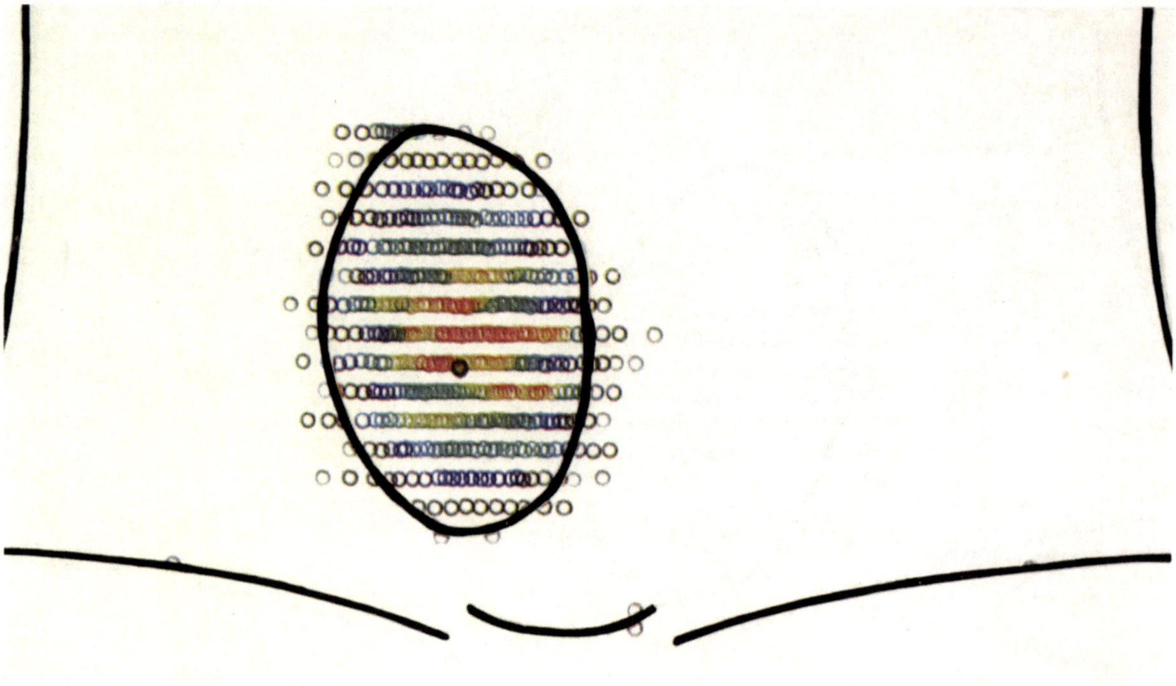

Abb. 61. Szintigraphische Wiederholungsuntersuchung nach Gabe von Trijodthyronin. Gleiche technische Bedingungen. Es findet sich jetzt eine 131-Jod-Anreicherung ausschließlich in dem rechten Schilddrüsenlappen. Durch Suppressionstest bewiesenes Adenom

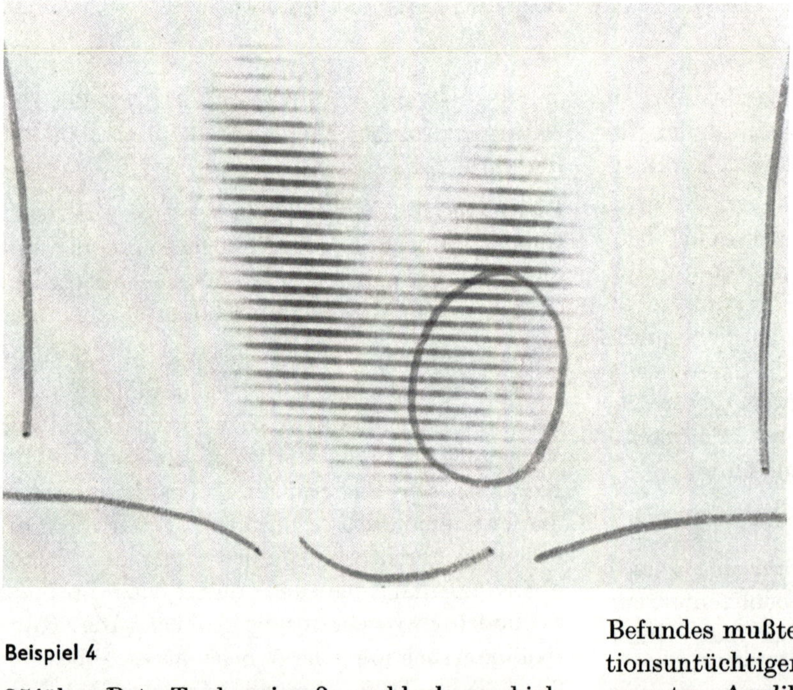

Abb. 62.
Photoszintigramm 48 Stunden nach oraler Gabe von 50 μCi 131-Jod.
Im linken unteren Schilddrüsenlappen findet sich nach 48 Stunden ein Speicherdefekt

Kristallgröße 3 × 2″, 19-Kanalkollimator fokussierend.
Abtastgeschwindigkeit 36 cm/min

Beispiel 4

35jähr. Pat. Taubeneigroße, schluckverschiebliche Knotenbildung an der linken Halsseite. Das 48 Stunden nach Gabe von 50 μCi 131-Jod aufgezeichnete **Photoszintigramm (Abb. 62)** läßt verminderte Radiojodanreicherung im Bereich des tastbaren Knotens erkennen. Bei Berücksichtigung nur dieses einen szintigraphischen Befundes mußte daher die Diagnose eines funktionsuntüchtigen Knotens gestellt werden. Nach erneuter Applikation von 50 μCi 131-Jod 3 Wochen später wurde bereits nach 24 Stunden ein Szintigramm angefertigt **(Abb. 63)**. Zu diesem Zeitpunkt weist der tastbare Knoten an der linken Halsseite eine deutlich höhere Radioaktivitätskonzentration als das normale Schilddrüsenparenchym auf.

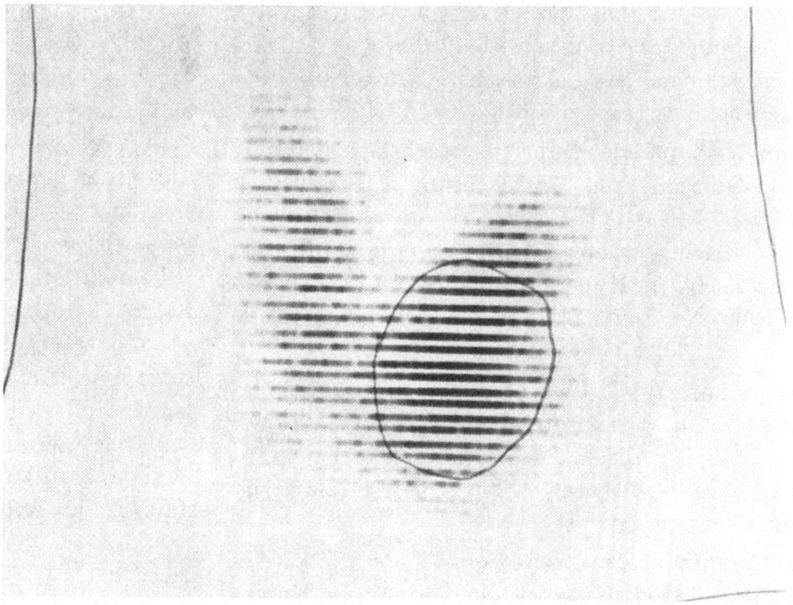

Abb. 63. Da der Verdacht auf ein Adenom bestand, wurde eine Kontrolluntersuchung unter den gleichen technischen Bedingungen bereits 24 Stunden nach der Applikation von 50 μCi 131-Jod durchgeführt. Zu diesem Zeitpunkt findet sich in dem tastbaren Knoten eine deutlich verstärkte Aktivitätskonzentration. Die schnellere Anreicherung in dem Knoten und die schon nach 48 Stunden nachweisbare fast komplette Ausscheidung spricht für das Vorliegen eines Schilddrüsenadenoms (Funktionsszintigraphie)

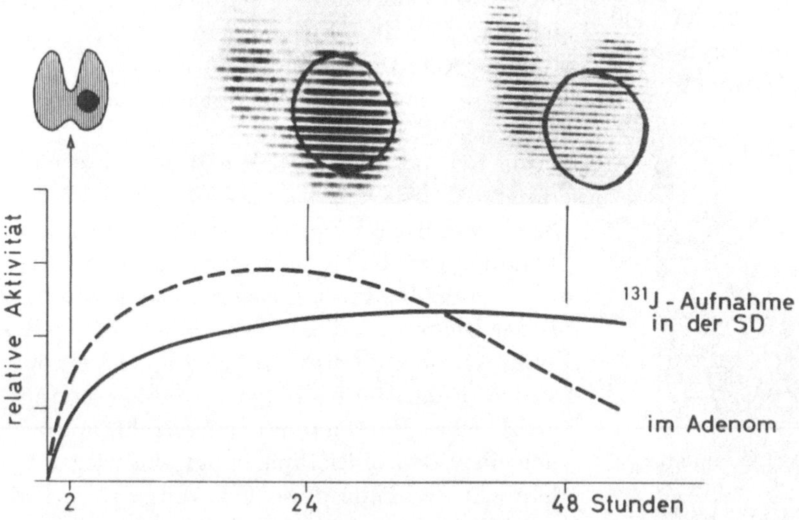

Abb. 64. Aktivitätsverlauf in einem Adenom und im normalen Schilddrüsengewebe: Je nach Zeitpunkt der Szintigraphie imponiert das Adenom als kalter oder heißer Bezirk

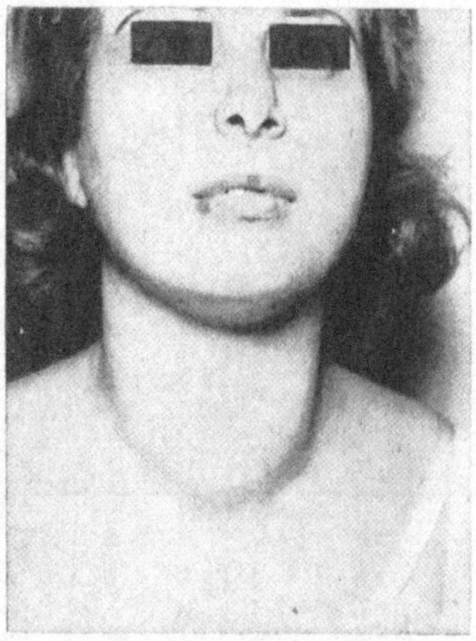

Abb. 65. 31 jährige Patientin mit einem rundlichen etwa hühnereigroßen Knoten im Bereich des Schildknorpels

Diagnose: Durch die szintigraphische Untersuchung zu verschiedenen Zeitpunkten nach 131-Jod-Applikation ist bewiesen, daß der Jodumsatz im tastbaren Knoten gegenüber dem normalen Schilddrüsenparenchym beschleunigt ist. Die Diagnose eines Schilddrüsen-Adenoms ist also durch die Funktionsszintigraphie gesichert **(Abb. 64)**.

Beachte: Nicht in jedem Fall gelingt bei einem Adenom die Darstellung des funktionsfähigen, normalen Schilddrüsenlappens nach der Injektion von TSH im Szintigramm. Für diesen Fall wird das folgende Beispiel wiedergegeben:

Beispiel 5

31 jähr. Pat. Seit 5 Jahren Verdickung im Halsbereich. Diese hat in den letzten Monaten zugenommen. Die Pat. klagt über Kopfschmerzen, Herzklopfen, gelegentliches Schwitzen, starke Gewichtsabnahme sowie Luftknappheit bei Anstrengungen.

Lokalbefund (Abb. 65): Es findet sich in Halsmitte ein etwa tischtennisballgroßer, rundlicher Knoten von prall-elastischer Konsistenz, der sich beim Schlucken mitbewegt.

Der Radiojodtest zeigt eine stark beschleunigte Jodaufnahme und -ausscheidung. 2 Stunden = 43%, 24 Stunden = 75%, 48 Stunden = 60%. Der Kurvenverlauf spricht für eine leichte bis mittelschwere Hyperthyreose. Serum-131-Jod = 0,70% der Dosis/Ltr., proteingebundenes 131-Jod = 0,60% der Dosis/Ltr.

Das Photoszintigramm (Abb. 66) zeigt eine lokalisierte, auf den Knoten beschränkte, Radiojodspeicherung, die in Form und Größe den sichtbaren und tastbaren Knoten in Schilddrüsenmitte entspricht.

Differentialdiagnostisch kommt eine uninoduläre Struma hyperthyreotica oder ein Schilddrüsenadenom in Betracht. Nach Injektion von 3 x 100 I. E.-Einheiten von thyreotropem Hormon entspricht das Photoszintigramm in Form und Größe absolut dem ersten Szintigramm ohne TSH. Es war also nach der TSH-Injektion in der Umgebung des Adenoms kein normales Schilddrüsengewebe nachweisbar. Die Erklärung für die fehlende Darstellbarkeit des normalen Schilddrüsengewebes nach TSH-Injektion bei dem Vorliegen eines toxischen Adenoms wurde durch den Operationsbefund erbracht. Es fand sich hier der normale daumengliedgroße linke Schilddrüsenlappen **hinter** dem Adenom. Der Adenomknoten hatte durch seine Größe und Lage das normale Schilddrüsengewebe verdeckt, so daß es im Photoszintigramm nicht in Erscheinung treten konnte. Der Adenomknoten wurde in toto entfernt. Eine Kontrolluntersuchung ergab, daß der belassene normale linke Schilddrüsenlappen zur Erhaltung der Gesamtfunktion ausreichte.

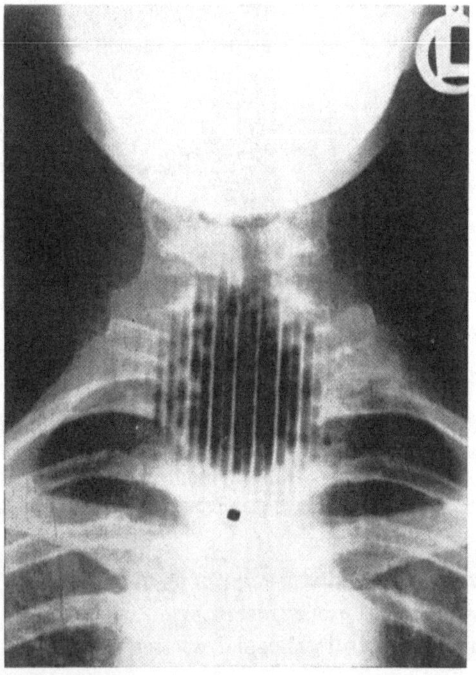

Abb. 66. Photoszintigramm der 31jähr. Pat. (Abbildung 65) nach i. v. Injektion von 60 μCi 131-Jod. Es findet sich in dem rundlichen Knoten eine entsprechende Aktivitätsanreicherung.
Szintigraphische Diagnose: Verdacht auf toxisches Adenom

Kristallgröße 1'', konischer Kollimator, 6 mm, Abtastgeschwindigkeit 78 cm/min

4.5.2.3.6. Thyreoiditis

Diagnostische Merkmale: Szintigraphisch bei akuter Thyreoiditis keine Darstellung, bei chronischer bzw. subakuter Form fleckförmige Darstellung, je nach Speicherung.
Radiojodtest: Unterfunktion.
HWZ: Je nach Funktionsstörung normal oder entsprechend verkürzt.
Serum-131-jod- und Proteinjodwerte meist nicht erhöht.

Die einwandfreie Diagnose der Thyreoiditis oder Strumitis war bisher nur durch die Operation oder durch die Probeexcision möglich. Gerade bei der Diagnostik dieser Erkrankung wird jedes Verfahren begrüßt werden, das ohne einen operativen Eingriff die Diagnosestellung erlaubt, zumal eine Rö-Entzündungsbestrahlung oder auch eine Cortisontherapie in der überwiegenden Mehrzahl der Fälle diese Erkrankung zur Heilung bringen kann.

Mit Hilfe der Radiojodstoffwechseluntersuchung in Form des Radiojodtestes und bei der subakuten Form auch mit Hilfe der Szintigraphie kann mit internen und radiologischen Maßnahmen die Diagnose gestellt werden.

Unter dem Krankheitsbegriff Thyreoiditis wird eine Gruppe von Erkrankungen zusammengefaßt, die im Rahmen aller Schilddrüsenerkrankungen einen relativ geringen Prozentsatz ausmachen. Für die akuten Formen der Strumitis wird die Häufigkeit mit Zahlen um 1% und weniger angegeben. Diese geringe Häufigkeit mag zum Teil in der Schwierigkeit der Diagnostik begründet sein. Klinisch wird die Thyreoiditis nur in den ganz akuten und schweren

Verlaufsformen erkannt. Oft gelingt es nur, die Folgen festzustellen, indem das schwer geschädigte Schilddrüsenparenchym eine Unterfunktion aufweist.

Bei der Thyreoiditis unterscheidet man nach WEGELIN histologisch und klinisch:

A. Unspezifische Schilddrüsenentzündung
   1. akute und subakute Thyreoiditis
      a) akute und subakute, nicht eitrige Thyreoiditis (DE QUÈRVAIN) = Thyreoiditis simplex
      b) akute und subakute, eitrige Thyreoiditis = Thyreoiditis suppurativa
   2. chronische Thyreoiditis
      a) Struma lymphomatosa (HASHIMOTO)
      b) chronische, hypertrophische Thyreoiditis (Struma fibrosa, eisenharte Struma RIEDEL)
      c) chronisch-atrophische Thyreoiditis

B. Spezifische Schilddrüsenentzündungen: Tuberkulose, Lues, Pilzerkrankungen u. a.

Die Aetiologie und Pathogenese der Gruppe A wurde ursprünglich in der Herdinfektion gesehen (DE QUÈRVAIN (26), RICHARD (27), CRILE (28), GOETSCH und VON KAMMNER (29)). Erst in den letzten Jahren konnte durch experimentelle und serologische Untersuchungen ein Einblick in die Pathogenese der Thyreoiditis gewonnen werden. WITEBSKY u. Mitarb. (30, 31) gelang es durch Sensibilisierung von Tieren mit homologen oder sogar autologen Schilddrüsenextrakten, die in Adjuvantien suspendiert waren, zirkulierende Antikörper gegen die Bestandteile dieser Extrakte, insbesondere gegen Thyreoglobulin, zu erzeugen. In den Schilddrüsen der sensibilisierten Tiere fanden sich charakteristische histologische Bilder, die eine große Ähnlichkeit mit den histologischen Bildern verschiedener Thyreoiditisformen beim Menschen zeigten. Diesen Erkrankungen wird daher eine gleiche Pathogenese, nämlich ein autoimmunologischer Prozeß mit einer Antikörperbildung gegen Substanzen der Schilddrüse, insbesondere gegen Thyreoglobulin, zugeschrieben. Nachdem später ROITT, DONIACH, CAMPBELL und HUDSON (32) Autoantikörper gegen Extrakte aus menschlichen Schilddrüsen und gegen isoliertes Humanthyreoglobulin nachwiesen, ist ein ursächlicher Zusammenhang mit Autoimmunreaktion anzunehmen.

Die nachweisbaren zirkulierenden Antikörper bei einer Thyreoiditis stellen offensichtlich das nichtschädigende Agens da, wenn auch in vivo eine Bindung heterologer Schilddrüsenantikörper an die Schilddrüse erfolgt. Es ist jedoch wahrscheinlich, daß die zirkulierenden Antikörper dann pathogenetisch wirksam werden, wenn aus irgendeinem Grunde Thyreoglobulin bzw. eine Vorstufe dieses Eiweißkörpers ins interstitielle Gewebe der Schilddrüse übertritt, dessen Reaktionen mit den zirkulierenden Antikörpern sekundäre Entzündungen hervorruft. Die Gewebszerstörungen bei der Thyreoiditis sind hauptsächlich auf zellständige Autoantikörper zurückzuführen, die eine Allergie vom verzögerten Reaktionstyp bedingen. Sie sind durch Hautteste mit Thyreoglobulin nachweisbar und zeigen keine festen Beziehungen zu den zirkulierenden Antikörpern. Es wird angenommen, daß verschiedene Infekte, wie die Adjuvantien, zu einer Produktion zellständiger Antikörper beitragen. Die Bedeutung der Antikörper für die Pathogenese der autoantikörperbedingten Thyreoiditis geht daraus hervor, daß Gewebsveränderungen vorwiegend erst dann eintreten, wenn am Ort des Antigens Infiltrationen antikörperhaltiger Zellen auftreten.

Diese sind im Gegensatz zu den nicht immunologischen Gewebsläsionen Ursache und nicht Folge der Gewebszerstörungen. Als zusätzliche Faktoren können die zirkulierenden Antikörper eine Rolle spielen.

Die Kenntnis der autoimmunologischen Genese der verschiedenartigen Formen subakuter und chronischer Thyreoiditis gibt einen Hinweis für die Therapie dieser Erkrankungen. Ähnlich wie bei anderen autoantikörperbedingten Krankheiten entfalten Corticosteroide bei der autoimmunologischen Thyreoiditis eine sehr gute Wirkung (HEILMEYER, MÜLLER) (33). Bei den akuten Krankheitsformen tritt unter einer Corticosteroidtherapie eine nahezu schlagartige Besserung des Krankheitszustandes ein, die der entzündungshemmenden Wirkung der Hormone zuzuschreiben ist. Ein vorzeitiges Absetzen der Behandlung hat aber nach früheren Erfahrungen oft erneutes Auftreten klinischer Symptome ähnlich dem Rebound-Phänomen zur Folge.

Neben diesen unspezifischen Formen der Thyreoiditis gibt es auch solche mit spezifischen Entzündungen, wie Tuberkulose, Lues (Gruppe B).

Die akute Thyreoiditis klingt meist innerhalb weniger Tage spontan ab. Rezidivierender Verlauf ist selten. Die subakute Form kann mehrere Wochen oder Monate anhalten. Sie geht jedoch häufig in Spontanheilung über.

Zur Symptomatik einer akuten Thyreoiditis gehört der Beginn mit plötzlich schmerzhafter Schwellung der Schilddrüse. Die Haut darüber kann, muß aber nicht, entzündlich verändert sein. Die Schilddrüse ist druckempfindlich, jede Bewegung ist schmerzhaft. Die akute Entzündung klingt häufig innerhalb weniger Tage spontan ab.

Der Radiojodtest zeigt im akuten Zustand keine Jodspeicherung im Bereich der Schilddrüse, eine normale **Szintigraphie entfällt** damit. Mit der Szintikamera sind bei langen Expositionszeiten noch Darstellungen möglich.

Differentialdiagnose. Diagnostische Schwierigkeiten ergeben sich vor allem bei der **subakuten** Thyreoiditis und bei der **chronischen** Form der Thyreoiditis, der Struma lymphomatosa. Bei der subakuten Form der Thyreoiditis findet sich im Radiojodtest eine prozentuale Jodspeicherung, die von der Normalfunktion, den ganzen Bereich der Unterfunktion bis zum völligen Fehlen einer Radiojodspeicherung, umfaßt. Im allgemeinen entspricht die Radiojodspeicherung der einer Unterfunktion.

Differentialdiagnostisch müssen deshalb eine Blockierung der Jodaufnahme durch schilddrüsenwirksame Medikamente und eine reelle Schilddrüsenunterfunktion ausgeschlossen werden. Bedeutungsvoll ist hier der Lokalbefund: Bei der subakuten Thyreoiditis ist die Schilddrüse meist derb und druckschmerzhaft.

Eine Diagnose ex juvantibus kann nach einer Strahlenbehandlung gestellt werden: Nach dreimaliger Bestrahlung mit 75 R Oberflächendosis unter Röntgentiefentherapiebedingungen in 2-tägigen Abständen kann es bei der subakuten Thyreoiditis zu einer Normalisierung der Radiojodaufnahme der Schilddrüse kommen (SCHUMACHER u. TOSCH) (34).

Auch die chronischen Formen der Thyreoiditis, so z. B. die Struma lymphomatosa Hashimoto, kann differentialdiagnostisch von anderen Erkrankungen, so vor allem von der Schilddrüsenunterfunktion, mit Hilfe einer Röntgenreizbestrahlung oder auch nach Gabe von Cortison abgegrenzt werden.

Beispiel 1

57jähr. Pat., seit wenigen Wochen zunehmende Geschwulst an der linken Halsseite, die drückende Schmerzen verursachte und im Liegen das Gefühl auslöste, als ob die Kehle abgeschnürt würde.

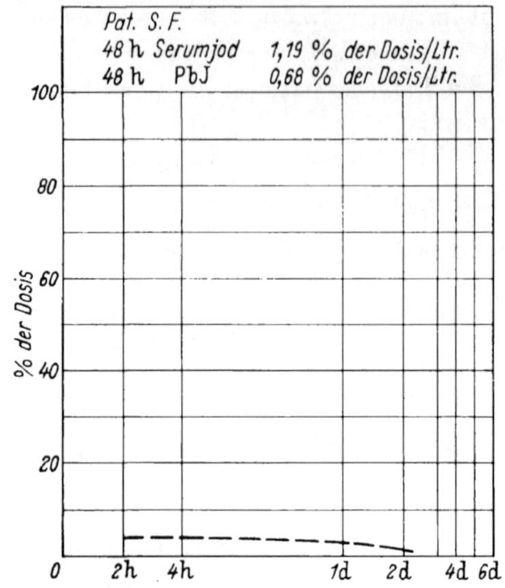

Abb. 67. Niedrige prozentuale Radiojodaufnahme und hoher Serumwert bei einer Patientin mit einer Struma lymphomatosa (HASHIMOTO)

Lokalbefund: An linker Halsseite etwa pflaumengroßer, derber Tumor, der nach dem Tastbefund der Schilddrüse angehört, zumal sich die Geschwulst beim Schlucken mitbewegt. Rechte Halsseite unauffällig.

Der Radiojodtest (Abb. 67 — gestrichelte Linie) zeigte eine Radiojodaufnahme weit unter der Norm. 2 Stunden = 4%, 24 Stunden = 3%, 48 Stunden = 1%. Die 131-J-Serum- und Proteinjodwerte waren deutlich erhöht. Serum-131-J = 1,19% der Dosis/Ltr., proteingebundenes 131-J = 0,68% der Dosis/Ltr.

Der relativ hohe Proteinjodwert läßt sich so deuten, daß durch die geringe Menge an Schilddrüsenhormon im Blut, die Hypophyse vermehrt thyreotropes Hormon ausschüttet und dadurch die Reste des Schilddrüsenparenchyms zur maximalen Hormonproduktion anregt. Diese Tatsache läßt sich dadurch beweisen, daß durch die Applikation von thyreotropem Hormon keine weitere Steigerung der prozentualen Jodaufnahme der Schilddrüse zu erreichen ist.

Für die Diagnostik der Thyreoiditis hat sich die Kontrolluntersuchung nach Gabe von TSH zur Unterscheidung der Blockierung einer Schilddrüse durch Jod als häufigste Ursache einer Herabsetzung der prozentualen Jodaufnahme bewährt.

Das Szintigramm (Abb. 68) läßt eine intensive Jodspeicherung in einem etwa normal großen linken Schilddrüsenlappen erkennen, während an der rechten Halsseite die Jodspeicherung in dem deutlich sicht- und tastbaren Tumor herabgesetzt ist.

Differentialdiagnose: Ein Speicherdefekt im Bereich eines Schilddrüsenknotens mit erhöhten Serum- und Protein-131-J-Werten spricht für das Vorliegen eines malignen Prozesses.

Diagnose: Funktionsuntüchtiger Knoten an der rechten Halsseite, der wegen lokaler Schmerzhaftigkeit in erster Linie für eine Thyreoiditis spricht. Eine Malignität läßt sich jedoch nicht sicher ausschließen.

Bei der unter dem klinischen Verdacht auf ein Malignom durchgeführten Operation fand sich eine Schilddrüse, deren rechter Lappen besonders derb und hart war. Die Untersuchung des Schnellschnittpräparates ergab eindeutig eine Struma lymphomatosa (HASHIMOTO).

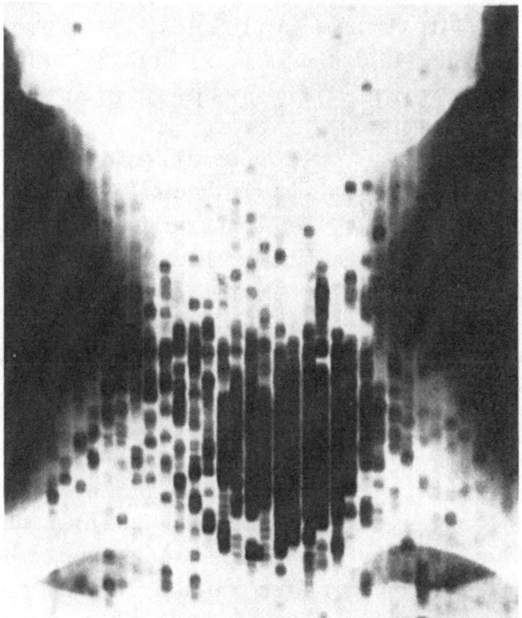

Abb. 68. Photoszintigramm 24 Stunden nach i. v. Applikation von 100 μCi 131-Jod.
Homogene, rundliche Schwärzung im linken Schilddrüsenlappen. Deutlich verminderte, fleckförmige Jodaufnahme im rechten Schilddrüsenlappen

Kristallgröße 1″, konischer Kollimator, 6 mm, Abtastgeschwindigkeit 78 cm/min

Im histologischen Bild waren zahlreiche, mehr oder weniger scharf begrenzte lymphozytäre Infiltrate erkennbar, die des öfteren regelrechten Lymphfollikeln mit Keimzentren glichen. Neben diesen Infiltraten bestand eine starke Atrophie des eigentlichen Parenchyms. Außerdem waren lymphozytäre, plasmazelluläre und epitheloidzellige Infiltrate vorhanden (Prosektor Buchaly).
Aufgrund des histologischen Befundes wurde nach Exstirpation des größeren Teiles des linken Schilddrüsenknotens die Operation beendet.
Die Kontrolluntersuchung drei Wochen nach der Operation ergab eine im unteren Bereich der Norm liegende prozentuale Jodaufnahme. Die Normalisierung der Schilddrüsenfunktion kann evtl. darauf zurückgeführt werden, daß die Operation als Reiz zu einer Umstimmung der entzündlichen Reaktion geführt hat.

Beispiel 2

52jähr. Pat., seit 6 Wochen zunehmende Schmerzen im vorderen Halsbereich. In den letzten 8 Tagen erhöhte Körpertemperatur und Zunahme der Schmerzen.

Lokalbefund: Beidseitig leicht vergrößerte Schilddrüse von glatter Oberfläche und sehr derber Konsistenz.

Der Radiojodtest ergab eine erheblich verminderte Radiojodaufnahme von nur 9% nach 24 Stunden.
Wegen der minimalen Radiojodaufnahme ließ sich ein Szintigramm nicht anfertigen.

Differentialdiagnose: Durch das klinische Erscheinungsbild mit relativ kurzer Anamnese, Schmerzhaftigkeit und Vergrößerung der Schilddrüse mit fehlender Jodspeicherung kommt in erster Linie eine Thyreoiditis in Betracht.

Diagnose: Akute oder chronische Thyreoiditis. Ein maligner Prozeß kann nicht sicher ausgeschlossen werden.
Aufgrund der erheblichen Beklemmungserscheinungen mit Atemnot war die Indikation für die Operation gegeben.
Es fand sich eine sehr harte Struma mit gering vergrößerten Schilddrüsengefäßen. Die histologische Untersuchung (Schnellschnitt) ergab das typische Bild einer Riedel-Struma. Das eigentliche Schilddrüsengewebe war nur noch in Resten inselförmig erhalten. Um diese Inseln

herum lagen starke Bindegewebswucherungen mit vermehrter mesenchymaler Zellproliferation, außerdem sah man granulomatöse Fremdkörperreaktionen, die sich durch Proliferation mesenchymaler Zellen mit Riesenzellbildungen um retiniertes Kolloid gebildet hatten (Dr. Menne).

Da einerseits im Radiojodtest eine deutliche Unterfunktion erkennbar war, aber andererseits Kompressionserscheinungen im Bereich des Ösophagus und der Trachea bestanden, wurde eine Teilresektion zur Beseitigung der Schluckbeschwerden vorgenommen.

Nach der Operation erholte sich die Patientin sehr rasch. Sie hatte keinerlei Druckbeschwerden mehr und der 14 Tage nach der Operation vorgenommene Radiojodtest ließ wieder eine Normalisierung des Funktionszustandes der Schilddrüse erkennen. Offenbar hatte die Operation als unspezifischer Reiz zur Rückbildung der Thyreoiditis geführt.

4.5.2.3.7. Schilddrüsen-Karzinom

Diagnostische Merkmale: Szintigraphische Speicherungsdefekte im Schilddrüsenbereich, die bei infiltrierend wachsenden Prozessen einen fleckförmigen Charakter besitzen. Radiojodtest: Speicherung meist unter der Norm. HWZ bei kleineren Prozessen noch im Bereich der Norm, sonst meist verkürzt. Serum- und Proteinjodwerte normal bis erhöht (s. auch Abb. 31).

Die klinischen Symptome der malignen Struma sind anfangs nicht sehr eindeutig, zumal gutartige Erkrankungen, wie Zysten, Adenome und auch die einfache Struma, eine deutliche und rasche Größenzunahme aufweisen können. Die maligne Struma ist meist indolent, kann aber auch durch das infiltrative Wachstum in die Umgebung mit einer peritumoralen Entzündung Schmerzen verursachen, die zu den Ohren ausstrahlen. Diese Symptome sind aber für die Malignität nicht beweisend. Eine derbe Konsistenz kann auch durch Verkalkungen oder durch eine chronische Thyreoiditis bedingt sein.

Da etwa die Hälfte der festgestellten Karzinome unerwartet in Strumen gefunden werden, die aus anderen Indikationen operativ behandelt wurden (Cattel, Colcock (35), Pemberton (36, 37)) läßt sich daraus schließen, daß die rein klinischen diagnostischen Merkmale der Schilddrüsenmalignome verhältnismäßig unsicher sind.

Nach Bertelsen, Christensen, Eskelond, Graham, Mc. Whirter (38); Watson, Pool (39) werden bei etwa $^3/_4$ der Patienten durch die praeoperative Diagnostik Tumoren in einem bereits inoperablen Stadium festgestellt.

Die Schilddrüsenfunktions- und -lokalisationsdiagnostik mit radioaktivem Jod hat jedoch die praeoperative Diagnostik der Malignome verbessert. Die relativ frühzeitige Feststellung kleinerer Schilddrüsenmalignome erhöht gerade beim Schilddrüsenneoplasma die Heilungschancen. Bei radikal operierten und nachbestrahlten Patienten werden relative Fünfjahresheilungen bis zu 95% angegeben (Jakobsson (40); Hare u. Salzmann (41)). Dagegen beträgt die Fünfjahresüberlebenszeit der fortgeschrittenen, nicht mehr operablen Schilddrüsen-Karzinome, die nur noch einer Strahlentherapie zugeführt werden können, im günstigen Falle bis zu 35% (Jakobsson (40) u. Paterson (42)). Aufgrund von Sammelstatistiken weisen 4,8—56% aller nodulären Strumen im Operationspräparat Zeichen einer histologischen Malignität auf (Horn, Welty, Brook, Thoards and Pendergrass (43); Ward (44); Crile (45); Beahrs, Pemberton u. Black (46); Cattel u. Colcock (35); Zukschwerdt u. Bay (47); Börner, Lautsch, Moll u. Romen (48)).

Der relativ hohe Anteil maligner Veränderungen in nodulären Strumen ist durch die Tatsache bedingt, daß die zur Operation kommenden Strumen schon eine Selektion des Krankengutes darstellen. Insgesamt ist bei den Strumenträgern keine Zunahme der malignen Prozesse zu beobachten. Die Malignitätsfrequenz der nicht operierten Knotenstrumen dürfte unter 0,2% liegen.

Die Szintigraphie hilft, maligne Strumen gegenüber gutartigen Prozessen abzugrenzen. Schon 1955 berichtete Horst, daß sich in heißen und warmen Knoten (= toxische Adenome) sehr selten, dagegen in kalten Knoten, d. h. in Bezirken mit verminderter Radiojodaufnahme, relativ häufig ein maligner blastomatöser Prozeß nachweisen läßt. Die Zahlenangaben über die Frequenz eines solchen Vorkommens schwanken durch die Zusammensetzung des jeweiligen Krankengutes und durch die Güte der Untersuchungstechnik.

Die Häufigkeit der Malignome in dem im Szintigramm festgestellten Speicherdefekt liegt nach Angaben der verschiedenen Autoren zwischen 0,9 und 30%.

Horst, Thiemann, Petersen und Zukschwerdt (49, 24) fanden bei 12 heißen Knoten in keinem Fall, bei 67 warmen Knoten einmal und bei 154 kalten Knoten 41mal maligne Entwartung (26%). Bei Patienten im Alter unter 35 Jahren fand sich in kalten Knoten ein vermehrtes Vorkommen maligner Veränderungen mit etwa 38% gegenüber 19% bei Patienten über 35 Jahren. Es handelt sich um Mittelwerte für das gesamte Krankengut von 154 Patienten. Die Häufigkeit einer malignen Struma ist bei den unilokulären Knotenstrumen mit 27% wesentlich höher als bei Strumen mit multiplen Knoten (19%) und Strumen mit uncharakteristischem Tastbefund (14%). Perlmutter und Slater (50) haben bei 99 kalten Knoten in 23% histologisch Malignität und in 40 warmen bis heißen Knoten in keinem Fall eine Malignität histologisch nachweisen können.

Differentialdiagnose: Größe, Form und Lage der von der Norm abweichenden Speicherungsbezirke, ebenso die graduelle Minderung der Speicherung, geben allein keinen sicheren Hinweis auf die Pathogenese der vorliegenden Erkrankung. Jeder solitäre kalte Knoten muß überwacht werden! Zur diagnostischen Klärung kann die Nadelbiopsie mit zytologischer Untersuchung beitragen. Die Gewebeentnahme durch Probeexzision mit histologischer Untersuchung gibt eine ausreichende Sicherheit. Eine prophylaktische Strumektomie aller Knotenstrumen als generelle Maßnahme wird von uns jedoch abgelehnt.

Die prozentuale Jodaufnahme der Schilddrüse ist in überwiegendem Maße von dem Verhältnis des funktionsfähigen Parenchyms zu den funktionsuntüchtigen Bezirken des Malignoms abhängig. **Bei Nachweis einer Hyperthyreose kann ein Malignom mit großer Wahrscheinlichkeit ausgeschlossen werden, besonders wenn eine schwere Hyperthyreose oder toxische Adenome vorliegen.** Das Malignom findet sich häufiger unilokulär, seltener multilokulär in einer Struma.

Der Kurvenverlauf bei einem ausgedehnten Malignom der Schilddrüse verändert sich je nach dem Grad der vermehrten Thyreotropin-Sekretion der Hypophyse. In extremen Fällen kommt es zu einer starken Jodumsatzbeschleunigung, wie sie z. B. auch nach einer Strumektomie auftreten kann (Stumpfhyperthyreose). Durch den Mangel an Jodhormon im strömenden Blut wird das restliche Schilddrüsengewebe über die Hypophyse in so hohem Grade aktiviert, daß ein beschleunigter Jodumsatz und damit **hohe Serum- und Proteinjodwerte** resultieren. Der erhöhte Jodstoffwechsel ist auch durch die beschleunigte Jodausscheidung der Schilddrüse, d. h. durch das relativ schnelle Absinken der prozentualen Jodspeicherwerte zwischen 24 und 48 Stunden zu beobachten. Gegenüber einer Hyperthyreose liegt die maximale Jodspeicherung noch im Bereich der Norm oder häufiger darunter.

Die effektive Halbwertzeit kann bei kleineren Malignomen im Bereich der Norm liegen, bei ausgedehnten Tumoren mit starker Reduzierung des funktionsfähigen Parenchyms erreicht sie Werte wie sie bei leichter bis mittelschwerer Hyperthyreose vorkommen (4—6½ Tage).

Die Serum- und Proteinjodwerte können bei kleineren Tumoren der Schilddrüse normal sein. Bei ausgedehntem Malignom steigen die Werte je nach Funktionseinschränkung des normalen Parenchyms. Der Anstieg der Serum- und Proteinwerte im Zusammenhang mit einer relativ niedrigen oder im Bereich der Norm liegenden prozentualen Jodaufnahme bei beschleunigter Jodausscheidung gibt differentialdiagnostische Hinweise für das Vorliegen eines Malignoms. Dieser Effekt wird jedoch bei allen Prozessen beobachtet, die mit einer Reduzierung von Schilddrüsengewebe einhergehen.

Das Szintigramm beim Schilddrüsen-Karzinom. Die szintigraphische Diagnose des Schilddrüsen-Karzinoms stützt sich auf den Nachweis von Funktionsausfällen in dem Bereich normalen Schilddrüsengewebes. Funktionsuntüchtige Knoten in einer normal großen Schilddrüse oder einer ausgedehnten Struma sind verdächtig für das Vorliegen eines Schilddrüsen-Karzinoms. Außerordentlich selten haben ausdifferenzierte Schilddrüsen-Karzinome fast die gleiche 131-J-Aufnahme wie das Schilddrüsenparenchym selbst. In diesen Sonderfällen läßt sich mit Hilfe des Szintigramms das Schilddrüsen-Karzinom nicht nachweisen. Von Horst (51) wurde ein derartiger Fall beschrieben, bei dem die Diagnose erst durch die 131-J-Speicherung der Metastasen gelang.

Warme Knoten schließen ein Malignom mit größter Wahrscheinlichkeit aus. Horst (51) und auch wir haben in den funktionstüchtigen Schilddrüsenknoten kaum Malignome gefunden. Aus dieser Feststellung ergibt sich die Folgerung, daß man bei Nachweis einer nodulären Hyperplasie des Schilddrüsenparenchyms berechtigt ist, von einer operativen Behandlung abzusehen. Findet sich ein Funktionsausfall in einem oder mehreren Knoten der Schilddrüse oder Struma, so muß unter dem Verdacht auf ein Schilddrüsenmalignom die Sicherung der Diagnose durch Probeexcision oder Operation angestrebt werden. Finden sich weitere Hinweise, wie z. B. eine Jodspeicherung unterhalb des Normbereiches gleichzeitig mit beschleunigter Jodausscheidung und erhöhten Serum- und Proteinjodwerten, so ist die Indikation für eine Operation gegeben.

Beispiel 1

58jähr. Pat., seit 6 Wochen stetig zunehmende Anschwellung des Halses.

Lokalbefund: Derbe, prall-elastische bis pflaumengroße Knoten, besonders an der rechten Halsseite.

Der Radiojodtest (Abb. 69) zeigt eine Radiojodspeicherung, die nach 2 Stunden im Bereich der Norm, nach 24 u. 48 Stunden jedoch unter der Norm liegt. 2 Stunden = 22%, 24 Stunden = 30%, 48 Stunden = 26%. Der Kurvenverlauf zeigt eine etwas beschleunigte Jodausscheidung. Serum-131-Jod 2,88% der Dosis/Ltr., proteingebundenes 131-Jod 1,53% der Dosis/Ltr.

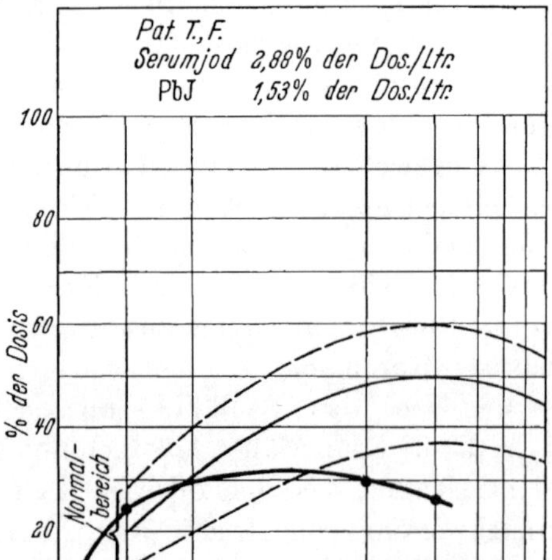

Abb. 69. Radiojodtest der Pat. mit Knoten an der rechten Halsseite. Der stark erhöhte Proteinjodwert mit einer Speicherung im Normalbereich spricht für eine Reduzierung der Gesamtfunktion

Das Photoszintigramm (Abb. 70) zeigt durch die Schwärzung an der linken Halsseite einen etwa pflaumengroßen Bezirk, der relativ gut abgrenzbar ist. Dieser Speicherbezirk dürfte dem linken

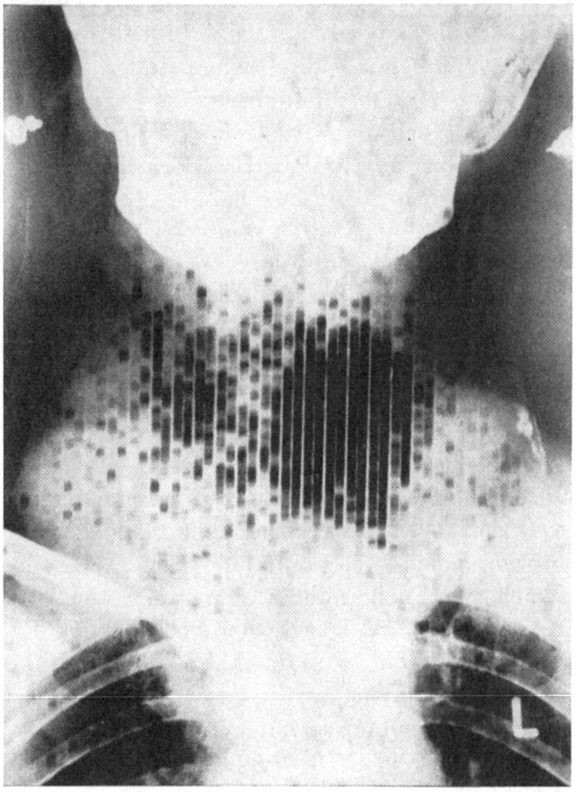

Abb. 70. Photoszintigramm der Patientin Abbildung 69 — 24 Stunden nach i. v.-Injektion von 150 μCi 131-Jod.

Etwa homogene, gleichmäßige Jodspeicherung im Schilddrüsenlappen links. Rechts im Bereich der tastbaren Knoten diffuse, fleckige Schwärzung, die in Zusammenhang mit dem Radiojodtest den dringenden Verdacht auf ein infiltrierend wachsendes Schilddrüsenkarzinom ergibt

Kristallgröße 1″, konischer Kollimator, 6 mm, Abtastgeschwindigkeit 78 cm/min

Schilddrüsenlappen entsprechen. An der rechten Halsseite finden sich unregelmäßige, fleckige Aktivitätsbezirke, die bei der fleckigen Form für eine Durchsetzung des rechten Schilddrüsenlappens von funktionsuntüchtigen Knoten sprechen.

Differentialdiagnose: Struma nodosa euthyreotica mit funktionsuntüchtigen Bezirken, Lymphogranulomatose, Schilddrüsen-Karzinom.

Bei der relativ kurzen Anamnese ist eine Struma kolloides nodosa mit großer Wahrscheinlichkeit auszuschließen. Es kommt in erster Linie ein Schilddrüsenkarzinom in Betracht, dessen Wahrscheinlichkeit noch durch die Radiojodspeicherung, durch die Verlaufskurve und die erhöhten Serum- und Proteinjodwerte unterstützt wird.

Diagnose: Schilddrüsen-Malignom. Eine Struma kolloides nodosa läßt sich nicht ausschließen.

Aufgrund der Diagnose war die Indikation für die Operation gegeben. Bei der Operation wurde die Diagnose bestätigt. Besonders das rechte Halsgebiet war von knotigen, bröckligen Gewebsmassen durchsetzt, die sich durch Schnellschnitt histologisch als Teile eines von der Schilddrüse ausgehenden papillären Adeno-Karzinoms erwiesen. Das Bild der fleckförmigen, unregelmäßigen Jodspeicherung hat sich als typisches Merkmal für destruierend wachsende, in das Drüsengebiet einbrechende maligne Prozesse in der Schilddrüse erwiesen.

Beispiel 2

52jähr. Pat., bemerkt seit 2 Monaten eine zunehmende Schwellung im Halsbereich, die jetzt deutliche Druckschmerzhaftigkeit mit Atemnot verursacht.

Lokalbefund: Im Bereich der Schilddrüse zahlreiche erbs- bis pflaumengroße Knoten von relativ derber Konsistenz, die sich beim Schlukken mitbewegen.

Radiojodtest: Speicherung unterhalb der Norm; 2 Stunden = 15%, 24 Stunden = 20%, 48 Stunden = 18%. Gesamtserum-131-Jod = 1,1% der Dosis/Ltr., proteingebundenes 131-Jod = 0,9% der Dosis/Ltr.

Das Photoszintigramm (Abb. 71) läßt deutlich den Weichteilschatten an der oberen Thoraxapertur erkennen. Im oberen Anteil findet sich eine unregelmäßige, fleckförmige Schwärzung, ein voll funktionsfähiger Schilddrüsenlappen ist nicht abgrenzbar.

Differentialdiagnose: Schilddrüsen-Adenome, Struma diffusa euthyreotica, Struma nodosa euthyreotica, Morbus Hodgkin, Schilddrüsen-Karzinom.

Adenom-Knoten sowie eine Struma diffusa euthyreotica lassen sich durch die fehlende Radiojodspeicherung ausschließen. Beim Morbus Hodgkin ist die Schilddrüsenform im Szintigramm kaum verändert. Die relativ fleckförmige Radiojodverteilung im Zusammenhang mit dem klinischen Befund, dem schnellen Wachstum der Knoten, sprechen gegen eine Struma cystica. Im Zusammenhang mit dem Radiojodtest und

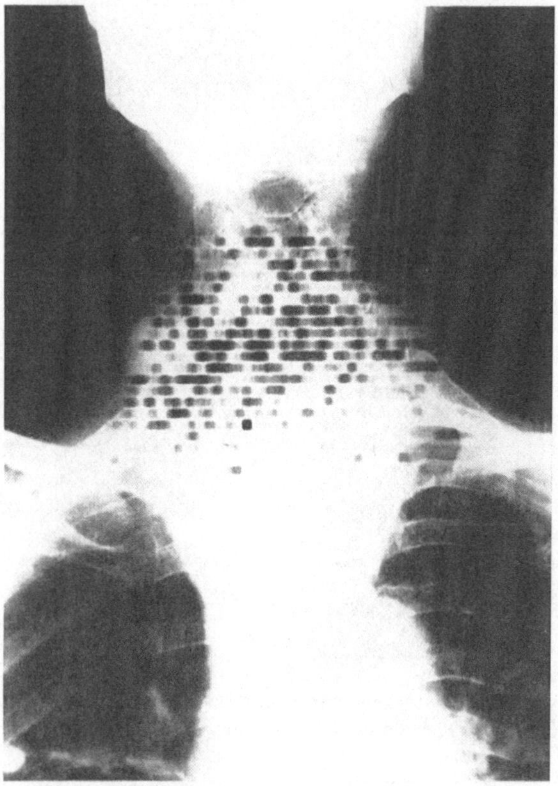

Abb. 71. Photoszintigramm 24 Stunden nach i. v. Injektion von 90 μCi 131-Jod.

Das Photoszintigramm läßt im Bereich der auf dem Röntgenbild erkennbaren Verschattung eine fleckförmige Radiojodverteilung ohne homogene Speicherbezirke erkennen

Kristallgröße 1″, konischer Kollimator 6 mm, Abtastgeschwindigkeit 78 cm/min

den hohen Serumjodwerten ist die fleckförmige Verteilung im Szintigramm so zu deuten, daß hier ein maligner Prozeß das gesamte Schilddrüsenparenchym diffus durchsetzt hat.

Diagnose: Schilddrüsen-Malignom.

Operation: Histologisch ein Adeno-Karzinom, in dem nur noch inselförmige Reste voll funktionsfähigem Schilddrüsenparenchyms festzustellen waren.

Neben den Hinweisen zur Diagnosestellung eines Schilddrüsen-Karzinoms erlaubt das Szintigramm im Zusammenhang mit dem Radiojodtest auch die Abgrenzung zu anderen Tumoren im Halsbereich; es können damit von der Schilddrüse ausgehende Neubildungen ausgeschlossen werden.

Beispiel 3

55jähr. Pat. mit stechenden, krampfartigen Schmerzen, die bis in die Schulter ausstrahlen.

Lokalbefund: Deutliche Venenstauung in den

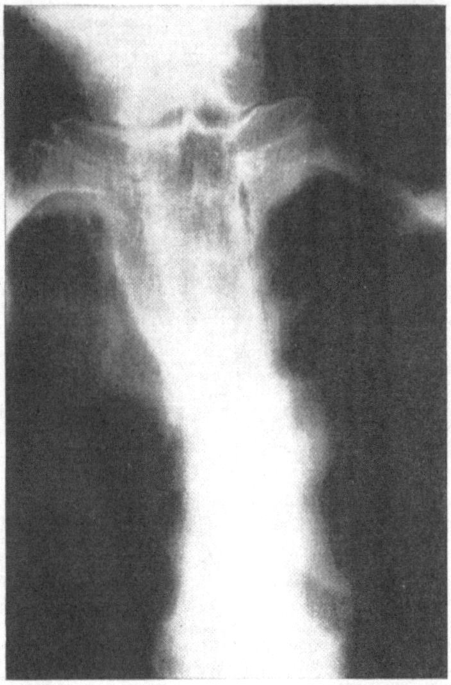

Abb. 72. Röntgenschichtaufnahme in 11 cm Tiefe von dorsal des Pat. Tumorschatten oberhalb der Bifurkation

Infra- und Supraklavikulargruben. Tastbefund im Halsbereich unauffällig, keine Knoten tastbar. Die Rö.-Untersuchung, insbesondere die Schichtaufnahmen 5—11 cm von dorsal, ließen in 11 cm (**Abb.** 72) einen etwa faustgroßen rundlichen Tumorschatten im oberen Mediastinum zur Darstellung kommen. Die Trachea war nach links verdrängt und in Höhe des Aortenknopfes eingeengt. Der Grundumsatz betrug +37%.

Der Radiojodtest ergab normale 131-Jodaufnahmewerte. 2 Stunden = 20%, 24 Stunden = 45%, 48 Stunden = 46%. Gesamtserum-131-Jod 0,16% der Dosis/Ltr.

Das Photoszintigramm (Abb. 73) der Schilddrüse läßt eine normal große, schmetterlingsförmige Schilddrüse mit relativ gleichmäßiger Radiojodverteilung im Halsbereich erkennen. Auf dem Photoszintigramm ist die Mediastinalverbreiterung deutlich sichtbar. Eine Radiojodspeicherung ist nicht zu erkennen.

Differentialdiagnose: Retrosternale Struma, Kolloidzyste, normale Schilddrüse bei vorliegendem Mediastinaltumor anderer Genese.

Eine Struma diffusa euthyreotica läßt sich durch die Radiojodspeicherung im Bereich der Norm ausschließen.

In erster Linie wurde an eine Struma oder an einen mit der Schilddrüse in Zusammenhang stehenden Prozeß gedacht, der sich von ventral nach dorsal ausdehnt und die Trachea umgreift. Der rechte Anteil im Schichtbild mit der zentralen Aufhellung wurde als Kolloidzyste gedeutet. Das Szintigramm mit der Darstellung einer normalgroßen, symmetrischen Schilddrüse, die in Form und Größe keinerlei Besonderheiten erkennen läßt, schließt differentialdiagnostisch eine mit der Schilddrüse in Zusammenhang stehende Erkrankung aus.

Diagnose: Schilddrüse von normaler Größe und Form, Schilddrüsenfunktion im Normalbereich, kein Zusammenhang mit dem im Schichtbild dargestellten Mediastinaltumor.

Die Operation bestätigt den diagnostischen Hinweis, daß der im rechten Oberfeld sitzende Mediastinaltumor in keinem Zusammenhang mit der Schilddrüse steht. Im Mediastinalbereich wurde die Metastase eines bisher unbe-

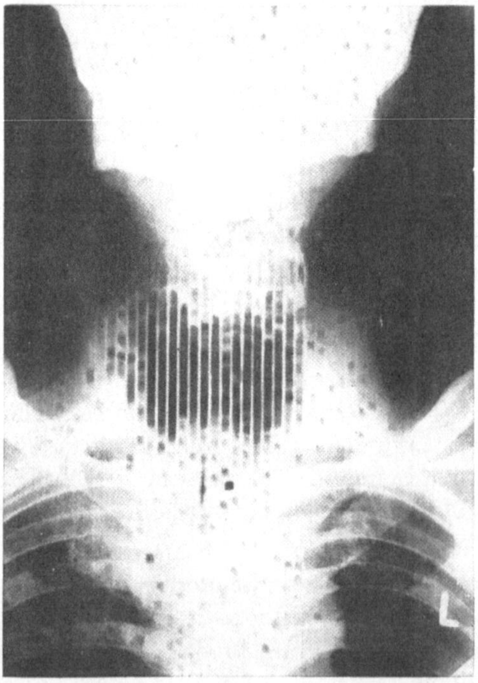

Abb. 73. Photoszintigramm des gleichen Pat. wie Abbildung 72. — 24 Stunden nach i. v. Injektion von 60 μCi 131-Jod.

Es zeigt sich eine etwa normalgroße, schmetterlingsförmige Schilddrüse ohne Anhalt für Speicherdefekte und ohne Anhalt für eine Verbindung mit dem Tumor an der oberen Thoraxapertur. Kein Zusammenhang mit dem Tumor retrosternal. Struma kann ausgeschlossen werden

Kristallgröße 1″, konischer Kollimator 6 mm, Abtastgeschwindigkeit 78 cm/min

kannten primären Plattenepithel-Karzinoms gefunden.

Beispiel 4

76jähr. Pat., seit etwa 3 Monaten zunehmende Anschwellung an rechter Halsseite.

Lokalbefund: An rechter Halsseite mehrere derbe bis pflaumengroße, zusammengebackene Knoten tastbar. Hautoberfläche etwas gerötet, Palpation nicht schmerzhaft. Klinisch bestand der Verdacht auf einen von der Schilddrüse ausgehenden Tumor.

Der Radiojodtest zeigte eine prozentuale Jodaufnahme im Bereich der Norm. Serum-131-Jod = 0,02% der Dosis/Ltr.

Das Szintigramm (Abb. 74) läßt eine schmetterlingsförmige Schilddrüse mit relativ gleichmäßiger Jodverteilung erkennen. Rechts neben der Schilddrüse sieht man im Röntgenbild ohne jede Jodspeicherung den Weichteilschatten.

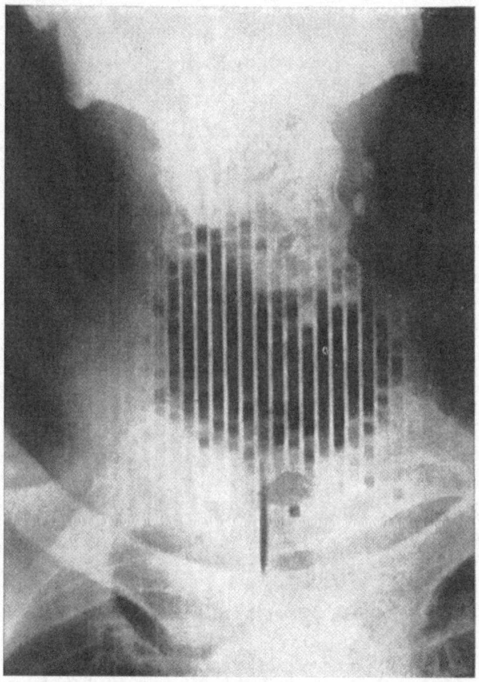

Abb. 74. Photoszintigramm eines 76jähr. Pat. mit derber Schwellung an der rechten Halsseite. 24 Stunden nach i. v. Injektion von 100 μCi 131-Jod.
Etwas vergrößerte, schmetterlingsförmige Schilddrüse mit homogener Jodverteilung. Der Weichteilschatten an der rechten Halsseite zeigt keine Verbindung mit der gut abgrenzbaren Schilddrüse. Ein von der Schilddrüse ausgehender Prozeß ist daher nicht wahrscheinlich. Die Operation ergab eine Metastase eines entdifferenzierten Adenokarzinoms, das nicht in Zusammenhang mit der Schilddrüse stand

Zylinderkollimator 6 mm ⌀, Kristallgröße 1'', Abtastgeschwindigkeit 78 cm/min

Differentialdiagnose: Adenome der Schilddrüse, Struma diffusa euthyreotica, Struma nodosa euthyreotica mit funktionsuntüchtigen Knoten, Schilddrüsen-Karzinom, Metastase eines Karzinoms anderer Genese.

Adenome sowie eine Struma diffusa euthyreotica lassen sich durch das Fehlen der Jodspeicherung ausschließen. Bei der normalen Form der Schilddrüse sowie bei den normalen Jodtestbefunden ist ein mit der Schilddrüse zusammenhängender Prozeß, ein Malignom ebenso ein Schilddrüsen-Karzinom unwahrscheinlich. In erster Linie kommen Lymphknotenmetastasen oder Lymphknotenschwellungen anderer Genese in Betracht.

Diagnose: Schilddrüse von normaler Form und Größe, Schilddrüsenfunktion im Bereich der Norm, die tastbaren, im Bereich der rechten Halsseite befindl chen Knoten stehen mit großer Wahrscheinlichkeit nicht in Zusammenhang mit der Schilddrüse.

Die Probeexcision aus dem Lymphknotenkonglomerat an der rechten Halsseite ergab das Vorliegen einer Metastase eines entdifferenzierten Adeno-Karzinoms. Die Aussage, daß kein direkter Zusammenhang mit der Schilddrüse besteht, wurde bestätigt.

4.5.2.3.8. Schilddrüsen-Karzinom-Metastasen

Abgesehen von Ausnahmefällen, in denen das Schilddrüsen-Karzinom die Funktion des normalen Schilddrüsenparenchyms noch besitzt, (hier handelt es sich vorwiegend um den follikulären Typ des Adeno-Karzinoms) ist die Feststellung und Lokalisation von Schilddrüsenmetastasen nur dann möglich, wenn das normale funktionsfähige Schilddrüsenparenchym durch Exstirpation operativ oder radiologisch durch Radiojodtherapie ausgeschaltet wurde.

Da sich aus der Radiojodspeicherung des Schilddrüsen-Karzinoms Möglichkeiten für deren Beseitigung ergeben, sollte in jedem Falle nach Sicherung der Diagnose eines Adeno-Karzinoms der Schilddrüse das normale Schilddrüsengewebe ausgeschaltet werden. Nach Black, Woolner und Blackburn (52) gibt es histo-pathologische Anhaltspunkte für die 131-Jod-Aufnahme der Schilddrüsen-Karzinome. Die Autoren haben bei 128 Patienten mit Schilddrüsen-Karzinom die

131-Jod-Speicherung autoradiographisch ermittelt. Sie unterscheiden

A. Adeno-Karzinome
   1. vorwiegend papillär
   2. gemischt papillär und follikulär
   3. vorwiegend follikulär

B. Maligne Adenome
   1. vorwiegend solide wachsend
   2. gemischt follikulär und solide wachsend
   3. vorwiegend follikulär wachsend
   4. Hürthle-Zell-Karzinom

C. Anaplastische Karzinome
   1. kleinzelliges und großzelliges Karzinom
   2. Spindelzell-Karzinom
   3. Sarkome usw.

Eine meist eindeutige 131-Jod-Aufnahme fand sich vorwiegend beim follikulären Typ des papillären Adeno-Karzinoms, beim follikulären Typ des malignen Adenoms und beim gemischt follikulären und beim soliden, malignen Adenom. Eine 131-Jod-Aufnahme war beim gemischt papillären und follikulären Typ des papillären Adeno-Karzinoms erst nach Ausschaltung der Schilddrüse nachweisbar.

Fehlende Radiojod-Aufnahme oder extrem geringe Radiojodspeicherung auch nach Ausschaltung der Schilddrüse wiesen die vorwiegend papillären Formen des Adeno-Karzinoms und die soliden sowie der Hürthle-Zell-Typ des malignen Adenoms und außerdem alle anaplastischen Karzinome auf.

Man kann aufgrund des histologischen Befundes schon eine gewisse Aussage über die zu erwartende 131-Jod-Speicherung des Malignoms treffen. Sehr häufig wird der Grad der Radiojodspeicherung in den Metastasen auch davon abhängen, wie vollständig das normale Schilddrüsenparenchym eliminiert wurde und welche Mittel zur Aktivierung der Jodspeicherung der Metastasen angewandt wurden.

Für den szintigraphischen Nachweis von Schilddrüsenmetastasen folgende Beispiele:

Beispiel 1

60jähr. Pat. wurde wegen einer fast kindskopfgroßen rechtsseitigen, rasch gewachsenen derben Struma mit Verdacht auf Schilddrüsen-Karzinom zur Operation eingewiesen.

Lokalbefund: Kindskopfgroße grobknotige, stellenweise steinharte Struma rechts. Einflußstauung. Stridor, Dysphagie. Bei der Rö-Untersuchung des Thorax fanden sich multiple münzenförmige Rundherde in beiden Lungen.

Radiojodtest: Auf ein Funktionsstudium der Schilddrüse konnte in Anbetracht des eindeutigen Befundes verzichtet werden.

Szintigramm: Das Ganzkörper-Photoszintigramm (**Abb. 75**) zeigt nur geringe Reste von jodspeicherndem Gewebe im Bereich des Kropfes. In beiden Lungen deutliche Radioaktivitätsanreicherung als Ausdruck der pulmonalen Metastasierung.

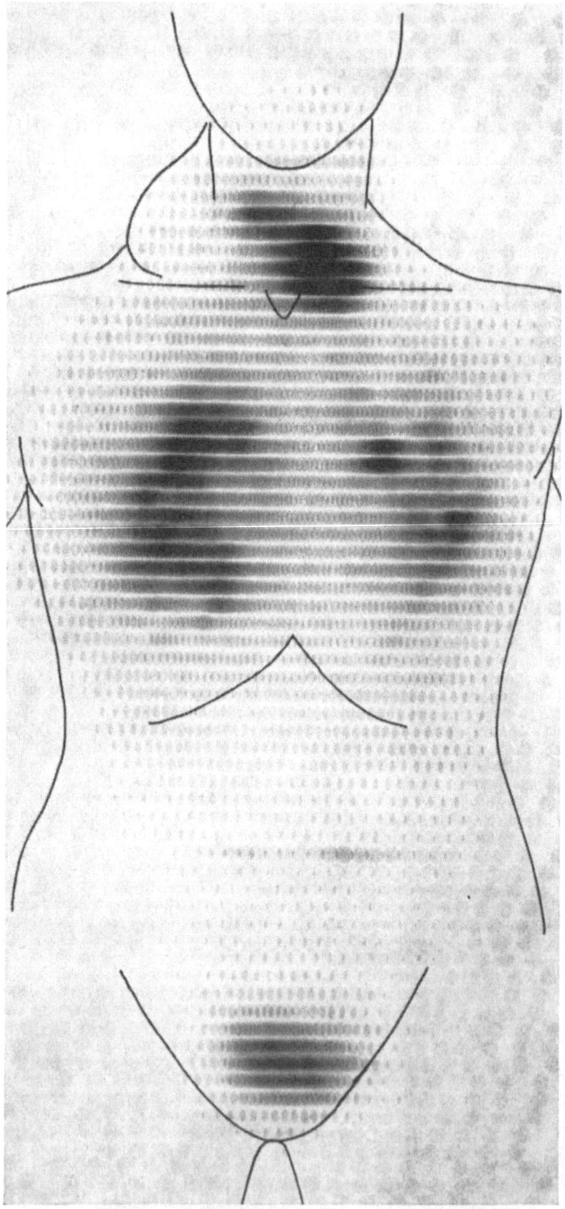

Abb. 75. Photoszintigramm 24 Stunden nach i. v.-Injektion von 500 μCi 131-Jod.
Die Schwärzung zeigt Schilddrüsenmetastasen im Hals- und Lungenbereich. Die Anreicherung in der Harnblase ist durch die Ausscheidung bedingt

Kristallgröße 1", konischer Einkanalkollimator — untere Apertur 1 cm — Abtastgeschwindigkeit 80 cm/min

Differentialdiagnose: Der Lokalbefund, die röntgenologisch nachweisbare Metastasierung und die Anreicherung von radioaktivem Jod in den Lungenmetastasen sichern die Diagnose eines Schilddrüsen-Karzinoms.

Diagnose: Schilddrüsen-Karzinom mit ausgedehnter pulmonaler Metastasierung.

Anmerkung: Histologie: teils papilläres, teils follikuläres Adeno-Karzinom.

Beispiel 2

73jähr. Pat., seit Jahren wegen Metastasen eines unbekannten Primärtumors behandelt. Die vorwiegend im Skelett auftretenden osteolytischen Destruktionen reagierten gut auf eine Rö-therapie. Der Primärtumor konnte trotz mehrfacher und eingehender Untersuchungen nicht aufgefunden werden. In Anbetracht der geringen und langsamen Progredienz des Tumorleidens wurde zuletzt die Verdachtsdiagnose „Schilddrüsenkarzinom" gestellt. Das Radiojodstoffwechselstudium der Schilddrüse und die Szintigraphie der Halsregion erbrachten jedoch keinen von der Norm abweichenden Befund. Erst nach erneuter Gabe einer Dosis von 200 μCi 131-Jod fanden summarische Radioaktivitätsmessungen eine geringe Speicherung im Bezirk der Knochenmetastase. Die Radiojodbehandlung wurde daraufhin eingeleitet.

Szintigramm nach Radiojodtherapie (**Abb. 76**): Starke 131-Jod-Konzentration in den z. T. bekannten Knochenmetastasen, der überwiegende Teil der Anreicherung war jedoch bisher klinisch stumm, d. h. war weder durch Rö-Aufnahmen nachweisbar, noch äußerte die Pat. dort Beschwerden.

Beispiel 3

79jähr. Pat., 1961 wegen eines rechts retrosternal eintauchenden Halsknotens, der sich schnell vergrößerte, stationär aufgenommen. Bei der Szintigraphie fand sich ein nicht speichernder Bezirk rechts kaudal, der dem palpablen Knoten zuzuordnen war (**Abb. 77**).

Der szintigraphisch kalte Knoten wurde entfernt und der rechte Schilddrüsenlappen subtotal reseziert. Histologisch wurde ein malignes Adenom der Schilddrüse festgestellt. In den beiden folgenden Jahren blieb der Befund unverändert. Es kam jedoch 1963 zu einer erheblichen Mediastinalverbreiterung, in der sich eine gegenüber der Schilddrüse reduzierte 131-Jod-Speicherung nachweisen ließ (**Abb. 78**).

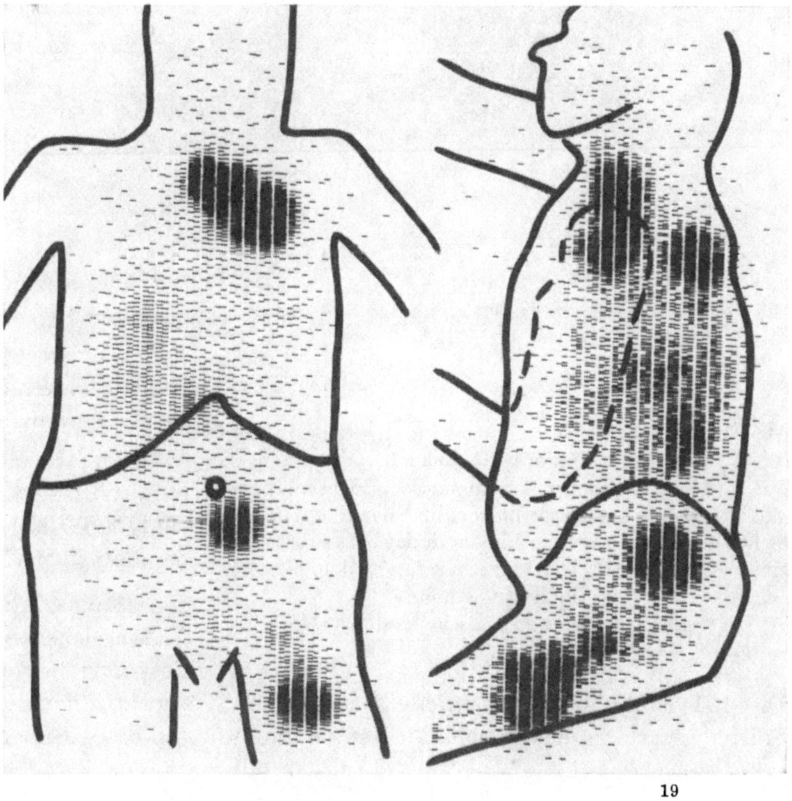

Abb. 76.
Strichszintigramm 24 Stunden nach i. v.-Injektion von 500 μCi 131-Jod.
Es finden sich Anreicherungen in den z. T. bekannten Knochenmetastasen. Der überwiegende Teil der durch die Aktivitätsanreicherung erkenn- und beweisbaren Metastasen war jedoch klinisch stumm

Kristallgröße 1,5", fokussierender Mehrkanalkollimator, Abtastgeschwindigkeit 100 cm/min

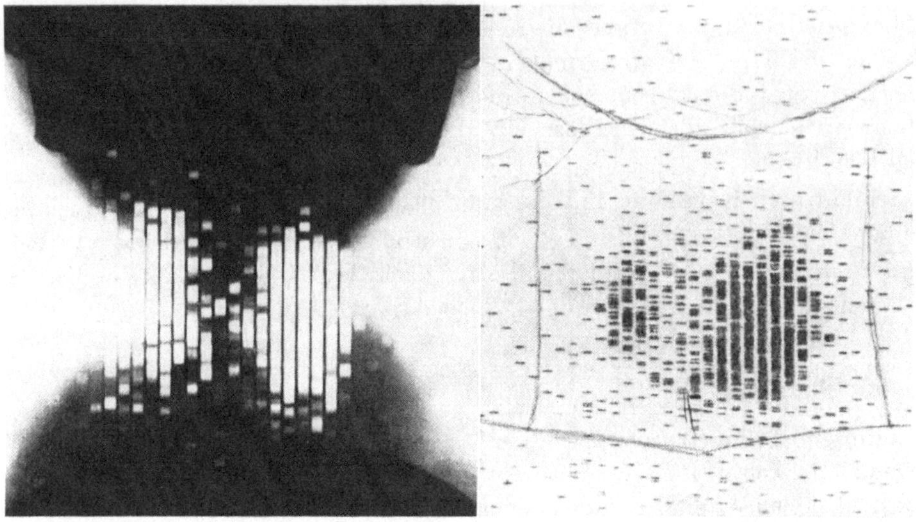

Abb. 77. Photoszintigramm 24 Stunden nach i. v.-Injektion von 90 μCi 131-Jod. Es zeigt sich ein Speicherdefekt im Bereich der rechten Schilddrüsenlappens. Nach subtotaler Operation des rechten Schilddrüsenlappens findet sich eine Restspeicherung und ein normaler Schilddrüsenlappen links bei gleicher Technik

Kristallgröße 1 × 1'', konischer Kollimator, 6 mm, Abtastgeschwindigkeit 78 cm/min

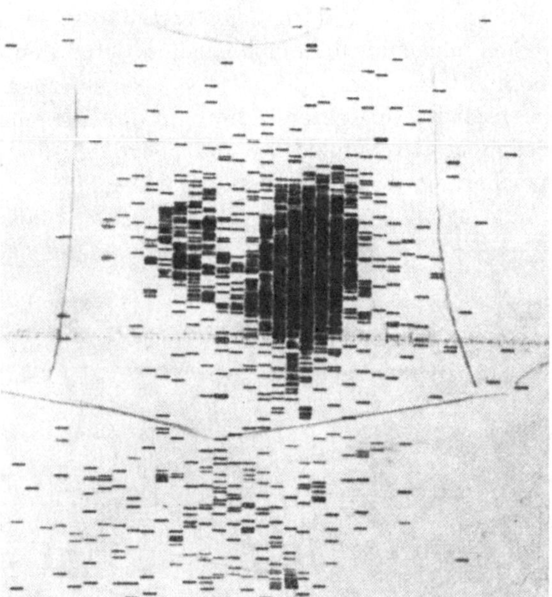

Abb. 78. Strichszintigramm nach i. v.-Injektion von 100 μCi 131-Jod.
Das Bild läßt einen normalen linken Schilddrüsenlappen und den Schilddrüsenrest nach subtotaler Exstirpation rechts erkennen. Darüber hinaus findet sich substernal eine vermehrte 131-Jod-Anreicherung in dem Bereich des Mediastinaltumors

Kristallgröße 1 × 1'', konischer Kollimator, 6 mm. Abtastgeschwindigkeit 78 cm/min

Die 131-Jod-Speicherung im Mediastinaltumor führte zur Diagnose Schilddrüsenkarzinom-Metastase im Bereich des Mediastinums. Die Pat. erhielt im Dezember 1963 und im Januar 1964 insgesamt 150 mCi 131-Jod.

Die Szintigraphie unter der Radiojodtherapie **(Abb. 79)** läßt links die deutliche Jodspeicherung im Bereich der Schilddrüsenmetastase erkennen. Das rechte Bild zeigt den Zustand 1966, also 3 Jahre nach der Radiojodtherapie.

Szintigraphisch **(Abb. 80)** ist jetzt (1966) auch im Skelett keine Anreicherung festzustellen; Metastasen des Schilddrüsenkarzinoms sind nicht mehr nachzuweisen.

Beispiel 4

60jähr. Pat., wegen eines histologisch gesicherten Adeno-Karzinoms der Schilddrüse eingewiesen.

Die Diagnose wurde nach einer Schenkelhalsfraktur anhand der bei der Nagelung entnommenen Gewebsproben gestellt.

Während die Knochendestruktionen im **Rö-Bild** einwandfrei erkennbar waren, bot sich zunächst röntgenologisch keinerlei Anhalt für eine Lungenmetastasierung **(Abb. 82)**.

Das Photoszintigramm (Abb. 81) läßt neben der Jodanreicherung in den bekannten Knochendestruktionen eine erhöhte Radioaktivitätskonzentration in beiden Lungen und im rechten Hilus als Beweis für eine Metastasierung erkennen.

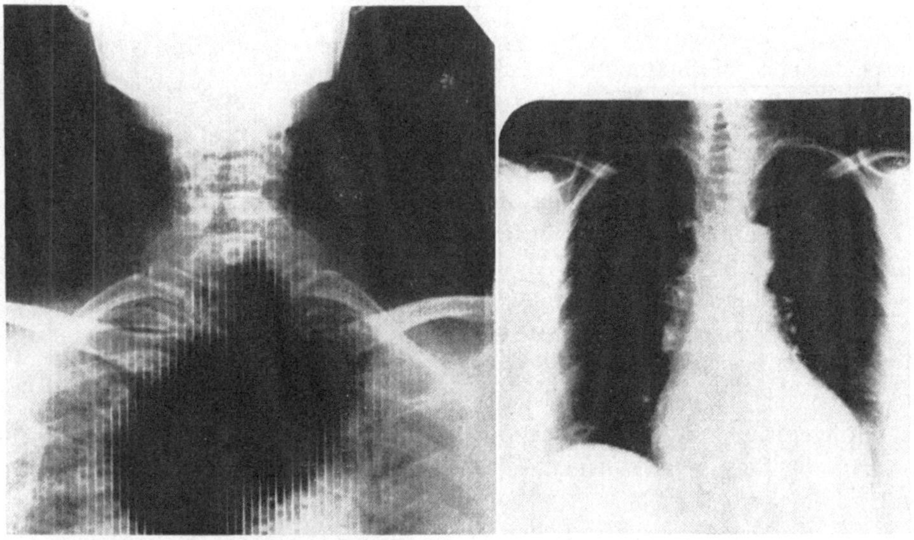

Abb. 79. Photoszintigramm 8 Tage nach i. v. Injektion von 100 μCi 131 Jod. Es zeigt sich im gesamten Gebiet der mediastinalen Verbreiterung eine relativ gleichmäßige Anreicherung, die den dort befindlichen Schilddrüsenmetastasen entspricht. Rechtes Bild: Röntgenaufnahme 3 Jahre nach der Radiojodtherapie. Die Mediastinalverbreiterung ist verschwunden. Kein Anhalt für Karzinom-Rezidiv

Kristall 1″, konischer Kollimator, 6 mm, Abtastgeschwindigkeit 78 cm/min

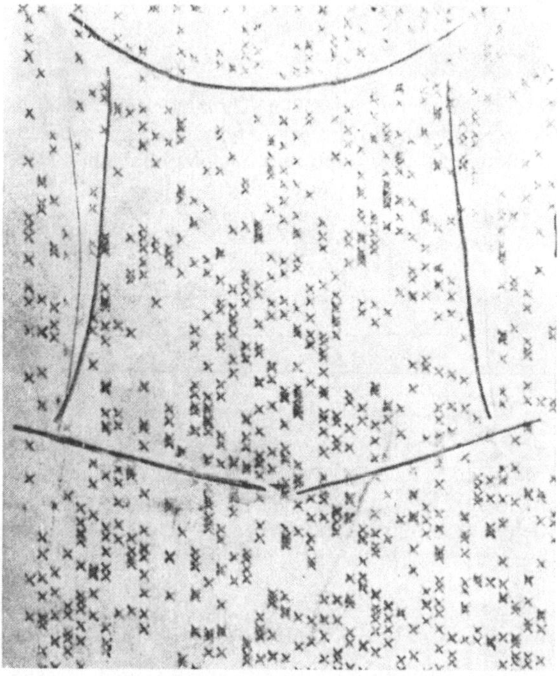

Abb. 80. Strichszintigramm 24 Stunden nach i. v.-Injektion von 100 μCi 131-Jod. Über dem gesamten Schilddrüsenbereich findet sich keinerlei Aktivitätskonzentration

Kristallgröße 1 × 1″, konischer Kollimator, 6 mm, Abtastgeschwindigkeit 78 cm/min

Szintigraphische Diagnose: Metastasierendes, jodspeicherndes Schilddrüsenkarzinom.

Dadurch läßt sich jede andere Erkrankung ausschließen.

4.5.3. Bestimmung des Schilddrüsengewichtes

Sowohl für die Errechnung der zur Radiojodbehandlung erforderlichen Therapiedosis als auch zum Größenvergleich vor und nach erfolgter Behandlung ist eine Ermittlung des Schilddrüsengewichtes erforderlich. Die häufig geübte Schätzung des Organgewichtes durch Palpation kann insbesondere bei großen Strumen zu erheblichen Fehlern führen.

Die von Doering und Kramer (53) aufgestellte Beziehung zwischen Fläche und Gewicht der Schilddrüse hat sich vielfach bewährt. Der maximale Fehler soll dabei etwa 25% betragen.

$$\text{Gewicht} = K \cdot \sqrt{F^3} \qquad (K = 0{,}326 \pm 0{,}04).$$

Aus der im Szintigramm dargestellten Projektionsfläche des speichernden Schilddrüsengewebes wird mittels Planimetrie der Flächeninhalt bestimmt. Die Beziehungen der Fläche zum Gewicht der Schilddrüse sind im Diagramm (**Abb. 83**) dargestellt. Das Schilddrüsengewicht kann anhand dieses Diagramms leicht abgelesen werden.

4.5.4. Kontrolle von Behandlungsresultaten

Die Szintigraphie hat sich — neben dem Stoffwechselstudium mit Radiojod — zur Kontrolle

nach chirurgischen Eingriffen als auch nach strahlentherapeutischen Maßnahmen, speziell nach der 131-Jod-Therapie, bewährt.
Die Lokalisationsuntersuchung gibt einen Überblick über den Restteil der Struma. Aus der Größe des funktionstüchtigen Bezirkes und den prozentualen Radiojodaufnahmen läßt sich feststellen, ob die verbliebenen Schilddrüsen-Anteile zur Versorgung des Organismus ausreichen. Diese Kontrolluntersuchungen haben zu der Erkenntnis geführt, daß bei hyperthyreoten Strumen gewöhnlich ein kleinerer Schilddrüsenanteil eine normgerechte Stoffwechsellage zu erhalten vermag als dies bei Vorliegen einer euthyreoten Struma möglich ist.

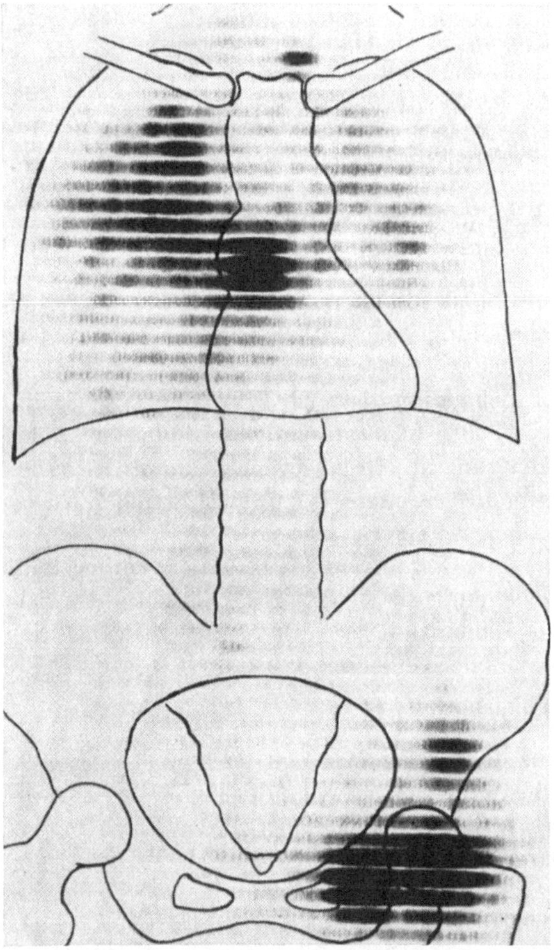

Abb. 81. Ganzkörperszintigramm 24 Stunden nach Radiojod-Applikation. Metastasierendes Adenokarzinom der Schilddrüse in beiden Lungen, im rechten Hilus, Becken und Schenkelhals. Zustand nach Radioresektion der Schilddrüse

Applizierte Aktivität: 500 μCi, Kristallgröße: 1 × 1 Zoll, Kollimator: konischer 1-Kanalkollimator ø 1 cm, Abtastgeschwindigkeit 80 cm/min. : 800 mm/min.

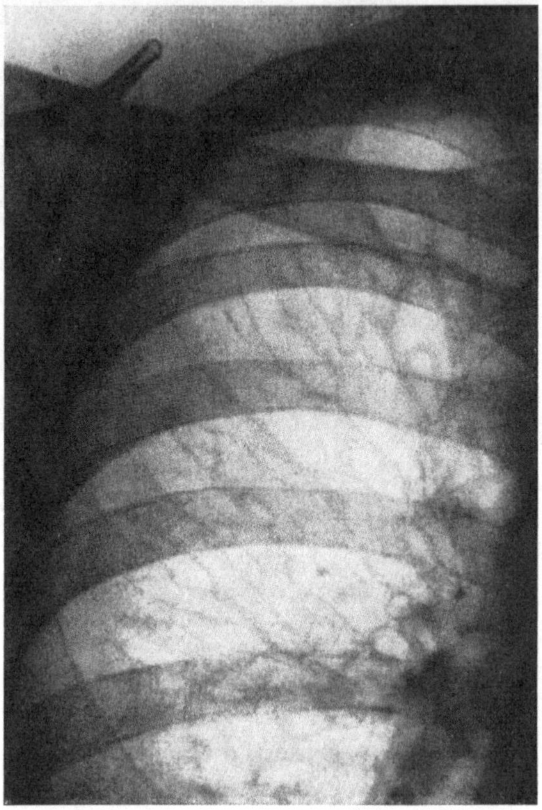

Abb. 82. Ausschnitt aus der Thoraxröntgenaufnahme. Die durch das Szintigramm (Abbildung 81) bewiesenen Lungenmetastasen sind röntgenologisch noch nicht erkennbar

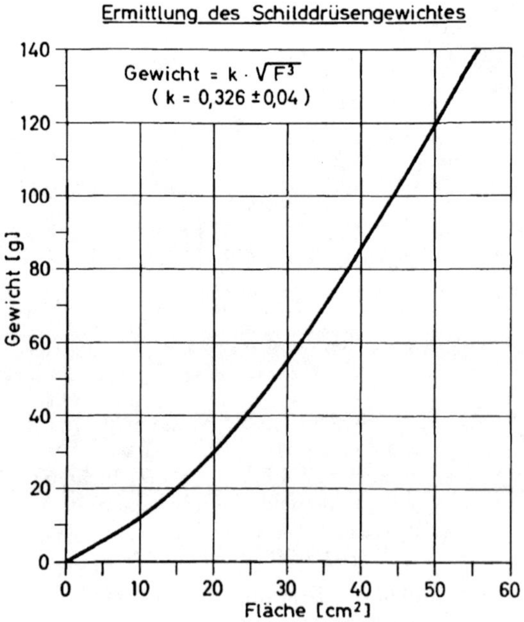

Abb. 83. Diagramm zur Ermittlung des Schilddrüsengewichtes. — DOERING (53)

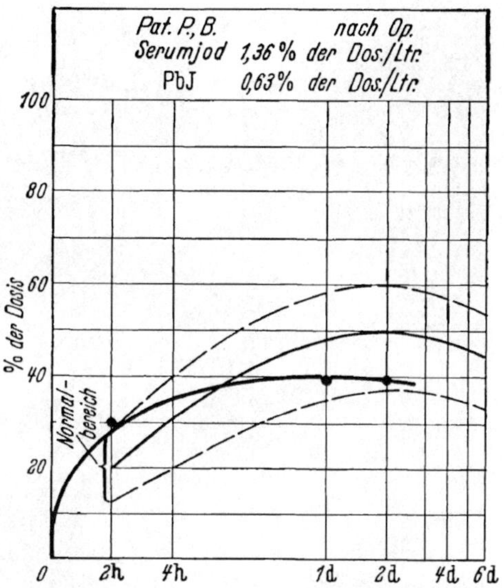

Abb. 84. Radiojodtest nach Strumektomie bei einer Pat. mit einer Basedowstruma. Es wird ein Schilddrüsenrest belassen, der nur ein Drittel der Größe einer normalen Schilddrüse entspricht. Der Radiojodtest zeigt eine Schilddrüsenfunktion im Bereich der Norm

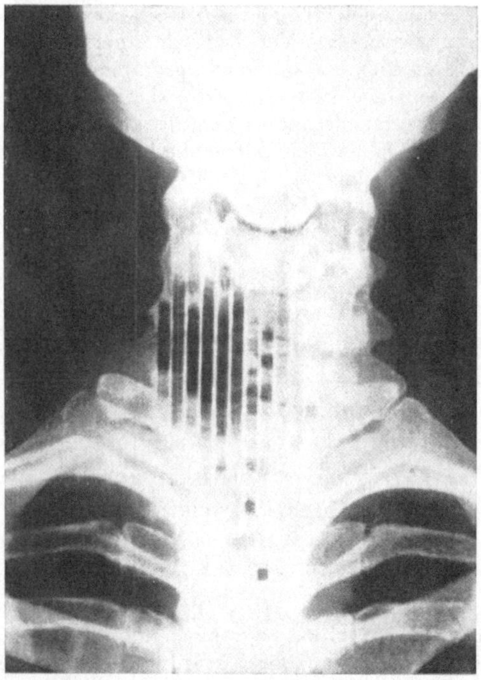

Abb. 85. Photoszintigramm 24 Stunden nach 50 μCi 131-Jod oral.
Das Photoszintigramm zeigt den kleineren Schilddrüsenrest nach Strumaresektion einer Hyperthyreose, der, wie Abbildung 84 zeigt, zur Erhaltung der Schilddrüsenfunktion ausreicht

Für die Beurteilung des Operationserfolges nach der Strumektomie ergeben sich Hinweise, die an zwei Beispielen erläutert werden sollen.

Beispiel 1

46jähr. Pat. mit **Struma diffusa hyperthyreotica.** Unter dem Gesichtspunkt der Erhaltung einer ausreichenden Schilddrüsenfunktion wurde bei der Hyperthyreose ein Schilddrüsenrest belassen, der nur $^1/_3$ an Größe und Gewicht einer normalen Schilddrüse betrug. Bei der Schilddrüsenresektion wurde davon ausgegangen, daß eine normalgroße Schilddrüse im Zustande der Überfunktion bereits schwere klinische Krankheitserscheinungen verursachen kann, während der Schilddrüsenrest von $^1/_3$ der normalen Größe trotz maximaler Schilddrüsenfunktion keinen nachteiligen Einfluß auf den Gesamtstoffwechsel bewirkt. Die unter diesem Gesichtspunkt durchgeführte Operation ergab 4 Wochen später klinisch eine deutlich subjektive und objektive Normalisierung des Zustandes der Patientin, die vorher eine schwere Hyperthyreose hatte.

Die Radiojodstoffwechseluntersuchung (Abb. 84) zeigt eine Jodaufnahme im Bereich der Norm. Nach 2 Stunden = 30%, 24 Stunden = 40%, 48 Stunden = 39%. Gesamtserumjod- und Proteinjodwerte gegenüber den Anfangsbefunden vor der Operation etwas zurückgegangen. Vor der Operation 3,6% der Dosis/Ltr., nach der Operation 1,36% der Dosis/Ltr., proteingebundenes 131-Jod vor der Operation 2,4% der Dosis/Ltr., nach der Operation 0,63% der Dosis/Ltr.

Das Szintigramm (Abb. 85) läßt eine relativ gleichmäßige Radiojodverteilung in dem etwa kirschgroßen Schilddrüsenrest an der rechten Halsseite erkennen. Der optimale Operationserfolg war subjektiv, klinisch und auch mit Hilfe der Radiojodstoffwechseluntersuchung nachzuweisen. Die Kontrolluntersuchung nach der Operation bestätigte die Richtigkeit der Überlegung, Größe und Ausdehnung der Resektion von der Parenchymfunktion der Schilddrüse abhängig zu machen.

Beispiel 2

43jähr. Pat. mit einer **Struma diffusa euthyreotica.** Aufgrund der Normalfunktion des Schilddrüsenparenchyms wurde ein Schilddrüsenrest belassen, der in Form und Größe einer normalen Schilddrüse entspricht. Dabei ging man von der Überlegung aus, daß zur Erhaltung des Schilddrüsenstoffwechsels bei euthyreoter Funktion der Schilddrüse ein etwa normalgroßes Organ

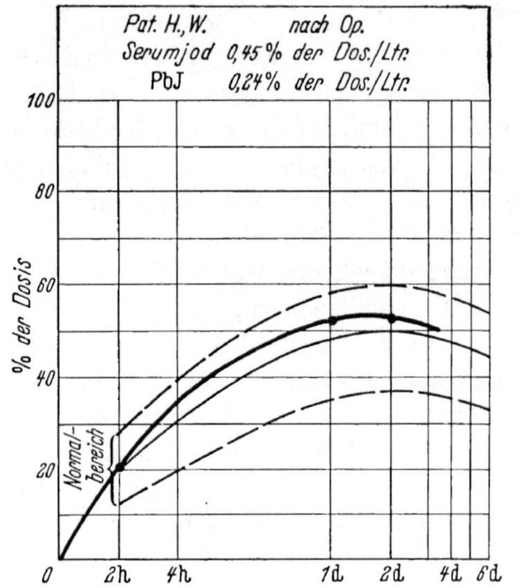

Abb. 86. Radiojodtest nach Strumaresektion einer euthyreoten Struma. Schilddrüsenfunktion liegt im Bereich der Norm

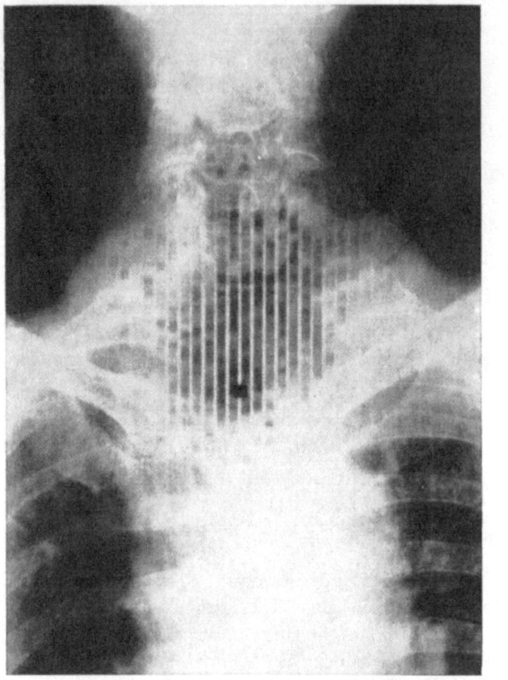

Abb. 87. Photoszintigramm nach Strumaresektion einer euthyreoten Schilddrüse, bei der ein Schilddrüsenrest belassen wurde, der in der Größe einer normalen Schilddrüse entsprach. Das Photoszintigramm 24 Stunden nach oraler Gabe von 60 μCi 131-Jod zeigt den größeren Schilddrüsenrest gegenüber der Resektion einer hyperthyreoten Struma, Schilddrüsenfunktion war, wie Abbildung 86 zeigt, normal

Kristallgröße 1″, konischer Kollimator, 6 mm, Abtastgeschwindigkeit 78 cm/min

notwendig ist. Die Operation wurde in der Weise durchgeführt, daß zwei mittelfingergliedgroße Bezirke belassen wurden, die einer Schilddrüse von normaler Größe entsprachen.

Der Radiojodtest (Abb. 86) 3 Wochen nach der Strumektomie läßt eine Radiojodspeicherung im mittleren Bereich der Norm erkennen. Der Serumjodwert beträgt 0,45% der Dosis/Ltr., proteingebundenes 131-Jod 0,24% der Dosis/Ltr. Die prozentuale Jodspeicherung entspricht auch im Kurvenverlauf einer normalen Funktion.

Das Photoszintigramm (Abb. 87) zeigt einen etwa daumenballengroßen, relativ gleichmäßig speichernden Bezirk, dessen Größe und Ausdehnung dem Schilddrüsenrest bei der euthyreoten Struma entspricht.

Bei der hyperthyreoten Struma soll der funktionstüchtige Schilddrüsenrest $^1/_3$ einer normalen Schilddrüse betragen. Bei der Struma mit euthyreoter Funktion konnte unter Beweis gestellt werden, daß der Restteil einer Struma in der Größe einer normalen Schilddrüse die Erhaltung der Funktion sichert.

Literatur

1. BAUMANN, E. J.: Zschr. physiol. Chem., **21**, 319 (1896)
2. OSWALD, A.: Die Eiweißkörper der Schilddrüse. Zschr. physiol. Chem. **27**, 14 (1899)
3. KENDALL, E. C.: The isolation in crystaline form of the compound containing iodide which occurs in the thyroid. J. Amer. Med. Ass. **64**, 2042 (1915)
4. HARINGTON, C. R.: Chemistry of thyroxine. II. Isolation of thyroxine from the thyroid gland. Biochem. J. **20**, 293 (1926)
5. HARINGTON, C. R.: Croonian Lecture: Tyreoxine: Its Biosynthesis and its Immunochmistry. Proc. Royal Soc. Ser. **B. 132**, 223 (1944)
6. GROSS, J. and R. PITT-RIVERS: The identification of 3:5:3′-L-triiodothyronine in human plasma. Lancet **1**, 439 (1952). 3:5:3′-L-triiodothyronine. 1. Isolation from thyroid gland and synthesis. Biochem. J. **53**, 645 (1953). 3:5:3′-L-triiodothyronine. 2. Physiological activity Biochem. J. **53**, 652 (1953)
7. ROCHE, J., R. MICHEL et J. TATA: Chemie biologique: sur l'excretion biliare de la glycuroconjugaison de la 3:5:3′-triiodothyronine. C. R. Acad. Scie **236**, 1614 (1953)
8. ROCHE, J., R. MICHEL, S. LIZZITZKY and O. C. R. MICHEL: Sur la Formation d'iodures a Partir de la Diiodotyrosine dans le corps thyroide et sur leur reutilisation. Acad. Scie. Paris **232**, 2148 (1951)

9. ROCHE, J., NUNEZ et CL. JAQUEMIN: Métabolisme de la 3:3'-diiodothyronine. C. R. Soc. Biol. (Paris) **151**, 2012 (1957)

10. ROCHE, J. J. and M. S. BREEN: Medical scintillation scanning utilizing closed circuit TV contrast enhangement. Amer. J. Roentgenol. 8, 128—140 (1962)

11. FERMI, E.: Radioactivity induced by neutron bombardmendt. Nature Dis. J., London **133**, 757 (1934)

12. FERMI, E., E. AMALDI, O. D-ADOSTINO, F. RASETTI and E. SEGERÈ: Artificial radioactivity produced by neutron bombardment. Proc. Roy. Soc. Med. London **146 A**, 483 (1934)

13. HERTZ, S., R. D. EVANS and A. ROBERTS: Radioactive iodine as an indicator in the study of thyroid physiology. Proc. Soc. Exper. Biol. Med. N. Y. **38**, 510 (1938)

14. HAMILTON, J. G. and M. H. SOLEY: Studies in Iodine metabolism by the use of a new radioactive isotope of iodine. Amer. J. Physiol. **127**, 557 (1939)

15. HAMILTON, J. G. and M. H. SOLEY: Studies in iodine metabolism of the thyroid gland in situ by the use of radioiodine in normal subjects and patients with various types of goiter. Amer. J. Physiol. **131**, 135 (1940)

16. HAMILTON, J. G. and J. H. LAWRENCE: Recent clinical developments in the therapeutic application of radiophosphorus and radioiodine. J. Clin. Invest. **21**, 624 (1942)

17. BILLION, H., K. OEFF u. F. KLAUER: Ergebnisse mit dem RJ-Test der Schilddrüse. Ärztl. Wschr. **306** (1951)

18. OESER, H. und H. BILLION: Funktionelle Strahlendiagnostik durch etikettierte Röntgenkontrastmittel. Fortschr. Röntgenstr. **76**, **431** (1952) Untersuchungen mit etikettiertem Biliselektan. Fortschr. Röntgenstr. **74**, 197—203 (1951)

19. HORST, W.: Zur diagnostischen Anwendung von Radiojod 131. Strahlentherapie **85**, 183 (1951)

20. ALLEN, LIBBY and CASSEN: The scintillation counter in clinical studies of human thyroid physiology using J-131. J. Clin. Endocr., **11**, 492 (1951)

21. KROKOWSKI, E., H. KUNZE, R. FLEHMIG und K. RACH: Die normale Schilddrüsenfunktion im Radiojodtest in Abhängigkeit von Lebensalter und Geschlecht. Nuclear-Medizin **4**, 200—205 (1964)

22. HORST, W.: Ergebnisse einer speziellen Radiojoddiagnostik von Struma und Schilddrüsenkrebs und Untersuchungen zur Frage einer Jodfehlverwertung in deren Pathogenese. (Dt. Zentralausschuß für Krebsbekämpfung und Krebsfürsorge, Jahrestagung in Stuttgart 1955). Strahlentherapie Sonderbd. **34**, 150 (1950)

23. HORST, W.: Klinische Radiojoddiagnostik der Schilddrüsenerkrankungen in Strahlenbiologie, Strahlentherapie, Nuclearmedizin u. Krebsforschung, S. 785—930. Stuttgart: Georg Thieme 1959

24. HORST, W., I. PETERSEN, H.-J. THIEMANN und L. ZUKSCHWERDT: Neue Ergebnisse der Differentialdiagnostik von Schilddrüsenerkrankungen durch die Szintigraphie und das Radiojod-Dreiphasenstudium. Dtsch. med. Wschr. **85**, 711—732 (1960)

25. BEAHRS, O. H. and E. S. JUDD: Malignant lesions of the thyroid gland. Surg. Clin. N. America **31**, 1169 (1951)

26. QUERVAIN, F. DE: „Zur Klinik und pathologischen Anatomie der nicht eitrigen Thyreoiditis.“ Schweiz. med. Wschr. 1174 (1936); 815 (1938)

27. RICHARD, M.: Eisenharte Struma RIEDEL und Fokalinfektion. Schweiz. med. Wschr. 471 (1947)

28. CRILE, G.: Thyreoiditis. Ann. Int. Med. **37**, 519 (1952)

29. GOETSCH, E. and M. KAMNER: Chronic thyroiditis and RIEDELS Struma: Etiology and pathogenesis. J. Clin. Endocr., **15**, 1010 (1955)

30. WITEBSKY, E., N. R. ROSE and S. SHULMAN: Cancer Res. **16**, 831 (1956)

31. WITEBSKY, E., N. R. ROSE and S. SHULMAN: The autoantibody nature of the thyreoiditis antibody and the role of thyroglobulin in the reaction. Lancet I, 808 (1958)

32. ROITT, J. M., D. DONIACH, P. N. CAMPBELL and R. V. HUDSON: Auto-antibodies in Hashimoto's disease (lymphadenoid goitre). Lancet II, 820 (1956) Endocr., **13**, 1408 (1953)

33. HEILMEYER, L. und W. MÜLLER: Die autoantikörperbedingte Thyreoiditis. Dtsch. med. Wschr. **17**, 701 (1960)

34. SCHUMACHER, W. und R. TOSCH: Die Differentialdiagnostik der Thyreoiditis mit Hilfe des Radiojodtestes. Strahlentherapie **113**, 451 (1960)

35. CATTEL, R. B. and B. P. COLCOCK: The present-day problem of cancer of the thyroid. J. Clin. Endocr., **13**, 1408 (1953)

36. PEMBERTON, J. DE J.: Malignant lesions of thyroid gland: review of 774 cases. Surg. Gyn., Obstetr. **69**, 417 (1939)

37. PEMBERTON, J., De J. and B. M. BLACK: The association of carcinoma of the thyroid gland and exophthalmic goiter. Trans. Am. Goiter Assoc. **163** (1948)

38. GRAHAM, J. M. and R. MC. WHIRTER: Carcinoma of the thyroid. Proc. Roy. Med. Chir. Soc. London **40**, 669 (1947)

39. WATSON, W. L. and J. L. POOL: Carcinoma of the thyroid. Ann. Surg. **126**, 140 (1947)

40. JACOBSSON, F.: Treatment of carcinoma of the thyroid. Acta radiol. Stockholm **41**, 169 (1954)

41. HARE, H. F. and F. A. SALZMANN: Cancer of the thyroid: ten of twenty year follow-up. Amer. J. Roentgenol. **63**, 881 (1950). Thyroid cancer: Treatment. In: The thyroid. A fundamental and clinical text. Sidney C. Werner. p. 297. New York: Hoeber-Harper 1957.

42. PATERSON, R.: The treatment of thyroid carcinoma by radioiodine. Brit. J. Radiol. **23**, 553 (1950)

43. HORN, R. C. jr., R. F. WELTY, F. P. BROOK, J. E. THOARDS and E. P. PENDERGRASS: Carcinoma of the thyroid. Ann. Surg. **126**, 140 (1947)

44. WARD, R.: When is malignant goiter malignant? J. Clin. Endocr., **9**, 1031 (1949)

45. CRILE, G. jr.: Cancer of the thyroid. J. Clin. Endocr., **10**, 1152 (1950). Treatment of tumors of thyroid with divided doses of radioactiv iodine. Amer. J. Roentgenol. **65**, 415 (1951)
46. BEAHRS, O. H., J. DE J. PEMBERTON and B. M. BLACK: Nodular goiter and malignant lesions of the thyroid gland. J. Clin. Endocr., **11**, 1157 (1951)
47. ZUKSCHWERDT, L. und V. BAY: Die gezielte Operationstechnik im Nichtendemiegebiet (mit besonderer Berücksichtigung des Adenomproblems).
48. BÖRNER, W., M. LAUTSCH, E. MOLL und W. ROMEN: Die diagnostische Bedeutung des „kalten Knotens" im Schilddrüsen-Szintigramm. Med. Welt **17**, 892 (1965)
49. HORST, W., I. PETERSEN und L. ZUKSCHWERDT: Chirurgie und Radiologie in der Behandlung von Schilddrüsenerkrankungen. Med. Klin. 549 (1959)
50. PERLMUTTER, M. and S. SLATER: Praeoperative differentiation between the benign and possibly malignant nontoxic thyroid nodule. N. England J. Med. **255**, 65 (1956)
51. HORST, W.: Radiojod in Diagnostik und Therapie der Schilddrüsenneoplasmen. Radioaktive Isotope in Diagnostik und Therapie. Springer Berlin 1961, p. 886
52. BLACK, B. M., L. B. WOOLNER and CH. M. BLACKBURN: The uptake of radioactive iodine by carcinoma of the thyroid gland.: A study of 128 cases. J. Clin. Endocr., **13**, 1178 (1953)
53. DOERING, P. und K. KRAMER: Die Bestimmung des Schilddrüsengewichtes mit der Szintigraphie nach Gabe von Radiojod. Strahlentherapie. **105**, 245 (1958)
54. Heim, W., W. Schumacher u. D. Frost: Radioaktive Isotope in der Chirurgie (1961)

V Nebenschilddrüse

Kapitel V

Nebenschilddrüsen
(Adenom der Epithelkörperchen)

---

5. Nebenschilddrüsen
(Adenom der Epithelkörperchen)

5.1. Geschichtlicher Rückblick

1963	Erste kasuistische Mitteilungen über die mögliche szintigraphische Darstellung von Nebenschilddrüsenadenomen.
1964/ 1965	Weitere Beobachtungen von WRIGHT (1) und von POTCHEN und Mitarb. (2, 3), in Deutschland von BARTELHEIMER u. Mitarb. (4).

Bisher gelang die szintigraphische Darstellung der Epithelkörperchen-Adenome nur mit 75-Se-Methionin

5.2. Auswahl der Nuklide

5.2.1. 75-Selenmethionin

HWZ 121 Tage

Gamma-Energie: 0,024— 0%, 0,066— 1%, 0,096— 3%, 0,12 — 15%, 0,14 — 54%, 0,20 — 1,5%, 0,27 — 56%, 0,28 — 23%, 0,31 — 1,4%, 0,40 — 12,5%.

Methionin wird überall im Organismus zur Proteinsynthese benutzt. Im Adenom der Epithelkörperchen findet sich entsprechend der Dynamik des Zellstoffwechsels eine (relativ) erhöhte Anreicherung gegenüber dem umgebenden Gewebe. Notwendigerweise muß die Funktion der Schilddrüse durch Trijodthyronin herabgesetzt werden — siehe Zeitpunkt der Szintigraphie.

5.2.1.1. Verwendungsform

Als Se-Methionin in wäßriger Lösung, steril, spezifische Aktivität 100—400 μCi/mM.

5.2.1.2. Dosierung

250—400 μCi in wäßriger Lösung i. v.

5.2.1.3. Zeitpunkt der Szintigraphie

6 Tage vor der angesetzten Untersuchung erhält der Patient täglich 150 μg Trijodthyronin.

Als optimaler Zeitpunkt für die Szintigraphie wird von SACK, PETRY und DÜWELL (5) nach Untersuchungen mit der Szintikamera 45 Minuten p. i. angegeben. Bei ihrer Beobachtung war das Adenom nach 90 Minuten weniger deutlich, nach 120 Minuten nicht mehr nachweisbar.

5.2.1.4. Strahlenbelastung

Nebenschilddrüse $\approx$ 0,1 rad/μCi, Gesamtkörper unter 0,02 mrad/μCi.

5.3. Technik der Darstellung

Nach Blockierung der Schilddrüse über mehrere Tage mit Trijodthyronin werden 250 μCi 75-Se-L-Methionin in wäßriger Lösung intravenös gegeben.

Die Untersuchungen von SACK, PETRY und DÜWELL (5), die Szintiphotos 15, 30, 45, 75, 90 und 120 Minuten nach der i. v. Injektion anfertigten, stellten fest, daß bereits nach 30 Minuten

eine Aktivitätsanreicherung im Adenom feststellbar war, die nach 45 Minuten ihr Maximum erreicht hatte. Nach 90 Minuten war das Adenom weniger deutlich und 120 Minuten nach i. v. Injektion nicht mehr erkennbar.
Für die szintigraphische Darstellung ist also die Zeit zwischen 50 und 70 Minuten entscheidend. Die Szinti-Kamera ist bei der Darstellung der Nebenschilddrüsen-Adenome durch die geringe Expositionszeit von 1—2 Minuten den konventionellen Scannern überlegen. Die Darstellung der Nebenschilddrüsen-Adenome ist durch den erhöhten und beschleunigten Stoffwechsel möglich. Da das Selenmethionin nicht organspezifisch ist, sondern unter anderem auch zur Synthese des Thyreoglobulins herangezogen wird, ist es notwendig, die Schilddrüse funktionell auszuschalten und für die Dauer von 6—8 Tagen täglich 1,5 μg Trijodthyronin/kg Körpergewicht zu geben. Die Zeitspanne, die nach der Injektion für die Szintigraphie zur Verfügung steht, ist begrenzt. Der relativ niedrige Blutspiegel zwischen der 15. und 80. Minute nach Injektion ist einer der Gründe für die bessere Lokalisation. Die tierexperimentellen Autoradiographien nach Injektion von 75-Se-Methionin von HANSSON und JACOBSSON (6) lassen erkennen, daß ein schneller Wechsel in Aufnahme und Ausscheidung des Selenmethionin zwischen Pankreas, Verdauungstrakt, Nieren, Speicheldrüsen, Keimdrüsen und Brustdrüsen eintritt. Das Ansteigen der Blutaktivität nach 4—6 Stunden ist wahrscheinlich auf die beschleunigte Ausscheidung über die Verdauungsdrüsen und Wiederaufnahme über den Darm zurückzuführen.
Die Szintigraphie der Adenome der Parathyreoidea ist grundsätzlich geeignet, dem Chirurgen vor der Operation die Lokalisation eines Nebenschilddrüsentumors auch bei intrathorakaler Lage anzugeben. Nach den Untersuchungen von HAUBOLD, SONNTAG, PABST, FREY, KARL (7) ist die Voraussetzung für die Szintigraphie eine eingehende klinische Diagnosestellung eines Hyperparathyreoidismus. Zur Differentialdiagnose und Abgrenzung eines Hyperparathyreoidismus ist die Szintigraphie nicht geeignet. Für den Chirurgen ist wichtig zu wissen, daß der szintigraphische Nachweis eines Epithelkörperchen-Adenoms ihn nicht von der Suche nach weiteren Adenomen entbindet, da in etwa 6% der Fälle zwei Adenome gleichzeitig bestehen und der szintigraphische Nachweis von Adenomen unter 1,5 cm Durchmesser erschwert und z. T. unmöglich ist. HAUBOLD u. Mitarb. (7) konnten bei 3 von 6 Patienten mit klinisch gesichertem primärem Hyperparathyreoidismus das Adenom lokalisieren. BÜHRING und PRÉVÔT (8) fanden bei 4 von 8 Patienten eine Übereinstimmung der Operationstopographie mit dem szintigraphischen Befund, allerdings waren 3 szintigraphisch falsch positive Befunde vorhanden. Ein erbsgroßes Nebenschilddrüsenadenom war im Szintigramm nicht nachweisbar. Falsch positive Ergebnisse können durch Schilddrüsenadenome, umschriebene Schilddrüsenhyperplasie, Anomalien der Halswirbelsäule, insbesondere Halsrippen, bedingt sein. Es ist sehr gut möglich, daß durch die Verbesserung der Technik, z. B. durch die zeitgerechte Aufnahme mit Hilfe der Szinti-Kamera eine größere Sicherheit des Nachweises der Nebenschilddrüsenadenome erreicht wird.

5.4. Das normale Szintigramm

Die szintigraphische Darstellung der normalen Epithelkörperchen ist bisher noch nicht gelungen.
Die normale Parathyreoidea weist annähernd Linsenform auf, das Gewicht beträgt 40—45 mg (LABHART) (9). Die 2 oberen Drüsen finden sich gewöhnlich an der Rückfläche der Schilddrüse in einer auf mittlerer Höhe der beiden Schilddrüsenlappen gelegenen hilusartigen Vertiefung, die durch den Eintritt des Astes der Art. thyreoidea inferior gebildet wird. Die unteren Parathyreoidea liegen normalerweise in einem pyramidenförmigen Fettpfropf, der sich an den unteren Pol der Schilddrüse anschließt. Bei Vorhandensein einer Struma ergeben sich Schwierigkeiten beim Auffinden, da die Drüsen durch Strumaknoten verdrängt sein können. Entwicklungsgeschichtlich stammen die oberen Drüsen von der 4., die unteren von der 3. Kiementasche ab. Auf ihrer entwicklungsgeschichtlichen Wanderung kreuzen sich somit die beiden Drüsenpaare.

5.5. Das Szintigramm vom Epithelkörperchen-Adenom

Durch Größe und Stoffwechselaktivität bilden sich analog den Adenomen der Schilddrüse auch die Epithelkörperadenome szintigraphisch ab. Bei den Adenomen der Parathyreoidea findet sich eine vermehrte Lagevariabilität. Im Gegensatz zur Schilddrüse ist die Parathyreoidea weder an die Trachea noch an ein anderes größeres Gebilde des Halses fixiert und als sehr mobiles Organ dem negativen Thoraxinnendruck ausgesetzt. Dieser Sog wächst mit der Größe der Drüse. Es ist daher leicht erklärbar, daß Adenome der unteren Parathyreoidea bis tief in den Thorax verlagert sein können. Vereinzelt sind derartige Adenome im vorderen Mediastinum bis hinab zum Perikard gefunden worden. Ein Hinweis für die Wanderung ist der Gefäßstiel, der bis in die Gegend der Schilddrüse nachweisbar ist.

Der primäre Hyperparathyreoidismus wird in der Regel durch ein solitäres Adenom (207 Patienten — 86%), durch multiple Adenome (6%), durch diffuse Hyperplasie (7%) und Parathyreoidea-Karzinome (1%), hervorgerufen. Er findet sich bei Frauen zweimal so häufig wie bei Männern. Größe und Gewicht liegen zwischen 25 mg bis zu 100 g.

Beispiel

44jähr. Pat. wurde mit pathologischen Frakturen beider Oberschenkel und der linken Tibia eingewiesen. Seit 2 Jahren bestanden rheumatische Beschwerden in allen Gliedern.

Klinischer Befund: Wegen ausgedehnter Destruktionen des Skelettsystems und einer hochgradigen Kachexie wurde an eine generalisierte Knochenkarzinose bei unbekanntem Primärtumor gedacht. Die ausgeprägte Hyperkalzämie, Hyperkalzurie und hohe alkalische Serumphosphatase führten zu der Diagnose eines primären Hyperparathyreoidismus.

Die Röntgenaufnahme zeigte neben der ausgeprägten Osteoporose großzystische Umbauzonen, wie sie für die Osteodystrophia cystica fibrosa generalisata typisch sind.

Das Strichszintigramm (Abb. 1a) nach i. v. Injektion von 131-Jod läßt eine rundliche Aktivitätsanreicherung erkennen, dagegen findet sich in dem tastbaren Knoten am oberen Schilddrüsenpol keine 131-Jod-Speicherung.

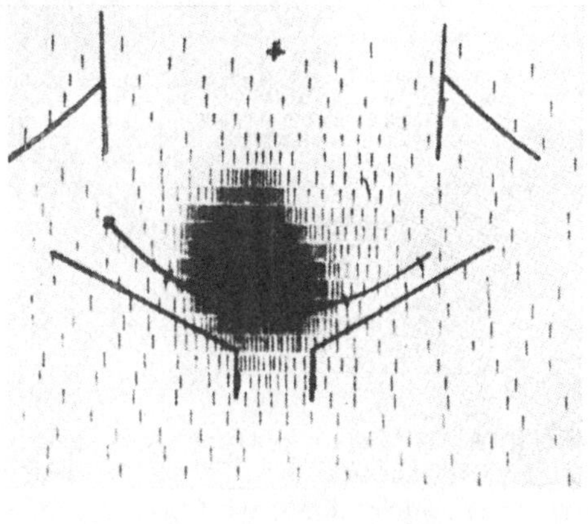

Abb. 1 a. Die umschriebene Aktivitätsanreicherung ergab den Verdacht auf ein Adenom

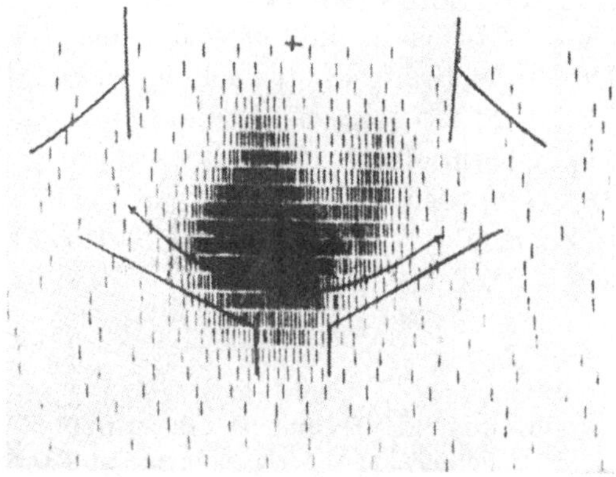

Abb. 1 b. Nach Injektion von thyreotropem Hormon stellt sich der normale Schilddrüsenlappen links dar (Abbildungen von Pietsch und Mitarbeiter., Med. Welt 18, 1108 [1967] [10])

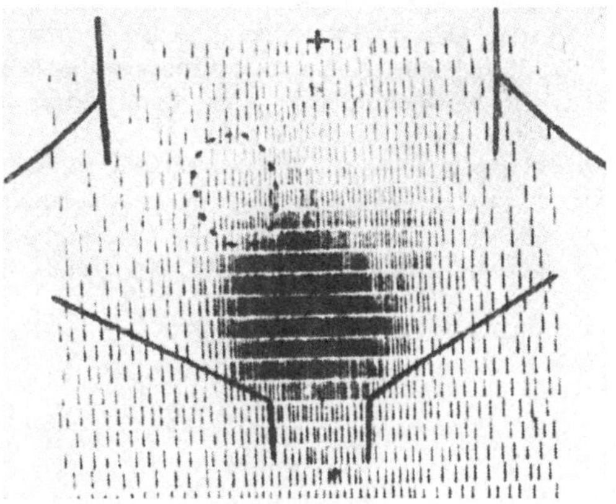

Abb. 2 a. Schilddrüsenszintigramm nach Gabe von 131-Jod. Der tastbare Knoten an der rechten Halsseite zeigt keine Speicherung

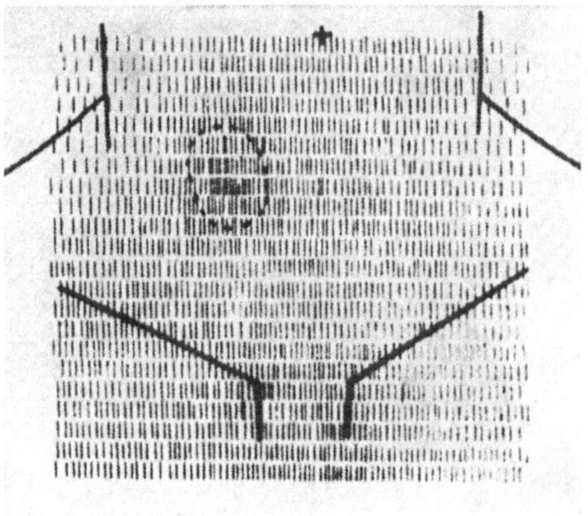

Abb. 2 b. Aktivitätsanreicherung in dem tastbaren Knoten nach Gabe von 400 μCi 75-Se-Methionin. 60 Minuten nach Applikation nach Pietsch u. Mitarb. (10)

Diagnose: Kalter, nichtspeichernder Knoten am oberen Schilddrüsenpol, die rundliche Schwärzung ergibt den Verdacht auf das Vorliegen eines toxischen Schilddrüsenadenoms.

Durch die Kontrolluntersuchung vor und nach TSH wird das toxische Adenom bestätigt.

Die umschriebene 131-Jod-Speicherung **(Abb. 1b)** ergab den Verdacht auf ein Schilddrüsen-Adenom. Die Wiederholung des Testes **(Abb. 2a)** nach Injektion von thyreotropem Hormon führte zum Nachweis des normalgroßen linken Schilddrüsenlappens.

Nach Gabe von 400 μCi 75-Se-Methionin findet sich nach 60 Minuten eine Aktivitätsanreicherung in dem tastbaren Knoten am rechten oberen Schilddrüsenpol **(Abb. 2b)**.

Verdacht auf Nebenschilddrüsen-Adenom.

Diagnose: Nebenschilddrüsen-Adenom und Schilddrüsenadenom rechts.

Anmerkung: Die anschließend durchgeführte Operation bestätigte die praeoperative Lokalisationsdiagnose des Nebenschilddrüsen-Adenoms. In der Mitte der seitlichen Begrenzung des rechten Schilddrüsenlappens wurden zwei, von der Schilddrüse gut abgegrenzte und mit einem eigenen langen, isoliert zur unteren Schilddrüsenarterie ziehenden Gefäßstiel versehene Adenome exstirpiert. Sie lagen unmittelbar nebeneinander und hatten einen Durchmesser von $3 \times 1{,}5$ cm, ihr Gewicht betrug 18 g. Postoperativ kam es zu einem Abfall des Serumkalziumspiegels der Hyperkalzurie (Beispiel von Pietsch u. Mitarb. (10).

Literatur

1. Wright, J. C.: J. nucl. Med. **5**, 710 (1964)
2. Potchen, E. J. und D. B. Sodee: Selective isotopic labeling of the human parathyroid: A Preliminary Case Report. J. Clin. Endocrin. Springfield **24**, 1125 (1964)
3. Potchen, E. J. und S. B. Dealy, jr.: Selective isotopic labeling of the parathyroid gland. J. Nucl. Med. **4**, 203 (1963)
4. Bartelheimer, H., H. Fritzsche, F. Kuhlencordt, C. Schneider und L. Zukschwerdt: Klin. Wschr. **43**, 854 (1965)
5. Sack, H., R. Petry und H.-J. Düwell: Darstellung eines Nebenschilddrüsenadenoms mit 75-Selen-Methionin und der Szintillationskamera. Dtsch. med. Wschr., 90. Jg., **53**, 2353 (1965)
6. Hansson, E. und S.-O. Jacobsson: Uptake of (75-Se) Selenomethionine in the tissues of the mouse studied by whole-body autoradiography. Biochim. Biophys. Acta, **115**, 285 (1966) (Sweden)
7. Haubold, U., A. Sonntag, H. W. Pabst, K. W. Frey und H. J. Karl: Zum Problem der szitigraphischen Darstellung von Epithelkörperchenadenomen mit Hilfe von 75-Se-Selenmethionin. Radioisotope in der Lokalisationsdiagnostik, 4. Jahrestagg. der Gesellschaft für Nuclearmedizin. Heidelberg 1966. 389 (1967)
8. Bühring, H. und H. Prévôt jr.: Lokalisation von Nebenschilddrüsenadenomen mit 75-Selen-L-Methionin. Radioisotope in der Lokalisationsdiagnostik, 4. Jahrestagg. der Gesellschaft für Nuclearmedizin. Heidelberg 1966. 397 (1967)
9. Labhart, A.: Klinik der inneren Sekretion. Springer-Verlag (1957)
10. Pietsch, P., K.-D. Schwartz, H. Parbs und H. Bibergeil: Angiographie und Szintigraphie in der präoperativen Lokalisationsdiagnostik von Nebenschilddrüsenadenomen. Med. Welt **18** (N. F.) 1108 (1967)

VI Lungen

Kapitel VI

Lungen

6. Lungen

6.1. Geschichtlicher Rückblick

1947 Müller und Rossier: Versuch der Applikation radiogoldmarkierter Holzkohlepartikel einer normierten Größe zu therapeutischen Zwecken über einen Herzkatheter in Lungenlappenarterien (1).

1958 Ernst, Iglauer, Kronschwitz und Spode: Szintigraphische Verteilungsmessung nach Injektion von markierten Holzkohlepartikeln (2).

1962 Gibel, Matthes, Ernst und Spode: Lungenszintigraphie zum Nachweis von Gefäßverschlüssen im kleinen Kreislauf (3).

1964 Taplin, Johnson, Dors und Kaplan: 131-Jod-markierte Humanalbuminpartikel für die Lungenszintigraphie (4).

1965 Ernst, Bräuer und Meissner sowie Wagner, Lopez/Majano, Tow und Langan: Fixationsstörungen bei zentral gelegenen Bronchus-Karzinomen (5, 6).

6.2. Perfusionslungenszintigraphie

Die Funktion der Lungen besteht im Gasaustausch zwischen Blut und Atmosphäre. Dieser Aufgabe dienen zwei anatomische Systeme: das *Bronchialsystem* und das funktionelle *Gefäßsystem*.

Beide Systeme gelangen im Röntgenbild **statisch** zur Darstellung. Sie bilden mit ihrem Gehalt an Luft resp. Blut pro Volumeneinheit die „Lungenzeichnung".

In ihrer **Funktion** können beide Systeme strahlendiagnostisch durch die Inhalations- und die Perfusionslungenszintigraphie sowohl topographisch als auch graduell erfaßt und beurteilt werden.

Die Inhalations-Lungenszintigraphie beruht auf der passageren Fixation von markierten Aerosolen in den Lungenalveolen. Das Szintigramm informiert über die Verteilung der Atemluft in den einzelnen Lungenabschnitten.

Die Perfusions-Lungenszintigraphie beruht auf der Fixation von markierten Partikeln einer Größe von mehr als 20 Mikron in den Kapillaren der Arteriae pulmonales nach intravenöser Injektion. Das Szintigramm informiert über die Blutverteilung im kleinen Kreislauf sowohl in topographischer als auch in semiquantitativer Hinsicht.

Entsprechend der klinischen Bedeutung der Perfusions-Lungenszintigraphie, speziell beim Nachweis und der Lokalisation von Lungenembolien und Lungentumoren, wird dieses Verfahren zunächst abgehandelt.

Indikationen

1. Gefäßverschlüsse im kleinen Kreislauf. Bei Lungenembolien bzw. -Infarkten erfolgt in den vom obturierten Gefäß versorgten Lungenabschnitten keine Fixation der radioaktiven Partikel; es resultiert ein Fixationsausfall.
2. Zentral gelegene Bronchus-Karzinome und andere hilusnahe raumfordernde Prozesse, insbesondere wenn röntgenologisch noch keine Tumorzeichen nachweisbar sind. Die regelmäßig zu beobachtenden Fixationsausfälle werden entweder durch eine mechanische Alteration von Pulmonalgefäßen oder durch eine (röntgenologisch noch okkulte) Ventilationsstörung mit konsekutiver Engstellung der Kapillaren im entsprechenden Abschnitt

und damit verminderter Perfusion ausgelöst. Damit ist die Perfusionslungenszintigraphie zur Früherkennung insbesondere von zentralgelegenen Bronchus-Karzinomen geeignet.

3. Verdacht auf Perfusionsstörungen im kleinen Kreislauf, z. B. bei Tuberkulose, Pneumonokoniose, Emphysem, Zystenlunge u. dgl. Da die (szintigraphisch nachweisbaren) Perfusionsstörungen bei diesen und anderen Erkrankungen häufig das Ausmaß der röntgenologisch erkennbaren Veränderungen erheblich überschreiten, gibt das Lungenszintigramm zusätzliche Informationen über Lungenfunktion und Gasaustausch. Diese Informationen können u. a. bei der Beantwortung gutachterlicher Fragen bedeutungsvoll sein.
4. Studium der Lungenperfusion vor und nach thoraxchirurgischen Eingriffen.

Nebenerscheinungen. In etwa 1000 eigenen Untersuchungen wurden niemals Nebenerscheinungen oder Komplikationen beobachtet.

Kontraindikationen. Es gelten lediglich die für die Anwendung radioaktiver Substanzen allgemeingültigen Vorbehalte (Adoleszenten, Schwangere, Stillende).

6.3. Auswahl der Nuklide

6.3.1. 131-Jod-markierte Eiweißmakroaggregate (MAA)

Makroaggregiertes hitzedenaturiertes Humanalbumin einer Teilchengröße von etwa 20 μ.

6.3.1.1. Verwendungsform

Pyrogenfreie Suspension für intravenöse Injektion pH 5,0, spezifische Aktivität höher als 100 μCi 131-Jod pro 1 mg Albumin. („Eiweißpartikel zur Lungenszintigraphie", Farbwerke Hoechst).

6.3.1.2. Dosierung

100—300 μCi. Die Eiweißmenge entspricht bei der oben angegebenen spezifischen Aktivität damit 1—3 mg.

6.3.1.3. Strahlenbelastung

Lungen: $\approx$ 0,10 rad/μCi, Gesamtkörper: 0,02 mrad/μCi, Blut: $\approx$ 0,5 mrad/μCi.

6.3.1.4. Zeitpunkt der Szintigraphie

Am Vortag „Blockierung" der Schilddrüse durch orale oder intravenöse Gabe eines Jodpräparates (z. B. Jod-Kali-Lösung, Endojodin usw.). Nach kräftigem Aufschütteln der Suspension (Sedimentierung!) wird die angegebene Menge entnommen und langsam intravenös injiziert. Es empfiehlt sich, die Injektion im Liegen vorzunehmen, um eine gleichmäßige Verteilung des Strahlers über alle Lungenabschnitte zu erreichen. Bei Applikation in anderer Körperlage beeinflußt die Schwerkraft die Verteilung des Blutes und damit der Radioaktivität in den Lungen.

Die Szintigraphie sollte innerhalb der ersten Stunde nach Applikation erfolgen, da die radioaktive Substanz mit unterschiedlicher Geschwindigkeit abgebaut und aus den Lungenkapillaren abtransportiert wird.

6.4. Technik der Darstellung

Besondere Vorteile bietet die Aufzeichnung des Verteilungsbildes mittels Color-Szintigraphie, da die Unterschiede in der lokalen Radioaktivitätskonzentration bei dieser Technik annähernd quantitativ zu beurteilen sind. Bei photographischer Registrierung kann das Lungenszintigramm der Thoraxröntgenaufnahme zugeordnet werden. Wegen der räumlichen Ausdehnung der Lunge sind Kollimatoren mit zylindrischer Charakteristik stark fokussierenden „Bleioptiken" vorzuziehen.

6.5. Das normale Lungenszintigramm

Das normale Lungenszintigramm (**Abb. 1**) läßt eine symmetrische Verteilung der Radioaktivität über und in beiden Lungen entsprechend der praktisch seitengleichen Durchblutung erkennen. Die flächenhaft, d. h. zweidimensional, registrierte Intensität wird von der räumlichen Verteilung der radioaktiven Teilchen, damit von der Form des Raumes und somit vom Ausmaß des Lungenparenchyms bestimmt. Das Szintigramm der normalen Lunge zeigt folglich das Intensitätsmaximum im Bereich des größten Lungendurchmessers, also etwa im Verlauf der Mamillarlinie. Der Volumenabnahme in den lateralen, apikalen und medialen Lungenpartien entspricht im Szintigramm ein intensitätsarmer Randsaum.

Die Intensitätsabnahme kaudal- und lateralwärts ist zusätzlich durch eine „Verwischung" infolge der Zwerchfell- bzw. Thoraxbewegung während der Anfertigung des Szintigramms bedingt. Herz und Mediastinum sind im normalen Lungenszintigramm ausgespart, weil die applizierten radioaktiven Partikel nahezu ausschließlich in den Lungenkapillaren fixiert werden (etwa 85 bis 90%). Nur minimale Mengen der Radioaktivität gelangen durch mitinjiziertes, freies (131-J)-Jodid oder durch Fragmente der etikettierten Makroaggregate in den großen Kreislauf.

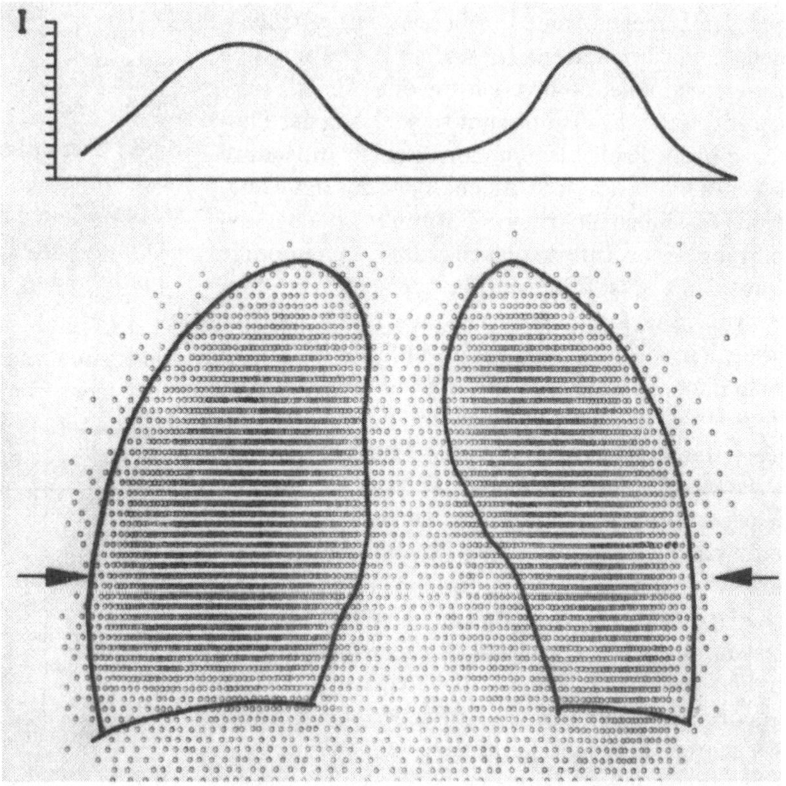

Abb. 1. Mechanisch gedrucktes Szintigramm der Lungen unmittelbar nach i. v.-Injektion von 200 μCi Albumin-131-J-Partikel-Suspension. Gleichmäßige Verteilung der radioaktiven Substanz über beide Lungen (Normalfall). Die über dem Szintigramm abgebildete Kurve gibt die Radioaktivitätsverteilung in der durch Pfeile gekennzeichneten Ebene wieder

3''-Kristall, 19 Loch Feinfokuskollimator, Abtastgeschwindigkeit 40 cm/min

6.6. Das von der Norm abweichende Lungenszintigramm

Von der Norm abweichende szintigraphische Befunde äußern sich stets in einer mehr oder weniger stark ausgeprägten Verminderung der Partikelfixation. Eine Differenzierung des Befundes ist möglich hinsichtlich

1. Lokalisation,
2. Ausdehnung,
3. Grad der Fixationsstörung.

Fixationsstörungen können ursächlich bedingt sein durch

1. Ersatz des Lungengewebes (Fremdgewebe, Luft, Flüssigkeit),
   a) verdrängend (Zwerchfellhochstand, Schwarte, Erguß usw.),
   b) destruierend (Kavernen, Lungenabszesse usw.).
2. Veränderung der Lungendurchblutung
   a) Verschluß einer Pulmonalarterie oder eines ihrer Äste,
   b) Widerstandserhöhung im kleinen Kreislauf,
   c) Erweiterung der Lungenkapillaren über Partikelgröße hinaus,
   d) Eröffnung oder Ausbildung von präkapillären arteriovenösen Anastomosen.

Die Hauptindikationsgebiete der Lungenszintigraphie werden durch Beispiele belegt.

6.6.1. Lungengefäßverschluß (Embolie, Infarkt)

Die klinische Diagnostik von Funktionsstörungen der Lungenstrombahn bereitet oft beträchtliche Schwierigkeiten. Dies gilt für die massive Lungenembolie, mehr noch für den Ausfall kleinerer Gefäße. Die Röntgenuntersuchung des Thorax gibt im Frühstadium meist keinen Aufschluß über Lokalisation und Ausmaß der Infarzierung. Erst zu einem späteren Zeitpunkt, nach Ausbildung einer Infarktpleuritis bzw. -pneumonie zeigt auch das Röntgenbild typische Veränderungen. Die Lungenszintigraphie, auch die nur orientierende Verteilungsmessung mit einem beweglichen Detektor am Krankenbett liefert dagegen sofort die Diagnose und gibt Aufschluß über die Ausdehnung und die Lokalisation des Infarktes bzw. der Embolie. Die szintigraphische Nachweisschwelle für Lungenembolien ist nicht nur von der Qualität der Scanningapparatur und den gewählten technischen Bedingungen, sondern auch von der Lage des Herdes abhängig (respiratorische Unschärfe in den zwerchfellnahen Lungenpartien).

Die unter optimalen Bedingungen noch nachweisbare Herdgröße beträgt etwa 2—3 cm.

Der durch einen Lungengefäßverschluß verursachte Fixationsausfall ist noch längere Zeit — bis zu Jahren — nach dem Infarktereignis nachzuweisen.

Beispiel 1

59jähr. Pat., Atemnot seit einigen Wochen. Stechende Thoraxschmerzen, gelegentlich blutiger Auswurf. EKG: Verdacht auf Cor pulmonale **(Abb. 2a u. 2b)**.

Röntgenbefund: Betonte, offenbar erweiterte Pulmonalgefäße. Kein Nachweis intrapulmonaler Infiltrationen. Keine Tumorzeichen.

Szintigramm: Multiple umschriebene Fixationsdefekte, besonders in der Lungenperipherie.

Differentialdiagnose: Der Nachweis mehrerer Fixationsausfälle im Lungenszintigramm ohne entsprechende röntgenologisch erkennbare Veränderungen beweist multiple Gefäßverschlüsse im kleinen Kreislauf.

Diagnose: Multiple Lungenembolien.

Anmerkungen: Der Pat. ist einige Wochen später unter den Zeichen des Herz-Kreislaufversagens verstorben.

Sektionsbefund: Multiple, teils frische, teils organisierte Lungenembolien (Prof. Dr. Masshoff, Path. Inst. der Freien Univ. Berlin).

Beispiel 2

62jähr. Pat., seit mehr als 20 Jahren rezidivierende Thrombophlebitis am linken Bein. Intermittierend Ulcera cruris. 4 Tage nach einer wegen Cholelithiasis durchgeführten Chelezystektomie traten Atemnot, Beklemmung und stechende Schmerzen in der linken Thoraxhälfte auf **(Abb. 3)**.

Röntgenbefund: Die Thoraxröntgenaufnahme (im Liegen) bot keinen Anhalt für frische intrapulmonale Infiltrationen. Linksverbreiterung des Herzens bei mittelständigem Mediastinum. EKG: Veränderungen im Sinne eines Cor pulmonale.

Szintigramm: Das Perfusionslungenszintigramm nach i. v. Injektion radiojodmarkierter Eiweißpartikel weist auf eine stark verminderte Durchblutung der Pulmonalarterien links hin. Die Radioaktivitätskonzentration ist links gegenüber rechts stark vermindert, fast aufgehoben.

Differentialdiagnose: Die Diagnose eines Gefäßverschlusses im Bereich der linken Pulmonalarterie kann hier aufgrund der akuten postoperativen Symptomatik gestellt werden. Gleiche szintigraphische Befunde finden sich auch bei inzipienten Bronchus-Karzinomen.

Diagnose: Linksseitige Lungenembolie.

Anmerkungen: Nach einigen Tagen Ausbildung einer Infarkt-Pleuritis. Später Normalisierung der Befunde.

Abb. 2a

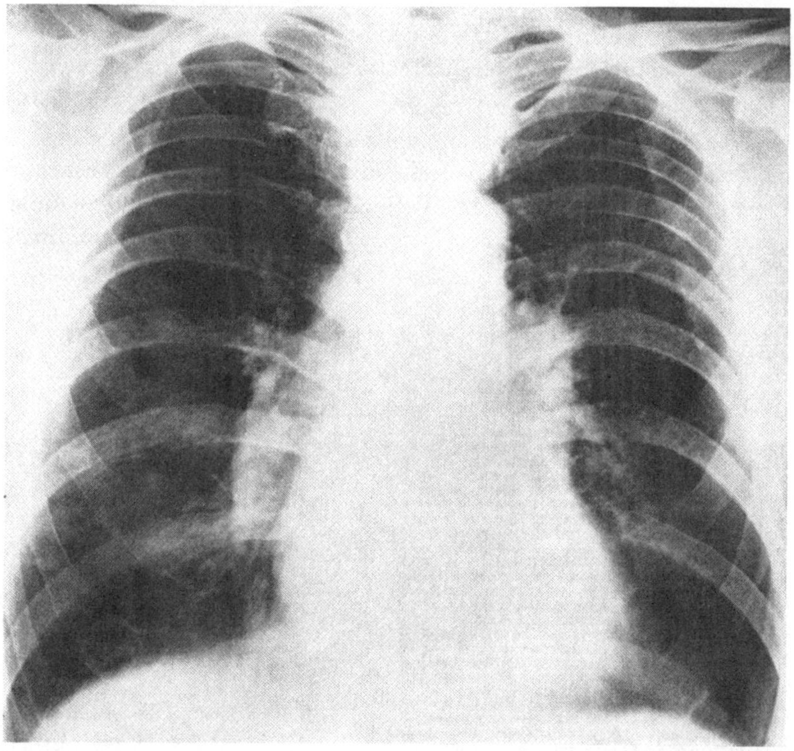

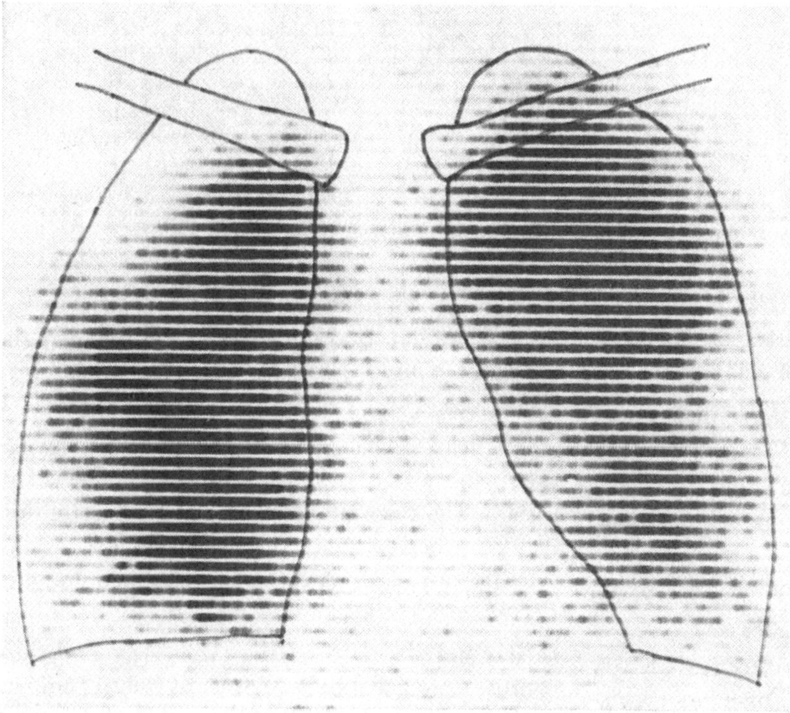

Abb. 2b

Abb. 2a u. b.
Röntgenaufnahme des Thorax: Verstärkte zentrale Pulmonalgefäßzeichnung. Sonst kein eindeutiger pathologischer Befund. Photoszintigramm nach intravenöser Injektion von 300 μCi Albumin-131-J-Partikel-Suspension.
Es finden sich multiple Fixationsdefekte in beiden Lungen, besonders in der Peripherie gut erkennbar.
Die Diagnose von multiplen Lungenembolien konnte später durch Autopsie bestätigt werden
5''-Kristall, Grobfokus-Mehrkanalkollimator, Abtastgeschwindigkeit 80 cm/min

6.6.2. Bronchus-Karzinom

Nach Untersuchungen von Ernst u. Mitarb. (5), Wagner u. Mitarb. (6) sowie Oeser und Ernst (7) kommt es bei zentral im Lungenhilus gelegenen Bronchialkarzinomen regelmäßig zu einer mehr oder weniger ausgeprägten Fixationsverminderung von Eiweiß-Partikeln in der betreffenden Lunge, einem Lappen oder einem Segment. Diese Fixationsdefekte sind zeitlich früher nachweisbar als die direkten oder indirekten Röntgenzeichen einer zentral gelegenen

Lungengeschwulst (Ventilationsstörung mit lokaler Überblähung, Dys- oder Atelektase).

Die Perfusionslungenszintigraphie ist folglich zur Früherkennung röntgenologisch stummer zentraler Bronchus-Karzinome und anderer raumfordernder Prozesse im Bereich der Lungenwurzel geeignet.

Beispiel 1

61jähr. Pat., ♂. Seit mehreren Monaten trockener Husten. Kürzlich etwas Auswurf mit Blutbeimengung. Leichte Gewichtsabnahme (**Abb. 4a u. 4b**).

Röntgenbefund: Rö-Aufnahme des Thorax: Altersentsprechender Befund, kein Tumornachweis. Schichtaufnahmen beider Hili: Normaler Bronchialbaum, kein Anhalt für Bronchus-Karzinom.

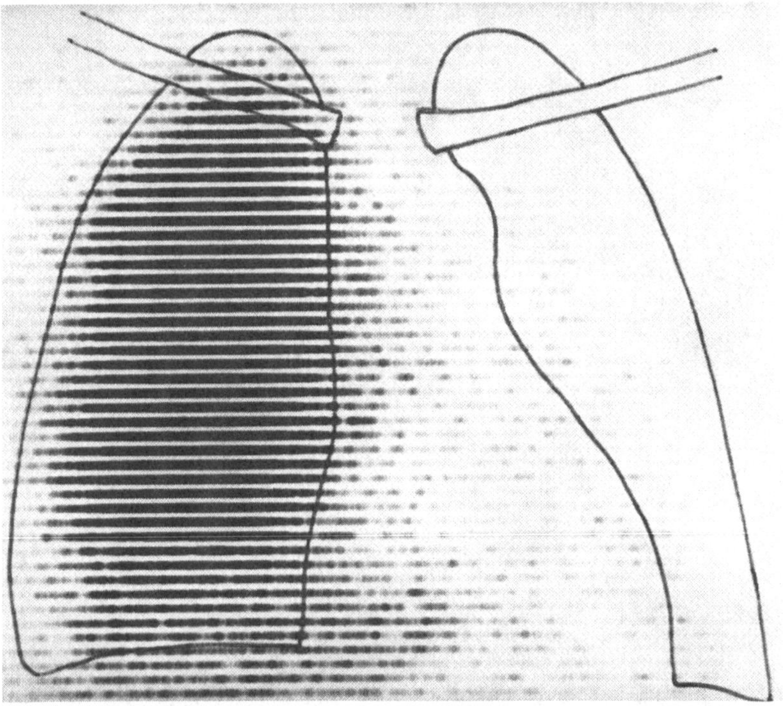

Abb. 3.
Photoszintigramm nach i. v.-Injektion von 300 µCi Albumin-J-131-Partikelsuspension
Praktisch völlig aufgehobene Partikelfixation in der linken Lunge. Die Verdachtsdiagnose einer linksseitigen Lungenembolie wurde durch den weiteren Verlauf bestätigt
5''-Kristall, Grobfokus-Mehrkanalkollimator, Abtastgeschwindigkeit 80 cm/min

Die Perfusionsstörung kann durch zwei unterschiedliche Mechanismen ausgelöst werden:

1. Partieller oder kompletter Verschluß eines Astes der Pulmonalarterie (Tumorkompression, Tumoreinbruch).

   Dieser Mechanismus kann im allgemeinen durch selektive Angiographie der Art. pulmonalis nachgewiesen werden.

2. Lokale Widerstandserhöhung im Strömungsgebiet der Art. pulmonalis durch reflektorische Kapillarverengung als Folge einer Ventilationsstörung.

   Bei überwiegend endobronchialem Tumorwachstum löst also die Ventilationsstörung sekundär eine Perfusionsstörung aus. Zu diesem reflexartigen Vorgang kommt es auch bereits bei geringen Ventilationsstörungen, die röntgenologisch u. U. noch nicht erfaßbar sind.

Szintigramm: Lungenszintigramm nach Injektion von J-131-markierten Eiweißpartikeln: Linksseitig normale Radioaktivitätsverteilung, rechts stark verminderte, fast aufgehobene Partikelfixation als Ausdruck einer erheblichen Perfusionsstörung.

Differentialdiagnose: Hilusnaher Lungentumor rechts mit erheblicher Störung der Lungendurchblutung. Ein embolischer Gefäßverschluß hätte eine entsprechende Symptomatik ausgelöst und ist daher unwahrscheinlich.

Diagnose: Bronchus-Karzinom rechts.

Anmerkungen: Histologisch zu einem späteren Zeitpunkt als kleinzelliges Karzinom gesichert.

Abb. 4a

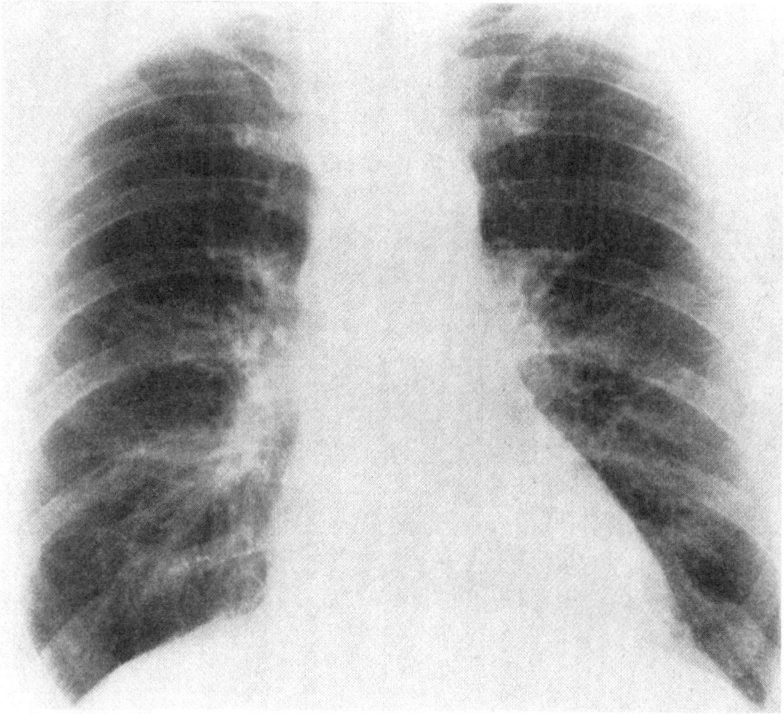

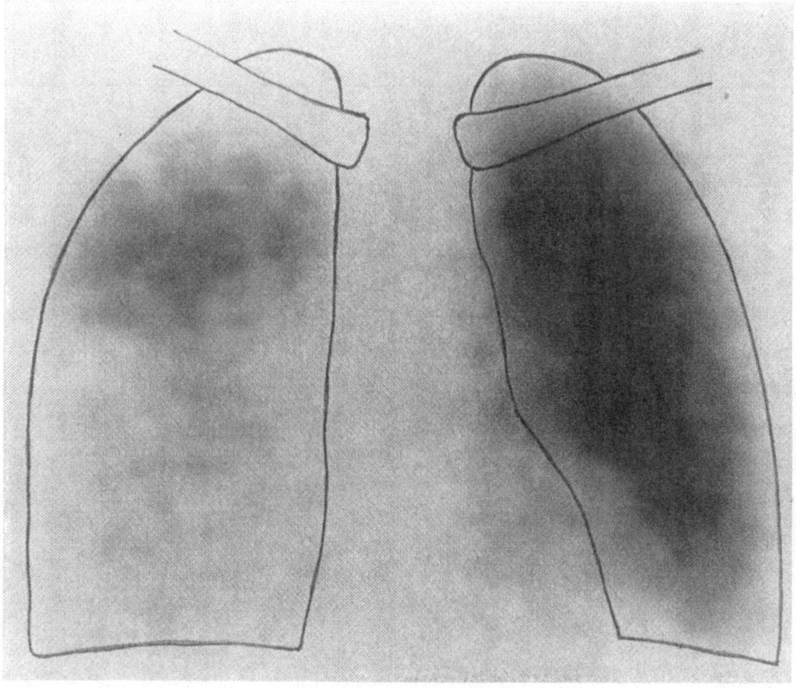

Abb. 4b

Abb. 4a u. b.
Röntgenthoraxaufnahme: Schwach angedeutete Transparenzerhöhung im rechten Oberlappen.
Etwas verstärkte hilobasale Zeichnung rechts. Photoszintigramm nach i. v.-Injektion von 300 μCi Albumin-131-J-Partikel-Suspension.
Stark verminderte Partikelfixation im rechten Oberfeld, fast völlig aufgehobene Aktivitätsablagerung im rechten Mittel- und Unterfeld.
Die Diagnose eines zentralen Bronchuskarzinoms wurde später durch Bronchoskopie und Probeexzision histologisch gesichert
5''-Kristall, Grobfokus-Mehrkanalkollimator, Abtastgeschwindigkeit 80 cm/min

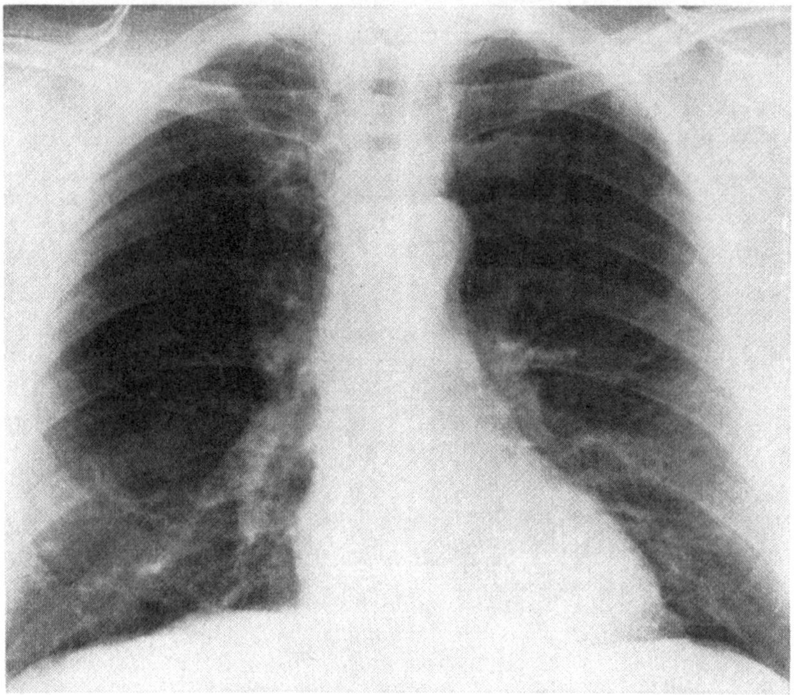

Abb. 5a.
Röntgenaufnahme des Thorax: Verstärkte hilobasale Zeichnung rechts.
Keine direkten oder indirekten Tumorzeichen

Abb. 5b.
Photoszintigramm nach intravenöser Injektion von 300 μCi Albumin-131-J-Partikel-Suspension. Fast völlig aufgehobene Partikelfixation in der ganzen rechten Lunge.
Die Diagnose eines hilusnahen Bronchialkarzinoms wurde später histologisch gesichert

5''-Kristall, Grobfokus-Mehrkanalkollimator, Abtastgeschwindigkeit 80 cm/min

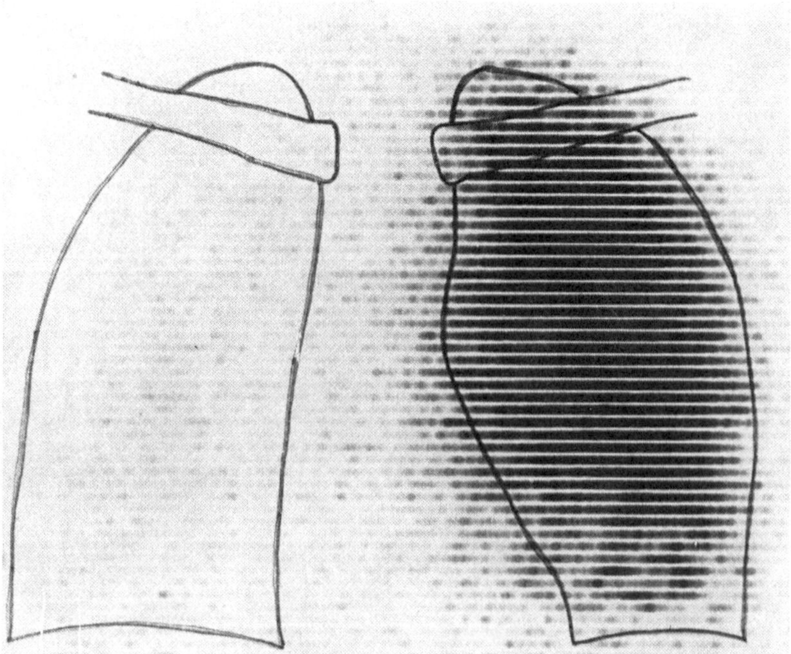

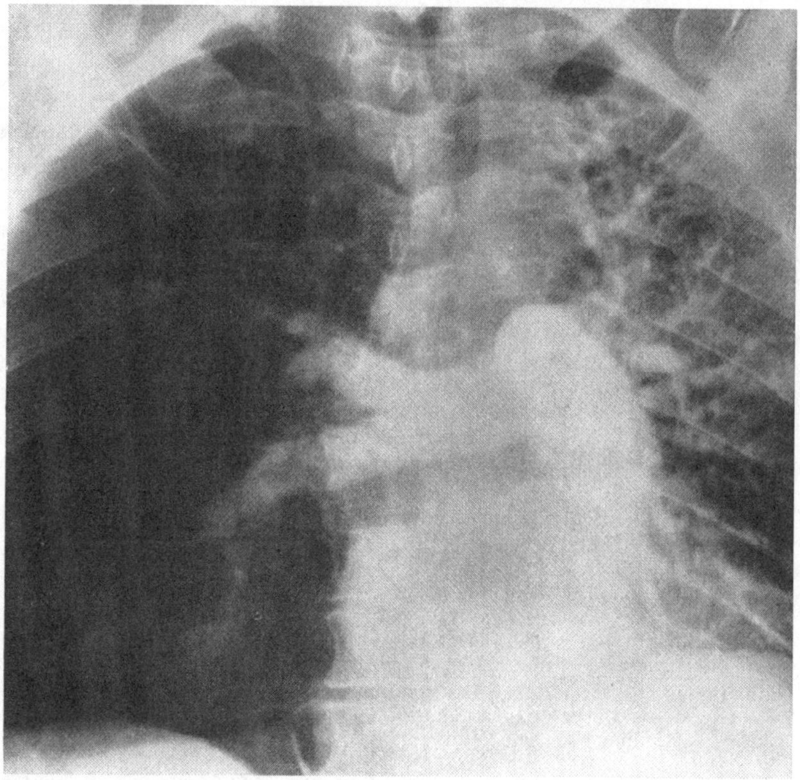

Abb. 5c. Kontrastmittelfüllung der Pulmonalarterien. Stark verminderte Kontrastierung der Pulmonalishauptäste rechts. Fast völlig fehlende Darstellung der kleinen Gefäßaufzweigungen rechts. Keine Tumorkompression bzw. kein Tumoreinbruch erkennbar

Beispiel 2

53jähr. Pat. Seit 3 Monaten leichte Dyspnoe, Husten, gelegentlich geringe Blutbeimengungen im Sputum. Gewichtsverlust von 4 kg in 6 Wochen. Inappetenz (**Abb. 5a—c**).

Röntgenbefund: Seitengleiche Strahlentransparenz der Lungen. Verstärkte hilobasale Zeichnung rechts. Kein beweisender Anhalt für Bronchuskarzinom. Schichtaufnahmen beider Hili: Es lassen sich weder vergrößerte Lymphknoten noch Bronchusalterationen nachweisen.

Szintigramm: Lungenszintigramm nach Injektion von J-131-markierten Eiweißpartikeln. Linksseitig normale Verteilung des radioaktiven Materials, fast völlig fehlende Fixation der markierten Partikel rechts als Ausdruck einer massiven Perfusionsstörung.

Differentialdiagnose: Hilusnahes Bronchialkarzinom rechts. Ein embolischer Prozeß kann aufgrund der Anamnese und des Verlaufes mit größter Wahrscheinlichkeit ausgeschlossen werden.

Diagnose: Bronchuskarzinom, zu einem späteren Zeitpunkt histologisch als Plattenepithelkarzinom gesichert.

Anmerkungen: Das Pulmonalangiogramm zeigt entsprechend dem szintigraphischen Befund eine fast völlig fehlende Füllung der kleinen Pulmonalisäste rechts. Die Hauptäste der Arteria pulmonalis weisen rechtsseitig eine geringere Kontrastierung als links auf, sind jedoch von normalem Kaliber. Ein Tumoreinbruch bzw. eine Tumorkompression waren auf keiner der Serienaufnahmen — auch nicht bei seitlichem Strahlengang — nachzuweisen. Die Perfusionsstörung ist also offensichtlich durch eine periphere Widerstandserhöhung als Folge alveolovasculärer Reflexe bedingt.

Beispiel 3

65jähr. Pat. wurde wegen Husten und Atembeschwerden zur Durchuntersuchung in die Klinik eingewiesen.

Röntgenbefund: Seitengleiche Strahlentransparenz der Lungen. Kein Anhalt für intrathorakalen Prozeß.

Lungenszintigramm (Abb. 6) nach i. v. Injektion von 250 μCi 131-J-markierter Eiweißmakroaggregate. Fehlende Fixation der Eiweißpartikel im rechten Unterlappen.

Diagnose: Verdacht auf Bronchus-Karzinom im rechten Unterlappen. Diese Verdachtsdiagnose wurde endoskopisch-histologisch bestätigt.

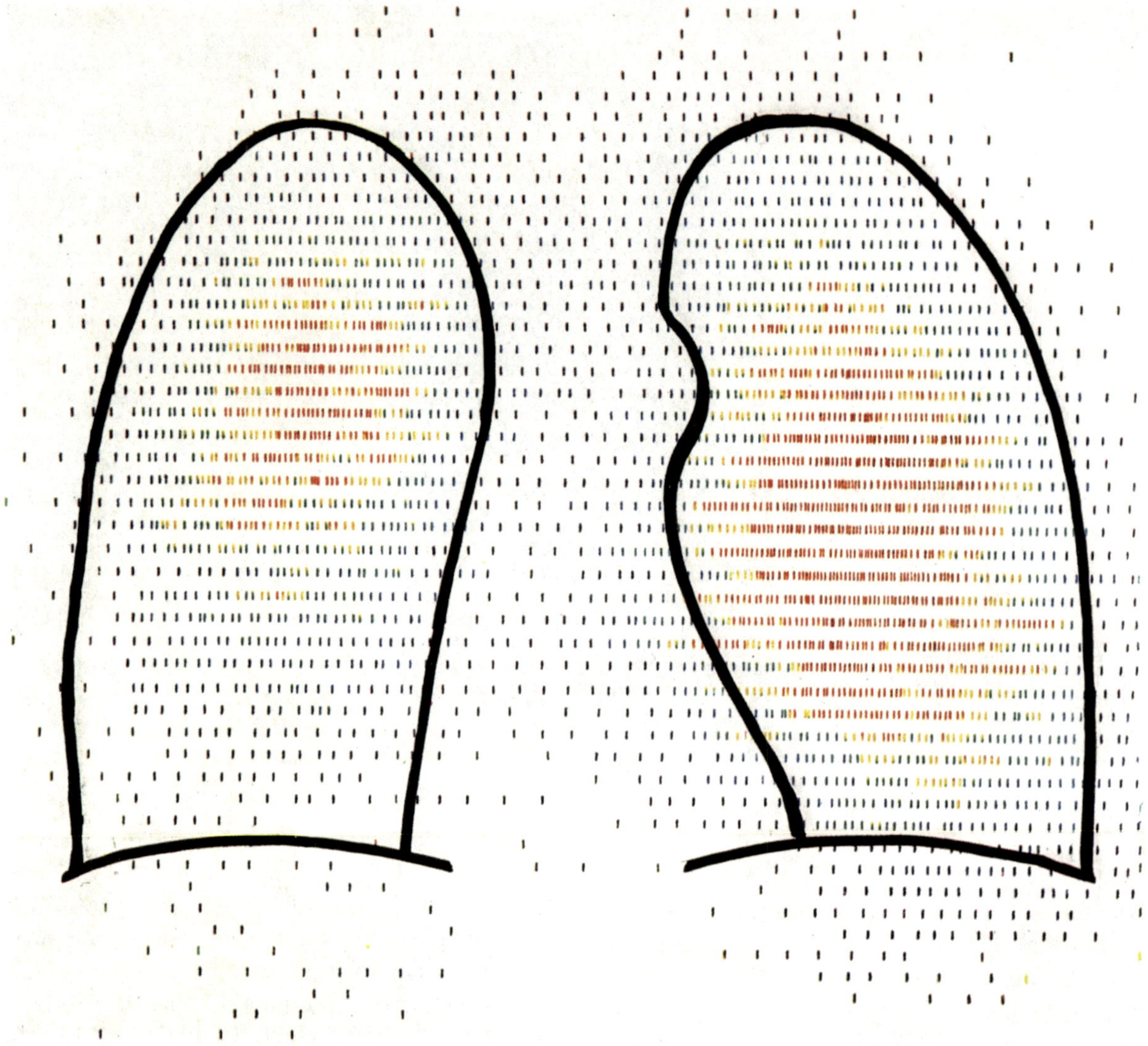

Abb. 6. Lungenszintigramm nach i. v.-Injektion von 250 μCi 131-Jod-markierter Eiweißmakroaggregate. Die fehlende Fixation der Eiweißpartikel im rechten Unterlappen weist auf eine Störung der lokalen Durchblutung hin. Verdacht auf Bronchial-Karzinom im rechten Unterlappen. Endoskopisch-histologische Bestätigung der Verdachtsdiagnose

3" × 2"-NaJ.TI-Kristall, 19-Loch-Kollimator, Abtastgeschwindigkeit 40 cm/min

Literatur

1. MÜLLER, J. H. und P. H. ROSSIER: Experientia (Basel) **3**, 75 (1947)
2. ERNST, H., E. IGLAUER, H. KRONSCHWITZ und E. SPODE: Tierexperimentelle Untersuchungen zur Frage der Therapie von Lungentumoren mit Hilfe radioaktiver Gold-Kohle-Suspensionen. Strahlentherapie **107**, 382 (1958)
3. GIBEL, W., TH. MATTHES, H. ERNST und E. SPODE: Tierexperimentelle Untersuchungen zur Diagnostik von Gefäßverschlüssen der A. pulmonalis durch radioaktive Gold-Kohle Suspension. Fortschr. Röntgenstr. **96**, 350 (1962)
4. TAPLIN, G. V., D. E. JOHNSON, E. K. DORE and H. S. KAPLAN: Colloidal radio-albumin aggregates for organ scanning. J. nucl. Med. **5**, 259 (1964)
5. ERNST, H., B. BRÄUER und G. MEISSNER: Szintigraphische Untersuchungen bei Lungentumoren. Fortschr. Röntgenstr. **102**, 545 (1965)
6. WAGNER, H. N. jr., V. LOPEZ-MAJANO, D. E. TOW und J. K. LANGAN: Radioisotope scanning of lungs in early diagnosis of bronchogenic carcinoma Lancet **11**, 344 (1965)
7. OESER, H. und H. ERNST: Die Lungenszintigraphie als Mittel zur Früherkennung des Lungenkrebses. Dtsch. med. Wschr. **91**, 333 (1966)

Die Inhalations-Lungenszintigraphie soll bei klinischer Bewährung in einer Nachlieferung besprochen werden.

VII Herzräume Blutgef.

Kapitel VII

Herzräume und Blutgefäße

7. Herzräume und Blutgefäße

7.1. Geschichtlicher Rückblick

1958 berichten Rejali, Mac Intyre und Friedell (1) über die Radioisotopen-Anwendung zur Sichtbarmachung der Bluträume.

1961 beschreiben Wagner, Mc Afee und Mozley (2) die Diagnostik des Pericardergusses.

1963 berichten Mc Intyre, Crespo und Christle (3) über die Verwendung von 131-Jodipamid (Chولografin) zur Darstellung der großen Blutgefäße.

1964 Carr (4) entwickelt die Myocardszintigraphie mit 137-Caesium.

1965 Witcofski und Bollinger (5) verwenden 99m-Tc-pertechnat zur Herzszintigraphie.

1966 Scheer, Jahns, Kazem und Gelinsky (6) zeigen die bildliche Darstellung der kardialen Passage nach i. v. Injektion in Abständen von 0,5 Sekunden mit der Szintikamera.

7.2. Auswahl der Nuklide

7.2.1. 131-Jod-Humanserumalbumin (131-J-HSA)

131-J: HWZ 8,04 Tage

Gamma-Energie i. MeV	0,08— 2%,	0,28—5%,
	0,36—80%,	0,64—9%,
	0,72— 3%.	
Beta-Energie i. MeV	0,25— 3%,	0,33—9%,
	0,61—87%,	0,81—1%.

7.2.1.1. Verwendungsform

Als 131-Jod-HSA in physiologischer NaCl-Lösung sterilisiert pyrogenfrei. Spezifische Aktivität etwa 30 μCi/mg. Konzentration etwa 0,5 mCi/ml 15 mg Albumin/ml. Das 131-J-HSA wird i. v. injiziert.

7.2.1.2. Dosierung

300—400 μCi 131-J-HSA.

7.2.1.3. Zeitpunkt der Szintigraphie

Anmerkung: Die Radiojodaufnahme in der Schilddrüse durch vorhandenes oder freiwerdendes 131-Jod (langsamer Abbau von 131-J-HSA im intermediären Stoffwechsel) muß 24 Stunden vor der Untersuchung durch Gabe von inaktivem Jod herabgesetzt werden. Die Szintigraphie kann, da das markierte 131-J-HSA im Blutgefäßsystem verbleibt, bereits nach einer Durchmischungszeit von 1—2 Minuten begonnen werden.

7.2.1.4. Strahlenbelastung

Gesamtkörper: $\approx$ 2 mrad/μCi, Blut $\approx$ 0,2 rad/μCi, Schilddrüse (nach Vorbehandlung mit inaktivem Jod) 10—15 mrad/μCi.

7.2.1.5. Vorteil

Gute Darstellbarkeit ohne Zeitbegrenzung im Ablauf von Tagen.

7.2.1.6. Nachteil

Höhere Strahlenbelastung gegenüber 99m-Tc-Humanserumalbumin.

7.2.2. 99 m-Tc-Humanserumalbumin (99 m-Tc-HSA)

HWZ 6,0 Stunden

Gamma-Energie i. MeV	0,002	(98,6%)
	0,140	(98,6%)
	0,142	(1,43%)
Elektronen-Energie	0,01 MeV	

7.2.2.1. Verwendungsform

Als 99m-Technetium-HSA in physiologischer NaCl-Lösung, steril, pyrogenfrei zur i. v. Injektion.

7.2.2.2. Dosierung

2000—5000 μCi 99m-Tc-HSA.

7.2.2.3. Zeitpunkt der Szintigraphie

Da das 99m-Tc-HSA im Kreislauf verbleibt, ist bereits nach einer Durchmischungszeit von 1—2 Minuten die Szintigraphie möglich.

7.2.2.4. Strahlenbelastung

Gesamtkörper: unter 0,002 mrad/μCi.

7.2.2.5. Vorteil

Geringe Strahlenbelastung gegenüber 131-J-HSA.

7.2.2.6. Nachteil

Bei der sehr kurzen HWZ ist die Markierung an personelle und technische Voraussetzungen gebunden. Die Vorteile rechtfertigen nicht immer den Aufwand.

7.2.3. Technik der Darstellung

Für die Szintigraphie der vom Blut erfüllten Hohlräume ist es erforderlich, eine gammastrahlende Substanz zu benutzen, die eine gewisse Zeit im Blutkreislaufsystem verbleibt. Rejali u. Mitarb. (1) verwendeten 131-Jod-HSA. Um die Strahlenbelastung herabzusetzen, erfolgt neuerdings die Markierung des Serumalbumins mit kurzlebigen Nukliden (99m-Tc). Zur Untersuchungstechnik bedarf es keiner besonderen Hinweise. Mittels Photoszintigramm kann die topographische Situation bei Projektion in das Röntgenbild gewöhnlich leicht geklärt und beurteilt werden.

7.3. Normales Szintigramm der Herzkammern und der Aorta thoracica

Form, Größe und Lage der Aktivitätsverteilung entsprechen weitgehend der in gleicher Position mittels Röntgenstrahlen abgebildeten Herz-Silhouette (**Abb. 1**). Feinere Zuordnungen sind nicht möglich.
Die Abbildung 1 zeigt das Photoszintigramm nach i. v. Injektion von 300 μCi 131-Jod-HSA. Die markierte Substanz läßt sich über dem gesamten Herzschatten als Schwärzung erkennen. Rechts kaudal findet sich eine Schwärzung, die dem 131-Jod-HSA-Gehalt der Leber entspricht. Die Radioaktivitätsverteilung im gesamten Herzen ist relativ gleichmäßig.
Der Nachweis normaler Herzinnenräume und normaler Blutfüllung der Aorta ascendens und descendens ist besonders dann von Bedeutung, wenn die Thoraxröntgenaufnahme Verschattungen ergibt, die aneurysmatische Veränderungen im Herz- oder Aortenbereich vortäuschen.

Beispiel 1

Abgrenzung eines Tumors im Herzgebiet gegenüber einer Herzdilatation.

45jähr. Pat. wurde wegen Herzbeschwerden in die Klinik eingewiesen. Es fand sich eine massive Herzdämpfung. Röntgenologisch war nicht sicher zu entscheiden, ob es sich hier um eine Herzdilatation oder um einen Tumor im Herzbereich handelte.

Das Photoszintigramm nach i. v. Injektion von 350 μCi 131-Jod-HSA (**Abb. 2**) läßt eine Aktivitätsanreicherung im mittleren Bereich der Verschattung erkennen, die der normalen Form eines Herzinnenraumes entspricht.

Diagnose: Keine Herzdilatation. Bei der Verschattung wird es sich mit großer Wahrscheinlichkeit um einen Tumor im Herzgebiet handeln.

Anmerkung: Die Operation ergab einen doppelt-

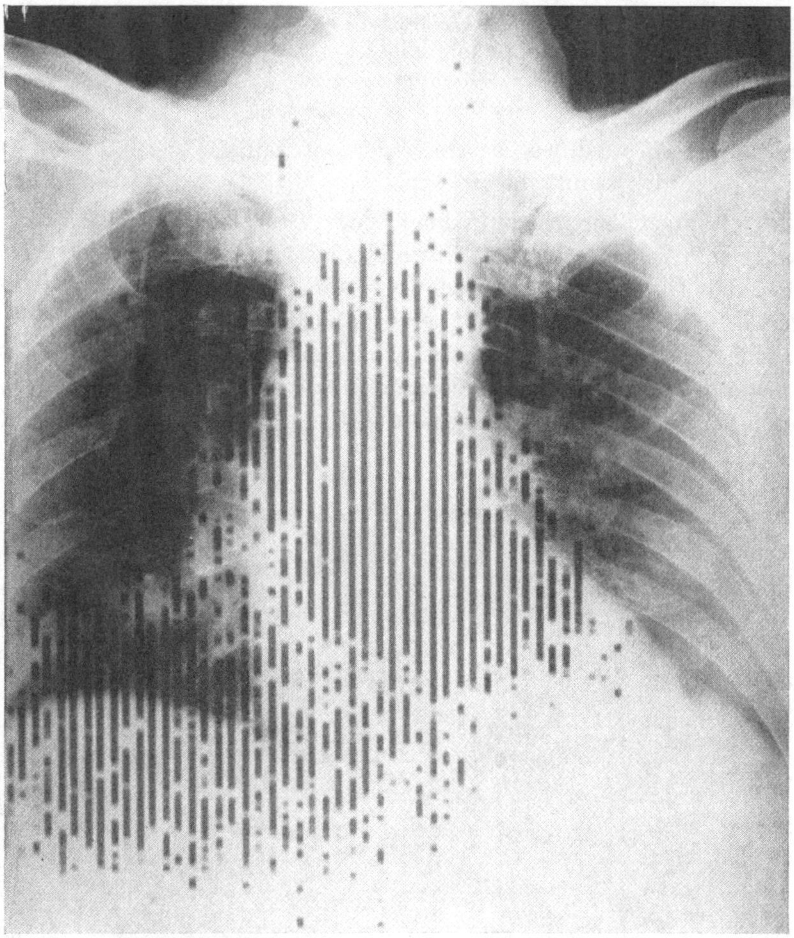

Abb. 1.
Photoszintigramm eines Patienten mit normaler Herzgröße 5 Minuten nach i. v.-Injektion von 300 μCi 131-Jod-HSA. Es findet sich eine Aktivitätsanreicherung über dem gesamten Herzen. Photoszintigramm mit gleichmäßiger Blutverteilung im Herzhohlraum

1 × 1''-Kristall, konischer Kollimator, 10 mm, Abtastgeschwindigkeit 78 cm/min

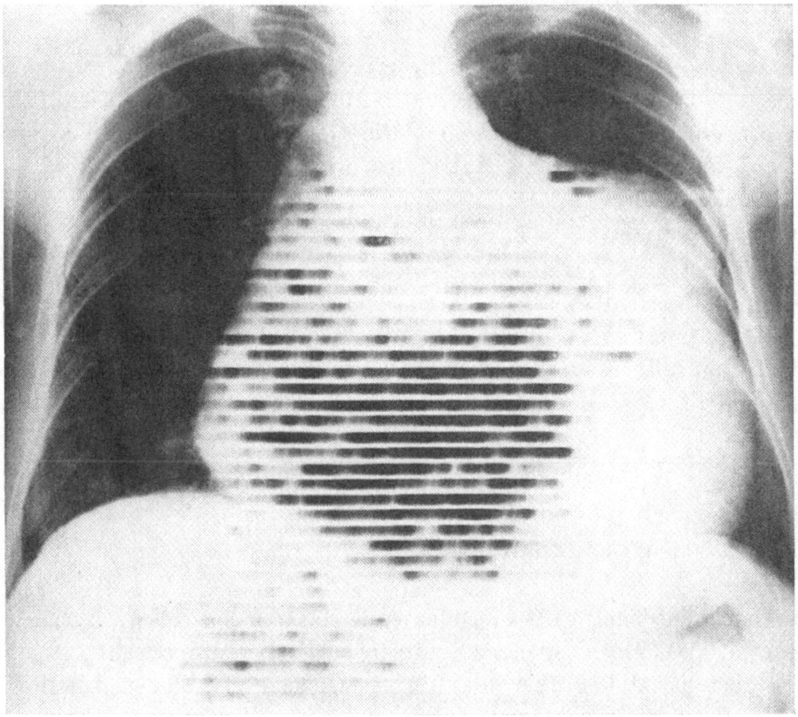

Abb. 2.
Photoszintigramm 10 Minuten nach i. v.-Injektion von 300 μCi 131-Jod-HSA.
Im mittleren Bereich des Herzens findet sich eine Aktivitätsanreicherung, die einem normalen Herzinnenraum entspricht.
Die laterale Verschattung ist wahrscheinlich tumorös bedingt.
Die Diagnose wurde operativ bestätigt

2 × 3''-Kristall, 19-Kanalkollimator, Abtastgeschwindigkeit 60 cm/min

faustgroßen Tumor, der sich nach links dorsal hinter dem Herzen entwickelt hatte.

Beispiel 2

61 jähr. Pat. wird wegen zunehmendem Luftmangel in die Klinik eingewiesen.

Die Röntgenübersichtsaufnahme des Thorax zeigt eine Verschattung im oberen Mediastinum. Bei der Durchleuchtung Nachweis von Pulsation. Wegen Verdacht auf eine aneurysmatische Erweiterung der Aorta ascendens und descendens wird ein Photoszintigramm zur Darstellung des Herzinnenraumes und der Aorta aufgezeichnet.

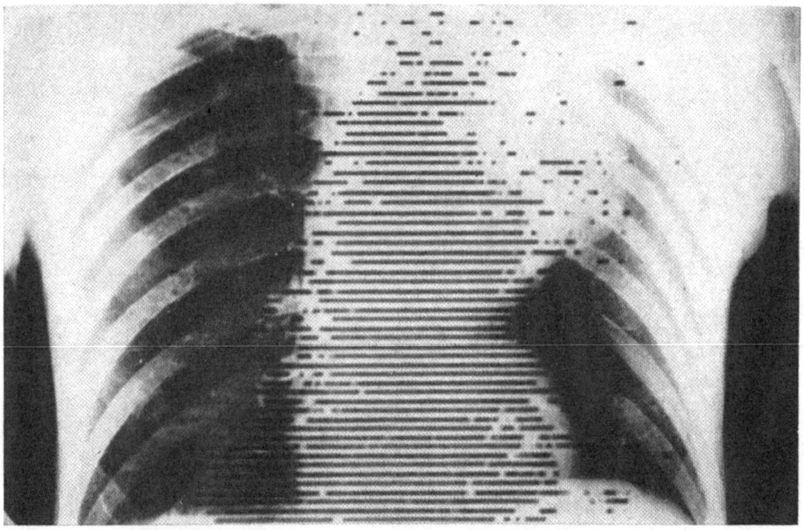

Abb. 3.
Photoszintigramm 10 Minuten nach i. v.-Injektion von 300 μCi 131-Jod-HSA.
Es findet sich Schatten im Herzen und im Bereich der Aorta eine relativ gleichmäßige Schwärzung. Der pathologische Weichteilschatten zeigte keine Aktivitätsanreicherung.
Ein Aortenaneurysma kann dadurch ausgeschlossen werden.
Der Mediastinaltumor wurde operativ bestätigt
1 × 1''-Kristall, Kollimator 6 mm, Abtastgeschwindigkeit 78 cm/min

Das Photoszintigramm (Abb. 3) nach i. v. Injektion von 300 μCi 131-Jod-HSA läßt eine Aktivitätsverteilung im Herzen und in den großen Gefäßen erkennen, die sich nicht auf den pathologischen Weichteilschatten ausdehnt. Ein durchblutetes Aortenaneurysma läßt sich damit ausschließen.

Diagnose: Die fehlende Radioaktivität spricht eindeutig gegen ein Aneurysma. Hier kommt in erster Linie ein Mediastinaltumor in Betracht. Durch Thorakotomie wurde ein Mediastinaltumor bestätigt.

Beispiel 3

Abgrenzung eines Perikardergusses gegenüber einer Herzdilatation.

56 jähr. Pat. war an einem Bronchialkarzinom erkrankt und bestrahlt worden. Ein Jahr nach der Therapie kam es zu einer erneuten Atelektase und zu einer Vergrößerung des Herzschattens. Hier wurde der Verdacht auf das Vorliegen eines Perikardergusses geäußert.

Das Photoszintigramm (Abb. 4) nach i. v. Injektion von 300 μCi 131-Jod-HSA läßt eine Aktivitätsanreicherung im mittleren Bereich der Verschattung erkennen, die in Form und Größe einem normalen Herzinnenraum entspricht. Die zeltförmige Verbreiterung rechts und links zeigt keine Aktivitätsanreicherung.

Diagnose: Normale Größe der Herzhohlräume. Der Befund spricht im Zusammenhang mit der Klinik für das Vorliegen eines Perikardergusses.

Anmerkung: Wegen der Zunahme der Beschwerden erfolgte die Punktion des Herzbeutels, aus dem sich 100 ml Exsudat entleerten.

7.4. Die Myokardszintigraphie

Von CARR (4) wurde nach tierexperimentellen Untersuchungen mit 86-Rubidium, 203-Hg-Neohydrin und 131-Caesium festgestellt, daß 131-Caesium vom Herzmuskel relativ rasch gespeichert wird (rd. 20fache Anreicherung gegenüber dem übrigen Gewebe). Nach i. v. Injektion

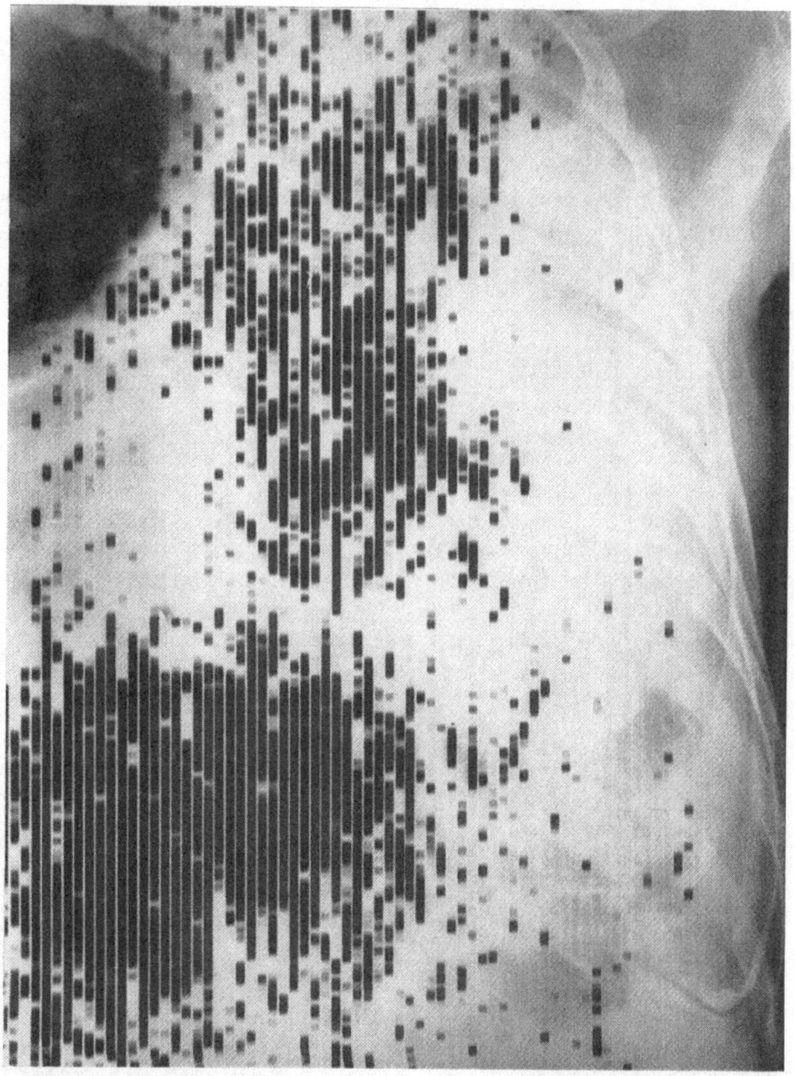

Abb. 4.
Photoszintigramm nach i. v.-Injektion von 350 μCi 131-Jod-HSA. In Herzmitte findet sich eine Schwärzung, die einem normalgroßen Herzhohlraum entspricht. Bei der zeltförmigen Verschattung handelt es sich um einen Perikarderguß. Der Befund wurde durch Punktion gesichert

1 × 1''-Kristall, Kollimator 6 mm, Abtastgeschwindigkeit 78 cm/min

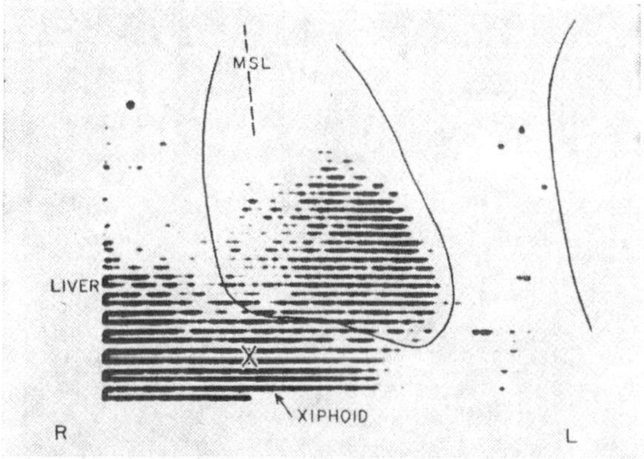

Abb. 5. Normales Myokardszintigramm eines 52jähr. Pat. Der linke Ventrikel ist sichtbar, obwohl er vom rechten Ventrikel überlagert wird. Der eingezeichnete Herzschatten entspricht in der Projektion dem Röntgenbild nach Carr (4)

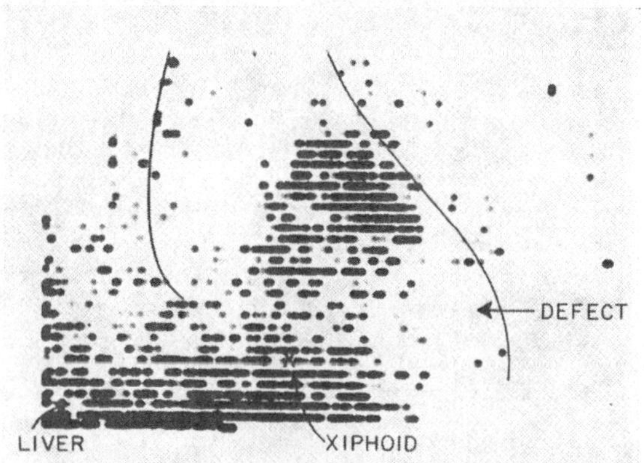

Abb. 6. Herzvorderwandinfarkt bei einem 59jähr. Pat. 3 Tage nach dem Infarkt nach Carr (4)

von 1,25 mCi 131-Caesium wurden $2^3/_4$ Stunden nach der Injektion Szintigramme vom Herzmuskel aufgenommen. Die **Abbildung 5** zeigt das Myokardszintigramm eines herzgesunden Patienten. Der linke Ventrikel ist durch den darüber liegenden rechten Ventrikel zu sehen. **Abbildung 6** zeigt das Herzszintigramm eines 59jähr. Patienten 3 Tage nach einem Vorderwandinfarkt. Der Myokardinfarkt wird szintigraphisch als Speicherdefekt sichtbar.
Vielleicht besteht in Kürze die Möglichkeit, kurzlebige Radioisotope zu verwenden, die im Myokard angereichert werden. Die Gesamtkörperstrahlenbelastung beträgt bei Verwendung von 131-Caesium nach Angabe des Autors 400 mrad.

7.5. Die Szintigraphie der kardialen Passage

In den vorangegangenen Abschnitten wurde auf die szintigraphische Darstellung der Herzinnenräume hingewiesen. Mit Hilfe der Szintikamera gelingt es, wie von SCHEER, JAHNS, KAZEM

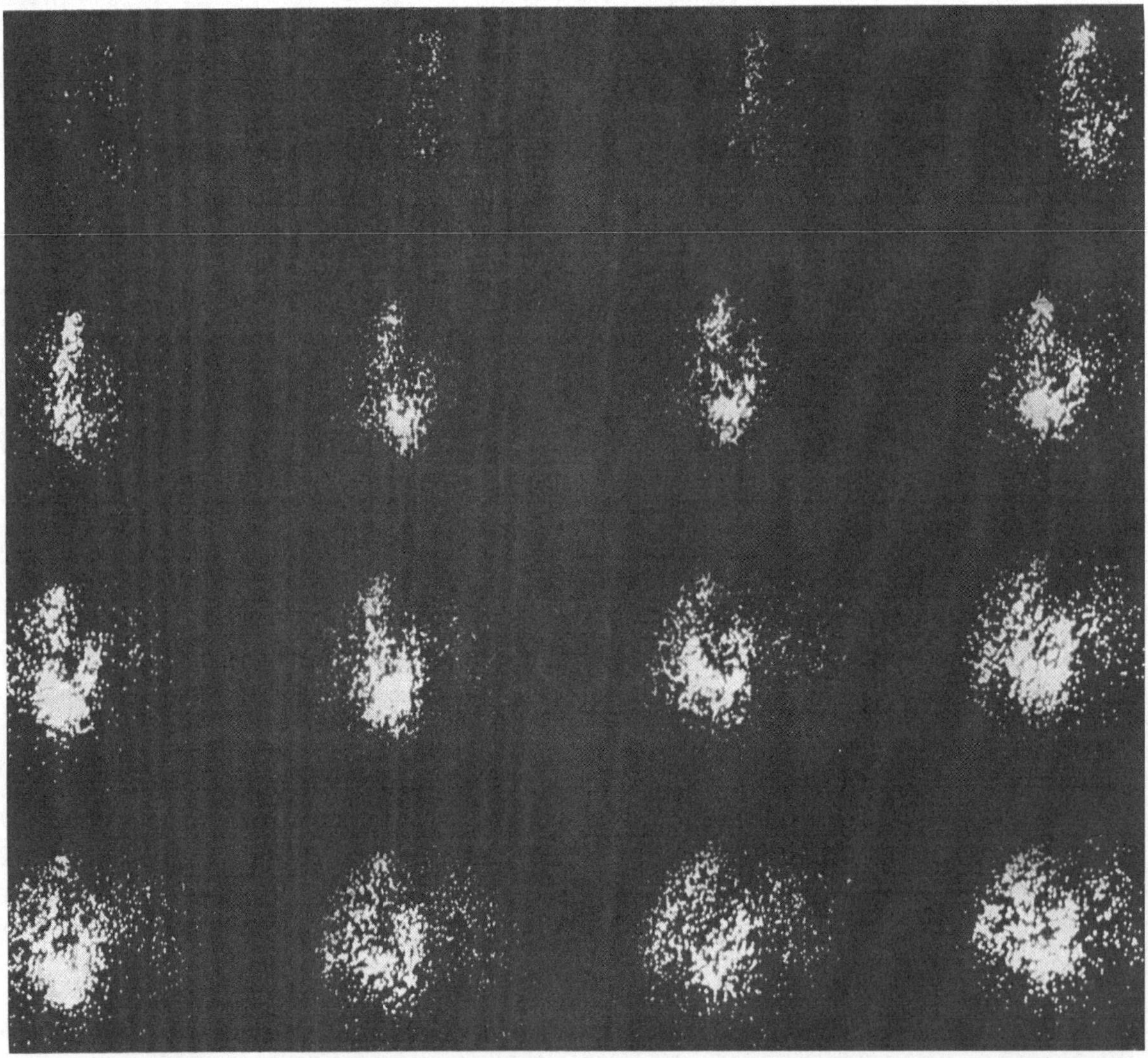

Abb. 7. Kardiale Passage von 10 mCi 99m-Tc-markiertem Serumalbumin. Bildabstand 0,5 sec. (6)

und GELINSKY (6) beschrieben, unter Verwendung einer Filmkamera durch Bildwechsel in Abständen von 0,5 Sekunden den schnellen Transport durch Vorhof und Herzkammern sichtbar zu machen **(Abb. 7)**.

Durch die schnelle Bildfolge wird der Aktivitätseinstrom über das rechte Herz bis in die Lunge in den einzelnen Phasen sichtbar. Die injizierte Aktivität betrug 10 mCi 99mTc. Die Verfasser weisen darauf hin, daß neben dem Funktionsablauf im Herzen die großen Gefäße zur Darstellung kommen sowie die Durchblutung von Lungen und Leber szintigraphisch zu erfassen sind.

Literatur

1. REJALI, A. M., W. J. MAC INTYRE and H. L. FRIEDELL: A Radioisotope Method of Visualization of Blood Pools. Amer. J. Roentgenol. **79**, 129—137 (1958)
2. WAGNER, N. N., J. G. MC AFEE and J. M. MOZLEY: Diagnosis of pericardial effusion by radioisotope scanning. A. M. A. Arch. Int. Med., **108**, 679—684 (1961)
3. MC INTYRE, W. J., G. G. CRESPO and J. H. CHRISTIE: The use of radioiodinated (J-131) iodipamide for cardiovascular scanning. Amer. J. Roentgenol., **89**, 315 (1963)
4. CARR, E. A. jr.: The development of myocardia scanning with Special reference to the use of Cesium-131 in Man. Scintillation Scanning in Clinical Medicine. W. B. Saunders Company Philadelphia & London, 1964.
5. WITCOFSKI, R. L. und T. T. BOLLIGER: The use of 99m-Tc pertechnetate in cardiac scanning. J. nucl. Med. **6**, 555—559 (1965)
6. SCHEER, K. E., E. JAHNS, I. KAZEM und P. GELINSKY: Klinische Untersuchungen mit der Szintillationskamera und Tc-99m. Radioaktive Isotope in Klinik und Forschung **7**, 103 (1967)

VIII Leber

Kapitel VIII

Leber

8. Leber

8.1. Geschichtlicher Rückblick

1951 OESER und BILLION (1, 2): Grundlegende Betrachtung zur Anwendung etikettierter Röntgenkontrastmittel; Mitteilung erster Untersuchungsergebnisse. Herstellung der 131-Jod-markierten Röntgenkontrastmittel durch Schering A. G., Berlin.
WEILAND berichtet über Untersuchungen zur szintigraphischen Darstellung der Leber nach therapeutischer Anwendung von kolloidalem 198-Au.

1953 YUHL u. Mitarb. (3) fertigten im Tierexperiment die ersten Szintigramme an, wobei es mit 131-J-markiertem Albumin gelang, Lebermetastasen nachzuweisen.

1954 OEFF (4) studiert in Anlehnung an die Untersuchungen von BENNHOLD u. Mitarb. (5, 6) die Bindung von 131-J-Bilisektan an Eiweißkörper im Plasma.

1955 KIMBEL u. Mitarb. (7) untersuchen die Pharmakokinetik von 131-J-etikettiertem Biligrafin.
TAPLIN u. Mitarb. (8, 9) publizieren die ersten Leberszintigramme.

1957 Verbreitung der Untersuchungsmethode durch FRIEDELL u. Mitarb. (10) in den USA, OLLINO u. Mitarb. (11) in Italien, RENFER und ZUPPINGER (12) in der Schweiz, DÖRING (13, 16, 15), WOLFF, HENNING und KINZLMEYER (16, 17, 18, 19) in Deutschland.
SCHUMACHER und VON OLDERSHAUSEN (20, 21, 22) berichten über die Funktionsszintigraphie mit 131-J-Bengalrosa.

8.2. Auswahl der Nuklide

8.2.1. 198-Gold

HWZ 2,70 Tage

Gamma-Energie i. MeV	0,412—95,6%,	0,68 — 1,1%,
	1,09 —0,26%.	
Beta-Energie i. MeV	0,29 —1 %,	0,96 ~ 99%,
	1,37 —0,025%.	

8.2.1.1. Verwendungsform

Kolloidale Suspension von metallischem Gold, stabilisiert mit Gelatine (30 mg/ml) mittlerer Teilchengröße 300 Å, pH etwa 6, Konzentration über 30 mCi/ml. Die sterile Lösung wird i. v. verabfolgt.

8.2.1.2. Dosierung

Die erforderliche Aktivität ist von der apparativen Ausrüstung, der Nachweisempfindlichkeit und Größe des Szintillationskristalls, der Lebergröße und von der Gesamtspeicherung abhängig. Zur Darstellung im Szintigramm genügen im allgemeinen 50—150 μCi 198-Au.

8.2.1.3. Zeitpunkt der Szintigraphie

Nach 15—30 Minuten ist das Radiogold-Kolloid je nach Teilchengröße vom Retikuloendothel der Leber aus der Blutbahn eliminiert. Zu diesem Zeitpunkt kann die szintigraphische Aufzeichnung erfolgen.

8.2.1.4. Strahlenbelastung

Leber: $\approx$ 0,05 rad/μCi;
Gesamtkörper: unter 10 mrad/μCi.

8.2.1.5. Vorteil

Die 198-Au-Speicherung in den von Kupffer'schen Sternzellen der Leber erlaubt Wiederholungsuntersuchungen. Bei einer Leberzirrhose kann je nach Schwere der Erkrankung auch eine Speicherung in der Milz szintigraphisch nachweisbar werden; diagnostische Rückschlüsse über die Schwere der Erkrankung sind möglich.

8.2.1.6. Nachteil

Das Radiogold-Kolloid wird in der Leber gespeichert, daher höhere Strahlenbelastung gegenüber 131-Jod-Bengalrosa trotz der kürzeren physikalischen Halbwertzeit. Funktionsszintigramme wie bei der Verwendung von 131-Jod-Bengalrosa können nicht angefertigt werden.

8.2.2. 131-Jod-Bengalrosa

Es handelt sich hier um einen Farbstoff, das Tetrojod-Tetrachlorfluoreszein, der mit 131-Jod markiert ist.

131-Jod

HWZ 8,04 Tage

Gamma-Energie i. MeV	0,08— 2%, 0,28—5%, 0,26—80%, 0,64—9%, 0,72— 3%.
Beta-Energie i. MeV	0,25— 3%, 0,33—9%, 0,61—87%, 0,81—1%.

8.2.2.1. Verwendungsform

131-Jod-Bengalrosa in physiologischer NaCl-Lösung steril pyrogenfrei, chemisch rein, spezifische Aktivität 0,2 mCi/mg, Konzentration 0,5 mCi/ml, 2,5 mg Bengalrosa/ml. Die Lösung wird intravenös verabfolgt.

8.2.2.2. Dosierung

Die erforderliche Aktivitätsmenge ist in besonderem Maße von der Funktion der Leberparenchymzellen abhängig. Bei schweren Leberparenchymstörungen, z. B. bei schwerem Ikterus oder hochgradiger Leberzirrhose, ist die Elimination des Farbstoffes aus dem Blut erheblich verzögert und auch die Gesamtspeicherung durch die vermehrte Ausscheidung über die Nieren herabgesetzt. Zur guten Darstellung der Leber im Szintigramm muß dann die Dosis von 50—150 μCi erhöht werden. Das gleiche gilt auch für die Hepatomegalie.

8.2.2.3. Zeitpunkt der Szintigraphie

Nach etwa 15—30 Minuten ist beim Lebergesunden durch die Elimination der Leberparenchymzellen die Blutbahn frei von 131-Jod-Bengalrosa. Bei schweren Leberparenchymschäden mit Ikterus und bei Leberzirrhosen ist die Eliminationszeit verlängert. Die Szintigraphie soll 15—30 Minuten nach der i. v.-Injektion begonnen werden, bei Pat. mit verlangsamter Bengalrosa-Clearance nach 60 Minuten.

Entscheidend für den Zeitpunkt der szintigraphischen Untersuchung ist die Fragestellung, die mit Hilfe des Szintigramms beantwortet werden soll. Kommt es auf die Bestimmung der Leberform und -größe zum Ausschluß von Funktionsausfällen im Bereich der Leber an, dann muß das Szintigramm 15—30 Minuten nach der i. v.-Injektion begonnen werden. Die Ausscheidung des markierten Farbstoffes über die Gallenwege bis in den Darm beginnt schon nach 5—10 Minuten, so daß eine Abgrenzung des funktionsfähigen Leberparenchyms von den bereits mit dem markierten Farbstoff gefüllten Darmschlingen erschwert sein kann.

Für die Beurteilung der Funktion der Leberparenchymzellen sind Verlaufsbeobachtungen zu empfehlen, d. h. es sollten Szintigramme $^1/_2$, 2 und 3 Stunden nach der i. v. Applikation von 131-Jod-Bengalrosa (= Funktions-Szintigraphie) angefertigt werden. Für den Nachweis oder Ausschluß einer kompletten Gallengangsstenose genügt die Anfertigung eines Szintigramms 3 Stunden nach der i. v. Applikation.

8.2.2.4. Strahlenbelastung

Leber: unter 0,1 mrad/μCi,
Gesamtkörper: unter 0,001 mr/μCi.

8.2.2.5. Vorteil

Elimination des Farbstoffes durch die Leberparenchymzellen, Beurteilung des Funktionsablaufes, Beurteilung der Ausscheidung über die Gallenwege bis in den Darm. Dadurch ist die Feststellung eines kompletten Gallengangsverschlusses möglich.

8.2.2.6. Nachteil

Die Registrierung des Szintigramms muß innerhalb von 20—30 Minuten abgeschlossen sein, da zu diesem Zeitpunkt die Radioaktivität im

Darm bereits beträchtlich sein kann, so daß eine Abgrenzung der Leberform und -größe erschwert wird.

8.2.3. 99 m-Technetium

HWZ 6,0 Stunden

Gamma-Energie i. MeV	0,002—98,6%,
	0,140—96,6%,
	0,142—1,43%.
Elektronen-Energie	0,01 MeV

8.2.3.1. Verwendungsform

99m-Technetium wird als Tc-Eiweißaggregate, Tc-Schwefelkolloid und als Ammonium Pertechnetat in Lösung handelsüblich geliefert. Die Lösung wird i. v. verabfolgt. Eigene Herstellung mittels des bereits handelsüblichen Generators als Lieferant von 99m-Tc.

8.2.3.2. Dosierung

Erforderliche Aktivitätsmenge: 4—5 mCi 99m-Tc.

8.2.3.3. Zeitpunkt der Szintigraphie

Die Elimination des 99m-Tc erfolgt durch das Retikuloendothel der Leber relativ schnell. Nach 15—20 Minuten ist die Substanz praktisch vollständig vom Leberparenchym gespeichert.

8.2.3.4. Strahlenbelastung

Leber und Gesamtkörper unter 0,01 mrad/mCi.

8.2.3.5. Vorteil

Nahe der Leberoberfläche gelegene, nicht speichernde Bezirke, z. B. Metastasen, sind mit geeigneten Kollimatoren gut zu lokalisieren.

8.2.3.6. Nachteil

Die geringe (mittlere) Energie der Gamma-Strahlung erfordert sog. „low energy"-Kollimatoren. Für tief in der Leber liegende Metastasen ist die Nachweiswahrscheinlichkeit geringer als bei Verwendung von 131-Jod-Bengalrosa oder 198-Au.

8.2.4. 131-Jod-Biligrafin

Das Biligrafin wird durch das radioaktive Isotop 131-Jod markiert.

8.2.4.1. Verwendungsform

HWZ, Gamma- und Beta-Energie s. S. 4 (131-Jod).

8.2.4.2. Dosierung

Wie bei der Verwendung von 131-Jod-Bengalrosa ist die erforderliche Aktivitätsmenge von der Funktion der Leberparenchymzellen abhängig. Bei schweren Störungen im Leberparenchym, so z. B. bei Ikterus oder hochgradiger Leberzirrhose ist die Elimination des Kontrastmittels aus dem Blut erheblich verlängert und auch die Speicherung in der Leber vermindert. Zur einwandfreien Darstellung der Leber im Szintigramm muß die Dosis daher 150—300 μCi 131-Jod betragen.

8.2.4.3. Zeitpunkt der Szintigraphie

Bei einem schweren Leberparenchymschaden mit Ikterus soll die Szintigraphie frühestens nach 60—120 Minuten begonnen werden. Die Elimination kann mittels Verlaufsbeobachtungen der Aufnahme und der Ausscheidung des Gallenkontrastmittels im Leberszintigramm im Ablauf von 1—4 Stunden beurteilt werden.

8.2.4.4. Strahlenbelastung

Leber: $\approx$ 0,4 mrad/μCi,
Gesamtkörper: $\approx$ 0,02 mrad/μCi.

8.2.4.5. Vorteil

Elimination des Gallenkontrastmittels durch die Leberparenchymzellen. Beurteilung des Funktionsablaufes. Feststellung von Gallengangsverschlüssen oder Gallengangsstenosen durch den fehlenden Nachweis des markierten Kontrastmittels im Darm.

8.2.4.6. Nachteil

Die Szintigraphie muß innerhalb von 20—30 Minuten abgeschlossen sein, da in dieser Zeit über die Gallenwege eine Biligrafinausscheidung in dem Darm erfolgt. Eine Abgrenzung der Leberform und -größe kann dadurch erschwert werden.

8.3. Technik der Darstellung

Form, Größe und **Lage** der Leber werden am besten durch geeignete gamma-strahlende Kolloide, die im RES gespeichert werden, szintigraphisch zur Darstellung gebracht. Besonders gut eignen sich 198-Au-Kolloid und 99m-Tc-Kolloid. Die Beurteilung der Lagebeziehungen im Bauchraum zum Weichteilschatten der Leber wird durch die Projektion des Szintigramms in das Röntgenbild mit Hilfe der Photoszintigraphie wesentlich erleichtert. Die Aufzeichnung von Hilfspunkten, Körperbegrenzung und Rippenbogen, ist bei anderen Verfahren zur topographischen Zuordnung, z. B. bei Zwerchfellhochstand, erforderlich.

8.4. Das normale Leberszintigramm

Die Leber ist im Gegensatz zur Schilddrüse ein voluminöses Organ, das relativ zentral im Körperstamm liegt. Der größte sagittale Durchmesser der Leber im mittleren Bereich des rechten Leberlappens hat ein recht variables Ausmaß. Das Organ paßt sich nach Lage und Form den inneren Organen an. Aus diesen räumlichen Gegebenheiten ist also schon über der normalen Leber keine gleichmäßige Aktivitätsverteilung bei der flächenhaften Registrierung im Szintigramm vorhanden. Es empfiehlt sich daher, die Strichdichte im Szintigramm oder die Schwärzung im Photoszintigramm auf den größten Durchmesser des rechten Leberlappens einzustellen. Bei gleichmäßiger Aktivitätsanreicherung ergibt die Summation durch die Leberdicke hier ein Maximum. Örtliche Speicherungsdifferenzen können dann leicht gegenüber den anderen Aktivitätsbereichen abgegrenzt werden. Die Anwendung des Bandspeicherungsverfahrens bietet sich hier mit vielen Vorzügen an, allein um den Informationsgehalt aus der routinemäßigen Abtastung einer Einstellung später durch Variation der Aufzeichnung optimal ausschöpfen zu können.

Nach den grundsätzlichen Ausführungen zur Meßtechnik in den Abschnitten I bis III sei hier kurz wiederholt, daß man zur Leberszintigraphie fokussierende Kollimatoren benutzen muß, deren Konvergenzpunkt 2—5 Zoll in der Tiefe gelegen ist (= sog. Schichtscanning-Verfahren). Es ist ratsam, zur räumlichen Lokalisation die Szintigraphie in Bauch-, Seiten- und Rückenlage durchzuführen.

Für die im rechten — relativ umfangreichen — Leberlappen liegenden Funktionsausfälle wurde die Kontur-Scanning-Methode propagiert (Kuhl u. Mitarb. (23, 24)), die die Leber in Form eines Kreisbogens bis zum dorsalen Leberrand seitlich abtastet. Der technische Aufwand bei dieser Methode ist groß, die Anwendung wird auf wenige und ausgewählte Fälle begrenzt bleiben. Heute liegt die Nachweisgrenze für „kalte" Bezirke in der Leber je nach Topographie und Güte der Meßtechnik zwischen 2 und 5 cm Durchmesser.

Je nach der Art des verwendeten Nuklids und seiner Aufnahme durch das Retikuloendothel oder die Leberparenchymzellen ist bei der Leberszintigraphie zwischen Aktivitätsspeicherung und Funktionsszintigraphie zu unterscheiden.

8.4.1. Speicherungs-Szintigraphie

Durch Speicherung von gammastrahlenden Kolloidteilchen im RES der Leber wird dieses Organ als flächenhafter „Schatten" registriert. Die normale Leber zeigt dabei ihre typische Form ungefähr als Dreieck mit abgerundeten Ecken. Die kraniale Begrenzung ist durch die rechte Zwerchfellhälfte, die laterale durch die Thoraxwand gegeben; die kaudale Begrenzung entspricht normalerweise dem Rippenbogen. Im Photoszintigramm stimmen Aktivitätsspeicherung und -verteilung gut mit dem Leberschatten im Röntgenbild überein.

Beachte: Konstanz der Aktivitätsverteilung, weil Kolloidteilchen im Leber-RES fixiert bleiben (Abb. 1).

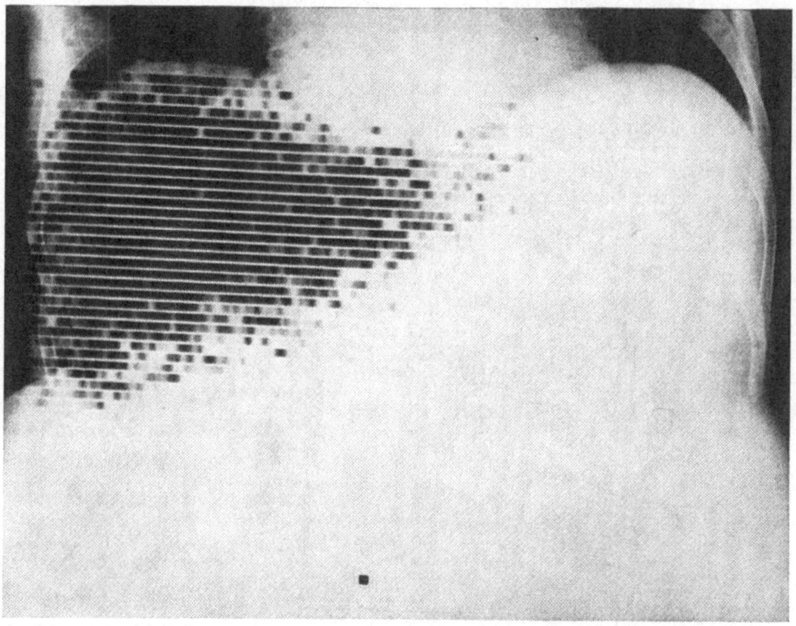

Abb. 1.
Photoszintigramm 20 Minuten nach i. v. Injektion von 90 μCi 198-Au-Kolloid. Das Photoszintigramm zeigt eine relativ gleichmäßige Radiogoldverteilung in dem gesamten Lebergebiet, das als Weichteilschatten auf dem Röntgenbild zu erkennen ist. Leber von normaler Form und Größe
Kristallgröße 1″, Kollimator konisch, 6 mm, Abtastgeschwindigkeit 78 cm/min

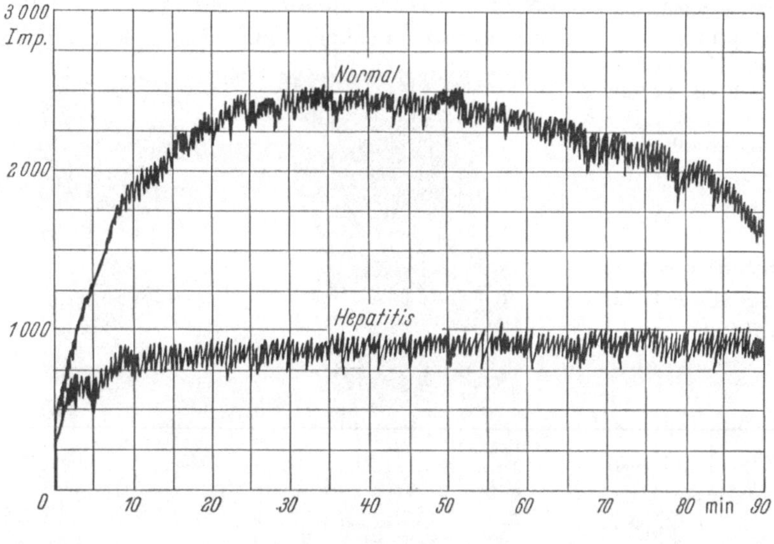

Abb. 2.
Aktivitätskurven einer summarischen kontinuierlichen Messung über der Leber nach i. v. Injektion von 20 μCi 131-Jod-Bengalrosa. Obere Kurve von einem Lebergesunden, untere Kurve von einem Patienten mit einer mittelschweren Hepatitis

8.4.2. Funktionsszintigraphie

Nach Applikation markierter lebergängiger Substanzen, z. B. 131-Jod-Bengalrosa oder 131-Jod-Biligrafin wird durch die Aufnahme in den Leberparenchymzellen in den ersten 30 Minuten ein annähernd gleiches Szintigramm erhalten wie bei der Radiogoldkolloidspeicherung. Durch den Abtransport der markierten Substanz über die Gallenwege bis in den Darm verändert sich jedoch dieses Bild, in dem sich neben der Aktivitätsanreicherung in der Leber auch die in Gallenblase und Darm darstellt.

Beachte: Variabilität der Verteilung infolge Leber-Passage der Radioaktivität! (s. folgendes Beispiel u. Abb. 3 u. 4).

Durch Messungen über der Leber nach i. v. Injektion von 131-Jod-Bengalrosa läßt sich die sehr schnelle Anreicherung des markierten Farbstoffes innerhalb von 5—10 Minuten mit einem Maximum bei 30 Minuten feststellen (**Abb. 2**). Die Abbildung zeigt in zwei Kurven die Messung über der Leber nach Injektion von 131-Jod-Bengalrosa bei einem Leber-Gesunden (normal) und bei einer Hepatitis. Nach 30 Minuten findet sich ein Plateau, das nach 60 Minuten absinkt. Dieser Kurvenverlauf kommt dadurch zustande, daß nach 30 Minuten die Elimination des Farbstoffes aus dem Blut im Bereich der Leberparenchymzellen und die Ausscheidung über die Gallenwege bis

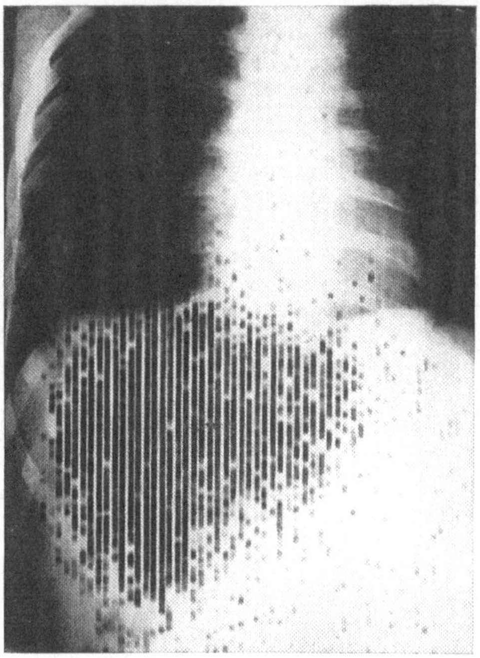

Abb. 3. Photoszintigramm 15—45 Minuten nach i. v. Injektion von 50 μCi 131-Jod-Bengalrosa.
Es findet sich eine relativ gleichmäßige Aktivitätsverteilung über dem gesamten, als Weichteilschatten sichtbaren Leberbereich. Am rechten kaudalen Rand ist bereits eine etwas stärkere Aktivitätskonzentration sichtbar. Normale Leber

Kristallgröße 1″, Kollimator konisch, 10 mm, Abtastgeschwindigkeit 78 cm/min

in Gallenblase und Darm sich kompensieren. Nach 30 Minuten wird der Abtransport über die Gallenwege deutlich. Dieser Funktionsablauf läßt sich im Photoszintigramm der Leber bildlich darstellen.

Die **Abbildung 3** zeigt das Photoszintigramm der Leber 15—45 Minuten nach i. v. Injektion von 50 μCi 131-Jod-Bengalrosa. In dieser Darstellungsebene hat die Leber die typische Dreieckform. Die relativ gleichmäßige Schwärzung durch die 131-Jod-Bengalrosa-Aufnahme zeigt eine gute Funktion der Leberparenchymzellen in dem gesamten Bereich. Am mittleren unteren Leberrand ist bereits eine geringe Aktivitätskonzentration sichtbar, die der beginnenden Anreicherung in der Gallenblase entspricht.

Das Szintigramm 90 Minuten nach i. v. Injektion beim gleichen Patienten ist durch die verminderte Schwärzung die beginnende Ausscheidung des 131-Jod-Bengalrosa über die Gallenwege bis in die Gallenblase erkennbar **(Abb. 4)**. Die Aktivitätskonzentration hat abgenommen und es zeigt sich eine deutlich abgrenzbare, etwa pflaumengroße Anreicherung am mittleren unteren Leberrand. Die Hauptmenge der Aktivität befindet sich in der Gallenblase, so daß diese als rundliche Schwärzung szintigraphisch zur Darstellung kommt. 3 Stunden nach der i. v. Applikation **(Abb. 5)** findet sich die überwiegende Menge des 131-Jod-Bengalrosa bereits im Bauchraum, da über die Gallenwege der größere Teil des Farbstoffes bereits ausgeschieden ist. Das Photoszintigramm läßt erkennen, daß bei Störungen und Behinderungen des Funktionsablaufes insbesondere bei kompletten Gallengangsstenosen das Fehlen der Radioaktivität im Bauchraum den Beweis für das Vorliegen einer kompletten Gallengangsstenose liefert. Aus dem Umfang der Aktivitätsmenge im Darm sind begrenzte Schlußfolgerungen (s. S. 12) möglich.

Mit Hilfe der Funktionsszintigraphie läßt sich auch die normale Gallenblase szintigraphisch darstellen. Die **Abbildung 6** zeigt das Cholezystogramm und **Abbildung 7** die Lokalisierung

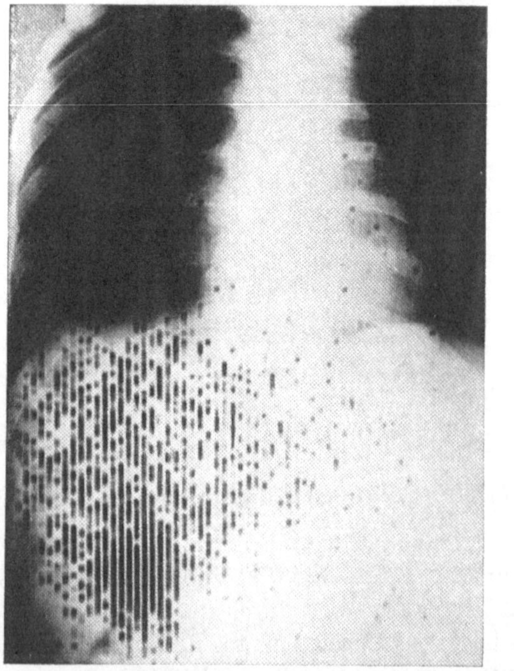

Abb. 4. Photoszintigramm gleiche technische Daten wie Abb. 3. Photoszintigramm 90—110 Minuten nach i. v. Injektion von 131-Jod-Bengalrosa.
Die Leberfunktion und Ausscheidung des markierten Farbstoffes wird durch das Nachlassen der Aktivität über der Leber sichtbar. Es zeigt sich eine stärkere Konzentration im Gallenblasenbereich rechts kaudal. Normaler Funktionsablauf im Szintigramm bei einem Lebergesunden

Kristallgröße 1″, Kollimator konisch, 10 mm, Abtastgeschwindigkeit 78 cm/min.

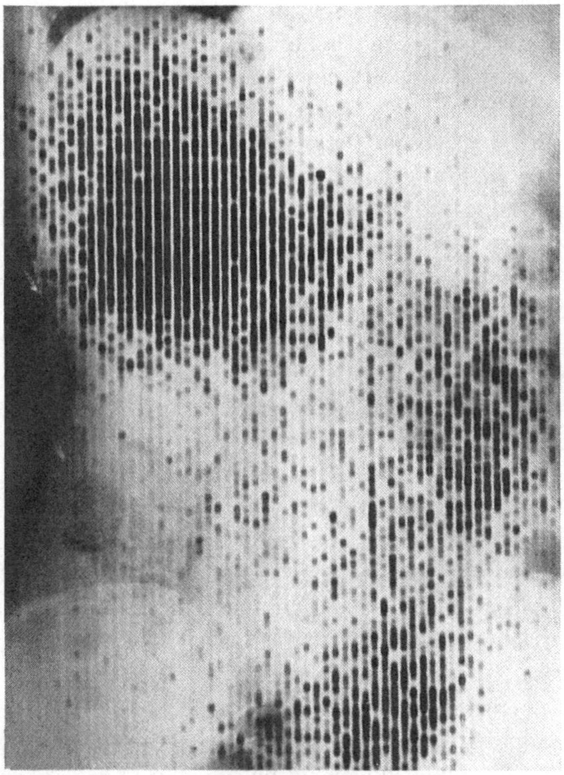

Abb. 5. Photoszintigramm 3 Stunden nach i. v. Injektion von 50 μCi 131-Jod-Bengalrosa.

Vermehrte Radioaktivitätskonzentration im Gallenblasenbereich. Die Ausscheidung über die Gallenwege bis in den Darm ist durch die Schwärzung, die sich bis in den unteren Bauchraum erstreckt, deutlich erkennbar. Normale 131-Jod-Bengalrosa-Ausscheidung 3 Stunden nach i. v. Injektion in den unteren Darmabschnitten

der Gallenblase im Photoszintigramm 90 Minuten nach Injektion von 200 μCi 131-Jod-Biligrafin. Die szintigraphische Darstellung der Gallenblase besitzt jedoch nur begrenzte Bedeutung, da mit dem üblichen szintigraphischen Verfahren Einzelheiten der Form der Gallenblase nicht in der Weise wie beim Röntgen-Cholezystogramm (**Abb. 6**) darstellbar sind. Mit Hilfe der Szinti-Kamera besteht aber die Möglichkeit, die Funktion der Gallenblase, insbesondere deren Entleerung nach Reizmahlzeit sichtbar zu machen.

8.4.2.1. Hepatitis

Bei Erkrankungen der Leber, insbesondere bei der Hepatitis mit Ikterus und bei der Leberzirrhose, kommt es zu einer Störung der Funktion der Leberparenchymzellen (**Abb. 2**). Wie bereits beschrieben, kann durch die Verwendung von 131-Jod-Bengalrosa diese Störung in der Gesamtfunktion durch Messung der Strahlungsaktivität im Blut zu verschiedenen Zeiten nach der Injektion erfaßt werden. Das Absinken der Radioaktivität im Blut erfolgt exponentiell mit einer Halbwertzeit, die normalerweise zwischen 8—10 Minuten liegt. Nach 30 Minuten ist das 131-Jod-Bengalrosa durch die Leberparenchymzellen vollständig eliminiert. Nur eine geringe Ausscheidung von 3—10% erfolgt über die Nieren. Je nach dem Grad und der Schwere der Erkrankung der Leberparenchymzellen ist die Halbwertzeit der Elimination aus dem Blut verringert, sie kann in extremen Fällen 30 Minuten betragen. Mit schnellschreibenden szintigraphischen Verfahren, so vor allem mit der Szintillations-Kamera, läßt sich durch den Vergleich mit lebergesunden Versuchspersonen eine Störung dieser Eliminationsrate relativ leicht erfassen. Da abgesehen von dem technischen Aufwand die Untersuchung relativ leicht durchführbar ist, kann diese Methode eine gewisse Bedeutung erlangen.

Bei Leberfunktionsstörungen ist der Transport in die Gallenwege ebenfalls verzögert, so daß bei Anfertigung von Szintigrammen 90 Minuten

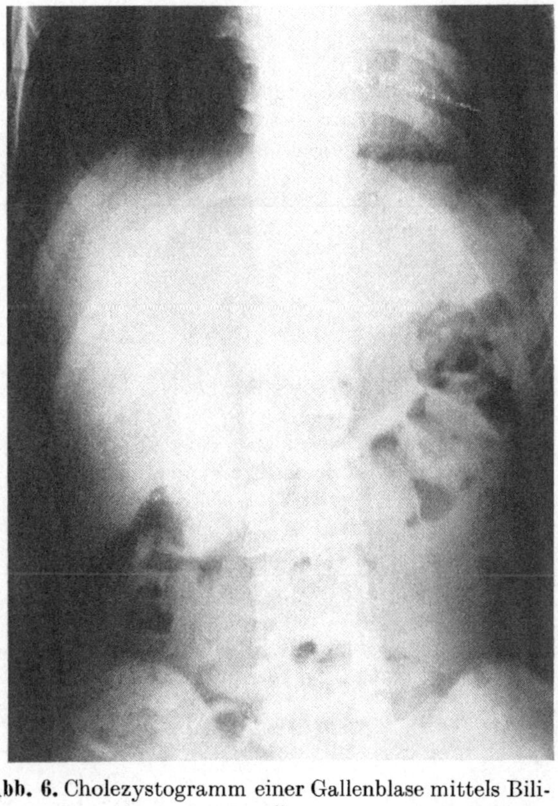

Abb. 6. Cholezystogramm einer Gallenblase mittels Biligrafin

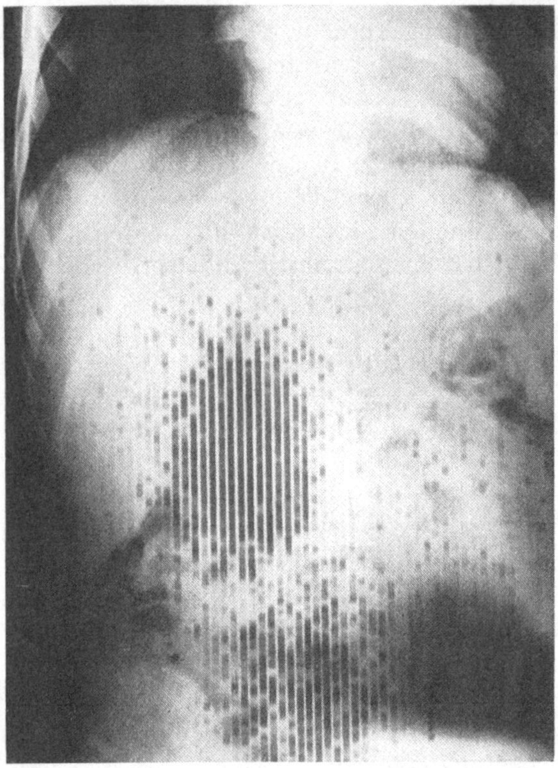

Abb. 7. Photoszintigramm 2 Stunden nach i. v. Injektion von 200 μCi 131-Jod-Biligrafin.

Im Bereich der Gallenblase, die im Cholezystogramm (Abbildung 6) sichtbar, findet sich eine Aktivitätsanreicherung von annähernd rundlicher Form. Eine genaue Abgrenzung und Darstellung wie im Cholezystogramm ist mit Hilfe der Szintigraphie nicht möglich. Unterhalb der kontrastgefüllten Gallenblase findet sich bereits die Aktivitätsausscheidung des markierten Gallekontrastmittels im Darm

Kristallgröße 1″, Kollimator konisch, 10 mm, Abtastgeschwindigkeit 78 cm/min

und 3 Stunden nach der i. v. Injektion noch immer ein beachtlicher Teil der radioaktiven Substanz im Bereich des Leberparenchyms nachweisbar ist. In der **Abbildung** 8 ist der zeitliche Ablauf der Aktivitätsaufnahme und -ausscheidung wiedergegeben, wie er mittels summarischer Messung über dem Leberabschnitt mit Hilfe eines Szintillationszählers erhalten wird. Die Kurve A zeigt den Aktivitätsablauf bei einem Patienten mit einer Virushepatitis am 18. Krankheitstag, und in der Kurve B beim gleichen Patienten den Aktivitätsablauf am 35. Krankheitstag. Während die untere Kurve kaum eine deutliche 131-Jod-Bengalrosa-Aufnahme zeigt, gibt die obere Kurve den Grad der wiedergewonnenen Funktion der Leberparenchymzellen wieder. Ein langsamer Anstieg über 40 Minuten geht in ein Plateau über, das auch nach 90 Minuten unverändert besteht. Hier ist die 131-Jod-Bengalrosa-Aufnahme und vor allem die Bengalrosa-Ausscheidung gegenüber der Kurve beim Lebergesunden erheblich verzögert. Diese erhebliche Verzögerung der Elimination des Farbstoffes durch die Leberparenchymzellen konnte durch die laufende Messung der Blutproben und mit Hilfe der Szintigraphie nachgewiesen werden.

Die herabgesetzte Elimination von Farbstoffen im akuten Zustand einer Hepatitis mit schwerem Ikterus bedeutet für die Szintigraphie, daß die Aktivitätsmenge erhöht werden muß, um ein gutes Leberbild ohne störenden Null-Effekt zu erhalten. Die Schwierigkeiten bei der szinti-

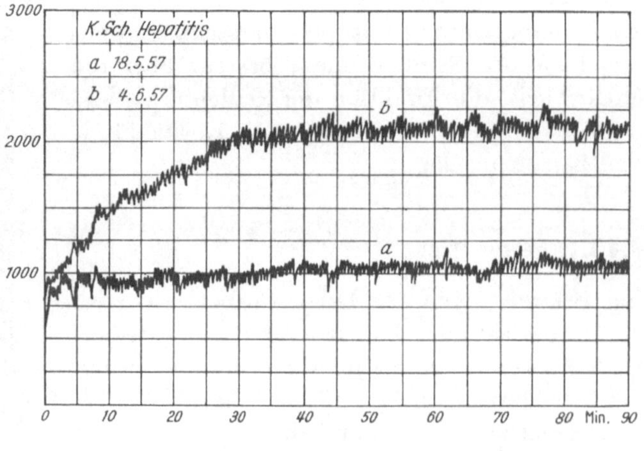

Abb. 8.

Summarische Messung der Aktivitätsanreicherung über der Leber mit Hilfe eines Szintillationszählers nach i. v. Injektion von 10 μCi 131-Jod-Bengalrosa.

Kurve a: bei einem Pat. mit einer Virushepatitis am 18. Krankheitstag.

Kurve b: gleicher Pat. am 35. Krankheitstag. Die Steigerung der Aktivitätsaufnahme Kurve b läßt eine beginnende Erholung und damit Verbesserung der Leberfunktion erkennen

graphischen Darstellung können natürlich durch technische Maßnahmen, wie Nullpunktunterdrückung und exponentielle Schreibung bis zu einem gewissen Grade ausgeglichen werden. Die Verwendung größerer Aktivitätsmengen verursacht keine nennenswerte Strahlenbelastung, da die Bengalrosa-Ausscheidung dann vermehrt über die Nieren erfolgt. Bei herabgesetzter Elimination von 131-Jod-Bengalrosa durch das Leberparenchym werden in den ersten 24 Stunden mehr als 25% der verabfolgten Dosis über die Nieren ausgeschieden. Beim lebergesunden Patienten beträgt die Urinausscheidung nach 90 Minuten im Mittel 1,9% und nach 24 Stunden 2,5% der injizierten Dosis.

Der verzögerte Funktionsablauf der 131-Jod-Bengalrosa-Aufnahme und -Ausscheidung über die Gallenwege bis in den Darm läßt sich bei

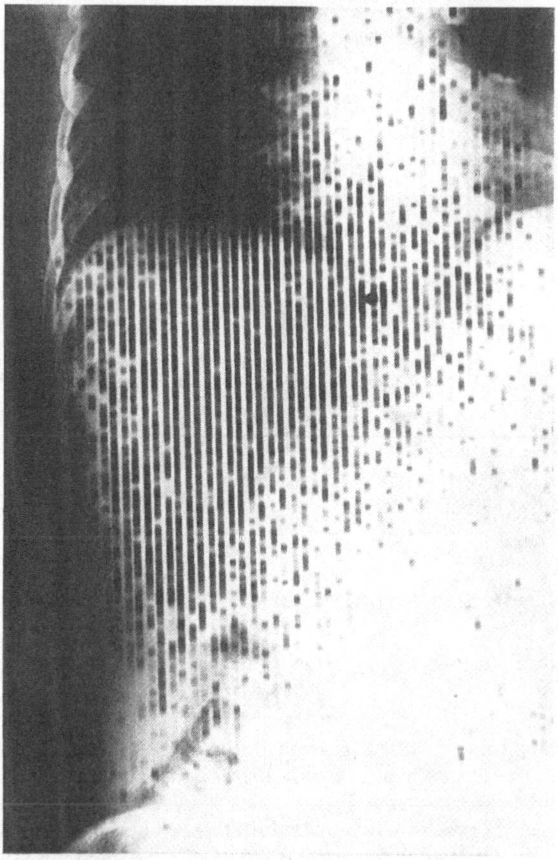

Abb. 9. Photoszintigramm 30—50 Minuten nach i. v. Injektion von 50 μCi 131-Jod-Bengalrosa.

Es findet sich eine relativ gleichmäßige Aktivitätsverteilung in dem gesamten auf dem Röntgenbild erkennbaren Weichteilschatten der Leber

Kristallgröße 1'', Kollimator konisch, 10 mm, Abtastgeschwindigkeit 78 cm/min

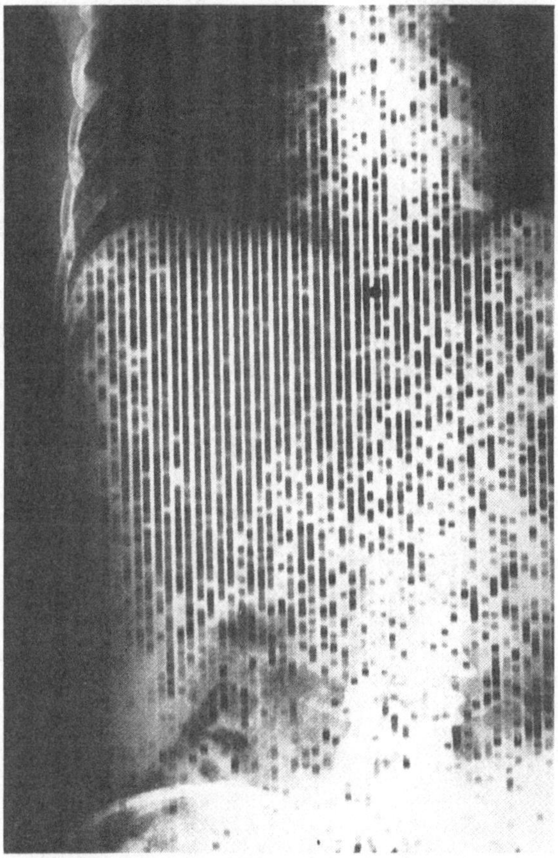

Abb. 10. Photoszintigramm 90—110 Minuten nach i. v. Injektion von 50 μCi 131-Jod-Bengalrosa.

Gleiche Patientin wie von Abbildung 9. Auch nach 90 Minuten findet sich noch keine deutliche Konzentration im Bereich der Gallenblase und auch keine nennenswerte Aktivität im Darmbereich

Kristallgröße 1'', Kollimator konisch, 10 mm, Abtastgeschwindigkeit 78 cm/min

einer Hepatitis oder auch bei einer Leberzirrhose durch Photoszintigramme zu den verschiedenen Zeiten nach der i. v.-Injektion sichtbar machen. In der **Abbildung 9** ist das Photoszintigramm bei einem Pat. mit einer Leberzirrhose 30 Minuten nach Injektion von 50 μCi 131-Jod-Bengalrosa wiedergegeben. Hierbei ist durch die Schwärzung im Photoszintigramm die etwas vergrößerte Leber mit relativ gleichmäßiger Bengalrosa-Verteilung zu erkennen. Bei dem gleichen Pat. ist 90 Minuten nach der Injektion kaum eine Abnahme der Aktivität (**Abb. 10**), d. h. noch kein Anzeichen für beginnende Ausscheidung vorhanden. Die Gallenblase zeichnet sich zu diesem Zeitpunkt nicht ab und es findet sich auch noch keine Bengalrosa-Aktivität im Darm. Die Bengalrosa-Speicherung in der Leber bei der Hepatitis entspricht nach 90 Minuten der Speicherung beim

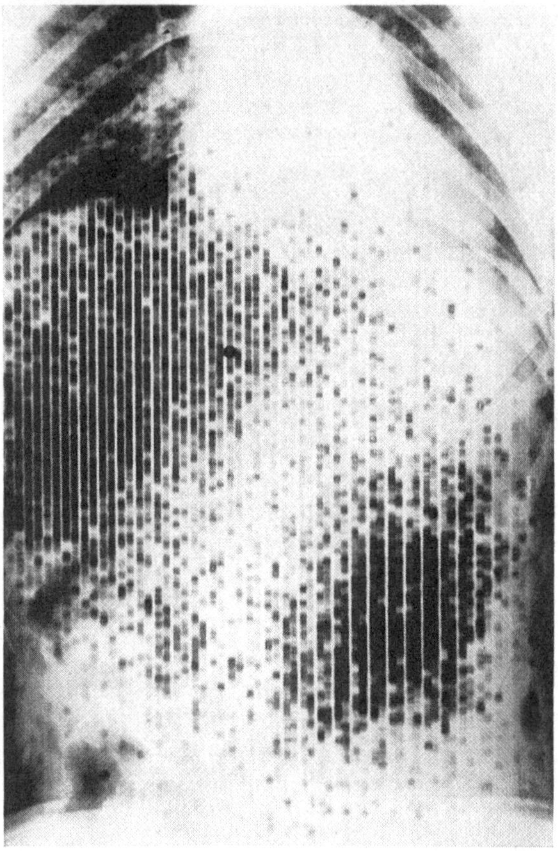

Abb. 11. Photoszintigramm 3 Stunden nach i. v. Injektion von 50 μCi 131-Jod-Bengalrosa.
Gleiche technische Daten wie für Abbildung 9 und 10. Photoszintigramm bei einem Patienten mit einer Hepatitis. Verzögerte Bengalrosa-Ausscheidung. Im linken unteren Bauchraum ist jetzt ein Teil des ausgeschiedenen 131-Jod-Bengalrosa im Darm nachweisbar

Lebergesunden, wie sie nach 30 Minuten vorhanden ist.

Erst 3 Stunden nach der Injektion (**Abb. 11**) findet sich im Leberbereich etwa die gleiche Aktivitätskonzentration wie sie nach 90 Minuten bei normaler Funktion vorhanden ist. Jetzt erst finden sich Aktivitätsanreicherungen im Bauchraum, die auf eine Bengalrosa-Ausscheidung in den Darm hinweisen.

Ein verzögerter 131-Jod-Bengalrosa-Transport in den Darm kann neben schweren Funktionsstörungen der Leberparenchymzellen durch Hepatitis und Leberzirrhose auch bei den nicht kompletten Gallengangstenosen vorhanden sein. Die differentialdiagnostische Abgrenzung ist nur möglich, wenn man die Aktivität der Leberparenchymzellen durch das Absinken der Radioaktivität im Blut bestimmt und diese HWZ der Blutaktivität in Beziehung zur Ausscheidung der Gallenfarbstoffe in den Darm setzt.

8.4.2.2. Gallengangsstenose

Wie aus dem vorangegangenen Abschnitt zu ersehen ist, kann bei inkompletten Gallengangstenosen die diagnostische Beurteilung erschwert sein, wenn gleichzeitig ein Leberparenchymschaden vorliegt, der selbst eine verzögerte Ausscheidung in den Darm bedingt. Anders ist es jedoch bei der Feststellung eines kompletten Gallengangverschlusses. Bei dieser Diagnosestellung ist der richtige Zeitpunkt der Anfertigung des Szintigramms von Bedeutung. Da auch bei einem schweren Leberparenchymschaden bereits 3 Stunden

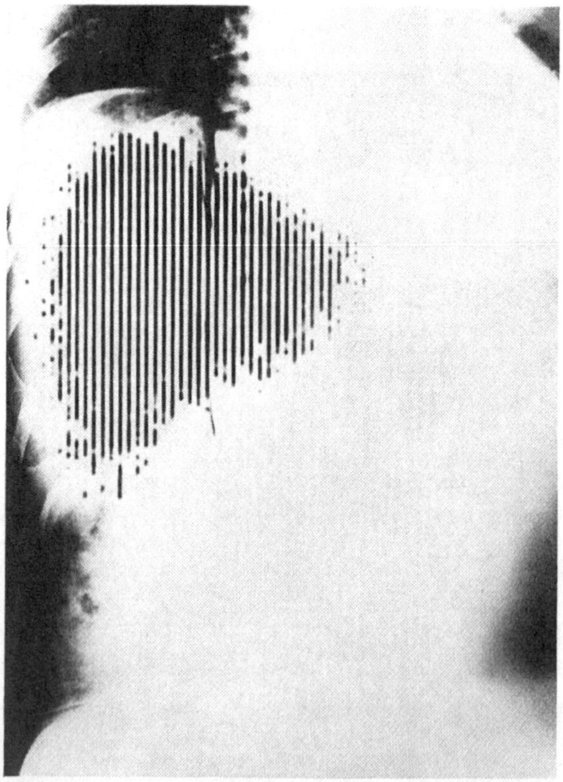

Abb. 12. Photoszintigramm 3 Stunden nach i. v. Injektion von 100 μCi 131-Jod-Bengalrosa.
Die Leber hat sich in normaler Form und Größe mit relativ gleichmäßiger Aktivitätsanreicherung dargestellt. Es findet sich jedoch keinerlei Ausscheidung des Bengalrosa im Darmbereich. Die fehlende Ausscheidung 3 Stunden nach i. v. Injektion erlaubt mit an Sicherheit grenzender Wahrscheinlichkeit den Schluß, daß es sich hier um eine komplette Gallengangsstenose handelt

Kristallgröße 1″, Kollimator konisch, 10 mm, Abtastgeschwindigkeit 78 cm/min

nach der i. v. Injektion von 131-Jod-Bengalrosa eine gewisse Aktivitätsmenge im Darmbereich nachweisbar ist, genügt es zur Feststellung und zum Beweis einer kompletten Gallengangstenose, ein Szintigramm anzufertigen. Findet sich nach 3 Stunden keinerlei Bengalrosa im Darmbereich, dann liegt mit an Sicherheit grenzender Wahrscheinlichkeit eine komplette Gallengangstenose vor. In der **Abbildung 12** ist das Szintigramm eines Pat. wiedergegeben, bei dem 3 Stunden nach i. v. Injektion von 80 μCi 131-Jod-Bengalrosa das Fehlen des Farbstoffes im Darmbereich zu der Diagnose komplette Gallengangstenose führte. Diese Diagnose wurde operativ bestätigt.

Falls ein Leberparenchymschaden ausgeschlossen werden kann, ist im begrenzten Umfang eine inkomplette Stenose durch den Vergleich der Ausscheidung mit Szintigrammen von gesunden Versuchspersonen möglich.

8.5. Das von der Norm abweichende Leberszintigramm

Der Einteilung der Norm-Befunde bei der Leberszintigraphie (gemäß der angewandten Untersuchungstechnik) folgt zwangsläufig eine entsprechende **Klassifikation der von der Norm abweichenden Leberszintigramme:**
Die Aktivitäts-Speicherung in der Leber zeigt Abweichungen von der Norm bzgl.

a) Form, Größe und Lage dieses Organs,
b) Verteilung in der Leber.

8.5.1. Formvarianten

Formvarianten der Leber sind relativ selten und finden sich in weit geringerem Maße gegenüber krankhaften Veränderungen, so daß bei Abweichungen von der Leberform in erster Linie an Tumoren, Zysten oder Abszeßbildungen gedacht werden muß. Der Ausschluß derartiger Erkrankungen ist daher durch weitere Untersuchungen anzustreben. Der Nachweis der Speicherung radioaktiver Kolloide oder markierter lebergängiger Substanzen in tumorverdächtigen Bereichen schließt meist eine Erkrankung aus und führt zur Diagnose einer Formvariante der Leber.

Beispiel 1

60jähr. Pat. wegen Beschwerden und Druckgefühl im Oberbauch zur Untersuchung in die Klinik eingewiesen.

Lokalbefund: Der untere Leberrand ist 3 QF kaudal vom unteren Rippenbogen tastbar. Der Leberrand ist glatt und nicht druckschmerzhaft.

Das Szintigramm (Abb. 13) läßt in der Radiogoldverteilung eine deutliche Abweichung von der typischen Form der Leber erkennen. Es findet sich eine langgestreckte, doppelthandflächenbreite, relativ gleiche Aktivitätsverteilung, die bis in den unteren, tastbaren Leberrand reicht. Im Bereich des linken Leberlappens fehlt jegliche Aktivitätsanreicherung.
Um einen Tumor oder Gallenblasenhydrops auszuschließen, erfolgte die szintigraphische

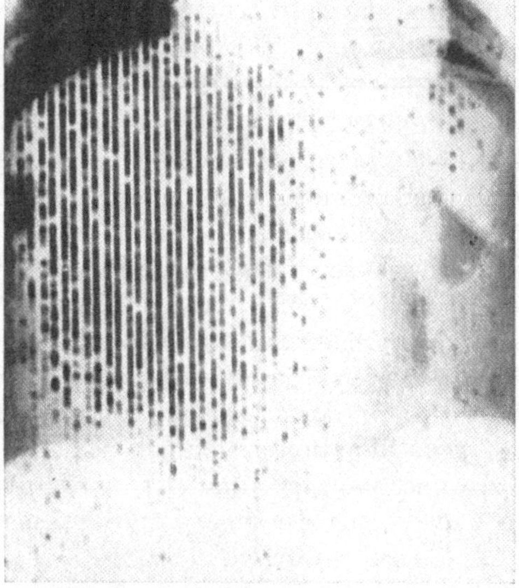

Abb. 13. Photoszintigramm 20 Minuten nach i. v. Injektion von 60 μCi 198-Au.
Es findet sich eine gleichmäßige Aktivitätsanreicherung bis in den unteren tastbaren Leberrand
Kristallgröße 1″, Kollimator konisch, 6 mm, Abtastgeschwindigkeit 78 cm/min

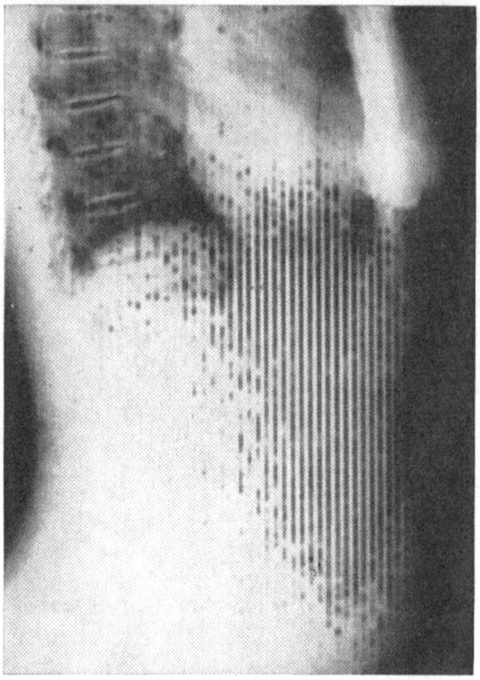

Abb. 14. Photoszintigramm des gleichen Patienten wie Abbildung 13. Gleiche technische Daten. Szintigraphie in seitlicher Ebene. Deutlich schürzenförmige, langgestreckte Leber mit einer Aktivitätsanreicherung in dem gesamten Gebiet. Speicherung bis in den tastbaren unteren Leberrand

Darstellung in seitlicher Ebene (**Abb. 14**). Die Aktivitätsverteilung im Photoszintigramm zeigt eine relativ gleichmäßige, homogene Speicherung in der auf der seitlichen Aufnahme erkennbaren langgestreckten, schürzenförmig vergrößerten Leber. Es findet sich eine gute Übereinstimmung in der Speicherung bis in den unteren, schürzenförmigen Rand.

Differentialdiagnose: Gallenblasenhydrops, primäres Leberkarzinom, Lebermetastasen, Leberzysten, Anomalie der Leberform.

Der Nachweis von funktionstüchtigem Leberparenchym bis in den kaudalen Rand der anscheinend vergrößerten Leber erlaubt es, Zysten und Lebertumoren in diesem Bereich auszuschließen. Da in den kranialen Abschnitten der Leber kein Funktionsausfall zu erkennen ist, der zu einer Vergrößerung der Leber führen kann und da sich der linke Leberlappen nicht darstellte, kam differentialdiagnostisch auch eine Formvariante der Leber in Betracht.

Diagnose: Schürzenförmig langgestreckte Leber mit relativ gleichmäßiger Speicherung von 131-Jod-Bengalrosa, fehlender linker Leberlappen, Formvariante der Leber.

Die Laparoskopie bestätigte diese Deutung des Photoszintigramms. Es fand sich eine isolierte Vergrößerung des rechten und eine Dysplasie bzw. Atrophie des linken Leberlappens. Als Ursache muß an eine Anomalie oder an ein frühkindlich durchgemachtes oder kongenitales Leiden (Atresie, Nabelvenensepsis, usw.) gedacht werden.

Beispiel 2

54jähr. Pat., wegen Oberbauchbeschwerden in die Klinik eingewiesen.

Lokalbefund: Leber unter dem Rippenbogen nicht deutlich abgrenzbar.

Das Photoszintigramm nach i. v.-Injektion von 70 μCi 198-Au Kolloid (**Abb. 15**) läßt eine dem röntgenologisch sichtbaren Weichteilschatten entsprechende Leber mit langgestrecktem linken Leberlappen erkennen.

Differentialdiagnose: Da die Radiogoldspeicherung im Leberbereich dem Tastbefund entspricht und die Radiogoldverteilung homogen ist, kommt nach der Wahrscheinlichkeit in

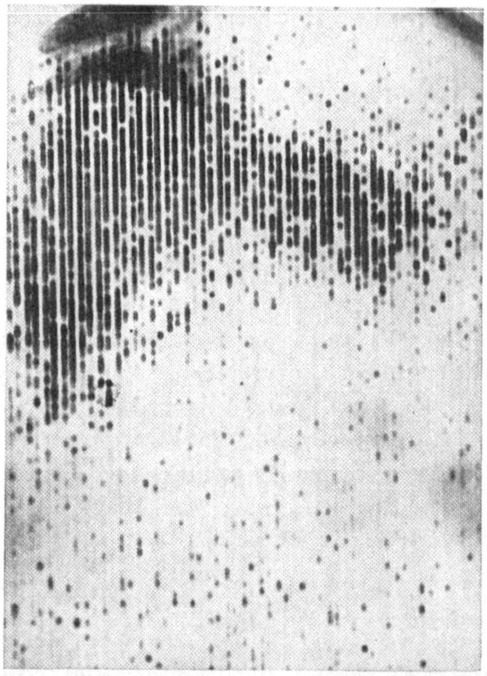

Abb. 15. Photoszintigramm einer Patientin 30 Minuten nach i. v. Injektion von 70 μCi 198-Au-Kolloid. Aktivitätsanreicherung in dem relativ kleinen rechten Leberlappen und ausgeprägten langgestreckten linken Leberlappen

Kristallgröße 1″, Kollimator konisch, 6 mm, Abtastgeschwindigkeit 78 cm/min

erster Linie eine Formvariante in Betracht. Funktionsausfälle sind nicht nachweisbar.

Diagnose: Formvariante der Leber mit stärker ausgeprägtem linken Leberlappen ohne Anhalt für Knoten, Zysten oder Abszeßbildungen. Die Diagnose wurde durch Laparoskopie bestätigt. Es handelte sich hier um eine Anomalie der Leber mit einem relativ kleinen rechten und einem etwas stärker ausgebildeten, langgestreckten linken Leberlappen, der in Form und Größe den auf dem Szintigramm dargestellten Leberabschnitten entsprach.

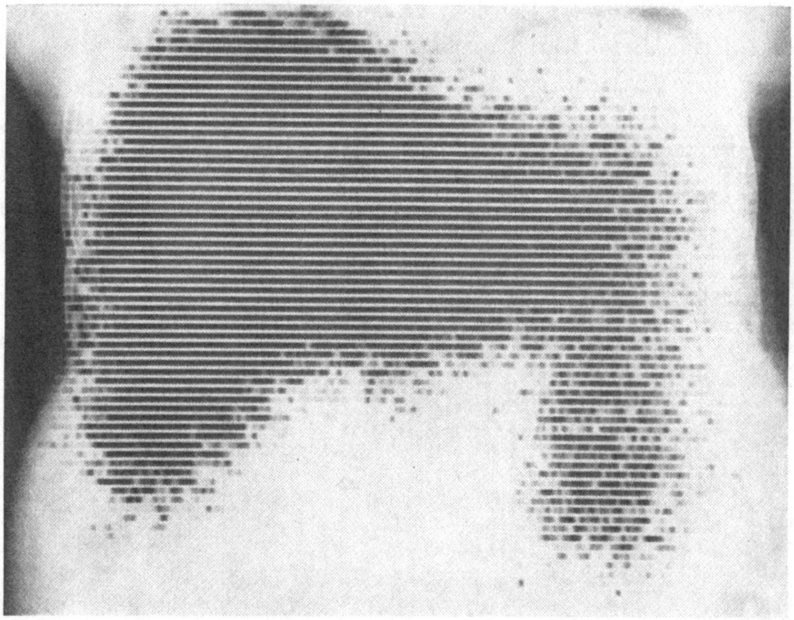

Abb. 16. Photoszintigramm 30 Minuten nach i. v. Injektion von 200 μCi 198-Au-Kolloid. Es findet sich eine erheblich vergrößerte Leber mit relativ gleichmäßiger Radiogoldverteilung. Am lateralen Leberrand ist eine langgestreckte, etwas geringere Radiogoldkonzentration zu erkennen, die der Radiogoldspeicherung in der erheblich vergrößerten Milz entspricht.
Kristallgröße 1'', Kollimator konisch, 6 mm, Abtastgeschwindigkeit 78 cm/min

8.5.2. Leberzirrhose

Die Radiogoldkolloid-Speicherung in Leber, Milz und Knochenmark erlaubt mit einer gewissen diagnostischen Sicherheit die Beurteilung, mit Einschränkung auch den Schweregrad einer Leberzirrhose. Die Erfahrungen der Leberszintigraphie haben gezeigt, daß bei der Verwendung von Radiogold-Kolloid 198-Au bei mittelschwerer bis schwerer Leberzirrhose das Radiogold in zunehmendem Maße von der Milz gespeichert wird. Eine intensive Milzdarstellung bei der Radiogold-Szintigraphie der Leber ist daher als Zeichen einer schweren Leberzirrhose anzusehen. Von Andrysek u. Mitarb. (25) wurden Tierexperimente durchgeführt, bei denen die Leber durch Hexamethylentetramin schwer geschädigt wurde. Bei den experimentellen Untersuchungen fand sich entsprechend der Schwere des Leberschadens eine im gleichen Umfang zunehmende Radiogold-Speicherung in der Milz.

Für die Darstellung von Leber und Milz werden zwei Beispiele wiedergegeben:

Beispiel 1

60jähr. Pat., Oberbauchbeschwerden. Bei letztem Aufenthalt in der Klinik vor $^1/_2$ Jahr Leberzirrhose festgestellt.

Tastbefund: Leber unter dem rechten Rippenbogen gerade tastbar. Leberfunktionsproben: Takata, -Mancke Sommer 30 mg%, Bilirubin 2,0 mg%, Cadmium- und Prontosiltest +.

Das Szintigramm (Abb. 16) läßt eine Leber mit relativ gleichmäßiger Radiogoldspeicherung erkennen. Links neben der Leber findet sich eine doppeltfaustgroße Schwärzung, die der Radiogold-Speicherung in der Milz entspricht.

Differentialdiagnose: Die relativ gleichmäßige Radiogoldspeicherung in der Leber spricht gegen das Vorliegen eines malignen Prozesses.

Diagnose: Die erhebliche Radiogoldspeicherung in der Milz mit Milzvergrößerung läßt auf einen schweren Leberparenchymschaden schließen. Die szintigraphische Diagnose wurde durch die gezielte Punktion bei der Laparoskopie bestätigt.

Beispiel 2

71jähr. Pat., ohne prodromale Erscheinungen Ikterus.

Tastbefund: Leber unter dem Rippenbogen gerade tastbar, Konsistenz relativ derb. Leberfunktionsproben Mancke-Sommer 30 mg%, Bilirubin 21,15 mg/100 ml, Bilirubin direkt 17,07 mg/100 ml, Thymol +, Serum-Eisen 186 μ/100 ml, alkalische Phosphatase 28,6 m Mol E.

Das Photoszintigramm zeigte im rechten Leberlappen eine stark herabgesetzte fleckförmige Radiogoldspeicherung, während der linke Leberlappen nur in einem etwa faustgroßen Bezirk eine Konzentration mit gleichmäßiger Radiogoldspeicherung erkennen ließ **(Abb. 17)**.

Differentialdiagnose: Bei dem großen Speicherdefekt im Bereich des rechten Leberlappens muß in erster Linie an ein Leberkarzinom, in zweiter Linie an das Vorliegen von Lebermetastasen gedacht werden. Gegen diese Erkrankungen spricht jedoch die Tatsache, daß die Leber nicht vergrößert ist. Für einen erheblichen Leberparenchymschaden spricht die Radiogoldspeicherung in der Milz.

Diagnose: Schwerer Leberparenchymschaden, wahrscheinlich Leberzirrhose. Bei dem schweren klinischen Krankheitsbild kam der Pat. 3 Wochen nach Klinikaufnahme ad Exitum. Die Sektion ergab eine schwere atropische Leberzirrhose mit nur geringfügigen Resten funktionsfähigen Lebergewebes, besonders im rechten Leberlappen. Die Sektion bestätigte also den szintigraphisch erhobenen Befund.

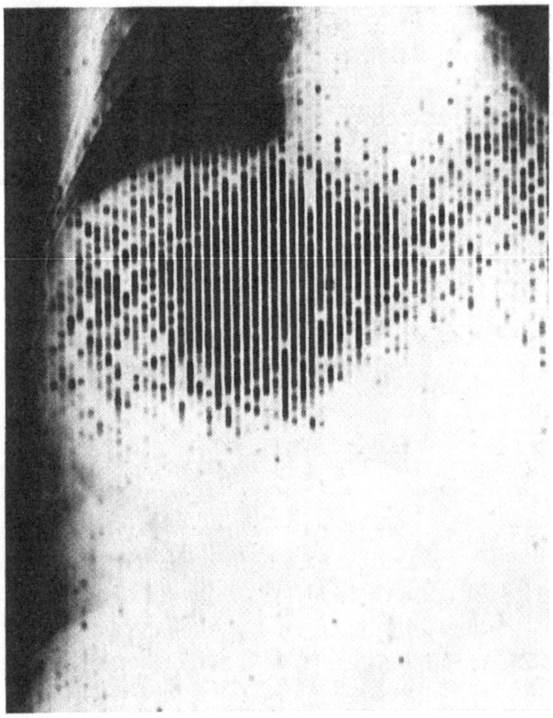

Abb. 17. Photoszintigramm 30 Minuten nach i. v. Injektion von 100 μCi 198-Au-Kolloid.
Es findet sich nur im mittleren Leberbereich eine kleinhandtellergroße homogene Radiogoldanreicherung während die lateralen Bezirke sämtlich weniger speichern. Die Aktivitätskonzentration im linken Oberbauch entspricht der Radiogoldkonzentration im Bereich der Milz. Die Leber war nicht vergrößert. Die herabgesetzte Radiogoldspeicherung rechts lateral und links medial entsprach dem Sektionsbefund. Hier handelt es sich um eine schwere atrophische Leberzirrhose mit nur noch geringfügigen Resten funktionsfähigen Leberparenchyms

Kristallgröße 1'', Kollimator konisch, 10 mm, Abtastgeschwindigkeit 78 cm/min

8.5.3. Leberzysten

Leberzysten stellen sich im Szintigramm relativ gut abgesetzt als umschriebene runde Speicherdefekte dar. Lebermetastasen, Leberabszesse und Leberhaematome sind nur in Zusammenhang mit dem klinischen Befund speziell mittels gezielter Punktion bei der Laparoskopie oder mittels Laparotomie zu unterscheiden.

Am häufigsten wird eine zystische Lebererkrankung durch den Echinokokkus hervorgerufen. Nach letzten statistischen Untersuchungen ist der rechte Leberlappen 3mal häufiger befallen als der linke.

Darstellung einer Leberechinokokkuszyste und deren szintigraphische Kontrolle im folgenden Beispiel:

Beispiel 1

40jähr. Pat., vor 1 Jahr wegen Leberechinokokkuszysten operiert. Damals mehrere große Zysten aus dem rechten Leberlappen entfernt. Wegen erneuter Beschwerden zur Leberszintigraphie mit der Frage geschickt, ob eine erneute Operation erforderlich sei. Leberfunktionsproben im Normbereich.

Tastbefund: Leber deutlich vergrößert; Leberrand zwei QF kaudal vom Rippenbogen tastbar. Das Lebergebiet war prall-elastisch ohne deutlich abgrenzbare Knoten.

Das Photoszintigramm (Abb. 18) läßt einen etwa doppeltfaustgroßen Funktionsausfall im rechten oberen Leberlappen erkennen. Darunter findet sich voll funktionsfähiges Leber-

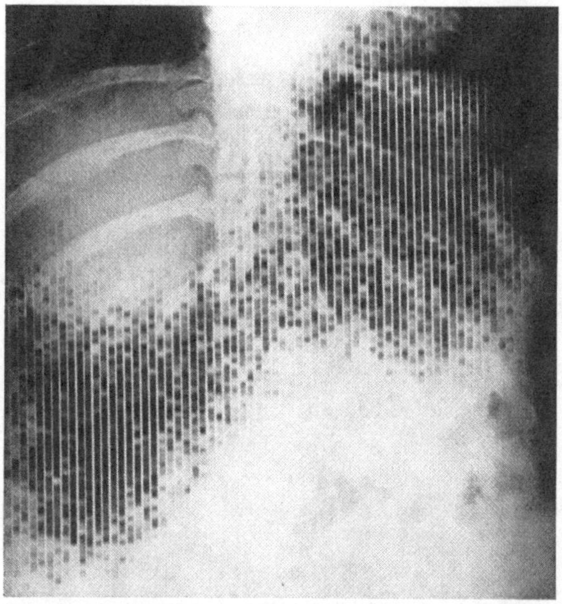

Abb. 18. Photoszintigramm 24 Minuten nach i. v. Injektion von 90 μCi 198-Au-Kolloid.
Im rechten kranialen Leberbereich findet sich ein etwa doppeltfaustgroßer Speicherdefekt, der mittlere untere Leberrand zeigt eine schmale Leberbrücke mit herabgesetzter Radiogoldspeicherung; im linken oberen Bauchraum doppelthandflächengroße, gleichmäßige Aktivitätsverteilung. Leber nach Entfernung von Echinokokkuszysten. Fragliches Rezidiv

Kristallgröße 1″, Kollimator konisch, 6 mm, Abtastgeschwindigkeit 78 cm/min

parenchym, das entsprechend der Größe und Form zur Erhaltung der Leberfunktion als ausreichend angesehen werden konnte.

Aufgrund dieses Bildes mit dem Nachweis von Leberparenchym, das wahrscheinlich infolge kompensatorischer Hyperplasie in Form und Größe einer normalen Leber entsprach, war keine Indikation zur erneuten Operation gegeben. Weitere Kontrolluntersuchungen wurden empfohlen. Ein Jahr später erneutes Photoszintigramm (**Abb. 19**). Es läßt eine weitere kompensatorische Hypertrophie des restlichen Leberparenchyms erkennen. Der vor einem Jahr nachweisbare Speicherdefekt im rechten kranialen Leberbereich hat sich verkleinert.

Diese Verlaufskontrollen, die sowohl Lage, Größe und auch die Funktion der Leber in die Beurteilung einbezogen, erlaubten eine prognostische und klinisch zutreffende Aussage.

Anmerkung: Die Leberszintigraphie hat sich beim Leber-Echinokokkus für die prä- und postoperative Diagnostik ausgezeichnet bewährt, wie auch von Czeniak u. Mitarb. (29) bestätigt wurde. Präoperativ kann der Chirurg die Größe und Ausdehnung der zu operierenden Zyste feststellen. Findet sich bei der postoperativen Kontrolle im Bereich des Exzisionsgebietes noch ein Speicherdefekt, so ist eine Narbe als wahrscheinlich anzunehmen.

Neben den Echinokokkuszysten der Leber treten auch hypernephroide Zysten auf, die die Leber im Laufe der langsamen Entwicklung in den linken kranialen Bauchraum verdrängen können. Mit Hilfe der Leberszintigraphie lassen sich derartige raumverdrängende Prozesse, die nicht in direktem Zusammenhang mit der Leber stehen, relativ leicht durch die Anfertigung eines Photoszintigramms feststellen.

Beispiel 2

71jähr. Pat., bereits vor 2—3 Jahren in verschiedenen Kliniken wegen Leberschwellung

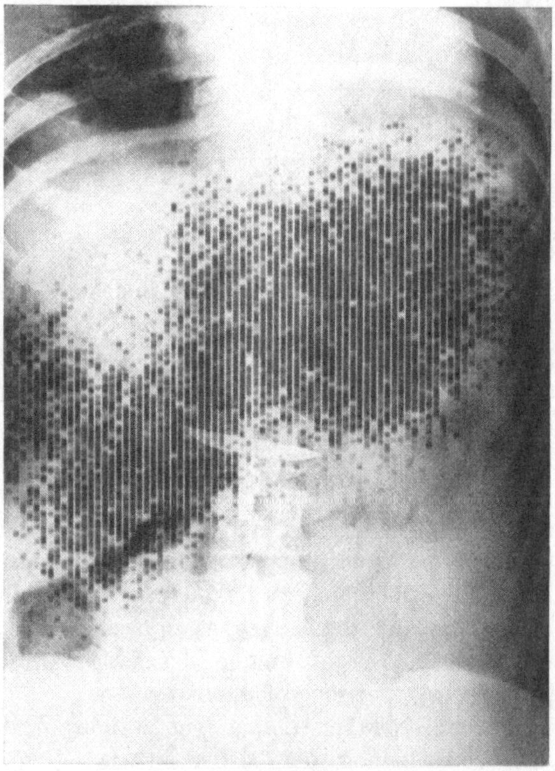

Abb. 19. Leberszintigramm 25 Minuten nach i. v. Injektion von 90 μCi 198-Au-Kolloid.
Gleiche Patientin wie Abbildung 18. Kontrolluntersuchung nach einem Jahr. Gleiche technische Daten. Der Speicherdefekt rechts kranial ist deutlich verkleinert. Die Aktivitätsbrücke zum linken Leberlappen ist verbreitert. Eine Vergrößerung der Echinokokkuszysten oder ein Rezidiv ließ sich durch diese Kontrolluntersuchung ausschließen

behandelt. Damals Leber nur um etwa eine Handbreite vergrößert. Da einige Leberfunktionsproben leicht positiv ausfielen, wurde die Vergrößerung der Leber als Leberzirrhose gedeutet. Jetzt reichte die Resistenz etwa 2 Handbreiten unter dem Rippenbogen hervor, mit derber bis harter Konsistenz. Die Laparoskopie zeigte eine etwas bindegewebig veränderte Oberfläche. Die Leberpunktion mußte abgebrochen werden, da eine starke Blutung auftrat. Der Pat. wurde mit der Verdachtsdiagnose eines primären Leberkarzinoms zur Szintigraphie überwiesen.

8.5.4. Leberabszeß

Die Feststellung subphrenischer Abszesse mit den meist uncharakteristischen klinischen Erscheinungen ist oft recht schwierig. Die Lokalisation funktionsuntüchtiger Bezirke im/am Lebergebiet gibt Hinweise zur frühen Erkennung dieser Erkrankung.

Aus der Art der 131-Jod-Bengalrosa- oder aus der Radiogold-Speicherung ist die Diagnosestellung möglich, wenn auch bei der szintigraphischen Aufzeichnung nur grundsätzlich von funktionsuntüchtigen Leberbezirken oder

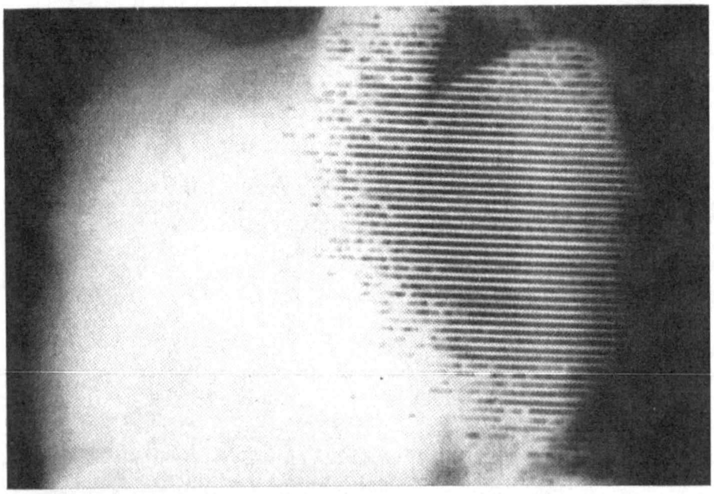

Abb. 20.

Photoszintigramm 2 Stunden nach i. v. Injektion von 150 μCi 198-Au-Kolloid. In dem als Leber gedeuteten Tumor im rechten Oberbauch findet sich keine Radiogoldanreicherung. Dagegen ist im linken oberen Bauchraum mit relativ glatter Begrenzung eine relativ gleichmäßige Aktivitätsverteilung erkennbar, die einer nach links verdängten normalen Leber entsprechen kann

Kristallgröße 1'', Kollimator konisch, 6mm, Abtastgeschwindigkeit 78 cm/min

Das Szintigramm (Abb. 20) läßt in dem normalen Lebergebiet keinerlei Schwärzung erkennen. Lediglich im linken oberen Bauchraum findet sich eine relativ gleichmäßige Aktivitätsverteilung mit glatter Begrenzung am kaudalen Rand.

Differentialdiagnose: Das Fehlen jeglicher Aktivität im Lebergebiet und die relativ gleichmäßige Verteilung mit glatter Randbegrenzung kaudal im Bereich des linken oberen Bauchraumes ließ bei der langen Anamnese in erster Linie an eine Verdrängung der Leber durch einen extrahepatischen Tumor denken.

Diagnose: Extrahepatischer Tumor oder Zyste mit Verdrängung der Leber in den linken oberen Bauchraum.

Anmerkung: Die szintigraphisch gestellte Diagnose wurde durch die Laparotomie bestätigt. Die Laparotomie **(Abb. 21)** ergab einen ungewöhnlich großen hypernephroiden Tumor, der die Leber vollständig in den linken Oberbauch verdrängt hatte (HEIM [32]).

von einer herabgesetzten Leberfunktion gesprochen werden kann. Die endgültige Klärung nach Feststellung eines Funktionsausfalles ist durch Punktion der auf diese Art lokalisierten Bezirke bei der Laparoskopie oder durch die Laparotomie zu erreichen. Wie entscheidend der diagnostische Hinweis eines Funktionsausfalles in der Leber für die operative Therapie sein kann, geht aus dem folgenden Beispiel hervor.

Beispiel 1

45jähr. Pat., wegen Verdacht auf eine akute Appendizitis in die Klinik eingewiesen. Aufgrund der zunehmenden Beschwerden im rechten Oberbauch wurde unter dem Verdacht auf eine cholangitische Sepsis eine Laparotomie durchgeführt. Bei der Inspektion der Leber fanden sich keine Veränderungen, die auf eine Abszeßbildung hindeuteten. Der postoperative Verlauf war komplikationslos. Nach Entfernung des transduodenalen Drains verblieben

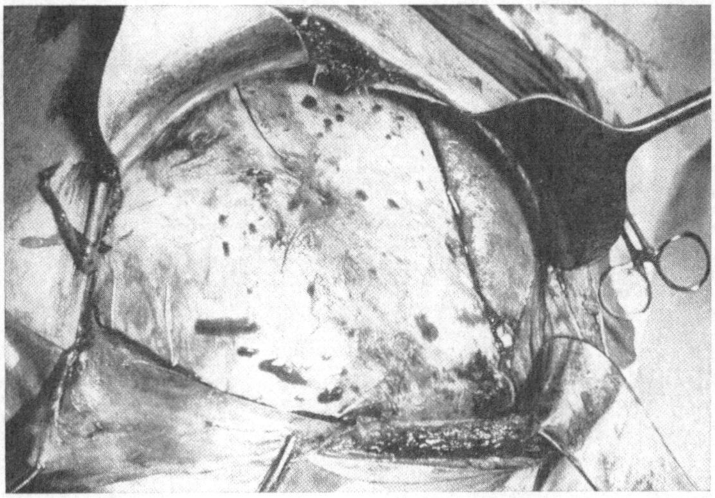

Abb. 21. Situs bei der Laparotomie des Patienten, dessen Szintigramm in Abbildung 20 wiedergegeben ist. Die Leber entspricht der im Szintigramm nachweisbaren Schwärzung. Durch eine mannskopfgroße hypernephroide Zyste ist die Leber in den linken oberen Bauchraum verdrängt worden. Sie war durch den Tumor deutlich ausgewalzt

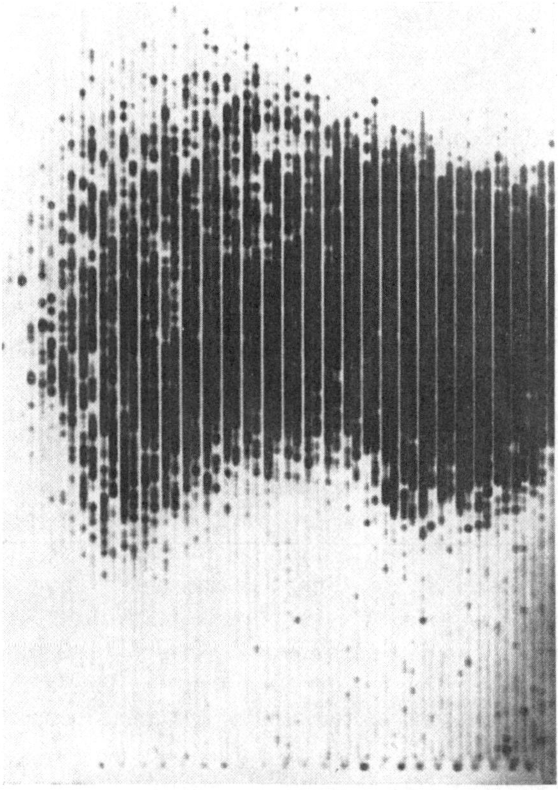

Abb. 22. Photoszintigramm der Leber nach i. v. Injektion von 110 μCi 198-Au-Kolloid.

Das Photoszintigramm zeigte eine deutlich vergrößerte Leber, die rechts kranial eine herabgesetzte fleckförmige Radiogoldspeicherung zeigt. Der Hinweis auf die fehlende Funktion im Bereich des rechten kranialen Anteils des Leberlappens führte zur Feststellung eines Leberabszesses bei der Laparotomie

Kristallgröße 1'', Kollimator konisch, 10 mm. Abtastgeschwindigkeit 78 cm/min

hochfieberhafte Temperaturen, die eine Relaparotomie indizierten.

Vor der erneuten Operation wurde ein **Photoszintigramm** der Leber angefertigt (**Abb. 22**). Besonders im rechten kranialen Leberbezirk waren Speicherungsdefekte sichtbar, die nach Form und Begrenzung für einen intrahepatischen Prozeß sprachen. Im Zusammenhang mit dem klinischen Befund wurde zuerst an einen Leberabszeß gedacht; **Differentialdiagnose:** Lebermetastasen, primäres Lebermalignom.

Die im Anschluß an die Szintigraphie vorgenommene Laparotomie zeigte neben den ausgedehnten Verwachsungen im Leberbereich eine normale Leberoberfläche. Die Inspektion ließ keinen Anhalt für einen Leberprozeß erkennen. Aufgrund des Leberszintigramms mit dem Hinweis, daß der Funktionsausfall intrahepatisch und zwar rechts kranial liegen muß, wurde in diesem Bereich eine digitale Austastung vorgenommen, die zur spontanen Eröffnung eines großen Leberabszesses führte. Das Szintigramm der Leber hatte den entscheidenden Hinweis gegeben!

In einem zweiten Krankheitsfall bei einer äußerlich unauffälligen Leber wurde durch die intraoperative Punktion des verdächtigen Gebietes der Leberabszeß erfaßt.

Beispiel 2

72jähr. Pat., wegen zunehmender Gewichtsabnahme bei bestehendem Diabetes mellitus in die Klinik eingewiesen.

Lokalbefund: Lebervergrößerung 3 QF kaudal vom unteren Rippenbogen tastbar. Subikterus.

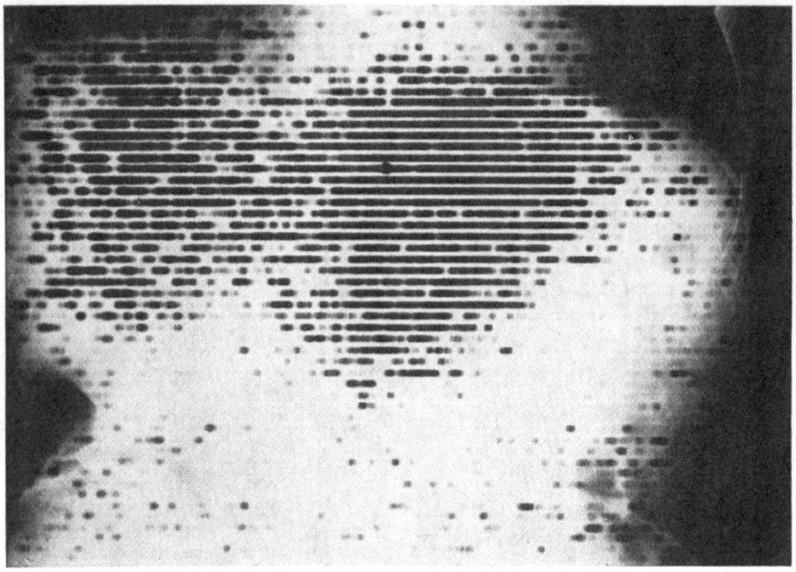

Abb. 23.
Photoszintigramm nach i. v. Injektion von 150 μCi 198-Au-Kolloid. Das rechte Lebergebiet, in dem sonst die maximale und homogene Radiogoldspeicherung nachweisbar ist, zeigt eine deutlich herabgesetzte, fleckförmige Aktivitätsverteilung, während im linken Leberlappen eine gute Radiogoldspeicherung zu erkennen ist. Szintigraphische Diagnose: Zahlreiche Speicherdefekte im gesamten rechten Leberlappen. Der Befund spricht in erster Linie für Tumormetastasen, Leberkarzinom oder Leberabszesse
Kristallgröße 1″, Kollimator konisch, 6 mm, Abtastgeschwindigkeit 78 cm/min

Bilirubin im Serum betrug 1,41 mg/100 ccm Cadmium- und Thymolteste mit positivem Ausfall.

Die Röntgenaufnahme vom Thorax zeigte auf der rechten Zwerchfellkuppel einen apfelgroßen, soliden Tumor. Nach Besserung des Allgemeinzustandes wurde eine Leberszintigraphie nach i. v.-Injektion von 100 μCi 198-Au durchgeführt.

Das Szintigramm (Abb. 23) läßt in dem das Zwerchfell vorwölbenden, etwa kleinfaust-großen Knoten keinerlei Speicherung erkennen. Im rechten Leberlappen findet sich eine deutlich verminderte Radiogoldspeicherung, der linke Leberlappen stellt sich als normal dar.

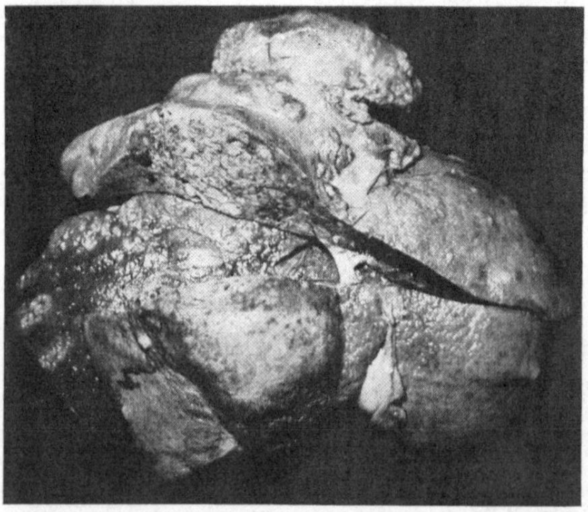

Abb. 24. Sektionsbefund des Patienten von Abbildung 23. Übereinstimmung des Sektionsbefundes mit der szintigraphischen Darstellung. Im rechten Leberlappen finden sich bindegewebige phlebogene Abszesse, die zu einer herabgesetzten Funktion in diesem Bereich geführt haben

Differentialdiagnose: Tumormetastasen, Leberkarzinom, Leberabszeß, Zyste.

Der Allgemeinzustand verschlechterte sich sehr rasch, so daß eine Punktion nicht mehr durchgeführt werden konnte.

Bei der Sektion **(Abb. 24)** fanden sich im rechten Leberlappen bindegewebig organisierte, phlebogene Leberabszesse. Einer von diesen Abszessen hatte sich nach Durchbruch durch die Leberkapsel als doppeltfaustgroßer, bindegewebig organisierter, subphrenischer Abszeß entwickelt, der in die rechte Zwerchfellkuppe hineinragte. Dieser Abszeß entsprach dem nicht speichernden Knoten im Photogammagramm.

8.5.5. Leberhämatom

Bei stumpfen Bauchverletzungen kann es zu intramuralen Leberhämatomen kommen, deren Diagnostik bei den unklaren Symptomen sehr erschwert ist. Wie Ruskin und Saenger (30) zeigen konnten, ist mit Hilfe der Leberszintigraphie eine einfache Diagnosestellung durch den Funktionsausfall und damit die Lokalisierung des Blutungsherdes möglich. Eine Differentialdiagnose entfällt hier wegen des Zusammenhanges mit einer entsprechenden stumpfen Verletzung. Für die Diagnostik innerer Blutungen nach Leber- und Gallenblasenoperationen sowie bei gastrointestinalen Blutungen unbekannter Ätiologie und bei Unfällen hat diese diagnostische Möglichkeit eine gewisse Bedeutung.

8.5.6. Primäres Leber-Malignom

Primär in der Leber entstehende Geschwülste sind relativ selten. Frequenz 0,12% bei 97815 Sektionen — Walther (26). Geschlechtsverteilung: ♂:♀ = 5:1. Prädilektionsalter: 50. bis 70. Lebensjahr. Lebermetastasen treten 20mal häufiger auf als die Erkrankung an primärem Leberkrebs. Bei 35 Sektionen, bei denen ein primäres Leberkarzinom gefunden wurde, fand sich bei 27 gleichzeitig eine Leberzirrhose (Walther (26)). Eine Thorotrast-Ablagerung in der Leber kann als kausaler Faktor für eine Malignombildung angesehen werden. Häufig ist auch die Invasion eines primären Karzinoms der Gallenblase oder der Gallenwege in die Leber.

Die Diagnostik der primären Lebertumoren im Frühstadium ist schwierig. Die Ergebnisse der Laboruntersuchungen liegen meist im Normbereich. Die gezielte Röntgendiagnostik, als selektive Kontrastfüllung der Pfortader und der Art. hepatica ausgeführt, erlaubt es, Tumoren kleiner als 2 cm Durchmesser auch im Leberzentrum nachzuweisen, sie verlangt jedoch Geschick und Erfahrung und bedarf wegen der eingreifenden Maßnahme einer besonderen Indikation. Die Leberszintigraphie ist dagegen leicht durchführbar und wird bei diesen Fragestellungen in erster Linie in Betracht kommen.

Die Szintigraphie wird mit markierten Kolloiden vorgenommen, weil dabei Zeitpunkt und Abtastgeschwindigkeit die Auswertung nicht beeinträchtigen. Eine kompensatorische Speicherung in der Milz kann darüberhinaus einen diagnostischen Hinweis für das Vorliegen einer Leberzirrhose geben und damit die Wahrscheinlichkeit der Diagnose primäres Leberkarzinom erhärten.

Die Tumor-Suche muß mit geeigneten Kollimatoren, in 2 oder 3 Ebenen, durchgeführt werden. Zusätzlich kann die Szintigraphie mit 131-Jod-Bengalrosa indiziert sein, um eine Information über den Abfluß der Galle zu erhalten (s. auch S. 22).

Beispiel 1

56jähr. Pat., wegen unklarer Bauchbeschwerden in die Klinik aufgenommen.

Klinischer Befund: Etwa handbreite Lebervergrößerung bei unauffälliger Konsistenz. Leberfunktionsproben: Negative Thymol- und Cadmium-Reaktion, Takata- 80 mg%, Galaktoseprobe, Prontosiltest gering positiv. Röntgenuntersuchung des Magens ohne pathologischen Befund, jedoch bestand der Verdacht auf einen retrogastralen Tumor.

Das Photoszintigramm der Leber **(Abb. 25)** 15—40 Minuten nach Injektion von 50 μCi 131-Jod-Bengalrosa i. v. zeigt eine relativ gleichmäßige 131-Jod-Bengalrosa-Verteilung bis eine

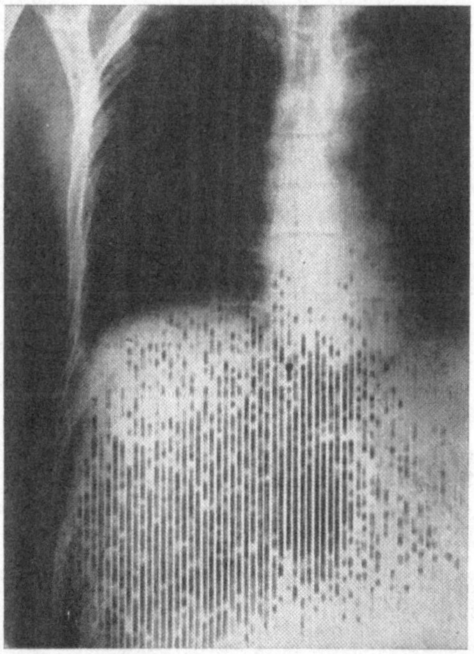

Abb. 25. Photoszintigramm der Leber 15—45 Minuten nach i. v. Injektion von 50 μCi 131-Jod-Bengalrosa. Vergrößerte Leber mit kleinfaustgroßem Speicherdefekt am kranialen Leberrand dicht unterhalb des Zwerchfells. Am kaudalen Leberrand medial findet sich eine rundliche Aktivitätskonzentration, die der Lage der Gallenblase entsprechen dürfte

Kristallgröße 2″, Kollimator konisch, 16 mm, Abtastgeschwindigkeit 90 cm/min

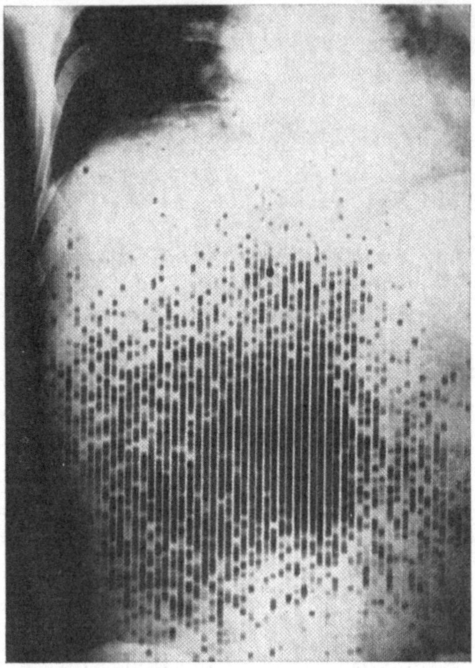

Abb. 26. Photoszintigramm des gleichen Patienten wie Abbildung 25. Gleiche technische Daten, jedoch 100 bis 110 Minuten nach i. v. Injektion von 50 μCi 131-Jod-Bengalrosa.

Deutliches Nachlassen der Aktivität im speichernden Leberbezirk gegenüber der Aufnahme Abbildung 25 als Zeichen einer normalen Funktion des restlichen Leberparenchyms. Deutliche Konzentration des 131-Jod-Bengalrosa im Gallenblasenbereich und beginnende Ausscheidung im Darm

Handbreit causal von Rippenbogen entsprechend dem Tastbefund. Am kranialen Leberrand unter dem Zwerchfell ist ein faustgroßer Speicherdefekt erkennbar.

Zur Beurteilung der Leberfunktion wurde bei dem gleichen Patienten ein weiteres Photoszintigramm 90—120 Minuten nach der i. v.-Injektion aufgezeichnet (**Abb. 26**). Das zweite Photoszintigramm läßt eine herabgesetzte Bengalrosa-Speicherung im kranialen Bereich erkennen, dagegen tritt im mittleren Leberabschnitt kaudal eine etwa pflaumengroße Aktivitätskonzentration in Erscheinung, die der Speicherung des 131-Jod-Bengalrosa in der Gallenblase entspricht. Links caudal und lateral davon findet sich eine fleckförmige Schwärzung, die dem bereits in den Darm ausgeschiedenen Anteil an Bengalrosa entspricht.

Differentialdiagnose: Der Speicherdefekt im Szintigramm der vergrößerten Leber läßt bei der guten Funktion der anderen Leberanteile eine Leberzirrhose mit großer Wahrscheinlichkeit ausschließen. Es kommen nach der Häufigkeit der Lebererkrankungen Lebermetastasen, Leberzyste, Leberabszeß, primäres Leberkarzinom, Leberhaematom in Betracht.

Ein Leberhaematom kann aufgrund des klinischen Befundes und der Anamnese ausgeschlossen werden. Auch fehlen für einen Leberabszeß jegliche klinische Anhaltspunkte. Da kein Primärtumor bei der klinischen Untersuchung zu finden war, erschien die Diagnose Lebermetastase relativ unwahrscheinlich. Die Leberfunktionsproben wiesen auf eine Leberzirrhose hin. Der Speicherdefekt und der Verdacht auf Leberzirrhose ließen in erster Linie ein auf dem Boden einer Leberzirrhose entstandenes primäres Leberkarzinom annehmen.

Diagnose: faustgroßer, im subphrenischen Anteil der Leber liegender, funktionsloser Bezirk, der in Zusammenhang mit dem klinischen Befund in erster Linie für ein primäres Leberkarzinom spricht. Eine Leberzyste, Lebermetastase lassen sich nicht ausschließen.

Anmerkung: Aufgrund der Szintigraphie auch in seitlicher Ebene konnte vor dem Röntgenschirm eine Leberpunktion mit der Silvermann-Nadel vorgenommen werden.

Die histologische Untersuchung des gewonnenen Gewebsmaterials führte zu der Feststellung eines „Zylinderzellkarzinoms“, das als primäres Leberkarzinom anzusehen war.

Der Wert der Leberszintigraphie läßt sich an diesem Beispiel eindrucksvoll zeigen. Eine Laparotomie bzw. eine Laparoskopie wäre bei dem Allgemeinzustand des Patienten nicht ganz unbedenklich gewesen und hätte bei der ungewöhnlichen Lage vielleicht auch nicht zur Erkennung des Karzinoms geführt. Eine Blindpunktion der Leber, die üblicherweise im 8.—9. ICR in der vorderen Axillarlinie erfolgt, hätte ebenfalls nicht die Diagnose ermöglicht, da dort nach dem szintigraphischen Befund normales Lebergewebe vorhanden war.

Das Photoszintigramm führte zusätzlich zu einigen wichtigen diagnostischen Informationen. Einmal ließ sich eine Punktion des erkrankten Bezirkes durchführen, damit konnte ohne großen Eingriff die Diagnose gesichert werden. Zum anderen war durch die Verlaufskontrolle zu verschiedenen Zeiten nach der i. v.-Injektion eine Beurteilung der Funktion und der Größe des funktionstüchtigen Lebergebietes möglich. In diesem Falle kann ausgesagt werden, daß durch die gezielte Durchführung einer Strahlentherapie keine wesentliche Beeinträchtigung der Gesamtfunktion der Leber hervorgerufen wird. Die Einstellung der Bestrahlungsfelder ist durch szintigraphische Aufnahmen in 2 Ebenen einwandfrei möglich.

Bei der relativ späten Metastasierung des primären Leberkarzinoms verspricht die Segmentresektion und auch die Strahlentherapie noch einen gewissen Erfolg. Durch die Möglichkeit der Beurteilung der Größe des funktionstüchtigen restlichen Leberparenchyms ist die Abschätzung der Prognose und des Erfolges therapeutischer Maßnahmen gegeben.

Das primäre Leberkarzinom zeigt nicht immer ein gut abgegrenztes, lokalisiertes Wachstum wie im ersten Beispiel, sondern es kann auch in diffuser Form infiltrierend das Lebergewebe durchsetzen. Aus der Art der Speicherdefekte kann dann nur im Zusammenhang mit klinischen Befunden auf die Erkrankung geschlossen werden. Dafür ein Beispiel:

Beispiel 2

64jähr. Pat., wegen starker Gewichtsabnahme von 5 kg in wenigen Wochen mit Völlegefühl

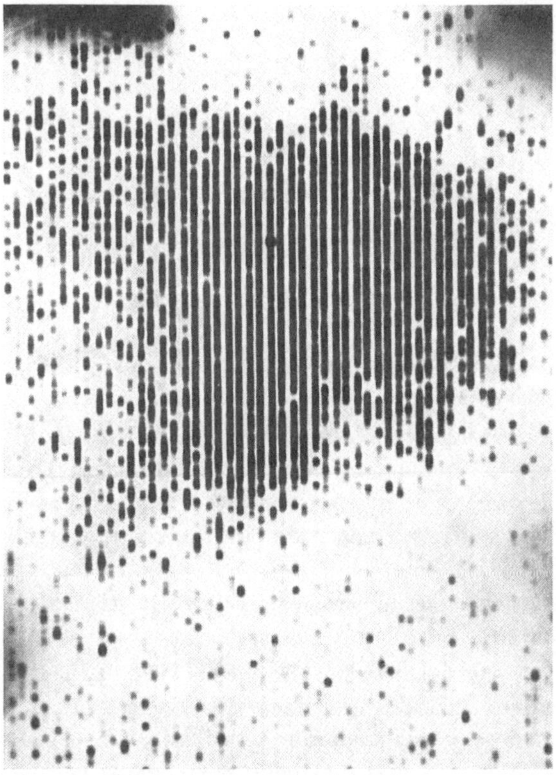

Abb. 27. Photoszintigramm ½ Stunde nach i. v. Injektion von 198-Au-Kolloid.
Der rechte Leberrand zeigt erhebliche Speicherdefekte, die in Richtung des Mittellappens in eine fleckförmige Aktivitätsverteilung übergehen, die dann im Mittellappen homogen und relativ gleichmäßig ist. Speicherdefekte im rechten Leberlappen, die nach dem Bild in erster Linie für Lebermetastasen sprechen. Es kommt auch ein primäres Leberkarzinom in Betracht

Kristallgröße 1″, konischer Kollimator, 10 mm, Abtastgeschwindigkeit 78 cm/min

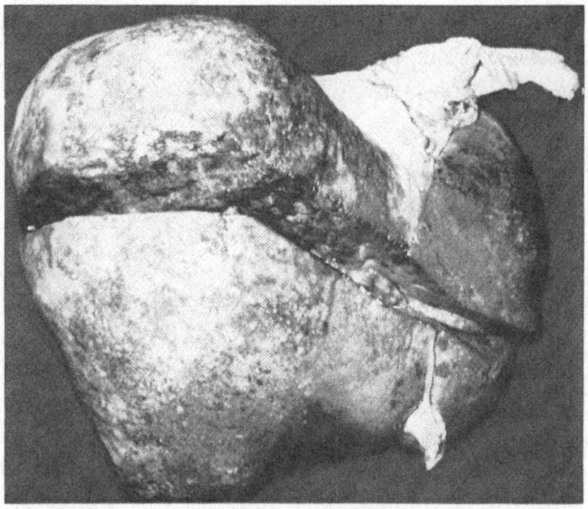

Abb. 28. Der Sektionsbefund zeigte ein vom rechten Leberlappen ausgehendes primäres Leberkarzinom, das infiltrierend knotig die Leber durchsetzt hat. Der Mittellappen sowie der linke Leberlappen waren frei von Tumorbezirken. Gute Übereinstimmung mit dem Szintigramm

bei Bewegung und drückenden Schmerzen unter dem rechten Rippenbogen zur klinischen Untersuchung aufgenommen.

Klinischer Befund: Leber deutlich vergrößert, unterer Leberrand 2 QF kaudal vom unteren Rand des Rippenbogens. Konsistenz der Leber relativ derb und hart. Aufgrund der Atemnot wurde der Verdacht auf Magen- oder Bronchialkarzinom mit Lebermetastasen ausgesprochen.

Das Szintigramm (Abb. 27) der Leber nach i. v.-Injektion von 90 μCi 198-Au Kolloid zeigt besonders am rechten lateralen Leberrand Speicherdefekte im gesamten Bereich ohne deutliche Abgrenzung, wie sie bei Zysten und knotigen Metastasen in Erscheinung treten. Im Zusammenhang mit dem klinischen Befund kommt hier in erster Linie ein primäres Leberkarzinom, in zweiter Linie eine Metastasenleber in Betracht.

Diagnose: Speicherdefekte im gesamten rechten Leberlappen, die als eine Metastasenleber oder als ein primäres Leberkarzinom zu deuten sind. Der Patient kam nach 3 Wochen durch ein akutes Herz- und Kreislaufversagen ad Exitum.

Die Sektion **(Abb. 28)** ergab eine eindeutige Übereinstimmung mit dem szintigraphischen

Befund. Ein massives, primäres Leberkarzinom hatte ausgehend vom rechten Leberlappen diesen diffus infiltrierend durchsetzt.

8.5.7. Lebermetastasen

Die Leber wird mit großer Regelmäßigkeit als Organ für die Absiedlung von Tumoren bevorzugt, insbesondere von Geschwülsten im venösen Zuflußgebiet, aber auch vom (kleinzelligen) Bronchus- und vom Mammakarzinom. Dabei ist häufig der Primärtumor noch in der klinisch-stummen Phase. Statistische Auswertungen des Sektionsgutes beziffern die Häufigkeit des metastatischen Befalles der Leber auf 20—36% aller untersuchten Tumorfälle (WALTHER (26)).

Der Nachweis von Lebermetastasen besitzt für die Klinik und Praxis entscheidende Bedeutung, speziell bei Erwägung therapeutischer Maßnahmen. Vor jeder radikalen Geschwulstbehandlung sollten **Lunge** und **Leber** untersucht werden, ob eine Tumorabsiedlung in diesen Organen nachweisbar ist. Die Diagnostik der Lebermetastasen — und zwar vor Auftreten klinischer Symptome — wird in Zukunft eine Domäne der Strahlendiagnostik sein; es werden dabei Röntgendiagnostik und Radionuklid-Anwendung mit- und nebeneinander konkurrieren.

Die szintigraphische Untersuchung der Leber kann durch ein von RATZKOWSKY u. Mitarb. (27) eingeführtes Verfahren erweitert resp. ergänzt werden: Nach rektaler Applikation einer Testdosis von 131-Jod-Jodid wird der zeitliche Verlauf der Radioaktivität über der Leber fortlaufend registriert. Die resultierende Kurve zeigt im Normalfall einen charakteristischen Verlauf, der durch einen raschen Anstieg in den ersten Minuten und eine danach auftretende Plateaubildung gekennzeichnet ist. Die Zeitspanne bis zum Erreichen dieses Gleichgewichtes, als **equilibration time** bezeichnet, beträgt normalerweise 1—9 Minuten. Bei Metastasenbefall der Leber wird die Einstellung des Gleichgewichtes durch verlangsamte Diffusion des Radionuklids in das Tumorgewebe verzögert. Die **equilibration time** beträgt 14 bis 30 Minuten. Da bei diesem Untersuchungsverfahren nicht die Größe der einzelnen Metastasen, sondern die Summe aller Metastasen für den Nachweis bestimmend ist, lassen sich im Gegensatz zur szintigraphischen Untersuchung auch kleinknotige Parenchymdestruktionen nachweisen.

Methode: Reinigung des Mastdarmes mittels Einlauf. Nach Entleerung digitale Kontrolle. Instillation von 20—30 μC 131 J(NaJ) etwa 10 cm tief in das Rektum (Kunststoffkatheter). Messung des zeitlichen Verlaufs der Radioaktivität mit einem Szintillationszähler, der einige cm rechts von der Spitze des Proc. ensiformis aufgesetzt wird. Kurvenregistrierung mittels Direktschreibers.

Die **Abbildung 29** zeigt die Gegenüberstellung der Gleichgewichtszeit 131-Jod bei 51 Patienten mit gesicherter Leberdiagnose.

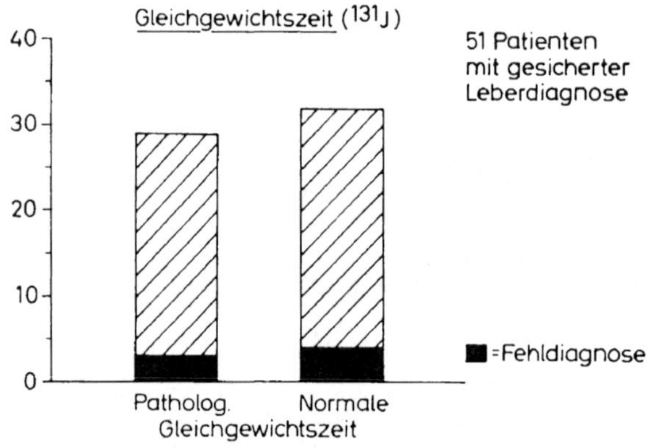

Abb. 29.

Beachte: Leberzirrhose und Hepatitis können ähnliche Veränderungen hervorrufen (WOLF).

Besonders in Kombination mit der Szintigraphie und der Messung der Radiogoldkolloid-Clearance, als kombinierte Hepatographie (**Abb. 30**) vermag das Verfahren die Treffsicherheit beim Nachweis von Lebermetastasen beträchtlich zu steigern (ERNST u. HEILMANN (28)).

Der **szintigraphische Nachweis von Lebermetastasen** ist an gewisse Voraussetzungen gebunden, von denen die physikalischen Gesetzmäßigkeiten und die technisch-apparativen Gegebenheiten in den Kapiteln I und III dargelegt sind. Im Zusammenhang damit bestimmen **Größe** und **Verteilung** der Metastasen in der Leber die Nachweisgrenze für die jeweilige Meßtechnik. Als nützlich für die Praxis erweist sich die Einteilung in zwei Formen.

1. die **grob**knotige Form, gelegentlich solitär, jedoch auch multipel auftretend;

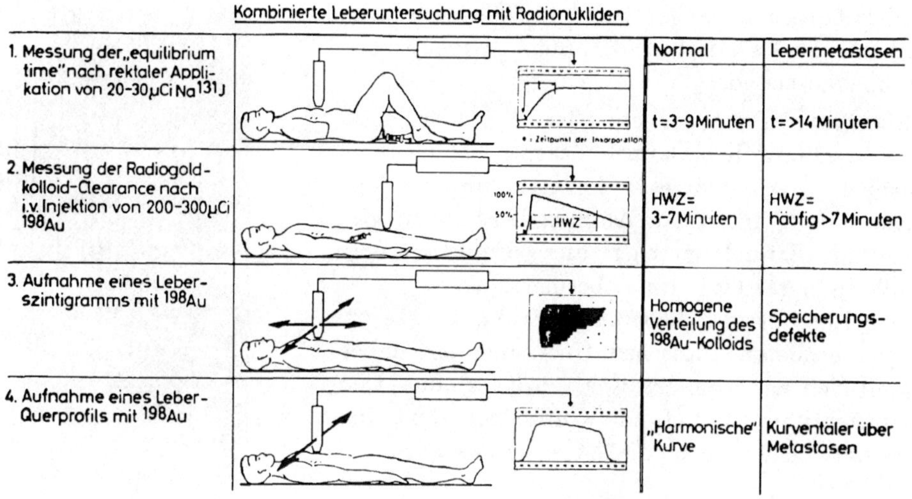

Abb. 30. Kombinierte Leberuntersuchung mit Radionukliden

2. die **klein**knotige Form, gewöhnlich diffus die Leber durchsetzend.

Jede Form besitzt im szintigraphischen Bild ihre Eigenheiten in der Verteilung der Radioaktivität im Lebergebiet. Typische Befunde werden als Beispiele gezeigt:

8.5.7.1. Grobknotige Lebermetastasen

Größere, z. T. rundliche Funktionsausfälle im Leberszintigramm.

Beispiel 1

45jähr. Pat., Druckgefühl und deutliche Lebervergrößerung.

Klinischer Befund: Unterer Leberrand eine Handbreit kaudal vom unteren Rippenbogen tastbar, Leber von prall-elastischer Konsistenz ohne Anhalt für Knoten. Die Leberfunktionsproben waren unauffällig und lagen im Bereich der Norm. Die Laparoskopie ließ in dem gesamten erfaßbaren Lebergebiet normales Lebergewebe erkennen. Die Laparoskopie und Punktion ergaben normales Leberparenchym. Es fand sich kein Anhalt für eine Leberzirrhose oder einen Tumor.

Das Leberszintigramm (Abb. 31) nach Injektion von 100 μCi kolloidalem 198-Au läßt einwandfrei im Bereich des rechten Leberlappens lateral einen doppeltfaustgroßen Speicherdefekt erkennen. Unterhalb des Zwerchfells befindet sich ein weiterer Bezirk ohne Speicherung.

Differentialdiagnose: Es handelt sich hier um große rundliche Speicherdefekte, die entsprechend der Wahrscheinlichkeit und der Häufigkeit in erster Linie für Lebermetastasen sprechen. In zweiter Linie kommen Leberzysten

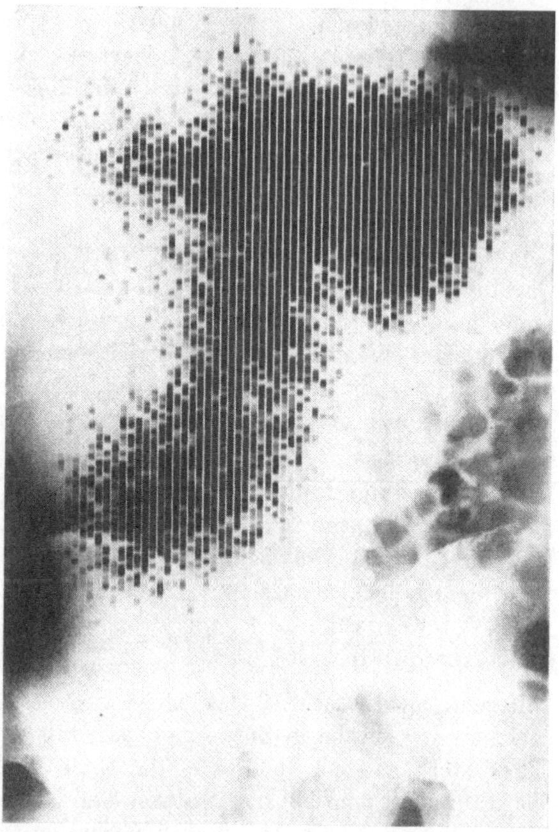

Abb. 31. Photoszintigramm der Leber 30 Minuten nach i. v. Injektion von 100 μCi 198-Au-Kolloid.
Es findet sich eine erheblich vergrößerte Leber, die rechts kranial und kaudal zwei große rundliche Speicherdefekte zeigt. Der szintigraphische Befund wurde bestätigt. Es handelte sich um Lebermetastasen bei einem Rektum-Karzinom. Die Laparoskopie und Punktion hatten normales Lebergewebe ergeben

Kristallgröße 2″, Kollimator konisch, 6 mm, Abtastgeschwindigkeit 78 cm/min

oder Leberabszesse in Betracht, die sich aufgrund der klinischen Befunde jedoch ausschließen lassen.

Diagnose: Doppeltfaustgroßer Speicherdefekt am rechten Leberlappen lateral, apfelsinengroßer Speicherdefekt kranial unter dem Zwerchfell. In Zusammenhang mit dem klinischen Befund sprechen diese Funktionsausfälle in erster Linie für Lebermetastasen.

Das Ergebnis der Leberszintigraphie führte zu einer erneuten klinischen Untersuchung, dabei fand sich ein stummes Rektum-Karzinom. Der szintigraphische Befund wurde bei dem infausten Leiden durch die Autopsie bestätigt.

Beispiel 2

55jähr. Pat. wegen Druckgefühl und unklaren Bauchbeschwerden zur diagnostischen Untersuchung zugewiesen.

Klinischer Befund: Unterer Leberrand besonders nach medial vergrößert, in diesem Bereich etwa eine Handbreit kaudal vom Rippenbogen tastbar. Konsistenz prall-elastisch, Knoten nicht palpabel. Die Röntgenuntersuchung des Magens ergab am Magen selbst keine auffälligen Besonderheiten. Der Magen war im ganzen nach links verdrängt. Als Ursache fand sich bei der Abdomenübersicht ein vergrößerter Weichteilschatten der Leber, der den Magen deutlich nach links verdrängte. Leberfunktionsproben ohne Abweichung von der Norm.

Das Photoszintigramm der Leber **(Abb. 32)** nach Injektion von 60 μCi 198-Au zeigte eine typische Form der Leber mit relativ gleichmäßiger Radiogoldverteilung. In dem kaudalwärts vergrößerten Bezirk fehlt die Radiogoldspeicherung.

Differentialdiagnose: Da das nicht radiogoldspeichernde Gewebe in Zusammenhang mit der Leber steht, kommt hier in erster Linie nach der Häufigkeit eine Lebermetastase, eine Leberzyste oder ein primäres Leber-Karzinom in Betracht.

Diagnose: Radiogoldspeicherdefekt am tumorös vergrößerten Leberrand kaudal. Nach dem Szintigramm kann nicht entschieden werden, ob eine Lebermetastase, Leberzyste oder ein primäres Leberkarzinom vorliegt. Nach der Häufigkeit in erster Linie Lebermetastase.

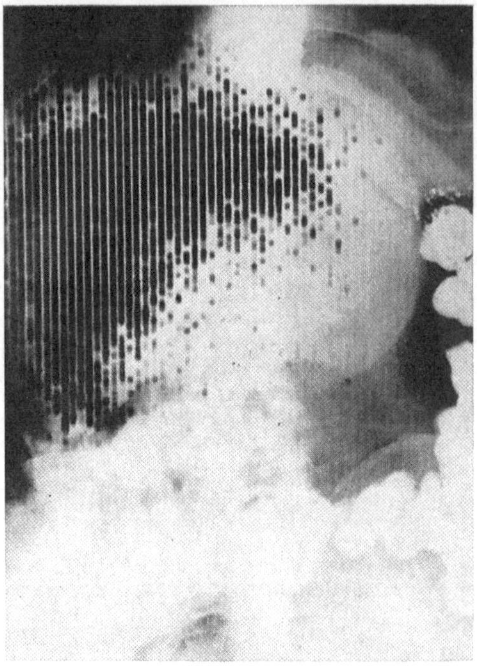

Abb. 32. Photoszintigramm 30 Minuten nach i. v. Injektion von 60 μCi 198-Au-Kolloid.
Die szintigraphische Schwärzung im Leberbereich entspricht in Form und Größe einer normalen Leber. Der tastbare Weichteilschatten links medial zeigt keinerlei Radiogoldspeicherung

Kristallgröße 1", Kollimator konisch, 6 mm, Abtastgeschwindigkeit 78 cm/min

Dieser Befund veranlaßte einen chirurgischen Eingriff. Die Laparotomie ergab einen in dem ausgesparten Weichteilschatten der Leber befindlichen tumorösen Bezirk, der sich histologisch als Karzinommetastase **(Abb. 33)** erwies. Bei der Austastung der Bauchhöhle fand der Chirurg ein Magenkarzinom, das röntgenologisch nicht erkannt worden war, mit einer Metastasierung in den linken Leberlappen (HEIM [32]).

Beispiel 3

67jähr. Pat. Die Thoraxübersichtsaufnahme ergab eine Verschattung im linken Lungenunterfeld. Durch Bronchoskopie histologische Sicherung eines Bronchialkarzinoms. Da nach der Größe und Ausdehnung des Bronchialkarzinoms eine Segmentresektion in Betracht kam, wurde vor der Operation die Frage nach Lebermetastasen gestellt.

Klinischer Befund: Leber etwa um eine Handbreit nach kaudal vergrößert, relativ derb, jedoch ohne palpable Knoten. Die serologischen Leberfunktionsproben hatten Werte an der Grenze des Normbereiches.

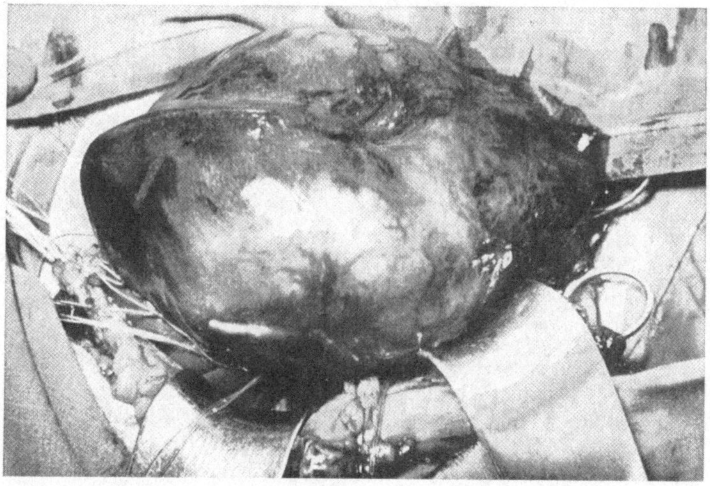

Abb. 33. Situs bei der Laparotomie des Pat. der Abbildung 32. Der linke vergrößerte Leberlappen ist hervorluxiert. Es findet sich noch ein schmaler Steg von normalem Lebergewebe entsprechend der Speicherung im Szintigramm. Der faustgroße Tumor erwies sich als eine Karzinommetastase bei einem Magenkarzinom

Das Photoszintigramm der Leber (**Abb. 34**) ergab einen deutlichen Speicherdefekt in Lebermitte von annähernd rundlicher Form, kranial rechts unter dem Zwerchfell ist ebenfalls ein Speicherdefekt zu erkennen und kaudal rechts findet sich ebenfalls eine fleckförmige Speicherung, die gegenüber der homogenen Schwärzung im übrigen Gebiet für Funktionsausfälle spricht.

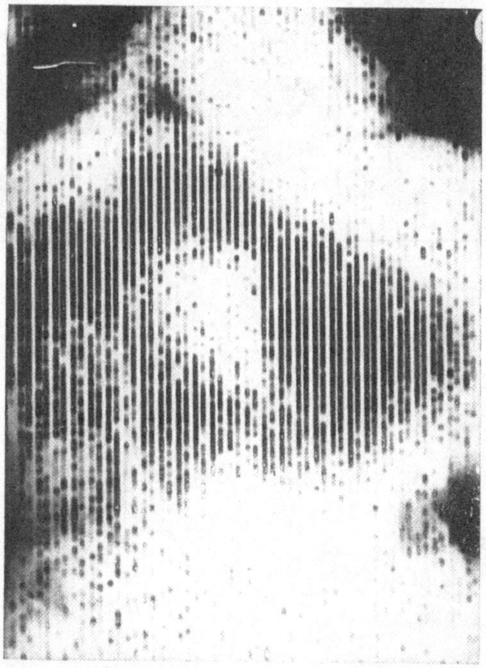

Abb. 34. Photoszintigramm der Leber 30 Minuten nach i. v. Injektion von 180 μCi 198-Au-Kolloid. Deutlich vergrößerte Leber mit zahlreichen Speicherdefekten in Lebermitte, rechts kranial, rechts kaudal und links kranial

Kristallgröße 1″, Kollimator konisch, 10 mm, Abtastgeschwindigkeit 78 cm/min

Diagnose: Zahlreiche, bis kleinfaustgroße Speicherdefekte im gesamten Bereich der Leber. In Verbindung mit dem Bronchus-Karzinom handelt es sich mit an Sicherheit grenzender Wahrscheinlichkeit um Lebermetastasen. Aufgrund des szintigraphischen Befundes wurde von der Durchführung einer Segmentresektion der Lunge Abstand genommen. Es kam zu einer raschen Verschlechterung des Zustandes mit Exitus letalis nach 8 Wochen. Die Sektion bestätigte den szintigraphischen Befund **Abbildung 35.**

8.5.7.2. Kleinknotige Lebermetastasen

Beispiel 1

67jähr. Pat. wegen Ikterus mit Verdacht auf Leberzirrhose in die Klinik eingewiesen.

Klinischer Befund: Erhebliche Lebervergrößerung. Der untere Leberrand war eine Handbreit kaudal vom unteren Rippenbogen tastbar. Konsistenz derb, Knoten ließen sich nicht abgrenzen. Die Leberfunktionsproben betrugen Takata 80 mg%, Bromsulfalein nach 45 Minuten 2 mg%, Bilirubin i. Serum 4‰.

Das Photoszintigramm nach Injektion von 100 μCi 198-Au (**Abb. 36**) ergab eine fleckförmige Radiogoldaufnahme in dem gesamten tastbaren vergrößerten Lebergebiet.

Differentialdiagnose: Bei dem szintigraphischen Bild kommt eigentlich nur eine diffuse Durchsetzung der Leber mit Karzinommetastasen in Betracht. Eine Leberzirrhose läßt sich ausschließen, da diese Erkrankung kaum zu einer derartigen Lebervergrößerung führt und eine Milzspeicherung fehlt.

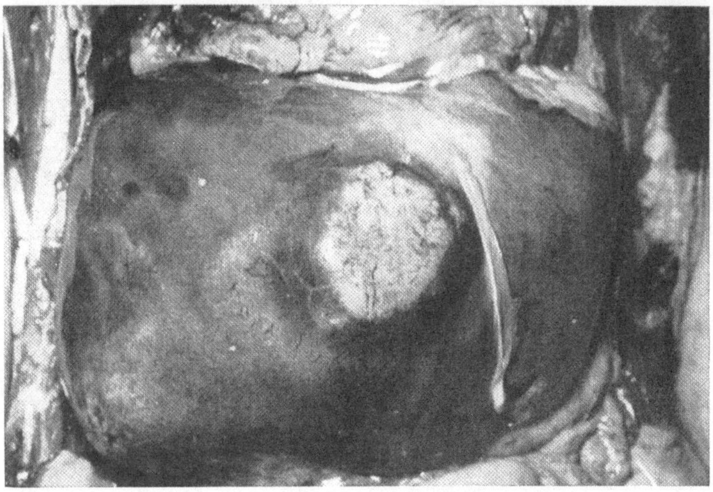

Abb. 35.
Situs bei der Sektion des Pat. von Abb. 34. Die im Photoszintigramm dargestellten Aussparungen entsprechen Metastasen im Leberbereich

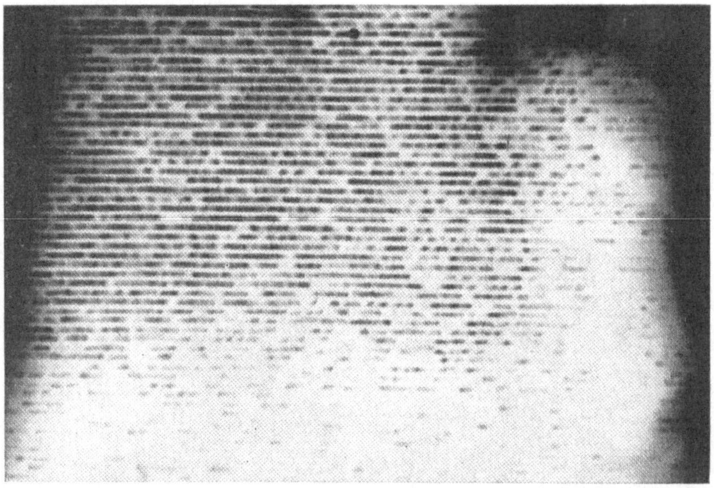

Abb. 36.
Photoszintigramm 30 Minuten nach i. v. Injektion von 100 μCi 198-Au-Kolloid. Erheblich vergrößerte Leber mit zahlreichen bis münzgroßen Speicherdefekten

Kristallgröße 1'', Kollimator konisch, 10 mm, Abtastgeschwindigkeit 78 cm/min

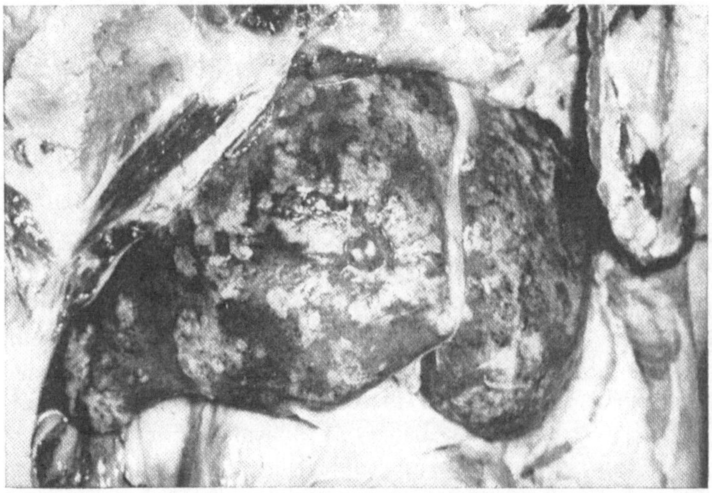

Abb. 37.
Situs bei der Sektion des Pat. von Abb. 36. Übereinstimmung mit dem Leberszintigramm. Diffuse Durchsetzung der Leber mit multiplen, bis münzgroßen Metastasen

Diagnose: Erheblich vergrößerte Leber mit fleckförmigen Speicherdefekten, die im Zusammenhang mit dem klinischen Befund als Leber mit diffuser Durchsetzung von Karzinommetastasen zu deuten ist.

Die weitere klinische Untersuchung konnte einen Primärtumor nicht auffinden. Bei dem schweren Krankheitsbild kam der Patient nach 4 Wochen ad Exitum. Bei der Sektion zeigte sich das Bild in **Abbildung 37**. Die Leber war diffus durchsetzt mit multiplen bis münzgroßen Metastasen eines Magenkarzinoms. In der Form und Größe entsprach die Leber dem vorher aufgenommenen Photoszintigramm (**Abb. 36**). Besonders im Schnitt durch die Leber ließ sich die diffuse Aussaat erkennen. Hierbei bestand neben der Durchsetzung der Leber eine klein- und grobknotige Metastasierung auch im Knochenmark, in der Milz und in beiden Nieren.

Beispiel 2

53jähr. Pat., wegen septischer Temperaturen unklarer Genese in die Klinik eingewiesen.

Klinischer Befund: Vergrößerung der Leber, der untere Leberrand 3 QF kaudal vom unteren Rippenbogen tastbar. Die Leber war prallelastisch, Knoten nicht zu tasten. Trotz der eingehenden Durchuntersuchung fand sich nach 5 Wochen kein einwandfreier diagnostischer Hinweis für die Ursache der therapieresistenten Temperaturen, so daß die Patientin der chirurgischen Abteilung zur Durchführung eines Lendenschnittes mit Eröffnung des vermuteten subphrenischen Abszesses überwiesen wurde. Vor der Operation wurde ein Leberszintigramm angefertigt.

Das Photoszintigramm (Abb. 38) der Leber nach i. v. Injektion von 150 μCi 198-Au läßt in dem gesamten Lebergebiet eine fleckförmig verteilte Radiogoldspeicherung erkennen.

Differentialdiagnose: Diese ungleichmäßige Radiogoldverteilung mit mehr oder weniger großen Speicherdefekten spricht in erster Linie für eine diffuse Durchsetzung der Leber mit Karzinommetastasen. Bei den seit 5 Wochen bestehenden therapieresistenten Temperaturen kommen differentialdiagnostisch auch multiple kleine Leberabszesse als Ursache in Betracht.

Diagnose: Diffuse kleinfleckige Speicherdefekte im gesamten Leberbereich, die entsprechend der Wahrscheinlichkeit in erster Linie für die diffuse Durchsetzung der gesamten Leber mit Metastasen oder auch für multiple kleine Leberabszesse sprechen.

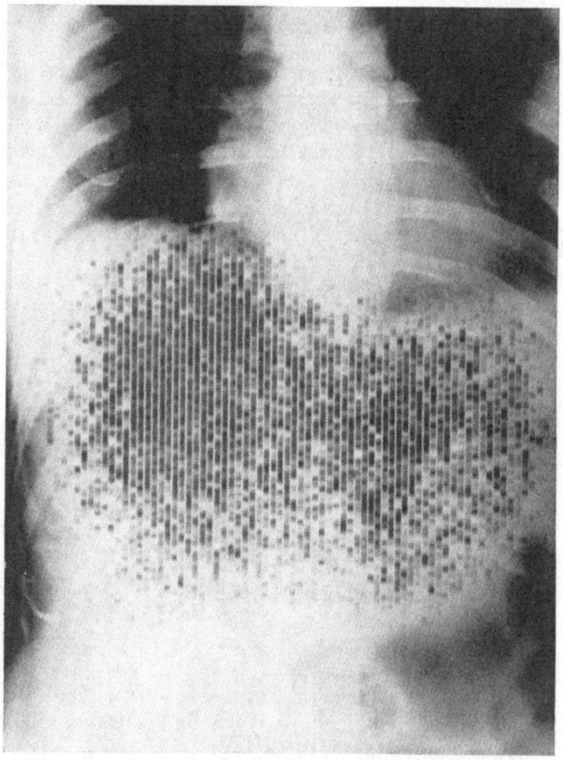

Abb. 38. Photoszintigramm 30 Minuten nach i. v. Injektion von 150 μCi 198-Au-Kolloid.

Es findet sich eine erheblich vergrößerte Leber mit unregelmäßiger Radiogoldspeicherung, besonders im Mittellappen und im linken Leberlappen sind zahlreiche fleckförmige Speicherdefekte zu erkennen. Szintigraphische Diagnose: Metastasenleber, multiple Leberabszesse. Die Diagnose wurde durch Laparotomie bestätigt

Kristallgröße 1'', Kollimator konisch, 6 mm, Abtastgeschwindigkeit 78 cm/min

Anmerkung: Aufgrund des szintigraphischen Befundes wurde von der Durchführung eines Lendenschnittes zur Eröffnung eines Abszesses abgeraten und eine Laparotomie empfohlen. Die Laparotomie bestätigte den szintigraphischen Befund. Es handelte sich um Metastasen eines Karzinoms, die in kleinknotiger, diffus infiltrierender Form das gesamte Lebergewebe durchsetzt hatten und deren Knoten z. T. abszediert waren. Als Ursache dieser ausgedehnten Metastasierung fand sich ein kleines, klinisch stummes Rektum-Karzinom.

Literatur

1. OESER, H. und H. BILLION: Untersuchungen mit etikettiertem Biliselektan. Fortschr. Röntgenstr. **74**, Heft 2, 197—203 (1951)
2. OESER, H., H. ERNST, U. BAUER und VON PAWEL RAMMINGEN: Nachweis von Lebermetastasen mit Hilfe von Radionukliden. Möglichkeiten und Grenzen der Methode. Münch. med. Wschr. **106**, 1460 (1964)
3. YUHL, E. T., L. A. STIRRETT and R. L. LIBBY: The hepatic radioactivity survey. Radiology **61**, 930 (1953); Clinical evaluation of hepatic radioactivity survey. Ann. Surg. **138**, 857 (1953)
4. OEFF, K.: Papierelektrophoretische Untersuchung der Bindung von radioaktivem Biliselektan an Serumalbumin. Naunyn-Schmiedebergs Arch. exp. Path. Pharmak. 222, 523 (1954)
5. BENNHOLD, H. und R. SCHUBERT: Über die Plasmaähnlichkeit des Periston. Klin. Wschr. **23**, 30 (1944)
6. BENNHOLD, H. und R. SCHUBERT: Untersuchungen über die Möglichkeit einer Vehikelfunktion des Plasmaersatzstoffes Periston. Z. ges. exp. Med. **113**, 722 (1944)
7. KIMBEL, K. H., W. BÖRNER und E. HEISE: Untersuchungen mit radioaktivem Biligrafin. Fortschr. Röntgenstr. **83**, 1 (1955)
8. TAPLIN, G. V., O. M. MEREDITH jr. and H. KADE: Radioaktive (J-131-tagged) rose bengal uptake-excretion test for liver function using external gamma-ray scintillation counting techniques. J. Laborat. Clin. Med., S. Louis **45**, 665—678 (1955)
9. TAPLIN, G. V., O. M. MEREDITH, H. KADE, C. C. WINTER and D. JOHNSON. New radiodiagnostic techniques for investigating parenchymal and obstractive liver and kidney disease. Second United Nations International Conference on the Peaceful Uses of Atomic Energy **15**, 870 (1958)
10. FRIEDELL, H. L. W. J. MC INTYRE and A. M. REJALI: A method for the visualisation of the contiguration and structure of the liver. Part A. Preliminary Clinical Investigations Amer. J. Roentgenol. **77**, 455—470, (1957)
11. OLLINO, P., D. FIANDESIO, C. DE AMBROSI and A. LAVARINO: Minerva med. Torino **58**, (1957)
12. RENFER, H. R., G. G. PORETTI, C. MASSINI und A. ZUPPINGER: Hepatographie mit radioaktivem Gold. Schweiz. med. Wschr. **87**, 255 (1957)
13. DOERING, P.: Klin. Wschr. **34**, 837 (1956)
14. DOERING, P.: Lokalisationsdiagnostik mit Radioisotopen. Schweiz. med. Wschr. **32**, 1037 (1957)
15. DOERING, P.: Die szintigraphische Darstellung der Leber nach Gabe von kolloidalem Radiogold (Au-198). Klin. Wschr. **35**, 169 (1957)
16. WOLF, F., N. HENNING und H. KINZLMEIER: Die Untersuchung der Leberdurchblutung mit Radiobengalrot bei Gesunden und Leberkranken. Dtsch. med. Wschr. **83**, 747—750 (1958)
17. HENNING, N., H. KINZLMEIER und F. WOLF: „Die Prüfung der Durchblutung der Leber mit Radiobengalrot unter dem Einfluß von Pharmaka". Arzneimittel-Forsch. **9**, 91—94 (1959)
18. KINZLMEIER, H., F. WOLF und N. HENNING: „Die Prüfung der Leberdurchblutung mit Radiobengalrot unter Muskelarbeit und lokalen thermischen Reizen." Gastroenterologia, **91**, 303 (1959)
19. KINZLMEIER H. und F. WOLF, Erlangen: „Zur Messung der Leberdurchblutung mit radioaktivem Bengalrot." Gastroenterologia, Suppl. ad Vol. **90**, 97—100 (1958)
20. SCHUMACHER, W. und H. F. v. OLDERSHAUSEN: Die Leberfunktionsprüfung mit Jod-131-markiertem Bengalrosa. Strahlentherapie Bd. **105**, 430 (1958)
21. v. OLDERSHAUSEN, H.-F., W. SCHUMACHER und K. H. KIMBEL: Über die Aufnahme- und Ausscheidungsfunktion der Leber für albumingebundene, durch radioaktive Isotope markierte Substanzen. Verh. Dtsch. Ges. inn. Med. 721—724 (1960)
22. SCHUMACHER, W.: Das Photogammagramm der Leber. Röntgendiagnostik der Leber. Springer-Verlag 89 (1959)
23. KUHL, D. E., R. H. CHAMBERLAIN, J. HALE and R. O. GORSON: A high-contrast photographic recorder for szintillation counter scanning. Radiology **66**, 730—739 (1955)
24. KUHL, DAVID E.: Rotational scanning of the liver. Radiology **31**, 875—876 (1958)
25. ANDRYSEK, O., J. SETKA, J. ANDRYSKOVA und J. PITHA: Szintigraphie als Funktionsdiagnostik der Leberzirrhose. Radiobiol. Radiother. (Berl.) **5**, 597 (1964)
26. WALTHER, H. S.: Krebsmetastasen. Benno Schwabe & Co.-Verlag, Basel (1948)
27. RATZKOWSKY, E., S. H. BLONDHEIM, M. BEN PORATH, A. HOCHMANN und A. KELETI: The diagnosis of hepatic metastases by means of rectally administered radioiodine. Amer. J. med. Sc. **245**, 283 (1963)
28. ERNST, H. und H. P. HEILMANN: Verbesserung der Diagnostik von Lebermetastasen durch kombinierte Hepatographie. Radionucl. in der kl. u. exp. Onkologie, Suppl. **3**, 195—197 (1965)
29. CZERNIAK, P., H. DANK, CH. B. PAUZNER and Y. PAUZNER: Radioisotopenszintigraphie bei Leberechinococces. Radiology **83**, 690 (1964)
30. RUSKIN, R. and E. L. SAENGER: Leberscanning zur Diagnostik von Haematomen. Radiology **81**, 980 (1963)
31. ERNST, H. und U. BAUER: Nachweis von Lebermetastasen durch Verlaufsmessung der Leberaktivität nach rektaler Radiojodapplikation. Fortschr. Röntgenstr. **100**, 701 (1964)
32. HEIM, W., W. SCHUMACHER und D. FROST: Radioaktive Isotope in der Chirurgie. Verlag Walter de Gruyter & Co. (1961)

IX Milz

Kapitel IX

Milz

9. Milz

9.1. Geschichtlicher Rückblick

1950 GRAY und STERLING (1) markieren erstmalig Erythrozyten mit $Na_2{}^{51}CrO_4$ und führen damit Blutvolumenbestimmungen durch.

1953 EBAUGH, EMERSON und ROSS (2) führen die erste Erythrozytenlebenszeitbestimmung mit ^{51}Cr-markierten Erythrozyten durch.

1955 MOLLISON und VEALL (3, 4) verwenden 51-Cr zur Markierung der Erythrozyten.

1957 HUGHES-JONES, MOLLISON und VEALL (5) berichten über die Elimination roter Blutkörperchen durch die Milz.
JANDL, JONES und CASTLE (6) teilen die Zerstörung roter Blutkörperchen durch Antikörper mit.
HARRIS, MCALISTER und PRANKERD (7) finden eine Beziehung zwischen anormalen roten Blutkörperchen und Milz.

1960 JOHNSON, HERION und MOORING (8) berichten über die erste Milzszintigraphie mit sensibilisierten radioaktiven Erythrozyten. Weitere Veröffentlichungen über die Darstellung der Milz mit Hilfe der Radioisotopen-Szintigraphie folgen von WINKELMAN, WAGNER, MCAFEE und MOZLEY (9).

1961 JOHNSON und HERION (10) geben technische Voraussetzungen zur Szintigraphie der menschlichen Milz bekannt.

1962 Erste Veröffentlichungen in Deutschland über die Milzdarstellung von FISCHER und WOLF (11, 12, 13).

1963 SODEE (14, 15) benutzt nach Anregungen von KELLERSHOHN (16, 17, 18, 19, 20, 21) zur Milzszintigraphie die i. v.-Injektion von 197-$HgCl^2$ (BMHP).

9.2. Auswahl der Nuklide

9.2.1. 51-Chrom

HWZ 27,8 Tage

Gamma-Energie i. MeV 0,323—8%,
0,005—V Rö-Strahlen

9.2.1.1. Verwendungsform

51-Cr wird als Chlorid in isotonischer sterilisierter Lösung verwendet. Spezifische Aktivität 10—20 mCi/mg.

Die Milz-Szintigraphie erfolgt nicht direkt, sondern auf dem Umweg über die Markierung der Erythrozyten mit 51-Cr. Hierbei wird die Eigenschaft der Milz ausgenutzt, geschädigte und nicht mehr lebensfähige Erythrozyten aus der Blutbahn zu eliminieren und abzubauen. Würden körpereigene, normale Erythrozyten markiert werden, dann wären nach einer Halbwertzeit von etwa 30—40 Tagen erst die Hälfte der markierten Erythrozyten von der Milz eliminiert und abgebaut. Das 51-Cr wird nicht wie Eisen wieder in die Erythrozyten eingebaut, sondern über die Nieren ausgeschieden.

Um eine schnelle Elimination der Erythrozyten zu erreichen, gibt es folgende Möglichkeiten:

1. Die Alteration der Erythrozyten durch Inkubation in einem Wasserbad für die Dauer von 20 Minuten bei einer Temperatur von 49,5° C.
2. Schädigung der Erythrozyten durch Anti-Rh(D)-Serum.
3. Schädigung der Erythrozyten auf physikalisch-chemischem Wege durch N-Äthylmaleinsäureamid.

Die erste Methode ist relativ einfach und sicher. Sie hat sich daher als Routinemethode durchgesetzt.

Dem Patienten werden 20 ml Blut in einer Injektionsspritze entnommen, die vorher mit einer sterilen Heparinlösung benetzt wurde. Danach werden 200—400 μCi Na_2 51-CrO_4 hinzugegeben und das Blut in einem Reagenzglas im Wasserbad für 10—20 Minuten inkubiert.

9.2.1.2. Dosierung

Die erforderliche Radioaktivität ist besonders bei der Milz, deren Volumen um ein Mehrfaches vergrößert sein kann, von der Größe abhängig.

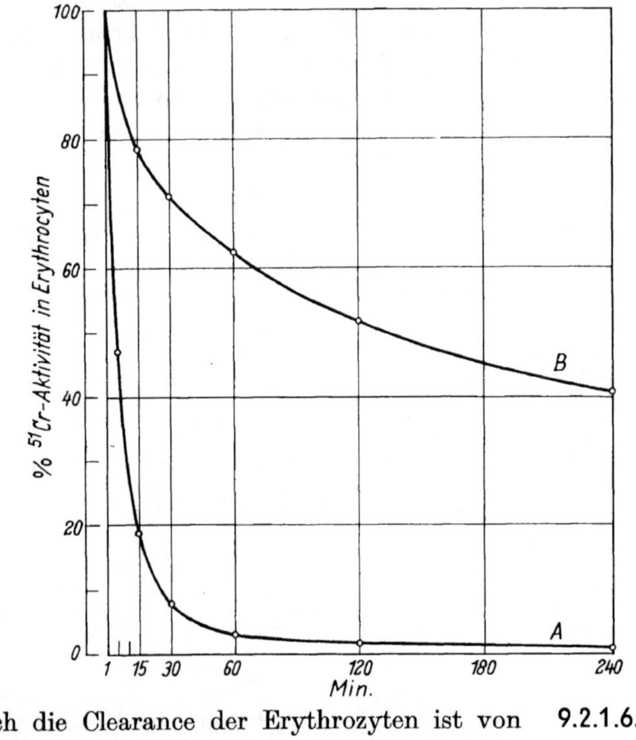

Abb. 1.

Clearance von 51-Cr-markierten wärmealterierten Erythrozyten.

A. Mittelwertskurve von 20 Pat. mit normaler Clearance;

B. hochgradig verzögerte Clearance bei einem Pat. mit funktioneller Asplenie

(nach Fischer u. Wolf (11))

Auch die Clearance der Erythrozyten ist von Bedeutung. Sie kann, wie die **Abbildung 1** zeigt, bei funktioneller Asplenie erheblich herabgesetzt sein. Aus diesem Grunde ist je nach Milzgröße und zu erwartender Milzfunktion eine Aktivitätsmenge von 200—500 μCi 51-Cr erforderlich.

9.2.1.3. Zeitpunkt der Szintigraphie

Nach der intravenösen Injektion (Injektionsdauer 30 Sekunden) der 51-Cr markierten wärmealterierten Erythrozyten, kommt es zu einem schnellen Abfall der 51-Cr-Aktivität im Blut. Die Mittelwertkurve von 20 Patienten (Abb. 1 — Kurve A) zeigt, daß nach 5 Minuten 50% und nach 30 Minuten 90% der Erythrozyten eliminiert sind. Bei verlangsamter Clearance, z. B. bei funktioneller Asplenie (Abb. 1 — Kurve B) kommt es zu einer sehr verzögerten Speicherung in der Milz, so daß es sich hier empfiehlt, das Szintigramm erst 4 Stunden nach der Injektion aufzuzeichnen.

9.2.1.4. Strahlenbelastung

Milz: $\approx$ 27 mrad/μCi.

Gesamtkörper: unter 0,2 mrad/μCi.

9.2.1.5. Vorteil

Gegenüber der Verwendung von BMHP-197-Hg sind längere Untersuchungen und vor allem Funktionsstudien der Milz möglich.

9.2.1.6. Nachteil

Die Strahlenbelastung ist höher als bei der Verwendung von 99m-Tc.

9.2.2. 1-Bromomercuri-2-hydroxypropan-197-Hg (197-Hg-BMHP)

Gamma-Energie i. MeV 0,077—20 %,
0,19—0,5 %.
0,069—Au Röntgenstrahlen Beta-Energie EC 100 %.

9.2.2.1. Verwendungsform

Das 197-Hg-BMHP ist in isotonischer Lösung steril, pyrogenfrei, pH 9,5, handelsüblich. 203-Hg-Gehalt < als 5% der Aktivität, spezifische Aktivität 0,1 mCi/mg BMHP, Konzentration: 5 mg BMHP/ml. Die Lösung wird i. v. injiziert.

Dabei wird vor der Injektion der Arm gestaut und diese Stauung wird nach der Injektion etwa 2—3 Minuten aufrecht erhalten. Danach wird die Stauung gelöst. Dadurch kommt es zu einer Markierung der Erythrozyten mit 197-Hg-BMHP.

9.2.2.2. Dosierung

Die erforderliche Aktivitätsmenge zur Darstellung von Milz (und Nieren) beträgt 200—500 μCi 197-Hg-BMHP.

9.2.2.3. Zeitpunkt der Szintigraphie

In den ersten 10—30 Minuten nach der i. v. Injektion läßt sich die Milz szintigraphisch darstellen. Diese Anreicherung der Aktivität in der Milz ist jedoch nur vorübergehend, so daß eine schnelle szintigraphische Registrierung erforderlich ist. Im Anschluß daran passiert das 197-Hg-BMHP beide Nieren, so daß eine Nierenszintigraphie bereits 1—4 Stunden nach der Milzdarstellung erfolgen kann.

9.2.2.4. Strahlenbelastung

Milz: unter 0,2 mrad/μCi,
Nieren: unter 2 mrad/μCi,
Gesamtkörper: unter 0,02 mrad/μCi.

9.2.2.5. Vorteile

Verkürzung der Markierungszeit gegenüber 51-Cr von 90 auf 5 Minuten, Darstellung von Milz und Nieren nacheinander.

9.2.2.6. Nachteile

Es sind keine Funktionsuntersuchungen mit 197-Hg-MBHP möglich. Höhere Strahlenbelastung gegenüber 99m-Tc. Schlechtere Milzdarstellung gegenüber 51-Cr Erythrozyten.

9.2.3. 99 m-Technetium

HWZ 6,0 Stunden

Gamma-Energie i. MeV	0,002 (98,6%),
	0,140 (98,6%),
	0,142 (1,43%).
Elektronen-Energie	0,01 MeV

9.2.3.1. Herstellung des Nuklids

Für die Gewinnung von 99m-Tc werden handelsüblich Molybdän-99 Generatorsäulen geliefert. Die HWZ von Molybdän-99 beträgt 67 Stunden. Die Generatorsäulen werden mit 10 ml physiologischer Kochsalzlösung gefüllt und je nach der Aktivität des Mo-99 wird 99m-Technetium mit einer minimalen Verunreinigung von 0,0015% Mo-99 gewonnen. Das Mo-99 ist in der Generatorsäule als Molybdat an Aluminium gebunden. Mo-99 zerfällt zu 99m-Tc in Form des Pertechnetat-Ions in Anwesenheit von Kochsalzlösung.

9.2.3.2. Verwendungsform

Das 99m-Pertechnetat kann sofort nach der Herstellung verwendet werden. Vor der Applikation ist es notwendig, mit einer entsprechend geeichten Apparatur die Aktivität zu bestimmen.

9.2.3.3. Dosierung

Aufgrund der niedrigen physikalischen Halbwertzeit (6 Stunden) ist bei der geringen Strahlenbelastung die Höhe der Aktivität kaum begrenzt. Sie liegt im allgemeinen in einem Bereich zwischen 2 und 5 mCi 99m-Tc.

9.2.3.4. Zeitpunkt der Szintigraphie

Dem Patienten werden 20 ml Blut in einer Injektionsspritze entnommen, die vorher mit einer sterilen Heparinlösung benetzt wurde. Danach werden 2—5 mCi 99m-Tc hinzugegeben und das Blut in einem Reagenzglas im Wasserbad bei 49,5° für 10—20 Minuten inkubiert. Die Milzszintigraphie kann $^1/_2$ Stunde nach der i. v. Injektion erfolgen.

9.2.3.5. Strahlenbelastung

Milz: unter 0,05 mrad/μCi,
Gesamtkörper: unter 0,002 mrad/μCi.

9.2.3.6. Vorteil

Minimale Strahlenbelastung. Es ist das z. Z. beste Radioisotop zur Milzdarstellung.

9.2.3.7. Nachteil

Die Szintigraphie muß innerhalb der ersten Stunden nach der i. v. Injektion durchgeführt werden.

9.3. Technik der Darstellung

Bei der Milzdarstellung könnte man der Ansicht sein, daß das Strichszintigramm dem Photoszintigramm etwa gleichwertig ist. Diese Feststellung ist nur dann zutreffend, wenn die dem Tastbefund zugänglichen Körperkonturen im richtigen Verhältnis zueinander auf dem Szintigramm eingetragen werden können. Die Topographie spielt bei dem Tastbefund der Milz eine entscheidende Rolle, wenn der Ausschluß tumoröser Veränderungen im linken Oberbauch zur Frage steht. Das Photoszintigramm erlaubt mit dem im Röntgenbild sichtbaren Weichteilschatten eine bessere Beurteilung und Abgrenzung.

Zur Größenbestimmung der Milz sind Szintigramme in zwei Ebenen erforderlich. Es ist vorteilhaft, das Szintigramm in Bauch- und Seitenlage aufzunehmen.

99m-Tc besitzt für die Milzszintigraphie viele Vorzüge, so daß seine Verwendung zu empfehlen ist. Nachteilig wirkt sich der Preis aus; bei Anfertigung nur weniger Milzszintigramme ist die Anwendung von 51-Cr vorzuziehen.

Alle zur Milzszintigraphie vorgeschlagenen Radionuklide besitzen eine relativ weiche Strahlenqualität: die Halbwertschicht der Gammastrahlung in H_2O beträgt für 51-Cr = 6 cm, für 99m-Tc = 3 cm und für 197-Hg = 4 cm.

Wegen der asymmetrischen Lage der Milz zur Körperachse und zur Körperoberfläche wird es erforderlich, die **Milzszintigraphie stets in verschiedenen Körperpositionen durchzuführen.** Das Szintigramm in einer Ebene erlaubt keine sichere Aussage, ob ein schwach dargestelltes Gebiet der Milz durch herabgesetzte Speicherung, Verlagerungen oder kleines Milzvolumen bedingt ist. Nach den Erfahrungen von FISCHER und WOLF (22, 23, 24) erhält man durch Szintigraphie in Rücken-, Seiten- und Bauchlage die richtige Information über die räumliche Ausdehnung des Organs.

9.4. Die Indikation zur Milzszintigraphie

1. Sichere Bestimmung von Lage und Form der Milz,
2. Abgrenzung gegenüber Tumoren im linken Oberbauch,
3. Bestimmung der Milzgröße,
4. Prae- und postoperative Untersuchungen bei Splenektomie,
5. Nachweis von Nebenmilzen, Situs inversus, Transposition, Ektopie oder Aplasie der Milz,
6. Nachweis von Parenchymverlusten, Infarkten, Zysten, Nekrosen, Abszessen und Tumoren.

9.5. Das normale Milzszintigramm

Die Milz liegt normalerweise im linken Oberbauch. Mit dem Durchschnittsgewicht von 150 bis 160 g steht sie bezüglich ihrer Größe zwischen Leber und Schilddrüse. Die Abweichungen in Größe, Form und Topographie können erheblich sein.

Die **Abbildung 2a** zeigt das Photoszintigramm eines Patienten mit normal großer Milz. Die Szintigraphie erfolgte in Rückenlage. Relativ gleichmäßige Speicherung in dem gesamten Organ. In Seitenlage stellt sich die Milz meist in runder oder ovaler Form dar.

Die **Abbildung 2b** zeigt das Photoszintigramm der Milz in Seitenlage, und **Abbildung 2c** in Bauchlage. Hier findet sich eine fast kreisrunde Form der Milz mit relativ gleichmäßiger homogener Verteilung der 51-Cr wärmealterierten Erythrozyten (22).

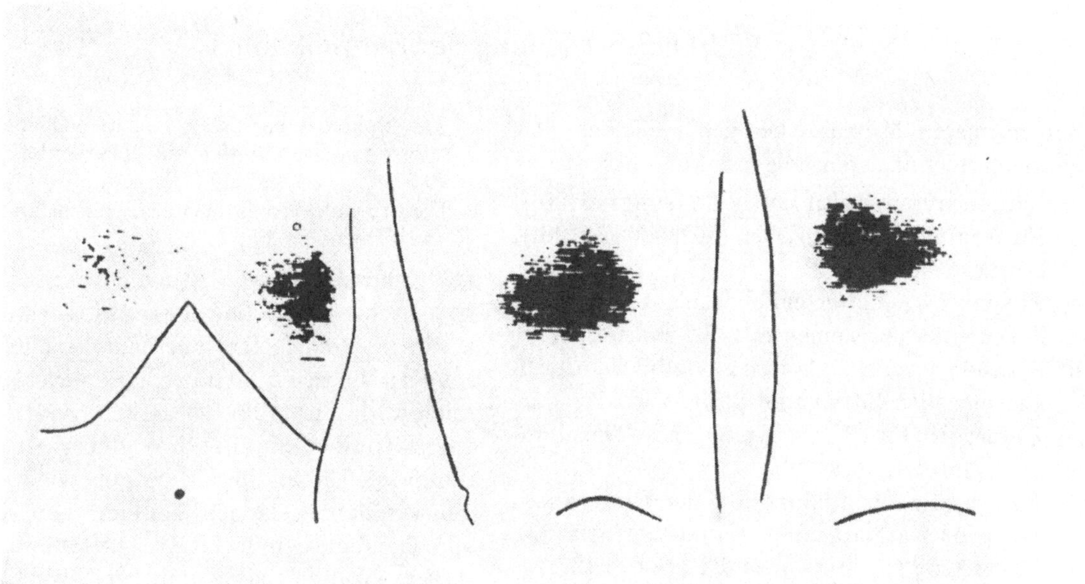

Abb. 2. Normales Milzszintigramm nach i. v. Injektion von 100 μCi 51-Cr wärmealterierter Erythrozyten. a—c: In Rückenlage, Seitenlage und Bauchlage (Abb. von FISCHER u. WOLF (22))

9.6. Die Bestimmung der Milzgröße („Milzflächenindex“)

Die Erfahrung hat gezeigt, daß die Szintigramme der Milz in Seitenlage fast ausnahmslos den größten Flächeninhalt ergeben. Man kann daher diese Szintigramme zur Größenbestimmung heranziehen. Der Flächeninhalt des Milzszintigramms in Seitenlage beträgt bei Normalpersonen im mittleren Alter 60—75 cm². Bei einem mittleren Tiefendurchmesser von 4 cm ergibt sich ein Volumen von 200 cm³ oder 212 g. Bei gleichmäßiger Ausdehnung der Milz nach allen Seiten läßt sich zwischen dem Volumen der Milz und der planimetrisch ermittelten Fläche des Szintigtamms der folgende Zusammenhang postulieren: $V = a \cdot F^{3/2}$. Der Proportionalitätsfaktor „a“ kann aus den Gewichtsbestimmungen der durch Splenektomie oder Autopsie gewonnenen Milzen ermittelt werden. Er hat aufgrund der Befunde von FISCHER (25) einen Zahlenwert von 0,30. Die **Abbildung 3** zeigt ein Nomogramm zur Bestimmung des Milzvolumens aus dem Milzszintigramm in Seitenlage.

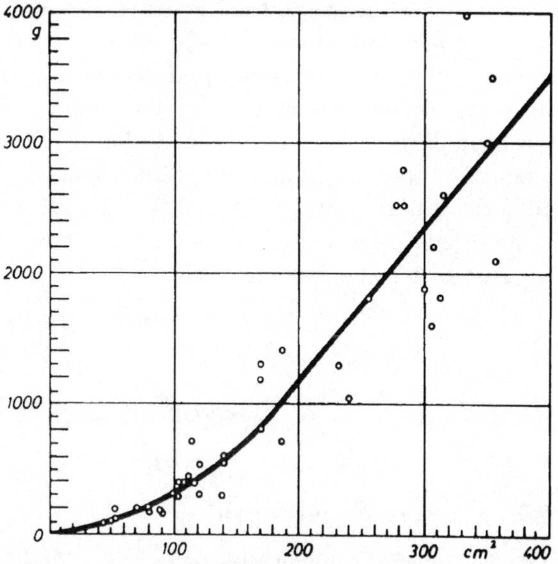

Abb. 3. Nomogramm zur Bestimmung des Milzvolumens nach J. FISCHER (25)

Die normale Milz ist in ihrer Größe zweifellos von Konstitution, Geschlecht und Alter abhängig. FISCHER (25) empfiehlt die Bestimmung eines sogenannten Milzflächenindex. Bei einer Normalperson errechnet sich bei der Größe von 170 cm und einem Körpergewicht von 70 kg einer Milzszintigrammfläche von 70—75 cm² der Milzflächenindex auf $3{,}9 \cdot 10^{-3}$ bis $4{,}1 \cdot 10^{-3}$. Als obere Grenze der Norm wird ein Wert von $4{,}5 \cdot 10^{-3}$ angegeben.

9.7. Die Beurteilung der Milzfunktion

Zur normalen Milzfunktion gehören nach den heutigen Kenntnissen folgende Eigenschaften:

a) Lymphozytenproduktion (Moeschlin (26)),
b Entfernung defekter Zellen (Moeschlin (26)), Scott (27)),
c) Phagozytose gealterter Zellen oder blutfremder korpuskulärer Elemente, z. B. Bakterien,
d) Synthese von Gammaglobulinen durch Plasmazellen (Miescher (28)),
e) Reservoir für Leukozyten und Thrombozyten (Moeschlin (26)),
f) Potenz, die Blutbildung aus der Embryonalzeit wieder aufzunehmen (Borkenstein (29), Hittmair (30), Miescher (31), Scott (27))
g) Einfluß auf den Reifezustand der Retikulozyten beim Austritt aus dem Mark.

Untersuchungen von Fischer und Wolf (22, 23, 24) haben gezeigt, daß die Extraktion wärmealterierter Erythrozyten aus dem Blut durch die Milz deren Partialfunktionen beurteilen läßt.

Die normale Milz kann ein akutes Angebot von etwa 5 ml wärmealterierter Erythrozyten jederzeit schnell aufnehmen. Beim Milzgesunden werden 50% der Aktivität und somit der injizierten Zellen innerhalb von 6—10 Minuten aus dem Blut eliminiert. Nach 30 Minuten beträgt die Radioaktivität im Blut noch etwa 10% der Anfangsmenge. Die Eliminationskurve besteht aus zwei verschiedenen Komponenten, bedingt durch die Partikelgröße:

1. Die Sphärozyten haben einen mittleren Durchmesser von etwa 5—6 μ und einen Anteil von etwa 70—80%,
2. Die Erythrozytenfragmente mit einem Durchmesser von weniger als 3 μ.

Die Sphärozyten werden nicht wie Kolloide unspezifisch durch das gesamte retikulohistiozytäre System (RHS) aus dem Blut extrahiert, sondern in dem perisinusalen retikulären Maschenwerk der Milz selektiv sequestriert. Dagegen werden die Erythrozytenfragmente, die durch die Poren der Milzsinus wieder in den Blutkreislauf gelangen können, von dem entsprechenden lienalen RHS phagozytiert. Aus diesem Grunde findet man bei Normalpersonen nach Injektion von wärmealterierten Erythrozyten stets einen biphasischen Verlauf der Extraktionskurve und nie eine 100%ige Anreicherung der injizierten Aktivität in der Milz.

Die Extraktion von 50% der wärmealterierten Erythrozyten aus dem Blut in einer Zeit von 6—10 Minuten ist eine spezifische Leistung der Milz. Nach einer Splenektomie findet sich eine Halbwertzeit der Radioaktivität im Blut von 180 Minuten. In diesem Falle werden die Leber und das Knochenmark durch die Aufnahme der wärmealterierten Erythrozyten szintigraphisch sichtbar. Erkrankungen, die mit einer Milzvergrößerung einhergehen, wie z. B. die chronische myeloische Leukämie, führen zu einer erheblich verzögerten Elimination der wärmealterierten Erythrozyten aus der Blutbahn.

9.8. Das von der Norm abweichende Milzszintigramm

9.8.1. Lageveränderungen

Die Lageveränderungen der Milz treten besonders dann in Erscheinung, wenn es zu Milzvergrößerungen kommt. Das Organ erstreckt sich dann kaudalwärts und in die Sagittalebene des Körpers. Die Variation in der Topographie ist dagegen bei normaler Organgröße relativ selten. Ebenfalls selten ist die Feststellung einer sogenannten Wandermilz. Von Weinreich (32) und Blanke (33) wurden Milzverlagerungen bis in das kleine Becken beobachtet, die dort sogar einen Uterustumor vortäuschten. Insgesamt sind in der Literatur etwa 300 Fälle von Wandermilz beschrieben worden.

Bei einem Situs inversus findet sich auch eine entsprechende Verlagerung der Milz von links nach rechts — siehe folgendes Beispiel:

Das Milzszintigramm in Rückenlage bei einem Patienten mit Situs inversus zeigt die langgestreckte Milz im rechten oberen Bauchraum (**Abb. 4**, Fischer (25)).

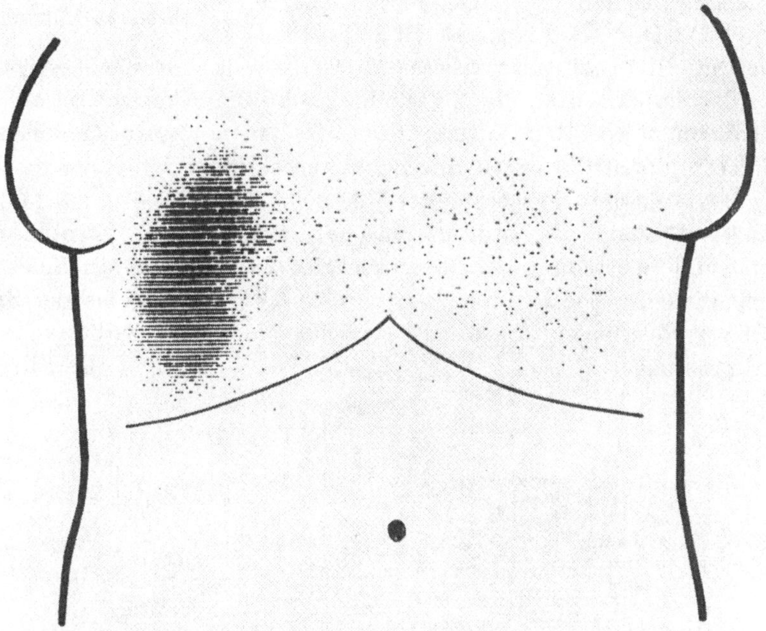

Abb. 4.
Photoszintigramm der Milz bei einem Patienten mit einem Situs inversus. Die langgestreckte, etwas vergrößerte Milz findet sich im rechten oberen Bauchraum oberhalb des Rippenbogens (nach J. FISCHER (25))

9.8.2. Anomalien

Als häufigste Anomalie finden sich Nebenmilzen. Der szintigraphische Nachweis von ektopischen oder sehr kleinen Milzorganen gelingt gelegentlich, wie in dem folgenden Beispiel gezeigt wird, z. B. nach einer Splenektomie.
Die **Abbildung 5** zeigt das Szintigramm des Leber- und Milzbereiches. 6 Monate nach Splenektomie ist neben der kompensatorischen Elimination der wärmealterierten Erythrozyten in der Leber und im Knochenmark bei der Szintigraphie in Bauchlage links eine etwa tomatengroße rundliche Aktivitätsanreicherung erkennbar, die einer Nebenmilz entspricht. FISCHER und WOLF (24) fanden bei 74 splenektomierten Patienten in 5 Fällen eine Nebenmilz.
Milzverkleinerungen, wobei mittels Milzdarstellung ein Milzgewicht unter 80 g berechnet wird, fanden sich bei 93 von insgesamt 2330 Untersuchungen.

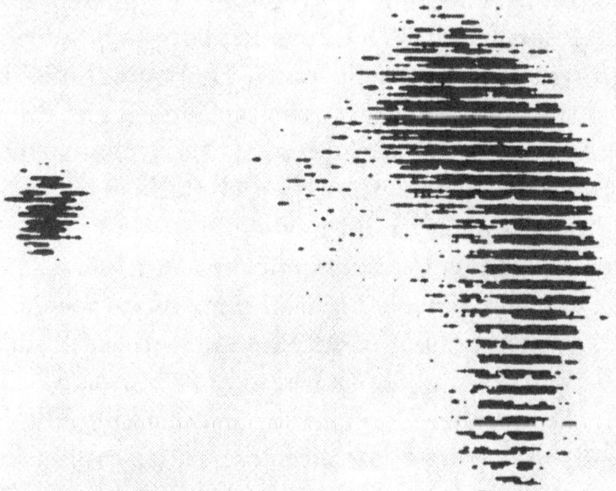

Abb. 5. Szintigramm nach Splenektomie in Bauchlage. Darstellung der Leber rechts und einer Nebenmilz links nach i. v. Injektion von 51-Cr wärmealterierten Erythrozyten (nach FISCHER u. WOLF (23))

9.8.3. Milzvergrößerungen

Eine Milzvergrößerung ist bei den Patienten, die der Klinik zur Milz-Diagnostik überwiesen werden, am häufigsten vorhanden. 1380 von 2008 Patienten ließen, szintigraphisch nachweisbar, eine sicher vergrößerte Milz mit einem Gewicht über 225 g erkennen. FISCHER und WOLF (24) wiesen bei diesem Krankengut auf die Unsicherheit der Bestimmung der Milzgröße durch den Palpationsbefund hin, denn nur 24,6% der untersuchten Patienten hatten eine sicher tastbare Milzvergrößerung.
Durch Milzszintigraphien in größeren Zeitabständen kann das Behandlungsergebnis, z. B. einer Strahlentherapie, besser beurteilt werden. RICCABONA und GMEINER (34) berichteten über den Nachweis einer adrenalinbedingten Kon-

traktion der Milz vor und nach Gabe eines adrenergischen Betablockers (Inderal 10 mg), die mit der Szintillationskamera festgestellt wurde. Sie kamen zu der Feststellung, daß die medikamentöse Ausschaltung der adrenergen Betarezeptoren die durch Adrenalin ausgelöste Kontraktion und Entleerung der Milz nicht verhindern konnte. Die szintigraphische Darstellung und Beurteilung der Milzgröße gibt wertvolle diagnostische Hinweise.

Milzvergrößerungen finden sich bei folgenden Erkrankungen:

1. Leberzirrhose.
2. Verschiedene Formen der Leukämien.
3. Osteomyelosklerose.
4. Erkrankungen, die als Hypersplenismus bezeichnet werden, sind Erkrankungen, die mit einem vermehrten Abbau der Blutzellen in der Milz einhergehen. Es handelt sich in erster Linie um die hämolytischen Anämien.
   In den letzten Jahren fand man, daß immunologische Prozesse nicht nur für erworbene hämolytische Anämien maßgebend sind, sondern auch für eine Reihe von Leukopenien und vor allem für die idiopathische thrombozytopenische Purpura.
5. Bei der portalen Hypertonie, die in Form des prähepatischen Blockes als Musterbeispiel der splenogenen Markhemmung bezeichnet wurde. Hierbei scheint nach neueren Untersuchungen ein peripherer vermehrter Zellabbau entscheidender zu sein als eine Bremsung des Knochenmarks.
6. Allgemeine Hyperplasie und Aktivierung des gesamten RES.
7. Infektionskrankheiten.

9.8.3.1. Milzvergrößerung bei der Leberzirrhose

Je nach Schwere und Dauer der Leberzirrhose kommt es zu einer Milzvergrößerung. Manche Autoren sehen die Milzvergrößerung nur als Symptom der Pfortaderstauung an (GÜTGEMANN u. Mitarb. (35), REIMANN u. Mitarb. (36)). Bei den atrophischen Formen der Zirrhose ist wahrscheinlich die Stauung die wesentliche Ursache der Splenomegalie.

Diese Tatsachen sind besonders augenfällig durch die Leberszintigraphie mit kolloidalem Radio-

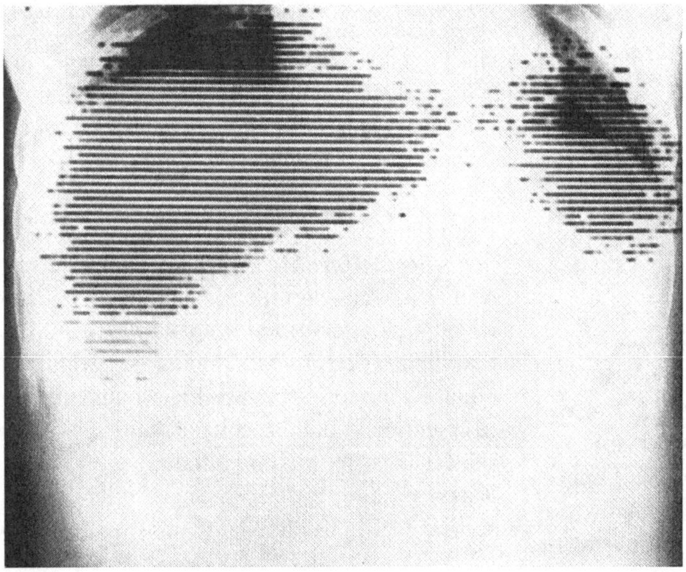

Abb. 6. Photoszintigramm der Leber 30 Minuten nach i. v. Injektion von 200 μCi 198-Au-Kolloid. Neben der vergrößerten Leber findet sich gleichzeitig eine erheblich vergrößerte Milz. Die Radiogoldspeicherung der Milz weist auf eine schwere Parenchymschädigung der Leber hin. Hier kommt in erster Linie eine Leberzirrhose in Betracht
2″-Kristall, 6 mm-Kollimator, Schreibgeschwindigkeit 16 cm/min

gold in Erscheinung getreten. Wie in dem betreffenden Kapitel (VIII, S. 15) bereits beschrieben wurde, fand sich nach Radiogoldkolloid-Injektion bei einigen Patienten eine mehr oder weniger gute szintigraphische Darstellung der Milz. Eingehende tierexperimentelle Untersuchungen führten zu der Feststellung, daß je nach Schädigung des Retikuloendothels der Leber, die Milz und das Knochenmark kompensatorisch die Kolloidspeicherung übernehmen. Man fand, daß eine Beurteilung der Leberzirrhose besser durch den „Leber-Milz-Quotienten" der Radiogoldkolloid-Speicherung oder durch die szintigraphische Darstellung der Milz nach Radiogoldkolloid-Injektion mit Beurteilung der Milzgröße gegeben ist.

Findet sich also eine Milzvergrößerung mit klinischem und labordiagnostischem Hinweis, daß eine Leberzirrhose als Ursache in Betracht kommt, dann ist es zweckmäßig, Leber und Milz szintigraphisch mit Hilfe von Radiogoldkolloid darzustellen und den Leber-Milz-Quotienten zu ermitteln.

Die Bestimmung der Milzgröße kann natürlich auch nach 51-Cr- oder 99m-Tc-Markierung wärmealterierter Erythrozyten erfolgen.

Beispiel

71 jähr. Pat. wurde wegen Oberbauchbeschwerden in die Klinik eingewiesen.

Anhalt für Tumor. Die Milzdarstellung spricht für eine mittelschwere Leberzirrhose.

Weitere Beispiele im Kap. „Leber", (VIII, S. 15.)

9.8.3.2. Milzvergrößerung bei Leukämien

Erhebliche Milzvergrößerungen finden sich bei den Leukämien. Hier kann die Hyperplasie so erheblich sein, daß eine klinische Abgrenzung gegenüber einem tumorösen Prozeß kaum möglich ist. Die szintigraphische Milzdarstellung ist bei dieser Fragestellung die Methode der Wahl.

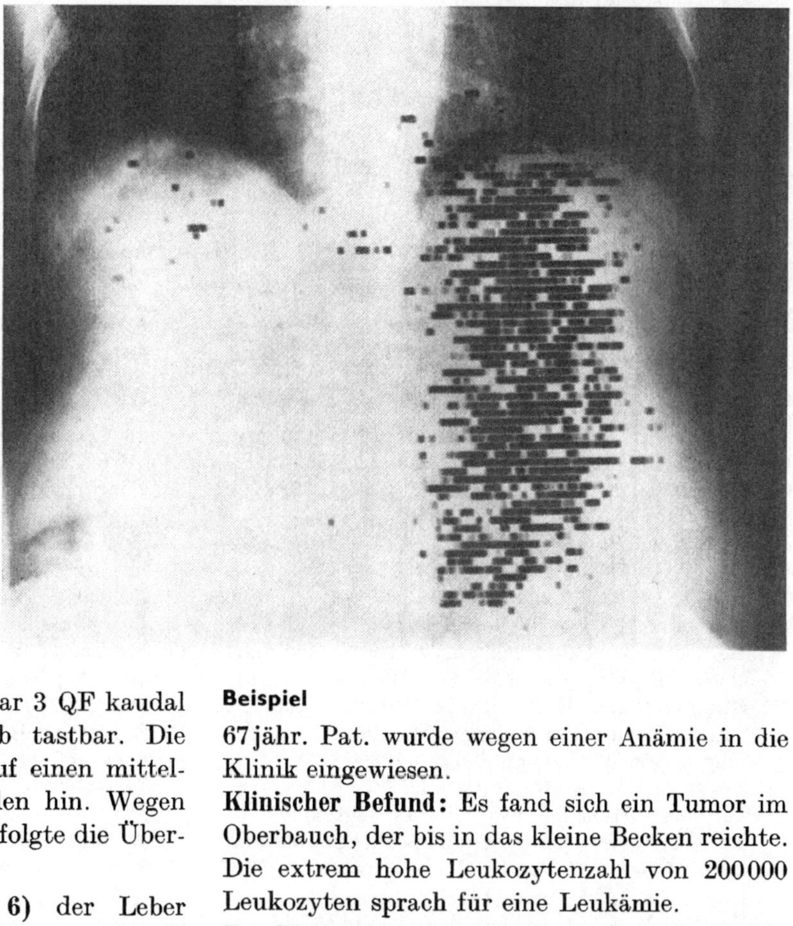

Abb. 7. Milzdarstellung nach i. v. Injektion von 100 μCi 51-Cr wärmealterierter Erythrozyten bei einer Patientin mit myeloischer Leukämie. Extreme Milzvergrößerung

2"-Kristall, 6 mm-Kollimator, Abtastgeschwindigkeit 69 cm/min

Klinische Befunde: Die Leber war 3 QF kaudal vom Rippenbogen relativ derb tastbar. Die Leberfunktionsproben wiesen auf einen mittelschweren Leberparenchymschaden hin. Wegen Verdachts auf Leberkarzinom erfolgte die Überweisung zur Leberszintigraphie.

Das Photoszintigramm (Abb. 6) der Leber 30 Minuten nach i. v. Injektion von 200 μCi 198-Au-Kolloid zeigte eine deutlich vergrößerte Leber mit relativ gleichmäßiger Radiogoldverteilung und eine gleichzeitige Darstellung einer erheblich vergrößerten Milz im linken oberen Bauchraum. Der Leber-Milz-Quotient betrug 3,0.

Diagnose: Nach Radiogoldkolloid-Injektion Darstellung einer vergrößerten Leber mit relativ gleichmäßiger Radiogoldverteilung. Es findet sich außerdem eine vergrößerte Milz. Kein

Beispiel

67 jähr. Pat. wurde wegen einer Anämie in die Klinik eingewiesen.

Klinischer Befund: Es fand sich ein Tumor im Oberbauch, der bis in das kleine Becken reichte. Die extrem hohe Leukozytenzahl von 200000 Leukozyten sprach für eine Leukämie.

Das Photoszintigramm (Abb. 7) der Milz 30 Minuten nach i. v. Injektion von 100 μCi 51-Cr wärmealterierter Erythrozyten läßt eine Speicherung in dem tastbaren Tumor erkennen, die der 10fach vergrößerten Milz entspricht.

Diagnose: S enomegalie bei myeloischer Leukämie.

9.8.4. Speicherungsdefekte

Der Nachweis von Speicherungsdefekten in einer normal großen Milz bereitet Schwierigkeiten.

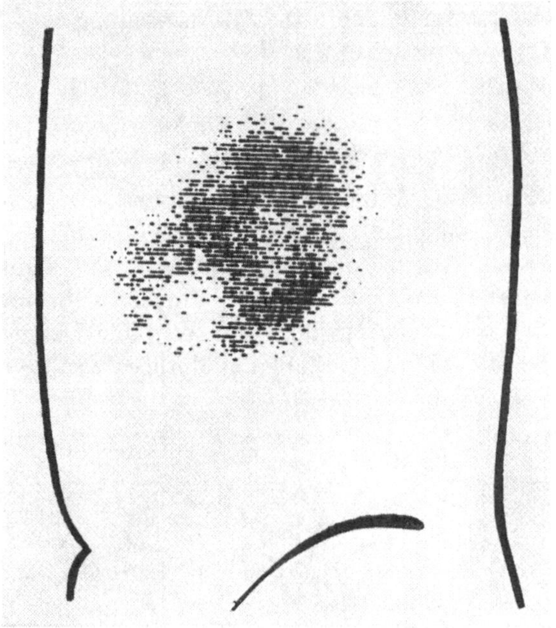

Liegt dagegen eine Vergrößerung der Milz vor und sind Milzinfarkte oder blastomatöse Prozesse eingelagert, dann gelingt deren Darstellung sehr gut. Siehe folgendes Beispiel.

Photoszintigramm (Abb. 8) der Milz bei einem Pat. mit Lymphogranulomatose. In der Seitendarstellung ist die deutlich vergrößerte Milz zu erkennen, die am kaudalen Pol und in der Mitte Speicherungsdefekte aufweist (nach J. FISCHER (25)).

Abb. 8.
Photoszintigramm in Seitenlage. Multiple Speicherungsdefekte bei Lymphogranulomatose (nach J. FISCHER (23))

Literatur

1. GRAY, S. I. and K. STERLING: The tagging of red cells and plasma proteins with radioactive chronium. J. clin. Invest. **29**, 1604 (1950)
2. EBAUGH, R. G. jr., CH. P. EMERSON and J. F. ROSS: The use of radioactive chromium-51 as an erythrocyte tagging agent, for the determination of red cell survival in vivo. J. clin. Invest. **32**, 1260 (1953)
3. MOLLISON, P. L. and N. VEALL: The use of Isotope Cr-51 as a label for red cells. Brit. J. Haemat. **1**, 62 (1955)
4. MOLLISON, P. L.: Weitere Beobachtungen über die normale Überlebenskurve von Cr-51-markierten Erythrozyten. Clin Sci. **21**, 21—36 (1961)
5. HUGHES-JONES, N. C., P. L. MOLLISON and N. VEALL: Removal of incompatible red cells by the spleen. Brit. J. Haemat. **3**, 125—133 (1957)
6. JANDL, J. H., A. R. JONES and W. B. CASTLE: The destruction of red cells by antibodies in man. I. Observations of the Sequestration and Lysis of Red Cells to the Normal Spleen. J. Clin. Invest. **36**, 1428—1459 (1957)
7. HARRIS, I. M., J. M. MC ALISTER und T. A. J. PRANKERD: The relationship of abnormal red cells to the normal spleen. Clin. Sci. **16**, 223 (1957). Splenomegaly and circulating red cell. Brit. J. Haemat., **4**, 97—102 (1958)
8. JOHNSON, P. M., J. C. HERION and S. L. MOORING: Scintillation scanning of the normal human spleen utilizing sensitized radioactive rythrocytes. Radiology **74**, 99—101 (1960)
9. WINKELMAN, J. W., H. N. WAGNER jr., J. G. MC AFEE und J. M. MOZLEY: Visualization of the spleen in man by radioisotope scanning. Radiology **75**, 465 (1960)
10. JOHNSON PH. M. and J. C. HERION: Technical considerations in scintillation scanning of the human spleen. Radiology **76**, 438 (1961)
11. FISCHER, J. und R. WOLF: Die Szintigraphie der Milz mit 51-Cr. Bull. Schweiz. Akad. med. Wiss. **19**, 68—81 (1963)
12. WOLF, R. und J. FISCHER: Untersuchungen am Phantom mit 51-Cr zur Frage der Beurteilung der Ergebnisse von Organaktivitätsmessungen. Strahlentherapie **119**, 226 (1962)
13. FISCHER, J. und R. WOLF: Die szintigraphische Darstellung der Milz mit Radiochrom (51-Cr). Dtsch. med. Wschr. **88**, 305 (1963)
14. SODEE, D. B.: A new scanning isotope, Mercury 197: A preliminary report. J. nucl. Med. **4**, 335—344 (1963)
15. SODEE, D. B.: Photoscanning of Anatomic Structure and the Detection of Carcinoma Utilizing Low-Energy Radioactive Mercurial Compounds. Symposion on Medical Radioisotope Scanning Athen (1964)
16. KELLERSHOHN, C. und J. MARTIN: Path. et Biol. **5**, 39 (1957)
17. KELLERSHOHN, C. et B. HERSZBERG: Int. Biophysics Congress, Abstracts of contributed papers, Stockh. 52, (1961)
18. KELLERSHOHN, C. et B. HERSZBERG: Comptes Rendus **254**. 4015 (1962)
19. KELLERSHOHN, C.: Diagnostik und Lokalisation von Tumoren mit Radionukliden. Radionucl. Suppl. **3**, 157 (1965) (2. Jahrestag. d. Ges. f. Nuclearmedzin 1964) Heidelberg
20. KELLERSHOHN, C. et B. HERSZBERG: Réalisation, au Moyen de Mercure-197 d'une Source de Rayons X Utilisable en Radiographie Médicale. Applications. Radioakt. Isotope in Klinik u. Forschung, Bd. **6**, 181 (1965)

21. RAYNAUD, G., A. DESGREZ und C. KELLERSHOHN: Exploration rénale à l'aide de la néohydrine et du bichlorure de mercure marqués aux mercures radioactifs Hg-197 et Hg-203. Radioaktive Isotope in Klinik und Forschung, Bd. V, 317 (1963)
22. FISCHER, J. und R. WOLF: Grundlagen und Technik der Milzszintigraphie. Acta hepatosplenol. (Stuttg.) Vol. **10**, 209 (1963)
23. FISCHER, J. und R. WOLF: Der heutige Stand der Milzszintigraphie. Radioisotope in der Lokalisationsdiagnostik. F. K. Schattauer-Verlag, Stuttgart 363 (1967). 4. Jahrestagung der Ges. f. Nuclearmedizin, Heidelberg 1966
24. FISCHER, J. und R. WOLF: Die quantitative Abschätzung der Milzgröße mit Hilfe der Szintigraphie. Dtsch. med. Wschr. **88**, 305 (1963)
25. FISCHER, J.: Die Milzszintigraphie. Radiologe **10**, 372 (1965)
26. MOESCHLIN, S.: Indikationen der Splenektomie. Bull. Schweiz. Akad. med. Wiss. **12**, 226 (1956)
27. SCOTT, R. B.: The spleen and splenectomy. Brit. Med. J. 1063 (1949)
28. MIESCHER, P.: Leucopénie chronique par autoanticorps. Acta haemat. (Basel) **11**, 152 (1954)
29. BORKENSTEIN, E.: Zur Bedeutung einer vergrößerten Milz. Wien. med. Wschr. 235—237 (1956)
30. HITTMAIR, W.: Die Stellung der Milz im Gesamtorganismus. Bull. Schweiz. Akad. med. Wiss. **12**, 195 (1956a)
31. MIESCHER, E.: Die Rolle der Milz in der Hämatologie. Med. Welt **1**, 7—12 (1960)
32. WEINREICH, J.: Inhibition de la moelle osseuse d'origine splénique dans un cas de rate mobile. Rev. belge Path. **24**, 385—388 (1955b)
33. BLANKE, S.: Über extrem verlagerte Wandermilzen, unter Mitteilung eines eigenen Falles, bei dem ein Uterustumor vorgetäuscht worden war. Zbl. Chir. **80**, 1287—1291 (1955)
34. RICCABONA, G. und R. GMEINER: Kameraszintigraphie der Milz zur Erfassung von Adrenalineffekten. Radioisotope in der Lokalisationsdiagnostik. F. K. Schattauer-Verlag, Stuttgart 373 (1967). 4. Jahrestagung der Ges. f. Nuclearmedizin, Heidelberg 1966
35. GÜTGEMANN, A. und H. W. SCHREIBER: Über die echte Milzvenenstenose. (Ihre Morphologie, Klinik und Hämodynamik). Langenbecks Arch. klin. Chir. **288**, 117—134 (1958)
36. REIMANN, F., G. ERDOGAN und I. ULAGAY: Untersuchungen über die Genese des Syndroms der „Hypersplenie" bei portalem Hochdruck. Acta hepat. (Hamburg) **7**, 230—243, 285—299 (1960)
37. FISCHER, J., R. WOLF und A. LEON: Milzszintigraphie mit 99m-Tc-markierten, wärmealterierten Erythrozyten. Fortschr. Röntgenstr. **106**, 51 (1967)
38. FISCHER, J., R. WOLF and A. LEON: Technetium-99m as a label for erythrocytes. J. nucl. Med. **8**, 229 (1967)

Kapitel X

Pankreas

---

10. Pankreas

10.1. Geschichtlicher Rückblick

1943 Sheline und Mitarb. (1) sowie Montgomery und Mitarb. (2) berichten über experimentelle Untersuchungen mit radioaktivem Zink 65-Zn und dessen Ausscheidung im Pankreassaft.

1952 Burnett und Mitarb. (3) untersuchen die Ausscheidung von Radiomangan 54-Mn im Pankreassaft.

1959 Meschan und Mitarb. (4) weisen mittels tierexperimenteller Untersuchungen nach, daß bei Verwendung von radioaktivem Zink und radioaktivem Mangan die Szintigraphie mit den bisherigen technischen Mitteln nicht erfolgversprechend ist.

1961 Blau und Manske (5, 6, 7, 8) erzielen mit 75-Selen-Methionin eine szintigraphische Pankreasdarstellung und berichten 1962 (gemeinsam mit Bender) über Ergebnisse und Erfahrungen.

1964 C. Winkler (9, 10, 11, 12, 13) — Verbesserung der Pankreasszintigraphie durch Computer-Anwendung mit 75-Selen-Methionin.

1965 Sodee (14, 15, 16) empfiehlt 131 Cs zur Pankreasdarstellung.

1966 Bühring und Schneider (17) begrenzen den Wert der Pankreasszintigraphie mit 75-Selen-Methionin auf eine Beurteilungsmöglichkeit von Pankreaskopf und -körper.

10.2. Auswahl der Nuklide

10.2.1. 75-L-Selen-Methionin

HWZ 121 Tage

Gamma-Energie i. MeV	0,024— 0%,	0,066— 1%,
	0,096— 3%,	0,12 — 15%,
	0,14 —54%,	0,20 — 1,5%,
	0,37 —56%,	0,28 — 23%,
	0,31 —1,4%,	0,40 —12,5%.

10.2.1.1. Verwendungsform

Wäßrige Lösung von 75-L-Selen-Methionin mit einer spezifischen Aktivität von 100—400 μCi/mM 0,5—2 mC/mg.

10.2.1.2. Vorbereitung zur Untersuchung

Tags zuvor erhält der Patient abends lediglich 200 g mageres Fleisch; Fette und Kohlenhydrate werden nicht verabfolgt. Etwa 3 Stunden nach dem Frühstück, das aus Fleisch und ungezuckertem Tee besteht, bekommt der Patient eine Dosis von 50—75 Einheiten Cecekin-Vitrum®, das Pankreozymin und Sekretin enthält. Die Cholezystokinin-Komponente des Cecekin regt die Pankreas-Tätigkeit an; es empfiehlt sich deshalb, das Sekretin-Vitrum® zu verwenden. 1 Stunde nach der Injektion erhält der Patient Morphium (0,005 mg subkutan), um den Musc. sphincter Odii zur Kontraktion anzuregen. Der Abfluß des Pankreassaftes wird dadurch verlangsamt — vorausgesetzt natürlich, daß der Pankreasausführungsgang mit in die Papilla Vateri mündet.

10.2.1.3. Dosierung

3,5 μCi 75-L-Selen-Methionin pro kg Körpergewicht.

10.2.1.4. Zeitpunkt der Szintigraphie

20—30 Minuten nach der i. v. Injektion des 75-L-Selen-Methionin kann mit der Szintigraphie begonnen werden. 3—4 Stunden nach der Injektion sinkt der Gehalt an 75-L-Selen-Methionin im Pankreas erheblich ab, so daß nach diesem Zeitpunkt die szintigraphische Darstellung kaum noch gelingt.

10.2.1.5. Strahlenbelastung

Pankreas: ≈ 0,01 rad/μCi, Gesamtkörper: ≈ 0,5 mrad/μCi.

10.3. Technik der Darstellung

Selen-Methionin wird in die Enzyme des Pankreassaftes eingebaut, ohne dabei eine Organspezifität zu besitzen. Selen-Methionin findet sich in den Schleimhautdrüsen des Magens, im Dünndarm zur Enzymproduktion, ebenfalls in Leber und Milz bei der Proteinsynthese. Mit Selen-Methionin wird also keinesfalls allein oder ausschließlich die Bauchspeicheldrüse szintigraphisch dargestellt. Deshalb die verschiedenen Empfehlungen zur Verbesserung der Szintigramme: Zur deutlichen Abgrenzung von Pankreas und Leber wird die Abdeckung des kaudalen Leberrandes mit einer Bleigummi-Auflage angeraten. BÜHRING und SCHNEIDER (17) raten zur Hochlagerung des Beckens bei gleichzeitiger Anhebung der linken Körperhälfte. BLAU (5, 6, 7, 8) empfiehlt 24 Stunden nach der Pankreasuntersuchung die Leber-Szintigraphie (mit 198-Au-Kolloid) anzuschließen, um aus den Szintigrammen mit Hilfe des aus der Röntgendiagnostik bekannten Subtraktionsverfahrens eine isolierte Pankreas-Darstellung zu gewinnen. KEELING versucht bei simultaner Applikation von 198-Au-Kolloid + 75-Se-Methionin Leber und Pankreas durch Anwendung eines Computers szintigraphisch voneinander zu trennen. Trotz optimaler Untersuchungsbedingungen gelingt die einwandfreie szintigraphische Darstellung vom Pankreas nicht regelmäßig. HAACKE (19) fand in etwa $^1/_6$ seiner untersuchten Patienten keine klare Darstellung; BÜHRING und SCHNEIDER (17) konnten nur in $^3/_4$ der Fälle (39 Pat.) die Bauchspeicheldrüse im Szintigramm erkennen. Durchfälle und auch Darmerkrankungen stören die Untersuchung und Darstellung erheblich. 75-Se-Methionin reichert sich in den Drüsen der Magen- und Darmwand an, so daß sich Prozesse im Pankreasschwanz der szintigraphischen Darstellung entziehen (BÜHRING u. SCHNEIDER (17)). Mit der heutigen Technik kann die Pankreasszintigraphie noch nicht als Routineverfahren empfohlen werden.

10.4. Das normale Pankreas-Szintigramm

Das Szintigramm der normalen Bauchspeicheldrüse entspricht bezüglich Form, Größe und Topographie den bekannten anatomischen Befunden. Die Varianz der Blutversorgung und der Dynamik, ebenso die störenden Einflüsse von seiten der Nachbarorgane bedingen eine „flaue“ Darstellung mit unscharfer Begrenzung im Szintigramm. Der Schwanz der Bauchspeicheldrüse wird selten abgebildet. Häufig (nach Befunden von BÜHRING und SCHNEIDER (17); in etwa 30% der untersuchten Fälle) findet sich eine „Aufhellung“, d. h. ein speicherungsfreier Bezirk in der Mitte des Pankreaskörpers. Diese Aufhellung entspricht offenbar der Stelle, an der die Bauchspeicheldrüse die Wirbelsäule kreuzt. Durch Überlagerungseffekte erscheint das Schwanzgebiet der Bauchspeicheldrüse scheinbar aufgespalten.

Abbildung 1 zeigt das Photoszintigramm 30 bis 60 Minuten nach Injektion von 250 μCi 75-L-Selen-Methionin. Eiweißreiche Kost, Cecekin-Injektion wurden nicht verabfolgt.

Unterhalb der Leber findet sich die langgestreckte, normale Bauchspeicheldrüse. Der Schwanz des Organs erscheint verlängert und aufgetrieben, jedoch ist dies offenbar die Folge ektopischer Aktivität (Magen).

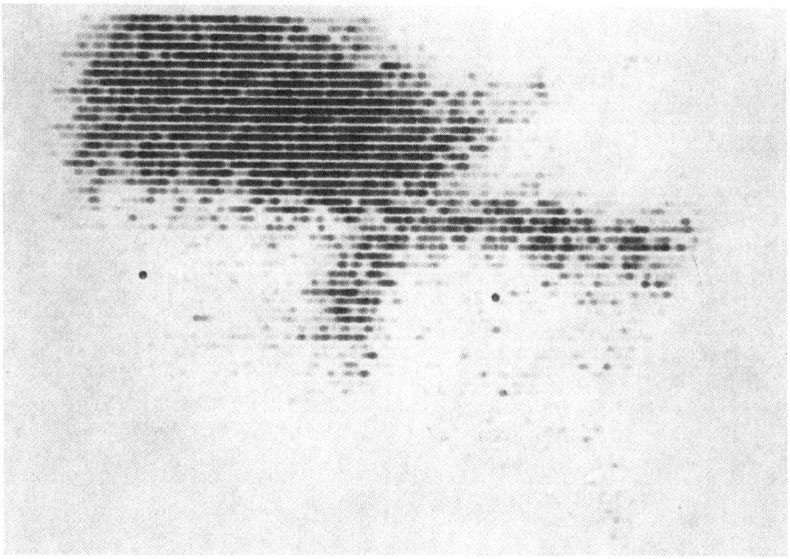

Abb. 1.
Photoszintigramm einer normal geformten gesunden Bauchspeicheldrüse. Der Schwanz des Organs erscheint verlängert und aufgetrieben. Dies ist offenbar Folge ektopischer Aktivität im Magen. Das Szintigramm wurde von Priv. Doz. Dr. SCHNEIDER, Hamburg, zur Verfügung gestellt

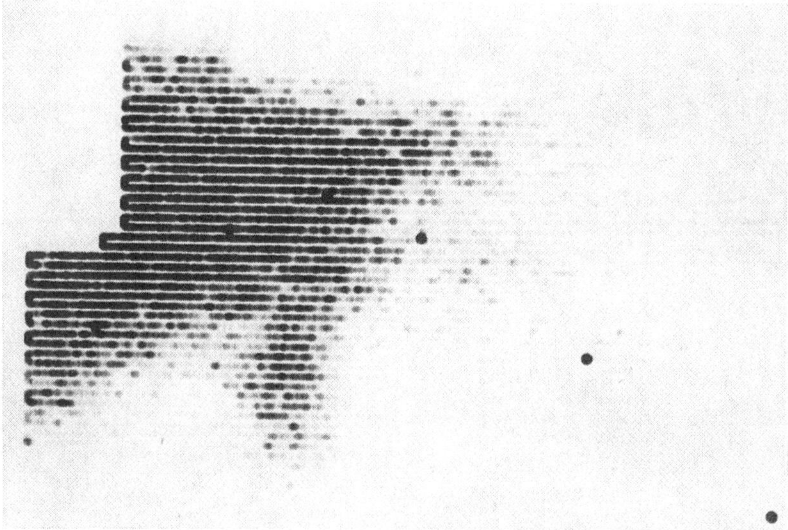

Abb. 2.
Photoszintigramm des Pankreas bei einem Patienten mit akuter Pankreatis 30—60 Minuten nach i. v. Injektion von 250 μCi 75-Selen-Methionin (Priv. Doz. Dr. SCHNEIDER)

10.5. Das von der Norm abweichende Pankreas-Szintigramm

Im Absatz „Technik der Darstellung" war ausgeführt worden, daß die Grenzen der Aussage bei der Pankreasszintigraphie eng gezogen sind. Nur gröbere, d. h. fortgeschrittene pathologische Veränderungen können mittels der Szintigraphie wahrscheinlich gemacht oder ausgeschlossen werden (BÜHRING u. SCHNEIDER (17)). Abweichungen von der Norm ergeben sich in bezug auf die Gleichmäßigkeit der Aktivitätsspeicherung. Findet sich im Kopf- oder Schwanzbereich eine herabgesetzte Anreicherung, so muß an eine Pankreatitis gedacht werden. Speicherdefekte können sich bei einer Zystenbildung, aber auch bei malignen Tumoren zeigen. Beim Mal-Absorptions-Syndrom ist die Bauchspeicheldrüse nicht erkennbar, da die radioaktiv markierte Aminosäure sich überwiegend in den Dünndarmschlingen und der Leber konzentriert. Die Bauchspeicheldrüse ist daher meist nicht abzugrenzen.

10.5.1. Akute Pankreatitis

Abbildung 2 zeigt das Photoszintigramm des Pankreas bei einem Patienten mit akuter Pankreatitis. Die distale Hälfte des Korpus und

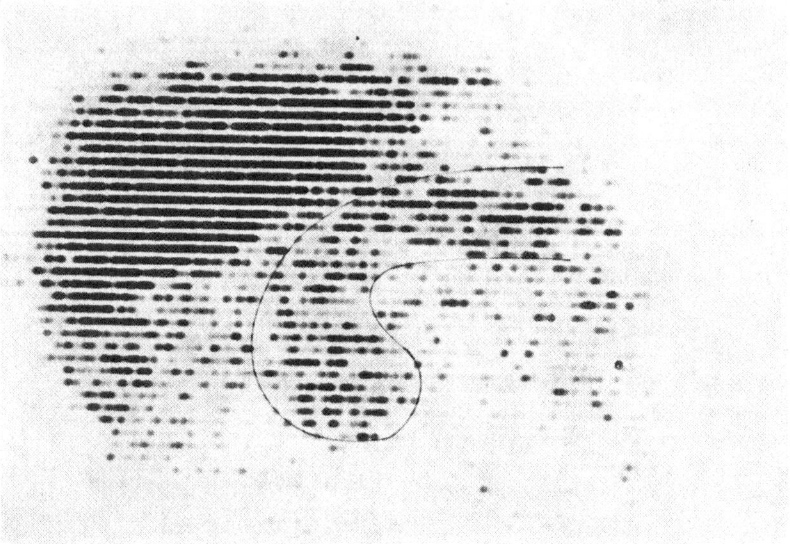

Abb. 3.

Photoszintigramm des Pankreas 30—60 Minuten nach i. v. Injektion von 250 μCi 75-L-Selen-Methionin ohne Vorbereitung. Subakute Pankreatis. Krankheitsdauer 6 Monate. Relativ geringe Speicherung im deutlich verbreiterten Organ. (Priv. Doz. Dr. SCHNEIDER)

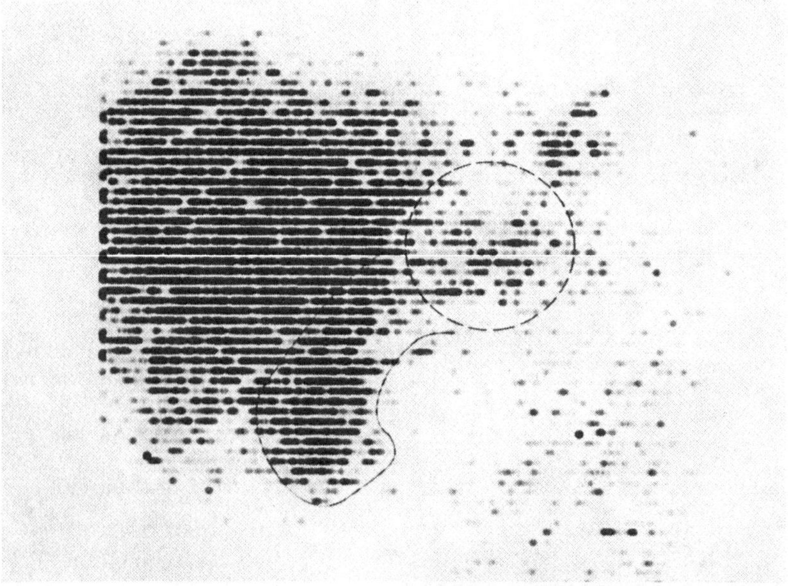

Abb. 4.

Photoszintigramm von Leber und Pankreas 30—60 Minuten nach i. v. Injektion von 250 μCi 75-L-Selen-Methionin. Normale Aktivitätsanreicherung im Pankreaskopf. Speicherdefekt im Schwanzbereich. Entzündliche Zyste im Pankreasschwanz (Priv. Doz. Dr. SCHNEIDER)

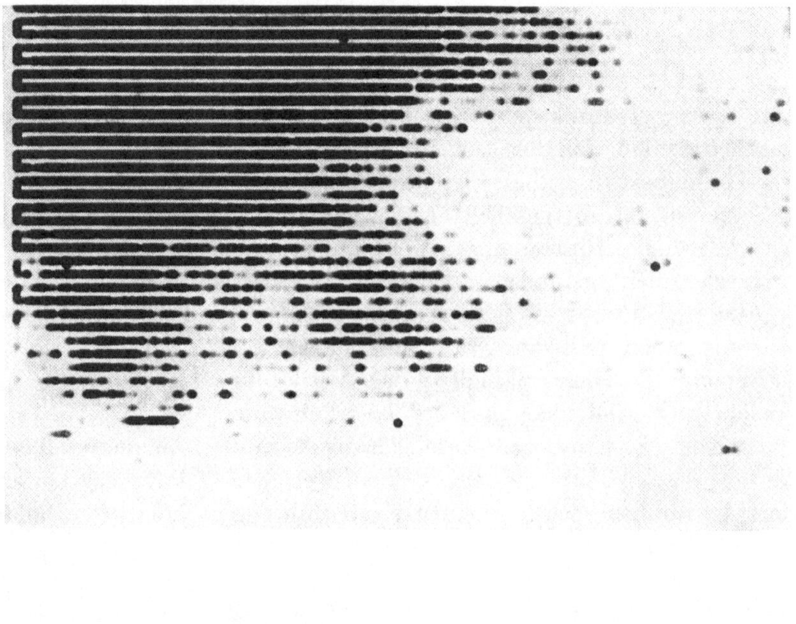

Abb. 5.

Photoszintigramm des Pankreasgebietes 30—60 Minuten nach i. v. Injektion von 250 μCi 76-L-Selen-Methionin. Im Pankreaskopfbereich herabgesetzte flekkenförmige Selen-Methionin-Aufnahme mit Verbreiterung der Konturen. Das Pankreaskarzinom vom Körper und Kopf ausgehend wurde operativ gesichert (Priv. Doz. Dr. SCHNEIDER)

Schwanzes der Bauchspeicheldrüse kommt nur schwach zur Darstellung. Hier befindet sich offenbar der Sitz des entzündlichen Prozesses.

10.5.2. Subakute Pankreatitis

Abbildung 3 zeigt das Photoszintigramm eines Patienten mit subakuter Pankreatitis, Krankheitsdauer 6 Monate. Das Pankreas speichert relativ wenig 75-L-Selen-Methionin. Körper und Schwanz des Organs sind gegenüber der Norm deutlich verbreitert.

10.5.3. Pankreaszyste

Abbildung 4 zeigt das Photoszintigramm des Pankreas bei einem Patienten mit entzündlicher Zyste im Pankreasschwanz. Während im Pankreaskopfbereich eine gute Selen-Methionin-Speicherung vorhanden ist, findet sich im Pankreasschwanz eine deutlich geringere Anreicherung: Entzündliche Pankreaszyste.

10.5.4. Pankreaskarzinom

Abbildung 5 zeigt das Photoszintigramm des Pankreas-Leber-Bereiches 30—60 Minuten nach i. v. Injektion von 250 μCi 75-L-Selen-Methionin. Im Pankreaskopf findet sich eine deutlich herabgesetzte verbreiterte Schwärzung. Ein Karzinom vom Körper und Kopf des Pankreas ausgehend wurde operativ gesichert.

Funktionsausfälle im Pankreas-Bereich sind mit einiger Sicherheit nur im Korpus und Kopf der Bauchspeicheldrüse zu beurteilen. Zur genaueren Abgrenzung der Befunde sind klinische Untersuchungen dringend notwendig. Die Szintigraphie vermag nur sichere Informationen zu geben, wenn das Pankreas nicht durch die vergrößerte Leber überdeckt ist. Auf die Möglichkeit, durch Einschaltung eines Computers und Abzug der Aktivitätsspeicherung der Leber zur Lokalisierung des Pankreas z. B. nach der Methode von Winkler (9, 10, 11, 12, 13) wurde bereits hingewiesen. Haacke (18) beschreibt bei der Pankreasdarstellung eine Methode mit Bleiabdeckung der Leber und fraktionierter Gabe von 75-Se-Methionin in 2—3 Dosen im Abstand von etwa 3—5 Minuten. Nach den Untersuchungen von Aronsen, Gynning und Waldeskog (19) ist die Aktivitätsanreicherung im Lebergebiet wesentlich höher als im Pankreasbereich, so daß bei Leberüberlagerungen nach Ansicht der Autoren die Verwendung von 75-Se-Methionin zur Pankreas-Szintigraphie nicht zu empfehlen ist. Oldendorf und Kitano (20) konnten bei ihren Untersuchungen nach i. v. Injektion von Selen-Methionin feststellen, daß es zu einem sehr raschen Absinken der Aktivität in der Blutbahn innerhalb einer halben Stunde kam, jedoch bereits nach 1 Stunde bis zu 3 Stunden ein erneuter Aktivitätsanstieg in der Blutbahn zu verzeichnen war. Aus diesen Feststellungen ergibt sich, daß nur in der ersten Zeit 30 bis 60 Minuten nach der i. v. Injektion mit einem geringeren Körper-Null-Effekt zu rechnen ist, der die Darstellung des Pankreas erlaubt.

Literatur

1. Sheline, G. E., I. L. Charikoff, H. B. Jones and M. L. Montgomery: Studies on the metabolism of zinc with the aid of its radioactive isotope. II. The distribution of administered radioactive zinc in the tissues of mice and dogs. J. Biol. Chem. Baltimore **149**, 139—151 (1943)
2. Montgomery, M. L., G. E. Sheline and I. L. Chaikoff: The elimination of administered zinc in pancreatic juice, duodenal jice, and bile of the dog as measured by its radioactive isotope (Zn-65). J. Exper. Med. **78**, 151—159 (1943)
3. Burnett, W. T. jr., R. R. Bigelow, A. W. Kimball and D. W. Sheppard: Radiomanganese studies on the mouse, rat and pancreatic fistula dog. Amer. J. Physiol. **168**, 620 (1952)
4. Meschan, I., J. L. Quinn, R. L. Witcofski und T. A. Hosick: The utilization of radioactive Zinc and manganese in an effort to visualize the pancreas. Radiology **73**, 62 (1959)
5. Blau, M. und R. F. Manske: Pancreas specificity for Se-75 selenicmethionine. J. Nucl. Med. **2**, 102 (1961)
6. Blau, M., R. Manske and M. Bender: Clinical experience with Se-75-selenomethionine for pancreatic visualization. J. Nucl. Med. **3**, 202, 1962
7. Blau, M. and M. A. Bender: New radioactive agents for the visualization of tumours of the pancreas and brain by scanning techniques. Radiology **78**, 974 (1962) (VIII. Intern. Krebskongreß Moskau 1962)
8. Blau, M.: Pancreas scanning with Se-75-Selenomethionine. Medical Radioisotope Scanning **2**, 275 I. A. E. A. Athen (1964)
9. Winkler, C.: Neue Methoden in der Szintigraphie. In: Atomstrahlung in Medizin und Technik. p. 137. München 1963
10. Winkler, C.: Computer-Szintigraphie. Proc. IX. Internat. Congr. on Radiol. 1965

11. WINKLER, C.: Szintigraphischer Nachweis minimaler Aktivitätsdifferenzen infolge von Parenchymdefekten in Schilddrüse, Leber, Nieren und Pankreas. Dtsch. Röntgenkongreß 1964. Beiheft zu Fortschr. Röntgenstr. **102**, 59—60 (1965)
12. WINKLER, C.: Digitalregistrierung, -Speicherung und Computerauswertung von Meßergebnissen einer Szintillationskamera. Atompraxis, Direct Information **3** (1966)
13. WINKLER, C.: Kernspeicher-Szintigraphie. Z. Naturforschung. **21**, 708 (1966)
14. SODEE, D. B.: Radioisotope scanning of the pancreas with selenomethionine-Se-75. Medical Radioisotope Scanning **2**, 289 I. A. E. A. Athen (1964). Radiology **83**, 910 (1964)
15. SODEE, D. B.: Cs-131 — A new isotope for pancreatic scanning in animals. Nucleonics 4 (April) 56 (1965)
16. SODEE, D. B.: The clinical correlation of isotope pancreatography. Amer. J. Gastroenterol. **45**, 454 (1966)
17. BÜHRING, H. u. G. SCHNEIDER: Das normale Pankreas im szintigraphischen Bild. Dtsch. Röntgenkongreß 1966. Beiheft zu Fortschr. Röntgenstr. **104**, 158—161 (1967)
18. HAACKE, W.: Über die Möglichkeit der Darstellung des Pankreas mittels 75-Se-Methioni. Fortschr. Röntgenstr. **102**, Beih., 55 (1965)
19. ARONSEN, K.-F., I. GYNNING and B. WALDESKOG: Evalution of 75-Se-Selenmethionine for visualization of the pancreas by scanning technique. Acta chir. Scand **129**, 624—630 (1965)
20. OLDENDORF, W. H. and M. KITANO: Selenomethionine reappearance in blood following intravenous injektion. J. nucl. Med. **4**, 231—233 (1963)

XI Nieren

Kapitel XI

Nieren

11. Nieren

11.1. Geschichtlicher Rückblick

1952 OESER und BILLION (1) empfehlen 131-J-etekettierte nierengängige Rö-Kontrastmittel (Uroselektan und Per-Abrodil zur Beurteilung der Nierenfunktion.

1955 KIMBEL und BÖRNER (2) beschreiben erstmals die Möglichkeit, die Radioaktivität der Nieren bei der Ausscheidung von 131-J-Urografin an der Körperoberfläche zu messen.

1956 KIMBEL (3, 4, 5) berichtet über pharmakokinetische Untersuchungen mit 131-Jod-Urografin.

TAPLIN (6) führt Untersuchungen an Kaninchen über die Ausscheidung von 131-J-Diodrast ebenfalls mit Messung der Radioaktivität über den Nieren durch.

WINTER (7) beschreibt klinische Nierenuntersuchungen.

1959 SCHUMACHER (8) erstattet ersten Bericht über Nierenszintigraphie mittels 131-J-Urografin.

1960 ZUM WINKEL, SCHEER und BECKER (9, 10, 11, 12, 13, 15) erste Berichte in Deutschland über die Isotopen-Nephrographie.

1960 MC AFEE und WAGNER (16) führen szintigraphische Untersuchungen mit 203-Hg-Neohydrin durch.

1967 BACHMANN: „selektive" Radiorenographie durch Injektion etikettierter nierenpflichtiger Substanzen direkt in die Art. renalis.

1968 MOTZKUS und BACHMANN deuten das iv. Radiorenogramm unter Verwendung (17) der Resultate der selektiven Radiorenographie als Summen-Funktions-Kurve (29).

Der geschichtliche Rückblick läßt erkennen, daß die Markierung nierengängiger Substanzen mit Radionukliden die Voraussetzung für die Darstellung der Nieren im Szintigramm war.

Eine Funktionsdiagnostik der Nieren mittels kontinuierlicher Messung während Passage und Elimination etikettierter nierengängiger Substanzen, z. B. Hippuran, Salyrgan, Rö-Kontrastmittel u. a, bot sich mit vielen Vorzügen gegenüber anderen Methoden an, wie ausführlich von OESER und BILLION (1) bereits 1952 dargelegt wurde. Die Messung der Radioaktivität an der Körperoberfläche über der Nierenregion, bekannt als Radioisotopennephrographie, beinhaltet jedoch außer Einflüssen der Meßtechnik auch „extra-renale" Faktoren. Es müssen deshalb die Grenzen der Aussagemöglichkeit beachtet werden. Allein in Form der „selektiven" Radioisotopennephrographie (BACHMANN (17, 29)) sind eindeutige Rückschlüsse auf die Nierenfunktion in bezug auf die Elimination der Substanzen erlaubt.

Die Entwicklung der Nierenszintigraphie war bei der Verwendung von 131-Jod-Urografin an bestimmte technische Voraussetzungen gebunden. Der Scanner muß ein möglichst schnellschreibendes System besitzen, das eine „Aufnahme" des Nierengebietes innerhalb von 15 Minuten gestattet. Es muß zusätzlich eine Kontrastanhebung benutzt werden, um die Radioaktivität des übrigen Körpergebietes weitgehend zu unterdrücken. Diese Technik wurde entsprechend den Forderungen (SCHUMACHER) von FROST (18) verwirklicht.

Die Entwicklung der Szintikamera (II, S. 28) und deren Benutzung zur Nierendarstellung erscheint heute als die ideale Lösung verschiedener Probleme. Es kann damit der zeitliche Ablauf der Elimination und Passage einer etikettierten nierengängigen Substanz im Nieren- und Harnwegbereich sichtbar gemacht werden. Das Verfahren ist zur Darstellung von Funktionsstörungen, die als Speicherdefekte in Erscheinung treten, wertvoll. Mit der Verbesserung der Szintikamera kann das Verfahren zur Rö-Diagnostik in Konkurrenz treten. Die gleichzeitige Darstellung von Form, Größe und Funktion der Nieren erweitert die Information.

11.2. Auswahl der Nuklide

11.2.1. 131-Jod-p-Aminohippursäure

131-Jod. HWZ 8,04 Tage

Gamma-Energie i. MeV	0,08— 2%, 0,28—5%, 0,36—80%, 0,64—9%, 0,72— 3%.
Beta-Energie i. MeV	0,25— 3%, 0,33—9%, 0,61—87%, 0,81—1%.

11.2.1.1. Verwendungsform

131-Jod-p-Aminohippursäure wird, in isotonischer Lösung, sterilisiert, mit einem pH-Wert von 6—8 verwendet. Die Konzentration beträgt 50—150 μCi/ml. Lediglich bei Verwendung einer Szintikamera oder eines Schnellscanners (Dynapix) kann das 131-Jod-Hippuran in der von den Firmen gelieferten Zusammensetzung verwendet werden, da nur diese Geräte es gestatten, Aufnahmen innerhalb 1 Minute herzustellen.

Bei der Verwendung eines konventionellen Scanners mit einer Aufzeichnungsdauer von 15—30 Minuten ist es zweckmäßig, das 131-Jod-markierte Hippuran nach den Angaben von zum Winkel (7) intramuskulär mit Hyaluronidase zu injizieren. Durch die verzögerte Ausscheidung nach intramuskulärer Injektion in Verbindung mit Hyaluronidase ist eine szintigraphische Nierendarstellung möglich.

11.2.1.2. Dosierung

Zur Szintigraphie sind 200—300 μCi 131-Jod-Hippuran mit Hyaluronidase intramuskulär und bei Verwendung der Szintikamera oder eines Schnellscanners 100—200 μCi 131-Jod-Hippuran i. v. erforderlich.

11.2.1.3. Zeitpunkt der Szintigraphie

Wegen der relativ schnellen Nierenausscheidung muß bei üblicher szintigraphischer Technik sofort nach der Injektion begonnen werden. Die Dauer der Szintigraphie sollte ebenfalls kurz sein und nicht mehr als 15 Minuten betragen. Die schnelle Ausscheidung kann eine Inhomogenität im Nierenszintigramm erzeugen, die rein funktionell bedingt sein kann.

Bei der Szintikamera, die gute Nierenbilder bereits nach 10—40 Sekunden ergibt, ist es zweckmäßig, in den ersten 10 Minuten 4 bis 8 Photos anzufertigen, da hiermit die anströmende radioaktive Substanz, d. h. die Durchblutung der Nieren, beurteilt werden kann. Während der Ausscheidungsphase genügen Aufnahmen in Abständen von 5—10 Minuten oder bei pathologischen Ausscheidungsverzögerungen bis zu 45 Minuten.

11.2.1.4. Strahlenbelastung

Nieren: unter 0,6 mrad/μCi.

Gesamtkörper: unter 0,002 mrad/μCi.

11.2.1.5. Vorteil

Gegenüber der Verwendung von 203- und 197-Hg-Neohydrin geringere Strahlenbelastung. Das 131-Jod-Hippuran ist am besten für die Photoszintigraphie mit Hilfe der Gammakamera oder eines Schnellscanners geeignet.

11.2.1.6. Nachteil

Bei normalen Scannern schlechte Darstellung und Schwierigkeiten in der Beurteilung der Speicherdefekte, da diese auch funktionell bedingt sein können.

11.2.2. 131-Jod-Diatrizoat (Urografin)

HWZ, Gamma- und Beta-Energie s. physikalische Daten von 131-Jod (s. 11.2.1.).

11.2.2.1. Verwendungsform

131-Jod-Urografin in isotonischer Lösung, sterilisiert mit einem pH-Wert von 6—8.

11.2.2.2. Dosierung

200—300 μCi 131-Jod-Urografin i. v.

11.2.2.3. Zeitpunkt der Szintigraphie

Die Lagerung des Patienten zur Szintigraphie muß möglichst schon erfolgen, bevor die intravenöse Injektion durchgeführt wird, da unmittelbar nach der Injektion das Gerät in Tätigkeit gesetzt werden muß. Der Scanner soll möglichst mit größter Geschwindigkeit ablaufen. Die Abtastfeldbegrenzung muß so eingestellt werden, daß in jeder Zeile beide Nieren erfaßt werden.

11.2.2.4. Strahlenbelastung

Nieren: unter 1,2 mrad/μCi.
Gesamtkörper: unter 0,002 mrad/μCi.

11.2.2.5. Vorteil

Gegenüber der Verwendung von 131-Jod-Hippuran bessere und längere Darstellungsmöglichkeit der Nieren, da die Ausscheidung langsamer vor sich geht.

11.2.2.6. Nachteil

Keine Abgrenzung zwischen Nierenrinde und Nierenbecken. Die kontinuierliche Ausscheidung in das Nierenbecken läßt Speicherdefekte in der Nierenrinde nicht deutlich sichtbar werden. Nierenfunktionsuntersuchungen mit Hilfe der Szintikamera verursachen wegen der langsameren Elimination einen höheren Zeitaufwand.

11.2.3. 203-Hg-Neohydrin

203-Hg. HWZ 43,5 Tage
Gamma-Energie 0,208 MeV,
Beta-Energie 0,279 MeV.

11.2.3.1. Verwendungsform

Das 203-Hg-Neohydrin wird als 3-Chloromercuri 2-methoxypropyl-Harnstoff in wäßriger Lösung mit einer spezifischen Aktivität von 100 bis 250 mC/g Hg geliefert. Die Lösung wird i. v. injiziert.

11.2.3.2. Dosierung

50—100 μCi 203-Hg-Neohydrin. Zur Herabsetzung der Strahlenbelastung hat es sich als günstig erwiesen, 24 Stunden vor der Szintigraphie Salyrgan als Diuretikum zu geben.

11.2.3.3. Zeitpunkt der Szintigraphie

1—2 Stunden nach i. v.-Injektion. Da das 203-Hg-Neohydrin über das Nierenbecken ausgeschieden wird und diese Aktivität bei der Darstellung des Nierenparenchyms stört, sind zur Beurteilung der Nierenrinde Szintigramme nach 24 Stunden besser geeignet.

11.2.3.4. Strahlenbelastung

Niere: ≈ 0,02 rad/μCi.
Gesamtkörper: unter 0,2 mrad/μCi.

11.2.3.5. Vorteil

Untersuchungen in größeren Zeitabständen z. B. nach 24 und 48 Stunden sind möglich.

11.2.3.6. Nachteil

Höhere Strahlenbelastung als bei 197-Hg-Neohydrin.

11.2.4. 197-Hg-Neohydrin

197-Hg. HWZ 65 Stunden

Gamma-Energie i. MeV	0,077— 20%,
	0,19 —0,5%.
	0,069—Au Röntgenstrahlen
Beta-Energie E C	100%

11.2.4.1. Verwendungsform

197-Hg-Neohydrin wird in steriler Lösung als 3-Chloromercuri 2-medoxypropyl-Harnstoff Hg 197 geliefert. Die Lösung wird i. v. injiziert.

11.2.4.2. Dosierung

Die erforderliche Aktivitätsmenge beträgt 5 μCi 197-Hg-Neohydrin/kg Körpergewicht.

11.2.4.3. Zeitpunkt der Szintigraphie

1—4 Stunden nach der i. v. Injektion.

11.2.4.4. Strahlenbelastung

Nieren: ≈ 0,002 rad/μCi.
Gesamtkörper: ≈ 0,02 mrad/μCi,

11.2.4.5. Vorteil

Gegenüber der Anwendung von 203-Hg-Neohydrin geringe Strahlenbelastung der Nieren.

11.2.4.6. Nachteil

Untersuchung nur kurze Zeit — 4—6 Stunden — nach der Injektion möglich.

11.3. Technik der Darstellung

11.3.1. Lokalisation

Form, Größe und Lage der Nieren werden bei den üblichen szintigraphischen Verfahren, die eine Zeit von 10—30 Minuten beanspruchen, am besten durch Radionuklide dargestellt, die im Nierenparenchym längere Zeit verweilen oder dort gespeichert werden. Hierzu gehören in erster Linie die Quecksilberverbindungen, von denen 197-Hg-Neohydrin aufgrund der kurzen HWZ und der damit verbundenen geringen Strahlenbelastung am besten geeignet ist. Für Scanner, die den Nierenbereich mit höherer Geschwindigkeit abtasten, ist auch das 131-Jod-Urografin zu empfehlen, mit dem SCHUMACHER 1959 (8) die ersten Nierenszintigramme anfertigte.

ZUM WINKEL (9) hat ein Verfahren angegeben, mit dem es möglich ist, nach intramuskulärer Injektion von 131-Jod-Hippuran unter Zusatz von Hyaluronidase auswertbare Nierenszintigramme zu erhalten.

11.3.2. Funktion

Die Funktionsszintigraphie der Nieren wird am besten mit 131-Jod-Hippuran in Verbindung mit der Szintikamera vorgenommen.

Bei Verwendung handelsüblicher Scanner mit hoher Vorschubgeschwindigkeit des Detektors können Nierenfunktionsuntersuchungen mit 131-Jod-Urografin nach den Angaben von SCHUMACHER (8) und SCHMIDT (19) durchgeführt werden. Da das 131-Jod-Diodrast die Nieren wesentlich langsamer passiert als 131-Jod-Hippuran, geben Kontrollszintigramme nach 3, 5 und 24 Stunden Auskunft über Funktionsstörungen und Ureterstenosen.

11.3.3. Position

Die Lage des Patienten für die Szintigraphie ist abhängig von dem verwendeten Scanningsystem. Bei der Verwendung von 197-Hg und 99m-Tc sollte der Detektor die Nieren vom Rücken her abtasten. Bei den meisten Systemen wird also die Nierenszintigraphie in Bauchlage vorgenommen. Bei der Verwendung mittelharter Strahler ist jedoch auch ohne größere Einbuße an Auflösungsvermögen die Szintigraphie in Rückenlage möglich.

Szintigramme im Sitzen oder Stehen sind dann erforderlich, wenn Verdacht auf eine Ren mobilis besteht, die durch eine Kontrollszintigraphie im Sitzen ohne Schwierigkeiten diagnostiziert werden kann. Auch bei Stauungen im Bereich des Nierenbeckens und des Ureters sollte daran gedacht werden, daß auch durch Lageveränderungen die Störungen hervorgerufen oder beseitigt werden können. Nach der Szintigraphie im Liegen empfiehlt sich also eine weitere Aufnahme in sitzender Stellung.

11.3.4. Routinediagnostik

Die Nierenszintigraphie wird für die Routinediagnostik immer nur eine zusätzliche Information anbieten. Ohne die Funktionsdiagnostik, die in Form der Radioisotopennephrographie erfolgt (Messung der Aufnahme und Ausscheidung von 131-Jod-Hippuran), ist die Aussagefähigkeit des Nierenszintigrammes sehr begrenzt. Diese Untersuchung wird zweckmäßigerweise vor der Szintigraphie durchgeführt, da die Aktivität zur Herstellung eines Radioisotopennephrogramms immer wesentlich geringer ist, als die Radioaktivität für das Szintigramm.

11.4. Das Szintigramm der normalen Nieren

Die szintigraphische Abbildung der Nieren erfolgt während der Passage einer markierten harnpflichtigen Verbindung. Im Gegensatz zur Speicherszintigraphie (Leberdarstellung mit 198-Au-Kolloid, Partikelszintigraphie der Lungen) handelt es sich hier folglich um eine Passageszintigraphie (vgl. auch Kapitel VIII, Leber). Die Radioaktivitätskonzentration in Nierenrinde, -mark und -hohlsystem ändert sich je nach verwendeter radioaktiver Substanz mehr oder

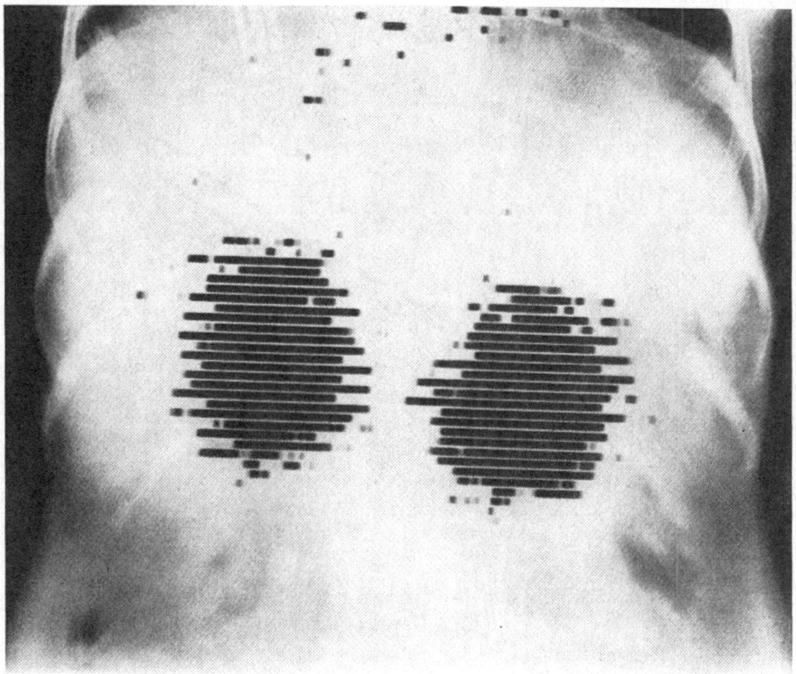

Abb. 1.
Nierenszintigramm funktionstüchtiger Nieren sofort nach Injektion von 200 μCi 131-Jod-Urografin begonnen
Schreibgeschwindigkeit 57 cm/min, Kontrastanhebung, 6 mm-Kollimator, 2″-Kristall

weniger rasch. Das Szintigramm der normalen Nieren ist folglich vom Zeitpunkt der Registrierung und der Art des benutzten radioaktiven Pharmakons abhängig (s. Zeitpunkt der Szintigraphie).

Die normalen Nieren weisen in der szintigraphischen Flächenprojektion folgende Maße und Lagebeziehungen auf:

Länge im Mittel: 12—13 cm

Breite im Mittel: 6 cm

(Beachte evtl. Vergrößerungs- und Verzerrungseffekte aus strahlengeometrischen Gründen)

Meist besteht eine leichte Formasymmetrie und damit Abweichung von diesen Mittelmaßen: Die linke Niere ist etwas länger und schmaler, die rechte etwas kürzer und breiter. Die unteren Nierenpole befinden sich im Normalfall in Höhe der Grundplatte des IV LWK, die oberen Pole in Höhe des Intervertebralspaltes Th XI/XII. Häufig steht die rechte Niere um 1—2 cm tiefer als die linke.

Beispiel (Abb. 1): Photoszintigramm normaler Nieren unmittelbar nach i. v.-Injektion von 200 μCi 131-Jod-Urografin registriert. Abtastgeschwindigkeit 37 cm/min. Normale Form, Größe und Lage beider Nieren. Seitengleiche, homogene Radioaktivitätsverteilung.

11.5. Radioisotopen-Nephrographie, Funktionsszintigraphie

Das Szintigramm der Nieren erfaßt, wie eine photographische Momentaufnahme, nur einen kurzen Zeitabschnitt der Passage des Radiopharmakons und liefert somit keine ausreichenden Informationen über die Nierenfunktion. Zwei Verfahren lassen eine Beurteilung der Kinetik zu: Die Radioisotopen-Nephrographie und die Funktionsszintigraphie.

Beim erstgenannten Verfahren wird unter Verzicht auf eine Abbildung der zeitliche Verlauf der Radioaktivität, getrennt über beiden Nieren, nach i. v.-Injektion einer harnpflichtigen Substanz (z. B. 131-Jod-Hippuran) gemessen und registriert. Die Verlaufskurve stellt eine durch extrarenale Faktoren (Haut- und Muskeldurchblutung u. a.) überlagerte Summenfunktionskurve dar und wird als Radioisotopen-Nephrogramm resp. Radiorenogramm bezeichnet. Im zeitlichen Verlauf der Radioaktivität können 3 Phasen unterschieden werden **(Abb. 2)**:

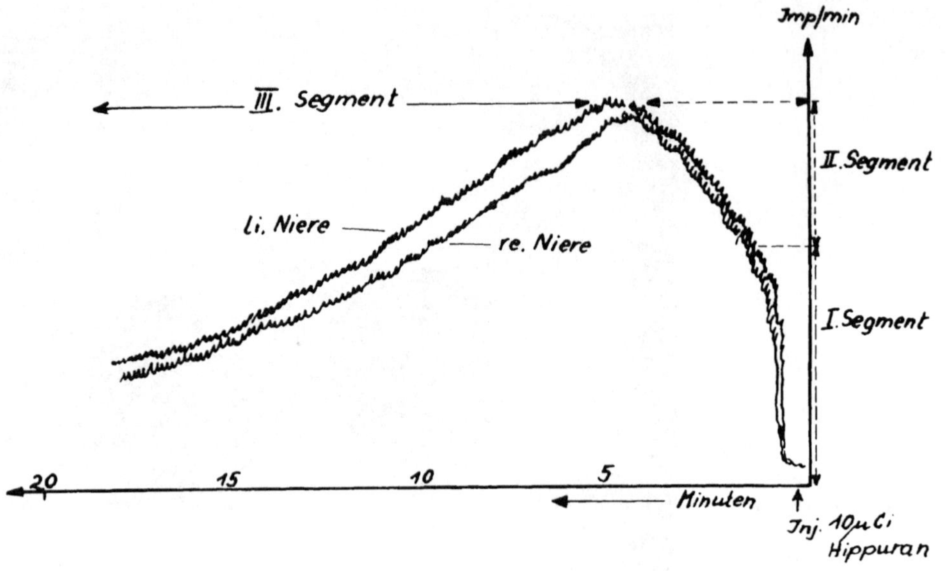

Abb. 2. Radioisotopen-Nephrogramm beider Nieren bei einem nierengesunden Patienten. Das Nephrogramm läßt 3 Segmente unterscheiden

1. Segment: Initialphase (Durchblutung) 2. Segment: Funktionsphase (Aufnahme der radioaktiven Substanz) 3. Segment: Ausscheidungsphase

Die Initialphase (1. Segment) entspricht der Anflutung des Radiopharmakons in alle Gewebe, die im „Blickfeld" des Detektors liegen, insbes. also die Niere. **Die Funktionsphase** (2. Segment), ein langsamerer, kontinuierlicher Aktivitätsanstieg bis etwa zur 5. Minute nach Injektion ist Ausdruck der renalen Sekretion. Die Einstellung eines Gleichgewichtes zwischen Anreicherung und Ausscheidung hat ein Kurvenmaximum bzw. kurzes Plateau zur Folge. Mit dem Absinken der Impulsrate beginnt **die Entleerungsphase** (3. Segment), die im Normalfall nach etwa 20 min. praktisch abgeschlossen ist.

Eine Ausschaltung der erwähnten extrarenalen und anderer Störfaktoren ist durch die **„selektive Radiorenographie"** (17, 29) zu erreichen. Hierbei wird die markierte nierenpflichtige Testsubstanz über einen Gefäßkatheter direkt in die Nierenarterie appliziert, während Messung und Registrierung des zeitlichen Verlaufs der Radioaktivität in üblicher Weise erfolgen.

Die Funktionsszintigraphie der Nieren erfordert „schnelle Systeme", d. h. Szintillationskamera oder Multikristallscanner. Das Verfahren bietet den Vorteil der möglichen Zuordnung von Funktion und Form. In rascher Folge angefertigte Szintiphotos lassen nicht nur summarisch die verschiedenen Phasen des Funktionsablaufes sondern auch den Weg des Radiopharmakons durch Nieren und Hohlsystem erkennen.

Beispiel (Abb. 3a—c): Funktionsszintigramme eines nierengesunden Patienten nach intravenöser Injektion von Radiohippuran. Regelrechter intrarenaler Hippurantransport, zeitgerechter Eintritt der Markphase, unbehinderte Entleerung.

11.6. Das von der Norm abweichende Nierenszintigramm

11.6.1. Lageveränderungen (Ren mobilis)

Die Diagnose von Lageveränderungen der Nieren ist szintigraphisch relativ leicht zu stellen. Nach i. v. Injektion wird eine Aufnahme im Liegen und eine im Sitzen oder Stehen durchgeführt. Beide Bilder werden miteinander verglichen. Bei einer ausgeprägten Ren mobilis sind erhebliche Lageveränderungen im Szintigramm festzustellen. Diese Lageveränderungen bedingen häufig auch Störungen im Nierenabfluß.

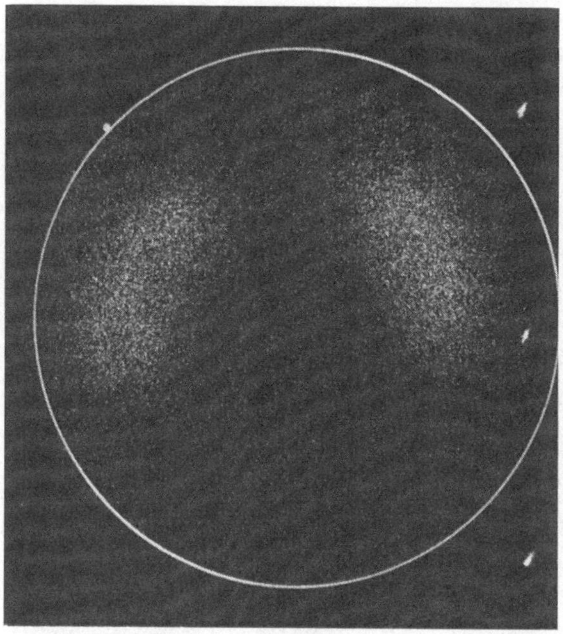

a

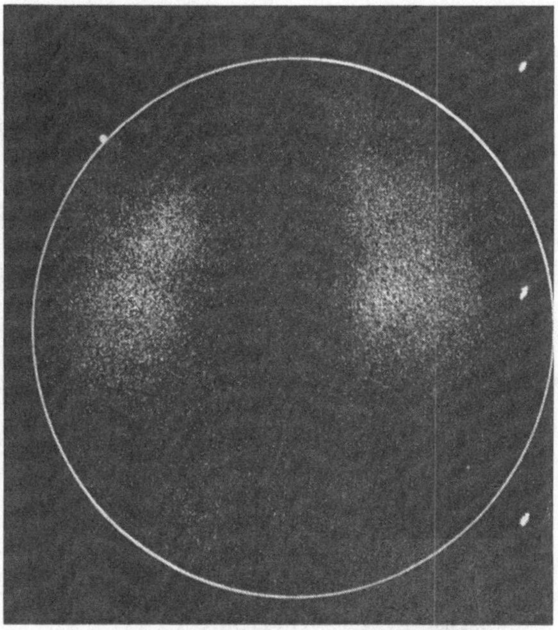

b

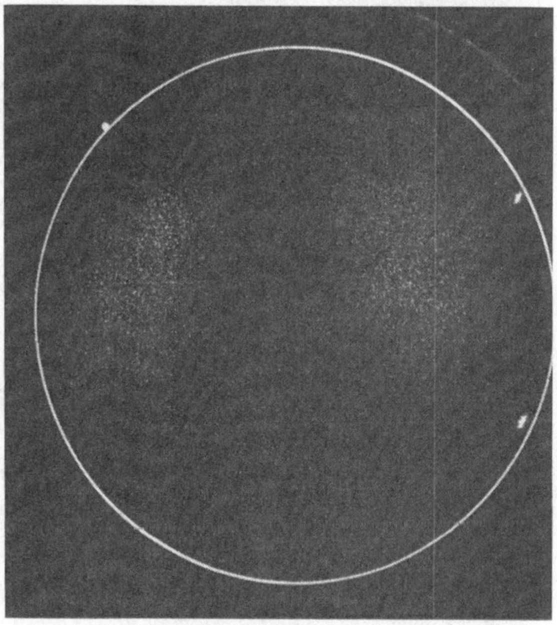

c

Abb. 3.

3 Kamera-Szintigramme (Anger-Kamera) eines Pat. nach i. v. Injektion von 300 μCi 131-Jod-Hippuran

a) 2 Minuten nach Injektion bereits gleichmäßige Anfärbung beider Nieren

b) 5 Minuten nach Injektion Maximum der Aktivitätskonzentration im Nierenbereich. Seitengleiche Darstellung

c) 20 Minuten nach Injektion fast vollständige Ausscheidung ohne Aktivitätsrest im Nierenbecken

11.6.1.1. Beispiel (zum Winkel)

28jähriger Patient wurde zur szintigraphischen Untersuchung überwiesen. Senknieren beiderseits, rechts stärker als links waren bekannt. Zur Feststellung der Funktion bei unterschiedlicher Lage der Nieren wurde die Patientin mit der Szintikamera im Sitzen (obere Bildreihe) und im Liegen (untere Bildreihe) nach i. v. Injektion von 500 μCi 131-Jod-Hippuran untersucht (**Abb. 4**).

Szintikamera-Aufnahmen im Sitzen:

1. Bild oben: 15—30 Sekunden; in der frühen Durchblutungsphase reichlich Radiohippuran in der linken Niere, rechts wesentlich weniger.

2. Bild oben: 1,35 bis 3,35 Minuten; in der Rindenphase linke Niere etwa an normaler Stelle mit gleichmäßiger Radioaktivitätsverteilung über dem gesamten Bereich. Die rechte Niere ist nach kaudal verlagert, gekippt und enthält wesentlich weniger Radiohippuran.

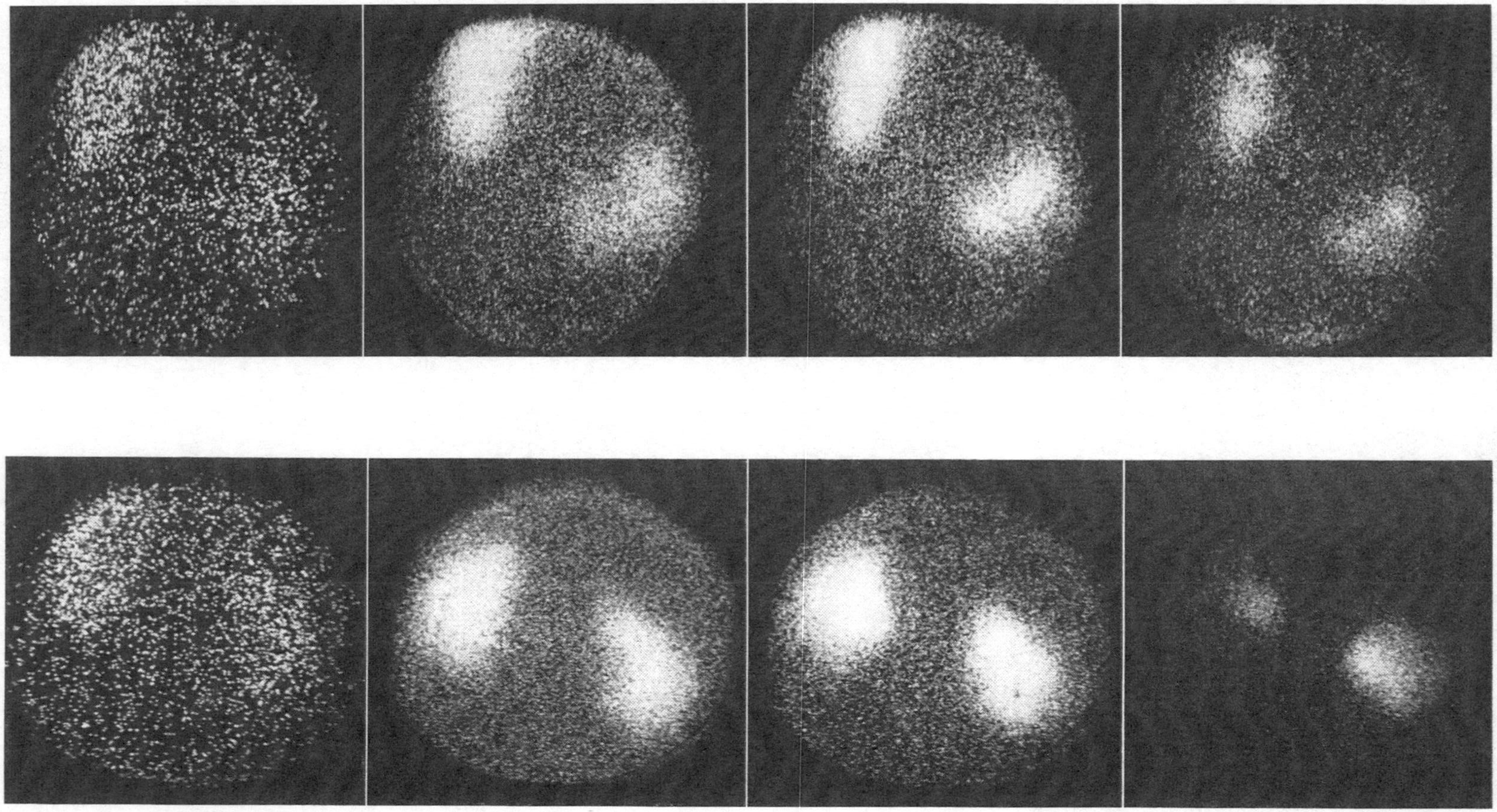

Abb. 4. Szintikamera-Aufnahmen nach i. v. Injektion von 500 μCi 131-Jod-Hippuran, obere Reihe im Sitzen, untere Reihe im Liegen von links nach rechts nach 15—30 Sekunden, 1,35—3,35 Minuten, 4—6 Minuten, 24—26 Minuten.
Lageabhängige Funktionsstörung, reduzierte Durchblutung, Tubulusfunktion und Entleerung vorwiegend der rechten Niere. Bessere Erkennbarkeit des Befundes im Sitzen als im Liegen nach ZUM WINKEL (22—24)

3. Bild oben: 4—6 Minuten; links beginnende Markkonzentration, auch rechts angedeutete Markkonzentration, wesentlich mehr Radiohippuranspeicherung als während der Rindenphase.
4. Bild oben: 24—26 Minuten; mäßige Restaktivität in beiden Nierenbecken, noch angedeutete Markphase.

Szintikamera-Aufnahmen im Liegen (Bauchlage):

1. Bild unten: 15—30 Sekunden; Radioaktivität in beiden Nieren nachweisbar, rechts nur wenig gemindert im Vergleich zur linken Niere.
2. Bild unten: 1,30 bis 3,30 Minuten; die rechte Niere ist wesentlich geringer nach kaudal verlagert im Vergleich zur Untersuchung im Sitzen. In beiden Nieren deutliche Rindenphase mit annähernd gleich intensiver Radiohippuranspeicherung.
3. Bild unten: 4—6 Minuten; beiderseits Markphase.
4. Bild unten: 24—26 Minuten; rechts vermehrt Radiohippuran nachweisbar.

Diagnose: Lageabhängige Funktionsstörung, reduzierte Durchblutung, Tubulusfunktion und Entleerung vorwiegend der rechten Niere.
Der Befund ist im Sitzen besser zu erkennen als im Liegen.

11.6.2. Angeborene Nierenanomalien

ANDREW und HAYDU (20, 21) haben sich speziell mit dem Isotopennephrogramm und -szintigramm angeborener Nierenanomalien beschäftigt. Von den 32 Patienten ihres Krankengutes (21 weibliche und 11 männliche) hatten 12 Patienten Anomalien des Nierenbeckenkelchsystems, 14 Patienten Hypoplasie einer Niere, 5 Patienten Aplasie einer Niere und 1 Patient Dystopie einer Niere.
Von den 14 Patienten mit Hypoplasie einer Niere hatten 3 Patienten gleichzeitig auch Anomalien im Bereich des Nierenbeckenkelchsystems und der Harnleiter. Um einwandfreie Aussagen über die szintigraphischen Untersuchungen und Nephrogramme machen zu können, wurden von den Autoren Patienten mit entzündlichen Prozessen nicht berücksichtigt.
In diesem Zusammenhang muß darauf hingewiesen werden, daß gerade bei den Nierenanomalien Irrtümer und Fehldiagnosen nur dann ausgeschaltet werden können, wenn neben dem Nierenszintigramm das Isotopennephrogramm und auch Anamnese, klinisches Bild und andere nierendiagnostische Untersuchungen, insbesondere die Rö-Diagnostik zur Diagnosestellung herangezogen werden.

11.6.2.1. Anomalien des Nierenbeckenkelchsystems und der Harnleiter (Dichotomie, Ureterfissus, Kelchanomalie)

Bei den Patienten mit Anomalien im Nierenbeckenkelchsystem und der Harnleiter sind im

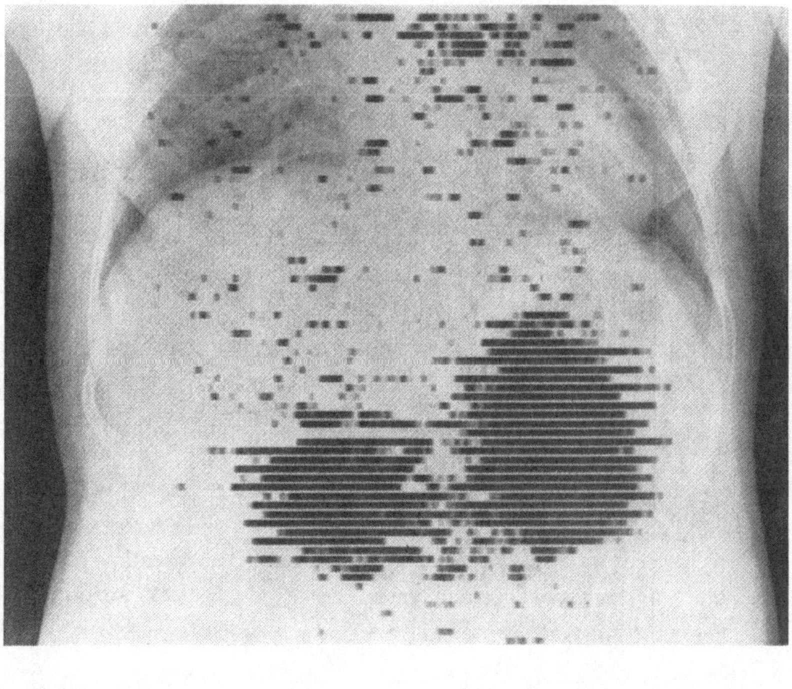

Abb. 5.
Photoszintigramm der Niere. Sofortiger Beginn der Aufzeichnung nach i. v. Injektion von 200 μCi 131-Jod-Urografin. Es zeigt sich eine kaudal verlagerte Verschmelzungsniere mit Parenchymbrücke am unteren Pol, rechte Niere ist dysplastisch
2-Zoll-Kaliumjodidkristall, 6 mm-Lochkollimator, 46 cm/min

Radioisotopennephrogramm alle drei Phasen dargestellt. Das 2. Segment läßt keine pathologischen Abweichungen von der Norm erkennen. 5 Patienten mit Ureterfissus sowie 1 Patient mit Dichotomie zeigten in der 3. Phase einen leicht verlangsamten Aktivitätsabfall oder Aktivitätsschwankungen oder ein relativ kurz anhaltendes hochbleibendes Aktivitätsniveau sofort nach dem Kurvenmaximum. Patienten mit Nierenkelchanomalien hatten unauffällige Nephrogramme. Im szintigraphischen Bild findet sich lediglich ein entsprechend der Nierenanomalie evtl. vergrößerter Nierenschatten.

11.6.2.2. Hufeisenniere

Hufeisen- oder Verschmelzungsnieren lassen sich meist bei der Rö-Untersuchung gut erkennen. Die Szintigraphie gibt hier zusätzlich die Möglichkeit der Differenzierung zwischen bindegewebigen und parenchymatösen Verschmelzungstypen.

Beispiel 1

59jähr. Pat. wurde wegen eines palpablen Tumors im Mittelbauch zur Untersuchung eingewiesen.

Das Nierenszintigramm (Abb. 5) mit sofortigem Beginn der Aufzeichnung nach i. v. Injektion von 200 μCi 131-Jod-Urografin zeigt eine kaudal verlagerte Hufeisenniere mit Parenchymbrücke am unteren Pol.

Diagnose: Nierenanomalie, Hufeisenniere mit annähernd normaler Funktion. Niere rechts dysplastisch!

Beispiel 2 (ZUM WINKEL)

36jähr. Pat. wurde zur Untersuchung der Nierenfunktion eingewiesen.

Szintikamera-Aufnahmen (Abb. 6) nach i. v. Injektion von 500 μCi 131-Jod-Hippuran.

Bild links oben: 20—40 Sekunden; Darstellung beider Nierenparenchymbereiche einer Hufeisenniere ohne Seitendifferenz.

Bild rechts oben: 45—65 Sekunden; keine wesentliche Änderung des Befundes, Abbildung einer Parenchymbrücke.

Bild Mitte links: 1,15—3,15 Minuten; beide Nierenparenchymbereiche sind gut dargestellt. Deutliche Rindenphase.

Bild Mitte rechts: 4—6 Minuten; beginnende Markkonzentration.

Bild unten links: 8—10 Minuten; rechts mehr Radioaktivität als links, die Parenchymbrücke ist nicht mehr zu erkennen.

Bild unten rechts: 14—16 Minuten; geringe Entleerungsverzögerung rechts.

Diagnose: Hufeisenniere mit Parenchymbrücke und beidseitig guter Funktion. Geringe Entleerungsverzögerung der rechten Niere.

Technischer Hinweis: Die Helligkeit des Oszillographenbildes wurde nach der 1. Minute herabgesetzt. Untersuchung der Patientin im Sitzen. Expositionszeit: Anfangs 20 Sekunden, danach 2 Minuten.

11.6.2.3. Dystopie

Bei den Nierendystopien finden sich häufig auch Verkleinerungen der dystopen Nieren. Im Isotopennephrogramm ist entsprechend der Verkleinerung gegenüber einer normalen Niere eine deutlich niedriger liegende Kurve vorhanden, die jedoch alle drei Phasen erkennen läßt.

11.6.2.4. Hypoplasie

Die Nierenhypoplasie läßt sich gegenüber einer Schrumpfniere durch das Radioisotopennephrogramm deutlich unterscheiden. Obwohl hier entsprechend der Hypoplasie die Kurve insgesamt niedriger liegt, zeigt sie jedoch deutlich alle drei Phasen entsprechend der normalen Funktion. Eine hydronephrotische Schrumpfniere dagegen läßt den normalen Funktionsablauf vermissen.

11.6.2.5. Aplasie

Die Nierenaplasie ist im Isotopennephrogramm ohne Schwierigkeit festzustellen, da hier nach stark verminderter Initialaktivitätshöhe (1. Segment) sofort ein kontinuierlicher Aktivitätsabfall eintritt. Das zweite Segment ist überhaupt nicht nachweisbar. Das Szintigramm zeigt ein völliges Fehlen jeglicher Aktivitätsanreicherung in dem betreffenden Nierengebiet.

Der Ausfall einer Aktivitätsanreicherung rechts oder links findet sich nicht nur bei der Aplasie, sondern auch bei pyelonephritischer Schrumpfniere, bei Nierentumoren und bei funktionslosen Nieren.

Beispiel

8 Monate altes Kind wurde wegen multipler Mißbildungen stationär behandelt. Das i. v. Urogramm konnte keine sichere Klärung des Nierenbefundes bringen.

Szintiphotos (Abb. 7a—d) mit der Szintillationskamera nach i. v. Injektion von 100 μCi 131-Jod-Hippuran.

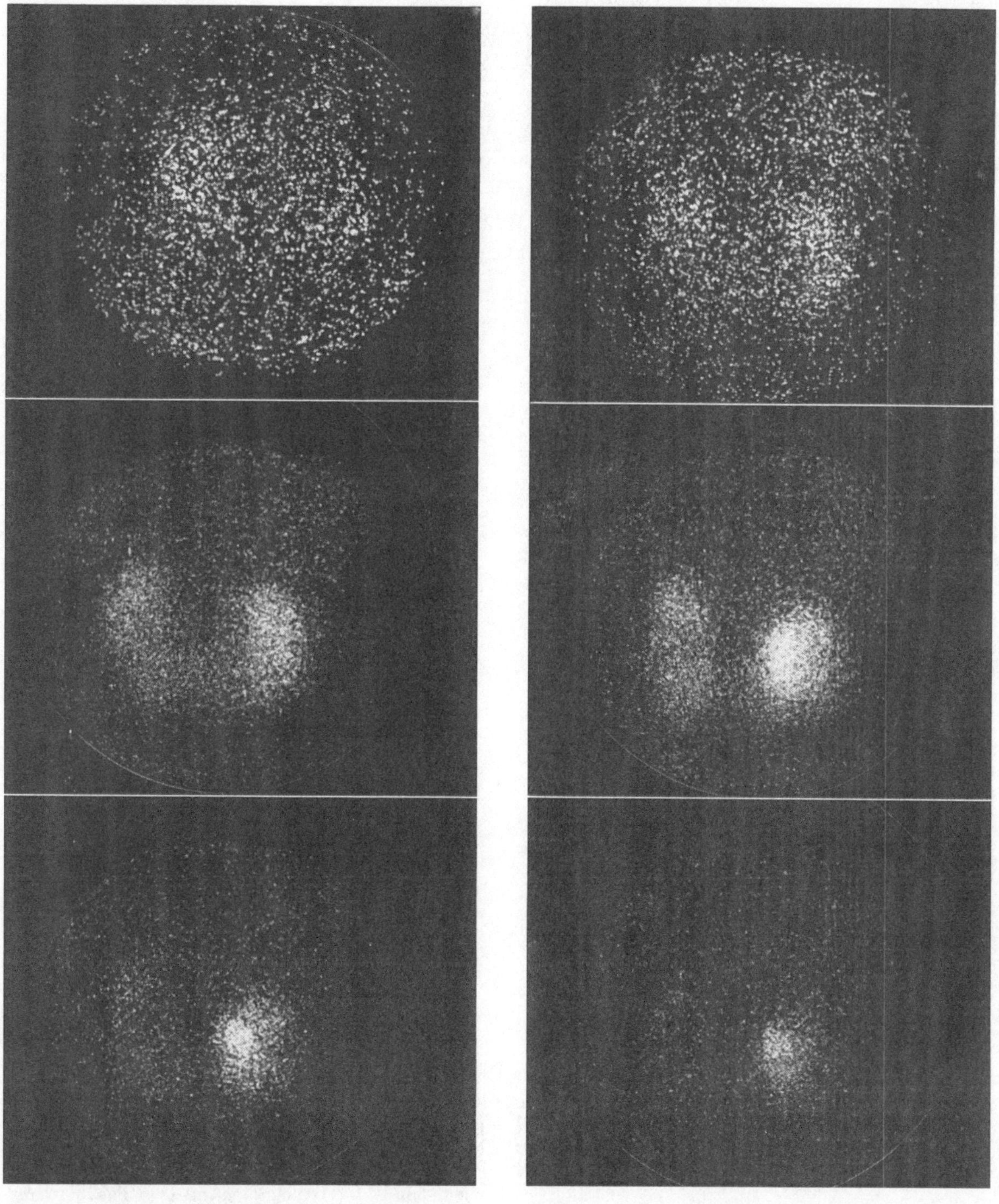

Abb. 6. Szintikameraphoto nach i. v. Injektion von 500 μCi 131-Jod-Hippuran. 20-40 sec. Darstellung beider Nierenparenchymbereiche ohne Seitendifferenz. 45—65 sec. keine wesentliche Änderung des Befundes. Abbildung einer Parenchymbrücke. 1 Minute 15 sec. bis 3 Minuten 15 sec. beide Parenchymbereiche gut dargestellt, deutliche Rindenphase. 4—6 Minuten beginnende Markkonzentration. 8—10 Minuten rechts mehr Radioaktivität als links. Die Parenchymbrücke ist nicht mehr zu erkennen. 15—16 Minuten geringe Entleerungsverzögerung rechts.

Diagnose: Hufeisenniere mit Parenchymbrücke und beidseitig guter Funktion. Geringe Entleerungsverzögerung der rechten Niere

(Die Helligkeit des Oszillographenbildes wurde nach der 1. Minute herabgesetzt. Untersuchung der Patientin im Sitzen, Expositionszeit während der 1. Minute 20 sec., danach 2 Minuten) nach zum Winkel (22—24)

Abb. 7a—d. Kameraszintigraphie bei einem 8 Monate alten Kind nach i. v. Injektion von 100 μCi 131-Jod-Hippuran

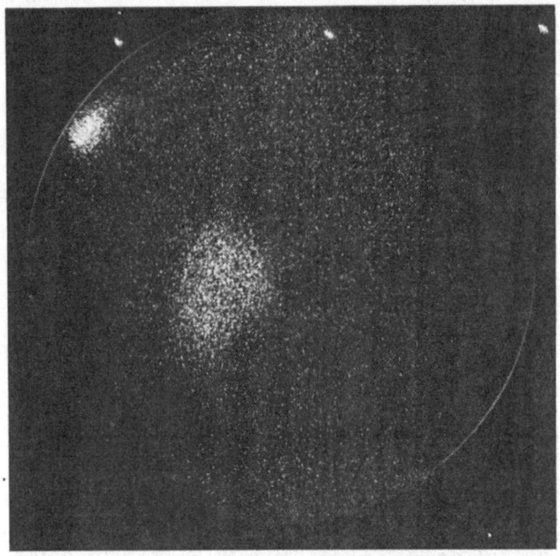

Abb. 7a. Aufnahme nach 2 Minuten 15 sec. zeigt die zeitgerechte Füllung und Konzentration im Bereich der linken Niere. Untersuchung wurde in Bauchlage durchgeführt. Daher entspricht die Aktivitätsanreicherung links der linken Niere

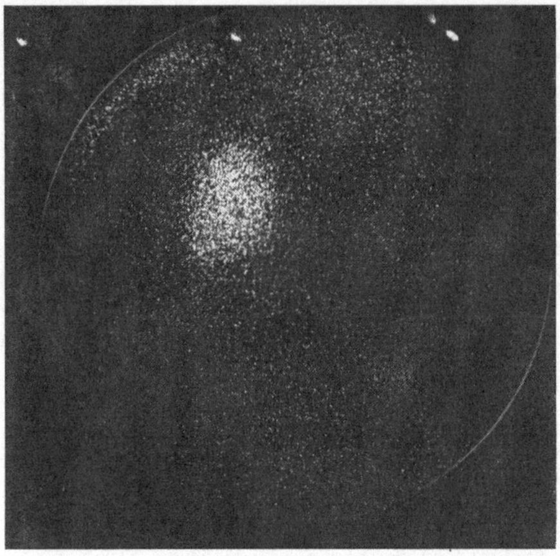

Abb. 7b. Nach 4 Minuten Zunahme der Aktivitätskonzentration, fehlende Darstellung der Niere rechts

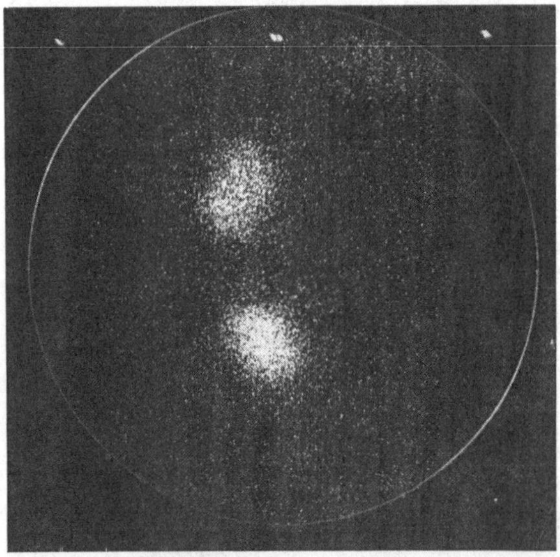

Abb. 7c. 20 Minuten nach Injektion noch deutliche Füllung der linken Niere. Übertritt etwa der Hälfte der Radioaktivität in die Blase

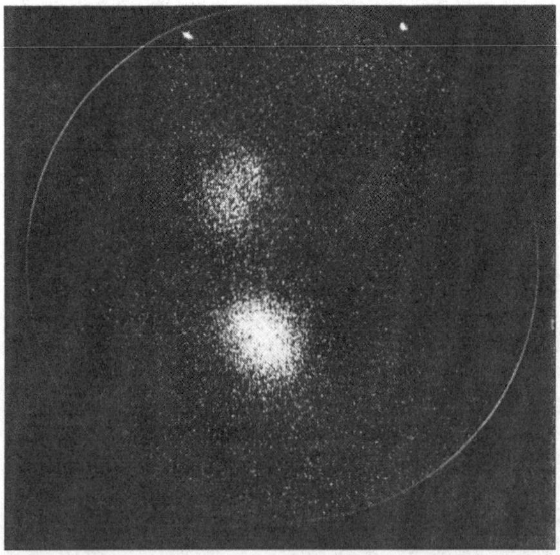

Abb. 7d. 30 Minuten nach Injektion. Verstärkte Hippurananreicherung in der Blase, jedoch noch nicht restlose Entleerung des Nierenbeckens links. Keine Darstellung der rechten Niere. Atypisch geformte linke Niere mit Abflußverzögerung aus dem linken Nierenbecken. Aplasie der Niere rechts

Keine Aktivitätsanreicherung auf der rechten Seite. Links zeitgerecht einsetzende Aktivitätsanreicherung in einer etwas ungewöhnlich geformten Niere mit lang anhaltender Aktivitätsretention in dem anscheinend erweiterten Nierenbecken und atypischem Abgang des Ureters, der sich über den unteren Pol des linken Nierenbeckens projiziert. Die Harnblase ist asymmetrisch nach links verzogen.

Diagnose: Fehlende Niere rechts. Anscheinend

atypisch geformte linke Niere mit atypischem Abgang des Ureters und deutliche Abflußverzögerung aus dem linken Nierenbecken.

Anmerkung: Eine retrograde Pyelographie war nicht möglich, da auf der linken Seite das Ostium nicht aufgefunden werden konnte. Anläßlich einer Durchzugsoperation bei Analatresie Bestätigung der Diagnose einer Aplasie rechts.

11.6.3. Entzündliche Nierenprozesse und Folgeerscheinungen

Zum Winkel u. Mitarb. (22, 23, 24) untersuchten die Symptomatik bei entzündlichen Nierenerkrankungen mit der Szintillations-Kamera. Von 146 Patienten hatten 132 eine chronische und 3 eine akute Pyelonephritis, 1 eine interstitielle Nephritis, 1 eine Gichtniere und 9 eine Glomerulonephritis. Als entscheidende Hinweise bestanden

1. ein verzögerter intrarenaler Transport,
2. eine verminderte Konzentration in der Rindenphase und
3. ein verkleinertes Parenchym.

Der verzögerte intrarenale Hippurantransport ist charakteristisch für das Bestehen entzündlicher Veränderungen. Im Isotopennephrogramm findet sich ein deutlich verzögerter Aktivitätsabfall während der 3. Phase, dabei kann die erste Blasenaktivität durchaus zeitgerecht registriert werden. Die Diagnose stützt sich auf die Ergebnisse zahlreicher Untersuchungsverfahren, wie Urinproben, Urinkulturkonzentration, Pyelographie, Clearance usw. In der geschilderten Kombination von Isotopennephrographie und Kamera-Szintigraphie vermögen die nuklearmedizinischen Verfahren jedoch einen wertvollen Beitrag zu leisten, da sie über die Funktion und die Morphologie nähere Aussagen gestatten.

11.6.3.1. Pyelonephritis

Akute, insbesondere aber auch chronische Pyelonephritiden führen zu einer tubulären Schädigung und wahrscheinlich auch zur Beeinträchtigung der Markdurchblutung. Solange im Urogramm die typischen Kelchveränderungen fehlen, läßt sich das Ausmaß der Entzündung nur mittels Funktionsuntersuchung erfassen. Besonders bei einseitigen Prozessen zeigt das Renogramm eine deutliche Funktionsherabsetzung in der Parenchymphase. Auch im Nierenszintigramm finden wir in solchen Fällen eine Herabsetzung der Aktivitätsanreicherung. Um eine Pyelonephritis bei herabgesetzter Aktivitätsspeicherung im Szintigramm beurteilen zu können, ist nur das Nephrogramm oder das Kamera-Szintigramm mit Aufnahmen zu verschiedenen Zeiten der Ausscheidung für die Beurteilung ausschlaggebend. Bei der Pyelonephritis, der häufigsten und oft latent verlaufenden Nierenerkrankung, lassen sich folgende Kriterien aufstellen:

1. Verzögerter intrarenaler Radiohippuran-Transport, kenntlich an der fehlenden bzw. verspätet einsetzenden Markphase.
2. Verminderte Aktivitätskonzentration in der Rindenphase.
3. Verkleinerung des Nierenparenchyms.

Seitenunterschiede lassen sich ohne Schwierigkeiten nachweisen. Nach den bisherigen Erfahrungen ist der verzögerte intrarenale Radiohippurantransport für das Bestehen entzündlicher Veränderungen charakteristisch.

Beispiel

Die **Abbildung** 8 zeigt das Nierenszintigramm eines 61jähr. Pat. mit schwerer Parenchymschädigung bei chronischer Pyelonephritis und Hydronephrose der rechten Niere.

Szintigraphie nach 400 μCi 131-Jod-Urografin:

Abb. 8a): 1. Untersuchung beginnend 5 Minuten nach Injektion: links normale Aktivitätsanreicherung im Nierenbereich, rechts unregelmäßige und insgesamt verminderte Speicherung.

Abb. 8b): 2. Untersuchung beginnend 3 Stunden nach Injektion: links nur noch geringe Restaktivität, rechts deutliche Zunahme der Aktivitätsanreicherung.

Beurteilung: Normale Speicherungs- und Abflußverhältnisse der linken Niere, Störung der Speicherungsfunktion und der Abflußverhältnisse der rechten Niere.

Abb. 8c): Retrogrades Pyelogramm rechts: Große hydronephrotische Sackniere, rechts mehrfach proximale Ureterstenosen.

Operation: Hydronephrose und Abszedierung der rechten Niere mit erheblichem Parenchymschwund bei ascendierender Pyelonephritis und Ureterstenose.

11.6.3.2. Schrumpfniere

Die pyelonephritische Schrumpfniere zeigt eine eventuelle Restfunktion im Radioisotopennephrogramm und auch im Nierenszintigramm entsprechende Veränderungen.

11.6.3.3. Funktionslose Niere

Etwa 80% aller pyelographisch „stummen" Nieren sind durch Abflußstörungen an den oberen Harnwegen bedingt. Mit Hilfe der Nephrographie und auch der Szintigraphie konnte gezeigt werden, daß in vielen Fällen, in denen der Nachweis einer Ausscheidung des Röntgenkontrastmittels nicht gelang, noch funktionsfähiges Nierenparenchym vorhanden war. Wertvoll ist auch hier die Kombination von Radioisotopennephrogramm und Szintigraphie, da unter Umständen eine der beiden Methoden noch eine renale Funktion erkennen läßt. Der Nachweis einer Restfunktion kann den entscheidenden Hinweis für die Therapie geben, da in diesem Falle nach Operation sogar mit einer Restitutio ad integrum gerechnet werden kann.

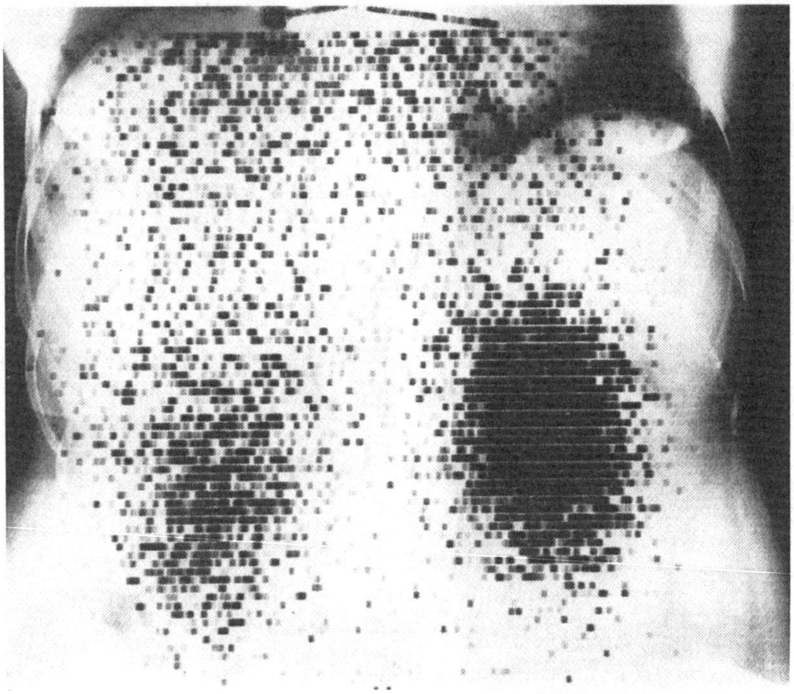

Abb. 8a.
Photoszintigramm der Nieren bei einem 61jähr. Patienten. 5 Minuten nach i. v. Injektion von 400 μCi 131-Jod-Urografin. Normale Aktivitätsanreicherung links, rechts unregelmäßige und insgesamt verminderte Speicherung
1'' Kristallgröße 6 mm Kollimator
Abtastgeschwindigkeit 102 cm/min.

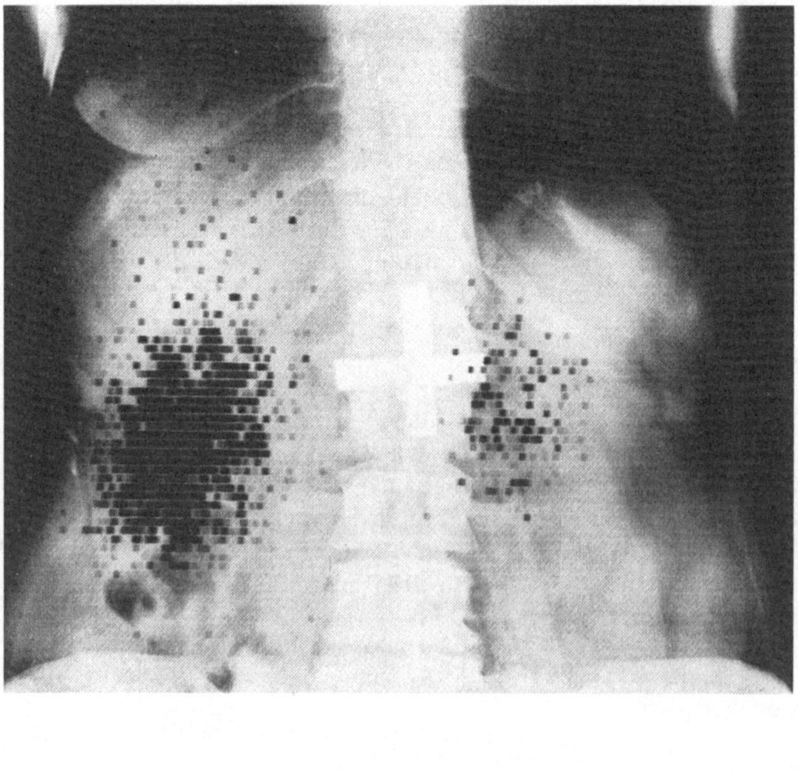

Abb. 8b.
Photoszintigramm 3 Stunden nach i. v. Injektion. Links nur noch geringe Aktivitätsreste im Nierenbecken, rechts dagegen deutliche Zunahme der Aktivitätsanreicherung.
Diagnose: Normale Speicherungs- und Abflußverhältnisse der linken Niere.
Störung der Speicherungsfunktion und der Abflußverhältnisse rechts
1'' Kristallgröße 6 mm Kollimator
Abtastgeschwindigkeit 102 cm/min.

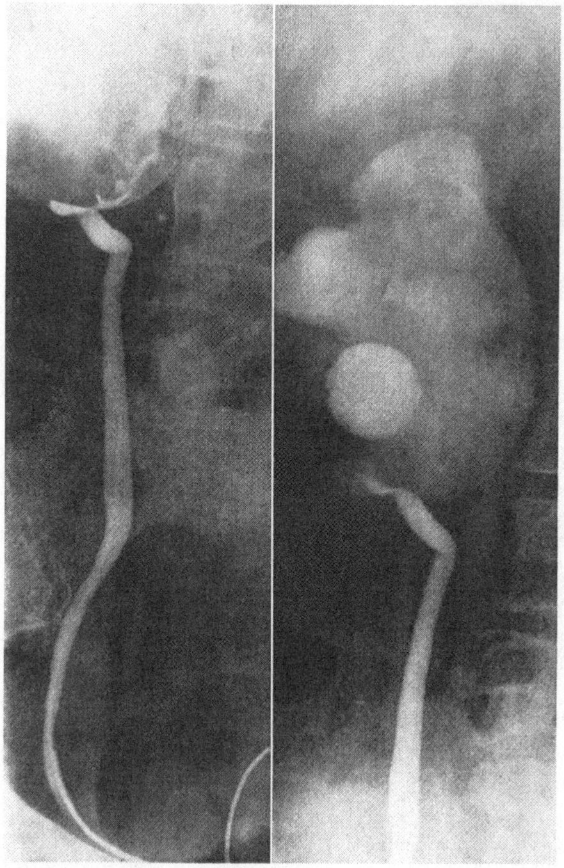

Abb. 8c. Das retrograde Pyelogramm des Patienten Abbildung 8a u. 8b ließ eine hydronephrotische Sackniere rechts und mehrfache proximale Ureterstenosen erkennen. Die Operation ergab die Bestätigung des szintigraphischen Befundes: Hydronephrose und Abszedierung der rechten Niere mit erheblichem Parenchymschwund bei assendierender Pyelonephritis und Ureterstenose

Beispiel 1

58jähr. Pat. wurde zur Nierenuntersuchung eingewiesen. Im Urogramm zeigte sich links keine Kontrastausscheidung — „stumme Niere" links.

Das Szintigramm (Abb. 9) 3 Minuten nach i. v. Injektion von 200 μCi 131-Jod-Urografin läßt links im röntgenologisch stummen Nierenbereich noch eine Konzentration von 131-Jod-Urografin erkennen. Der Nachweis einer Restfunktion im Nierenparenchym führte zur sofortigen Operation mit Beseitigung einer entzündlichen Bride, die den Ureter stenosiert hatte.

Diagnose: Normale Nierenfunktion rechts, erheblich gestörte Nierenfunktion links.

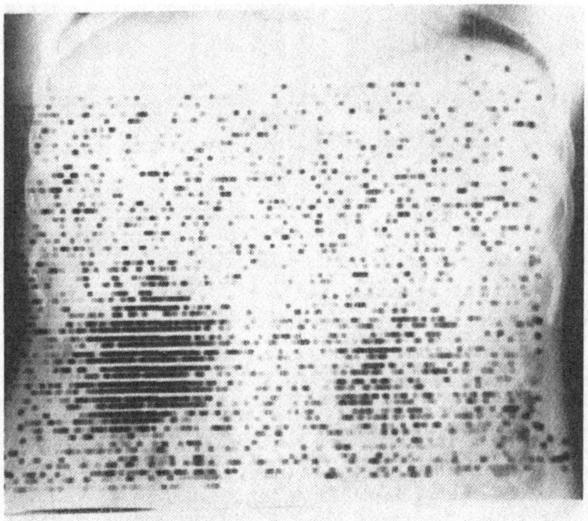

Abb. 9. Photoszintigramm einer 58jähr. Patientin mit im Urogramm stummer Niere nach i. v. Injektion von 200 μCi 131-Jod-Urografin.
Das Photoszintigramm, deren Aufzeichnung sofort nach der i. v. Injektion begonnen wurde, zeigt eine annähernd normale Aktivitätsanreicherung im Bereich der rechten Niere und nur geringe Reste der Aktivitätsanreicherung links

Anmerkung: Nach Beseitigung des Hindernisses im Ureterbereich kam es wieder zu einer Normalisierung der Nierenfunktion.

Beispiel 2

79jähr. Pat. wurde wegen eines rezidivierenden Ca. colli uteri II/III in die Klinik eingewiesen.

Klinischer Befund: Ausgedehnter Tumor im parametranen Bindegewebe links. Zur Feststellung der Nierenfunktion

Photoszintigramm (Abb. 10) 3 Minuten nach i. v. Injektion von 300 μCi 131-Jod-Urografin. Es läßt sich eine etwa normalgroße rechte Niere, jedoch keinerlei Aktivitätsanreicherung im linken Nierenbereich erkennen.

Diagnose: Funktionslose Niere links.

11.6.3.4. Hydronephrose

Vor Einführung der Radioisotopennephrographie war man zur Beurteilung der Hydronephrose auf die Kontrastdarstellung des Nierenbeckens angewiesen. Die Größe der Hohlraumerweiterung gibt keinen zuverlässigen Maßstab für die Abflußverzögerung. Auch die Nierenleistung kann nicht durch die Dichte des Röntgenschattens im Ausscheidungsurogramm und im Bereich der erweiterten Nierenbecken und

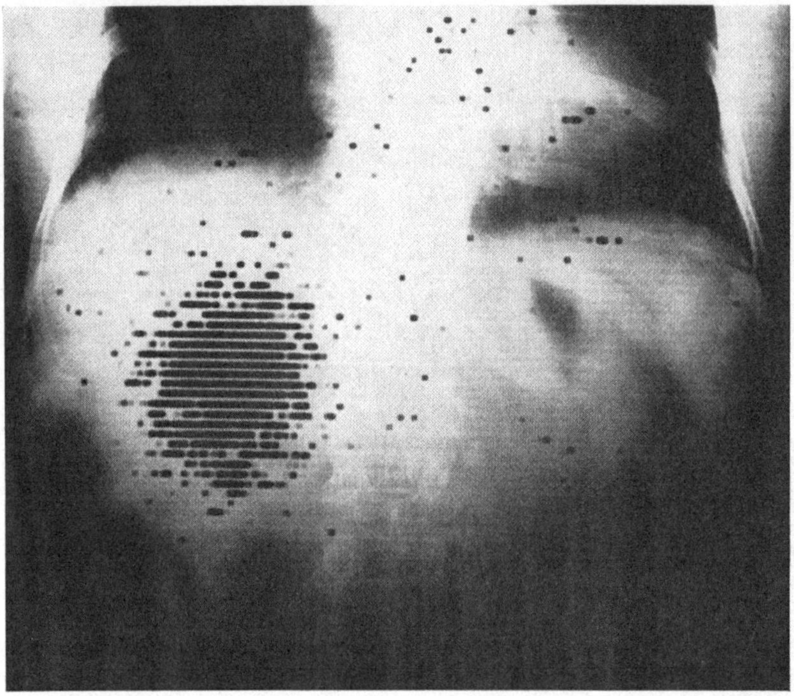

Abb. 10.
Photoszintigramm einer 79jähr. Patientin nach i. v. Injektion von 200 μCi 131-Jod-Urografin. Die Szintigraphie wurde sofort nach der i. v. Injektion begonnen. Es zeigt sich die Aktivitätsanreicherung in einer etwa normalgroßen rechten Niere und völliges Fehlen einer Aktivitätsspeicherung links.
Diagnose:
Funktionslose Niere links
1″ Kristallgröße Kollimator
Abtastgeschwindigkeit 102 cm/min.

-kelche beurteilt werden. Die Kontrastmitteldichte ist vorwiegend abhängig von der sezernierten Kontrastmittelmenge, von der Größe des Hohlraumes und von den Abflußverhältnissen. Lediglich bei absolut gleichem Volumen der Nierenbecken und -kelche könnte die unterschiedliche Schattendichte im Röntgenbild ein Hinweis auf die Funktionsdifferenz der Nieren sein, aber auch dann müßten extrarenale Faktoren ausgeschlossen werden.

Im Röntgenausscheidungsurogramm kann die Nierenleistung nicht sicher beurteilt werden. Die für den Chirurgen wichtige prognostische Aussage über die zu erwartende Erholbarkeit nach der Operation ist kaum möglich. Die Kelchveränderungen geben zwar einen groben Hinweis auf die regressiven Parenchymveränderungen, jedoch ist das Ausmaß des Prozesses aus dem Urogramm nicht mit genügend großer Sicherheit zu ersehen. Wie bereits beschrieben, läßt das Fehlen einer Kontrastdarstellung des Nierenbeckens nicht den Schluß zu, daß eine schwere oder irreversible Nierenschädigung vorliegt. Der Grad der Abflußstörung kann meist aus der Spätaufnahme des Ausscheidungsurogramms abgeschätzt werden. Wie bereits im Abschnitt „funktionslose Niere" beschrieben, läßt das Ausscheidungsurogramm die Abgrenzung einer Nierenaplasie von einer schwer geschädigten urographisch stummen hydronephrotischen Niere nicht zu. Die Diagnose der stummen Niere hat nur dann Berechtigung, wenn bei Vorhandensein eines Nierenschattens das Urogramm, das Radioisotopennephrogramm und das Nierenszintigramm keine Zeichen einer Nierenfunktion erkennen lassen. Da das Radioisotopennephrogramm sich aus mehreren Funktionsabschnitten zusammensetzt, ist der Vergleich mit der gleichzeitig gewonnenen Aktivitätskurve der gesunden Niere ein gutes Maß für die Nierenschädigung sowie der Abflußstörung. Die meßtechnischen Störungen lassen sich dabei weitgehend eliminieren.

Die Einzelheiten des Radioisotopennephrogramms müssen ausführlich besprochen werden, da nur sie im Zusammenhang mit den Veränderungen im Szintigramm eine zuverlässige Diagnosestellung erlauben.

Die normale Aktivitätsanreicherung zu Beginn der Untersuchung gibt die Gewähr, daß ein ausreichend durchblutetes Parenchym vorhanden ist. FELKL, SCHNIERSTEIN und WEISSENSTEIN (25) fanden bei keiner der 98 untersuchten Hydronephrosen einen zeitgerechten und normal hohen Parenchymgipfel oder eine normale Ausscheidungsphase. Bereits bei mittelgradigen Hydronephrosen läßt sich der Parenchymgipfel nicht mehr von der Ausscheidungsphase abgrenzen. Bei schweren Hydronephrosen ist kein Parenchymgipfel mehr vorhanden, sondern nach niedriger Anfangsaktivität findet sich ein ständiger Anstieg der Kurve bis über 30 Minuten hinaus. Nach diesem Zeitpunkt beginnt ein langsamer Abfall der Kurve.

Die völlig funktionslose, hydronephrotische Niere zeigt im Radioisotopennephrogramm verständlicherweise den gleichen Aktivitätsablauf wie bei einer Aplasie.

Das Szintigramm der Hydronephrose ist bei der Verwendung nierengängiger Substanzen schwierig zu beurteilen, da die Aktivitätskonzentration in den stark erweiterten Nierenkelchen trotz Anwendung spezieller Kollimatoren nicht von dem angrenzenden funktionstüchtigen Nierenparenchym abgegrenzt werden kann. Die Hohlräume erscheinen auf Kosten des Parenchyms oder umgekehrt vergrößert und unscharf. Die Nierenszintigraphie kann nicht in bezug auf die Feinheit der Darstellung im Gegensatz zur intravenösen oder retrograden Pyelographie stehen. Beide Methoden ergänzen sich in ihrer Aussagefähigkeit.

Bei einem kompletten Verschluß des Ureters findet sich szintigraphisch im Bereich der Nierenbeckenkelchsysteme eine geringere Aktivitätskonzentration gegenüber der gesunden Seite, während die Parenchymzone noch normal erscheint. Diese Erscheinung wird als Folge eines raschen Druckanstiegs im Nierenbeckenbereich gedeutet, durch den es zu einer Drosselung der peritubulären Gefäßdurchblutung und Herabsetzung der Ausscheidung nierengängiger Substanzen bis zum Sistieren der Harnsekretion kommt.

Felkl u. Mitarb. (25) konnten zeigen, daß die deutliche Darstellung der Parenchymzone mit fast leerer Nierenbeckenzone noch auf eine Funktionsfähigkeit hinweist, da in beiden Fällen nach operativer Beseitigung der Abflußstörung die Harnsekretion und damit die Salyrganausscheidung wieder in Gang kam. Bei der Operation fand sich in beiden beschriebenen Fällen eine komplette, unüberwindliche Harnleiterstenose. Das Nierenbecken stand unter hohem Druck. Die Radioisotopennephrogramme und Nierenszintigramme wiesen auf eine gute Prognose für die organerhaltende Operation hin.

Die Indikation zur Operation einer Hydronephrose läßt sich nach den Ergebnissen der Radioisotopennephrographie und der Nierenszintigraphie weit sicherer stellen als bisher mit dem Urogramm.

Findet sich noch eine nachweisbare Funktion im Radioisotopennephrogramm und im Nierenszintigramm, dann kann auf eine Erholbarkeit des Nierengewebes geschlossen und die Vornahme einer plastischen Korrektur der Hydronephrose empfohlen werden.

Die szintigraphischen Untersuchungen mit der Szintikamera nach i. v. Injektion von 131-Jod-Hippuran haben unter Umständen eine bessere Aussagefähigkeit als das Radioisotopennephrogramm allein. Dafür das folgende Beispiel:

Beispiel 1

56jähr. Pat. wurde nach Wertheim-Operation stationär behandelt. Eine Hydronephrose und ein Hydroureter auf der rechten Seite infolge einer Stenosierung des Ureters im kleinen Becken waren bekannt. Über die Funktion der linken Niere bestand Unsicherheit.

Das Isotopennephrogramm (Abb. 11) zeigt eine weitgehend funktionslose Niere links, ausgeprägte Abflußstörung rechts bei noch normaler Initial- und Funktionsphase.

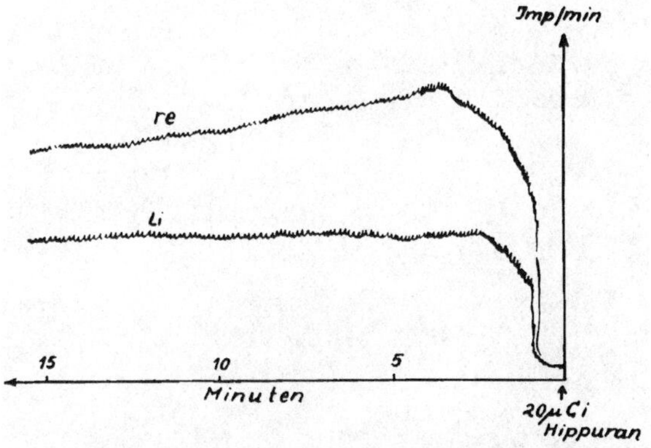

Abb. 11. Radioisotopennephrogramm nach Injektion von 20 μCi 131-Jod-Hippuran.
Fast funktionslose Niere links, ausgeprägte Abflußstörung der rechten Niere bei noch normaler Initialphase

Szintigraphie mit der Szintillationskamera **(Abb. 12a—c)** nach i. v. Injektion von 500 μCi 131-Jod-Hippuran.

Die Aufnahmen 6, 20 und 65 Minuten nach der i. v. Injektion zeigen auf der rechten Seite eine rechtzeitig einsetzende Aktivitätsanreicherung in einer etwas großen, sonst unauffällig geformten Niere und in der Folgezeit eine sehr lang anhaltende Füllung des rechten Nierenbeckenkelchsystems und des rechten Ureters. Auf der

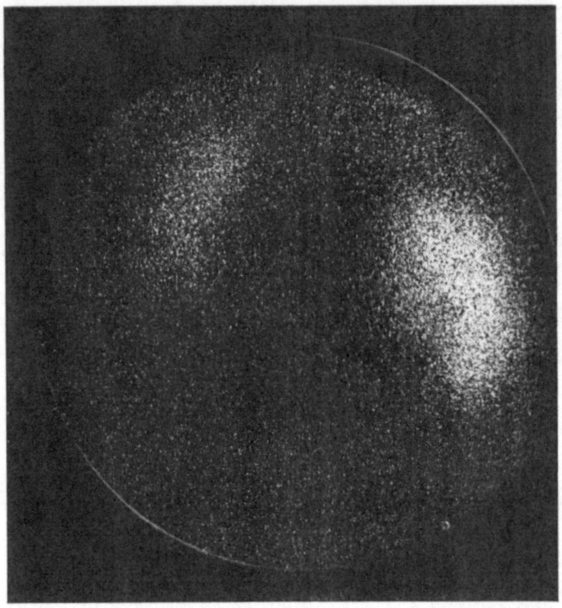

a

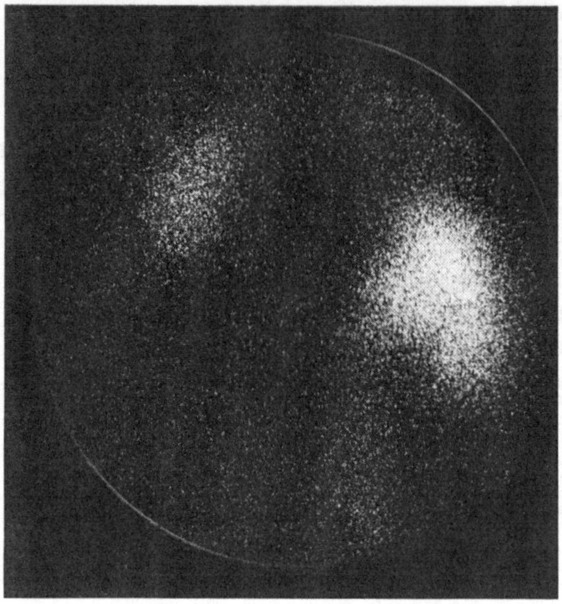

b

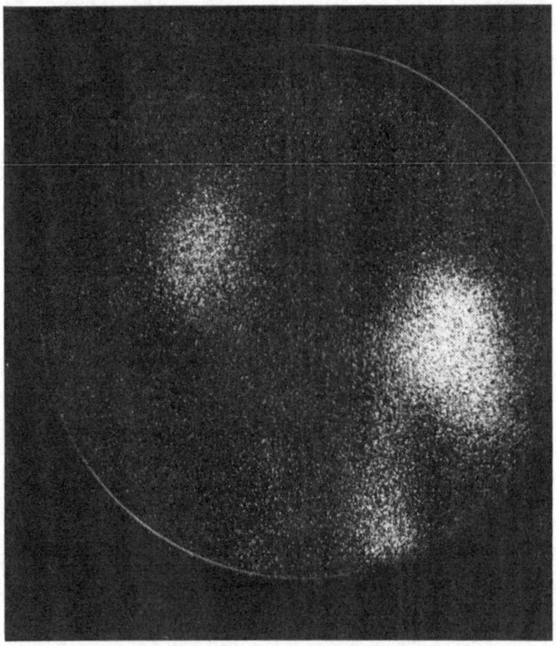

c

Abb. 12a. 6 Minuten nach i. v. Injektion von 500 μCi 131-Jod-Hippuran in Bauchlage.

Deutliche Aktivitätsanreicherung im Bereich der rechten Niere. Deutlich herabgesetzte Aktivitätsanreicherung links. Das Nierenparenchym erscheint verkleinert

Abb. 12b. 20 Minuten nach i. v. Injektion deutliche Stauung im Nierenbecken und im Bereich des rechten Ureters. Beginnende Ausscheidung im Bereich der linken Niere, Konzentration im Nierenbecken

Abb. 12c. 65 Minuten nach Injektion. Deutliche Aufstauung im Nierenbecken rechts mit Hydroureter. Herabgesetzte Aktivitätsspeicherung und Aufstauung auch links, ebenfalls deutlich verzögerte Ausscheidung. *Diagnose:* Hydroureter und Hydronephrose rechts. Hochgradige Funktionseinschränkung der linken Niere. Abflußbehinderung

linken Seite kommt es verzögert und in wesentlich geringerem Maße zu einer Aktivitätsanreicherung in einem kleineren Organ als auf der Gegenseite. Das Aktivitätsmaximum wird nach etwa 20 Minuten erreicht, nach 65 Minuten ist jedoch in den zentralen Gebieten immer noch Aktivität nachweisbar.

Diagnose: Hydroureter und Hydronephrose rechts. Hochgradige Funktionseinschränkung der linken Niere, wahrscheinlich auch durch eine Abflußbehinderung bedingt.

Beispiel 2

8jähr. Junge mit profuser Haematurie und pyelographisch stummer Niere links. Retrograde Füllung nicht möglich: Urogramm: Exzessive Hydronephrose rechts bei erhaltener Funktion.

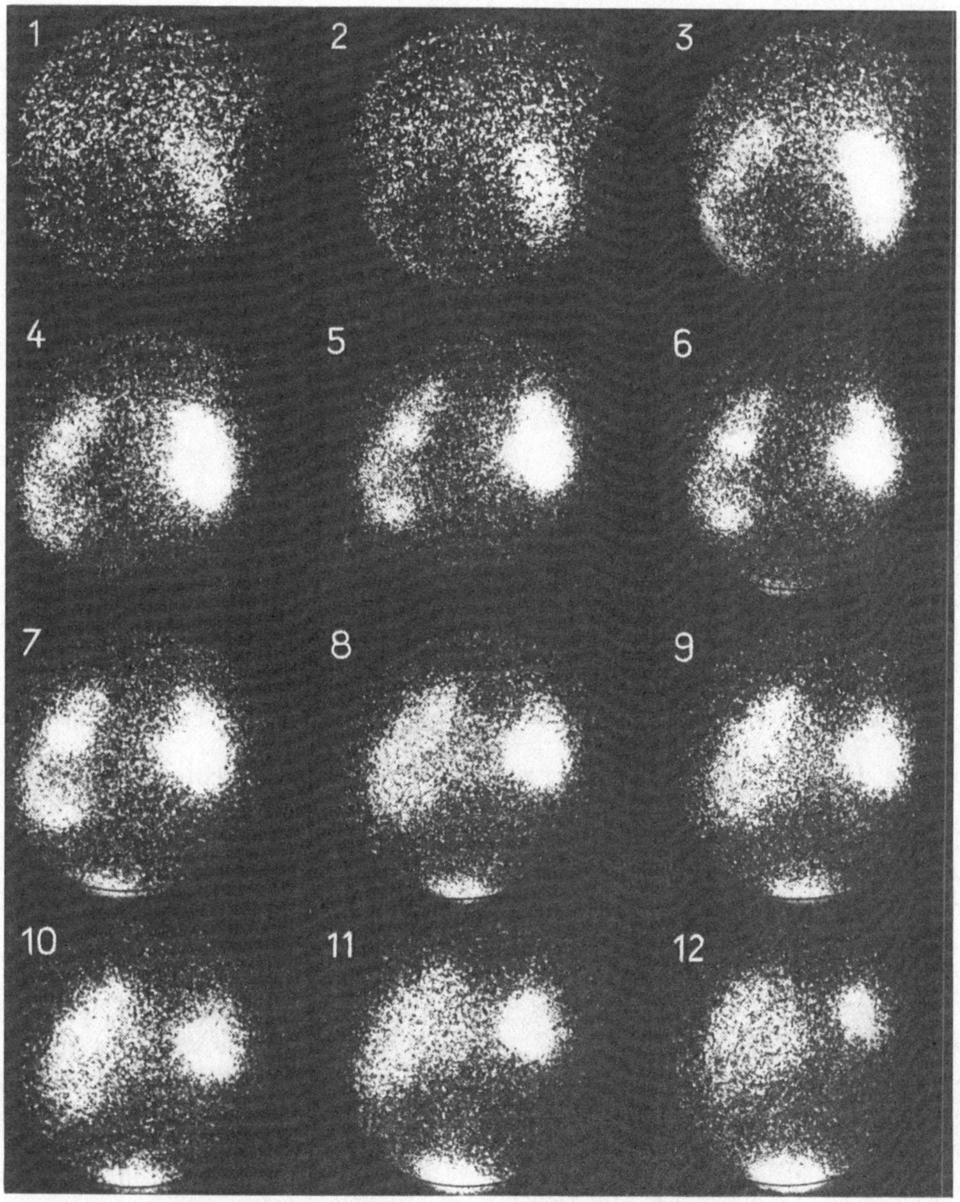

Abb. 13. Kamera-Szintigramm nach i. v. Injektion von 500 μCi 131-Jod-Hippuran. Pyelographisch stumme Niere links, retrograde Füllung nicht möglich. Die Aufnahmen von 20 Sekunden bis 60 Minuten lassen den unterschiedlichen Funktionsablauf beider Nieren besser erkennen als ein Isotopennephrogramm. Szintigramm in Bauchlage nach ZUM WINKEL (22—24)

Die Szintiphotos (Abb. 13) zu den verschiedenen Zeiten lassen erkennen, daß die röntgenologisch und im Isotopennephrogramm als kaum funktionsfähig festgestellte Niere eine verzögerte Funktion zeigt.

Die szintigraphischen Bilder lassen besser als die Kurve im Radioisotopennephrogramm die Funktionsverhältnisse beider Nieren erkennen.

Diagnose: Exzessive Hydronephrose links mit herabgesetzter Funktion.

Nach einem organerhaltenden Eingriff bei einer Hydronephrose läßt sich das funktionelle Verhalten der Nieren nach der Operation mit dem Radioisotopennephrogramm und dem Nierenszintigramm beurteilen.

Beispiel 3

35jähr. Pat. Zustand n. Ureterimplantation links.

Im Isotopen-Nephrogramm (Abb. 14) vom 11. 2. 64 funktionslose Niere rechts. Verlängerte

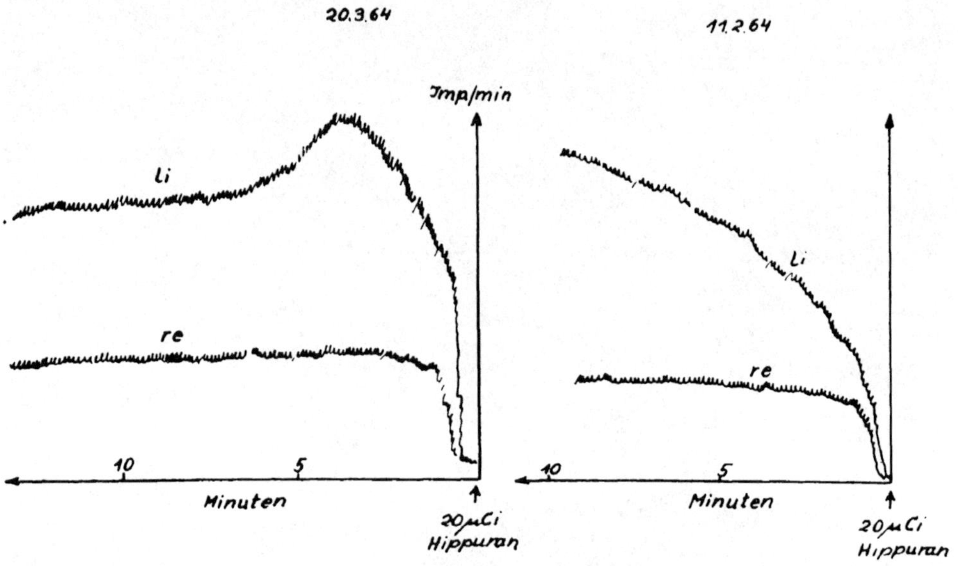

Abb. 14. zeigt die Radioisotopennephrogramme eines Patienten vor und nach Ureterimplantation links wegen Abflußbehinderung. Die Kontrolle nach Reimplantation des linken Ureters zeigt, daß die Funktion der linken Niere durch den rechtzeitigen Eingriff erhalten werden konnte. Es besteht noch eine leichte Abflußbehinderung

Funktionsphase links, typischer Kurvenanstieg in der Entleerungsphase bei hochgradiger Abflußbehinderung.

Die Kontrolle am 20. 3. 64 nach Reimplantation des linken Ureters zeigt, daß die Funktion der linken Niere durch den rechtzeitigen Eingriff erhalten werden konnte. Es besteht noch eine leichte Abflußbehinderung.

11.6.4. Speicherdefekte im Nierenbereich

Nierenparenchym und Nierenkelchsystem liegen topographisch relativ dicht beisammen, so daß eine Trennung und exakte Lokalisation bei schnell die Niere durchlaufenden harngängigen Substanzen erschwert ist, wenn gleichzeitig eine Stenose in den harnabführenden Wegen vorhanden ist. Dann beeinflußt die manchmal sehr hohe Aktivitätskonzentration im Nierenbecken die Lokalisation kleinerer Funktionsausfälle im Nierenparenchym. Die Voraussetzung für diese Darstellung ist — wie schon beschrieben — die Verwendung von 197-Hg-Neohydrin. Die Ausscheidung erfolgt so langsam, daß in einem Zeitablauf von 5 Stunden eine annähernd konstante Aktivitätskonzentration im Nierenbereich vorhanden ist. Alle anderen nierengängigen Substanzen, wie 131-Jod-Urografin, erfordern schnellschreibende Systeme oder bei Verwendung von 131-Jod-Hippuran Aufnahmen mit einer Szintikamera bzw. einem Multidetektorscanner.

11.6.4.1. Trauma

Bei Nierenverletzungen, stumpfen Traumen nach Unfällen mit unklaren Beschwerden, hat sich die Nierenszintigraphie bereits bewährt (SIMMONS und JONES (27)). Die relativ einfache und den Patienten nicht belastende Untersuchungsmethode erweist sich auch hier als Vorteil. Die Abgrenzung gegenüber anderen Nierenerkrankungen ist durch die Art des Traumas, Lage und den klinischen Befund im allgemeinen ohne Schwierigkeiten möglich.

Der Nachweis freier Aktivität im Bauchraum führt zur schnellen Diagnose einer Ruptur der Niere recp. des Nierenbeckens. Die durch ein Nierentrauma betroffenen Nierenbezirke stellen sich als Speicherdefekte nach der i. v.-Injektion von 197-Hg-Neohydrin dar. Sicher ist aus der Art der Speicherdefekte allein eine einwandfreie Abgrenzung gegenüber Zysten und Tumoren nicht möglich. Hier werden die entscheidenden Hinweise von der Klinik kommen.

Dem Patienten können durch die Nierenszintigraphie operative Eingriffe erspart werden, wenn sich herausstellt, daß Aufnahme und Ausscheidung des 197-Hg-Neohydrins normal sind.

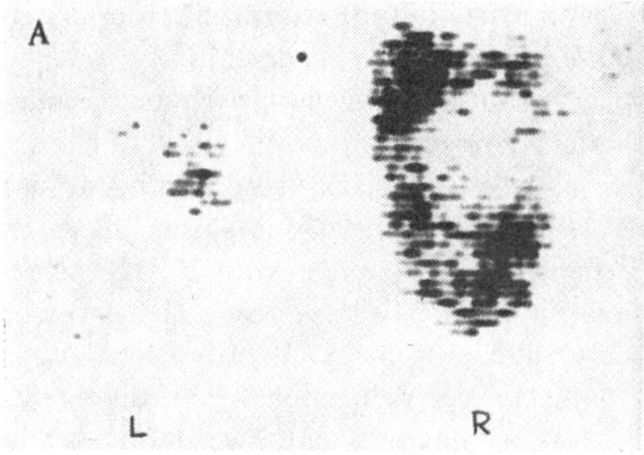

Abb. 15a. Photoszintigramm eines Pat. 2 Stunden nach i. v. Injektion von 100—150 μCi 203-Hg-Neohydrin.
Es finden sich in der rechten Niere deutliche Speicherdefekte, während in der linken Niere nur noch geringe Anteile funktionsfähigen Nierenparenchyms nachweisbar sind (von COHEN und Mitarb. (26))
19-Lochkollimator, 3 × 2″-Natriumjodidkristall

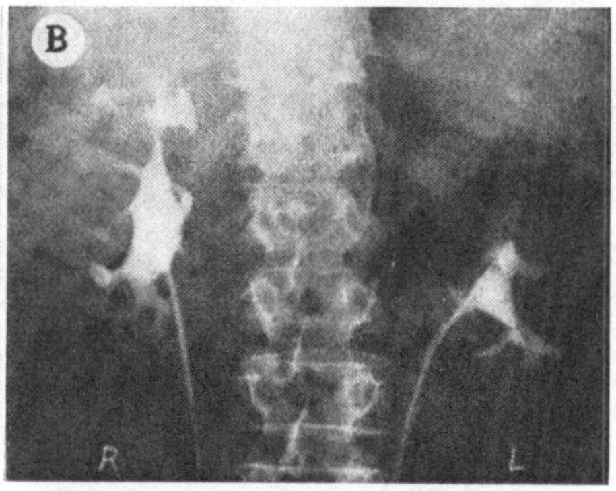

Abb. 15b. Retrogrades Pyelogramm. Deutliche Übereinstimmung mit dem Szintigramm. Es handelt sich hier um Zystennieren

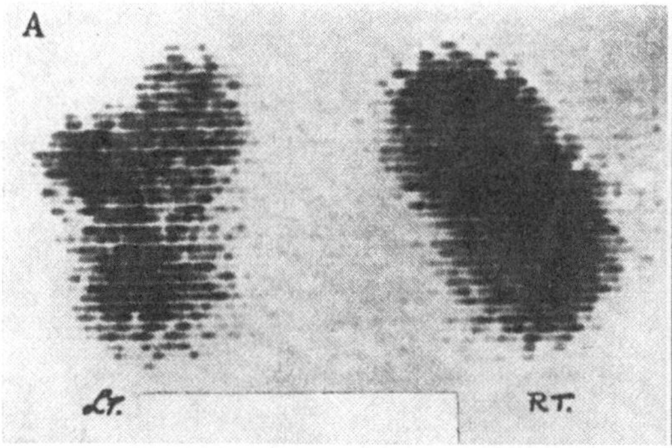

Abb. 16a. Photoszintigramm nach i. v. Injektion von 100—150 μCi 203-Hg-Neohydrin.
Es finden sich in den Rindenanteilen der linken Niere mehrere Funktionsausfälle. Im Zusammenhang mit den anderen klinischen Befunden handelt es sich um multiple Niereninfarkte

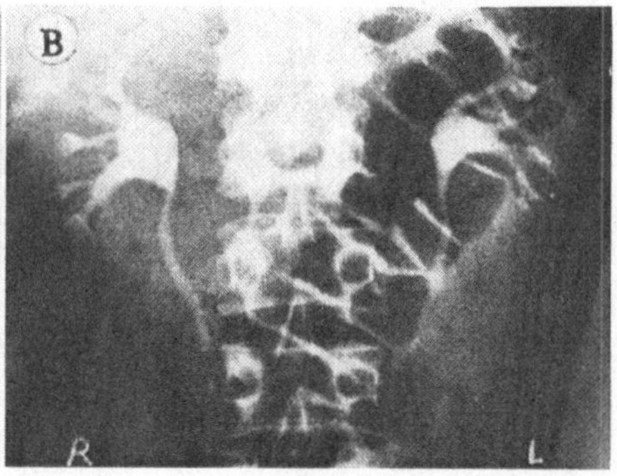

Abb. 16b. Ausscheidungsurogramm des gleichen Patienten (von COHEN u. Mitarb. (26))

11.6.4.2. Zyste

Die Darstellung von Zysten in der Umgebung des Nierenbeckens unter einer Größe von 3 cm ist relativ schwierig. Auch tiefsitzende Zysten dieser Größe, die von normalem Nierenparenchym umgeben sind, können, wie SIMMONS und JONES (27) beschrieben haben, verfehlt werden.

Größere Zysten sind ohne Schwierigkeiten im Nierenszintigramm zu erkennen, wie das folgende Beispiel zeigt.

Die **Abbildung 15a u. b** zeigt bilateral polyzystische Nieren, links das Szintigramm und rechts das retrograde Pyelogramm (nach COHEN u. Mitarb. (26)).

11.6.4.3. Infarkt

Speicherdefekte im Nierenparenchym können auch auf Infarkte hinweisen. In dem folgenden Beispiel von COHEN u. Mitarb. (26) sind Photoszintigramm und Urogramm **(Abb. 16a u. b)** wiedergegeben.

Links erkennt man im Bereich der linken Niere mehrere Speicherdefekte, die von Zysten oder Metastasen allein durch das szintigraphische Bild nicht voneinander abgegrenzt werden können. Auch das Isotopennephrogramm zeigt meist nur eine herabgesetzte Aktivitätsaufnahme bei meist erhaltener Form der drei Segmente im Nephrogramm. Da Infarkte sich innerhalb von 3—6 Wochen zurückbilden können, besteht die Möglichkeit, durch Verlaufskontrollen mit nachweisbarer Rückbildung und Wiedererlangung der Funktion im Szintigramm Zysten oder Tumoren differentialdiagnostisch auszuschließen.

11.6.4.4. Tumor

In den vorausgegangenen Abschnitten wurde bereits darauf hingewiesen, daß allein aufgrund eines szintigraphischen Bildes die Diagnose „Tumor" nicht gestellt werden kann. Entscheidend bleibt die röntgenologische, speziell angiographische Untersuchung.

Beispiel

70jähr. Pat. wird wegen unklarer Rückenbeschwerden in die Klinik eingewiesen.
Nierenszintigraphie in Bauchlage **(Abb. 17)** nach 400 μCi 131-Jod-Urografin. Normales Szintigramm der rechten Niere, deutlich vergrößerte linke Niere und tumorverdächtiger Speicherungsdefekt am unteren Nierenpol.
Die Operation ergab einen kindskopfgroßen Nierentumor, der vom kaudalen Nierenpol ausging.

11.6.5. Behinderung der Abflußwege

Tierexperimentelle Untersuchungen von SIMMONS und JONES (27) führten zu guten Kenntnissen über die Szintigraphie der Nieren nach komplettem Ureterverschluß.
4 Tage nach kompletter Ureterobstruktion war die Niere im Urogramm nicht mehr erkennbar. Dagegen fand sich eine szintigraphische Darstellung der Nieren bis zum 7. Tag. Diese Tatsache konnte auch klinisch bestätigt werden.
6 Tage nach komplettem Ureterverschluß war szintigraphisch nach Injektion von Quecksilber-Neohydrin noch funktionierendes Nierengewebe nachweisbar, während das Ausscheidungsurogramm bereits eine scheinbar funktionslose Niere durch die fehlende Kontrastmitteldarstellung ergab.
Die Szintigraphie erlaubt es wesentlich besser, reparative Vorgänge zu erkennen als das Ausscheidungsurogramm. Bei dem von SIMMONS u. Mitarb. (27) beschriebenen Beispiel war der Unterschied einwandfrei festzustellen. Während in Nierenmitte szintigraphisch ein Ausfall zu erkennen war, zeigte das Ausscheidungsurogramm nur eine etwas verzögerte Funktion. Der operative Eingriff ergab die Bestätigung des szintigraphischen Befundes. In Nierenmitte befand sich ein zerstörter Parenchymbezirk.

11.6.5.1. Nierensteine (Kelch und Becken)

Kommt es zu einem plötzlichen kompletten Verschluß, dann findet sich im Isotopen-

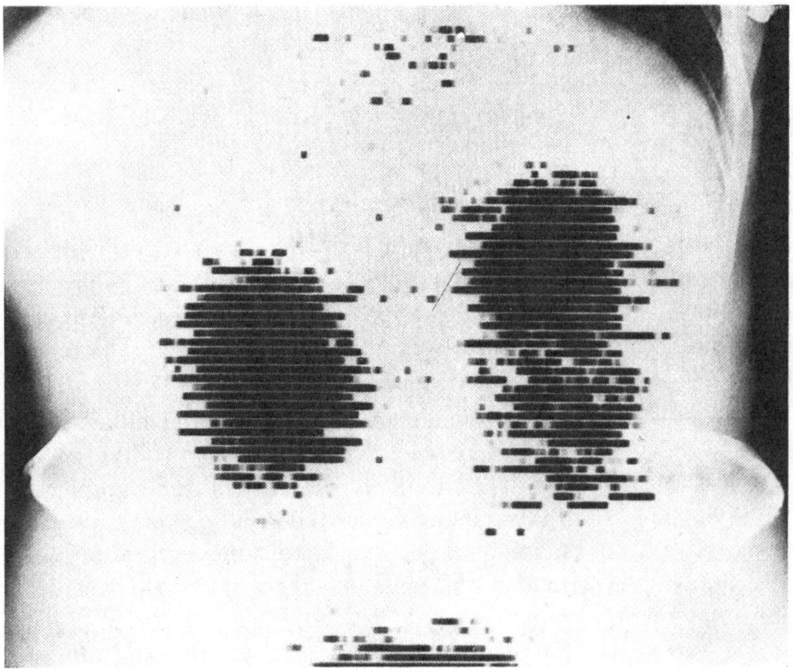

Abb. 17.
Nierenszintigraphie nach 400 μCi 131-Jod-Urografin 5 Minuten nach i. v. Injektion.
Normales Speicherungsbild der rechten Niere. Vergrößerung der linken Niere und tumorverdächtige Speicherungsdefekte am unteren Nierenpol. Nephrektomie links: kindskopfgroßer Nierentumor, vom kaudalen Nierenpol ausgehend
1 × 2" Kristall, 6 mm Kollimator
Abtastgeschwindigkeit 102 cm/min.

nephrogramm als typisches Bild einer Stenose die zunehmende Aktivitätsanreicherung in einer mehr oder weniger steilen Kurve. Bei den inkompletten Stenosen findet sich erst nach einer erheblich verlängerten Zeit ein Absinken der Aktivität.

Das Nierenszintigramm zeigt bei der inkompletten Stenose eine vermehrte Aktivitätsanreicherung über dem stenosierten Bezirk, so daß eine grobe Lokalisation der Stenose möglich ist. Bei der kompletten Stenose ist der Nachweis der Stenose und der Ort weitgehend davon abhängig, seit wann diese komplette Stenose besteht. Wie bereits beschrieben, geht die Aktivitätsaufnahme am 7. Tag deutlich zurück, so daß dann eine funktionslose Niere diagnostiziert werden kann. Felkl u. Mitarb. (25) konnten jedoch zeigen, daß nach einer kompletten Nierenstenose ohne Funktionsnachweis im Nierenszintigramm noch nach 4 Wochen eine normale Funktion nach Entfernung des Ausgußsteines wiedererlangt werden konnte.

Eine vermehrte Aktivitätsanreicherung im Bereich des Nierenbeckens entspricht einer Erweiterung von vorhandenen oder neu entstandenen Hohlräumen der Nieren (Hydronephrose, Kelcherweiterungen, Nierenabszesse).

Das Isotopennephrogramm gibt Hinweise auf eine Abflußstörung an den oberen Harnwegen, die in gleicher Weise mit der Anger-Kamera sichtbar gemacht werden können. Es finden sich dabei

1. verlängerte Aktivitätskonzentration im Nierenbekkenbereich (verspätete Entleerung),
2. verminderte Aktivitätsablagerungen im Nierenbeckenbereich während der Kortikalphase,
3. bei chronischen Entleerungsstörungen verminderte und verspätete Aktivitätskonzentration.

11.6.5.2. Tumoren (Bauchraum, gynäkolog. Bereich, Blase)

Für die Tumortherapie, besonders bei gynäkologischen Erkrankungen in fortgeschrittenen Stadien, ist die Kenntnis der Nierenfunktion und der Nachweis einer eventuell vorhandenen Abflußbehinderung von Bedeutung.

11.6.6. Renovaskuläre Nierenerkrankungen

Nach Scott (28) lassen sich ischämische Zonen im Nierenbereich bei Verschluß eines Arterienastes im Nierenszintigramm gut zur Darstellung bringen. Hierbei ist sogar die Entscheidung möglich, ob eine partielle oder totale Nephrektomie vorgenommen werden soll. Diese Tatsache rechtfertigt daher in jedem Falle einer Hypertonie die Anwendung der Nierenszintigraphie. Findet sich dabei eine ein- oder beidseitige Herabsetzung der Aktivitätsspeicherung, so ist nach einer Stenose der Arteria renalis zu suchen. Die Radioneohydrin-Speicherung nimmt jedoch mit zunehmender Niereninsuffizienz ab, so daß in Spätstadien auch das Nierenszintigramm keine genügende Nierendarstellung mehr ergibt. Im Radioisotopennephrogramm zeigt sich die verminderte Durchblutung durch eine unterschiedliche Höhe des 1. Segmentes. Als Kriterien für eine Nierendurchblutungsstörung sind anzusehen:

1. Herabgesetzte Aktivitätsaufnahme im Nierenbereich innerhalb der 1. Minute nach der Injektion.
2. Verminderte Aktivitätskonzentration während der Kortikalphase.
3. Verstärkte Aktivitätskonzentration in den Spätphasen als Ausdruck eines verringerten Harnzeitvolumens über der durchblutungsgedrosselten Niere.

Wie zum Winkel u. Mitarb. (22) berichten, ließen sich mit Hilfe der Kamera-Szintigraphie Nierendurchblutungsstörungen durch deutlich verspätete erste Aktivitätsanlagerungen während der 1. Minute erkennen. Die Autoren weisen jedoch darauf hin, daß auch bei Patienten mit angiographisch gesicherter Nierenarterienstenose im Szinti-Kamerabild in den ersten Minuten kein Hinweis für eine herabgesetzte Durchblutung gefunden wurde. Dabei handelte es sich offenbar um Arterienstenosen mit erheblicher poststenotischer Erweiterung.

11.6.6.1. Beispiel (zum Winkel)

43jähr. Pat. wird zur Untersuchung der Nierenfunktion in die Klinik eingewiesen.

Szinti-Kamera-Aufnahmen (Abb. 18) nach i. v. Injektion von 500 μCi 131-Jod-Hippuran.

1. Bild (von links nach rechts): 20—40 Sekunden; Radioaktivitätsanreicherung in beiden Nieren, Konzentration in der linken Niere jedoch wesentlich hoher als rechts.

2. Bild (von links nach rechts): 1,15—3,15 Minuten; Rindenphase der linken Niere, rechte Niere ist verkleinert und speichert weniger Radiohippuran.

3. Bild (von links nach rechts): 4—6 Minuten; beginnende Markphase beiderseits.

4. Bild (von links nach rechts): 14—16 Minuten; rechts mehr Radiohippurankonzentration als links.

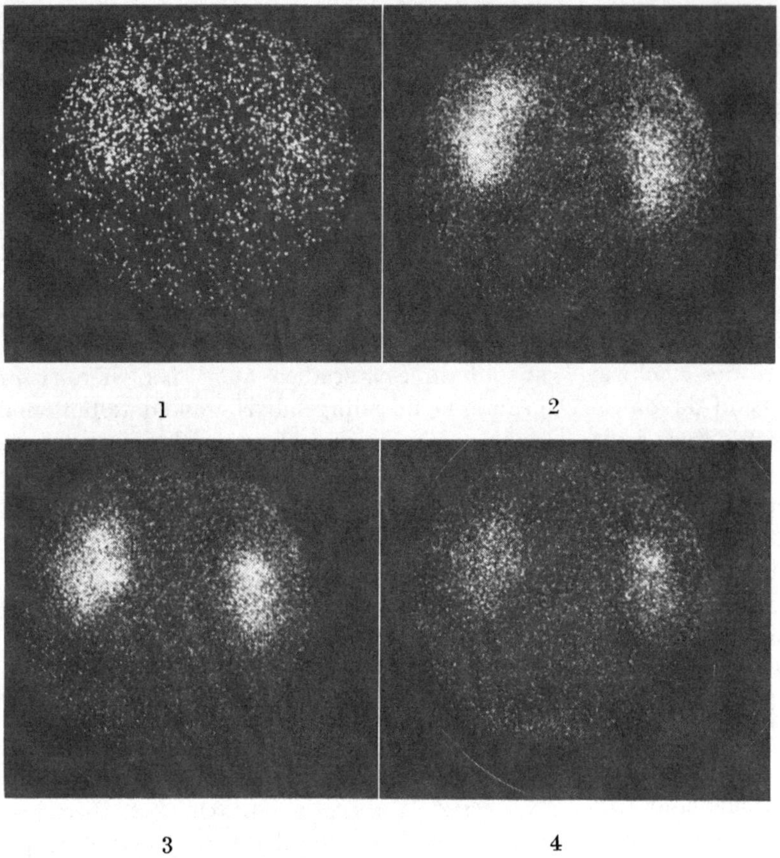

Abb. 18.
Szintikamera-Aufnahmen nach i. v. Injektion von 500 μCi 131-Jod-Hippuran von links nach rechts nach 20—40 Sekunden, 1,15—3,15 Minuten, 4—6 Minuten, 14—16 Minuten.
Durchblutungsstörung der rechten, mäßig geschrumpften Niere. Konsekutive Entleerungsverzögerung der rechten Niere. Nierenarteriostenose rechts, durch Aortographie gesichert nach ZUM WINKEL (22—24)

Diagnose: Durchblutungsstörung der rechten, mäßig geschrumpften Niere. Konsekutive Entleerungsverzögerung der rechten Niere.

Anmerkung: Nierenarteriostenose rechts, durch Aortographie gesichert.

Bei Patienten mit Bluthochdruck aufgrund von Nierenarterienstenosen muß daran gedacht werden, daß eine beachtliche Nierenischämie vorhanden sein kann, ohne daß sich deutliche Hinweise im szintigraphischen Bild ergeben. Der Befund ist relativ selten, man muß jedoch daran denken, daß junge Patienten mit Bluthochdruck eine Nierenarterienstenose haben können, bei der die Nierenparenchymveränderungen noch relativ gering sind.

Die Abbildungen 4, 6, 13 und 18 einschließlich der entsprechenden Beispiele wurden freundlicherweise von Herrn Doz. Dr. K. ZUM WINKEL zur Verfügung gestellt.

Literatur

1. OESER, H. und H. BILLION: Funktionelle Strahlendiagnostik durch etikettierte Röntgenkontrasmittel. Fortschr. Röntgenstr. **76**, 431 (1952)
2. KIMBEL, K. H. und W. BÖRNER: Über den Verbleib von 131-Jod-markiertem Urografin im Körper. Arch. exper. Path. u. Pharmakol., **226**, 262—268 (1955)
3. KIMBEL, K. H.: Tierexperimentelle Grundlagen der Nierenfunktionsprüfung mit radioaktiv markierten Kontrastmitteln. Radioaktive Isotope Bd. V, Sonderbände zur Strahlenbehandlung Bd. **53**, 245—255 (1963)
4. KIMBEL, K. H.: Diskussion über Urografin. 2. Sdbd. Strahlenther. **37**, 150 (1956)
5. KIMBEL, K. H.: Vorteile radioaktiv markierter Substanzen bei Clearance- und Verteilungsversuchen. Strahlentherapie, Sdbd. 3, Bd. **38**, 145 (1958)
6. TAPLIN, G. V., O. M. MEREDITH, H. KADE and C. C. WINTER: Radioisotope renogram; external test for individual kidney function and upper urinary tract patency. J. Laborat. Clin. Med. **48**, 886 (1956)
7. TAPLIN, G. V., O. M. MEREDITH, H. KADE and CH. C. WINTER: Jodine-131-labelled diodrast and rose bengal tracers, their value in investigation kidney and liver functions. Radioisotopes in Scientific Research. Vol. **III**, p. 733 (Paris 1957)

8. Schumacher, W.: Die Darstellung von Hirn- und Nierentumoren durch die positiven oder negativen Kontraste im nicht linearen Photogammagramm. Strahlentherapie **113**, 432 (1960)
9. zum Winkel, K.: Nierendiagnostik mit Radioisotopen. Thieme, Stuttgart 1964
10. zum Winkel, K.: Die Isotopen-Nephrographie bei abdominellen Tumoren. Sdbd. z. Strahlentherapie **46** 213 (1962)
11. zum Winkel, K.: Praktische Möglichkeiten der Szintigraphie. Röntgen-Bl. **15**, 42 (1962)
12. zum Winkel, L.: Nierenfunktionsdiagnostik mit der Isotopen-Nephrographie. Fortschr. Med. **80**, 597 (1962)
13. zum Winkel, K. und K. E. Scheer: Grundlagen der Nierenszintigraphie mit 203-Hg-Salyrgan. J. nucl. Med. (Stuttgart) **2**, 71 (1961)
14. zum Winkel, K., J. Becker und K. E. Scheer: Die Isotopen-Nephrographie als diagnostische Methode für den Strahlentherapeuten. Strahlentherapie **116**, 489—501 (1961)
15. zum Winkel, K., K. E. Scheer und J. Becker: Die Isotopen-Nephrographie als urolog. Untersuchungsmethode. Z. Urol. **53**, 535—542 (1960)
16. Mc Afee, J. G. and H. N. Wagner jr.: Visualization of renal parenchyma by scintiscanning with Hg-203-Neohydrin. Radiology **75**, 820 (1960)
17. Bachmann, D.: Habilitationsschrift FU Berlin 1968
18. Frost, D.: Photogammagramm-Schreiber für den klinischen Gebrauch. Atompraxis **4**, 254—260 (1958)
19. Schmidt, J.: Nierenuntersuchung mit Radioisotopen (Isotopennephrogramm und Nierenszintigraphie). Zschr. ärztl. Fortb. **8**, (1966)
20. Andreew, I. und I. G. Haydú: Über das Isotopennephrogramm und Szintigramm angeborener Nierenanomalien. Innere Medizin, **488**—492 (1967)
21. Andreew, I. und I. G. Haydú: Die Veränderungen im J-131-Hippuran-Nephrogramm einiger Nierendurchblutungsstörungen bei arteriellem Hochdruck. Dtsch. Gesd. wes. **22**, 433 (1967)
22. zum Winkel, K., K. E. Scheer, P. Schenck, P. Gelinsky, B. Prpic und W. E. Adam: Die funktionell-morphologische Diagnostik von Nierenerkrankungen mit der Kamera-Szintigraphie und der Isotopen-Nephrographie. Dtsch. med. Wschr. **50**, 2229 (1965)
23. Scheer, K. E. und K. zum Winkel: Phasenbilder renaler Ausscheidung mit der Szintillationskamera. Nuclear-Medizin 4, 300—309 (1965)
24. Scheer, K. E. und K. zum Winkel: Minerva nucleare (Torino) **9**, 386 (1965)
25. Felkl, K., J. Schnierstein und H. Weissenstein: Die Bedeutung der Radio-Isotopen in der Hydronephrose-Diagnostik. UROLOGE **3**, 100 bis 109 (1966)
26. Cohen und Mitarb.: J. Urol. **89**, (1963)
27. Simmons, J. L. and M. A. Jones jr.: Use of the renal scintiscan in Urology. J. Urol. (Baltimore) **90**, 642—654 (1963)
28. Scott, R.: J. Urol. (Baltimore) **90**, 655 (1963)
29. Motzkus, F. und D. Bachmann: Entstehung und Deutung des Radiorenogramms, Nuklearmedizin, Bd. 7, Heft 1, S. 46—58 (1968)

XII Lymphsystem

Kapitel XII

Lymphsystem

12. Lymphsystem

12.1. Geschichtlicher Rückblick

1953 Hahn, Carothers (1) sowie Sherman und Ter-Pogossian (2) berichten über den Abtransport von radioaktivem Goldkolloid in das regionäre Lymphstromgebiet und erblicken darin therapeutische Möglichkeiten.

1955 Hultborn, Larsson, Ragnhult (3, 4) beschreiben die szintigraphische Darstellung der Lymphknoten in den unteren Extremitäten, im Bauchraum sowie den Lymphabfluß im Mammabereich. Leborgue und Mitarb. (5) und Seaman und Powers (6) weisen nach, daß das Radiogoldkolloid nur in den erhalten gebliebenen lymphatischen Geweben, jedoch nicht in dem vom Tumor durchsetzten Bereich gespeichert wird.

1958 Sage und Gozun (7, 8, 9) benutzen die Lymph-Szintigraphie mit 198-Au als Methode zur Untersuchung der Funktion der Lymphknoten.
Kellershohn und Beniboux (10) berichten über die Verwendung von 131-Jod-Diaethyljodid.

1959 Patton und Mallis (11) sowie Shanbron und Zheutlin (12) veröffentlichen diagnostische Hinweise, die sie mit Hilfe der Lymph-Szintigraphie erhalten haben.

1960 Sage und Mitarb. (13) beschreiben die Lymphknoten-Szintigraphie im Kopf- und Halsbereich.

1963 Seitzman, Wright, Halaby und Freeman (14, 15, 16) beschreiben die intralymphatische Injektion von 131-Jod-Aethyljodid zur Behandlung von Lymphknotenmetastasen. Zum Winkel (17, 18) berichtet über die Lymphknotenszintigraphie.

12.2. Auswahl der Nuklide

12.2.1. 198-Gold

HWZ 2,7 Tage	
Beta-Energie i. MeV	0,29— 1%, 0,96—99%, 1,37—0,025%.
Gamma-Energie i. MeV	0,412—95,6%, 0,68 — 1,1%, 1,09 —0,26%.

12.2.1.1. Verwendungsform

Das 198-Au wird als kolloidale Suspension metallischen Goldes, das mit Gelatine stabilisiert ist, in Natriumcitrat mit einem pH-Wert von 4—6 verwendet. Goldkonzentration 12 mg/ml. Mittlere Partikelgröße 10 mμ.

12.2.1.2. Dosierung

100 μCi 198-Au in kolloidaler Form werden zusammen mit 75-E Hyaluronidase subkutan z. B. in den Interdigitalraum zwischen 1. und 2. Zehe bds. injiziert. Das Flüssigkeitsvolumen soll 0,3—0,5 ml betragen.

12.2.1.3. Zeitpunkt der Szintigraphie

Frühestens 1—2 Stunden nach subkutaner Injektion. Zur Darstellung der Beckenlymphgefäße ist die Szintigraphie erst nach 24 Stunden zweckmäßig. Im allgemeinen werden etwa 50—70% des injizierten Radiogold-Kolloids innerhalb von 24 Stunden von der Injektionsstelle abtransportiert.

12.2.1.4. Strahlenbelastung

Lymphknoten 1—5 rad/μCi, Gesamtkörper unter 0,02 mrad/μCi.

Gegenüber der Verwendung von Radiogoldkolloid haben sich andere Substanzen, wie 131-Jod-aethiodol, 131-Jod-Humanserumalbumin und 131-Jod-polyvinylpyrrolidon nicht in der Routinediagnostik durchsetzen können.

12.3. Technik der Darstellung

Der entscheidende Vorteil der Szintigraphie des Lymphsystems mit Hilfe von Radiogold besteht im wesentlichen darin, daß keine **intra**lymphatische Injektion (mit präparativer Freilegung eines Lymphgefäßes) ausgeführt werden muß. Es genügt vielmehr subkutan bzw. interstitiell ein oder mehrere Depots in das Quellgebiet des zu untersuchenden Lymphabflusses zu injizieren. Jedes Depot sollte mit einer Flüssigkeitsmenge um 0,5 ml — maximal 1,0 ml — angelegt werden. Die mittlere Teilchengröße der Radiogold-Partikel soll 10 mμ betragen. Damit ist ein rascher Abtransport aus dem Interzellularraum mit der Lymphe, zugleich eine optimale Ablagerung in den Lymphknoten gewährleistet.
Die Wahl des Injektionsortes ist abhängig davon, welches Lymphabflußgebiet szintigraphisch dargestellt werden soll.

Die szintigraphische Darstellung folgender Lymphabflußgebiete ist möglich:

1. Untere Extremitäten
2. Becken- und unterer Bauchraum
3. Oberer Bauchraum, Lymphabflußgebiet des Magen-Darm-Kanals
4. Lymphabflußgebiet im Lungenbereich und Mediastinum
5. Obere Extremitäten
6. Lymphabfluß im Mammabereich
7. Lymphabfluß im Kopf- und Halsbereich

12.3.1. Untere Extremitäten

Zur Szintigraphie des Lymphsystems der unteren Extremitäten einschl. Darstellung der iliakalen und paraaortalen Lymphknoten ist der Interdigitalraum zwischen 1. und 2. Zehe zu wählen.
Die Kanüle darf nicht in einem Blutgefäß liegen. Die Pat. empfinden gelegentlich nach der Applikation ein leichtes Brennen, das durch die Hyaluronidase bedingt ist und das innerhalb einer Minute wieder verschwindet. Bei ängstlichen oder unruhigen Patienten ist der Zusatz von 0,5% Novocain bei der Injektion ratsam. Im Anschluß an die Injektion muß der Pat. in den nächsten 2 Stunden herumlaufen, damit es zu einem Abtransport des Radiogold-Kolloids in die Lymphgefäße kommt. Bei bettlägerigen Patienten sind aktive Beinbewegungen notwendig.
Zur Darstellung der Lymphknoten im Bereich der Poplitea-Region sind szintigraphische Aufnahmen bereits 1—2 Stunden nach der Injektion zu empfehlen. Wird Radiogold in die Lymphgefäße injiziert, so ist die Darstellung der Lymphknoten weitgehend von der Wahl des Injektionsortes abhängig. So konnte z. B. JANTET (19) bei intralymphatischer Injektion nachweisen, daß die Injektion in das Lymphgefäß hinter dem lateralen Malleolus eine deutliche Darstellung der Lymphknoten im Poplitea-Gebiet zeigte, während Injektionen in die Gefäße am Fußrücken einen direkten Abtransport in die inguinalen Lymphknoten ergab. Die Darstellung der iliakalen und der paraaortalen Lymphknoten war jedoch von dem Injektionsort im Fußbereich unabhängig.
Eine Information über die auftretende Strahlendosis erscheint notwendig. JANTET (19) hat nach intralymphatischer Injektion einer Testdosis von 1,41 mC kolloidalem Gold die Dosis errechnet, die in einem Lymphknoten bei einem Gehalt von 92 μCi und 39 μCi 198-Gold auftrat. Sie lag bei 6000—7200 rad. Wird infolge eines Oedems das Radiogold nicht abtransportiert, so muß mit lokalen Reaktionen gerechnet werden, zumal das Flüssigkeitsvolumen nicht größer als 0,3—0,5 ml sein soll (hohe Aktivitätskonzentration!). Bei

der direkten intralymphatischen Injektion von radioaktivem kolloidalem Gold zur Therapie können in den Lymphknoten 35000 rad und mehr auftreten. JANTET (19) fand bei einer Autopsie 3 Monate nach der Therapie mit 60 μCi 198-Au die Lymphknoten durch myxoedematöses und fibröses Gewebe ersetzt. Da nur das vom Tumor freie Gewebe Radiogold speichert, ist bei einem ausgedehnten tumorösen Befall im Bereich der Lymphknoten ein therapeutischer Effekt nicht zu erwarten.

12.3.2. Becken- und unterer Bauchraum

Für die Darstellung des Lymphgebietes im Becken- und im unteren Bauchraum ist die Injektion in den Interdigitalraum der 1. und 2. Zehe zu empfehlen. Zur Diagnostik des Lymphabflusses bei Erkrankungen im gynäkologischen Bereich kann natürlich als Injektionsort das Erkrankungsgebiet gewählt werden. Für die Strahlentherapie der Tumoren im unteren Beckenbereich ist die Kenntnis der Lymphabflußbahnen von Bedeutung.

12.3.3. Oberer Bauchraum, Lymphabflußgebiet des Magen-Darm-Kanals

Mit der Injektion in den Interdigitalraum zwischen 1. und 2. Zehe ist die Darstellung des Lymphsystems bis in den oberen Bauchraum zu den paraaortalen Lymphknoten gegeben. Bei normalem Lymphtransport wird das Radiogoldkolloid über die paraaortalen Lymphknoten zum Ductus thoracicus transportiert. Auch findet sich durch den Übertritt in die Blutgefäße eine Darstellung der Leber (Kolloidspeicherung im Leber-RES).

Von SIELAFF und DEININGER (20) finden sich Untersuchungen über die Lymphoszintigraphie des Magens nach intragastraler submuköser Injektion von 198-Au Kolloid. Zur Darstellung des Lymphabflußgebietes der Magenschleimhaut werden submukös 300–500 μCi 198-Au unter gastroskopischer Sicht injiziert. 22 Stunden nach der Injektion ist die gesamte Magenwand homogen durchsetzt. Eine lokalisierte Speicherung in den Lymphknoten an der kleinen Kurvatur ist in geringem Grade festzustellen. 4–6 Tage nach der Injektion stellen sich die oesophagealen und mediastinalen Lymphknoten dar. Bei den infiltrierend wachsenden Magenkarzinomen findet sich ein Aktivitätsausfall im Tumor- und regionären Lymphknotenbereich. Jedoch kann auch ein kallöses Ulkus eine inhomogene Aktivitätsverteilung bedingen. Auf diesem Gebiet sind noch weitere Untersuchungen zur Beurteilung des Wertes dieser szintigraphischen Methode notwendig.

12.3.4. Lymphabflußgebiet im Lungenbereich und Mediastinum

Auch hier sind, wie im Abdominalbereich, submuköse Injektionen (via Bronchoskop) zur Darstellung des Lymphabflußgebietes möglich. HO CHOI, GORDON, SHEEHAN und BENDER (21) führten Tierversuche über die Szintigraphie der mediastinalen Lymphknoten durch. Von SAHADEVAN (22) wurde eine Methode beschrieben, die mediastinalen Lymphknoten 4 Stunden nach intraperitonealer Injektion von 15 μCi 198-Au Kolloid darzustellen. In experimentellen Untersuchungen konnte der Autor die mediastinalen Lymphknoten szintigraphisch darstellen.

12.3.5. Obere Extremitäten

Zum Studium des Lymphabflusses im Axillar- und Supraclavikularbereich bei den Karzi-

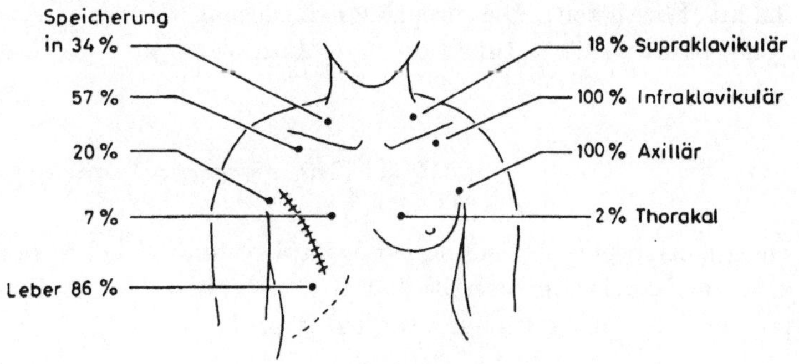

Abb. 1.
Lymphoszintigraphien nach Radikaloperation eines Mammakarzinoms (56 Patienten). Nach HEILMANN (23)

nomen der Mamma wurden von HEILMANN (23) Lymphszintigramme nach subkutaner Injektion von 150 μCi 198-Au mit 75 E Hyaluronidase in den Interdigitalraum der Hand aufgezeichnet. 24 Stunden nach der Injektion waren die Lymphknoten im Axillar-, Infraclavikulär- und Supraclavikular-Bereich dargestellt. Gelegentlich fand sich auch eine Speicherung in den parasternalen Lymphknoten. In der **Abbildung 1** ist die unterschiedliche prozentuale Speicherung des Radiogoldes nach Ablatio mammae rechts einem normalen Lymph-Szintigramm der Mamma links gegenübergestellt. Nach Radikaloperation mit Ausräumung der axillären Lymphknoten fanden sich an 56 Pat. = $^1/_5$ der Fälle im Lymphoszintigramm noch Aktivitätsanreicherungen. Da nach der interdigitalen Injektion häufig Komplikationen (Schwellung bzw. Verfärbung der Hände in 11%) auftraten, ist diese Untersuchung als Routinemethode nicht zu empfehlen.

12.3.6. Lymphabfluß im Mammabereich

Von MÜLLER (24) wurde die intratumorale Injektion bei Mammakarzinomen als praeoperative Therapie empfohlen. Die szintigraphischen Aufzeichnungen lassen je nach Injektionsort unterschiedliche Lymphabflußgebiete erkennen.

12.3.7. Lymphabfluß im Kopf- und Halsbereich

Für die Szintigraphie des zervikalen Lymphsystems empfehlen SCHWAB, SCHEER und ZUM WINKEL (25, 26, 27) als Injektionsort die Gegend des Warzenfortsatzes, weil damit neben den Lymphbahnen der mittleren und unteren Halsloge auch die nuchalen Bahnen erfaßt werden. Dosierung: 50 μCi 198-Au Kolloid in 0,2 ml Flüssigkeit. Die ursprünglich beschriebene paratonsilläre Injektion von Radiogoldkolloid wird nicht mehr durchgeführt. Für die Szintigraphie des Lymphstromes aus dem Larynx wurde von WELSH und WELSH (28) die supraglottische Injektion benutzt. HAGIO (29) wählte den weichen Gaumen supratonsillär als Injektionsort, um nach Lymphknotenausräumung das Lymphsystem szintigraphisch zu untersuchen.

Der Abtransport aus dem retroaurikulärem Depot erfolgt relativ zögernd auch unter Beimengung von Hyaluronidase. Nach FERNHOLZ (30) ist eine gute Lymphdrainage durch Injektion in den lateralen Zungenrand gegeben.

Nach den bisherigen Ergebnissen ist die Lymphszintigraphie im Kopf- und Halsbereich noch nicht als Routinemethode zu empfehlen. Sie besitzt einige Bedeutung bei der Beurteilung des Erfolges einer operativen Halslymphknotenausräumung und bei der Feststellung der Ausdehnung von Lymphknotenmetastasen. FUCHS, WOLF und SCHMIDT (31) haben die Radiogoldspeicherung in den Lymphknoten nach peritumoraler 198-Goldkolloid-Infiltration untersucht. Sie fanden experimentell bei 71,1% der untersuchten Lymphknoten eine Radiogoldspeicherung. Lymphome mit kleineren Tumorzellnestern ließen überdurchschnittlich hohe Aktivitätskonzentration erkennen.

Da die Lymphszintigraphie die Beurteilung der Speicherfähigkeit der Lymphknoten für Kolloide ermöglicht, läßt sich mit einiger Sicherheit deren Funktion beurteilen, wenn sie im Lymphabflußgebiet liegen. Eine zuverlässige Aussage über die Ursache der Funktionsstörung ist jedoch nicht möglich. Sie kann nach akuten entzündlichen Prozessen auftreten oder auch maligne Ursachen haben.

Indikationen für die Lymphszintigraphie

a) Suche nach tumorösen Prozessen im Lymphsystem — Darstellung als Speicherdefekte.
b) Kontrolle der Lymphknotenfunktion unter physiologischen und pathologischen Bedingungen, z. B. nach strahlentherapeutischen Maßnahmen.
c) Überprüfung der Lymphknotenausräumung nach Radikaloperationen.

12.4. Das normale Lymphszintigramm

Die Szintigraphie des normalen Lymphsystems z. B. im Bauchraum vermittelt mit dem Transport und der Ablagerung der radioaktiven Partikel in den Lymphknoten nur eine summarische Abbildung. Es fehlt dem Bild die Wiedergabe der Detailstruktur der Lymphknoten, wie sie

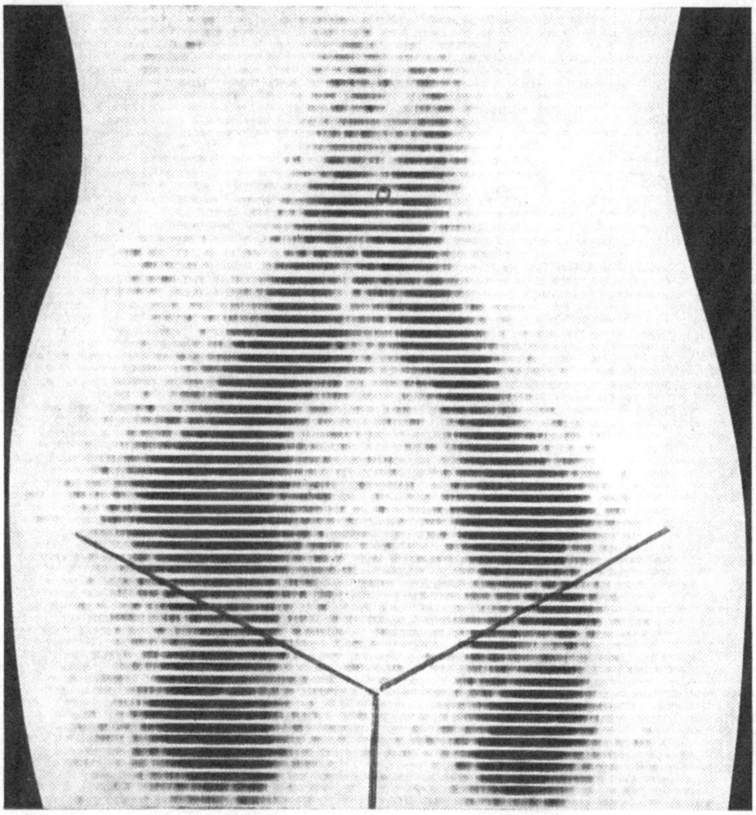

Abb. 2.
Normales Lymphszintigramm 4 Stunden nach Injektion von je 200 μCi Au^{198}(coll.) mit 75 E. Hyaluronidase in die Zeheninterdigitalräume. Homogene Speicherung des Radiogoldkolloids in den inguinalen, iliakalen und paraaortalen Lymphknoten. Zeitgerechter Abtransport der radioaktiven Substanz nach kranial
3 × 2″ Kristall 19 Loch-Kollimator
40 cm/min

mit der Röntgenkontrastdarstellung gelingt. Die Vorteile der Lymphszintigraphie liegen in der einfachen technischen Durchführung und in der Möglichkeit, alle Lymphabflußgebiete untersuchen zu können. Zur Beurteilung pathologischer Veränderungen ist die Kenntnis normaler Lymphszintigramme erforderlich. Für die Lymphknotengebiete im unteren Bauchraum liegen eingehende Untersuchungen vor. Größere Speicherdefekte in diesem Bereich geben einen zuverlässigen Hinweis auf pathologische Veränderungen. Für die Lymphknotendarstellung im Gebiet des Magen-Darm-Kanals und auch im Kopf- und Halsbereich sind ähnlich zuverlässige Aussagen noch nicht möglich.

Das normale Lymphszintigramm 24 Stunden nach Injektion von je 200 μCi 198-Au Kolloid mit 75 E Hyaluronidase in den Interdigitalraum der Zehen zeigt **Abbildung 2**. Homogene Speicherung des Radiogold-Kolloids in den inguinalen, iliakalen und paraaortalen Lymphknoten. Zeitgerechter Abtransport der radioaktiven Substanz nach kranial.

12.5. Das von der Norm abweichende Szintigramm des Lymphsystems

Das Lymphszintigramm erlaubt keine Aussage über die Art der Erkrankung. Die Veränderungen, wie Speicherdefekte und verzögerter Abtransport der Kolloide können in gleicher Art durch entzündliche oder narbige Veränderungen, Tumorbefall oder Exstirpation bei Operationen bedingt sein. Die Wahrscheinlichkeitsdiagnose von Lymphknotenmetastasen kann nur in Zusammenhang mit dem klinischen Befund und der Feststellung einer Tumorerkrankung getroffen werden.

Das Lymphszintigramm und die Lymphangiographie stehen hierbei nicht in Konkurrenz, sie stellen eine gegenseitige Ergänzung und Erweiterung dar. Das Lymphszintigramm hat als relativ einfache und rasch durchführbare Unter-

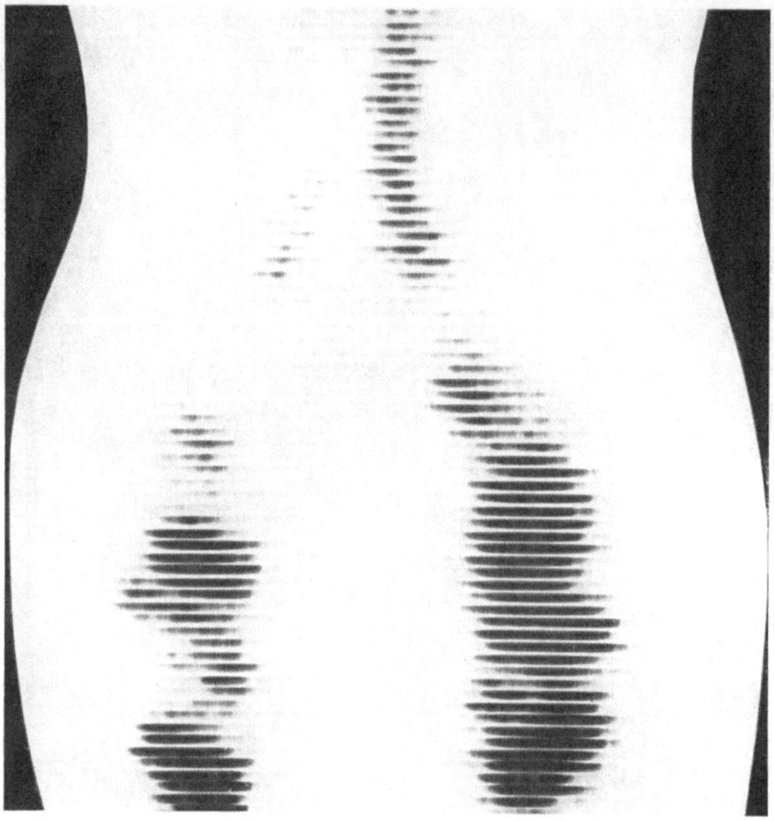

Abb. 3.
Lymphszintigramm unter gleichen technischen Bedingungen wie in Abbildung 2 aufgezeichnet. Multiple, durch Lymphknotenmetastasen bedingte Speicherungsdefekte und zeitlich verzögerter Abtransport des Goldkolloids rechtsseitig.
Es handelt sich um Metastasen eines Kollum-Karzinoms
Gleiche Bedingungen wie Abb. 2

suchungsmethode gegenüber anderen Verfahren gewisse Vorteile. Während kleine Karzinomabsiedlungen in den Lymphknoten nur durch die Lymphographie nachweisbar sind, können größere Veränderungen oder Ausfälle mit der Szintigraphie etwa ebenso gut aufgezeigt werden wie mit der Lymphographie. Von ZUM WINKEL und v. KEISER (32) wurde die Metastasensuche des Lymphsystems mit der Cavographie verglichen. Die Isotopen-Lymphographie zeigt in 78% der Untersuchungen übereinstimmende Resultate.

Beispiel 1

47jähr. Pat. mit Carcinoma colli III in die Klinik eingewiesen.

Untersuchungsbefund: Ausgedehntes Collum-Karzinom mit Infiltration des rechten parametranen Bindegewebes. Frage nach Lymphknotenmetastasen.

Das Szintigramm (Abb. 3) des Lymphsystems im Bereich des unteren Bauchraumes 24 Stunden nach subkutaner Injektion von 100 μCi 198-Au Kolloid mit 75 E Hyaluronidase in die Interdigitalräume der Zehen zeigt Speicherdefekte im rechten Lymphabflußgebiet und einen zeitlich verzögerten Abtransport.

Diagnose: Im Bereich der inguinalen und iliakalen Lymphknoten rechts finden sich Speicherdefekte. Im mittleren Bauchraum ist ein Teil der fehlenden Radiogoldspeicherung auf den zeitlich verzögerten Abtransport des Kolloides zurückzuführen.

In Zusammenhang mit dem klinischen Befund hochgradiger Verdacht auf Lymphknotenmetastasen inguinal, iliakal und paraaortal.

Anmerkung: Das Vorhandensein von Lymphknotenmetastasen entsprechend der Darstellung im Lymphszintigramm wurde später durch die Sektion bestätigt.

Mit Hilfe der Lymphknotenszintigraphie ist es gelungen, den abdominellen Lymphknotenbefall bei Morbus Hodgkin ohne größeren Aufwand zu erkennen und einer gezielten Behandlung zuzuführen (FIRUZIAN u. JUNGE-HÜLSING (33)).

Literatur

1. HAHN, P. F. und E. L. CAROTHERS: Lymphatic drainage following intrabronchial instillation of silvercoated radioactive gold colloid in therapeutic quantities. J. Thorac. Surg., S. Louis **25**, 265 (1953)
2. SHERMAN, A. I., M. TER POGOSSIAN and E. L. TOCUS: Lymphonode concentrative colloidal gold following interstitial injection. Cancer **6**, 1238 (1953)
3. HULTBORN, K. A., I. G. LARSSON and I. RAGNHULT: A study of the lymph drainage of the lower limb with the use of colloidal Radiogold (Au 198). Acta radiol. Stockh. **43**, 139 (1955)
4. HULTBORN, K. A., L. LARSSON and I. RAGNHULT: The lymphdrainage from the breast to the axillary and parasternal lymphonodes, studies with the aid of colloidal 198-Au. Acta radiol. Stockh. **43**, 52 (1955)
5. LEBORGUE, F. E., R. LEBORGUE, E. SCHAFFNER and F. E. LEBORGUE jr.: Study of lymphatics of mammary gland with radioactive gold. Thorax, London **4**, 233 (1955)
6. SEAMAN, W. B. and W. E. POWERS: Studies of the distribution of radioactive colloidal gold in regional lymph nodes containing cancer. Cancer 8, 1044 (1955)
7. SAGE, H. H. and B. V. GOZUN: Lymphatic scintigrams, method for studying function of lymphatics and lymph nodes. Cancer **11**, 200—203 (1958)
8. SAGE, H. H. and B. V. GOZUN: Methods for studying lymphatic function in intact man utilizing Au-198. Proc. Soc. Exper. Biol. Med., N. Y. **97**, 895—896 (1958)
9. SAGE, H. H.: Methods for studying lymphatics and lymph node particle pickup utilizing Au-198. Proc. Am. A. Cancer Res., **3**, 59 (1959)
10. KELLERSHOHN, D. et R. BENIBOUX: Etude comparée de la propagation dans les voies lymphatiques d-un corps gras radio-actif, le diiodo stéareta d'éthyle marqué à l'131J, et d'une substance colloidale radio-active, l'or 198 colloidal. Minerva nucl. **2**, 159 (1958)
11. PATTON, J. F. and N. MALLIS: Tumors of testis. J. Urol., Baltimore, **81**, 457—461 (1959)
12. SHANBROM, E. and N. ZHEUTLIN: Radiographic studies of lymphatic system. Arch. Int. Med. **104**, 589—593 (1959)
13. SAGE, H. H., D. KIZILAY, M. MIYAZAKI, G. SHAPIRO and B. SINHA: Lymph node Szintigramms. Amer. J. Roentgenol. **84**, 666 (1960)
14. SEITZMAN, D. M., R. WRIGHT, F. A. HALABY and J. H. FREEMAN: Radioactive Lymphangiography as a therapeutic adjunct. Amer. J. Roentgenol. **89**, No. 1, 140 (1963)
15. SEITZMANN, D. M., F. A. HALABY, P. FLANAGAN, R. WRIGHT and J. H. FREEMAN: Intralymphatic radioisotope therapy. Surg. Gyn. Obstetr., **118**, 52 (1964)
16. SEITZMANN, D. M. and F. A. HALABY: Lymphangiographie: An evaluation of its applikations. J. Urol. Baltimore **91**, 301 (1964)
17. ZUM WINKEL, K.: Zur Technik der indirekten abdominellen Lymphknotenszintigraphie mit 198-Au colloidale. Nuclear-Medizin (Stuttgart) **3**, 148 (1963)
18. ZUM WINKEL, K.: Funktionsuntersuchungen des Lymphsystems mit radioaktiven Substanzen. Radioisotope in Klinik und Forschung Bd. VI. Urban & Schwarzenberg, München, Berlin 1963.
19. JANTET, G. H.: Direct intralymphatic injections of radioactive colloidal gold in the treatment of malignant disease. Brit. J. Radiol. **35**, 692 (1962)
20. SIELAFF, H. J. und H. DEININGER: Die Lymphoszintigraphie des Magens nach intragastraler submuköser Injektion von 198-Au. Radioisotope in der Lokalisationsdiagnostik. 4. Jahrestagg. der Gesellschaft f. Nuclearmedizin, Heidelberg 1966, 207 (1967)
21. HO CHOI, S., W. GORDON, F. R. SHEEHAN and M. A. BENDER: Radioisotope scanning of the mediastinal lymphatics in animals. Acta radiol. (Stockh.) **52**, 229 (1964)
22. SAHADEVAN, V.: Das mediastinale Lymphknotenscanning. Radioisotope in der Lokalisationsdiagnostik. 4. Jahrestagung der Gesellschaft für Nuclearmedizin. Heidelberg, 1966. 519 (1967)
23. HEILMANN, H.-P.: Lymphoszintigraphie der Axillarregion beim Mammakarzinom. Radioisotope in der Lokalisationsdiagnostik. 4. Jahrestagg. der Gesellschaft für Nuclearmedizin. Heidelberg 1966, 197 (1967)
24. MÜLLER, J. H.: Interne Tumortherapie mit künstlich radioaktiven Isotopen. Künstliche Radioaktive Isotope, Bd. **2**, 785 (1961) Springer-Verlag, Berlin
25. SCHWAB, W., K. E. SCHEER und K. ZUM WINKEL: Die Szintigraphie des zervikalen Lymphsystems nach strahlentherapeutischen und operativen Maßnahmen. Nuclear-Medizin. Vol. IV, **Nr. 3**, 326 bis 332 (1965)
26. SCHWAB, W., K. E. SCHEER und K. ZUM WINKEL: Szintigraphie des zervikalen Lymphsystems. Arch. Ohr-, Nas.- u. Kehlk.-Heilk. **183** (1964) (Kongreßbericht)
27. ZUM WINKEL, K. und D. v. KEISER: Kombinierte Metastasensuche im Bauchraum mit der Szintigraphie des Lymphsystems und der Cavographie. Fortschr. Röntgenstr. **100**, 90—99 (1964)
28. WELSH, L. W. and J. J. WELSH: The cervical lymphatics, human in vivo studies. Ann. Otol., Rhinol. and Laryngol. **74**, 324 (1964) (St. Louis)
29. HAGIO, E.: Studies on the cervical lymph flow with Radioisotope Au 198 before and after the radical neck dissection. Otologia Fukuoka **9**, 76 (1963)

30. FERNHOLZ, H. J.: Lymphoszintigraphie im Kopf-Hals-Bereich. Fortschr. Röntgenstr. **106**, 524 (1967)

31. FUCHS, P., F. WOLF und H. J. SCHMIDT: Die Lymphknotendarstellung durch peritumorale Gold-198-Kolloid-Infiltration bei Kiefertumoren. Radioisotope in der Lokalisationsdiagnostik. 4. Jahrestagg. der Gesellschaft für Nuclearmedizin. Heidelberg 1966. 201 (1967)

32. ZUM WINKEL, K. und D. VON KEISER: K nierte Metastasensuche im Bauchraum mi Szintigraphie des Lymphsystems und der graphie. Fortschr. Röntgenstr. **100**, 90 (1964

33. FIRUZIAN, N. und G. JUNGE-HÜLSING: Die s graphische Darstellung des Lymphsystem Morbus Hodgkin. Radioisotope in der L sationsdiagnostik. 4. Jahrestagg. der Gesells für Nuclearmedizin. Heidelberg 1966. 189 (19

XIII Knochen

Kapitel XIII

Knochen und Knochenmark

13. Knochen und Knochenmark

13.1. Geschichtlicher Rückblick

1942 TREADWELL, LOW-BEER, FRIEDELL und LAWRENCE (1) erkennen die klinische Möglichkeit, mit Hilfe von radioaktivem Strontium Knochentumoren festzustellen.

1942 PECHER (2) berichtet über die Verwendung von radioaktivem Strontium zur Behandlung von Knochenmetastasen.

1950 DUDLEY, EMIRIE und ISTOCK (3) beschreiben die Anreicherung von 72-Ga in Knochentumoren.

1951 MULRY und DUDLEY (4) beschreiben Untersuchungen mit Radiogallium zur Feststellung von Knochentumoren.

1954 DESGREZ und GUERIN (5) benutzen 72-Ga zur Lokalisierung maligner Tumoren.

1954 VAN DER WERFF (6, 7) klinische Untersuchungen über die Anwendung von radioaktivem Gallium bei Knochenerkrankungen, 66-Ga und 67-Ga.

1955 BAUER, CARLSSON und LINDQUIST (8, 9, 10) untersuchen Aufnahme und Ausscheidung von Strontium 85.

1957 bis 1959 Weitere Untersuchungen über den Knochenstoffwechsel mit 85-Sr und 47-Ca von BAUER und Mitarb. (11, 12, 13).

1960 GYNNING, LANGELAND, LINDBERG und WALDESKOG (14) lokalisieren Wirbelmetastasen mit 85-Sr.

1961 FLEMING, MC ILRAITH und KING (15) benutzen 85-Sr zur Photoszintigraphie von Knochenmetastasen.

1963 Weitere Untersuchungen mit 85-Sr von SKLAROFF und CHARKES (16) zur Diagnostik von Knochenmetastasen.

13.2. Auswahl der Nuklide

13.2.1. 85-Strontium

HWZ 65 Tage

EC = 100%	Gamma-Energie	0,514 MeV
	K X-ray	0,013 MeV

13.2.1.1. Verwendungsform

Strontiumchlorid in wäßriger Lösung, trägerfrei. Spezifische Aktivität 1—5 mCi/g. Das 85-Sr-Chlorid wird in steriler physiologischer Kochsalzlösung, die pro ml 30—50 μCi 85-Sr enthält, intravenös injiziert.

13.2.1.2. Dosierung

Je nach Empfindlichkeit des Meßsystems werden 50—70, maximal 100 μCi 85-Sr i. v. injiziert.

13.2.1.3. Zeitpunkt der Szintigraphie

Nach den Untersuchungen von BAUER u. Mitarb. (8, 9, 10, 11, 12, 13) ist 85-Sr bereits nach 24—48 Stunden im Bereich der osteolytischen und osteoplastischen Metastasen vorhanden. Die Speicherdifferenz gegenüber dem normalen Gewebe nimmt im Ablauf von 2—14 Tagen zu. Falls zunächst keine Anreicherung meßbar ist, empfiehlt es sich, die Untersuchung 7 Tage nach der Applikation zu wiederholen.

13.2.1.4. Strahlenbelastung

Knochen: $\approx$ 0,04 rad/μCi.
Gesamtkörper: $\approx$ 0,5 mrad/μCi.

13.2.1.5. Vorteil

85-Sr emittiert eine harte Gammastrahlung. Die Feststellung tiefliegender Knochenmetastasen ist deshalb ohne Schwierigkeiten möglich.

13.2.1.6. Nachteil

Die HWZ von 65 Tagen macht eine Begrenzung der Dosis auf 100 μCi notwendig, wobei die Anwendung auf sichere Tumorfälle beschränkt bleiben sollte.

13.2.2. 47-Kalzium

HWZ 4,7 Tage

Beta-Energie	0,66—83%, 1,94—17%.
Gamma-Energie	0,48— 6%, 0,83— 6%, 1,31—77%.

13.2.2.1. Verwendungsform

47-Kalziumkarbonat in physiologischer Kochsalzlösung 100 μCi/mg Ca steril in isotonischer Lösung, wird i. v. injiziert.

13.2.2.2. Dosierung

20—100 μCi 47-Ca i. v.

13.2.2.3. Zeitpunkt der Szintigraphie

2—5 Tage nach der i. v.-Injektion lassen sich die Knochenmetastasen gut lokalisieren. Bei der relativ kurzen Halbwertzeit ist das Abwarten bis zu einer evtl. höheren Akumulationsrate nicht zweckmäßig.

13.2.2.4. Strahlenbelastung

Knochen: unter 4 mrad/μCi.
Gesamtkörper: unter 0,02 mrad/μCi.

13.2.2.5. Vorteil

Relativ kurze HWZ; daher geringe Strahlenbelastung.

13.2.2.6. Nachteil

Die hohe Gamma-Energie von 1,31 MeV verlangt eine spezielle Scanner-Apparatur. Langfristige Untersuchungen, insbesondere ein Studium des Knochenstoffwechsels, sind wegen der kurzen HWZ erschwert.

13.2.3. 87-m-Strontium

HWZ 2,8 Stunden, Gamma-Energie 0,39 MeV —79%.

13.2.3.1. Verwendungsform

Das Nuklid wird als 87-Yttriumchlorid in NaCl-Lösung oder absorbiert an eine Ionenaustauschersäule geliefert. Das 87 m-Strontium wird durch Zugabe von physiologischer Kochsalzlösung über die Ionenaustauschersäule gewonnen.

13.2.3.2. Dosierung

1000—5000 μCi 87 m-Sr in physiologischer Kochsalzlösung i. v.

13.2.3.3. Zeitpunkt der Szintigraphie

Infolge der kurzen HWZ muß die Szintigraphie 2—4 Stunden nach der i. v.-Injektion erfolgen.

13.2.3.4. Strahlenbelastung

Knochen und Gesamtkörper: unter 0,02 mrad/μCi.

13.2.3.5. Vorteil

Geringe Strahlenbelastung, daher Applikation hoher Dosen möglich.

13.2.3.6. Nachteil

Kurze Haltbarkeit des Radionuklids. Die Szintigraphie muß nach kurzer Zeit erfolgen. Längere Verlaufsuntersuchungen sind nicht möglich.

13.2.4. 89-Strontium

HWZ 51 Tage

Beta-Energie i. MeV	1,46— 100%,
Gamma-Energie i. MeV	0,91—0,01%.

13.2.4.1. Verwendungsform

Als Strontiumchlorid in NaCl-Lösung, frei von 85-Sr.

13.2.4.2. Dosierung

50—100 μCi intravenös.

13.2.4.3. Zeitpunkt der Szintigraphie

24—48 Stunden nach i. v.-Injektion.

13.2.4.4. Strahlenbelastung

Knochen; 0,05 rad/μCi.
Gesamtkörper: unter 0,5 mrad/μCi.

13.2.4.5. Vorteil

Länger dauernde Verlaufsuntersuchungen sind möglich.

13.2.4.6. Nachteil

Höhere Strahlenbelastung gegenüber 87 m-Strontium und 47-Ca.

13.2.5. 66-Gallium

HWZ 9,5 Stunden

Beta-Energie i. MeV	0,92— 4%,
	4,15—49%,
	u. and. — 4%.
Gamma-Energie i. MeV	0,51
	von Beta +
	0,83— 5%,
	1,04—37%,
	2,18— 5%,
	2,75—25%,
	4,30— 5%,
	4,83— 2%.

13.2.5.1. Verwendungsform

Als Galliumchlorid in NaCl-Lösung, trägerfrei.

13.2.6. 67-Gallium

HWZ 78 Stunden

Gamma-Energie i. MeV	0,092—69%,
	0,182—24%,
	0,30 —22%.

13.2.6.1. Verwendungsform

Als Galliumchlorid in NaCl-Lösung, trägerfrei.

13.2.7. 72-Gallium

HWZ 14,1 Stunden

Gamma-Energie i. MeV	0,67 —41%,	0,96—35%,
	1,51 — 7%,	1,94— 7%,
	2,53 — 5%,	3,17— 5%.
Beta-Energie i. MeV	0,60 — 7%,	0,63—19%,
	0,79 — 3%,	0,81— 3%,
	0,835—88%,	0,89— 8%,
	1,05 — 5%,	1,23— 1%,
	1,27 — 1%,	1,47— 4%,
	1,60 —10%,	1,68— 1%,
	1,86 — 5%,	2,20—29%,
	2,49 — 9%,	2,51—17%.

13.2.7.1. Verwendungsform

Galliumchlorid 200 mC/g Ga.

13.2.7.2. Dosierung

500—1000 μCi intravenös.

13.2.7.3. Zeitpunkt der Szintigraphie

4 Stunden nach i. v.-Injektion.

13.2.7.4. Strahlenbelastung

Knochen und Gesamtkörper unter 0,02 mrad/μCi.

13.2.7.5. Vorteil

Relativ kurze Halbwertzeit.

13.2.7.6. Nachteil

Geringe Speicherung; Untersuchungen deshalb nur kurzzeitig möglich.

13.2.8 18-Fluor

HWZ 112 Minuten

Beta-Energie	EC = 3%
	Beta + 0,64 — 97%
Gamma-Energie i. MeV	0,51 von Beta +

13.2.8.1. Verwendungsform

18-F in physiologischer Kochsalzlösung, trägerfrei, wird i. v. injiziert.

13.2.8.2. Dosierung

1000—5000 μCi.

13.2.8.3. Zeitpunkt der Szintigraphie

Bei der Kürze der HWZ nach 1 Stunde.

13.2.8.4. Strahlenbelastung

Knochen und Gesamtkörperdosis unter 0,02 mrad/μCi.

13.2.8.5. Vorteil

French u. Mitarb. (22) bezeichnen für die Knochen-Szintigraphie 18-F als „Radio-Isotop der Wahl“, wenn es kurzzeitig angeliefert werden kann.

Ausführlich werden die Vorzüge von 18-F — speziell gegenüber 87m-Sr — durch Spencer

u. Mitarb. (21) und French u. Mitarb. (22) bewertet.

13.2.8.6. Nachteil

Nur kurzzeitige Untersuchung möglich. Geringe Haltbarkeit.

Für die **Skelett-Szintigraphie** wurden außerdem folgende Radionuklide in Vorschlag gebracht: 198-Au kolloidale zur Suche von Knochenmetastasen (Esteban u. Mitarb. (25)), 75-Se zur Diagnostik von Knorpelgeschwülsten wie Chondrom, Chondrosarkom (Perez-Modegro (23)), 139-Ba (Bauer u. Mitarb. (10)).

13.3. Technik der Darstellung

Primäre und metastatische Knochentumore reichern ebenso wie entzündliche und reparative Prozesse Kalzium, Strontium, Gallium und Fluor stärker an als der normale Knochen. Die Konzentration der Radioaktivität ist gegenüber der Umgebung erhöht: „Positive“ Abbildung im Szintigramm. Über den Mechanismus der Anreicherung resp. den Einbau der betreffenden Radionuklide in der Knochenstruktur geben French und McCready (22) detaillierte Literatur-Hinweise.

Speicherdefekte, d. h. „negative“ Abbildung im Szintigramm finden sich bei zystischen Veränderungen und ausgesprochenen Knochendefekten. Diese sind jedoch röntgenologisch ohne Schwierigkeiten erkennbar, so daß das Hauptanwendungsgebiet die Darstellung von Knochentumoren oder Metastasen ist, solange röntgenologisch sichtbare Veränderungen fehlen. Die gute Abgrenzung eines Prozesses ist weitgehend von der Speicherdifferenz zwischen Tumor und Gewebe abhängig. Die Untersuchung von McCready, French und Gwyther (17) lassen erkennen, daß es zwei Phasen der vermehrten Aktivitätsanreicherung in Knochentumoren gegenüber normalem Knochengewebe gibt **(Abb. 1)**. Die erste Phase von 0 bis 30 Minuten zeigt ein Ansteigen der Strontiumaufnahme im Knochen- sowie im Tumorbereich. Im Ablauf von 2—14 Tagen sinkt die Aktivität im normalen Gewebe schneller ab als im Tumor. Dadurch entsteht eine Zunahme der Speicherdifferenz **(Abb. 2)**, die nach 4 Tagen das 2fache und nach 8—10 Tagen das 3fache des Ausgangswertes erreichen kann. Unterschiede in der Strontiumspeicherung zwischen 85-Sr und 87-m-Sr bestehen nach den Untersuchungen von Mc Cready u. Mitarb. (17) nicht. Die unterschiedliche Aufnahme der Radioisotope bei

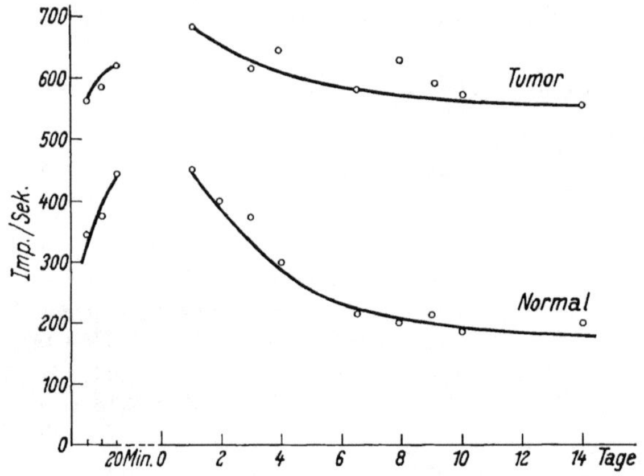

Abb. 1. Aktivitätsmessungen über Oberschenkelknochen (Knochentumorgewebe und gegenüberliegendes normales Knochengewebe) nach i. v. Injektion von 100 μCi 85-Sr-Cl_2.
Ordinate: Impuls/sec. Abzisse: Zeit: Minuten bis Tage. (nach McCready u. Mitarb. (17))

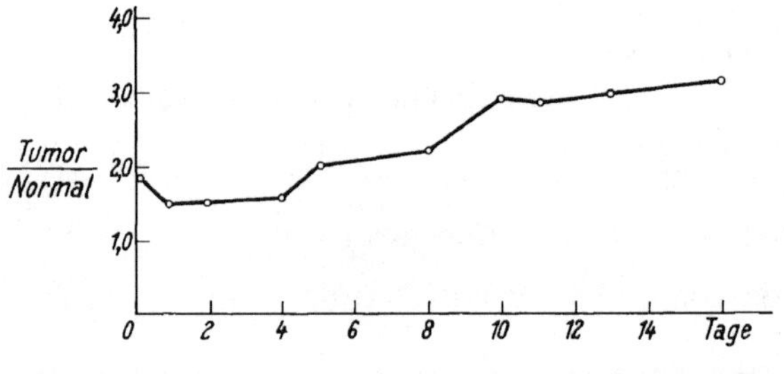

Abb. 2. Speicherquotient Tumorgewebe gegenüber Normalgewebe nach i. v. Injektion von 100 μCi 85-$SrCl_2$
Ordinate: Tumorquotient. Abzisse: Zeit nach Injektion in Tagen (nach McCreary u. Mitarb. (17))

Knochenerkrankungen kann bereits innerhalb einer Stunde nach intravenöser Injektion festgestellt werden. Die Möglichkeit, bei kurzlebigen Radioisotopen eine höhere Aktivität zu verabfolgen, erscheint meßtechnisch von größerem Vorteil, als bei langlebigen Isotopen wie 85-Sr, die Lokalisation erst nach 2—4 Tagen vorzunehmen.

13.4. Das normale Knochen-Szintigramm

Die Szintigraphie des gesamten Skelettsystems erfordert mit den bisherigen Verfahren und Scanner-Systemen einen beachtlichen Zeitaufwand. Um eine gute szintigraphische Darstellung zu erhalten, muß bei Verwendung von 85-Sr die übliche Aktivität von 100 μCi beachtlich erhöht werden. Aufgrund der Strahlenbelastung wird jedoch die Indikation für eine derartige Darstellung sehr begrenzt sein. Nur bei den kurzlebigen Radioisotopen kann die Ganzkörper-Knochenszintigraphie als Routinemethode empfohlen werden. Im normalen Skelettsystem wird ein vermehrter Strontiumeinbau in den Wachstumszonen des Knochens beobachtet. Er ist besonders dann zu erwarten, wenn die Osteogenese erhöht ist.

13.5. Das von der Norm abweichende Knochen-Szintigramm

Eine vermehrte Anreicherung von Strontium, Kalzium, Gallium und Fluor findet sich bei allen Knochenumbauprozessen, ganz gleich, ob sie benigner oder maligner Natur sind. Aus einer Aktivitätsanreicherung allein läßt sich eine Aussage über die Art des Prozesses nicht treffen. Am Anfang der Skelettdiagnostik steht die Röntgenaufnahme, die häufig einen morphologischen Hinweis gibt. Über das funktionelle Geschehen informiert das Knochenszintigramm, das damit eine wertvolle Ergänzung des Röntgenbildes ist. Die Indikation zur Untersuchung ist durch die Frage nach entzündlichen oder neoplastischen Prozessen oder nach dem Ausmaß von reparativen Vorgängen nach traumatischen oder operativen Knochenläsionen gegeben. Besondere Bedeutung gewinnt die Knochenszintigraphie für die Suche nach röntgenologisch nicht nachweisbaren Metastasen.

13.5.1. Knochenfraktur

Frische Frakturen zeigen in jedem Falle eine erhöhte Aktivitätsanreicherung, die relativ lange Zeit, 2—3 Monate, zu beobachten ist. Alte Frakturen nach 6 oder 12 Monaten zeigen, wenn keine Pseudarthrose vorhanden ist, nur eine geringe Strontiumanreicherung.

Beispiel 1

54jähr. Mann, wegen einer Lendenwirbelfraktur in die Klinik eingewiesen.

Die Röntgenaufnahme (Abb. 3a, links oben) zeigt die Fraktur im Bereich des 1. Lendenwirbelkörpers.

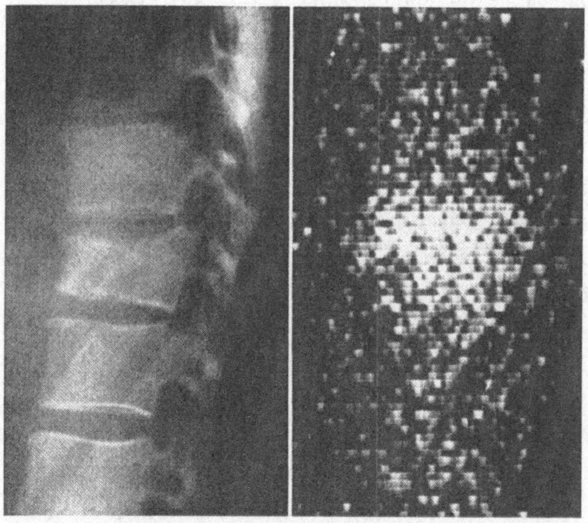

a b

Abb. 3a. Röntgenaufnahme zeigt frische Fraktur des 1. LWK (Beispiele nach BESSLER (18))

Abb. 3b. Szintigramm einen Monat nach Fraktur des 1. LWK. Deutliche Aktivitätsanreicherung als Zeichen der einsetzenden Reparationsvorgänge (Beispiel nach BESSLER (18))

Das Photoszintigramm (Abb. 3b, rechts oben) einen Monat nach der Fraktur läßt eine deutliche Aktivitätsanreicherung nach i. v. Injektion von 85-Sr erkennen (nach BESSLER (18)).

Beispiel 2

Das Röntgenbild (Abb. 4a) eines 68jährigen Mannes. Zustand nach verheilter Fraktur des 2. LWK mit keilförmiger Deformation.

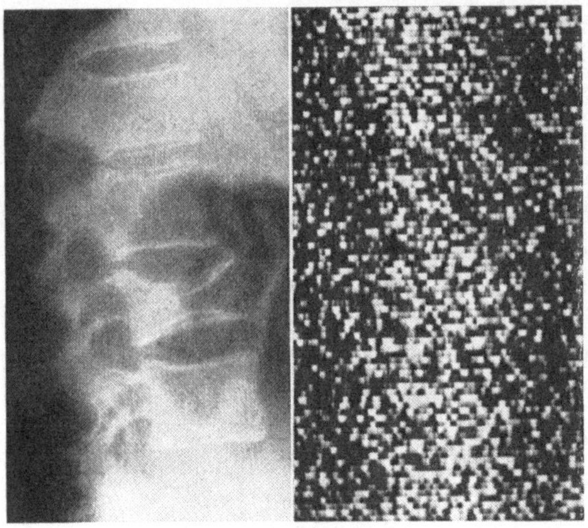

a b

Abb. 4a. Röntgenaufnahme zeigt alte Fraktur des 2. LWK

Abb. 4b. Im Szintigramm findet sich keine 85-Sr-Konzentration als Zeichen, daß die Frakturheilung abgeschlossen ist (Beispiel nach BESSLER (18))

Das Photoszintigramm (Abb. 4b) läßt nach i. v. Injektion von 85-Sr keine Aktivitätsanreicherung erkennen.

Befund: Frakturheilung abgeschlossen, keine sekundären reaktiven Veränderungen (nach BESSLER (18)).

Die vermehrte Stromtiumkonzentration im Bereich einer frischen Fraktur muß nicht grundsätzlich auf den lokal erhöhten Knochenstoffwechsel zurückzuführen sein, sondern hier ist die Strontiumablagerung in den geschädigten Weichteilen von mindestens gleicher Bedeutung. KOLB u. Mitarb. (19) konnten in Tierversuchen zeigen, daß allein nach einem Trauma der Weichteile eine Aktivitätsanreicherung von Strontium in gleicher Höhe stattfindet, wie sie bei einer Knochenfraktur gemessen wird. Die Aufarbeitung des Knochens im Frakturbereich ergab einen geringeren Speicherungsquotienten gegenüber der Einlagerung in den Weichteilen. Diese Tatsache läßt darauf schließen, daß bei pathologischen Zuständen der Strontiumeinbau nicht lediglich die Stoffwechselaktivität des Knochens widerspiegelt. Aus diesem Grunde kann die Heilungstendenz bzw. die Kallusbildung nicht allein aus der Strontiumaufnahme im Frakturbereich beurteilt werden.

Fehlt eine Strontiumeinlagerung bei einer älteren Fraktur, so kann ausgesagt werden, daß die Heilung abgeschlossen ist und z. Z. keine sekundären oder reaktiven Veränderungen vorhanden sind. Szintigraphische Untersuchungen alter Frakturen haben gezeigt, daß trotz fester kallöser Verheilung noch über Jahre erhöhte Knochenumbauprozesse weiterbestehen können. Ein positives Szintigramm nach einer traumatischen oder operativen Knochenläsion sagt nichts über den Abheilungsgrad und die Belastbarkeit der betreffenden Skelettpartie aus.

13.5.2. Hypertrophische Knochenatrophie

Auch bei einer Osteoporose kann ein verstärkter Knochenumbau vorhanden sein, der sich bei der Skelettszintigraphie durch eine vermehrte Strontiumeinlagerung zeigt (BESSLER (18)).

13.5.3. Amorphe Sklerosierung

Sklerotische Veränderungen im Röntgenbild besitzen meist einen erhöhten Strontiumeinbau, der auf eine verstärkte Osteogenese hinweist.

13.5.4. Primäre Knochentumoren

Fast alle Tumoren stellen sich je nach Stoffwechselaktivität durch die vermehrte Anreicherung von Strontium dar. Wie am Beispiel eines Enchondroms **(Abb. 6)** gezeigt wurde, gelingt es mit Hilfe der Szintigraphie, die in Verkalkung übergehenden Bezirke von den stoffwechselaktiven Bezirken zu unterscheiden. Die Sarkome lassen im allgemeinen eine deutlich vermehrte Strontiumaufnahme erkennen, deren Größe und Ausdehnung meist genau der reellen Tumorausdehnung entspricht (Abb. 6).

Beispiel 1

Eine 13jähr. Pat. wurde wegen Schmerzen im rechten Knie, die seit 6 Wochen bestanden, in die Klinik eingewiesen (Knochensarkom).

Die Röntgenaufnahme (Abb. 5a) zeigt eine geringe periostale Proliferation im Tibiakopf.

Die Szintigraphie (Abb. 5b) mit 87-m-Sr läßt eine ausgedehnte Strontiumanreicherung im Tibiakopf erkennen (nach SKLAROFF u. Mitarb. (20)). Das Präparat nach Amputation **(Abb. 5c)** zeigt eine gute Übereinstimmung des Osteo-

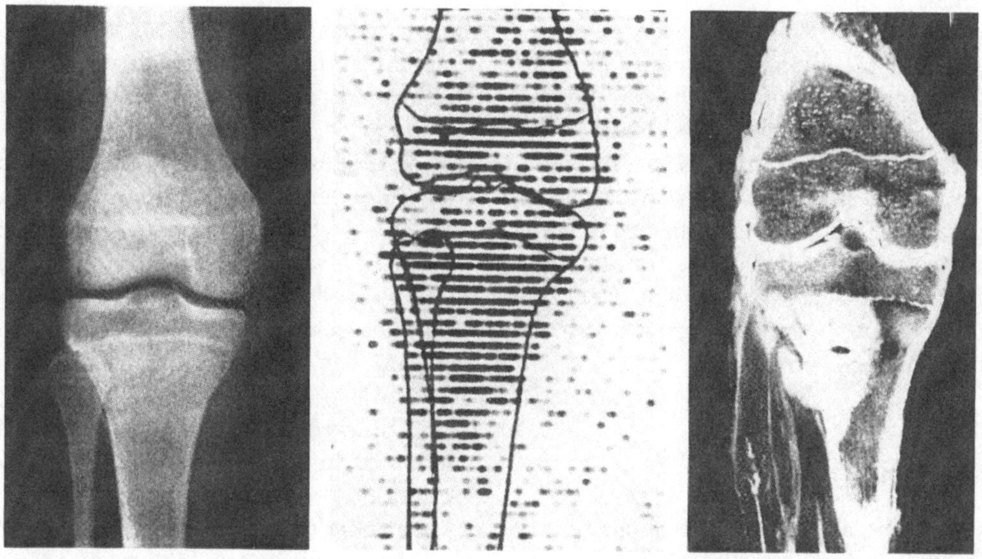

a b c

Abb. 5a. Röntgenaufnahme einer 13jährigen Pat. Geringe periostale Proliferation im rechten Tibiakopf (Nach SKLAROFF und CHARKES (20))

Abb. 5b. Szintigramm nach i. v. Injektion von 87m-Sr (Nach SKLAROFF und CHARKES (20))

Abb. 5c. Präparat nach Amputation — gute Übereinstimmung mit dem Szintigramm (Abbildungen SKLAROFF und CHARKES (20))

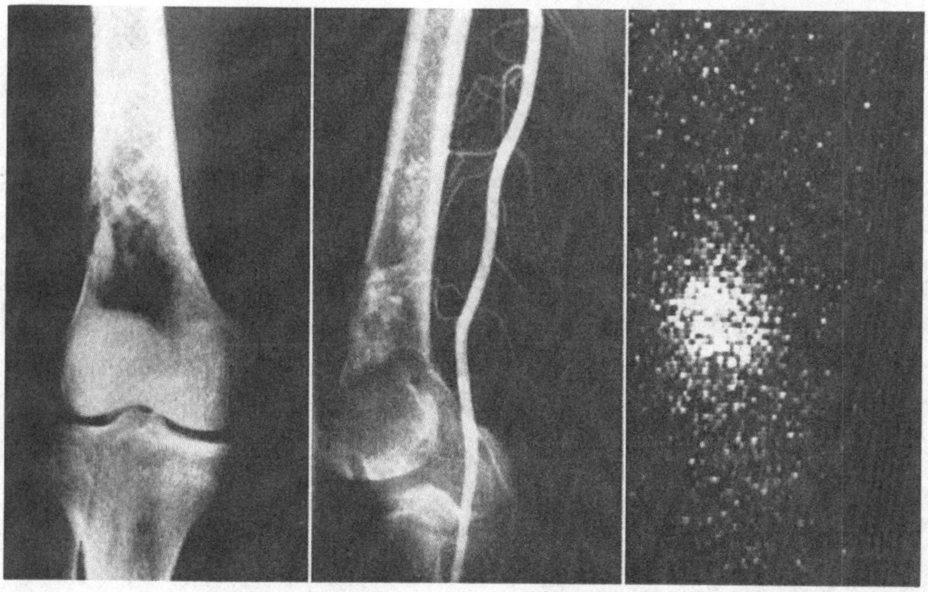

a b c

Abb. 6. 61jähr. Pat. mit Enchondrom im rechten Femur a) Röntgenaufnahme, b) Femoralisarteriogramm, c) Szintigramm (nach BESSLER (18))

sarkoms in Größe und Ausdehnung mit dem szintigraphischen Bild.

Beispiel 2

61jähr. Pat. mit Enchondrom in der distalen Diaphyse und Metaphyse des Femur. Proximal ist der Tumor weitgehend verkalkt. Distal findet sich eine Knochenosteolyse mit Auftreibung und Verdünnung der Femurschaftkortikalis (**Abb. 6a**) (nach BESSLER (18)).

Angiographisch (Abb. 6b) sind die verkalkten und auch osteolytischen Tumorpartien gleichmäßig mit Gefäßen versorgt.

Szintigraphisch (Abb. 6c) findet sich eine umschriebene Aktivitätsanreicherung auf der Höhe des osteolytischen Tumors. Dieser Befund spricht für das Vorliegen einer Proliferation der distalen Chondromabschnitte. Die proximal verkalkten Partien sind inaktiv. Die Feststellung der Begrenzung der Aktivitätsanreicherung auf den osteolytischen Bezirk ist für die Operation von Bedeutung. Eine Femurresektion kann dicht oberhalb der ruhenden Chondrompartie vorgenommen werden.

13.5.5. Knochenmetastasen

Ein beachtlicher Vorteil der Knochenszintigraphie besteht darin, daß Strontiumanreicherungen in Knochenmetastasen bereits szintigraphisch lokalisiert werden können, bevor das Röntgenbild eindeutige Veränderungen aufweist. Wie im vorangegangenen Beispiel zu sehen ist, entsprechen Größe und Ausdehnung der röntgenologischen Veränderungen nicht immer der tatsächlichen Tumorgröße. Eine Aktivitätsanreicherung ist jedoch nicht gleichbedeutend mit Knochenmetastasen. Siehe folgendes Beispiel von BESSLER (18).

Die **Abbildung 7** zeigt Szintigramme und Röntgenbilder von 3 verschiedenen Patienten. Auf allen Szintigrammen tritt eine umschriebene Erhöhung der Radiostrontiumspeicherung in der rechten Hüftregion in Erscheinung. Die gemessenen Impulszahlen pro Minute sind in den Aktivitätszentren 4- bis 5mal so hoch wie über der Symphysengegend. Die den Szintigrammen entsprechenden Röntgenbilder sind in der unteren Reihe von **Abbildung 7** dargestellt.

Auf dem Bilde links ist die Hüfte einer Patientin abgebildet, die seit Jahren an Koxarthrose leidet. Es finden sich eine starke Verschmälerung des Hüftgelenkspaltes und eine Osteophytose der medialen Zirkumferenz des Femurkopfes und der lateralen Gelenksrandpartien. Außerdem liegt ein Status nach Voss'scher Operation vor.

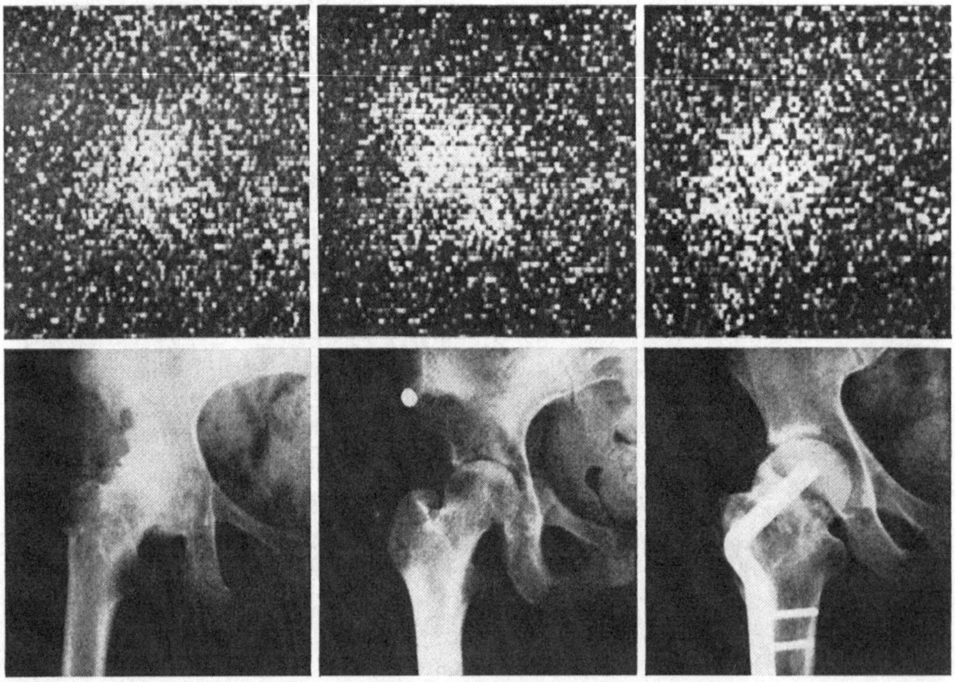

a b c

Abb. 7. Gegenüberstellung der Szintigramme und Röntgenbilder der rechten Hüftregion von drei verschiedenen Patienten

a) (Bilder links) 64jähr. Frau mit Koxarthrose b) (Bilder Mitte) 42jähr. Frau mit osteolytischer Mamma-Karzinom-Metastase im Hüftpfannendach c) (Bilder rechts) 42jähr. Mann mit Schenkelhalspseudarthrose und Status nach intertrochanterer Valgisations-Osteotomie Alle drei Szintigramme zeigen eine umschriebene Radiostrontium-Speicherung in der rechten Hüftregion von unterschiedlicher Verteilung jedoch annähernd gleicher Intensität (nach BESSLER (18))

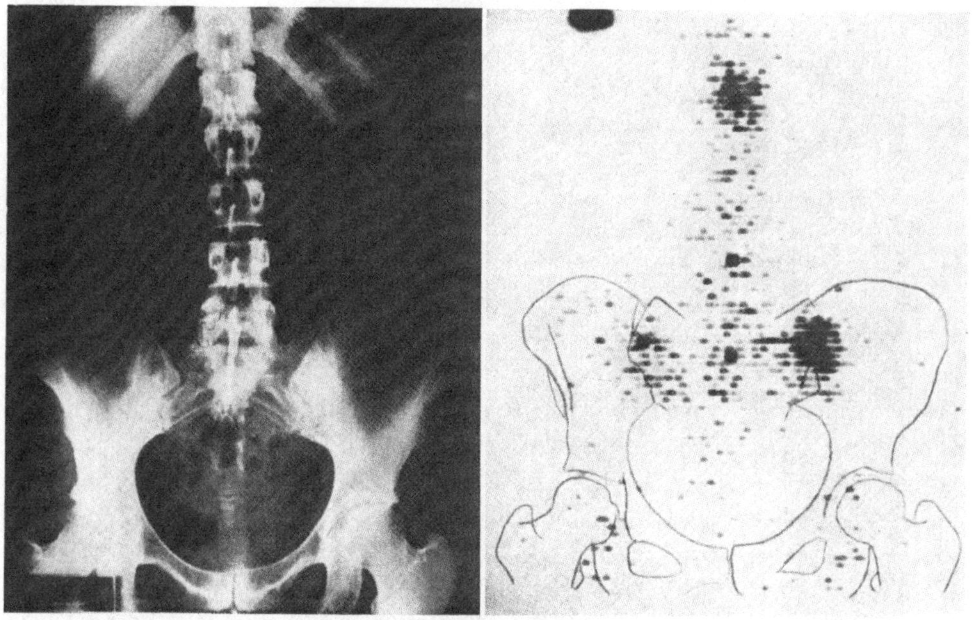

a b

Abb. 8a. Die Röntgenaufnahme des Beckens und der LWS ergibt keinen Anhalt für Knochenmetastasen (Beispiel von SKLAROFF und CHARKES (20))
8b. Das Szintigramm nach i. v. Injektion von 85-Sr zeigt deutlich zwei Gebiete mit Knochenmetastasen (12. BWK und linkes Lumbosakroiliakalgelenk) (Beispiel von SKLAROFF und CHARKES (20))

Die mittlere Aufnahme einer 42jährigen Patientin zeigt eine osteolytische Mamma Karzinom-Metastase im Azetabulum.

Das Bild rechts zeigt die Hüfte eines 42jährigen Mannes mit einer pseudarthrotisch umgewandelten 3 Jahre alten Schenkelhalsfraktur und einem Status nach intertrochanterer Valgisations-Osteotomie vor $1^1/_2$ Jahren.

Wie diese Beispiele zeigen, erlaubt nur die Röntgenaufnahme die verschiedenen Krankheitsursachen voneinander zu unterscheiden. Es muß darauf hingewiesen werden, daß die szintigraphische Diagnose von Knochenmetastasen in einem Stadium, in dem das Röntgenbild noch keinen Befund ergibt, ein hohes Risiko einer Fehldiagnose in sich birgt, da auch entzündliche, degenerative oder traumatische Knochenveränderungen einen annähernd gleich aussehenden Szintigraphiebefund ergeben können. Bei der Interpretation der Skelettszintigramme ist also folgendes zu beachten:

1. Eine Strontiumanreicherung muß nicht unbedingt für einen erhöhten Knochenstoffwechsel sprechen. Weichteilläsionen zeigen ebenfalls eine gleichartige oder auch höhere Strontiumkonzentration.
2. Die Strontiumanreicherung kann bei benignen und malignen Veränderungen in nahezu gleicher Größenordnung vorhanden sein.
3. Die Skelettszintigraphie informiert über ein funktionelles Geschehen und bildet damit eine wertvolle Ergänzung des Röntgenbildes.
4. Die frühzeitige Diagnosestellung von Knochenmetastasen ist im Zusammenhang mit dem klinischen Befund und einer vorliegenden Tumorerkrankung möglich.

Weitere Beispiele für einen frühzeitigen szintigraphischen Nachweis von Knochenmetastasen, bevor die Rö-Aufnahmen einen Prozeß erkennen ließen:

Beispiel 1

32jähr. Pat. mit Schmerzen im Rücken 2 Jahre nach vorausgegangener Mamma-Amputation (SKLAROFF (20)).

Die Röntgenaufnahme (Abb. 8a) läßt keine Knochenmetastasen erkennen.

Das Szintigramm (Abb. 8b) zeigt im Kreuzbeinbereich an der linken Beckenschaufel und im 1. LWK eine Aktivitätsanreicherung, die in Zusammenhang mit dem klinischen Befund für Knochenmetastasen spricht. So kann die Strahlentherapie eingeleitet und die Patientin frühzeitig schmerzfrei werden.

SKLAROFF u. Mitarb. (20) berichten über 4 Patienten, bei denen die Röntgenaufnahmen positiv, die Szintigramme dagegen negativ

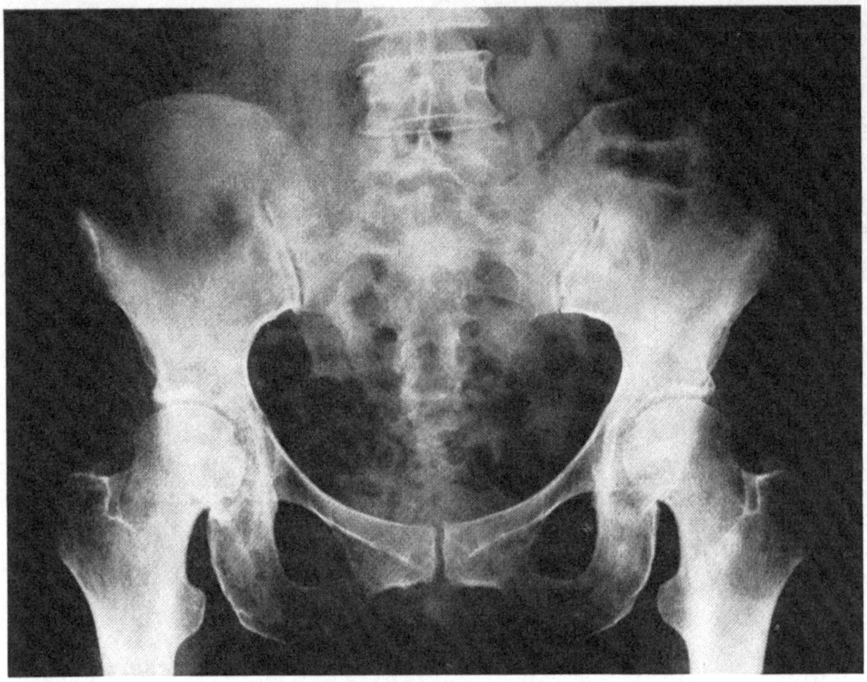

Abb. 9. Röntgenübersichtsaufnahme des Beckens ohne deutliche Anzeichen von Knochenmetastasen

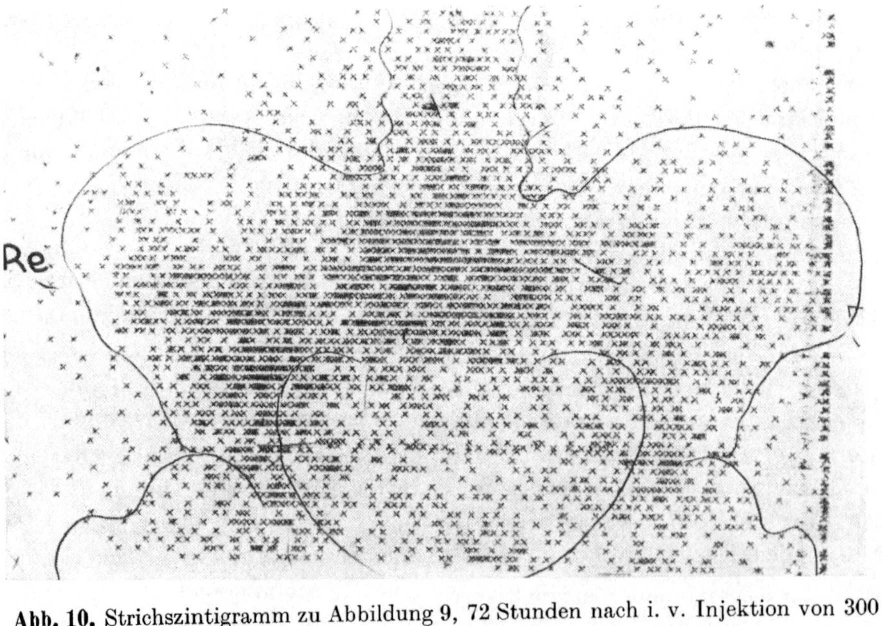

Abb. 10. Strichszintigramm zu Abbildung 9, 72 Stunden nach i. v. Injektion von 300 μCi 85-Sr.

Es findet sich im Bereich des Kreuzbeines und an der rechten Darmbeinschaufel eine erheblich vermehrte Aktivitätsanreicherung, die auf Knochenmetastasen hinweist. Die Diagnose wurde im späteren Röntgenbild bestätigt

2″ Kristall, 6 mm konischer Kollimator, 76 cm/min

waren. Von diesen Patienten hatten zwei ein Retikulumzellsarkom, die beiden anderen Mammakarzinom-Metastasen.

Es ist anzunehmen, daß das Fehlen der osteoblastischen Aktivität in diesem Bereich die Ursache für die fehlende Radioaktivitätsanreicherung darstellt.

Beispiel 2

58jähr. Pat. wurde wegen in den letzten Wochen schnell zunehmender Schmerzen in der Lumbal- und Sakralregion eingewiesen. 1 Jahr davor war sie wegen eines Karzinoms in der rechten Mamma operiert und nachbestrahlt worden.

Klinischer Befund: Deutlicher Klopfschmerz in der LWS, im Bereich des Kreuzbeines und im rechten Darmbein.

Die Röntgenaufnahme, Beckenübersicht, **Abbildung 9** zeigte einen metastatischen Befall des 12. BWK und des 1. LWK. Am knöchernen Becken waren Destruktionen nicht nachweisbar.

Das Strichszintigramm (Abb. 10) 72 Stunden nach Injektion von 300 μCi 85-Sr ergibt vermehrte Aktivitätsanreicherung in Projektion auf die Kreuzbeinregion, rechts etwas stärker als links und in den medialen Partien des rechten Os ileum bis zur Hüftgelenkspfanne hin.

Diagnose: In Zusammenhang mit dem klinischen Befund sind metastatische Veränderungen im Kreuzbein und im rechten Os ileum anzunehmen.

Anmerkung: Eine erneute Röntgenuntersuchung des Beckens 2 Wochen später zeigte jetzt auch in den beschriebenen Regionen Strukturveränderungen, die für eine Metastasierung sprachen.

Literatur

1. De Treadwell, A., B. V. A. Low-Beer, H. L. Friedell and J. H. Lawrence: Metabolic studies on neoplasma of bone with the aid of radioactive strontium. Amer. J. Med. Sc. **204**, 521 (1942)
2. Pecher, C.: Biological investigations with radioactive calcium and strontium; preliminary report on use of radioactive strontium in treatment of metastatic bone cancer. Univ. California Publ. Pharmacol. **2**, 117—149 (1942)
3. Dudley, H. C., G. W. Imirie and J. T. Istock: Deposition of radiogallium (Ga-72) in proliferating tissues. Radiology **55**, **4571** (1950)
4. Mulry, W. C. and H. C. Dudley, Msc: „Studies of radiogallium as a diagnostic agent in bone tumors." J. Laborat. Clin. Med., S. Louis **37**, 239—252 (1951)
5. Desgrez, M. H., R. A. Guerin et M.-T. Guerin: Le test au 72-gallium dans les tumeurs malignes des os. Presse méd. **62**, 997 (1954)
6. van der Werff, J. Th.: Clinical investigations on the use of radioactive gallium (Ga-66 and Ga-67) in bone diseases. Acta radiol. **41**, **343** (1954)
7. van der Werff.: Radioisotope conference 1954. Proceedings of the second conference, Oxford **5**, 36 (1954)
8. Bauer, G. C. H., A. Carlsson and B. Lindquist: Evaluation of accretion, resorption and exchange reactions in the skeleton. Kungl. Fysiogr. Sallskap. Lund Forhandl. **25**, 1—16 (1955)
9. Bauer, G. C. H., A. Carlsson and B. Lindquist: Bone salt metabolism in humans studied by means of radiocalcium. Acta med. Scand. **158**, 143—150 (1957)
10. Bauer, G. C. H., A. Carlsson and B. Lindquist: Use of Isotopes in Clinical Studies of Skeletal Metabolism. Buch: Radioaktive Isotope in Klinik u. Forschung Bd. III. Urban & Schwarzenberg 1958
11. Bauer, G. C. H. and B. Wendeberg: External counting of Ca-47 and Sr-85 in studies of localizid skeletal lesions in man. J. Bone Surg., Am. Ed. **41-B**, 558—580 (1959)
12. Bauer, G. C. H. and R. D. Ray: Kinetics of strontium metabolism in man. J. Bone Surg., Am. Ed. **40 A**, 171—186 (1958)
13. Bauer, G. C. H.: Skeletal metabolism in humans studied with body surface cunting of Sr-85 and Ca-47. International conf. on radioisotopes in scientific research, UNESCO/NS/RIC/**144** (1957)
14. Gynning, I., P. Langeland, S. Lindberg and B. Waldeskog: Localization with Sr-85 of spinal metastases in mammary cancer and changes in uptake after hormone and roentgen therapy: Acta radiol. **55**, 119—128 (1961)
15. Fleming, W. H., J. D. Mc Ilraith and E. R. King: Photoscanning of bone lesions using strontium-85. Radiology **77**, 635—636 (1961)
16. Sklaroff, D. M. and N. D. Charkes: Studies of metastatic bone lesions with strontium-85. Radiology **80**, 270—272 (1963)
17. Mc Cready, V. R., R. J. French and M. M. Gwyther: The use of short lived isotopes in bone scanning. Radioisotopen in der Lokalisationsdiagnostik (4. Jahrestagg. der Ges. f. Nucl. Med., Heidelberg, 1966) 405 (1967)
18. Bessler, W.: Resultate mit 85-Sr-Skelett-Szintigraphie. Radioisotopen in der Lokalisationsdiagnostik (4. Jahrestagg. der Ges. f. Nucl. Med., Heidelberg, 1966) 431 (1967)
19. Kolb u. Mitarb.: pers. Mitteilung (Schering, Berlin)
20. Sklaroff, D. M. and N. D. Charkes: The detection of bone metastases by photoscanning with radioactive strontium. Scintillation scanning in clinical medicine. W. B. Saunders Company Philadelphia & London, 69 (1964)

21. SPENCER, R., R. HERBERT, M. W. RISH and W. A. LITTLE: Bone scanning with 85-Sr, 87m-Sr and 18-F. Brit. J. Radiol. **40**, 641—654 (1967)
22. FRENCH, R. J. and V. R. MCCREADY: The use of 18-F for bone scanning. Brit. J. Radiol. **40**, 655—661 (1967)
23. PEREZ-MODEGRO, S., J. ESTEBAN and D. LASA: Radioactive selenium: a new tracer for detection of cartilaginous tumours. Brit. J. Radiol. **40**, 177—180 (1967)
24. LARSSON, L. G. and L. JONSSON: In medical radioisotope scanning (I. A. E. A. Wien) 1964
25. ESTEBAN, J., D. LASA and S. PEREZ-MODEGRO: Detection of metastases in the skeleton with radioactive colloidal gold. Brit. J. Radiol. **40**, 181—183 (1967)

XIV Zentralnervensyst.

Kapitel XIV

Zentralnervensystem

14. Zentralnervensystem

14.1. Geschichtlicher Rückblick

1948 Moore und Mitarb. (1, 2, 3) benutzen den Farbstoff Fluoreszin, dessen hohe und konstante Affinität zu Hirntumoren durch Dankworth und Herly bekannt geworden war, um diese Farblösung mit 131-J zu etikettieren und als Di-jod (131-J)-fluoreszin zu synthetisieren. Damit gelang erstmalig durch Anwendung von Radionukliden der Nachweis und die Lokalisation intrazerabraler Geschwülste.

Die erhöhte Phosphor-Umsatzrate im Tumorgewebe ermöglicht es Selverstone und Mitarb. (4) mit Hilfe von 32-P und der Anwendung spezieller Miniatur- oder Nadelzählrohre intra operationem Hirntumoren von gesundem Hirngewebe abzugrenzen.

1951—1953 Ausbau der Lokalisationsdiagnostik mit zwei Szintillationszählern in Koinzidenzschaltung bei Verwendung von Positronenstrahlern wie 64-Cu, 52-Mn, 74-As u. a. durch Sweet (5, 6, 7) zusammen mit Brownell (8, 9, 10) und Locksley (11).

Wegen der raschen Verschwinderate des Di-jod-fluoreszin aus dem Tumorgewebe gehen Moore und Mitarb. (12) zur gleichen Zeit (1951) zur Verwendung von 131-J-Human-Serum-Albumin (131-J-HSA) über, das Vergleichsmessungen über den verschiedenen Hirnregionen bis zu zwei Tage nach der Injektion erlaubt.

1957 Mundinger (13, 14) empfiehlt 206-Bi zur extrakranialen Hirntumorlokalisation und zeigt 1959 die hohe Genauigkeit und Treffsicherheit.

1959 Blau und Bender (15, 16, 17, 18) beschreiben 203-Neohydrin als ein neues Agens zur Hirntumor-Lokalisation. Seine Vorzüge werden von Brinkman et al. (19), Croll et al. (20), Dugger (21), Feindel et al. (22, 23), Mc Clintock et al. (24), Mc Ginnis et al. (25) und von Rhoton et al. (26, 27) bestätigt. Die hohe Strahlenbelastung der Nieren als „kritisches Organ" wird erst später festgestellt. Bucy und Ciric (28) empfehlen daher die Verwendung von 197-Hg-Neohydrin.

Schumacher (29) berichtet über die Photoszintigraphie der Hirntumoren mit 131-Jod-Humanserumalbumin.

1962 Tauxe u. Mitarb. (30, 31, 32) weisen eine hohe Konzentration von 131-J-Polyvinylpyrollidon in artefiziell gesetzten Läsionen in Katzenhirnen nach. Dies veranlaßt Bodforss und Olin (33) 131-J-PVP zur Hirntumorlokalisation anzuwenden (1965).

1964 Harper und Mitarb. (34, 35) berichten über die Hirnszintigraphie mit 99m-Tc; es folgen Publikationen von Mc Afee et al. (36, 38, 39), Witcofski (40), Beck, Charleston und Lathrop (41).

1965 Versuche mit etikettierten, spezifischen Antikörpern (= Anti-Fibrinogen, RIAF) zur Anreicherung in Hirntumoren: Day und Mitarb. (42, 43).

Methodische und technische Verbesserungen

1956 Planiol (44, 45, 46): Vergleichende Messung der Radioaktivität über symmetrischen Punkten beider Hemisphären, Berechnung und Registrierung der Differenz-Prozent-Kurve (= Gammaenzephalographie, GEG). Ausbau dieser Methode zur Lokalisations- und Art-Diagnostik in Deutschland durch Wende (64, 65).

Konstruktionen automatisch abtastender Detektoren und Scanner:

1957 Schumacher (47) und Frost (48)
1958 Reid und Johns (49, 50)
1960 Cowan (51)
1961 Feindel u. Mitarb. (52, 53)
1964 Kuhl und Edwards (54, 55, 56) Kombination mehrerer Detektoren bei simultanem Betrieb, als Beispiel der sog. Tetrascanner. — Krümmung der Abtastebene: Konturenscanner. — Ab 1963 intraarterielle (= A. carotis u. A vertebralis) Applikation der Radionuklide resp. der benutzten etikettierten Substanzen: Mc Queen (57) u. a.; evtl. mit Zusatz von H_2O_2 (Collier et al. (58), 1965), Rosenthall et al. (59, 60, 61) (1966).

Der geschichtliche Rückblick läßt das Bemühen erkennen, eine strahlende Substanz mit einer möglichst hohen Affinität speziell zum Gewebe von Hirntumoren zu finden. Es ist bis heute kein radioaktiver Stoff für eine echte Tumormarkierung gefunden. Im Gegenteil: Die funktionelle Schranke zwischen Blut und Hirn — 1885 als Konzeption von Ehrlich (62) angenommen, 1913 von Goldmann (63) experimentell bewiesen — verhindert, daß das normale Hirngewebe mehr als 1% aus dem Blut aufnimmt. Ausschließlich durch Störung dieser Blut-Hirn-Schrankenfunktion, die bei fast allen Hirnerkrankungen auftritt, vermögen Radionuklide oder markierte Verbindungen in das Hirngewebe einzudringen. Die Kinetik dieser Diffusionsvorgänge und die quantitative Rate der Anreicherung von den verschiedensten Stufen in den einzelnen Hirntumorarten wurde in den letzten zwei Jahrzehnten intensiv untersucht.
Die Schwierigkeiten auf meßtechnischem Gebiet sind aus dem Rückblick auf die methodischen und technischen Verbesserungen des Hirntumornachweises abzulesen. Die angenäherte Kugelform des Schädels hat für die Lokalisationsmessung manche Nachteile. Mit der Normalmethode (= GEG nach Planiol (44, 45, 46)) können mittelständige Tumoren übersehen werden. Die Radialmethode (Reid u. Johns (49, 50)) liefert unübersichtliche Szintigramme. Die Positronen-Szintigraphie setzt eine aufwendige Apparatur voraus. Die Orthogonalmethode liefert zwar für die Lokalisationsmessung übersichtliche Bilder, sie registriert jedoch nicht den Speicherungsverlauf, der Rückschlüsse auf die Artdiagnose zuläßt (Wende (64, 65)).
Das Gehirn ist außerdem mit Radioaktivität umgeben, da der Temporalmuskel und die Nackenmuskulatur mehr von der radioaktiven Substanz enthalten können als Hirn- und Tumorgewebe. Die Radioaktivität dieser Weichteile liegt näher am Strahlendetektor und erschwert dadurch die eigentliche „Hirn"-Messung. Meningiome sind oft wegen der guten Gefäßversorgung und dem damit verbundenen hohen Gehalt an radioaktiver Substanz gut (und auch leichter) nachzuweisen.

14.2. Auswahl der Nuklide

14.2.1. 131-Jod-Humanserumalbumin

131-Jod: HWZ 8,04 Tage

Gamma-Energie i. MeV	0,08— 2%,	0,28—5%,
	0,36—80%,	0,64—9%,
	0,72— 3%.	
Beta-Energie i. MeV	0,25— 3%,	0,33—9%,
	0,61—87%,	0,81—1%.

14.2.1.1. Verwendungsform

Als 131-Jod-HSA in physiologischer NaCl-Lösung sterilisiert pyrogenfrei. Spezifische Aktivität etwa 30 μCi/mg. Konzentration etwa 0,5 mCi/ml 15 mg Albumin/ml. Das 131-Jod-HSA wird i. v. injiziert.

14.2.1.2. Dosierung

5—10 μCi/kg Körpergewicht.

14.2.1.3. Zeitpunkt der Szintigraphie

Anmerkung: Die Radiojodaufnahme in der Schilddrüse durch vorhandenes oder frei werdendes 131-Jod (langsamer Abbau von 131-Jod-HSA im intermediären Stoffwechsel) muß 24 Stunden vor der Untersuchung durch Gabe von inaktivem Jod herabgesetzt werden.
24—72 Stunden nach i. v. Injektion Zeitpunkt der Szintigraphie. Anreicherungsquotient Tumor: Hirn bis 25:1. 131-Jod-HSA gelangt vorwiegend in die extrazellulären Tumorbezirke und nur zu einem geringen Teil in die Tumorzellen selbst. Effektive HWZ (Ganzkörper) 5—7 Tage.

14.2.1.4. Strahlenbelastung

Gesamtkörper: $\approx$ 2 mrad/μCi, Blut: $\approx$ 0,2 rad/μCi, Schilddrüse: (nach Vorbehandlung mit inaktivem Jod) 10—15 mrad/μCi.

14.2.1.5. Vorteil

Durch Verlaufsmessungen ist eine Artdiagnose möglich, zugleich wird die Genauigkeit der Lokalisation verbessert.

14.2.1.6. Nachteil

Relativ hohe Strahlenbelastung gegenüber 99m-Tc.

14.2.2. 99m-Technetium

99m-Tc: HWZ 6,0 Stunden

Gamma-Energie i. MeV	0,002 (98,6%),	
	0,140 (98,6%),	
	0,142 (1,43%).	
Elektronen-Energie	0,01 MeV	

99m-Technetium wird als Ammoniumpertechnetat in NH_4-OH-Lösung handelsüblich geliefert. Die Lösung wird i. v. verabfolgt.

14.2.2.1. Verwendungsform

Oral: Der Patient muß unbedingt nüchtern sein, auch nach der Applikation 2 Stunden lang keine Nahrungsaufnahme.
Zuerst 200 mg Kalium perchloratum in Wasser und Kirschsaft lösen, danach 99m-Tc hinzufügen und mittels Strohhalm trinken lassen. Danach Natrium bicarbonicum in einem halb gefüllten Glas mit Wasser trinken lassen. Eine 2. Applikation von Kalium perchloratum am folgenden Tag ist zweckmäßig. Kalium perchloratum wird zur Unterdrückung der Sekretion von Pertechnetat im Magen und in den Speicheldrüsen gegeben. Na-bikarbonat wird zur vorübergehenden Neutralisierung der Magensäure benutzt und um die Reduktion der Pertechnetat-Ionen zu verhindern.
i. v.: Vor Injektion 200 mg Kalium perchloratum in Wasser gelöst trinken lassen. Eine gleiche Dosis 6—8 Stunden nach der Applikation von 99m-Tc wird angeraten. Als Markenpräparat kann Irenat® benutzt werden.

14.2.2.2. Dosierung

1—5 mCi in physiologischer NaCl-Lösung.

14.2.2.3. Zeitpunkt der Szintigraphie

1—3 Stunden nach Applikation. Anreicherungsquotient Tumor: Hirn $\sim$ 22:1.
Effektive HWZ (Ganzkörper): 3,5—4,5 Tage.

14.2.2.4. Strahlenbelastung

Gesamtkörper: 0,01—0,02 rad/mCi. Dickdarm: $\sim$ 0,02 rad/μCi.

14.2.2.5. Vorteil

Wegen der hohen Impulsrate ist durchweg nur ein Drittel der benötigten Szintigraphiezeit gegenüber 131-Jod-HSA oder 203-Hg-Neohydrin erforderlich. Die hohe Blutaktivität bringt gefäßreiche pathologische Prozesse gut zur Darstellung.
Fast regelmäßig soll mit guter Anreicherung von 99m-Tc der Plexus choriodeus zur szintigraphischen Abbildung gelangen (Mandel u. Mitarb. (83)).

14.2.2.6. Nachteil

Problem der Sterilisation bei i. v.-Anwendung.

14.2.3. 203-Hg-Neohydrin

203-Hg: HWZ 47 Tage

Gamma-Energie i. MeV	0,279— 83%,	
Beta-Energie i. MeV	0,21 —100%.	

Die Elimination von 203-Hg-Neohydrin erfolgt in zwei Phasen. 90% werden innerhalb von 24 Stunden ausgeschieden, 10% verbleiben in den Nieren mit einer Halbwertzeit von 28 Tagen.

14.2.3.1. Verwendungsform

Das 203-Hg-Neohydrin wird als 3-Chloromercuri-2-methozypropyl-Harnstoff in wäßriger Lösung mit einer spezifischen Aktivität von 100—250 mCi/g Hg geliefert. Die Lösung wird i. v. injiziert.

14.2.3.2. Dosierung

500 (—1000) μCi. Zur Herabsetzung der Strahlenbelastung erweist es sich als günstig, 24 Stunden vor der Szintigraphie ein Diuretikum zu verabfolgen.

14.2.3.3. Zeitpunkt der Szintigraphie

3—6 Stunden nach der Applikation. Anreicherungsquotient Tumor: Hirn bis 10:1. 203-Hg-Neohydrin wird intra- und extrazellulär angereichert, abhängig von der Bindung an die Zahl freier SH-Gruppen im Tumor (MUNDINGER u. Mitarb. (66, 67)). Effektive HWZ: (Ganzkörper) ~ 12 Stunden.

14.2.3.4. Strahlenbelastung

Gesamtkörper: 0,3 mrad/μCi.
Nieren: 0,2—1 rad/μCi(!) Bei vorheriger Gabe eines Diuretikums ist die Strahlenbelastung der Nieren um rund 50 Prozent niedriger.

14.2.3.5. Vorteil

Längere Untersuchungen sind möglich.

14.2.3.6. Nachteil

Hohe Strahlenbelastung gegenüber 197-Hg-Neohydrin.

14.2.4. 197-Hg-Neohydrin

197-Hg: HWZ 65 Stunden

Gamma-Energie i. MeV	0,077—20%,
	0,19 —0,5%.
0,069-Au Röntgenstrahlen	
Beta-Energie EC	100%

14.2.4.1. Verwendungsform

197-Hg-Neohydrin wird in steriler Lösung als 3-Chloromercuri-2-methoxypropyl-Harnstoff 197-Hg geliefert. Die Lösung wird i. v. injiziert.

14.2.4.2. Dosierung

10 μCi/kg Körpergewicht.

14.2.4.3. Zeitpunkt der Szintigraphie

3—6 Stunden nach Applikation. Anreicherungsquotient Tumor: Hirn ~ bis 10:1; intra- und extrazelluläre Aufnahme. Effektive HWZ: (Ganzkörper) 6—12 Stunden.

14.2.4.4. Strahlenbelastung

Gesamtkörper: ≈ 0,02 mrad/μCi,
Nieren: ≈ 0,002 rad/μCi.

14.2.4.5. Vorteil

Geringe Strahlenbelastung.

14.2.4.6. Nachteil

Es ist keine Artdiagnostik möglich.

14.2.5. 206-Bi

HWZ 6,3 Tage

Gamma-Energie i. MeV	0,52— 50%,
	0,54— 47%,
	0,80—100%,
	0,88— 72%.
	und weitere
Beta-Energie K-einfang	100%.

14.2.5.1. Verwendungsform

Als saures 206-Bi Nitrat, trägerfrei.

14.2.5.2. Dosierung

3 μCi pro kg Körpergewicht.

14.2.5.3. Zeitpunkt der Szintigraphie

12—48 Stunden nach Applikation. Anreicherungsquote: Tumor: Hirn 50:1 bis 100:1. Maligne Gliome und Angioblastome weisen die höchste Anreicherungsquote auf, Metastasen mittelhohe und Astrozytome und Meningeome niedrigere. Die Muskulatur nimmt nur sehr wenig 206-Bi auf. Die hohe Anreicherung von 206-Bi (Nitrat-, Citrat- und EDTA-Komplexform) in Hirntumoren beruht auf einer festen

Proteinbindung, sowohl im extrazellulären Raum der Geschwulst als auch in der Zellmembran und im Zellinnern (gelegentlich bis zu 50% intrazellulär).

14.2.5.4. Strahlenbelastung

Gesamtkörper: 5—10 mrad/μCi,
Niere: 0,1—0,15 rad/μCi.

14.2.5.5. Vorteil

206-Bi reichert sich in bestimmten Verbindungen in Hirntumoren stärker an als andere Radionuklide (und etikettierte Verbindungen).

14.2.5.6. Nachteil

Zu hohe Gamma-Energie, besonders bei Verwendung der handelsüblichen Kollimatoren.

14.3. Technik der Darstellung

14.3.1. Meßtechnische Voraussetzungen

Bei Benutzung handelsüblicher Scanner zum universellen Gebrauch gelangt die Orthogonalmethode zur Anwendung. Die Abtast-Ebene entspricht dabei der Film-Ebene der röntgenologischen Schädeluntersuchung in üblicher Weise beiderseits parietal, nötigenfalls auch frontal und okzipital. Die mutmaßliche Art und die Lage des Hirnprozesses bestimmen die Wahl der Position. Wird 99m-Tc verwendet, so ist die relativ geringe Reichweite der Strahlung bei zentral gelegenen Tumoren zu berücksichtigen. Eine zusätzliche Abtastfläche über der Scheitelregion kann dann erforderlich sein. Infratentorielle Hirnprozesse lassen eine Szintigraphie mit einer okzipito-nuchalen Position ratsam erscheinen (**Abb. 1**). Angaben im Schrift-

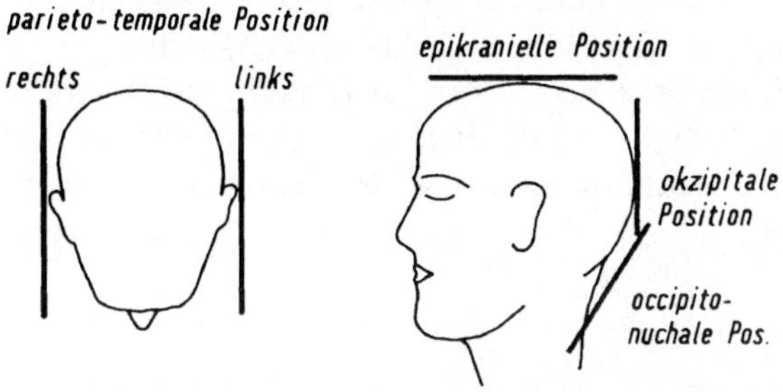

Abb. 1. Abtastebenen der Hirnszintigraphie

tum über eine unterschiedliche Treffsicherheit im Nachweis supra- und infratentorieller Hirnprozesse unterstützen diese Empfehlungen und beweisen die Notwendigkeit, sich dem Sitz des Hirnprozesses durch Wahl der Ebene anzupassen.
Die Szintigraphie mit Positronenstrahlern (64-Cu, 74-As, 98-Ga, 18-F) verlangt spezielle und aufwendige Apparaturen. Eine detaillierte Beschreibung der Meßtechnik unterbleibt hier; verwiesen wird auf die entsprechenden allgemeinen Ausführungen im physikalischen Teil dieses Buches, S. 19.
Die Radialmethode nach Reid und Johns (49, 50) dürfte heute wegen ihrer verzerrt erscheinenden Szintigramme und wegen der benötigten Spezialapparatur nur wenige Anhänger finden.

14.3.2. Biologische Voraussetzungen

Die autoradiographischen Untersuchungen von Mundinger (13, 14) an Hirntumoren haben Unterschiede in der Verteilung der verschiedenen Radionuklide und etikettierten Verbindungen gezeigt. Danach sollen 206-Bi, 64-Cu und 203-Hg-Neohydrin als Indikatoren des gesamten extra- und intrazellulären Raumes der Hirngeschwülste für eine „zelluläre Artdiagnose" geeignet sein (Mundinger u. Gerhard 1963 (66, 67)). Dagegen würden 74-As, 131-Jod-HSA, die nur oder vorwiegend in den extrazellulären Raum des Tumors einzudringen vermögen, Rückschlüsse auf das Ausmaß der kapillären Permeabilitätsstörung im Tumor und der Größe seines extrazellulären Interstitiums zulassen (Mundinger u. Gerhard (66, 67)).
Dieser „zellulären" Art-Diagnostik kann jene gegenübergestellt werden, die aus dem **Speicherungsverlauf** der Radioaktivität im untersuchten Hirnprozeß Auskunft über die Pathogenese zu geben versucht. Erforderlich ist hierzu eine lange im Körper verweilende radioaktive Substanz mit ausreichend langer physikalischer

HWZ, z. B. 131-Jod-HSA, das solche Messungen 24 und 48 Stunden nach der Applikation zuläßt. Umfangreiche Erfahrungen und Beweise für die hohe Treffsicherheit in der Art- und in der Lokalisations-Diagnostik liegen vor (WENDE (64, 65)).

Ein Höchstmaß an Information bzgl. Lokalisation und Art eines Hirnprozesses verspricht unseres Erachtens die **kombinierte Anwendung der Szintigraphie mit der Normalmethode nach** PLANIOL (44, 45, 46). Hierbei sollte die szintigraphische Untersuchung die Orthogonalmethode und 99m-Tc verwenden. An den tumorlokalisierten oder -verdächtigen Partien sollte die Gammaenzephalographie den zeitlichen Speicherungsverlauf von 131-Jod-HSA ermitteln. Die Gamma-Energien von 131-Jod und 99m-Tc liegen genügend weit auseinander, um beide Radionuklide gleichzeitig applizieren und getrennt messen zu können. Auf diese Weise könnten die Vorzüge einer reinen Lokalisationsmessung mit den guten Erfahrungen der Art-Diagnostik mittels der Normalmethode gekoppelt werden.

14.4. Das normale Hirn-Szintigramm

Die Barriere zwischen Blut und Hirn verhindert, daß für die Hirnsubstanz unphysiologische Substanzen aus der Blutbahn in das normale Hirngewebe übertreten können. 131-Jod-HSA wird z. B. nach i. v.-Injektion in auffallend niedriger Konzentration im Hirn (bei dort relativ gleichmäßiger Verteilung) und im Liquor gefunden — im Gegensatz z. B. zu der 131-Jod-HSA-Konzentration in der (Neuro-) Hypophyse und in der Glandula pinealis (P. BROWN (68)). Das Szintigramm des normalen Gehirns nach i. v. 131-Jod-HSA-Applikation besitzt damit charakteristische Bildzeichen: Das Hirn selbst erscheint nach Beschreibung von SCHNEIDER und PRÉVÔT jr. (69) als „leere" Fläche, die von der sich darstellenden Radioaktivität in den großen venösen Blutleitern (Sinus) und von den der Diploe und den Meningen zugehörigen Blutgefäßen eingefaßt wird.

Eine detaillierte Beschreibung des normalen Hirnszintigrammes (mit 203-Hg-Chloromerodrin und 99m-Tc-Pertechnetat) gaben 1966 im deutschen Schrifttum SCHNEIDER und PRÉVÔT jr. (69). Erwähnenswert ist hier daraus, daß der Sinus transversus derselben Person im Kaliber nicht seitengleich sein muß. Der Seitenvergleich besitzt deshalb zur Beurteilung der hinteren Schädelgrube nicht die gleiche Bedeutung wie für die frontobasale Kontur. Die szintigraphische Untersuchung mit 99m-Tc in okzipito-(nuchaler) Position bereitet für die Tumordiagnostik wegen des hohen Radioaktivitätsgehaltes der Nackenmuskulatur größere Schwierigkeiten als mit 203-Hg oder 197-Hg-Verbindungen.

Nach i. v. Applikation hoher Aktivitäten von 99m-Tc (= 10 mCi) gelangt im Szintigramm der Plexus choroideus mit großer Regelmäßigkeit in der für ihn charakteristischen Form und in bekannter Lage zur Darstellung (MANDEL u. Mitarb. (83)). Bei der Interpretation der Szintigramme ist diese Möglichkeit zu beachten.

14.5. Das von der Norm abweichende Hirn-Szintigramm

Wir unterscheiden hierbei Hirntumoren und nicht tumoröse intrakranielle Erkrankungen.

14.5.1. Hirntumoren

Die Lokalisation der Hirntumoren wird, wie bereits beschrieben, nur dadurch möglich, daß der Tumor die normale Blut-Liquor-Schranke zerstört und die radioaktive Substanz in das Hirngewebe eindringen kann. Gegenüber der im normalen Hirngewebe geringen Aufnahme einer radioaktiven Substanz zeigt die Geschwulst durch Gefäßreichtum oder Zerstörung der Blut-Liquor-Schranke eine vermehrte Konzentration. Ein Hirntumor stellt sich folglich durch einen positiven Kontrast im Szintigramm dar. Die Speicherdifferenz ist abhängig.

a) von der Art des Tumors,
b) von der Größe des Tumors. Tumoren unter 2 cm Durchmesser können im allgemeinen nicht lokalisiert werden.

Die Lage des Tumors spielt besonders dann eine Rolle, wenn dieser im Bereich der Schädelbasis liegt, die schon normalerweise eine höhere Durchblutungsaktivität zeigt als das übrige Hirngewebe. Die szintigraphische Darstellung der Tumoren ist weitgehend von der Speicherdifferenz zwischen Tumor und normalem Hirngewebe abhängig. In vielen Fällen kann eine Verbesserung durch eine wählbare Kontrastanhebung oder durch Unterdrückung des Körper-Null-Effektes erreicht werden (FROST u. WERKES (70)).

Zusätzlich zu der Lokalisations- und Artdiagnostik von Hirntumoren kann die Szintigraphie im Rahmen der Klinik für folgende Teilgebiete wertvolle Hinweise geben:

a) zur Beurteilung des Bestrahlungseffektes während und nach der Strahlenbehandlung,
b) zur Überwachung behandelter (chirurgisch oder bestrahlter) Kranker mit Hirntumor.

14.5.1.1. Glioblastoma multiforme

Die szintigraphische Darstellung der Glioblastome gelingt durch die vermehrte Aktivitätsspeicherung in etwa 80% aller Erkrankungen.

Beispiel 1

73jähr. Pat. wurde wegen psychomotorischer Verlangsamung, Wortverständnisstörungen und einem Angularissyndrom in die Klinik eingewiesen. Die Krankheitserscheinungen hatten sich im Ablauf von 3 Wochen relativ schnell entwickelt.

Klinischer Befund: Neurologisch deutliche Hemiparese rechts, komplette Aphasie und auch gesteigerte Reflexe im Bereich der linken Extremität. Außerdem Blasen- und Mastdarminkontinenz. Keine Stauungserscheinungen am Fundus.

Im Photoszintigramm (Abb. 2) 24 Stunden nach Injektion von 450 μCi 131-Jod-HSA deutliche Aktivitätskonzentration von etwa Kleinfaustgröße, die sich als Schwärzung gegenüber dem übrigen Hirngebiet abgrenzen läßt.

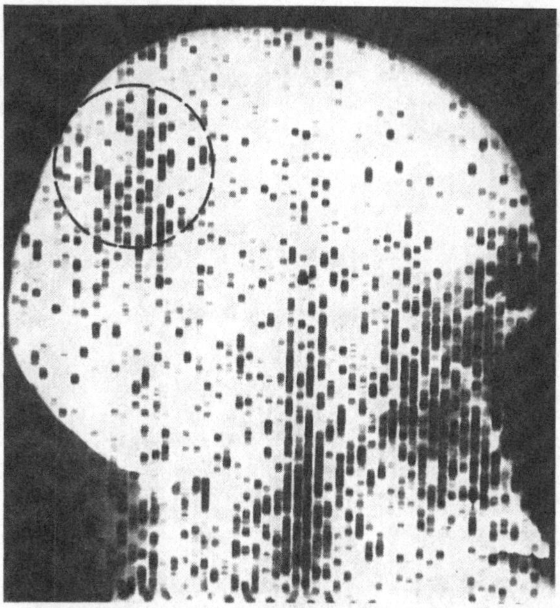

Abb. 2. Photoszintigramm 24 Stunden nach i. v. Injektion von 450 μCi 131-J-HSA

Parieto-okzipital findet sich eine Aktivitätsanreicherung, die für eine Hirnerkrankung spricht, über deren Genese allein aufgrund dieser Untersuchung nichts ausgesagt werden kann. Die Aktivitätsanreicherung an der Schädelbasis entspricht der Norm. Sie ist auf die dort vorhandene Blutgefäßversorgung zurückzuführen

Szintigraphische Diagnose: Verdacht auf Hirn-Tumor.

Durch die Karotis-Arteriographie war der Befund mittels Tumoranfärbung in dem entsprechenden Gebiet zu bestätigen. Hier handelte es sich um ein relativ großes Glioblastom.

Anmerkung: Der Tumor wurde autoptisch nachgewiesen.

Beispiel 2

63jähr. Pat. wurde wegen starker Kopfschmerzen, die seit 3 Wochen bestanden, und vorübergehender Sprachstörung in die Klinik eingewiesen.

Klinischer Befund: Zentrale Fazialisparese links sowie latente Hemiparese links, beginnende Stauungspapille beiderseits.

Das Photoszintigramm in seitlicher Ebene läßt eine vermehrte Aktivitätskonzentration temporo-basal bis zentral erkennen **(Abb. 3)**.

Szintigraphische Diagnose: Verdacht auf etwa faustgroßen Hirntumor.

Infolge Größe und Lage des Prozesses handelt es sich hier mit großer Wahrscheinlichkeit um einen inoperablen Hirntumor.

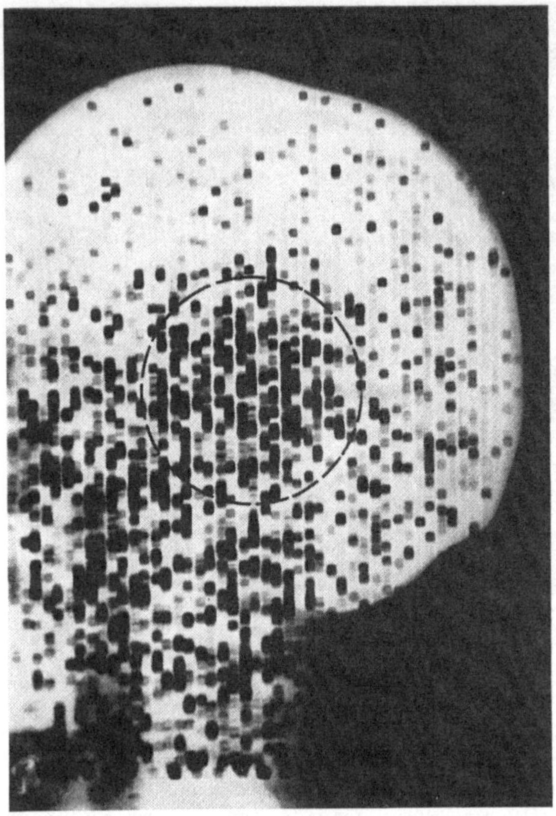

Abb. 3. Photoszintigramm 48 Stunden nach i. v. Injektion von 450 μCi 131-Jod-HSA.
Vermehrte rundliche Aktivitätskonzentration temperobasal
Diagnose: Hirntumorverdacht. Histologisch Glioblastoma multiforma
2″-Kristall, 6 mm konischer Kollimator, 67 cm/min

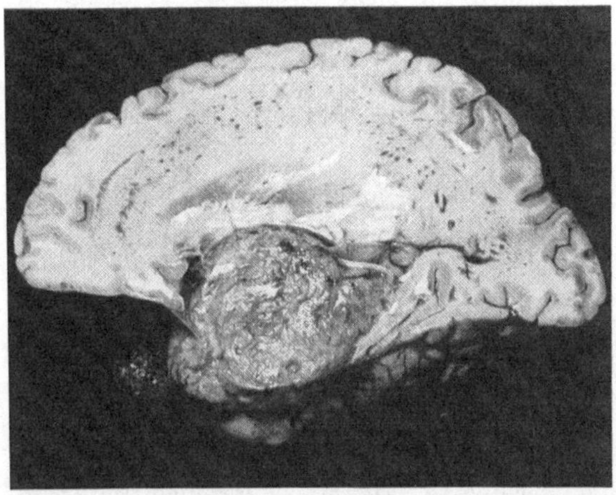

Abb. 4. Sektionspräparat. Faustgroßes Glioblastoma multiforma in der Schädelbasis

Anmerkung: Trotz der sofort eingeleiteten Röntgen-Pendelbestrahlung trat nach kurzfristiger Rückbildung der Lähmungserscheinungen eine zunehmende Verschlechterung des Allgemeinzustandes mit Somnolenzerscheinungen auf. Die Sektion ergab eine Übereinstimmung der Lokalisation im Photoszintigramm mit Tumorlage und -größe (**Abb. 4**).

14.5.1.2. Meningiom

Die Lokalisierung der intrakraniellen Meningiome ist mit Hilfe der Szintigraphie in gleicher Weise gut möglich wie die Darstellung des Glioblastoms. BUCY und CIRIC (28) fanden bei 15 Pat. mit Meningiom einschließlich einem Kleinhirnbrückenwinkelmeningiom nur bei einem Patienten keine deutliche Darstellung des Tumors. YAMAMOTO u. Mitarb. (71) lokalisierten mit 203-Hg 8 Meningiome exakt ohne negative Ergebnisse. Mit 197-Hg wurde ein Meningiom exakt lokalisiert, ein Meningiom zeigte ein negatives Szintigramm.
Auch AVIOLI (72) konnte 3 Meningiome exakt darstellen, während bei einem Patienten das Meningiom szintigraphisch nicht darstellbar wurde. MCCLINTOCK u. Mitarb. (24) berichten über die positive Darstellung von 3 Meningiomen und ein falsch negatives Resultat.

Beispiel 1

44jähr. Pat. mit progressiver Hemiplegie rechts und Kopfschmerzen. Im Pneumoenzephalo-

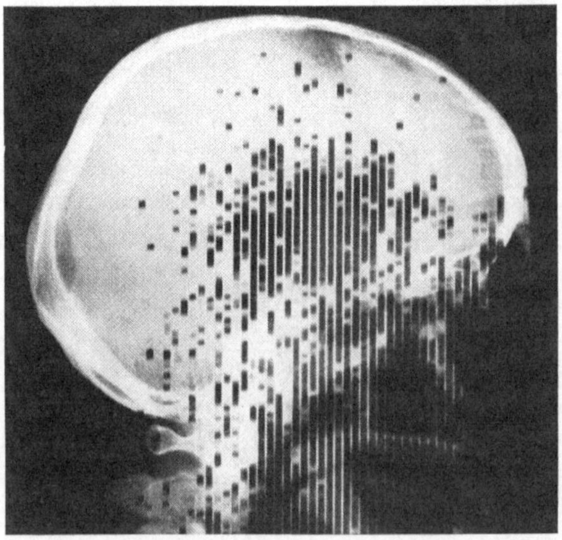

Abb. 5. Photoszintigramm eines Pat. nach i. v. Injektion von 450 μCi 131-Jod-HSA.
Es findet sich ein großer rundlicher Tumor im Bereich der Parietalregion. Histologisch Meningiom
2″-Kristall, 6 mm konischer Kollimator, 67 cm/min

gramm Verdrängung des Ventrikelsystems nach rechts.

Das Szintigramm nach i. v. Injektion von 450 μCi 131-Jod-HSA **(Abb. 5)** zeigt eine Aktivitätsanreicherung in der Parietalregion.

Differentialdiagnose: Der klinische Verlauf spricht eindeutig für das Vorliegen eines malignen Prozesses.

Szintigraphischer Befund: 4 cm großer rundlicher Tumor im Bereich der rechten Parietalregion. Mit großer Wahrscheinlichkeit handelt es sich hier um ein Glioblastom oder ein Meningiom.

Anmerkung: Es wurde ein großes Meningiom nach Kraniotomie entfernt. Der Patient erholte sich vollständig.

14.5.1.3. Astrozytom

Die szintigraphische Lokalisierung der Astrozytome gelingt meistens schlechter als die der Glioblastome. Bucy und Ciric (28) fanden bei 4 Patienten nur 2 positive Darstellungen. Clintock u. Mitarb. (24) konnten von 14 Astrozytomen 9 mit Hilfe von 203-Hg-Neohydrin und 131-Jod-HSA szintigraphisch darstellen.

Beispiel 1

27jähr. Pat. wegen Krampfanfälle zur Untersuchung in die Klinik eingewiesen. Augenhintergrund: Papillenoedem; verstärkte Sehnenreflexe links. Das Hirnangiogramm wies auf einen großen Tumor in der rechten Temporalregion hin.

Das Photoszintigramm nach Injektion von 5 mCi 99m-Tc **(Abb. 6)** zeigt eine deutliche Schwärzung fronto-praezentral-parasagittal. Nach Applikation von 150 μCi 131-Jod-Albumin Makroaggregate (untere Abbildung) weniger umschriebene Darstellung wie nach 99m-Tc.

Differentialdiagnose: Ein Hämangiom oder ein Infarkt lassen sich durch die Verlaufskontrolle, Wiederholungsuntersuchung 6 Wochen nach der ersten Szintigraphie, ausschließen.

Szintigraphische Diagnose: Rechts temporal Aktivitätsanreicherung, die in Zusammenhang mit dem klinischen Befund in erster Linie für einen malignen Prozeß spricht.

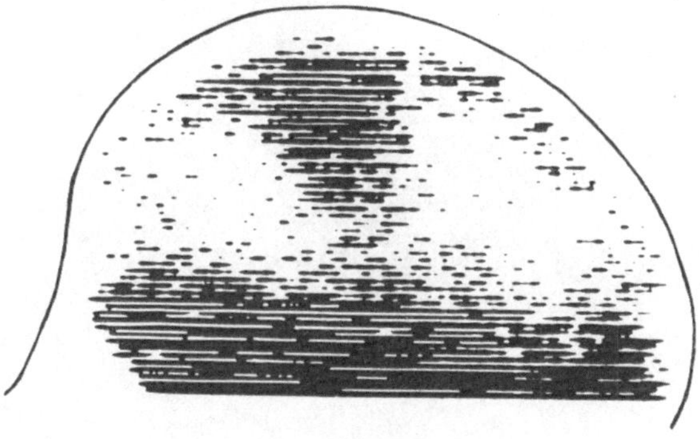

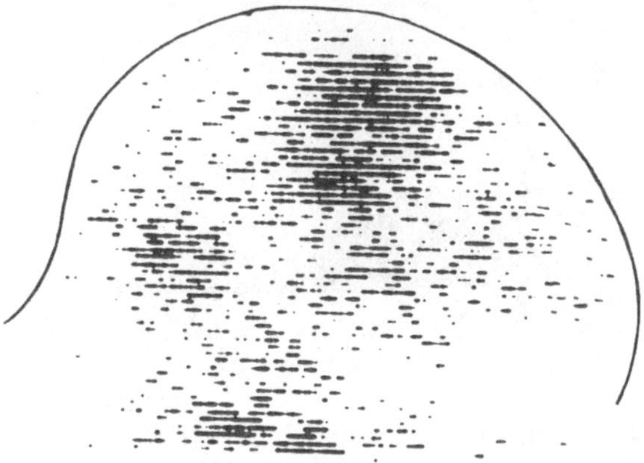

Abb. 6. Fronto-praezentraler-parasagittaler Tumor links. Es findet sich sowohl nach Applikation von Makroaggregaten als auch nach 99mTc Pertechnetat eine Aktivitätsanreicherung im Tumor. Histologisch entdifferenziertes Astrozytom nach Haas, Dietz und Wolf (82)

Anmerkung: Bei der Kraniotomie fand sich rechts temporal ein pflaumengroßer Tumor, der sich histologisch als Astrozytom erwies.

14.5.1.4. Gliom

Die Gliome sind mit unterschiedlicher Darstellbarkeit mit Hilfe der Szintigraphie zu lokalisieren. Während Bucy u. Mitarb. (28) bei 2 Gliomen diese szintigraphisch nachweisen konnten, fand Yamamoto (71) mit 203-Hg bei 4 Patienten 3 negative Szintigramme. Mit 197-Hg bei 2 Patienten jedoch kein falsch negatives Ergebnis.

14.5.1.5. Oligodendrogliom

Die szintigraphische Darstellung dieser Tumoren gelingt relativ gut. Bisher liegen jedoch nur vereinzelte Berichte vor. Yamamoto (71) hatte bei 3 Tumoren 3 positive Darstellungen.

Hirnszintigramm nach i. v. Injektion von 100 μCi 131-Jod-Albumin-Makroaggregate

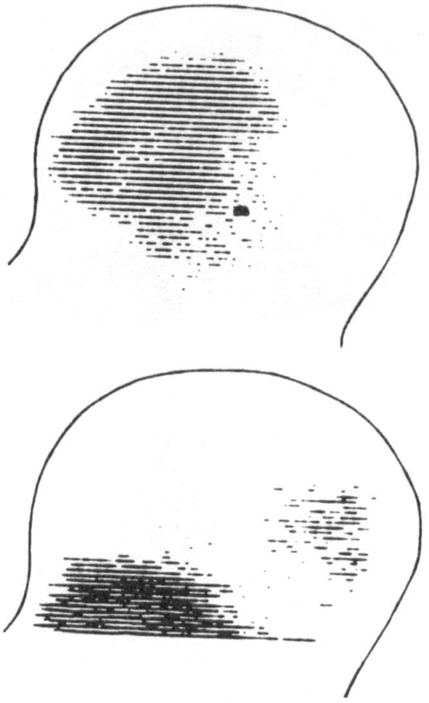

Abb. 7. Rezidiv eines vor 4 Jahren operierten Oligodendroglioms links nach i. v. Injektion von 100 μCi 131-Jod-Albumin-Makroaggregate.
Der okzipital liegende Tumor ist als Speicherdefekt dargestellt. Abbildung unten nach i. v. Injektion von 99mTc zeigt den Tumor als Aktivitätsanreicherung

(Abb. 7 oben) und nach i. v. Injektion von 99mTc (Abb. 7 unten). Es handelt sich hier um das Rezidiv eines vor 4 Jahren operierten Oligodendroglioms. Im Szintigramm Abb. 7 oben findet sich der Tumor als Aktivitätsaussparung, im Szintigramm Abb. 7 unten als Aktivitätsanreicherung.

14.5.1.6. Akustikusneurinom

Szintigraphisch ist das Akustikusneurinom sehr schwer festzustellen. Von 4 Patienten war nur bei einem eine Aktivitätsanreicherung im Szintigramm sichtbar.
Bei einem Medulloblastom war das Szintigramm nur in einem Falle wertvoll. Von 4 metastasierenden Tumoren in der hinteren Schädelgrube konnten nur 2 mit Hilfe der Szintigraphie ermittelt werden.

14.5.1.7. Intrazerebrale Metastasen

Das Gehirn ist bei vielen Krebslokalisationen und -formen im fortgeschrittenen Stadium ein bevorzugter Sitz von Metastasen. Statistische Angaben sind in **Abbildung** 8 zusammengestellt.
Nicht selten ist die Hirnmetastase (oder -metastasierung) das erste klinische Symptom für das Vorhandensein eines Malignoms in Lunge, Mamma oder Niere. Zweckmäßig ist, zwischen der diffusen und kleinknoten Ausbreitung im Hirngewebe und der mehr oder weniger solitären Form der Absiedlung zu unterscheiden. Der Grad der Nachweiswahrscheinlichkeit ist vom Metastasierungstyp mit abhängig.
Die Feststellung von Hirnmetastasen mit Hilfe der Szintigraphie ist nicht ganz so gut wie die der Glioblastome. BUCY u. Mitarb. (28) fanden bei 12 Patienten mit supratentoriellen Tumormetastasen 9 erfolgreiche Lokalisierungen. Bei 2 Patienten, bei denen das Szintigramm stark tumorverdächtig war, konnte die Lage des Tumors nicht ermittelt werden. Nur bei 1 Patienten mit einer parietal gelegenen Metastase eines Bronchialkarzinoms fand sich keine Darstellung. Die Tumormetastasen in der hinteren

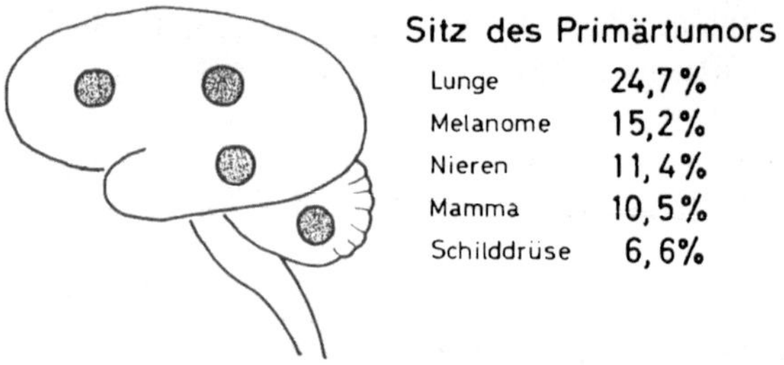

Abb. 8. Häufigkeit der Hirnmetastasen in Abhängigkeit vom Sitz des Primärtumors (nach OESER u. ERNST)

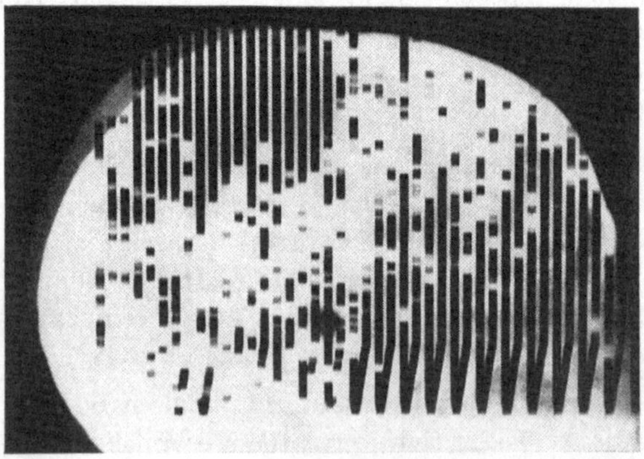

Abb. 9. Photoszintigramm 4 Stunden nach i. v. Injektion von 500 μCi 203-Hg-Neohydrin.
Es findet sich rechts temporal eine etwa 3 cm große Aktivitätsanreicherung, die für einen malignen Prozeß spricht
1 × 1″-Kristall, Kollimator 10 mm, Abtastgeschwindigkeit 90 cm/min

Schädelgrube lassen sich etwas schlechter lokalisieren. Von 17 Szintigrammen waren nur 9 einwandfrei positiv. 4 Szintigramme zeigten keinen Anhalt für Tumor, weitere 4 waren verdächtig.

Beispiel 1

55jähr. Pat., der wegen eines Bronchialkarzinoms in Behandlung stand, wurde mit Lähmungserscheinungen in die Klinik eingewiesen.

Klinisch fand sich eine Halbseitenlähmung rechts.

Das Photoszintigramm 48 Stunden nach i. v. Injektion von 450 μCi 131-Jod-HSA **(Abb. 9)** läßt eine deutliche 3 cm große Aktivitätsanreicherung parieto-okzipital erkennen. Es handelt sich um eine Hirnmetastase bei Bronchialkarzinom.

14.5.2. Nicht tumoröse intrakranielle Erkrankungen

Dazu gehören: Subdurale Hämatome, Gefäßveränderungen, Blutungen, Abszesse, degenerative Erkrankungen und Prozesse, die mit einem Gefäßverschluß einhergehen.

14.5.2.1. Subdurale Hämatome

Die intrazerebralen Hämatome sind szintigraphisch bereits nach 1 Stunde bis zu 4 Wochen nachweisbar. Von den Hirntumoren lassen sie sich dadurch unterscheiden, daß klinisch meist ein Insult vorliegt. Ein weiteres Zeichen ist die Tatsache, daß 4—6 Wochen nach der Verletzung die Aktivitätsanreicherung nachläßt und unter Umständen nach 2—3 Monaten nicht mehr vorhanden ist.

7 von 8 subduralen Hämatomen wurden korrekt mit Hilfe der Szintigraphie lokalisiert. Ein Cholesteatom wurde ebenfalls szintigraphisch dargestellt, obwohl von der Lage und der Art der Erkrankung an ein Akustikusneurinom gedacht worden war.

Für die Klinik ist die Möglichkeit der Feststellung subduraler Hämatome von Bedeutung, da durch einen rechtzeitigen operativen Eingriff die Folgen einer weiteren Hirnblutung vermieden werden können.

14.5.2.2. Hirninfarkt

Ein Hirninfarkt ist nach den Untersuchungen von Morrison u. Mitarb. (73) kurz nach dem Geschehen bis zu 8 Wochen nachweisbar. Die Autoren haben bei 29 von 56 Patienten den Hirninfarkt szintigraphisch darstellen können.

Die **Differentialdiagnose** gegenüber einem Hirntumor ist einmal dadurch gegeben, daß bei einem Infarkt die Aktivitätsanreicherung unregelmäßig ist und keine so glatte Begrenzung wie bei einem Hirntumor zeigt. Das Szintigramm ist bereits kurze Zeit nach dem Infarkt positiv. Diese Anreicherung bleibt etwa 8—10 Wochen bestehen. Nach dieser Zeit gelingt es nicht mehr, mit Hilfe einer erneuten Szintigraphie den Herd festzustellen. Findet sich jedoch auch nach 2½ Monaten noch ein umschriebener Bezirk, so ist dieser Herd im höchsten Grade verdächtig auf einen malignen Prozeß. Zur besseren Übersicht wird die Tabelle von Morrison u. Mitarb. (73) wiedergegeben, in der die positiven und negativen Szintigramme bei Patienten mit Hirninfarkt im Ablauf von 1—8 Wochen bei 56 Patienten zusammengestellt sind.

14.5.2.3. Aneurysma

7 von 8 diagnostisch gesicherten arteriovenösen Aneurysmen wurden mit Hilfe der Szintigraphie festgestellt. Das einzige falsch negative Szintigramm wurde bei einem tief parieto-okzipital gelegenen Herd registriert.
Eine differentialdiagnostische Abgrenzung zu den Tumoren ist szintigraphisch nicht möglich, da sich keine deutlichen Unterschiede erkennen lassen.

14.5.2.4. Hirntrauma

4 Patienten mit Hirntrauma wurden innerhalb von 2 Wochen szintigraphisch untersucht. Bei allen Patienten fand sich eine Aktivitätsanreicherung meist temporal. 3 dieser Patienten zeigten 2—8 Wochen nach dem Trauma bei der Wiederholung der Untersuchung keinerlei Veränderungen mehr.

14.5.2.5. Andere, nicht maligne Hirnerkrankungen

Aktivitätsanreicherungen im Hirngebiet wurden von Avioli u. Mitarb. (72) bei 2 Patienten mit

Hydrozephalus, 2 Patienten mit Hirnabszeß, 1 Patient mit Angiom, 1 Patient mit Aneurysma, 1 Patient mit Multipler Sklerose und 1 Patient mit Bleienzephalopathie beobachtet. Diese Aufstellung läßt erkennen, daß bei Aktivitätsanreicherungen nur im Zusammenhang mit der Klinik Aussagen über die Art der Erkrankung gemacht werden können. Lediglich Befund und klinischer Verlauf geben weitere Hinweise für die Diagnose Hirntumor oder nicht maligne Erkrankung.

14.6. Das normale Ventrikel-Szintigramm

Hierbei erfolgt die Abbildung der betreffenden Hirninnenräume durch die Strahlung der applizierten Radioaktivität in Form einer **aktiven** Kontrasterzeugung — im Gegensatz zu dem passiven Verhalten der bei Röntgenuntersuchung gebrauchten Kontrastmittel (mit entweder positiver oder negativer Kontrastgebung). Die Eingabe von z. B. 131-Jod-HSA zur Zisterno- oder Ventrikulo-Szintigraphie muß dabei direkt in die betreffenden Hirninnenräume erfolgen: mittels intraventrikulärer oder subokzipitaler Injektion oder mittels Lumbalpunktion, letzteres speziell zur szintigraphischen Untersuchung des spinalen und intrakraniellen Subarachnoidalraumes. Nach lumbaler Injektion benötigt die Ausbreitung der radioaktiven Lösung (z. B. 131-Jod-HSA) bis in den Schädelinnenraum normalerweise 6 bis 8 Stunden. Bei subokzipitaler Injektion kann die Szintigraphie der hinteren basalen Zisternen durchschnittlich nach 2 Stunden erfolgen, die der Ventrikel nach 4—8 Stunden. DIETZ, ZEITLER und WOLF (74) bestätigen 1966 frühere Befunde von DI CHIRO (75) von GROS u. Mitarb. (76), daß die Ausbreitung nach subokzipitaler Injektion zunächst hauptsächlich auf dem Weg einer rostral gerichteten Liquorströmung vor sich geht. Die eingebrachte Radioaktivität wandert von der hinteren Zisterne zum 4. Ventrikel und von dort durch den Aquädukt in die Hirnkammern sowie in Richtung der basalen Zisternen.

Szintigramm eines normalen Ventrikelsystems: (SCHNEIDER) **(Abb. 10).**

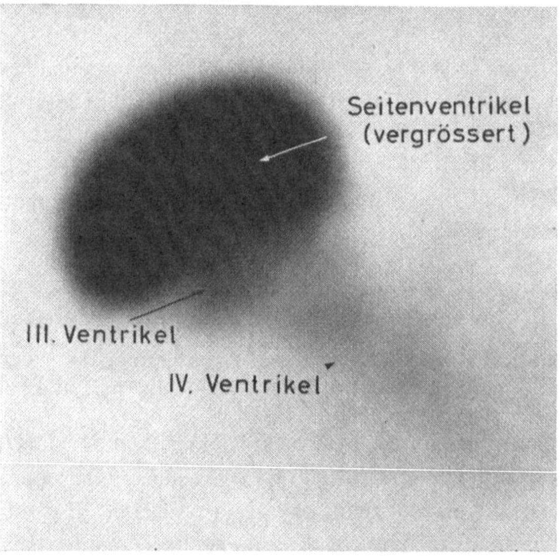

Abb. 10. Photoszintigramm nach intraventrikulärer Injektion von 131-Jod-HSA (Abbildung von Doz. Dr. SCHNEIDER zur Verfügung gestellt)

Indikationen für die intraventrikuläre Injektion von 131-Jod-HSA zur Ventrikel-Szintigraphie (= Zeitpunkt: 1(—2) Stunden nach Applikation) sind nach DIETZ u. Mitarb. (74).

a) Kontrolle der kranio-spinalen Liquorpassage bei Verdacht auf Aquäduktverschluß,
b) Nachweis intraventrikulärer Tumoren,
c) Darstellung eines Hydrozephalus internus,
d) Prüfung der Durchgängigkeit eines ventrikulo-kavalen Drainagesystems.

Indikationen für die subokzipitale Applikation sind nach DIETZ u. Mitarb. (74):

a) Verdacht resp. zum Nachweis einer Rhinoliquorrhoe,
b) zur Diagnostik von Tentorium-Prozessen,
c) zur Erkennung von raumfordernden Prozessen am/im 4. Ventrikel.

14.7. Das von der Norm abweichende Ventrikel-Szintigramm

Nach der intraventrikulären Injektion von 131-Jod-HSA sind nach Ablauf einer, höchstens 2 Stunden alle Ventrikel dargestellt, und in weiteren Kontrollen läßt sich gut die Wanderung der Aktivität mit dem Liquorstrom in die extrazerebralen und spinalen Liquorräume verfolgen.

Indikation:

a) Kontrolle der kranio-spinalen Liquorpassage bei Verdacht auf Aquäduktverschluß,
b) Nachweis intraventrikulärer Tumoren,
c) Darstellung eines Hydrocephalus internus bei gleichzeitiger Objektivierung eines Hydrocephalus communicans oder occlusus,
d) Nachweis einer Rhinoliquorrhoe.

Für die Darstellung eines Hydrocephalus internus nachfolgendes **Beispiel:**

19jähr. Pat. wurde wegen Verdachts auf Adquäduktverschluß zur Ventrikulo-Szintigraphie überwiesen.

Das Szintigramm (Abb. 11 u. 12) in zwei Ebenen zeigt 1 Stunde nach Injektion von 72 μCi 131-Jod-HSA seitlich eine geringe Erweiterung der Ventrikel und in p. a.-Projektion die Konturen der erweiterten Hirnkammern sowie den Übergang der Aktivität durch den Adquädukt in den 4. Ventrikel und die hintere Zisterne.

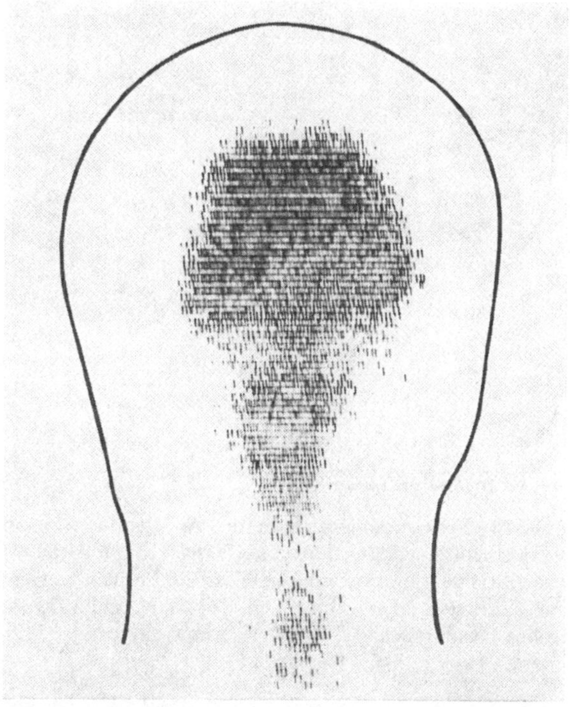

Abb. 12. Ventrikulo-Szintigramm 1 Stunde nach intraventrikulärer Injektion von 72 μCi 131-Jod-HSA in Bauchlage. Bei freier Durchgängigkeit zum 4. Ventrikel kann ein Verschlußhydrocephalus ausgeschlossen werden (gleiche Patientin wie Abb. 11)

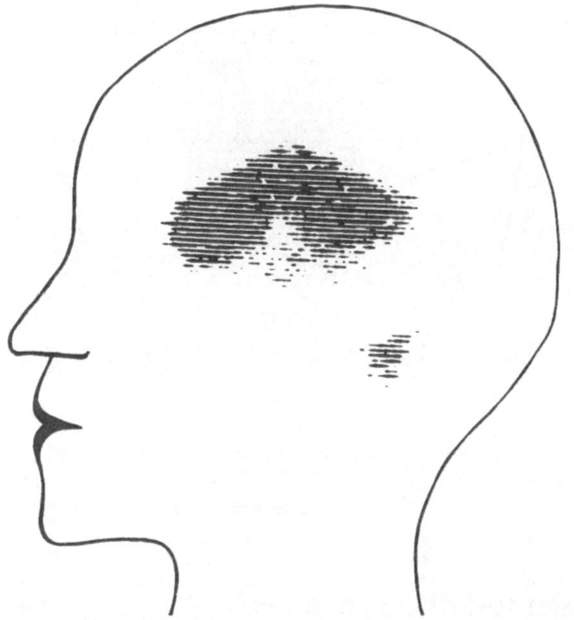

Abb. 11. Ventrikulo-Szintigramm 1 Stunde nach intraventrikulärer Injektion von 72 μCi 131-Jod-HSA Hydrocephalus internus nach Meningo-Enzephalitis. Bei freier Durchgängigkeit zum 4. Ventrikel kann ein Verschlußhydrozephalus ausgeschlossen werden (Dietz, Zeitler u. Wolf (74))

Diagnose: Hydrocephalus internus nach Meningo-Enzephalitis. Ein Verschlußhydrozephalus kann ausgeschlossen werden.

Der Nachweis der kranio-spinalen Durchgängigkeit der Liquorwege auf diese Weise ist für den Patienten weit weniger belastend als die Einbringung von Luft in die Ventrikel, sofern lediglich der Nachweis bzw. der Ausschluß eines Verschlußhydrozephalus Anlaß zu einem diagnostischen Eingriff gibt. Außerdem ist die Prozedur der röntgenologischen Darstellung weit aufwendiger und zeitraubender.

Gute Erfahrungen sind mit 131-Jod-HSA und anderen Isotopen auch im Nachweis der Durchgängigkeit eines ventrikulo-kavalen Drainagesystems (z. B. nach Pudenz-Heyer oder

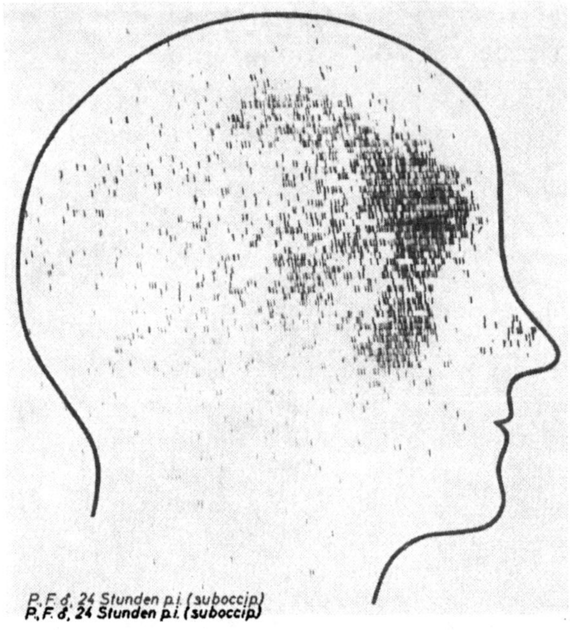

Abb. 13. Ventrikulo-Szintigramm 24 Stunden nach subokzipitaler Injektion von 100 μCi 131-Jod-HSA Die Aktivitätsanreicherung im Vestibulum nasi beweist das Vorliegen einer Liquorfistel (Zustand nach älterer fronto-basaler Schädel-Hirnverletzung) (DIETZ u. Mitarb. (74))

SPITZ-HOLTER von anderer Seite gemacht worden (ALTKINSON u. FOLTZ, (77) 1962; KAGEN u. Mitarb. (78), 1963; MIGLIORE u. Mitarb. (79), 1962; MUNDINGER u. Mitarb. (80), 1963; DI CHIRO u. Mitarb. (75), 1964; HEMMER (81), 1964 u. a.).

Indikation zur Ventrikulo-Szintigraphie durch subokzipitale Injektion ist auch eine Rhinoliquorrhoe. Nach der subokzipitalen Injektion von 131-Jod-HSA lassen sich die basalen Zisternen bereits nach 2 Stunden, die Ventrikel erst nach 4—8 Stunden darstellen. Während nach lumbaler Injektion die Ausbreitung der Aktivität im spinalen Subarachnoidalraum vorwiegend eine Funktion der Diffusionsgeschwindigkeit des 131-Jod-HSA ist, vollzieht sich die Ausbreitung nach subokzipitaler Injektion zunächst hauptsächlich auf dem Wege einer rostral gerichteten Liquorströmung, wie bereits von DI CHIRO (75) nachgewiesen. Erst sekundär, gleichsam mit einer zurückkehrenden Liquorwelle, findet eine Ausbreitung der Aktivität nach okzipital-kaudal und in den Spinalkanal statt (DIETZ, ZEITLER u. WOLF (74)).

Diesen Liquorstrom nach rostral zeigt besonders eindrucksvoll das **Szintigramm (Abb. 13)** mit Darstellung einer rechtsseitigen Liquorfistel 24 Stunden nach subokzipitaler Injektion von 100 μCi 131-Jod-HSA. Die Aktivität hat sich nach rostral-intraventrikulär ausgebreitet und zeigt eine stärkere Aktivitätsanreicherung im Epipharynx über eine Verbindung vom Vorderhorn des Seitenventrikels her. Das rechte Vestibulum nasi ist deutlich angereichert.

Diagnose: Rechtsseitige Liquorfistel.

Anmerkung: Durch die Rhinoliquorrhoe wird die Darstellung des sekundären Liquorgegenstromes in okzipito-kaudaler Richtung verhindert.

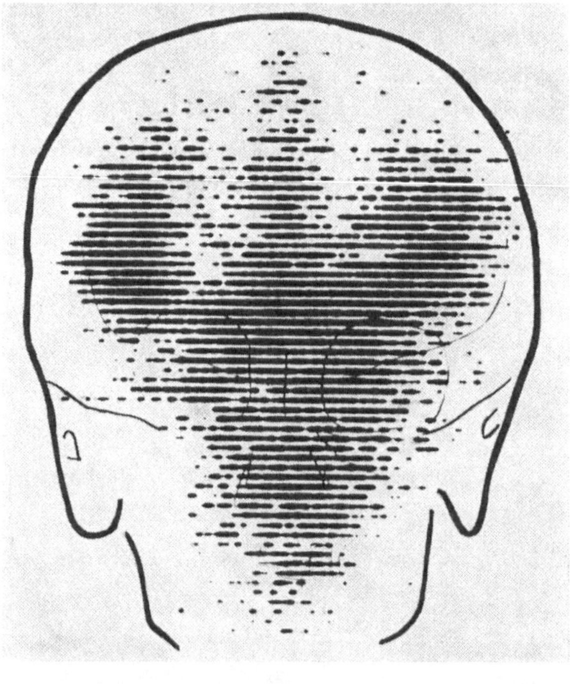

Abb. 14. Normale Zisternendarstellung nach subokzipitaler Injektion von 100 μCi 131-Jod-HSA (DIETZ u. Mitarb. (74))

14.8. Das normale Zisterno-Szintigramm

Die Indikation zur Zisterno-Szintigraphie durch okzipitale Injektion von 131-Jod-HSA ist durch Tentorium-Meningiome und bei Verdacht auf Tumor im 4. Ventrikel gegeben.

Zur Abgrenzung pathologischer Veränderungen wird die normale Zisternendarstellung in **Abbildung 14** gezeigt (DIETZ, ZEITLER und WOLF (74)).

Literatur

1. MOORE, G. E.: Use of radioactive di-iodofluorescein in the diagnosis of and localization of brain tumours. Science **107**, 569 (1948)
2. MOORE, G. E., C. M. CAUDILL, J. F. MARVIN, J. B. AUST, S. N. CHOU and G. A. SMITH: Clinical and experimental studies of intra cranial tumors with fluorescein with additional note concerning possible use of J-42 and iodine 131 tagged human albumin. Am. J. Roentgenol. and. Rad. Therapy, **66**, 1 (1951)
3. MOORE, G.: Diagnosis and localization of brain tumours. Thomas, Springfield 1953
4. SELVERSTONE, B., A. SOLOMON and W. SWEET: Location of brain tumors by means of radioactive phosphorus. J. Amer. Med. Ass. **140**, 277 (1949)
5. SWEET, W. H. and G. L. BROWNELL: Localization of Intracrainial Lesions by Scanning with Positron-Emitting Arsenic. J. Amer. Med. Ass. **157**, 1183 (1955)
6. SWEET, W. H., J. MEALY jr., G. L. BROWNELL and S. ARONOW: Coincidence scanning with positron-emitting arsenic or copper in the diagnosis of focal intracranial disease. (In Medical Radioisotope Scanning Proceedings of Seminar Jointly Organized by International Atomic Energy Agency and World Health Organization.) Medical Radioisotope Scanning IAEA, Vienna, pp. 163—188 (1959)
7. SWEET, W. H., J. MEALEY jr., S. ARONOW and G. L. BROWNELL: Localization of focal intracranial lesions by scanning of rays from positronemitting isotopes. Clin. Neurosurg., **7**, 159—197 (1960)
8. BROWNELL, G. L. and W. H. SWEET: Localization of brain tumours with positron emitters. Nucleonics **11**, 3 (1953)
9. BROWNELL, G. L. and W. H. SWEET: Scanning of positron-emmitting isotopes in diagnosis of intracranial and other lesions. Acta radiol., Stockh., **46**, 425—434 (1956)
10. BROWNELL, G. L.: Medical Radioisotope Scanning IAEA, Vienna (1959)
11. LOCKSLEY, H. B., W. H. SWEET, H. J. POWSNER and E. DOW: Suitability of tumor-bearing mice for predicting relative usefulness of isotopes in brain tumors; Comparative Clinical and Laboratory Study in Localization of Brain Tumors with P-32, Na-24, K-42 and Sodium Borate. A. M. A. Arch., Neurol. Psychiatr. **71**, 684 (1954)
12. MOORE, G. E., G. A. SMITH, C. M. CANDILL et coll: Clinical and experimental studies of intracranial tumours with fluorescein dyes with an additional note concerning the possible use of K-42 and J-131 tagged human albumin. Amer. J. Roentgenol. **66**, 1 (1951)
13. MUNDINGER, F.: Richerche sperimentali e cliniche con bismuto radioattivo (Bi 206/83) sul problema della localizazione diagnostica di tumori. Il Farmaco **12**, 90 (1957)
14. MUNDINGER, F.: Radio-Wismut (Bi 206/83) als neues spezifisches Hirntumordiagnostikum. Acta neurochir. (Wien) Supp. VI, 140—154 (1959)
15. BLAU, M. and M. BENDER: Radiomercury (Hg 203) labeled Neohydrin: A new agent for brain tumours localization. J. nucl. Med., Convention Issue p. 35 (1959). J. nucl. Med., **3**, 83—93 (1962)
16. BENDER, M. A. and M. BLAU: A versatile high-contrast photoscanner for the localization of human tumors with radioisotopes. Int. J. appl. Radiat. **4**, 154 (1959)
17. BLAU, M. and M. BENDER: Clinical evaluation of Hg-203, Neohydrin and J-131 albumin in brain tumour localization. J. nucl. Med. **1**, 106 (1960)
18. BLAU, M. and M. A. BENDER: Radiomercury (Hg-203) labelled neohydrin: A new agent for brain-tumor-localization. J. nucl. Med. **3**, 83 (1962)
19. BRINKMAN, C. A., A. V. WEGST and E. A. KAHN: Brain-scanning with mercury 203 labeled neohydrin. J. Neurosurg. **19**, 644—651 (1962)
20. CROLL, M. N., W. BRADYL and B. M. HAND: Brain tumor localization utilizing mercury-203. Radiology **78**, 635 (1962)
21. DUGGER, G. S. and F. D. PEPPER: The reliability of radioisotopic encephalography. A correlation with other neuroradiological and anatomical studies. Neurology **13**, 1042—1053 (1963)
22. FEINDEL, W., Y. L. YAMAMOTO, D. L. MC RAE and J. ZANELLI: Contour brain scanning with iodine and mercury compounds for detection of intracranial tumors. Amer. J. Roentgenol. **92**, 177 (1964)
23. FEINDEL, W., Y. L. YAMAMOTO and N. RUMIN: Comparison of radioactive iodinated serum albumin (RISA) and radioactive mercury 203 for brain scanning. J. Neurosurg. **21**, 1 (1964)
24. MC CLINTOCK, J. T. and G. U. DALRYMPLE: The value of brain scans in the management of suspected intracranial lesions. J. nucl. Med. **5**, 189 (1964)
25. MC GINNIS, K. D. W. R. EYLER, L. DU SAULT and K. KRISTEN): Mercury 203 brain scanning. A method of clinical classification. Radiology **80**, 264—266 (1963)
26. RHOTON, A. L. jr., A. CARLSSON and M. M. TER-POGOSSIAN: Brain scanning with chlormerodrin Hg-197 and chlormerodrin Hg-203. Arch. neurol. **10**, 369—375 (1964)
27. RHOTON, A. L. jr., A. M. CARLSSON and M. M. TER-POGOSSIAN: Posterior fossa tumors: Localization with radioactive mercury (Hg-197 or Hg-203) labeled chlormerodrin. Arch. neurol. **10**, 521—526 (1964)
28. BUCY, P. C. and I. S. CIRIC: Brain scans in diagnosis of brain tumors. Scanning with chlormerodrin Hg 203 and chlormerodrin Hg 197. J. Amer. Med. Ass. **191**, 437—443 (1965)
29. SCHUMACHER, W.: Die Darstellung von Hirn- und Nierentumoren durch die positiven oder negativen Kontraste im nicht linearen Photogammagramm. Vortrag: 9. Intern. Röntgenkongreß München (1959). Strahlentherapie **113**, Heft 3, 432—442 (1960)

30. TAUXE, W. N., R. E. SEDLACK, P. J. PITLYK and F. W. L. KERR: Preliminary report on the localization of brain lesions with J 131 labelled polyvinylpyrrolidone. Proc. Mayo Clin. **37**, 109 (1962)
31. TAUXE, W. N., J. L. BECTON and M. Y. YAMAGUCHI: Selection of formula for the expression of results of the uptake of L-triiodothyreonine-J 131 by red blood cells. Amer. J. Clin. Path. **39**, 562 (1963)
32. TAUXE, W. N., P. J. PILYK, R. E. SEDLACK, F. W. KERR and H. J. SILVER: J. nucl. Med. **4**, 185 (1963)
33. BODFORSS, B. and T. OLIN: Polyvinylpyrrolidone with special reference to the localization of brain and liver tumours. Acta radiol. Stockholm. Vol. **3**, Fasc. 5, 441 (1965)
34. HARPER, P. V., K. A. LATHROP, R. J. MC CARDLE and G. ANDROS: The use of Tc-99m as pertechnetate for thyroid, liver and brain scanning. I. A. E. A. Symposium on Medical Radioisotope Scanning Athen (1964)
35. HARPER, P. V., K. A. LATHROP, G. ANDROS, R. MC CARDLE, A. GOODMAN, R. N. BECK and J. COVELL: Technetium 99m as a clinical trancer material. Radioakt. Isotope in Klinik und Forschung, Bd. VI (1965). Urban & Schwarzenberg, München/Berlin
36. MC AFEE, J. G., C. F. FUEGER, H. S. STERN, H. N. WAGNER jr. and T. MIGITA: Tc-99m-pertechnate for brain scanning. J. nucl. Med. **5**, 811 (1964)
38. MC AFEE, J. G. and G. F. FUEGER: The value and limitations of scintillation scanning in the diagnosis of intracranial tumors. Scintillation scanning in clinical medicine, ed. quinn, J. L., W. B. Saunders & Co., Philadelphia und London (1964)
39 MC AFEE, J. G. and D. R. TAXDAL: Comparison of radioisotope scanning with cerebral angiography and air studies in brain tumor localization. Radiology **77**, 207—222 (1961)
40. WITCOFSKI, R., D. MAYNARD and I. MESCHAN: The utilization of 99m-technetium in brain scanning. J. nucl. Med. **6**, 121—130 (1965)
41. HARPER, P. V., R. BECK, D. CHARLESTON and K. A. LATHROP: Optimization of a scanning method using 99m-Tc. Nucleonics **22**, 50 (1964)
42. DAY, A. J., P. E. GOULD-HURST and G. K. WILKINSON: The incorporation of 14-C-labelled particulate cholesterol into lipoprotein by macrophages. J. Atheroscler. Res. **4**, 497 (1964)
43. DAY, E. D., J. A. PLANINSEK and D. PRESSMAN: Localization in vitro of radioionated anti-rat-fibrin antibodies and rat fibrinogen in murphy rat lymphosarcoma and in other transplantable rat tumors. J. Nat. Cancer Inst. Wash. **22**, 413 (1959)
44. PLANIOL, TH.: Diagnostic des tumeurs cérébrales par les radioisotopes. Thérapie Paris **12**, 747 (1957)
45. PLANIOL, TH.: Diagnostic des lésions intracraniennes par les radio-isotopes (gammaencéphalographie). Masson et Cie. Paris 1959, vii, 258 pp.
46. PLANIOL, TH. and G. GAUTHIER: Gammaencéphalographie. Bull. Schweiz. Akad. med. Wiss. **18**, 882—896 (1962)
47. SCHUMACHER, W.: Ergebnisse von Verteilungsuntersuchungen radioaktiver Isotope mit Hilfe neuer fotografischer Gammagramme. Strahlentherapie **106**, 418—427 (1958)
48. FROST, D.: Photogammagramm-Schreiber für den klinischen Gebrauch. Atompraxis **4**, 254—260 (1958)
49. REID, W. B. and H. E. JOHNS: An automatic brain scanner for use with y-rayemitting isotopes. Radiology **68**, 258 (1957)
50. REID, W. B. and H. E. JOHNS: An automatic brain scanner. Int. J. appl. Radiat. **3**, 1 (1958)
51. COWAN, G. A. B., S. O. FEDORUK, W. H. FEINDEL and J. G. STRATFORD: Localization of intracranial lesions using radioactive iodinated human serum albumin and an automatic scanner. J. Canad. Ass. Radiol. **11**, 15—22 (1960)
52. FEINDEL, W., R. L. ROVIT and L. STEPHENS-NEWSHAM: Localization of intracranial vascular lesions by radioactive isotopes and automatic contour brain scanner. J. Neurosurg. **18**, 811—821 (1961)
53. FEINDEL, W.: Detektion of intracranial lesions by contour brain scanning with radioisotopes. Postgrad. Med. **31**, 15 (1962)
54. KUHL, D. E. and R. Q. EDWARDS: Cylindrical and section radioisotope scanning of the liver and brain. Radiology **83**, 926 (1964)
55. KUHL, D. E. and R. Q. EDWARDS: Image separation radioisotope scanning. Radiology **80**, 653 (1963)
56. KUHL, D. E. and R. Q. EDWARDS: Perforated tape recorder for digital scan data store with greyshade and numeric readout. J. nucl. Med. **7**, 269 (1966)
57. MC QUEEN, J. D.: Radioencephalographic scanning with positronemitting As 74. Amer. J. Roentgenol. **90**, 336 (1963)
58. COLLIER, R. E., G. A. BALLA, J. W. FINNEY, A. D. D'ERRICO, J. W. TOMME, J. E. MILLER and J. T. MALLAMS: Differential localization of isotopes in tumors through the use of intraarterial hydrogen peroxide. Clinical evaluation. (Die differente Lokalisierung der Isotope in Tumoren durch die Verwendung von intraarteriellem Wasserstoffperoxyd). Amer. J. Roentgenol. **94**, 789—797 (1965)
59. ROSENTHALL, L., A. AGUAYO and J. STRATFORD: A clinical assessment of carotid and vertebral artery injection of macoraggregates of radioiodinated albumin (MARIA) for brain scanning. Radiology **86**, 499 (1966)
60. ROSENTHALL, L.: Human brain scanning with radioiodinated macroaggregates of human serum albumin: A Preliminary Report. Radiology **85**, 110—114 (1965)
61. ROSENTHALL, L., A. AGUAYO and J. STRATFORD: Vertebral artery injection of macoraggregates of radioiodinated albumin for brain scanning: A Preliminary Report. J. Canad. Ass. Radiol. **16**, 204—207 (1965)
62. EHRLICH, P.: Das Sauerstoff-Bedürfnis des Organismus. Eine farbanalytische Studie. A. Hirschwald-Verlag, Berlin 1885

63. Goldmann, E. E.: Vitalfärbung am Zentralnervensystem. Berlin, G. Riemen 1913
64. Wende, S.: Technik und Wert der Gamma-Enzephalographie. Fortschr. Röntgenstr. **98**, 466 bis 476 (1963)
65. Wende, S.: Die Gamma-Enzephalographie bei der Hirntumor-Diagnostik. Röntgen-Bl. **18**, 428 (1965)
66. Mundinger, F. und H. Gerhard: Untersuchungen über die Verteilung der zur Hirntumordiagnostik verwendeten Radioisotope in der Blutbahn, in experimentellen Tumoren und menschlichen Hirngeschwülsten. Acta neurochir. **11**, 398—415 (1963)
67. Mundinger, F. and H. Gerhard: Investigations on blood transport and distribution in normal tissue and tumour cells of radio-isotopes used for brain tumour localisation (Cu-64, As-74, J.131-Albumin-Hg-203-Neohydrin and Bi-206). 2. Europ. Congr. Neurol. Surg. Rom (1963). Excerpta med. (Amst.), Sect. XIV Int. Congr. Series, 60, 57.
68. Brown, P.: Albumin, connective tissue, and the blood-brain barrier. Bull. of the Johns Hopkins Hosp., USA, Vol. **108**, Nr. 3, pp. 161—170 (1961)
69. Schneider, C. und H. Prévôt jr.: Das normale Hirnszintigramm mit 203-Hg Chlormerodrin und 99m-Tc-Pertechnat. Fortschr. Röntgenstr. **105**, 99 (1966)
70. Frost, D. und H. Werkes: Über ein neues Verfahren zur Darstellung schwach speichernder Gewebe in der Gamma-Szintigraphie. Strahlentherapie **113**, 461 (1960)
71. Yamamoto, Y. L., W. Feindel and J. Zenelli: Comparative study of radioactive Chlormerodrin (Neohydrin) tagged with mercury 197 and mercury 203 für brain scanning. Neurology (Minneop.) **14**, 815—820 (1964)
72. Avioli, L. V., R. Q. Carcco and R. Chambers: 203 mercury brain scanns: The use of small doses as a screening method. J. nucl. Med. **6**, 252—264 (1964)
73. Morrison, R. T., A. K. Afifi, M. W. van Allen and T. C. Evans: Scintiencephalography for the detection and localization of non-neoplastic intracranial lesions. J. nucl. Med. **6**, 7—15 (1965)
74. Dietz, H., E. Zeitler und R. Wolf: Die szintigraphische Darstellung der Liquorräume mit 131-J-markiertem menschlichem Serumalbumin (RIHSA). Fortschr. Röntgenstr. **105**, 537—555 (1966)
75. Di Chiro, G., P. M. Reames and W. E. Matthews: RIHSA Ventriculography and RHISA-cisternography. Neurology (Minneop.) **14**, 185—191 (1964)
76. Gros, Ch. M., A. Wachenheim, C. Vrousos and M. Subirana: La scintigraphie des espaces sous-arachoidiens du canal rachidien. J. Radiol. Électrol. **46**, 457—464 (1965)
77. Altkinson, J. R. and E. L. Foltz: Intraventricular „RIHSA" as a diagnostic in pre- and postoperative hydrocephalus. J. Neurosurg. **19**, 159—166 (1962)
78. Kagen, A., G. Tsuchiya, V. Patterson and O. Sugar: Test for patency of ventriculovascular shunt for hydrocephalus with radioactive iodinated serum albumin. J. Neurosurg. **20**, 1025/1028 (1963)
79. Migliore, A., P. Paoletti, R. Villani: Prime esperienze sull'impiego dei radioisotopi nello studio della dinamica liquorale. J. Neurosurg. **19**, 434—436 (1962)
80. Mundinger, R., M. Anlauf und G. Bouchard: Die kardiale Impulsfrequenzmessung des J-131-Hippuran, eine neue Methode zur Passageprüfung ventrikuloarterialer Shunts und die ventrikuläre Resorptionsprüfung zur Differentialdiagnose der Hydrocephali. Acta neurochir. (Wien) **11**, 272—286 (1963)
81. Hemmer, R.: Erfahrungen mit der modernen operativen Hydrozephalusbehandlung. Untersuchungsergebnisse bei Fällen mit ventrikulo-aurikulären Drainagen. Arch. Kinderheilk. Beiheft **51** (1964)
82. Haas, J. P., H. Dietz und R. Wolf: Hirntumorszintigraphie mit 131-J-Albumin-Makroaggregaten. Radioisotope in der Lokalisationsdiagnostik (4. Jahrestagung d. Ges. f. Nucl. Medizin, Heidelberg, 1966) 509 (1967)
83. Mandel, P. R., B. I. Saxe, D. Faegenburg and H. Chiat: Demonstration the choroid plexus with Technetium 99m brain scan. Amer. J. Roentgenol. **102**, 97—99 (1968)

XV Rückenmark

Kapitel XV

Rückenmark

15. Rückenmark

15.1. Geschichtlicher Rückblick

1953 Erster Bericht von BAUER und YUHL (1) über die Isotopen-Myelographie in der Lumbalregion unter Verwendung von 131-Jod-Humanserumalbumin (131-J-HSA).

1953 SWEET und LOCKSLEY (2) berichten über die Bildung, Sekretion und Resorption der cerebro-spinalen Flüssigkeit.

1955 CHOU und FRENCH (3) beschreiben Absorption und Ausscheidung von 131-Jod-HSA aus dem Subarachnoidalraum.

1956 KRUPIN (4) wendet Radon zur Isotopendiagnose der Rückenmarktumoren an.

1958 PERRYMAN u. Mitarb. (5) weisen auf die einfache Methode zur Lokalisierung der Querschnittslähmung hin.
LIASS (6) berichtet über die Radon-Isotopen-Myelographie.

1959 BELL und HERTSCH (7) empfehlen einen motorischen Konturscanner für die Myeloszintigraphie, der durch Vorschalten einer Tastrolle einen stets gleichen Abstand zwischen Meßkopf und Rückenhaut garantieren soll.

1960 PECKER und JAVALET (8) beschreiben eine Methode der Gammamyelographie.

1961 DI CHIRO (9) beschreibt die 131-J-HSA-Enzephalographie.

1962 RIESELBACH u. Mitarb. (10) führen Myelographien mit 198-Au durch (PINTO (11), BAGGIO u. Mitarb. (12), PANTAZIS u. Mitarb. (13)).

1964 DI CHIRO (14) erweitert die Methode zu einer 131-J-HSA-Ventrikulographie und 131-J-HSA-Zisternographie.

1965 DIETZ, WOLF und ZEITLER (15, 16, 17, 18) erweitern die Methode der Isotopen-Myelographie.

15.2. Auswahl der Nuklide

15.2.1. 131-Jod-Humanserumalbumin

HWZ 8,04 Tage

Gamma-Energie i. MeV	0,08— 2%, 0,28—5%, 0,36—80%, 0,64—9%, 0,72— 3%.
Beta-Energie i. MeV	0,25— 3%, 0,33—9%, 0,61—87%, 0,81—1%.

15.2.1.1. Verwendungsform

131-Jod-HSA in physiologischer NaCl-Lösung, sterilisiert, pyrogenfrei, spezifische Aktivität etwa 30 μCi/mg, Konzentration etwa 0,5 mC/ml 15 mg Albumin/ml.

15.2.1.2. Dosierung

50—100 μCi 131-J-HSA nach Lumbalpunktion in den Wirbelkanal.

15.2.1.3. Zeitpunkt der Szintigraphie

Nach Kopftieflage kann die Szintigraphie bereits 20 Minuten nach der Injektion des 131-J-HSA in den Wirbelkanal beginnen. Normalerweise erfolgt eine homogene intrathekale Ausbreitung innerhalb 4 Stunden. 2—5 Stunden nach der Injektion von 131-J-HSA sollte die

Myeloszintigraphie durchgeführt werden. Eine Wiederholung soll nach 24 Stunden stattfinden, speziell bei den Anzeichen eines Liquorstops. Es kann dann möglicherweise die radioaktive Substanz das räumliche Hindernis überwunden haben. Die Ausdehnung des raumfordernden oder stenosierenden Prozesses wird durch Kontrolle nach 5—24 Stunden beurteilbar.

15.2.1.4. Strahlenbelastung

Wirbelkanal: 2 mrad/μCi.
Gesamtkörper: unter 0,2 mrad/μCi.

15.3. Technik der Darstellung

Es empfiehlt sich, 2—3 Tage vor der angesetzten Untersuchung die Jodaufnahme der Schilddrüse mit täglich 20 Tropfen LUGOLscher Lösung zu „blockieren":

Zur Injektion der radioaktiven Substanz entweder

a) Lumbalpunktion; danach QUECKENSTÄDT-Test durchführen, im Anschluß daran 50 bis 100 μCi 131-J-HSA in 2 ml physiologischer Kochsalz-Lösung injizieren. Der Lagerungstisch wird mit Kopf-Tieflage schräg gestellt. Die Aufzeichnung in **Bauch**lage ist vorzuziehen, wobei ein Kissen als Bauchauflage dienen soll. Ein **seitlich** angefertigtes Myeloszintigramm gibt Auskunft über die Ausdehnung des Prozesses in der zweiten (sagittalen) Ebene.

b) Subokzipitale Injektion; speziell zur Untersuchung zervikaler Prozesse. Hierbei nach der Injektion Hochlagerung von Kopf, Hals und Schulterregion — also umgekehrt zu der Anweisung bei Anwendung der Lumbalpunktion!

DIETZ, ZEITLER und WOLF (1966) (16) empfehlen zur Vermeidung von Unverträglichkeitserscheinungen jeweils 50 mg Cortison vor der 131-J-HSA-Injektion in den Liquorraum zu applizieren.

Die Distanz zwischen Rückenmarkkanal und Körperoberfläche bzw. Meßsonde ist in den verschiedenen Wirbelsäulenabschnitten unterschiedlich. Daraus resultiert eine verschiedene Impulsrate über den einzelnen Wirbelsäulenregionen. Die „relative dorsale Hypoaktivität" (GROS u. VROUSOS (19, 20)) im thorakalen Wirbelsäulenbezirk ist also ein Aufzeichnungsartefakt, in dem die (normalerweise) höhere Impulsrate über der Regio lumbalis meist unberücksichtigt bleibt. Es empfiehlt sich daher, die Untersuchungstechnik auf die verschiedenen Wirbelsäulenregionen einzustellen bzw. der jeweiligen Radioaktivitätsverteilung anzupassen.

DIETZ, ZEITLER und WOLF (16) untersuchten die Verweildauer u. a. von 131-J-HSA im Spinalkanal. Im Mittel ist nach 48 Stunden das Maximum der Radioaktivität im Blut erreicht. Die Liquor-Clearance ist, unbeschadet der Injektionsstelle, lediglich von der verabfolgten Dosis und von dem zeitlichen Intervall (nach der Applikation) abhängig. Nach 5 Tagen lassen sich nur noch Spuren radioaktiver Substanz im peripheren Kreislauf nachweisen. Die mittlere Eliminationszeit beträgt 48—72 Stunden.

Das 131-J-HSA erweist sich als relativ indifferente Substanz. Morphologische Details lassen sich im Myeloszintigramm nicht zur Darstellung bringen, wie z. B. die Wurzeltaschen u. a. m. Eine Differenzierung zwischen intra- oder extramedullärer Lage eines raumfordernden Prozesses ist ebenso unmöglich.

15.4. Das normale Myeloszintigramm

Die **Längen**ausdehnung der Schwärzungsfläche **(Abb. 1)** ist von der Diffusion und Verteilung der in den Subarachnoidalraum applizierten Radioaktivität abhängig. Die Schwärzungsausdehnung ist also anfangs auf den Ort der Injektionsstelle begrenzt. Zuletzt erreicht die Radioaktivität kranial die Zisterna cerebellomedularis (= eine dreieckförmige Schwärzungs-

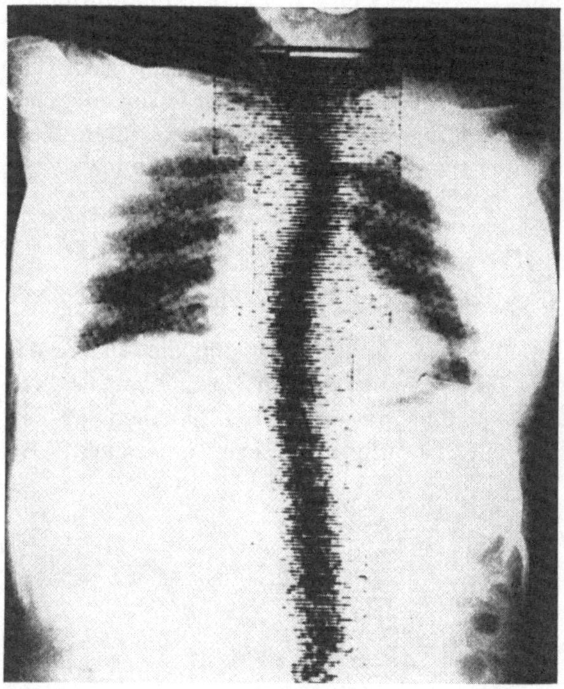

Abb. 1. Photoszintigramm 2 Stunden nach subokzipitaler Injektion von 100 μCi 131-Jod-HSA.
Normale und gleichmäßige Verteilung bis zum 1. Lendenwirbel (19 - Loch - Honeycomb - Kollimator) (nach ZEITLER u. Mitarb. (18))

zone im Myeloszintiogramm) und kaudal füllt sie den unterschiedlich gestalteten Blindsack aus. Der Verlauf dieses Schwärzungsbandes wird von der Haltung der Wirbelsäule bestimmt. Die **Breite** des Schwärzungsbandes entspricht ungefähr dem Durchmesser des Spinalkanales bzw. der interpedikulären Distanz. Die Abgrenzung ist je nach dem Ausmaß des „cut-off" mehr oder weniger verwischt, d. h. unscharf. Verantwortlich dafür ist die zylindrische Form des Rückenmarkes in Verbindung mit physikalischen Gesetzen, die für das szintigraphische Abbilden zuständig sind. Der Wirbelkanal besitzt in Höhe der oberen Brustwirbelsäule eine physiologische **Eng**stelle — entsprechend im Myeloszintigramm eine Verschmälerung des Schwärzungsbandes. Dagegen zeigt der Subarachnoidalraum am Übergang von der Hals- zur Brustwirbelsäule regelmäßig eine besondere **Weite,** so daß dort das Schwärzungsband verbreitert erscheint.

Die **Dichte** der Schwärzung wird von der unterschiedlichen Distanz zwischen Kollimator/Meßkopf und Spinalkanal beeinflußt (siehe Ausführungen im Abschnitt „Technik der Darstellung"). Eine verstärkte Lordose der Lendenwirbelsäule bewirkt z. B. eine erhebliche Kontrastminderung. Desgleichen macht sich dieser Einfluß an der Halswirbelsäule (in Höhe von C1 bis C6) bemerkbar.

Norm-Varienten werden durch Übertritt von Radioaktivität aus dem Intrathekalraum in den Periduralraum verursacht, der dem Einstich folgen kann.

Kleine und **lokalisierte** Mengen von Radioaktivität im Periduralraum bilden sich als „Knospen" oder als „Haken" im Szintigramm ab (DIETZ, ZEITLER u. WOLF (16)); sie werden häufig mit ausgeweiteten Wurzeltaschen, Megacaudele u. a. verwechselt.

Ein **profuser Austritt** von Radioaktivität aus dem Intrathekalraum in den Periduralraum kann im Szintigramm gelegentlich als selektive Darstellung des Periduralraumes imponieren, wobei der Intraduralraum wie ausgespart von Radioaktivität erscheint (DIETZ, ZEITLER u. WOLF (16)).

15.5. Das von der Norm abweichende Myeloszintigramm

Die szintigraphischen Veränderungen betreffen Abweichungen in der Längenausdehnung, in der Breite und in der Schwärzungsdichte des aufgezeichneten Schwärzungsbandes. Sie nehmen damit Bezug auf rein morphologische Veränderungen im Subarachnoidalraum — in klassischer Form: der totale Verschluß, partiell als Verengung des Liquorkanales. Die Myeloszintigraphie informiert nur in grober Weise über diese Veränderungen, nicht über die Pathogenese. Sie besitzt einen besonderen Wert als Ausschlußverfahren, sie ersetzt auf keinen Fall eine differenzierte neuroradiologische Untersuchung.

Die Verteilung der Radioaktivität in der Zeit und die Verschwinderate (als Faktor der Liquor-Clearance) werden heute noch nicht diagnostisch ausgewertet.

Ein Verschluß im Spinalkanal ist nach der Häufigkeit verursacht durch

a) Nucleus-pulposus-Hernie,
b) Tumor (primär oder sekundär),
c) Wirbelkörperkompression,
d) Mißbildung (z. B. Meningozele) oder Gefäßerkrankung (z. B. Varizen),
e) Arachnitische Prozesse.

Wird die Szintigraphie zu früh begonnen, findet man wegen der noch ungenügenden Aktivitätsverteilung einen Bezirk verstärkter Schwärzung in Höhe der Injektionsstelle.

Skoliotische Deformierungen lassen sich im Szintigramm gut erkennen. Lordotische und kyphotische Deformierungen können zu erheblichen Kontrastveränderungen führen. Die Bilder eines völligen Verteilungsstops sind durch eine Verstärkung der szintigraphischen Schwärzung oberhalb des Hindernisses zu erkennen.

Bei einem expansiven Prozeß innerhalb des Wirbelkanals stimmte die szintigraphisch gewonnene Höhenlokalisation immer mit den myelographischen, operativen oder pathologischen Befunden überein. Auch in einem Fall unvollständiger Kompression des Rückenmarks oder der Cauda equina bot sich szintigraphisch das Bild des totalen Stops im Gegensatz zu den myelographischen Befunden (C. VROUSOS (19)). Die Myelographie erweist sich als empfindliche Methode zur Erkennung expansiver Prozesse innerhalb des Wirbelkanals.

Die Aussagefähigkeit über die Ursache ist gegenüber den Methoden der Luft- und Kontrastmyelographie sehr begrenzt. Ein völliger Verteilungsstop der injizierten Aktivität ist vom Pseudostillstand in Höhe von C 7 oder von Verteilungsstörungen zu unterscheiden. Ein seitliches Abfließen der markierten Substanz kann einen Stop in Höhe von C 7 vortäuschen. Das gesamte Szintigraphiebild ist in diesem Falle jedoch erheblich verbreitert.

Eine Einengung ist durch Aussparungen oder regional angeordnete Kontrastminderungen zu erkennen. Gegenüber diffusen Verbreiterungen stellen sich Megacauda und die lumbosakralen Wurzeltaschen szintigraphisch als segmentartige Erweiterungen dar.

Bei der Beurteilung szintigraphischer Befunde ist zu berücksichtigen, daß Kontrastansammlungen auch durch Artefakte hervorgerufen werden können. Die Radioaktivität im Wirbelkanal verändert sich durch den Liquorabfluß, so daß die Konzentration von der Zeit abhängig ist, in der die Szintigraphie durchgeführt wird. Weitere Veränderungen können durch ungenügende Ruhigstellung des Patienten oder durch Kontaminierung der Passagen infolge Liquoraustritt nach der Injektion auftreten.

15.5.1. Nucleus-pulposus-Hernie

Die Myeloszintigraphie ist für die Diagnostik von Bandscheibenhernien brauchbar. DIETZ, ZEITLER und WOLF (16, 17) haben 59 Pat. mit Nucleus-pulposus-Hernie untersucht. Bei

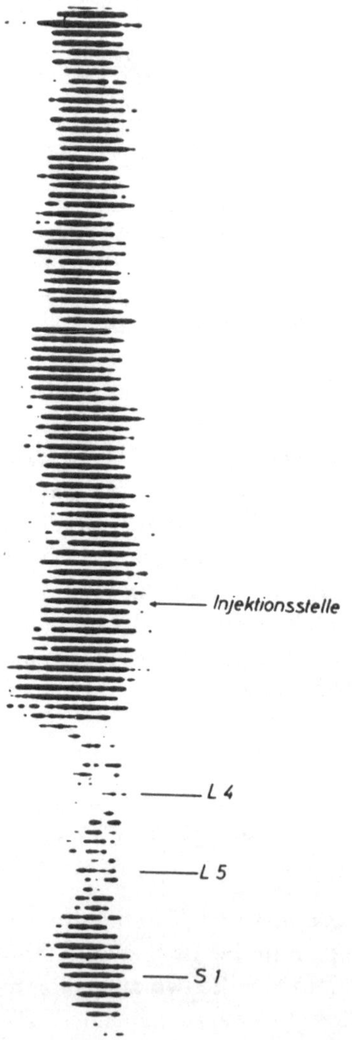

Abb. 2. Myeloszintigramm 1 Stunde nach intralumbaler Injektion von 100 μCi 131-Jod-HSA. Aktivitätsaussparung in Höhe von L4/5. Dorso-lateraler Prolaps der 4./5. Bandscheibe. Szintigraphischer Befund operativ bestätigt (DIETZ u. Mitarb. (16))

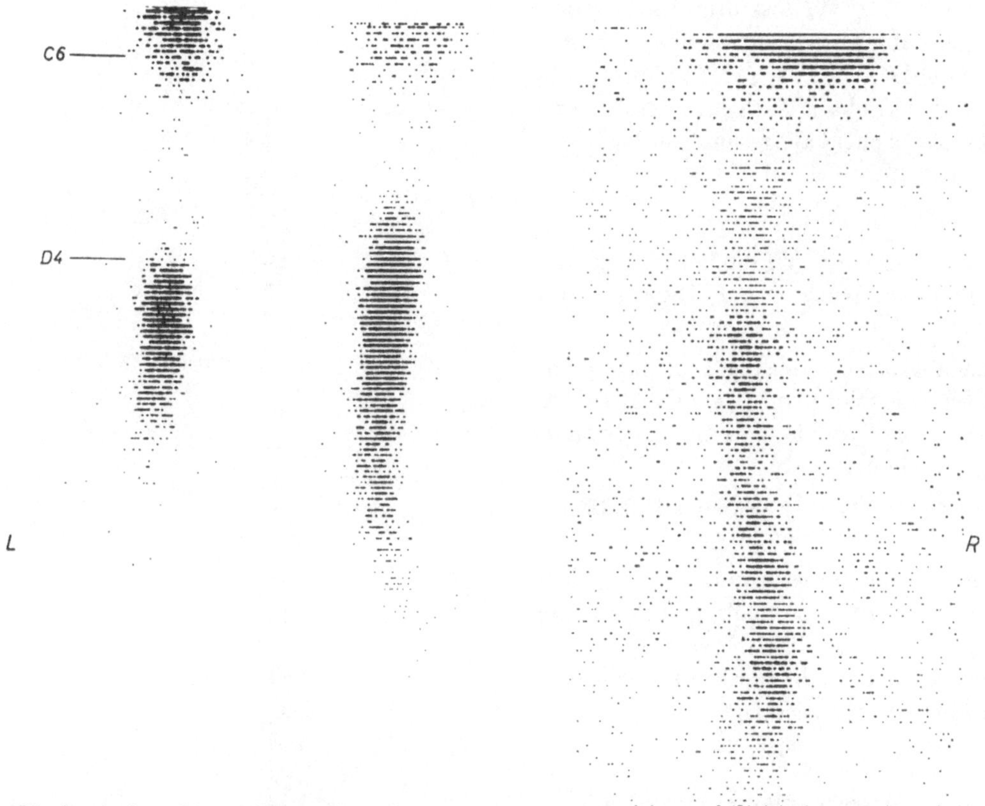

Abb. 3. Myeloszintigraphie nach subokzipitaler Injektion von 100 μCi 131-Jod-HSA. Von links nach rechts: 1 Stunde p. i., 2 Stunden p. i., 24 Stunden p. i.
Die Aktivität überwandert ein Gebiet mit deutlich herabgesetzter Konzentration und gibt damit die kraniale und kaudale Tumorgrenze wieder (nach DIETZ u. Mitarb. (16))

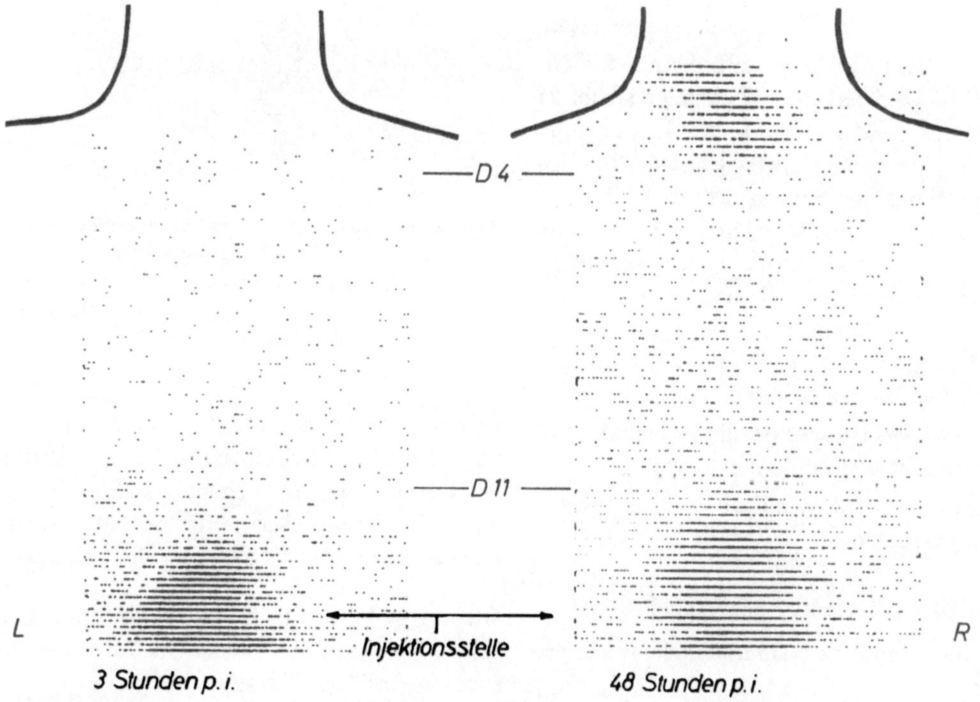

Abb. 4. Myeloszintigramm nach lumbaler Injektion von 60 μCi 131-Jod-HSA, links 3 Stunden nach Injektion, rechts 48 Stunden nach Injektion. Zwischen D 4 und D 11 keine Darstellung des Wirbelkanals. Verdacht auf intraspinalen Tumor (nach Dietz u. Mitarb. (16))

25 Pat. brachte die Myeloszintigraphie praeoperativ eine Information über einen Bandscheibenvorfall. Bei 12 Pat. (20%) konnte die Höhen- und Seitenlokalisation aus dem szintigraphischen Bild richtig ausgesagt werden.

Beispiel 1

43 jähr. Pat. wurde zur Untersuchung in die Klinik eingewiesen. Nach DIETZ, ZEITLER und WOLF (16).

Das Myeloszintigramm (Abb. 2) 1 Stunde nach intralumbaler Injektion von 100 μCi 131-Jod-HSA läßt in Höhe von L 4/5 eine Aktivitätsaussparung erkennen.

Diagnose: Dorso-lateraler Prolaps der 4./5. Bandscheibe links.

Anmerkung: Die Diagnosestellung war aus dem Szintigramm eindeutig möglich, während die durchgeführte Kontrastmittel-Myelographie keinen sicheren Befund ergab. Der szintigraphische Befund wurde operativ bestätigt.

15.5.2. Tumor (primär oder sekundär)

Bei den intramedullären oder intraspinalen Tumoren zeigt sich je nach Kompression des Liquorraumes ein Aktivitätsdefekt.

Beispiel 1 (DIETZ, ZEITLER und WOLF (16))

54 jähr. Pat. wurde in die Klinik eingewiesen.

Das Myeloszintigramm nach subokzipitaler Injektion von 100 μCi 131-Jod-HSA zeigt **(Abb. 3)** im Bereich des zerviko-thorakalen Übergangsgebietes C7—D4 einen Aktivitätsausfall. Die Gegenüberstellung der Szintigramme 1 Stunde, 2 Stunden und 24 Stunden nach Injektion läßt jedoch eine annähernd normale Ausbreitungszeit erkennen. Bei der Szintigraphie nach 2 Stunden geht die Ausbreitung bis zur thorakolumbalen Übergangsregion. Nach 24 Stunden stellt sich der ganze Spinalkanal dar.

Diagnose: Aktivitätsaussparung zwischen C6 und D4. Verdacht auf malignen Prozeß.

Anmerkung: Der intramedulläre Tumor wurde histologisch gesichert.

Beispiel 2 (DIETZ, ZEITLER und WOLF (16))

1½ jähr. Kind wurde mit Querschnittssyndrom eingewiesen.

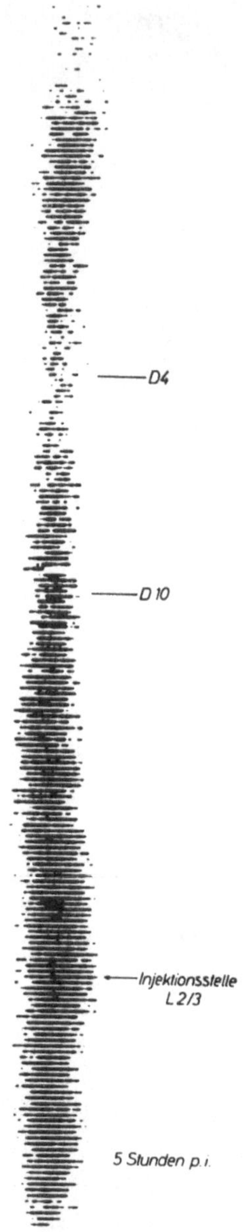

Abb. 5. Photoszintigramm nach lumbaler Injektion von 85 μCi 131-Jod-HSA.
Aktivitätsminderung im Bereich D 3 bis D 8. Arachnitis spinalis in der gleichen Region operativ bestätigt (nach ZEITLER u. Mitarb. (18))

Das Szintigramm nach lumbaler Injektion von 60 μCi 131-Jod-HSA zeigt in Höhe D12/L1 einen Aktivitätsstop. Die Szintigraphie 48 Stunden nach Injektion läßt eine erneute Aktivitätsanreicherung erst bei D4 wieder erkennen.

Diagnose: Fehlende Aktivitätsanreicherung zwischen D4 und D11. Verdacht auf intraspinalen, extramedullären Tumor.

15.5.3. Wirbelkörperkompression und
15.5.4. Mißbildung oder Gefäßerkrankung

Wirbelkörperkompressionen und Mißbildungen mit Stenose des Rückenmarkskanals ergeben ähnliche Bilder wie in 15.5.2. beschrieben.

15.5.5. Arachnitische Prozesse

Bei arachnitischen Prozessen ist durch die Verwendung von Röntgenkontrastmitteln immer die Gefahr gegeben, daß zurückbleibende Kontrastmittelreste die entzündlichen Reaktionen verstärken. Die Höhenausdehnung und der Grad der Liquorpassagestörung bei der Arachnitis ist meist schwer zu bestimmen. DIETZ, ZEITLER und WOLF (16) haben bei ihren Patienten mit operativ nachgewiesener Arachnitis spinalis in Höhe von D4 und D10 zeigen können, daß die Lokalisation und Ausdehnung des Prozesses szintigraphisch darstellbar war.

Beispiel 1 (ZEITLER, DIETZ, SSCHÜRMANN und WOLF (18))

44jähr. Mann wurde wegen Paraspastik der Beine in die Klinik eingewiesen.

Das Photoszintigramm nach lumbaler Injektion von 85 μCi 131-Jod-HSA zeigt im Bereich von D3 und D8 eine deutlich herabgesetzte und verminderte Aktivitätskonzentration, während nach D2 diese wieder deutlich zunimmt, **Abbildung 5.** In Zusammenhang mit den anderen Befunden bestand hier der Verdacht auf das Vorliegen einer Arachnitis.

Anmerkung: Die Arachnitis D3 bis D8 wurde operativ bestätigt.

Literatur

1. BAUER, F. K. and E. T. YUHL: Myelography by means of J-131. The myeloscintigram. Neurology (Minneap.) Vol. 3, No. 5, 341—346 (1953)
2. SWEET, W. H. and H. B. LOCKSLEY: Formation, flow and reabsorption of cerebrospinal fluid in man. Proc. Soc. exp. Biol. (N. Y.) 84, 397 (1953)
3. CHOU, S. N. and L. A. FRENCH: Systematic absorption and urinary excretion of RHISA from subarachnoid space. Neurology (Minneop.) 5, 555—557 (1955)
4. KRUPIN, E. N.: Anwendung von Radon zur topischen Diagnose der Rückenmarkstumoren. Vop. Neirokhir. (Moskau) 20, 18—21 (russ.) (1956)
5. PERRYMAN, CH. R., P. R. NOBLE and F. H. BRAGDON: Myeloscintigraphy: A useful procedure for localization of spinal block lesions. Amer. J. Roentgenol. 80, 104—111 (1958)
6. LIASS, F. M.: Radon-Isotopen-Myelographie. Vop. Neirokhi. (Moskau) 22, 25 31 (1958)
7. BELL, R. L. and G. J. HERTSCH: Automatic Contour Scanner for Myelography. Int. J. appl. Radiat. Vol. 7, 19—22 (1959)
8. PECKER, J. et A. JAVALET: Diagnostique des tumeurs cervicales par a gamma-myelographie et l'arteriographie vertebrale. Premiéres résultates. Neuro-Chirurgie (Paris) 6, 284—288 (1960)
9. DI CHIRO, G.: RISA Encephalography and conventional radiologic methods. Acta radiol. (Stockh.) Suppl. 201, 5 (1961)
10. RIESELBACH, R. E., G. DI CHIRO, E. J. FREIREICH and D. P. RALL: Subarachnoid distribution of drugs after lumbar injection. N. England J. Med. 267, 1273—1278 (1962)
11. PINTO, F.: Microcintilograma. Rio de Janeiro, S. Editora Impregrafica Ltda., (1962)
12. BAGGIO, G. F. and E. MORGANDO: Applicazione della mieloszintillografia nella diagnosi dei blocchi midollari. Riv. Pat. nerv. ment. 83, 285 (1963)
13. PANTAZIS, G. u. Mitarb.: Diagnosis of intraspinal neurological syndromes by myeloscintigram. II. Internat. Symposium of Isotopes, Athen 1964
14. DI CHIRO, G., P. M. REAMES and W. E. MATTHEWS: RIHSA-Ventriculography and RIHSA-cisternography. Neurology (Minneap.) 14, 185—191 (1964)
15. DIETZ, H., R. WOLF und E. ZEITLER: Erste Ergebnisse mit der Isotopenmyelographie. Radionuklide in der klin. u. experim. Onkologie. (2. Jahrestagg. der Ges. f. Nucl. Medizin, Heidelberg, 1964.) 299, (1965)
16. DIETZ, H., E. ZEITLER und R. WOLF: Die szintigraphische Darstellung der Liquorräume mit 131-J-markiertem menschlichem Serumalbumin (RIHSA). Fortschr. Röntgenstr. 105, 537—555 (1966)
17. DIETZ, H., E. ZEITLER und R. WOLF: Zur Diagnostik intraspinaler Erkrankungen mit der RISA-Myelographie. Neurochirurgia 9, 205—213 (1966)
18. ZEITLER, E., H. DIETZ, K. SCHÜRMANN und R. WOLF: Diagnostische Ergebnisse mit der RIHSA-Myelographie und RIHSA-Ventrikulographie. Radioaktive Isotope in Klinik u. Forschung, Bd. VII, 402 (1967)
19. GROS, CH. M., A. WACKENHEIM, C. VROUSOS and M. SUBIRANA: La scintigraphie des espaces sous-arachnoidiens de canal rachidien. J. Radiol. Électrol. 46, 457—464 (1965)
20. GROS, CH. M., E. SCHNEEGANS, A. WACKENHEIM, R. OBERSON et A. M. HAARSCHER: Scintigraphie de l'hématome sous-dural du nourrisson. J. Radiol. Électrol. 46, 453—456 (1965)

XVI Plazenta

Kapitel XVI

Plazenta

16. Plazenta*)

16.1. Geschichtlicher Rückblick

1950 McBrowne & Veall: Einführung der Isotopenplazentographie mit $^{24}NaCl$. Durch rasche extravasale Diffusion bewährte sich das Isotop nicht. Extrem hohe Strahlenbelastung (1).

1957 Weinberg, A., J. Rizzi & McManus: Darstellung der Plazenta mit ^{131}-Jod-Human-Serum-Albumin (2). Ausreichend lange intravasale Zirkulation des hochmolekularen Eiweißkörpers.

1961 Hibbard, B. M.: Verwendung von ^{132}-Jod-HSA zur Plazentalokalisation (3).

1963 Paul, J. D., E. E. Gahres, S. N. Albert, W. D. Terrel & S. M. Dodeck: Mütterliche Erythrozyten sind die Träger des Radionuklid ^{51}Cr., um den Insertionsort der Plazenta festzustellen (4).

1964 Johnson, P. M., J. J. Sciarra & E. E. Stickley: Plazenta-Lokalisation mit ^{51}Cr-HSA (5).

1964 McAfee, J. G., H. S. Stern, G. F. Fueger, M. S. Baigish, G. B. Holzman & I. Zolle: Das kurzlebige Isotop ^{99}Tc wird am Human-Serum-Albumin gebunden, um den Plazenta-Sitz zu bestimmen (6).

1967 Stern, H. S., D. A. Goodwin, U. Scheffel & H. N. Wagner: Erstmalig ^{113m}-In zur Blut-Markierung (7).

1968 Maas, R., J. Alvarez & C. Arriaga: Anwendung des ^{113m}In zur szintigraphischen Plazenta-Darstellung (8).

1968 Mishkin, F., J. C. Reese, J. E. Huddlestun, J. Carter & Ph. D. Dubois: Diese Autoren weisen ebenfalls auf die szintigraphische Lokalisationsdiagnostik mit ^{113m}In hin (9).

1969 Johnson, P. M., Solan Chao & P. N. Goodwin: Bericht über die ersten Ergebnisse der Plazenta-Lokalisation mit ^{113m} In-markierten Blut (10).

1969 Huddlestun, J. E., F. S. Mishkin, J. E. Carter, Ph. D. Dubois & I. C. Reese: Erfahrungsbericht über den Einsatz der ^{113m}-Markierung des Blutes zur Feststellung des Plazenta-Sitzes (11).

1969 Scheer, K. E., J. Heep, W. Maier-Borst, W. J. Lorenz, H. Sinn & O. Krauss: Verwendung des ^{113m}In-Human-Serum-Albumins zur Plazenta-Lokalisation (12).

Der geschichtliche Rückblick läßt das Bemühen erkennen, eine einfache, zuverlässige und risikofreie Technik zur Isotopen-Plazentographie zu entwickeln, die in Verbindung mit schnell arbeitenden Scannern bzw. mit der Szintillationskamera und dem Einsatz kurzlebiger Nuklide routinemäßig eingesetzt werden und in Konkurrenz zur Ultraschall- und Thermographie-Diagnostik treten kann. Die Plazenta-Szintigraphie wird gegenwärtig als die diagnostisch zuverlässigste und dabei im Hinblick auf die Strahlenbelastung der Frucht als die gefahrloseste Methode angesehen.

*) Mitautor: Dr. K. Koppenhagen, Berlin 45, Klinikum Steglitz, Strahlenklinik u. -institut.

16.2. Prinzip der Plazenta-Szintigraphie

Die szintigraphische Lokalisationsdiagnostik der Plazenta mittels eines Radionuklides beruht auf der Verteilungsmessung und Registrierung einer intravenös verabfolgten Tracer-Substanz, die als Vehikel an eine (möglichst ausschließlich) intravasal zirkulierende Substanz gehängt wird. Der hohe Blutgehalt der Plazenta wird als „blood pool scan" szintigraphisch erfaßt und liefert damit die Information über die Lokalisation der Plazenta im Uterus.

16.3. Auswahl der Nuklide

Für die Isotopen-Plazentographie werden von einem Radionuklid folgende Eigenschaften verlangt:

Die Verbindung soll ausreichend lange im Herz-Kreislaufsystem der Mutter verbleiben, damit eine genaue Messung bzw. Szintigraphie möglich ist.

Die effektive HWZ des Nuklides soll kurz sein, um die Strahlenbelastung von Mutter und Foet so gering wie möglich zu halten. Die Verbindung soll nur im mütterlichen Kreislauf zirkulieren, eine diaplazentare Passage würde zu einer Strahlenbelastung des Foeten führen.

Das Radionuklid soll vorwiegend ein Gamma-Strahler sein, da eine für die Lokalisationsdiagnostik nicht auszunutzende Beta-Komponente nur eine unnötige Strahlenbelastung bedeutet.

Die renale Ausscheidung darf nicht zu schnell erfolgen, da eine vorzeitige Blasendarstellung Schwierigkeiten der Differenzierung von Blase und Placenta praevia hervorruft **(Beispiel 5)**. Die Abgrenzung gelingt dabei nur mit sehr schnell arbeitenden Scannern oder mit einer Szintillationskamera.

Als Trägersubstanz der Radionuklide werden heute mütterliche Erythrozyten, Human-Serumalbumin oder mütterliches Beta-Globulin benutzt. In der Wahl des Radionuklids für die Plazenta-Szintigraphie spiegelt sich der schnelle Fortschritt der Nuklearmedizin wider.

16.3.1. ^{51}Cr-Erythrozyten

HWZ 27,8 Tage

Gamma-Energie i. MeV 0,323—8%
0,005—V Rö-Strahlen

16.3.1.1. Verwendungsform

^{51}Cr wird als Chlorid in isotonischer sterilisierter Lösung verwendet. Die Plazenta-Szintigraphie erfolgt nach extrakorporaler Markierung und Reinjektion der Erythrozyten, wobei diese schonend behandelt werden müssen, um eine vorzeitige Sequestration durch die Milz zu vermeiden.

16.3.1.2. Dosierung

Bei der Verwendung eines manuell bewegten Szintillationsdetektors sind Nuklid-Mengen von 25—100 μCi, bei der Anfertigung eines Scans jedoch mindestens 300—500 μCi ^{51}Cr nötig.

16.3.1.3. Zeitpunkt der Szintigraphie

Die extrakorporale Erythrozyten-Markierung beansprucht einen Zeitaufwand von etwa 60 Minuten. Anschließend kann nach Reinjektion und Abwarten einer Durchmischungszeit von 1—2 Minuten sofort mit der Untersuchung begonnen werden.

16.3.1.4. Strahlenbelastung

Siehe Übersichtstabelle.

16.3.1.5. Nachteil

Zeitaufwendige Markierung. Hohe Strahlenbelastung für Mutter und Kind. Unsichere szintigraphische Darstellung der Plazenta durch vorzeitige Elimination der ^{51}Cr-Erythrozyten durch die Milz. Evtl. vorzeitige Blasendarstellung durch abgespaltenes oder freies ^{51}Cr, Verwechslung mit einer Placenta praevia.

16.3.2. ^{51}Cr-markiertes Humanserum-albumin (^{51}Cr-HSA)

HWZ 27,8 Tage

Gamma-Energie i. MeV 0,323—8%
0,005—V Rö-Strahlen

16.3.2.1. Verwendungsform

^{51}Cr-HSA wird heute kommerziell angeboten, es ist im begrenzten Umfange lagerungsfähig.

16.3.2.2. Dosierung

Bei manueller Abtastung werden 10—50 μCi, zur Anfertigung eines Szintigramms jedoch 300 bis 500 μCr-51-HSA benötigt.

16.3.2.3. Zeitpunkt der Szintigraphie

Nach einer Durchmischungszeit von 1—2 Minuten kann mit der Untersuchung begonnen werden.

16.3.2.4. Strahlenbelastung

Durch die lange HWZ des ^{51}Cr erfolgt eine relativ hohe Strahlenbelastung des Foeten. Siehe Übersichtstabelle.

16.3.2.5. Nachteil

Bei längerer Lagerung tritt eine Abspaltung des ^{51}Cr vom Serum-Albumin auf, wodurch bei der Isotopenplazentographie eine diaplazentare Ausbreitung des Nuklids mit erhöhter fetaler Strahlengefährdung auftritt. Lange HWZ.

16.3.2.6. Vorteil

Gegenüber den ^{51}Cr-markierten Erythrozyten besteht der Vorteil, daß das ^{51}Cr-HSA nicht von der Milz abgefangen wird, wodurch Organüberlagerungen und ein vorzeitiges Absinken der Aktivitätskonzentration vermieden werden.

16.3.3. ^{132}J-markiertes Humanserumalbumin (^{132}J-HSA)

HWZ 2,26 Stdn.

Gamma-Energie i. MeV	2,20 = 2%, 1,96 = 5%, 1,40 = 12%, 1,16 = 9%, 0,53 = 27%, 0,96 = 21%, 0,78 = 85%, 0,67 = 100%, 0,62 = 7%.
Beta-Energie i. MeV	2,12 = 18%, 1,53 = 24%, 1,16 = 23%, 0,90 = 20%, 0,73 = 15%.

16.3.3.1. Verwendungsform

^{132}Jod ist ein Zerfallsprodukt von ^{132}-Tellur und wird im Handel in Form eines ^{132}Jod-Generators angeboten. Die Markierung des Humanserum-Albumins erfolgt wegen der kurzen HWZ unmittelbar vor der Untersuchung. Zur Markierung ist ein nuklearmedizinisches Laboratorium notwendig. Der Zeitaufwand beträgt etwa 2 Stunden.

16.3.3.2. Dosierung

Zur Isotopenplazentographie sind je nach Art der Untersuchung (Auszählen von Impulsraten über dem Bauch oder Szintigraphie) 20—500 μCi ^{132}J-HSA nötig.

16.3.3.3. Zeitpunkt der Szintigraphie

1—2 Minuten nach intravenöser Gabe der Tracer-Substanz. Längeres Warten sollte wegen der sehr kurzen HWZ vermieden werden.

16.3.3.4. Strahlenbelastung

Jod weist eine Affinität zur fetalen und mütterlichen Schilddrüse auf. Am Vortag der Untersuchung muß deshalb zur „Blockierung" der Schilddrüse ein Jod-Präparat (Jod-Kali-Lösung, Endojodin® usw.) verabfolgt werden. Nach Durchführung dieser Jod-Blockierung können Dosis und damit Strahlenbelastung für Mutter und Foet jedoch nur bei der manuellen Methode, d. h. beim Auszählen von Impulsraten, sehr niedrig gehalten werden. Bei der Plazenta-Szintigraphie (500 μCi ^{132}J-HSA) sind die berechneten Strahlenbelastungen relativ hoch, zumal auch durch vorzeitige Abspaltung des ^{132}Jods vom Eiweiß-Vehikel ein diaplazentarer Übertritt möglich ist. Siehe Übersichtstabelle.

16.3.3.5. Vorteil

Kurze HWZ. Bei punktförmigem Messen von Impulsen über dem Bauchraum und der dabei möglichen geringen Dosierung (10—20 μCi ^{132}J) kann die Strahlenbelastung sehr niedrig gehalten werden.

16.3.3.6. Nachteil

Zur Markierung des HSA ist ein radiochemisches Laboratorium notwendig. Die Härte der Strahlung und die Jodavidität der fetalen und mütterlichen Schilddrüse erlauben die zur Szintigraphie erforderliche Dosierung nicht.

16.3.4. ^{131}Jod-markiertes Humanserumalbumin (^{131}J-HSA)

Wegen der hohen Strahlenbelastung des fetalen und mütterlichen Organismus hat die Verwendung des ^{131}J-HSA zur Plazenta-Lokalisation nur noch historisches Interesse. Gegenüber dem heute eingesetzten ^{99m}Tc und ^{113m}In führt es zu einer 150—300fachen höheren Strahlenbelastung.

16.3.5. ^{99m}Tc-markierte Erythrozyten

HWZ 6,0 Stdn.

Gamma-Energie i. MeV	0,002 = 98,6%,
	0,140 = 98,8%,
	0,142 = 1,43%.
Elektronen-Energie	0,01 MeV.

16.3.5.1. Herstellung des Nuklids

Die Gewinnung des ^{99m}Tc erfolgt aus im Handel erhältlichen Molybdän-99-Generatorsäulen. Das ^{99}Mo ist hierbei an Aluminium gebunden und zerfällt in Gegenwart von physiologischer Kochsalzlösung mit einer HWZ von 67 Stunden zu ^{99m}Tc in Form des Pertechnetat-Ions.

16.3.5.2. Dosierung

Die niedrige physikalische HWZ des ^{99m}Tc erlaubt eine ausreichende Dosierung zur szintigraphischen Lokalisation der Plazenta. Sie schwankt je nach Empfindlichkeit des Detektors zwischen 300—1000 μCi.

16.3.5.3. Zeitpunkt der Szintigraphie

Die Erythrozyten-Markierung nimmt eine Zeit von 60—90 Minuten in Anspruch. Nach Injektion und Abwarten der Durchmischungszeit kann sofort mit der Szintigraphie begonnen werden.

16.3.5.4. Technik der Erythrozyten-Markierung

Im Gegensatz zur ^{99m}Tc-Markierung des Serum-Albumins, die ein radiochemisches Laboratorium voraussetzt, ist die Erythrozyten-Markierung mit Technetium wesentlich einfacher und kann in jedem klinischen Isotopen-Labor leicht durchgeführt werden.
Vom Patienten werden 20 ml Venenblut mit 4 ml ACD-Lösung stabilisiert. Anschließend wird das Blut zentrifugiert (5 Minuten bei etwa 1500 U/min) und das Serum abpipettiert. Das Sediment wird zunächst bei 37° C für etwa eine halbe Stunde inkubiert und anschließend mit der sterilen vorberechneten ^{99m}Tc-Menge zusammengebracht. Die Markierung erfolgt dann wie bei der ^{51}Cr-Markierung der Erythrozyten bei 37° C für etwa 20—30 Minuten. Anschließend werden die Erythrozyten zweimal mit physiologischer Kochsalzlösung gewaschen, um das nicht gebundene ^{99m}Tc abzutrennen. Die markierten Erythrozyten werden in physiologischer Kochsalzlösung oder mit dem zuvor abgetrennten Serum zur Plazenta-Szintigraphie benutzt (13, 14).

16.3.5.5. Strahlenbelastung

Siehe Übersichtstabelle. Auf Grund seiner physikalischen Eigenschaften, der niedrigen Gamma-Energie von 140 KeV, dem Fehlen einer Beta-Komponente und der kurzen HWZ von 6 Stunden ist das ^{99m}Tc ein ideales Nuklid zur Isotopen-Plazentographie.

16.3.5.6. Nachteil

Das ^{99m}Tc besitzt eine Organaffinität zur mütterlichen und kindlichen Schilddrüse, so daß eine vorherige „Blockade" mit Kaliumperchlorat erforderlich ist (1 g Perchlorat 1 Stunde vor der Untersuchung oral, dann für weitere 2 Tage 3—4 mal 0,2 g).
Für dringende Fälle, zum Beispiel zur Diagnose einer Placenta praevia, ist der Zeitaufwand der Markierung zu groß. Die mütterlichen Erythrozyten müssen extrakorporal sehr schonend behandelt werden, da jede Alteration der Zellen zu einer vorzeitigen Milzdarstellung führt, so daß die Aktivität zur Plazenta-Lokalisation nicht ausreicht. Auch überlagert die Milz häufig die links-lateralen Anteile des Uterus.
Die Bindung des ^{99m}Tc an den Erythrozyten ist nicht dauerhaft, so daß freies Technetium entstehen kann und durch Übertritt in den fetalen Kreislauf die Strahlenbelastung ansteigt. Auch wird das freie ^{99m}Tc vorzeitig über beide Nieren zur Blase hin ausgeschieden. Hierdurch ist eine Verwechslung der Blasenaktivität mit einer Placenta praevia möglich; die differentialdiagnostische Abklärung gelingt nur mit einem Schnell-Scanner oder mit einer Szintillationskamera. Bei Verwendung dieser Geräte wurde sogar freies Technetium (15) zur Feststellung des Insertionsortes der Plazenta benutzt, jedoch machen die hohe Strahlenbelastung und der Kostenaufwand für entsprechende Geräte den Wert dieses Vorgehens fragwürdig.

16.3.6. ^{99m}Tc-markiertes Humanserumalbumin (^{99m}Tc-HSA)

Physikalische Daten: siehe ^{99m}Tc-Erythrozyten.

16.3.6.1. Verwendungsform

Als ^{99m}Tc-HSA in physiologischer NaCl-Lösung, steril, pyrogenfrei zur i. v. Injektion.

16.3.6.2. Dosierung

300—1000 μCi ^{99m}Tc-HSA.

16.3.6.3. Zeitpunkt der Szintigraphie

Wegen der kurzen HWZ des Tc muß das ^{99m}Tc-HSA jeweils vor der erwarteten Untersuchung hergestellt werden (16). Es ist nicht wie das ^{131}J-HSA im Handel erhältlich. Der Zeitaufwand der Markierung beträgt etwa 120—150 Minuten.

16.3.6.4. Strahlenbelastung

Siehe Übersichtstabelle.

16.3.6.5. Vorteil

Genügend sichere Markierung des HSA gegenüber den ^{99m}Tc-Erythrozyten, vorzeitige Blasendarstellung daher selten. Die szintigraphische Milzdarstellung durch geschädigte Erythrozyten entfällt, es verbleibt somit eine genügende Aktivität im mütterlichen Kreislauf, die die szintigraphische Darstellung über 20—30 Minuten ermöglicht. Leber und Milz werden lediglich entsprechend ihres Blutgehalts szintigraphisch erfaßt und sind mit einer genügenden Untergrundunterdrückung aus dem Szintigramm zu eliminieren. Durch Verwendung des ^{99m}Tc-HSA werden die Vorteile des kurzlebigen Nuklids hinsichtlich der mütterlichen und fetalen Strahlenbelastung gut ausgenutzt.

16.3.6.6. Nachteil

Vorbereitung der Patienten durch „Blockierung" der Schilddrüse mit Kaliumperchlorat.
Sehr großer Zeitaufwand zur Herstellung der markierten Eiweißverbindung. Die Herstellung ist an technische und personelle Voraussetzungen (Chemiker, radiochemisches Laboratorium) gebunden. Geringe Mengen von freiem ^{99m}Tc liegen auch noch nach zweimaligem Auswaschen des Human-Serum-Albumins vor, da das Technetium keine echte Bindung mit den Aminosäuren des HSA eingeht, sondern wahrscheinlich nur locker adsorptiv oder über Nebenvalenzen durch einen Eisenhydroxydkomplex gebunden wird und somit spontan wieder abgespalten werden kann. Im geringen Umfang kann sogar ein aktiver Übertritt des gesamten markierten Moleküls erfolgen. Es wurde z. B. im Nabelschnur-Venenblut das am Eiweißkomplex gebundene Radionuklid nachgewiesen (17).

16.3.7. ^{113m}Indium

HWZ 1,66 Stdn.

Gamma-Energie	0,393 = 64%.

Vorkommen in der Natur als ^{115}In und ^{113}In. Reich und Richter entdeckten 1863 Indium in der Freiberger Zinkblende. Der Name wurde wegen der beim Verbrennen im Bunsenbrenner auftretenden indigoblauen Farbe gewählt.

16.3.7.1. Herstellung des Nuklids

Das Mutterisotop von ^{113m}In ist ^{113}Sn (Zinn). Letzteres wird durch Beschuß von angereichertem Sn^{112} mit Neutronen im Reaktor gewonnen. Die Gewinnung des ^{113m}In erfolgt aus einem von Subramaniam und McAfee (18) entwickelten, kommerziell lieferbaren Zinn-Indium-Generator. Hierbei wird das vom Reaktor kommende ^{113}Sn in HCl gelöst und mit Chlorgas versetzt, wodurch das Zinn in $SnCl_4$ übergeführt wird. $SnCl_4$ wird dann durch eine aus Zirkonoxyd oder Silicagel bestehende Austauschersäule gegeben. ^{113}Sn hat eine Halbwertszeit von 115 Tagen und wandelt sich in das Isotop ^{113m}In um. Durch 0,05n HCl ist das Tochterisotop ^{113m}In aus dem Generator eluierbar. Das Eluat soll weniger als 0,01% ^{113} Sn, und weniger als 25 Gamma/ml Zirkonoxyd enthalten. Wegen der kurzen HWZ ist ^{113}In mehrmals am Tag eluierbar.

16.3.7.2. Technik der Blutmarkierung

Das aus dem Generator gewonnene Eluat ist etwa 0,05 n und hat einen pH von 1,4—1,6. Es liegt als Indium-III-Chlorid vor und kann entweder direkt (wegen des pH jedoch gewissenhafte i. v. Injektion notwendig) oder besser nach Einstellen eines pH von 4 (mit 1 n NaOH) zur Blutmarkierung benutzt werden.

Nach intravenöser Injektion des Indium-III-Chlorids wird das Ion direkt von den *Beta-Globulinen* des Blutplasmas gebunden. Wahrscheinlich ist das Transferrin das Transport-Protein für dreiwertiges Indium (19), denn nach Absättigung des Transferrins mit $FeCl_3$ wird die meiste Aktivität im Knochenmark und in den Nieren gefunden.

16.3.7.3. Zeitpunkt der Szintigraphie

Nach Abwarten einer Durchmischungszeit von 1—2 Minuten kann sofort mit der Szintigraphie begonnen werden.

16.3.7.4. Dosierung

Die niedrige physikalische HWZ und die feste Bindung des Indiums an den Beta-Globulinen ermöglicht zur Plazenta-Szintigraphie eine optimale Dosierung. Sie liegt je nach Empfindlichkeit des Detektors zwischen 500—2000 μCi.

16.3.7.5. Strahlenbelastung

Siehe Übersichtstabelle.

Mit dem Indium liegt ein optimales, kurzlebiges Nuklid vor, das eine extrem niedrige Strahlenbelastung von Mutter und Foet gewährleistet. Bei der Plazenta-Szintigraphie mit 2000 μCi ^{113m}In beträgt die Ganzkörperbelastung für die Mutter 30—35 mRad (11) und für den Foetus 10—15 mRad. Durch Anwendung eines empfindlichen Szintillationsdetektors kann die Applikationsdosis auf 500 μCi ^{113m}In reduziert werden, wobei dann die Strahlenbelastung für das Kind nur 2—5 mRad beträgt.

16.3.7.6. Vorteil

Es ist keine „Blockierung" der maternalen und fetalen Thyreoidea erforderlich, da das ^{113m}In keine Organaffinität aufweist.

Keine zeitaufwendige Markierung. Sie erfolgt nach intravenöser Applikation des Radionuklids in corpore. Sichere Blutmarkierung, keine vorzeitige Blasendarstellung mit Verwechslungsmöglichkeit einer Placenta praevia. Durch genügend langen intravasalen Aufenthalt des Nuklids können auch langsam arbeitende Scanner (Einkristall-Detektoren) eingesetzt werden. Ein kurzfristiger Einsatz ohne Markierungsvorbereitungen ist auch bei stärkeren Blutungen in der Schwangerschaft möglich, wobei dann die Verwendung von Schnell-Scannern oder Szintillationskameras die Diagnosestellung innerhalb von 5—10 Minuten ermöglicht. Die Indium-Plazentographie ist in jedem klinischen Routine-Betrieb leicht und sicher durchzuführen. Das kurzlebige Radionuklid ^{113m}In reduziert die fetale Strahlenbelastung auf biologisch unbedeutsame Dosen.

16.3.7.7. ^{113m}In-HSA

Die extrakorporale Markierung von Human-Serum-Albumin mit Indium (Zeitaufwand 20 bis 30 Minuten), die wegen einer leichteren diaplazentaren Passagemöglichkeit der in vivo markierten Beta-Globuline empfohlen wurde (23), bringt keine zusätzliche Reduzierung der fetalen Strahlenbelastung. Bei eigenen Untersuchungen konnte im Nabelschnurvenenblut kein radioaktiv markiertes Beta-Globulin nachgewiesen werden.

Bei den angegebenen Dosierungen sind in der Literatur keine Nebenwirkungen beschrieben und bei eigenen Untersuchungen nicht aufgetreten. Indium-Salze gelten als toxisch, jedoch sind erheblich höhere Dosen die Voraussetzung. Nach Gabe von 12—16 mg/kg Körpergewicht traten im Tierexperiment bei Mäusen und Kaninchen Vergiftungserscheinungen (Lähmungen, Leber-Nierenschäden) auf (20). Nach 18 bzw. 180 Gamma/kg Körpergewicht konnte experimentell an den Hauptorganen keine patho-morphologische Veränderung gefunden werden (21). Die zur Plazenta-Szintigraphie verwendete Dosis liegt bei 0,5 bis 2 nano g.

16.3.8. ^{87m}Sr-HSA

Die Anwendung des kurzlebigen Nuklids ^{87m}Sr zur Plazenta-Szintigraphie empfiehlt sich wegen der starken Knochenaffinität nicht. Tierexperimentelle Untersuchungen zeigten eine Anreicherung im fetalen Knochengewebe (22).

16.4. Indikationen zur antenatalen Plazenta-Lokalisation

1. Differentialdiagnostische Abklärung von Vaginalblutungen im letzten Schwangerschaftsdrittel.

Hierbei ist die genaue Kenntnis der Plazentalokalisation für die weitere Behandlung sowie für die Wahl der Entbindungsart ausschlaggebend. 70—90% aller Vaginalblutungen im letzten Schwangerschaftstrimester sind auf andere Ursachen als auf Placenta praevia zurückzuführen.

2. Lokalisation der Plazenta bei Schwangeren mit Verdacht auf rh-bedingtem Morbus hämolyticus fetus.
Die Durchführung einer transabdominellen Amniozentese (an einer plazentafreien Uterusstelle) kann zuverlässig den Bilirubin-Gehalt und den Rh-Antikörper-Titer des Fruchtwassers als Maßstab für den Grad der Fruchtschädigung bestimmen. Fetale Todesfälle infolge Verblutung durch transplazentare Punktion mit Verletzung eines Zottengefäßes sind beschrieben worden.

3. Regelwidrige Lagen der Frucht, die häufiger mit einer Placenta praevia einhergehen.

4. Von einigen Autoren wird die Plazenta-Lokalisation auch vor einer beabsichtigten Sectio caesarea empfohlen.

16.5. Technik der Darstellung

Zwei Verfahren sind zur Lokalisationsdiagnostik der Plazenta mit Hilfe von Radionukliden benutzt worden:

16.5.1. Messung der Impulsraten mittels manuell bewegter Szintillations-Detektoren

16.5.1.1. Methode

Das Abdomen der Mutter wird in verschiedene Felder eingeteilt (z. B. 3—4 vertikale Zonen zu je 3—4 Feldern). Nach intravenöser Injektion der Tracer-Substanz werden mit dem Szintillationszähler die Aktivitätsraten über den vorgewählten Bauchfeldern bestimmt. Die abzulesenden Impulsraten werden in Prozent der „Herzaktivität" ausgedrückt und entsprechend ihrer Verteilung eingetragen. Die Zone erhöhter Impuls-Meßraten entspricht dem Plazenta-Sitz **(Beispiel 1).**

16.5.1.2. Vorteil

Geringer apparativer Aufwand, niedrige Dosen.

16.5.1.3. Nachteil

Nur grobe Orientierung über die Lokalisation der Plazenta. Verwechslungen mit überlagernden, blutreichen Nachbarorganen. Sehr zeitaufwendiges Verfahren, das für eine Untersuchung in einer Ebene etwa 30 Minuten beansprucht. Durch lange Liegezeiten kann es zum Vena-Cava-Kompressionssyndrom kommen. Die Untersuchung in der Sagittalebene von rechts bzw. links ist wegen der starken Überlagerungseffekte von Milz und Leber und wegen des Zeitaufwandes nicht sinnvoll. Die Plazenta-Lage an der Uterus-Hinterwand kann deshalb nicht sicher diagnostiziert werden. Nur durch das Fehlen einer erhöhten Impulsrate an der Vorderwand bzw. durch zwei streng seitlich an der Bauchwand zu lokalisierende Aktivitätsmaxima kann auf eine Hinterwand-Plazenta, die evtl. auf die Seitenwände übergreift, geschlossen werden.

16.5.2. Szintigraphie

Die szintigraphische Darstellung der Plazenta erfolgt zuerst in der Frontalebene von ventral (Rückenlage der Patientin) und nach dieser Information, je nach der Lage der Plazenta, in der Sagittalebene von rechts bzw. links (Links- bzw. Rechts-Lagerung der Patientin). Grundsätzlich sind alle heute gebräuchlichen Scanner geeignet, die Plazenta-Szintigraphie mit ^{113m}In durchzuführen, da der sichere intravasale Aufenthalt des Nuklids auch bei langsam arbeitenden Geräten nicht zur Verwechslung einer vorzeitigen Blasenaktivität mit einer Placenta praevia führt. Bei Verwendung von ^{99m}Tc markierten Erythrocyten wird relativ früh freies Technetium in der Blase nachgewiesen, so daß die oben beschriebenen Schwierigkeiten entstehen. Da bei Anwendung von Einkristall-Detektoren zur Darstellung der Plazenta in einer Ebene 20—30 Minuten erforderlich sind, muß bei der Anwendung leicht abspaltbarer Nuklide vom intravasalen Vehikel, die Abtastrichtung der langsam arbeitenden, zeilenförmig schreibenden Scanner unbedingt von der Symphyse aus kranialwärts gewählt werden, um somit die Blasenaktivität nicht mit einer Placenta praevia zu verwechseln.

Wesentliche Vorteile bringt der Einsatz von Multi-Detektor-Scannern:

1. Geringe Patientenbelastung durch hohe Scan-Geschwindigkeit. Sichere DD.-Abklärung von einer Blasenaktivität zur Placenta praevia bei vorzeitiger Abspaltung des Nuklids vom intravasalen Vehikel. Die Diagnose einer Placenta praevia kann unter Verwendung des ^{113m}In innerhalb von 5 Minuten erfolgen.
2. Der geringe Zeitaufwand erlaubt die regelmäßige szintigraphische Abtastung auch in der Sagittalebene. Diese zusätzliche Untersuchung ist beim tiefen Sitz einer Vorder- bzw. Hinterwand-Plazenta von Bedeutung, um zu entscheiden, ob der andere Plazenta-Anteil den inneren Muttermund nach dorsal oder ventral überschreitet.
3. Der Einsatz eines Multi-Detektor-Scanners zur Isotopen-Plazentographie empfiehlt sich auch auf Grund des eingebauten Magnetspeichers. Bei Reproduktion des Scan ohne Gegenwart des Patienten kann durch Kontrastmanipulation das optimale Szintigramm geschrieben werden, wobei die Leber- und Milzaktivität elektronisch eliminiert werden.
4. Die kurze Liegezeit der Patientin verhindert ein Vena-Cava-Kompressionssyndrom, das bei Verwendung langsam arbeitender Geräte häufiger vorkommt und zur Unterbrechung der Untersuchung zwingt.

Diese Vorteile gelten auch für die Szintillationskamera. Sie ermöglicht ebenfalls sich rasch verändernde Aktivitätsverteilungen schnell und sicher zu erfassen. Es ist jedoch erforderlich, das niederenergetische ^{99m}Tc zu verwenden.

16.6. Der normale Plazenta-Sitz

Zur Angabe des Insertionsortes der Plazenta wird die anatomische und physiologisch funktionelle Einteilung des Uterus in Corpus, Isthmus und Cervix benutzt. In der Schwangerschaft entwickelt sich aus dem Isthmus-Bereich das untere Uterinsegment. Vom Szintigramm her kann eine sichere Aussage zur Lage des kaudalen Pols der Plazenta zur Symphyse getroffen werden. Der etwa halb-handbreite Abstand des unteren Plazenta-Pols von der Symphyse kann dabei als Grenze des Übergangs vom Corpus zum unteren Uterin-Segment angesehen werden.

Normalerweise liegt die Plazenta im Uterus-Fundus im Bereich der Vorder-, Hinter- oder Seitenwand. Im Szintigramm stellt sich auf Grund des radioaktiv markierten Bluts der die Plazenta tragende Uterus-Abschnitt besonders deutlich dar. Zusätzlich bilden sich aber auch die vorwiegend in der Frontalebene von ventral tangential getroffenen Uterus-Wände ab, so daß die typische Uterus-Konfiguration als Birnenform sichtbar ist.

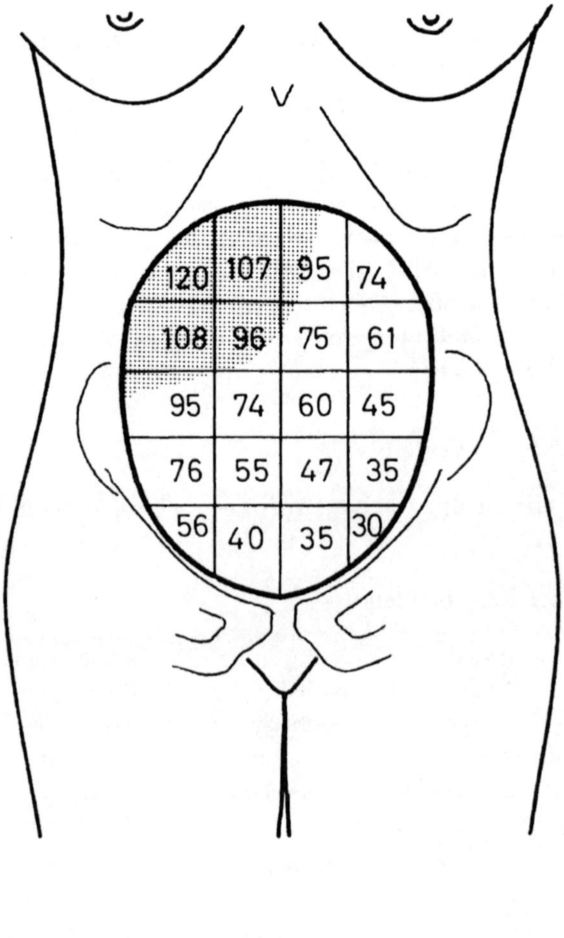

Abb. 1. Isotopen-Plazentographie durch Messen von Impuls-Raten mittels manuell bewegter Szintillations-Detektoren. Nachweis einer rechts im Fundus gelegenen Plazenta

Kristallgröße: 3 × 2″. Konischer Kollimator: 2 cm Durchmesser

Beispiel 1

Isotopen-Plazentographie mit manuell bewegtem Detektor (**Abb. 1**)

26jähr. Pat., I-Para, ziehende Unterleibsschmerzen seit 2 Tagen, Schwangerschaft Mens IX.

Plazenta-Lokalisation: Nach intravenöser Injektion von 50 μCi ^{99m}Tc-HSA wird die Aktivitätsverteilung im mütterlichen Abdomen durch Messen von Impulsraten bestimmt. Hierzu wird der Bauchraum durch vertikale und horizontale Linien in Felder eingeteilt. Das Gebiet stärkerer Aktivität gibt den Ort der Plazenta-Insertion an. Der Plazenta-Sitz ist bei dieser Untersuchung im rechten Fundusgebiet anzunehmen. Die Isotopenplazentographie durch Zählen von Impulsraten dauert etwa 30 Minuten und gibt nur einen groben Anhaltspunkt für den Plazenta-Sitz.

Beispiel 2

Ausschluß einer Placenta praevia-Blutung (**Abb. 2**)

25jähr. Pat., III-Para. Bei der letzten Entbindung wurde eine Sectio caesarea wegen Placenta praevia durchgeführt. Schwangerschaft Mens X. Leichte Blutungen seit 2 Tagen, beginnende Wehentätigkeit.

Szintigramm: Plazenta-Szintigramm nach direkter intravenöser Injektion von 500 μ Ci ^{113m}In und Abwarten einer Durchmischungszeit von 2 Minuten. Nachweis einer normotopen, links im Fundus gelegenen Vorder-Seitenwand-Plazenta, deren kaudaler Pol weit oberhalb der Symphyse liegt. Untersuchungszeit in 2 Ebenen: 10 Minuten. Die Patientin wird 8 Tage nach der Untersuchung entbunden, der Sitz der Plazenta konnte durch Nachtasten bestätigt werden.

Beispiel 3

Bestimmung des Plazenta-Sitzes bei rh-Inkompatibilität (**Abb. 3**)

21jähr. Pat., Erstgebärende. Schwangerschaft Mens VIII. rh-Unverträglichkeit, Antikörper-Anstieg im Blut. Zur Beurteilung der Fruchtschädigung soll eine transabdominale Amniozentese an einer Plazenta-freien Uterus-Stelle durchgeführt werden.

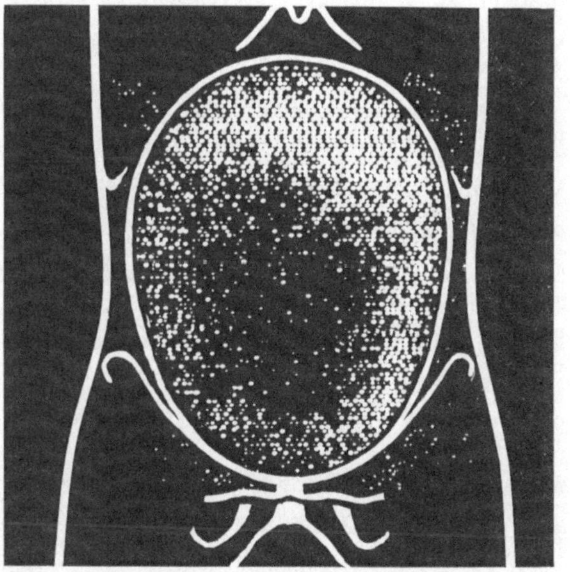

Abb. 2. ^{113m}In-Plazenta-Szintigraphie zum Ausschluß einer Placenta praevia-Blutung. Das Szintigramm zeigt eine links im Fundusgebiet gelegene Vorder-Seitenwand-Plazenta, deren unterer Anteil nicht das untere Uterin-Segment erreicht

Multi-Detektor-Scanner (Dynapix). Ultra-coarse-Kollimator, 6''-Fokus. Abtastgeschwindigkeit 1 cm/sek

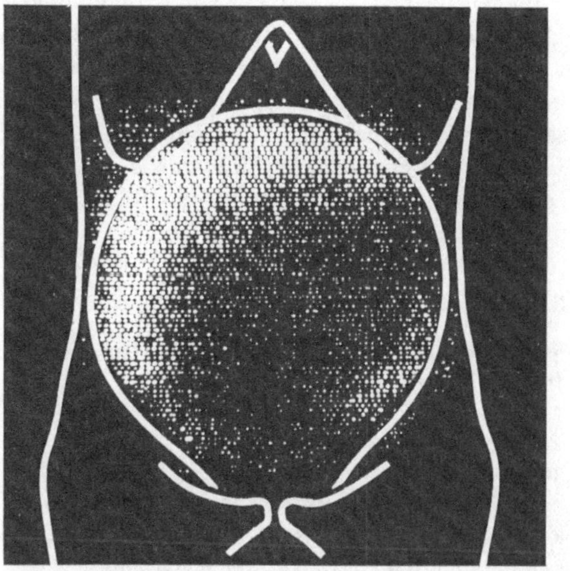

Abb. 3. Nach i. v. Injektion von 500 μCi ^{113m}In stellt sich in dem in der Frontalebene von ventral angefertigten Szintigramm ein rechts im Fundusgebiet gelegene Vorder-Seitenwand-Plazenta dar

Multi-Detektor-Scanner (Dynapix). Ultra-coarse-Kollimator, 6''-Fokus. Abtastgeschwindigkeit 0,8 cm/sek

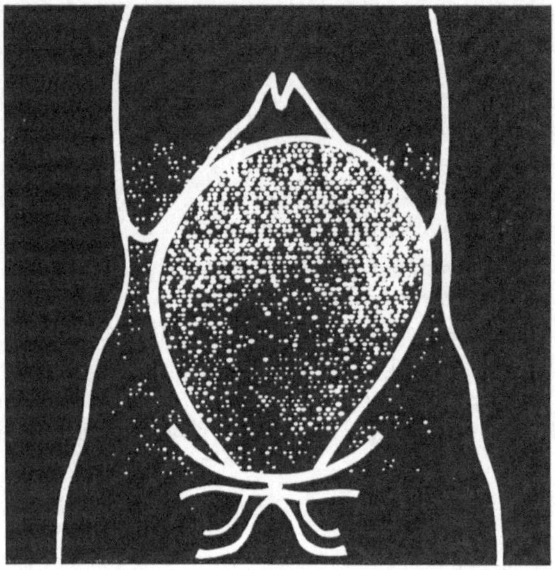
a

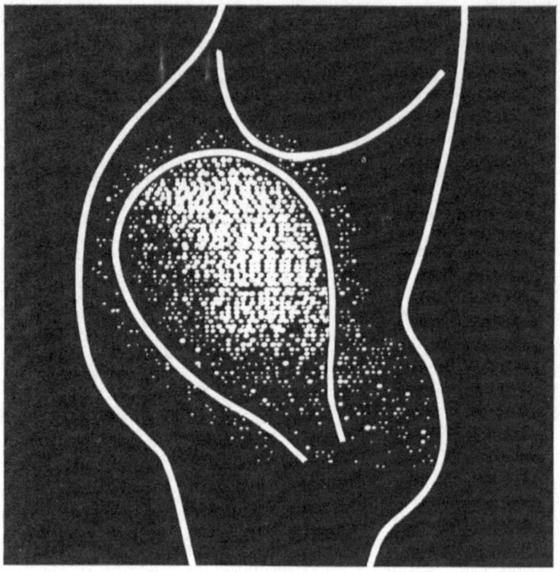
b

Abb. 4a + b. Das in der Frontalebene von ventral registrierte Szintigramm (4a) zeigt eine diffuse Aktivitätsanreicherung im Fundus mit 2 lateralen Maxima. Im Szintigramm der Sagittalebene ist sicher eine Hinterwand-Plazenta zu diagnostizieren (4b). Die Ultraschall-Diagnostik konnte hier keine sichere Aussage zum Plazenta-Insertionsort machen

Multi-Detektor-Scanner (Dynapix). Ultra-coarse-Kollimator, 6''-Fokus. Abtastgeschwindigkeit 0,7 cm/sek

Szintigramm: Nach intravenöser Injektion von 500 μCi ^{113m}In stellt sich im Szintigramm eine rechts im Fundus gelegene Vorder-Seitenwand-Plazenta dar. Untersuchungszeit 5 Minuten. Die Punktion erfolgt an der Plazenta-freien linken Uterus-Hälfte. Durch Bestimmung des Bilirubins und der Antikörper im Fruchtwasser konnte eine Schädigung des Foeten ausgeschlossen werden. Geburt eines gesunden Kindes im X. Monat. Der Plazenta-Sitz wurde zwischenzeitlich durch Ultraschall-Diagnostik bestätigt.

Beispiel 4

Szintigraphischer Nachweis einer Hinterwand-Plazenta (**Abb. 4a + b**)

24jähr. Pat., II-Para, eine Spontan-Geburt eines gesunden Kindes. Schwangerschaft Mens X, Schmierblutungen seit 3 Tagen, ziehende Unterleibsschmerzen. Die Ultraschall-Diagnostik kann keinen sicheren Plazenta-Sitz feststellen.

Szintigramm: Nach intravenöser Injektion von 500 μCi ^{99m}Tc-HSA stellt sich in dem in der Frontalebene von ventral angefertigten Übersichtsszintigramm hoch im Fundus eine diffuse Aktivitätsanreicherung mit zwei lateralen Maxima dar. Das Szintigramm der Sagittalebene zeigt dann den sicheren Plazenta-Sitz im Bereich der Uterus-Hinterwand. Untersuchungszeit in 2 Ebenen: 10 Minuten. Normale Entbindung nach 5 Tagen. Der Insertionsort wird manuell bestätigt.

Beispiel 5

Verwechslungsmöglichkeit einer Blasenaktivität mit einer Placenta praevia (**Abb. 5a + 5b**)

33jähr. Pat., III-Para, normale Entbindungen. Bei Eklampsie-Gefahr wird vor beabsichtigter Sectio caesarea szintigraphisch der Plazenta-Sitz bestimmt.

Szintigramm: Nach intravenöser Injektion von 500 μCi ^{99m}Tc-Erythrozyten zeigt das sofort mit dem Schnell-Scanner geschriebene Szintigramm einen normalen Sitz der Plazenta im Fundusgebiet links. Nach 15 Minuten stellt sich nur noch die Blase mit ihrer Aktivität dar. Zu diesem Zeitpunkt besteht bei der Anwendung langsam arbeitender Scanner eine Verwechslungsmöglichkeit mit einer Placenta praevia.
Der Plazenta-Sitz wurde beim Kaiserschnitt bestätigt.

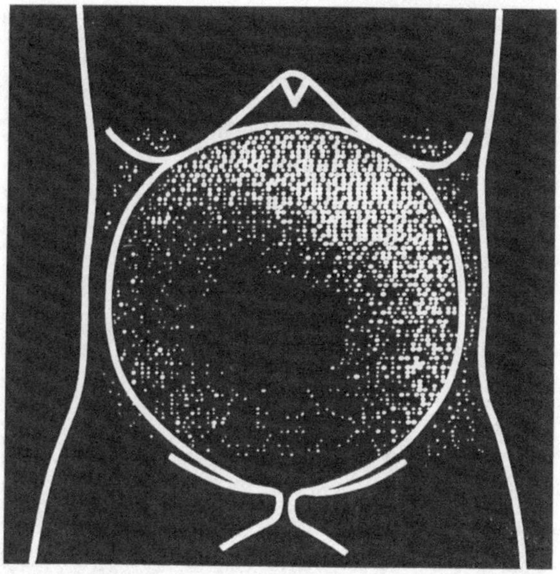

a

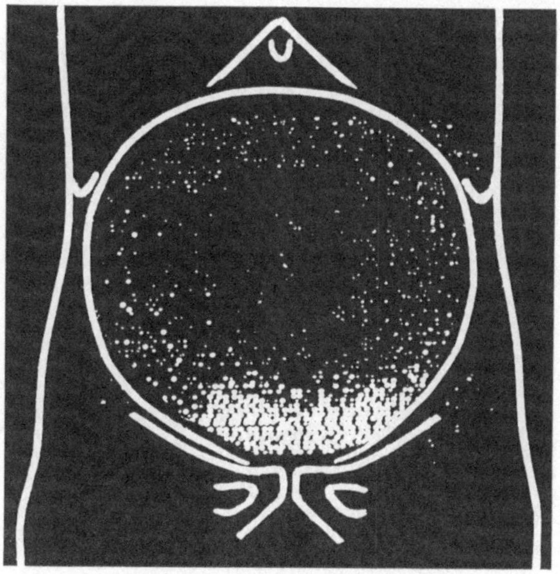

b

Abb. 5a + b. Szintigramm des mütterlichen Abdomens sofort und 15 Minuten nach der Injektion von 500 μCi ^{99m}Tc-Erythrozyten. Die Abb. 5a zeigt einen normalen Insertionsort der Plazenta im linken Fundusgebiet. Nach 15 Minuten ist bei der gleichen Patientin der Plazenta-Sitz nicht mehr zu bestimmen. Die Blasenaktivität täuscht eine Placenta praevia vor (Abb. 5b)

Multi-Detektor-Scanner (Dynapix). Ultra-coarse-Kollimator, 6″-Fokus. Abtastgeschwindigkeit 1,0 cm/sek

16.7. Der von der Norm abweichende Plazenta-Sitz

Die tiefsitzende Plazenta bildet den Übergang zwischen normaler und Praevia-Insertion. Der untere Plazenta-Rand reicht nur bis zum unteren Uterin-Segment, ohne daß auch bei vollständiger Eröffnung des Muttermundes der Plazenta-Rand ins Lumen des Geburtskanals hineinragt.

Bei der Placenta praevia befindet sich die Haftstelle ganz oder zum Teil im Isthmus, selten sogar in der Cervix. Funktionell führt diese Lokalisation der Plazenta zur Verlegung des Geburtsweges und damit zu großen Gefahren für Mutter und Kind. Mit dem Bezug des Tastbefundes auf den etwa 5-markstückgroßen Muttermund unterscheidet man verschiedene Grade des Vorliegens einer Placenta praevia. Es werden unterschieden:

Placenta praevia marginalis: Hierbei ist der untere Rand der Plazenta am Saume des Muttermundes gerade fühlbar.

Plazenta praevia lateralis: Der Muttermund ist teils von Placenta, teils von Eihäuten überdacht.

Placenta praevia totalis (centralis): Der Muttermund wird vollkommen von Plazenta überdacht.

Placenta praevia cervicalis: Der Sitz der Plazenta liegt teilweise im Cervix-Kanal. Die gewöhnliche Placenta praevia sitzt im unteren Uterinsegment, nicht in der Cervix.

Beispiel 6

Tiefsitzende Vorderwand-Plazenta (**Abb. 6**)

31jähr. Pat., III-Para, Normalgeburten. Klinik-Einweisung wegen einsetzender Blutungen und Wehen im X. Schwangerschaftsmonat.

Szintigramm: Nach i. v. Injektion von 500 μCi ^{113m}In stellt sich im Szintigramm eine rechtsseitige Vorderwand-Plazenta dar, deren kaudaler Pol fast die Symphyse erreicht. Untersuchungszeit 5 Minuten. Diagnose einer tiefsitzenden Vorderwand-Plazenta. Da es sich um keine Placenta praevia handelt, wird die Spontangeburt abgewartet. Normale Entbindung, keine Komplikationen. Der Plazenta-Sitz wird durch Nachtasten bestätigt. Der kaudale Plazenta-Teil liegt im unteren Uterin-Segment.

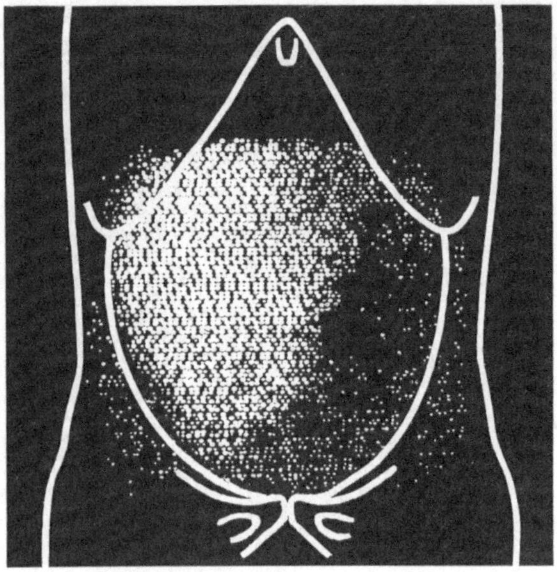

Abb. 6. Plazenta-Szintigramm nach i. v. Injektion von 500 μCi ^{113m}In. Nachweis einer rechtsseitigen Vorderwand-Plazenta. Der untere Pol liegt im unteren Uterin-Segment. Diagnose: Tiefer Sitz

Multi-Detektor-Scanner (Dynapix). Ultra-coarse-Kollimator, 6″-Fokus. Abtastgeschwindigkeit 0,9 cm/sek

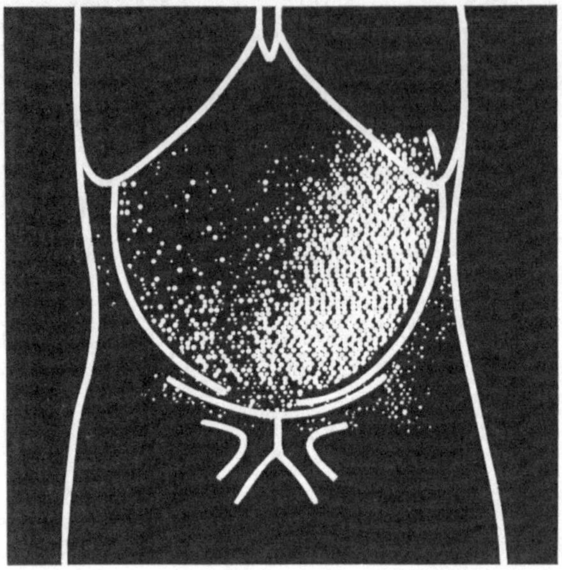

Abb. 7. Plazenta-Szintigramm nach i. v. Injektion von 500 μCi ^{113m}In. Aktivitätsanreicherung in den links-lateralen, unteren Uterus-Anteilen. Die Medianebene wird im Symphysen-Bereich vom unteren Pol der Plazenta eben erreicht. Diagnose einer Placenta praevia marginalis (lateralis)

Multi-Detektor-Scanner (Dynapix). Ultra-coarse-Kollimator, 6″-Fokus. Abtastgeschwindigkeit 0,8 cm/sek

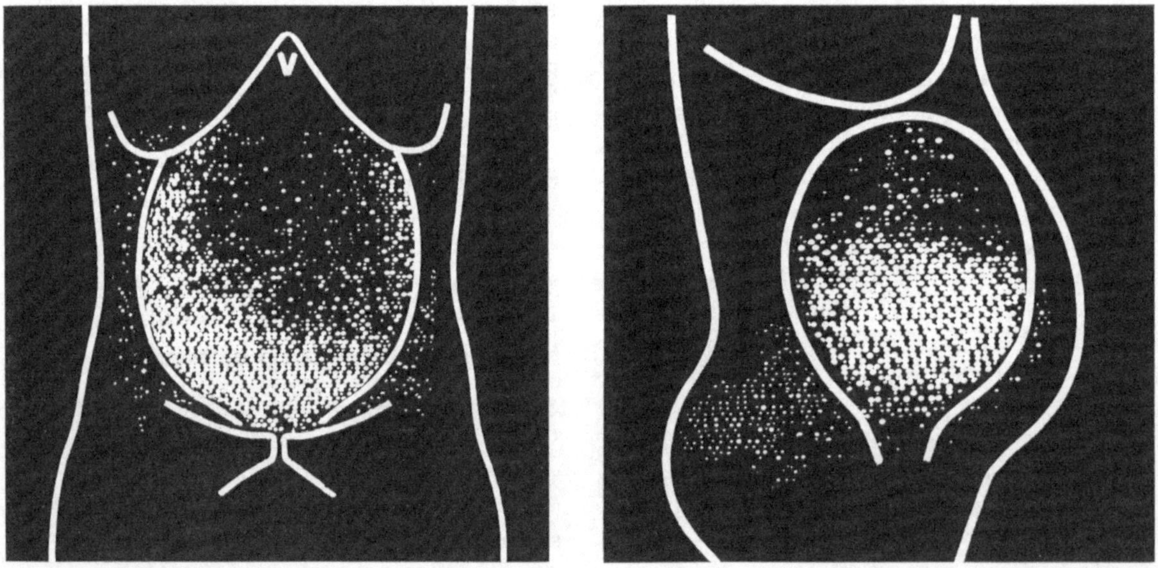

a b

Abb. 8a + b. Plazenta-Szintigramm in 2 Ebenen nach i. v. Injektion von 500 μCi ^{113m}In. Starke Aktivitätsanreicherung im unteren und rechts-lateralen Uterus-Anteil. In der Frontal- und Sagittalebene wird der innere Muttermund deutlich von der Plazenta überlagert. Diagnose: Placenta praevia totalis. Szintigraphie-Zeit. Szintigraphie-Zeit: 10 Minuten (2 Ebenen)

Multi-Detektor-Scanner (Dynapix). Ultra-coarse-Kollimator, 6″- Fokus. Abtastgeschwindigkeit 1 cm/sek

Beispiel 7

Szintigraphischer Nachweis einer Placenta praevia marginalis (**Abb. 7**)

25jähr. Pat., II-Para. Bisher Normalgeburten. Seit 3 Tagen Blutungen und krampfartige Rükkenschmerzen. Untersuchung: Wenig eröffneter Muttermund, Fruchtblase intakt, mäßige Blutung.

Szintigramm: Injektion von 500 μCi ^{113m}In in die Cubitalvene. Es stellt sich eine linksseitige Placenta praevia marginalis dar, wobei der untere Plazenta-Pol die Körper-Median-Ebene eben erreicht. Untersuchungszeit 5 Minuten. Wegen zunehmender Blutung wird eine Sectio caesarea durchgeführt. Bestätigung der szintigraphisch nachgewiesenen Plazenta-Insertion.

Beispiel 8

Placenta praevia totalis (**Abb. 8a + 8b**)

19jähr. Pat., I-Para. Schwangerschaft im IX. Monat. Stationäre Einweisung der Patientin mit stärkeren Blutungen und wehenartigen Schmerzen. Spiegeleinstellung: Wenig eröffneter Muttermund, stark blutend.

Szintigramm: Beginn der Szintigraphie unmittelbar nach Injektion von 500 μCi ^{113m}In. Die Plazenta stellt sich im unteren und rechts-lateralen Uterusanteil dar und überschreitet den inneren Muttermund in beiden Abtastungsebenen. Diagnose einer Placenta praevia totalis. Untersuchungszeit 10 Minuten. Sofortige Sectio caesarea. Die szintigraphisch gestellte Placenta praevia-Diagnose wird operativ bestätigt.

Übersichtstabelle

Strahlenbelastung von Mutter und Foet durch Plazentographie

Verfahren	Benutzte Strahlenquelle	Dosen bei Mutter und Kind in mRad: Mütterl. Gonaden	Fetale Gonaden	Fetale Thyreoidea
Röntgen-Diagnostik	Weichteilplazentographie	500	500	500
	Beckenarteriographie	500—2500	500—2500	500—2500
	Thorax-Übersicht	3—10	3—10	3—10
Isotopen-Plazentographie	^{24}Na	200—300	200—300	200—300
	^{131}Jod	40	40	1000
	^{132}Jod	10	5	130
	^{51}Cr	12	8	8
	^{99m}Tc	10	10	10
	^{113m}In	2—4	2—4	2—4
Jahresdosis durch natürliche Strahlenquellen (Report of the United Nations) 1968	Kosmische Strahlen, Erdstrahlung, Atmosphärische Strahlung, ^{40}K, ^{14}C, Radon-Thoron, Radium	100	100	100

Literatur

1. Browne, J. C. M. & N. Veall: A method of locating the placenta in the intact human uterus by means of radioactive sodium. J. Obst. and Gynec. Brit. Emp. **57**, 566—568 (1950)

2. Weinberg, A., J. Rizzi, R. McManus & J. Rivera: Localization of the placental site by radioactive isotopes. J. Obst. and Gynec. **9**, 692 (1957)

3. Hibbard, B. M.: Placental localisation using radioiodinated serum albumin (RISA). J. Obst. Gynaec. brit. Cwlth **68**, 481 (1961)

4. Paul, D. J., E. E. Gahres, S. N. Albert, W. D. Terrel & S. M. Dodeck: Placenta localization using ^{51}Cr tagged erythrocites. Obstet. Gynec. N. Y. **21**, 33 (1963)

5. Johnson, P. M., J. J. Sciarra & E. E. Stickley: A new radio-pharmaceutical for placentography. Radiology **83**, 346 (1964)

6. McAfee, J. G., H. S. Stern, G. F. Fueger, M. S. Baggish, G. B. Holzmann & I. Zolle: ^{99m}-Tc labelled serum albumin for scintillation scanning of the placenta. J. nucl. Med. **5**, 936 (1964)

7. Stern, H. S., D. A. Goodwin, U. Scheffel, H. N. Wagner Jr. & H. H. Kramer: ^{113}In for blood-pool and brain scanning. Nucleonics **25**, 62—65 (Febr. 1967)
8. Maas, R., J. Alvarez & C. Arriaga: Int. J. Appl. Radiat. **18/9**, 653—654 (1968)
9. Mishkin F., J. C. Reese, J. E. Huddlestun, J. Carter & Ph. D. Dubois: J. Nucl. Med. **9**, 336 (1968)
10. Johnson, P. M., Solan Chao & P. Goddwin: Initial evaluation of Indium-113m as an agent for placental blood pool imaging. Radiology **92**, 587—590 (March 1969)
11. Huddlestun, J. E., F. S. Mishkin, J. E. Carter, Ph. D. Dubois & I. C. Reese: Placental localization by scanning with ^{113m}In. Radiology, **92**, 587—590 (March 1969)
12. Scheer, K. E., J. Heep, W. Maier-Borst, W. J. Lorenz, H. Sinn & O. Krauss: Plazentographie mit kurzlebigen Radionukliden. Nucl.-Med.: Vol. **7/1**, 15 (1969)
13. Fischer, J., R. Wolf & A. Leon: Technetium-99m as a label for erythrocytes. J. Nucl. Med.: 8, 229—232 (1967)
14. Haubold, U., H.-W. Pabst & G. Hör: Scintigraphy of the placenta with 99m Tc-labelled erythrocytes. Symposium on medical radioisotope scintigraphy. Salzburg (Austria), 6.—16. August, 1968
15. Lavine, D. M., M. B. Fish, M. Pollycove & A. Khentigan: Rapid scintiphotographic placental localizations utilizing free ^{99m}Tc Pertechnetate. J. Nucl. Med. 8, 773—784 (1967)
16. Stern, H. S., I. Zolle & J. G. McAfee: Preparation of technetium Tc^{99m}-labelled serum albumin (human). J. Appl. Rad. Isotopes **16**, 283 (1965)
17. Deckart, H., Herzman, Pockrandt & W. S. Reichel: Isotopenplazentographie mit Jod-131, Jod-132, Cr-51 und 99m-Tc-markiertem Humanserumalbumin. Radioaktive Isotope in Klinik und Forschung. **7**, 37—44 (1967)
18. Subramanian, G. & J. G. McAfee: Int. J. Appl. Radiat. **18**, 215 (1967)
19. Mishkin, F. S., I. C. Reese & J. E. Huddlestun: J. Nucl. Med. **9**, 369 (1968)
20. Stern, H. S., D. A. Goodwin, J. R. Wagner & H. H. Kramer: In-113m a short-lived isotope for lung scanning. Nucleonics, **24**, 57 (1966)
21. Goodwin, D. A., H. S. Stern, & N. N. Wagner Jr.: Nucleonics **24**, 65 (1966).

XVII Speicheldrüsen

Kapitel XVII

Speicheldrüsen

17. Speicheldrüsen*)

17.1. Geschichtlicher Rückblick

1948 MARINELLI, TRUNNEL, HILL & FOOTE untersuchten die Verteilung des ^{131}Jods im Organismus bei einem Patienten mit Schilddrüsen-Karzinom, der 5 Stunden ante finem eine therapeutische Dosis von 100 mCi erhielt. Eine stärkere Anreicherung wurde in der Schilddrüse, Magenwand, Pankreas, in Nieren und Speicheldrüsen gefunden (1).

1956 LOGOTHETOPOULOS erwähnt eine stärkere Anreicherung von ^{131}Jod und ^{35}S-Thiocyanat in den Speicheldrüsen (2).

1962 Einführung von ^{99m}Tc in die nuklearmedizinische Diagnostik durch HARPER, ANDROS & LATHROP (3).

1963 Bei Versuchen mit Mäusen gelingt es nach Medikation des Parasympathicomimeticums Pilocarpin, eine stärkere Sekretionsleistung der Speicheldrüsen für verschiedene Radionuklide (^{131}J, $^{85, 89, 90}$Sr) zu erzielen. 1967 berichten dieselben Autoren von gleichen Ergebnissen beim Menschen mit ^{131}J und ^{99m}Tc (4).

1965 BÖRNER, GRÜNBERG & MOLL weisen zum ersten Male auf die Technetium-Szintigraphie der Kopfspeicheldrüsen hin (5).

1967 FLETCHER, WILLIAM & WORKMANN berichten über ihre Erfahrungen in der Speicheldrüsen-Szintigraphie (6).

1967 HARDEN macht auf die stärkere Anreicherung des ^{99m}Tc in den Speicheldrüsen nach Prämedikation von 0,5 bzw. 1mg Atropin aufmerksam, wodurch eine störende Anreicherung des Nuklids im Cavum oris vermieden werden kann (7).

1968 Die Autorengruppe um GROVE betont die Bedeutung der Technetium-Szintigraphie für die Diagnostik von Speicheldrüsenerkrankungen (8).

1969 GELINSKY, ZUM WINKEL & HASPER setzen die Szintillationskamera zur Diagnostik des Sjögren-Syndroms ein (9).

1969 Auf den diagnostischen Wert der Kamera-Szintigraphie bei Funktionsstörungen der Kopfspeicheldrüsen weisen KESSLER & OTTO hin (10).

17.2. Auswahl der Nuklide

17.2.1. ^{131}Jod

HWZ 8,04 Tage

Gamma-Energie in MeV	0,08—2%, 0,28—5%, 0,36—80%, 0,64—9%, 0,72—3%.
Beta-Energie in MeV	0,25—3%, 0,33—9%, 0,61—87%, 0,81—1%.

Jod wird vorzugsweise in der Schilddrüse, in geringem Ausmaß jedoch auch in den Kopfspeicheldrüsen und in der Magenmukosa angereichert. Zur Speicheldrüsenszintigraphie sind Dosen um 500 µCi erforderlich, so daß aus Gründen der Strahlenbelastung der Einsatz des ^{131}J nicht gerechtfertigt erscheint.

17.2.2. ^{99m}Tc

HWZ 6,0 Stdn.

Gamma-Energie in MeV	0,002—98,6%, 0,140—98,8%, 0,142—1,43%
Elektronen-Energie	0,01 MeV

17.2.2.1. Herstellung des Nuklids

Die Gewinnung des ^{99m}Tc erfolgt aus kommerziell erhältlichen Molybdän-99-Generatorsäulen. Das ^{99}Mo ist als Molybdat an Aluminium ge-

*) Mitautor: Dr. K. KOPPENHAGEN, Berlin 45, Klinikum Steglitz, Strahlenklinik u. -institut.

bunden und zerfällt in Anwesenheit von Kochsalzlösung mit einer HWZ von 67 Stunden zu ^{99m}Tc in Form des Pertechnetat-Ions.

17.2.2.2. Dosierung

Zur Szintigraphie der Speicheldrüsen werden 500 bis 1000 μCi ^{99m}Tc intravenös injiziert. Die kurze physikalische HWZ des Technetiums erlaubt diese relativ hohe Dosierung.

17.2.2.3. Zeitpunkt der Szintigraphie

15 bis 120 Minuten nach intravenöser Injektion.

17.2.2.4. Strahlenbelastung

Schilddrüse: 0,2 mrad — 1 μCi.
Gesamtkörper: unter 0,02 mrad — 1 μCi.
Auf Grund der kurzen HWZ von 6 Stunden, der niedrigen Gamma-Energie von 140 keV und dem Fehlen einer Beta-Komponente ist das ^{99m}Tc ein ideales Nuklid zur Speicheldrüsen-Szintigraphie.

17.2.2.5. Vorteil

Bei der üblichen Dosierung von 500 bis 1000 μCi erfolgt eine genügende Speicheldrüsen-Anreicherung, so daß ein optimales Szintigramm registriert werden kann.

17.2.2.6. Nachteil

Keiner.
Die prozentuale Anreicherung des Jodids in den Speicheldrüsen ist zwar doppelt so groß, jedoch ist zum Erreichen einer gegenüber Technetium gleichen Impulsrate eine Dosis von 500 μCi erforderlich. Die Strahlenbelastung der Schilddrüse liegt dann bei 800 rad gegenüber 200 mrad bei Verwendung von 1 mCi ^{99m}Tc. Gelegentlich kommt es zur stärkeren Anreicherung des Radionuklids im Cavum oris, ohne daß eine zur Szintigraphie geeignete Radioaktivitäts-Konzentration in den Kopfspeicheldrüsen vorliegt. Verschiedene Autoren verabfolgen deshalb unmittelbar vor der Untersuchung 0,5 bis 1 mg Atropin intravenös und erzielen damit eine stärkere Einlagerung (7, 11).

17.3. Indikationen zur Speicheldrüsen-Szintigraphie

In der Diagnostik der Speicheldrüsenerkrankungen wurden bisher neben Erhebung der Anamnese, Inspektion und Palpation, histologisch-bioptischem Befund, Sialochemie und Zytologie des Speichelausstrichs vor allem die Sialographie eingesetzt. Da mittels dieser röntgenologischen Untersuchung jedoch nur das *Gangsystem* der großen Speicheldrüsen dargestellt wird, sind Rückschlüsse auf Drüsenparenchymprozesse nur aus sekundären Veränderungen des Gangsystems ableitbar. Zu dieser diagnostischen Unsicherheit der Sialographie kommt hinzu, daß nur die Ausführungsgänge der großen Kopfspeicheldrüsen (Parotis, Glandula submandibularis und vordere Anteile der Glandula sublingualis) abgebildet werden können. Mittels der Speicheldrüsen-Szintigraphie kann jedoch das *Drüsenparenchym* dargestellt werden.
Indikationen zur Speicheldrüsenszintigraphie sind:

1. Bestimmung von Größe, Lage und Konfiguration der Kopfspeicheldrüsen.
2. Nachweis von entzündlichen und neoplastischen Veränderungen.
3. Rückschlüsse auf das Vorhandensein von Speicheldrüsensteinen.
4. Beurteilung der Wirkung ionisierender Strahlen auf die Speicheldrüsenfunktion.
5. Nachweis des Sjögren-Syndroms.
6. Durch szintigraphische Untersuchungen zu verschiedenen Zeitpunkten (Funktionsszintigraphie) ist eine gewisse Beurteilung des Funktionsablaufes in einzelnen Speicheldrüsen möglich. Nach Börner lassen sich folgende Funktionsstörungen szintigraphisch klären:

   a) Funktionsstörungen durch temporäre oder dauernde Schädigung des sezernierenden

Parenchyms (verminderte oder fehlende Aufnahme — verminderte oder fehlende Speichelsekretion — objektivierbares Trockenheitsgefühl).

b) Funktionsstörungen der sekretorischen Innervation (normale Aufnahme — verminderte Speichelsekretion — objektivierbares Trockenheitsgefühl).

c) Störung der sensiblen Schleimhautinnervation (Normale Aufnahme — normale Sekretion — subjektives Trockenheitsgefühl) (12).

17.4. Technik der Darstellung

Nach intravenöser Injektion des Radionuklids können unterschiedliche Phasen der Anreicherung szintigraphisch erfaßt werden. In den ersten 15 bis 20 Minuten kommt es lediglich als Folge der Durchblutung zu einer Darstellung der Speicheldrüsen. In dieser „Durchblutungsphase" wird die spezifische Speicherleistung zur Abbildung des Drüsenparenchyms nicht ausgenutzt. Erst danach erreicht die Radioaktivitäts-Konzentration im Parenchym ihr Maximum, so daß die szintigraphische Untersuchung frühestens 20 Min. post injectionem erfolgen soll. Zu langes Abwarten bedeutet hingegen wieder, daß die Radioaktivitäts-Konzentration infolge einsetzender Sekretion (Sekretionsphase) absinkt und nun das Cavum oris et nasi szintigraphisch dargestellt wird.

Beim Einsatz von konventionellen Scannern ist deshalb folgende Abtasttechnik zu empfehlen: Zuerst szintigraphische Untersuchung der Speicheldrüsen in der Frontalebene von ventral, dann in der Sagittalebene von rechts und links und anschließend noch einmal in der Frontalebene von ventral. Bei etwa 20% der untersuchten Patienten kommt es auch bei dieser Technik zu einer vorzeitigen Darstellung des Cavum oris et nasi, die eine Beurteilung der Kopfspeicheldrüsen erschwert. Die unmittelbar vor der i. v.-Verabfolgung des ^{99m}Tc durchgeführte parenterale (gleiche Kanüle) Prämedikation von 0,5 bzw. 1 mg Atropin ermöglicht dann eine optimale Speicheldrüsenszintigraphie. Aus diesem Grunde ist es ratsam, Atropin bei allen Patienten vor der beabsichtigten Untersuchung langsam intravenös zu verabfolgen.

Die Aktivitätsmaxima treten in den Speicheldrüsen in bestimmter Reihenfolge auf: In den serösen (Parotis) oder überwiegend serösen (Glandulae submandibulares) Drüsen bereits nach 20 bis 40 Minuten, in den mukösen oder vorwiegend mukösen Drüsen (Glandulae sublinguales et palatinae) dagegen erst nach 90 bis 120 Minuten. Die oben angegebene Abtasttechnik berücksichtigt diese physiologischen Gegebenheiten, indem zuerst die Parotis und die Submandibularis in der Frontalebene und dann die Glandula sublingualis und palatina in der Sagittalebene szintigraphisch registriert werden.

Zwei Verfahren werden zur Lokalisationsdiagnostik der Speicheldrüsen mittels Radionukliden benutzt:

17.4.1. Szintigraphie mit bewegten Detektoren

Bei der Verwendung von Ein-Kristall-Szinti-Scannern muß für die Abtastung einer Ebene eine Zeit von 20 bis 30 Minuten veranschlagt werden. Für eine vollständige Untersuchung der Kopfspeicheldrüsen nach dem oben angegebenen Prinzip sind demnach 80 bis 120 Minuten nötig. Der Einsatz eines Multi-Detektor-Scanners (z. B. Dynapix) kann die Untersuchungszeit auf jeweils 10 Minuten in Abständen von 30 Minuten reduzieren. Der Gesamtzeitaufwand der Untersuchung ist jedoch wegen der unterschiedlichen Kinetik in den einzelnen Drüsen nicht zu verringern. Die Anwendung der Multi-Detektor-Szintigraphie bietet weitere Vorteile: Darstellung eines optimalen Szintigramms durch nachträgliche Kontrastmanipulation; bessere Beurteilung der Funktionsabläufe durch reduzierte Szintigraphie-Zeit (Frontalebene in 4 bis 5 Minuten).

17.4.2. Kamera-Szintigraphie der Speicheldrüsen

Die für den Multi-Detektor-Einsatz genannten Vorteile gelten auch für die Kamera-Szintigraphie: Kurze Untersuchungszeit und damit Möglichkeit auf Grund der Änderung der Radioaktivitäts-Konzentration in den einzelnen Drüsen Rückschluß auf deren Funktion zu ziehen.

17.5. Das normale Speicheldrüsen-Szintigramm

Das Szintigramm der Kopfspeicheldrüsen entspricht hinsichtlich Größe, Lage und Konfiguration den anatomischen Verhältnissen (**Abb. 1, 2a + 2b**). Auf die Bedeutung der Reihenfolge der Abtastung der verschiedenen Ebenen wurde bereits im Kapitel „Technik der Darstellung“ hingewiesen, wodurch die zeitlich unterschiedliche Anreicherung in den serösen und mukösen Drüsen berücksichtigt wird. Die oft vorzeitig einsetzende Sekretionsphase mit der dadurch bedingten frühen Anreicherung der Tracer-Substanz im Cavum oris kann durch vorherige Atropin-Gabe weitgehend vermieden werden. Die **Abbildungen 2a und 2b** zeigen Color-Szintigramme von Kopfspeicheldrüsen in der Frontal- und Sagittalebene nach Verabfolgung von 1 mCi ^{99m}Tc. In der Frontalebene (**Abb. 2a**) stellen sich nach 30 Minuten beide Parotiden, die Glandulae submandibulares und die Schilddrüse deutlich dar. Eine angedeutete Technetium-Speicherung zeigen zu diesem Zeitpunkt auch beide Glandulae palatinae und sublinguales. Eine diskrete Aufnahme des radioaktiven Materials ist ebenfalls im Nasen-Mundraum nachzuweisen. In der frontalen szintigraphischen Abtastebene projizieren sich oft die Glandula palatina und sublingualis aufeinander, mitunter auch der untere Anteil der Parotis auf die Glandula submandibularis. Das Szintigramm der Sagittalebene ermöglicht jedoch die deutliche Trennung dieser Speicheldrüsen (**Abb. 2b**). Die einzelnen Speicheldrüsen zeigen je nach Parenchymstärke eine unterschiedliche, jedoch im Normalfall gleichmäßige Speicherung des ^{99m}Tc.

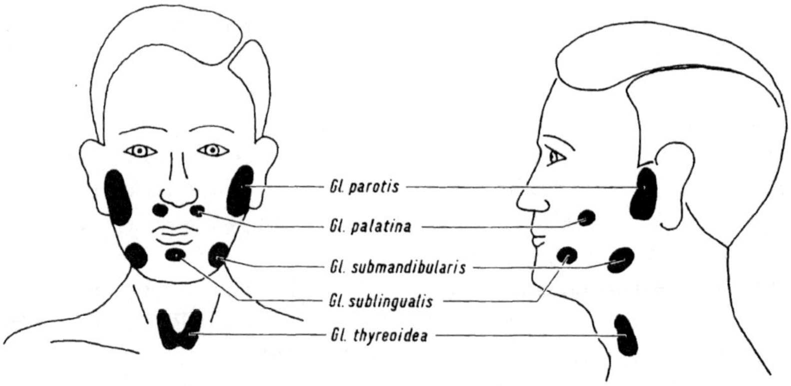

Abb. 1. Schematische Übersicht über die Topographie der Kopfspeicheldrüsen und der Schilddrüse

17.6. Das von der Norm abweichende Speicheldrüsen-Szintigramm

Abweichungen von der Norm ergeben sich hinsichtlich der zeitlichen Verschiebung der einzelnen Phasen der Technetium-Einlagerung (Durchblutungs-, Uptake-, Sekretionsphase) bzw. durch Änderungen des Nuklidverteilungsmusters im Drüsenparenchym.

17.6.1. Hinweis auf Speicheldrüsensteine bzw. Abflußbehinderungen

Abbildung 3 zeigt ein Szintigramm bei einem Speicheldrüsenstein der rechten Glandula submandibularis. Alle Kopfspeicheldrüsen sind normal dargestellt. Die beginnende Sekretionsphase deutet sich durch die bereits verringerte Aktivität im Bereich der linken, steinfreien Glandula submandibularis an. Der tastbare Tumor der rechten Unterkieferspeicheldrüse projiziert sich auf den unteren Anteil und führt im Szintigramm zu keiner Aussparung. Beweisend für die Abflußbehinderung ist die *verzögerte* bzw. *fehlende Sekretionsphase* der rechten Glandula submandibularis gegenüber links, die durch Verlegung des Drüsenausführungsganges zu erklären ist. Ursache der Ablußbehinderung war in diesem Falle ein später operativ entfernter Speicheldrüsenstein. Bei längerem Bestehen eines Speicheldrüsensteins kommt es zur sekundären Schädigung des spezifischen Drüsenparenchyms, die sich im Szintigramm durch eine fehlende bzw. herabgesetzte Anreicherung der Tracer-Substanz zeigt.

17.6.2. Entzündungen der Speicheldrüsen

Das Szintigramm bei akuten oder chronischen Entzündungen der Kopfspeicheldrüsen ist durch eine *verminderte* bzw. *fehlende Aufnahme* des Nuklids in der erkrankten Drüse gekennzeichnet. Hiermit wird die herabgesetzte bis fehlende Funktion der Speicheldrüse dokumentiert. **Abbildung 4** zeigt das Szintigramm eines Patienten mit einer seit 3 Monaten bestehenden linksseitigen Parotis. Während die rechte Parotis und beide Glandulae submandibulares ein regelrechtes Verteilungsmuster des radioaktiven Technetiums im Parenchym aufweisen, zeigt die linke Parotis eine verringerte und inhomogene Nuklid-Einlagerung. Diagnose: chronische Parotitis links.

17.6.3. Speicheldrüsentumoren

Tumoren der Kopfspeicheldrüsen zeigen im Szintigramm einen *Defekt* (kalten Bezirk) im Technetium speichernden Drüsenparenchym. Mitunter gelingt der Tumor-Nachweis auch durch szintigraphische Darstellung einer stark vergrößerten, das Technetium sehr inhomogen einlagernden Speicheldrüse. In diesen Fällen ist es durch Tumorobstruktion der Ausführungsgänge zu einem fast vollständigen Funktionsausfall der Speicheldrüse gekommen. **Abbildung 5** zeigt das Szintigramm eines operativ bestätigten Warthin-Tumors (Zystadenolymphom) der rechten Glandula parotis. Sie ist gegenüber links stark vergrößert und weist eine verringerte und inhomogene Technetium-Einlagerung auf. Im histologischen Präparat wurden ausgedehnte Obstruktionen des Gangsystems durch Tumor-Anteile nachgewiesen, welche die Speicherunregelmäßigkeiten der gesamten Speicheldrüse erklären. Auf die Schwierigkeit, sehr kleine Tumoren der Kopfspeicheldrüsen szintigraphisch darzustellen, sei hingewiesen (13). Der Tumor muß eine Mindestgröße von 1 cm ∅ besitzen.

17.6.4. Sjögren-Syndrom

Das Sjögren-Syndrom ist gekennzeichnet durch entzündlich atrophisierende Veränderungen der Kopfspeicheldrüsen, Tränendrüsen, der Schleimhäute von Nase, Magen, Rectum und Vagina. Im Bereich der Nasen-Rachen-Schleimhäute kommt es zur Rhino-Pharyngo-Tracheitis, die Haut zeigt Veränderungen im Sinne der Xerodermie. Hauptsymptome der Speichel- und Tränendrüsenveränderungen sind jedoch die Dyschylie und die Keratokonjunctivitis sicca. Das Sjögren-Syndrom geht häufig als pararheumatische Erkrankung mit polyarthritischen Beschwerden einher. Oft kann mit der üblichen Speicheldrüsendiagnostik die Erkrankung nicht sicher erkannt werden. In diesen Fällen erlaubt die szintigraphische Untersuchung die Klärung. **Abbildung 6** zeigt das Szintigramm einer Patientin mit einem Sjögren-Syndrom. Es fällt die stark herabgesetzte bis fehlende Pertechnetat-Speicherung in sämtlichen Kopfspeicheldrüsenregionen auf, so daß die einzelnen Drüsen nicht abzugrenzen sind. Der Befund entspricht den atrophischen Drüsenparenchymveränderungen dieser Erkrankung.

17.6.5. Beurteilung der Wirkung ionisierender Strahlen auf die Speicheldrüsenfunktion

Die Speicheldrüsenszintigraphie ermöglicht auch Folgen einer Bestrahlung im Kopf-Halsbereich zu registrieren. Z. B. sind die individuellen Bestrahlungsdosen zur passageren „Ausschaltung"

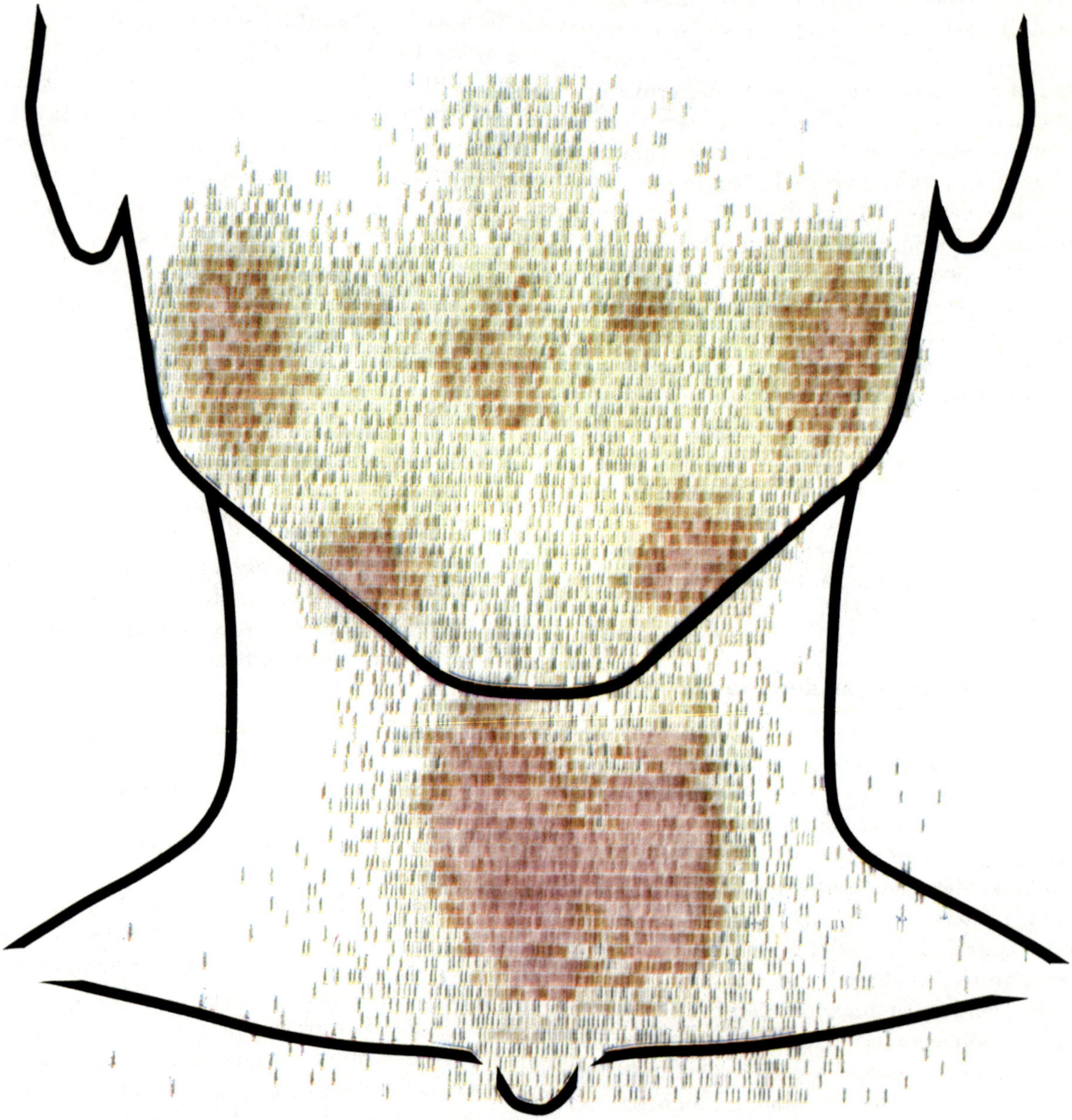

Abb. 2a. Szintigramm der Kopfspeicheldrüsen in der Frontalebene nach i. v. Injektion von 1 mg Atropin und 1 mCi ^{99m}Tc. Deutliche Darstellung beider Glandulae parot. und submandibulares sowie der Schilddrüse. Diskrete Einlagerung des Nuklids in den Glandulae palatinae und sublinguales, deren Darstellung zu einem späteren Zeitpunkt (Szintigramm in der Sagittalebene) besser gelingt

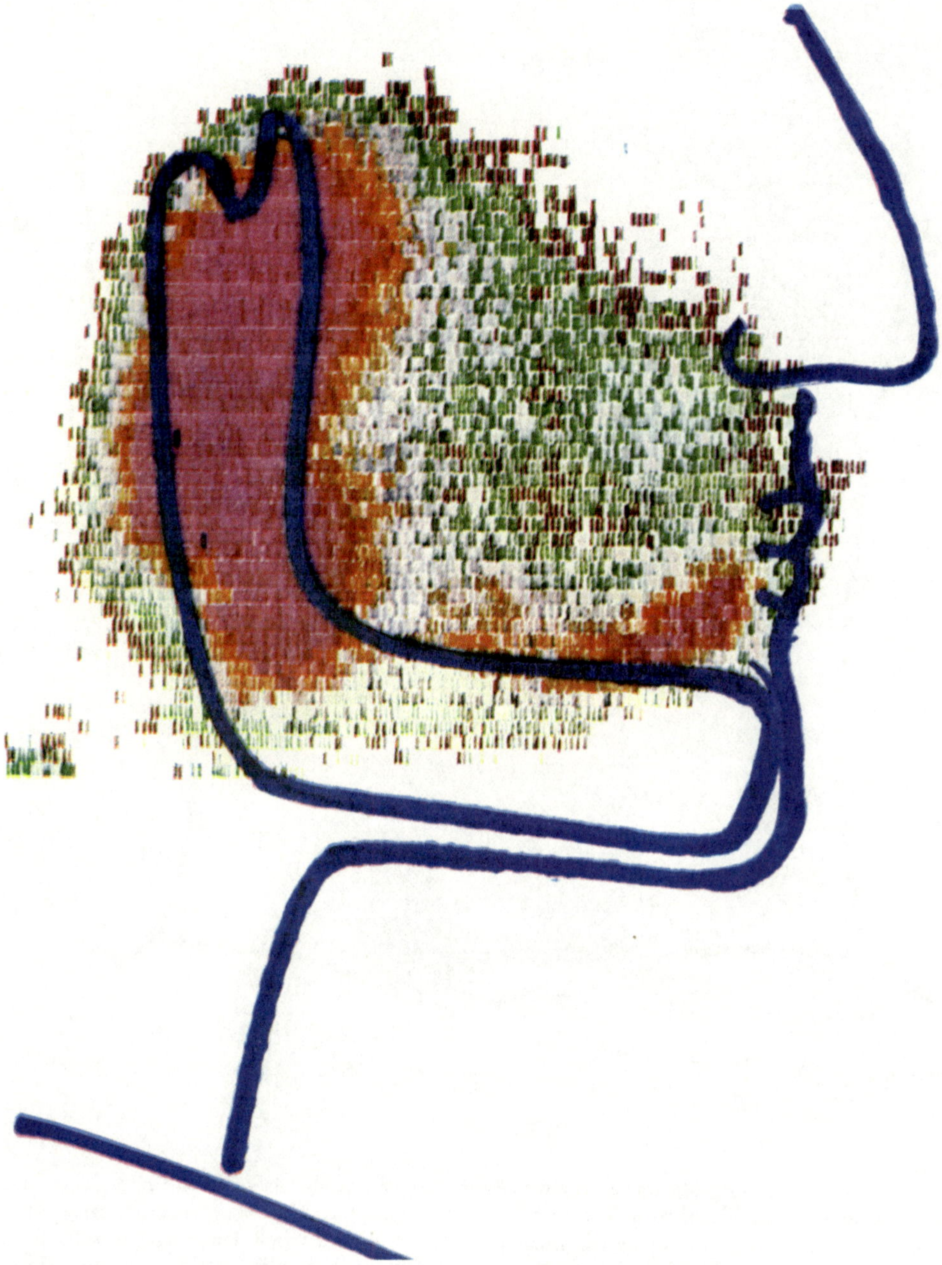

Abb. 2b. Szintigramm der Kopfspeicheldrüsen in der Sagittalebene

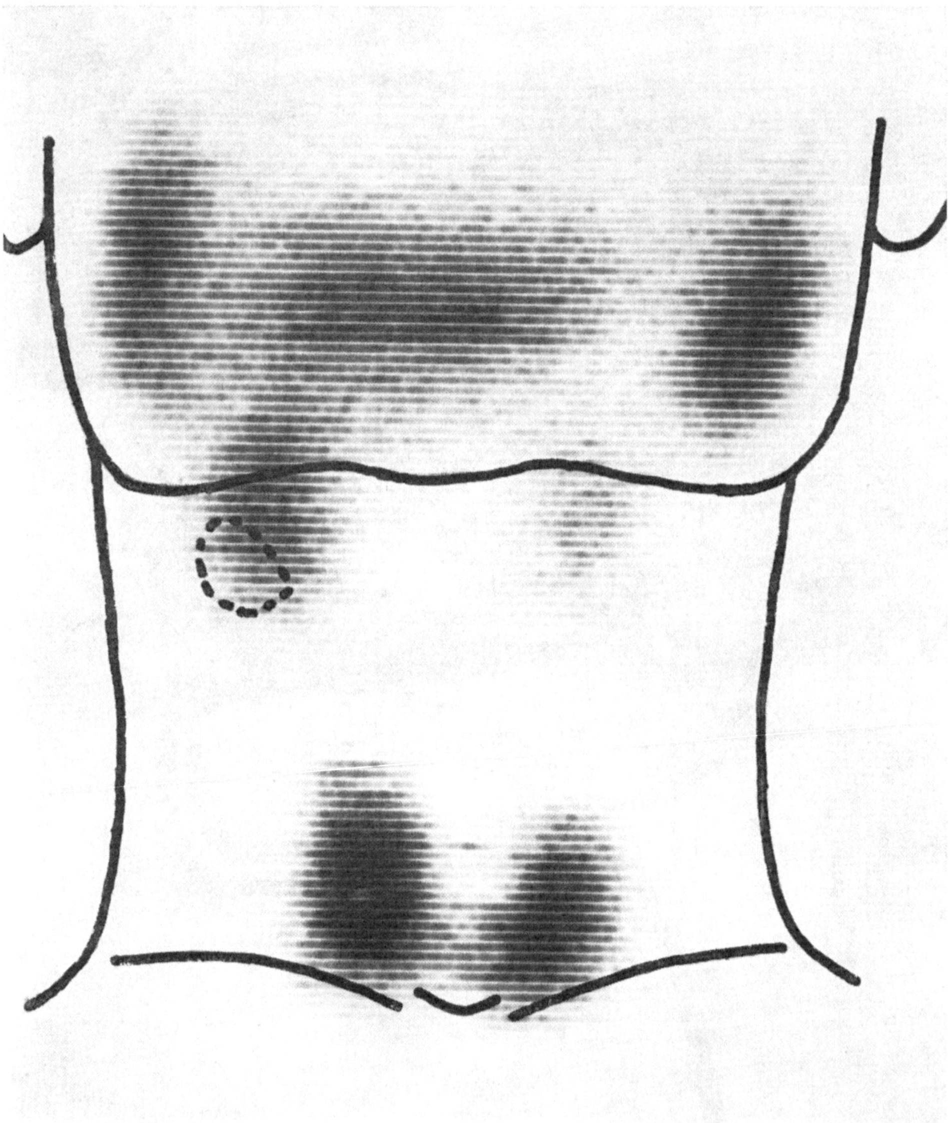

Abb. 3. Im Szintigramm ist am caudalen Pol der r e c h t e n Glandula submandibularis ein Tm. eingezeichnet, der zu keinem Speicherungsdefekt geführt hat. Die *linke* Unterkieferspeicheldrüse weist im Szintigramm eine verringerte Aktivität als Ausdruck der bereits einsetzenden Sekretionsphase auf. Die Sekretion der rechten Glandula submandibularis ist also verzögert; dies beweist einen den Drüsenausführungsgang verlegenden Prozeß (Speicheldrüsengang-Stein operativ gesichert)

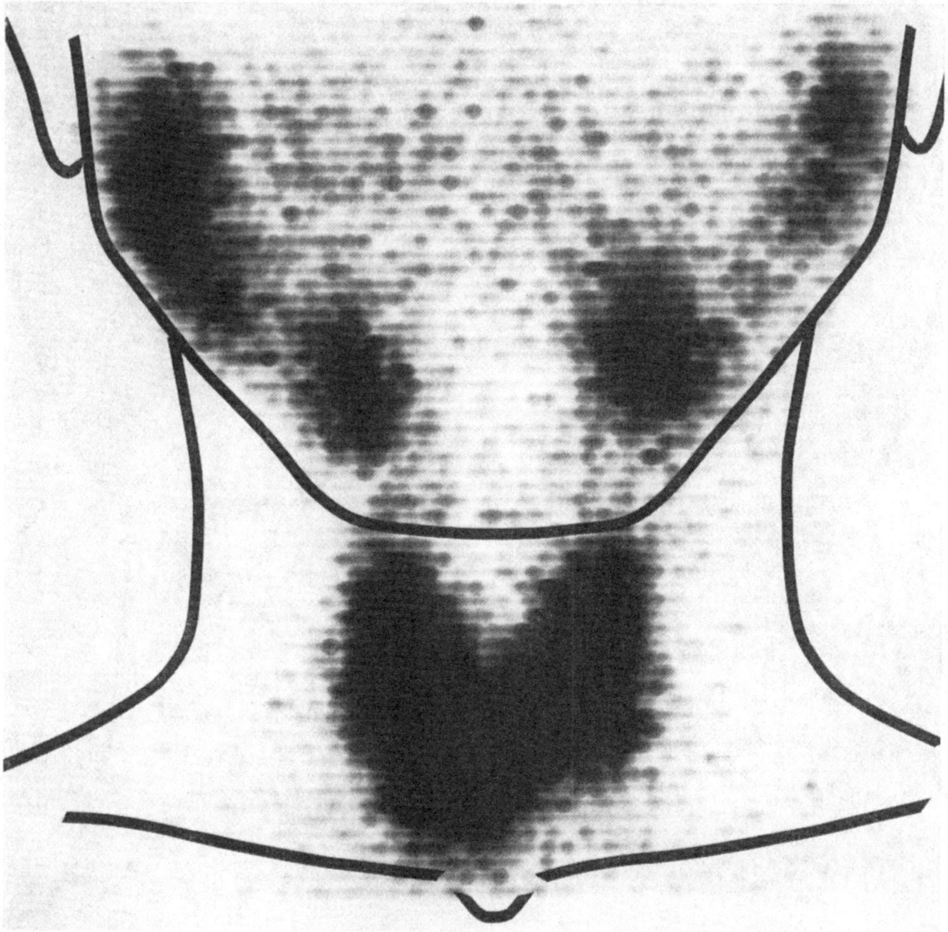

Abb. 4. Photo-Szintigramm der Kopfspeicheldrüsen bei chronischer Parotitis links. Das in der Frontalebene von ventral registrierte Szintigramm zeigt eine gute und homogene Nuklideinlagerung im Bereich der rechten Parotis und beider Unterkieferspeicheldrüsen. Die linke Parotis stellt sich hingegen mit verminderter und inhomogener Speicherleistung dar

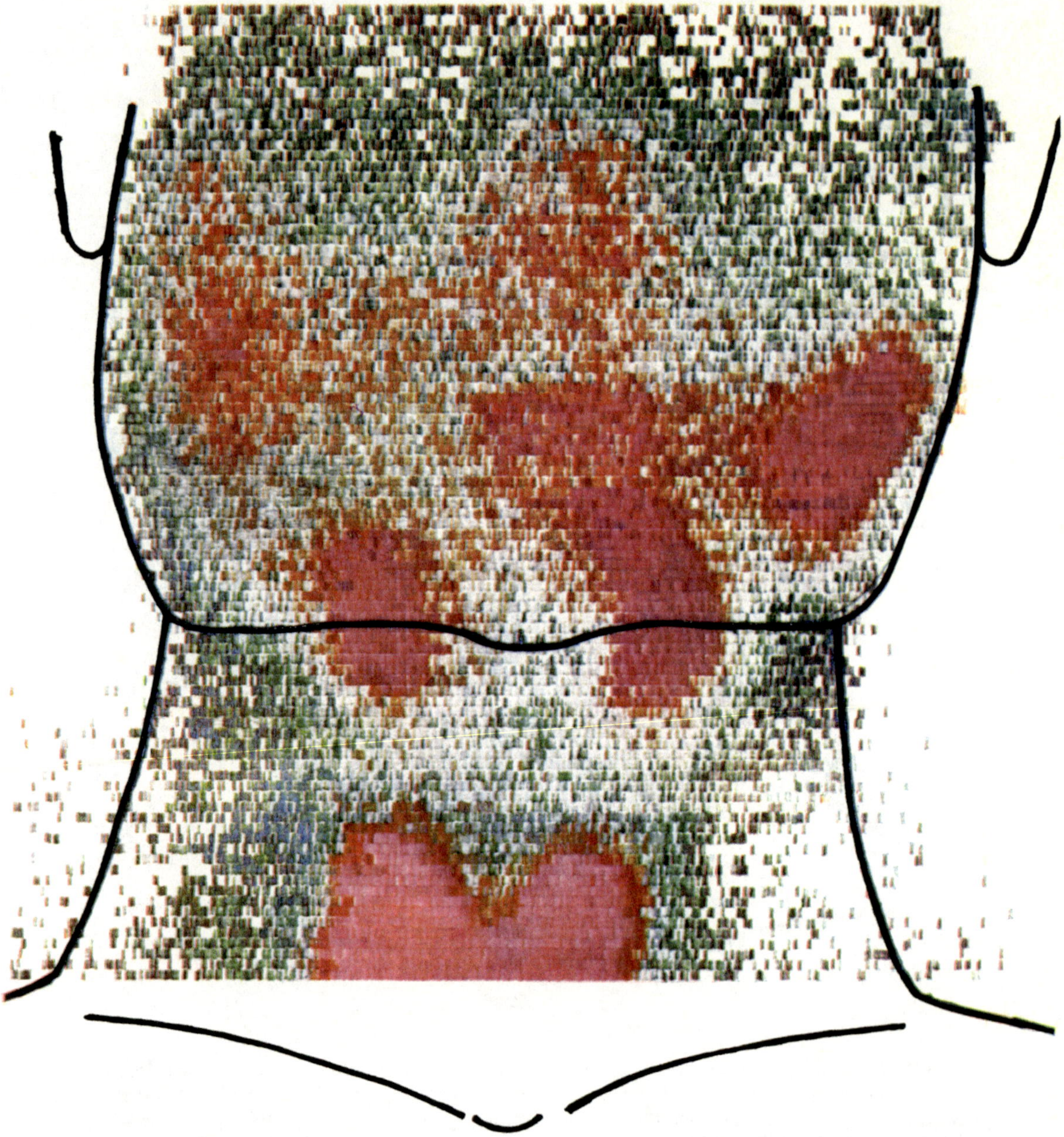

Abb. 5. Szintigraphischer Nachweis eines Zystadenolymphoms der rechten Glandula parotis. Normale Darstellung der linken Parotis und beider Unterkiefer-Speicheldrüsen. Ausgeprägte Vergrößerung und inhomogene Einlagerung der Tracer-Substanz in der rechten Parotis. Operative und histologische Bestätigung eines WARTHIN-Tumors

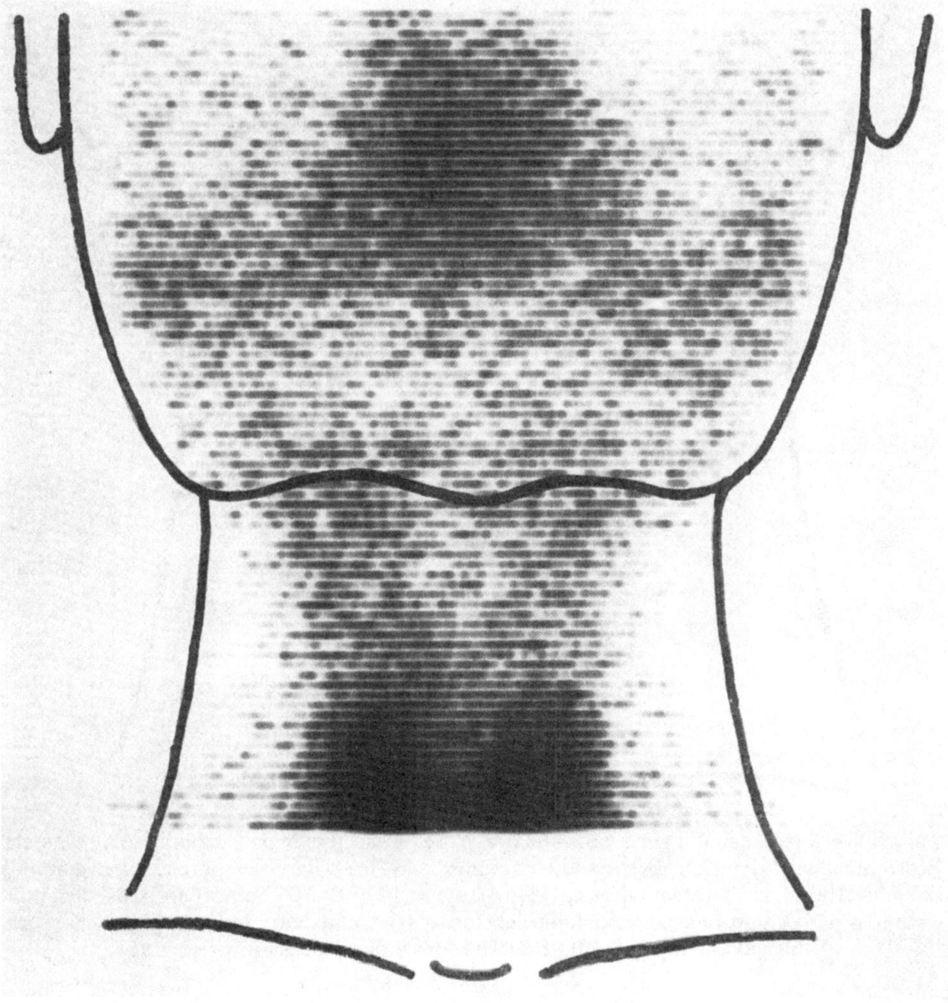

Abb. 6. Szintigraphische Darstellung des Sjögren- Syndroms. Im Bereich aller Kopfspeicheldrüsen fehlt die spezifische Einlagerung des Radionuklids

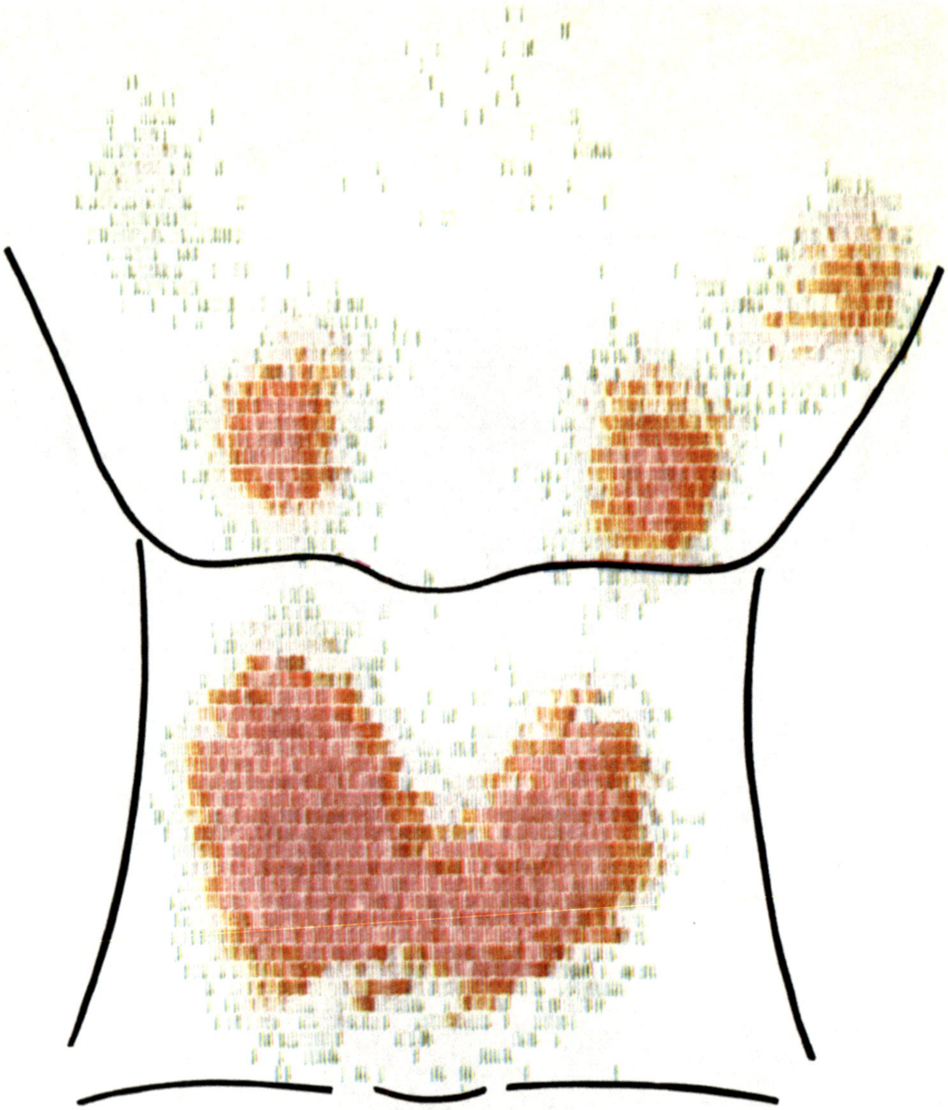

Abb. 7. Nachweis der Wirkung ionisierender Strahlen auf die Speicheldrüsen. Als Folge einer Bestrahlung mit ionisierenden Strahlen zeigt die rechte Glandula parotis eine gegenüber links deutliche Aktivitätsminderung (Herddosis = 1000 Rad). Beim Vergleich der linken Glandula parotis mit den Unterkieferspeicheldrüsen ist eine verminderte Speicherung auch hier abzuleiten (rd. 400 Rad Herddosis durch Austrittsstrahlung)

z. B. der Parotis durch die Speicheldrüsenszintigraphie zu ermitteln. **Abbildung 7** zeigt das Szintigramm eines Patienten, der wegen eines Epipharynx-Tumors von einem rechtsseitigen Feld mit Gamma-Strahlen (^{60}Co) bestrahlt wurde. Die rechte Parotis, die im Bestrahlungsfeld lag, weist nach einer für sie berechneten Herddosis von 1000 Rad eine deutliche Verminderung der Nuklideinlagerung im Sinne einer Funktionseinschränkung auf. Die linke Glandula parotis zeigt gegenüber den Glandulae submandibulares ebenfalls eine Speicher- und damit Funktionsminderung. Sie ist durch die in diesem Bereich austretende Strahlung (rd. 400 Rad) hervorgerufen. Die außerhalb des Bestrahlungsfeldes liegenden Unterkieferspeicheldrüsen stellen sich dagegen normal dar.

Literatur

1. MARINELLI, L. D., I. TRUNNEL, R. F. HILL & F. W. FOOTE: Radiology **51**, 553 (1948)
2. LOGOTHETOPOULOS, J. H. & N. B. MYANT: Concentration of Radio-iodide and 35-S-Thiocyanate by the salivary glands. J. Physiol. **134**, 189—194 (1956)
3. HARPER, P. V., G. ANDROS, K. A. LATHROP, W. SIEMENS & L. WEISS: Metabolism of technetium-99^m. Radiat. Res. **16**, 593 (1962)
4. SETÄLÄ, K., J. TARKKANEN, E. TARKIAINEN & O. NYYSSÖNEN: Pilocarpine in salivary gland and thyroid photoscanning. Brit. J. Radiol. **40**, 311—312 (1967)
5. BÖRNER, W., H. GRÜNBERG & E. MOLL: Die szintigraphische Darstellung der Kopfspeicheldrüsen mit ^{99m}Tc. Med. Welt **42**, 2378 (1965)
6. FLETSCHER, M. M., I. W. WILLIAM & I. B. WORKMANN: The salivary gland szintigram. J. Nucl. Med. 8, 351 (1967)
7. HARDEN, R., T. E. HILDITCH, I. KENEDY, D. K. MASON, S. PAPADOPOULOS & W. D. ALEXANDER: Uptake and scanning of the salivary glands in man using pertechnetate-99m-Tc. Clin. Sci. **32**, 49 (1967)
8. GROVE, A. S. & G. DI CHIRO: Salivary gland scanning with technetium 99m-pertechnetat. Amer. J. Roentgenology **102**, 109 (1968)
9. GELINSKY, P., K. ZUM WINKEL & M. HASPER: Szintigraphische Dokumentation des Sjögren-Syndroms. Fortschr. Röntgenstr., 110, 266, 1969
10. KESSLER, L. & H.-J. OTTO: Zum diagnostischen Wert der Kamera-Szintigraphie bei Funktionsstörungen der Kopfspeicheldrüsen. Z. Laryng. Rhinol. **7**, 491 (1969)
11. ENFORS, B., M. LIND & B. SÖDERBORG: Salivary-gland scanning with ^{99m}-Technetium. Acta otolaryngologica **67**, 650 (1969)
12. BÖRNER, W., H. GRÜNBERG & E. MOLL: Die Speicheldrüsenszintigraphie mit ^{99m}Tc-Pertechnat. Radioisotope in der Lokalisationsdiagnostik, Schattauer-Verlag, Stuttgart, 1966
13. MÜNZEL, M. G. & G. SCHMODE: Zur Problematik der szintigraphischen Darstellung von Parotistumoren mit ^{99m}Tc. Z. Laryng. Rhinol. **7**, 490 (1969)

Kolibri 360 GmbH
Ferdinand-Jühlke-Straße 7
99095 Erfurt, Deutschland
produktsicherheit@kolibri360.de